纺织服装高等教育"十二五"部委级规划教材

纺纱技术

FANGSHA JISHU

罗建红　主　编
姚凌燕　副主编

东华大学出版社
·上海·

内 容 提 要

本教材主要以现代棉纺设备为基础,系统阐述了纺纱的基本理论,现代纺纱生产的工艺过程,纺纱设备的工作原理、结构和性能,纺纱工艺参数设计及其调整,以及产品质量调控的方法。主要内容以纺纱加工流程为主线,按照项目驱动、任务引领方式编排,共分为十个项目,分别是原料的选配、开清棉流程设计及设备使用、梳棉机工作原理及工艺设计、清梳联流程设计、并条机工作原理及工艺设计、粗纱机工作原理及工艺设计、细纱机工作原理及工艺设计、后加工流程设计及设备使用、精梳机工作原理及工艺设计、其他纺纱技术流程设计及设备使用构成。每个项目设有明确的教学目标,包括理论知识要求、实践技能要求、方法能力要求、社会能力要求。每个项目包含若干个任务,每个任务又含有具体的工作任务、知识要点、技能训练、课后练习。

本教材是高等职业教育纺织类专业教材,亦可作为行业、企业职业技术培训教材,还可供纺织工程技术人员学习参考。

图书在版编目(CIP)数据

纺纱技术/罗建红主编.—上海:东华大学出版社,2015.7
ISBN 978-7-5669-0812-4

Ⅰ.①纺… Ⅱ.①罗… Ⅲ.①纺纱工艺 Ⅳ.①TS104.2

中国版本图书馆 CIP 数据核字(2015)第 143187 号

责任编辑:张 静
封面设计:魏依东

出　　　　版:东华大学出版社(上海市延安西路 1882 号,200051)
出版社网址:http://www.dhupress.net
天猫旗舰店:http://dhdx.tmall.com
营 销 中 心:021-62193056　62373056　62379558
印　　　　刷:江苏句容市排印厂
开　　　　本:787 mm×1 092 mm　1/16
印　　　　张:25
插　　　　页:1
字　　　　数:624 千字
版　　　　次:2015 年 7 月第 1 版
印　　　　次:2018 年 7 月第 2 次印刷
书　　　　号:ISBN 978-7-5669-0812-4
定　　　　价:49.00 元

前　言

　　本教材是根据现代高等职业教育的培养目标及特点，按照"以为企业服务为宗旨，紧扣职业特点，强化职业能力，实施工学结合"的理念和"实践→认识→再实践→再认识"的认知规律进行人才培养模式的改革需求而编写的。

　　"纺纱技术"课程设计的总体思路是：以纺织企业需要为目标，确定学生就业岗位群；根据学生就业岗位群，拟订学生的素质结构与专业能力，确定专业培养方案；根据课程在培养方案中的定位，围绕专业核心能力建立课程培养目标。

　　本教材的编写是在校企深度合作的基础上完成的。首先依据现代纺织技术专业人才培养方案确立的学生就业岗位（群）能力要求，提出相应的职业素质要求、知识要求、技能要求；然后通过对"纺纱技术"课程的深度分析，进行教学内容组织和教学情境设计。以培养高级技术技能人才为目标，以学生就业为导向，以纺纱加工流程为主线，强调基于工作过程，以项目教学为中心，进行"项目化、五结合"的课程开发，使工艺设计与质量控制相结合，工艺实现与设备调试相结合，质量检测与设备调试相结合，生产管理与质量控制相结合，生产操作与质量控制相结合。再据此整理和规范课程标准，编写教材。

　　本课程的实施应将理论与实际有机结合，通过基于纺织实际生产过程的行动导向式教学法改革，以学习情境中的单元任务、项目设计为载体，使学生能通过教师指导、自主学习、项目设计、小组合作、实际操作等多种学习方式，实现"教、学、做"一体化。整个教学过程体现了实践性、开放性和职业性的职教总体要求，从而综合培养学生的专业能力、方法能力和社会能力。

　　本教材的前言、绪论、项目二、项目三、项目十由成都纺织高等专科学校罗建红编写，项目一由成都纺织高等专科学校吴正畦编写，项目四由成都纺织高等专科学校葛俊伟编写，项目五由成都纺织高等专科学校刘秀英编写，项目六、项目七由成都纺织高等专科学校姚凌燕编写，项目八由成都纺织高等专科学校刘光彬编写，项目九由成都纺织高等专科学校宋雅路编写。全书由罗建红、姚凌燕负责整理、统稿。

本书在编写过程中得到了四川遂宁锦华纺织有限公司、重庆三峡技术纺织有限公司、四川江油御华纺织有限公司、四川天骄纺织有限公司和四川宏大纺织机械有限公司等企业给予的大力支持,在此一并表示诚挚的谢意!

在编写该书过程中,我们希望能够符合高职高专学生的学习方式和特点,让学生通过专业学习就可以掌握纺纱技术相关部分的实际生产和操作技能。但是由于作者水平有限,且时间仓促,本书可能存在不足或不妥之处,恳请读者提出宝贵意见,以便不断修订和完善。

编 者

序

　　为更好地适应我国走新型工业化道路，实现经济发展方式转变、产业结构优化升级，中国职业教育加快了发展步伐。2010年教育部、财政部启动100所高职骨干院校建设，主要目的在于推进地方政府完善政策、加大投入，创新办学体制机制，推进合作办学、合作育人、合作就业、合作发展，增强办学活力；以提高质量为核心，深化教育教学改革，优化专业结构，加强师资队伍建设，完善质量保障体系，提高人才培养质量和办学水平；深化内部管理运行机制改革，增强高职院校服务区域经济社会发展的能力，实现行业企业与高职院校相互促进，区域经济社会与高等职业教育和谐发展。

　　成都纺织高等专科学校是一所成立于1939年的历史悠久的纺织类院校，在2010年被遴选为第一批国家骨干院校建设单位，2013年以"优秀"通过教育部、财政部验收。我校现代纺织技术专业是四川省精品专业，我校现代纺织技术教学团队是四川省高等学校教学团队，2010年成为首批立项的国家骨干高职院校中央财政支持重点专业以来，现代纺织技术专业以《国家中长期教育改革与发展规划纲要（2010—2020)》《国家高等职业教育发展规划(2010—2015年)》《教育部财政部关于进一步推进"国家示范性高等职业院校建设计划"实施工作的通知》（教高[2010]8号）等文件精神为专业建设的指导思想，坚持"校企深度合作和服务区域经济建设"两个基本点，以校企合作体制机制创新为建设核心，以人才培养模式和课程体系改革为基础，以社会服务能力建设为突破口，为区域纺织服装业培养了大批优秀人才并提供智力支持。

　　现代纺织技术专业积极对接纺织产业链，推进校企"四合作"，在人才培养模式创新与改革、课程体系与课程建设、师资队伍建设、社会服务能力建设等方面探索出一条新路子，特别在课程建设方面取得丰硕成果。本次编写的《纺纱技术》教材体现了专业建设主动适应区域产业结构升级的需要，在教材中展示了课程开发与实施过程。课程建设中引入国家职业技术标准开发专业课程，将企业工作过程

1

和项目引入课堂,实施项目引领、任务驱动的课程开发,完成了基于岗位能力或任务导向的课程标准的制订;围绕课程标准进行了校本教材编写、实训指导书、课业文件的编写。对教学过程进行了科学设计,教学实施中校企合作教师团队共同教学,大力推进教学做一体化,借鉴国外职业教育较成功的项目教学法、引导文教学法、行动导向教学法等先进教学方法,改善教学环境,构建多元化教学课堂,不仅有传统的教室、教学工厂、企业现场,还有一体化教室,采用先进信息技术如多媒体录播系统等设备,实现"做中学、学中做",促使学生在完成学习项目的过程中掌握相关理论知识和专业技能,养成良好的职业素质;学生课后可以通过网络进入专业课程资源库进行复习或者自学,在课程交流论坛上进行师生互动。考核评价方法根据课程标准制订,由原来的标准答案型变化为开放式答案,有效鼓励了学生思维的创新,提升学生的职业素质和专业能力。考核主体多元化,由原来单一的教师为主转变为教师、企业专家、学生小组、学生自我评定等,进一步促进了学生的参与性,体现了高等职业教育改革的方向。

"春华秋实结硕果,励志图新拓新篇"。课程改革是高等职业教育改革的核心和基础,也是教育教学质量具体体现的一个重要环节。职业教育教材的开发也遵循着职业教育改革的思路,需要同仁们开拓创新、不断进取!

成都纺织高等专科学校　教授

2015 年 3 月

目　　录

绪　　论

常见机织物、针织物和其他纺织品都是由纱线按照相应的编织方式组成的。这些纱线中，除了长丝外，相当一部分都是由许多长度不等的短纤维通过加捻抱合而成的,也称为短纤纱。

1　纺纱原理和基本作用

纺纱就是将棉纤维、棉型、中长化纤加工纺制成纱线的技术。它是一门集加工技术和原理应用,综合运用数学、物理、化学、机械、电气控制技术等科技知识分析研究纤维及其集合体在加工过程中的运动现象、规律和原理,并且进行有效控制,提高产质量的技术。

纺纱是把纤维原料制成线密度、捻度等有特定要求的纱线的过程。不管在各种纤维加工中所使用的机器是如何不同,纺纱加工过程的基本作用都是:

(1) 开松、清除、混合与梳理作用。

(2) 均匀、并合与牵伸作用。

(3) 加捻和卷绕作用。

纺纱加工过程必须使纱线具有足够的均匀度和强度以满足商业上的要求,同时要尽可能降低加工成本。

2　棉纺系统与工艺流程

棉纺生产所用原料有棉纤维和棉型化纤,其产品有纯棉纱、纯化纤纱和各种混纺纱等。在棉纺纺纱系统中,根据原料和成纱要求不同,又分为普梳系统、精梳系统和混纺系统。

(1) 普梳系统。普梳系统在棉纺中应用最广泛,一般用于纺制粗、中特纱,供织造普通织物用。其工艺流程为:配棉→开清棉→梳棉→头并→二并→粗纱→细纱→后加工。

(2) 精梳系统。精梳系统在梳棉工序与并条工序之间加入精梳前准备和精梳工序,利用这两个工序进一步去除短纤维和细微杂质,使纤维进一步伸直平行,从而使成纱结构更加均匀、光洁。精梳系统的工艺流程为:配棉→开清棉→梳棉→精梳准备→精梳→头并→二并→粗纱→细纱→后加工。

(3) 棉与化纤混纺系统。化纤与棉纤维混纺时,因涤纶与棉纤维的性能及含杂情况不同,不能在清梳工序混合加工,需各自制成条子后再在头道并条机(混并)上进行混合,为保证混匀,需采用 3 道并条。其普梳与精梳纺纱工艺流程如图 0-1 所示。

通过纺纱技术的各个项目的学习,希望学生不但在专业知识上有所收获,包括:针对不同产品选用合适的纺纱生产工艺流程与设备的能力,对纺纱生产各工序的工艺参数进行设计的能力,工艺上机实施与调整的操作能力,具有纺纱典型工序(梳棉、细纱)挡车操作技能和设备调试技能、对纺纱生产过程中常见问题的产生原因进行分析的能力,能检测纱线质量,能分析影响纱线主要质量指标的因素及其调控方法,具有适应纺纱生产的新技术、新设备、新工艺及

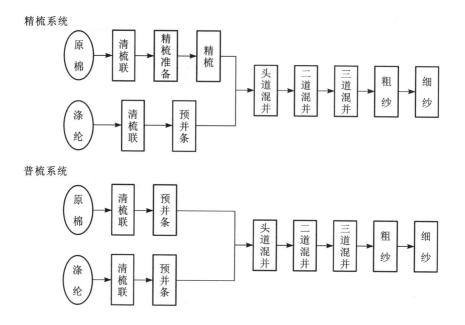

图 0-1　棉与化纤混纺系统示意图

其发展趋势要求的能力。

同时也能够提高学生的方法能力。方法能力是指具备从事职业活动所需要的工作方法和学习方法,如学习能力、获取信息能力、分析概括调研能力等。

3　课程性质与作用

"纺纱技术"课程是"现代纺织技术"专业的一门专业核心课程,按纺织企业岗位群的需要设置,是纺织专业学生就业的主要支撑课程。该课程以纺纱加工流程为主线,是研究从纤维到纱线纺制过程的基本理论、设备、工艺、操作技术和产品质量检测技术的一门课程。

项目 1

原 料 的 选 配

☞ **教学目标** --

1. 理论知识：

（1）掌握配棉的目的、意义与基本原则。

（2）了解棉纺原料的分类。

（3）掌握原棉选配的依据、原棉选配的方法及配棉的注意事项。

（4）掌握化学纤维选配的依据和选配方法，纤维在混纺纱中的转移分布规律。

（5）掌握原料混合的方法与设计。

2. 实践技能：能完成设计配棉方案。

3. 方法能力：培养学生的分析归纳能力，提升总结表达能力，训练动手操作能力，建立知识更新能力。

4. 社会能力：培养学生的团队合作意识，形成协同工作能力。

☞ **项目导入** --

纺纱就是通过许多工序把纤维加工成纱线，所以首先需要选择各种合适的纤维。这个选择纤维的过程就是配棉工作。配棉时，要根据成纱质量要求，结合原棉特点制订出混合棉的各种成分与混用比例的最佳方案，以及按产品分类定期编制配棉排队表。做好配棉工作，不仅能增加生产效能，提高成纱产量和质量，而且对降低纺纱成本有显著影响。因此，配棉工作在纺纱厂中具有极为重要的技术经济意义。

任务 1.1 纤维长度与纱线

【工作任务】讨论纤维性能与纱线的关系。

【知识要点】纤维长度与纱线的关系。

纺织原料的来源广泛、种类繁多，但棉纺厂的主要原料是原棉和化学短纤维。

原棉品种主要有细绒棉和长绒棉。细绒棉的手扯长度为 25～33 mm，线密度为 2.22～

1.54 dtex(4 500~6 500 公支),一般适纺 10 tex 以上的棉纱,也可与棉型化学纤维混纺。细绒棉产量占世界棉花总产量的 90%左右,我国主要种植细绒棉。长绒棉手扯长度为 33~45 mm,线密度为 1.43~1.18 dtex(7 000~8 500 公支),适纺 10 tex 以下的棉纱或特种工业用纱,也可与化学纤维混纺。长绒棉盛产于非洲,在我国主要产于新疆、云南等地。长绒棉产量仅占世界棉花总产量的 10%左右。

随着我国化学纤维工业的迅速发展,化学短纤维在棉纺原料中的密度也在不断增长。化学短纤维由长丝切断而成,可以根据需要切成各种不同长度的纤维。切断长度和棉纤维大致相似的称为棉型化学纤维,长度为 33~38 mm,线密度为 1.32~1.65 dtex(1.2~1.5 den),适于在棉纺设备上加工。中长型化学纤维的长度为 51~76 mm,线密度为 2.2~3.3 tex(2~3 den),可用专纺中长化学纤维的设备加工,长度小于等于 64 mm 的也可用 FA 系列棉纺设备加工。但是不同的化学纤维,其性能差异很大,即使同一种化学纤维在同一生产厂家生产,因批号不同,其性能也不尽相同。

近年来已成功开发种植出棕、绿、红、黄、紫、灰、橙等色泽的彩色棉,属细绒棉类,其主体长度偏短,长度均匀度较差,短绒率高;纤维的吸湿性能良好,但纤维强度较低;纤维抱合性和可纺性与普通的细绒棉相仿。因彩色棉具有天然色彩,故其产品不需要染色,生产过程和使用过程均具有环保安全特性。

在选择新纤维进行纺纱时,应注意纤维的可纺性。纤维原料的可纺性能是指纺织纤维能够实现设计成纱品质要求的纺纱加工难易的综合性能。这可通过上机试纺(小量试纺、单唛试纺、多种原料混合试纺等)进行全面评价。

【技能训练】
测定纤维手扯长度。

【课后练习】
分析纤维性能与纱线的关系。

任务 1.2 原棉的选配

【工作任务】 1. 明确配棉目的(关键词描述)。
2. 配棉表中的项目主要有哪些?它们是怎样得来的?配棉设计的关键是什么?
3. 完成配棉表设计。

【知识要点】 1. 配棉的目的、意义与基本原则。
2. 棉纺原料的分类。
3. 原棉选配的依据、原棉选配的方法及配棉的注意事项。

1 配棉的目的

原棉的主要性质如长度、细度、强力、成熟度、色泽及含水、含杂等,都随棉花的品种、生长条件、产地、轧工等不同而有较大的差异。原棉的这些性质同纺纱工艺和成纱质量有密切关系,因此,合理选择多种原棉搭配使用,充分发挥不同原棉的优点,可达到提高产品质量、稳定生产、降低成本的目的。这种将多种原棉搭配使用的工作称为配棉。

配棉的目的如下：

（1）合理使用原棉。不同用途的棉纱对原棉品质的要求是不同的。而原棉质量千差万别，即使同一类原棉，其性能差异也非常大。选配原棉时要取长补短、合理利用，充分发挥原棉的优良性能，满足纱线的质量要求。

（2）保持生产和纱线质量的相对稳定。原棉的长度、细度和成熟度直接影响成纱的强力，原棉的棉结杂质与短绒率直接影响成纱的棉结杂质和条干。如果采用单唛原棉纺纱，则在原棉接批时，因原料性能差异较大，会造成生产和成纱质量的波动。而采用多唛组成的混合棉纺纱，每次调换成分少，则可保持混合棉性质的相对稳定，从而使生产和成纱质量相对稳定。

（3）节约原棉和降低成本。棉纺织产品原料费用约占生产成本的80%，配棉工作既要保证产品质量，又要降低成本。配棉时，要根据不同产品的质量要求选配合适的原料。如在不影响成纱质量的条件下，混用一定数量的低级棉、回花、再用棉，既可节约原棉，又可降低成本。

2 原棉选配与产品的关系

原棉选配有以下三种依据：

2.1 纱线的质量要求

棉纱线按纱线粗细分段，各段依据断裂长度和质量不匀率进行评等，依据棉结、杂质粒数和条干均匀度进行评级。各段的质量要求是不同的。如果要使成纱质量符合设计要求，就必须使用综合质量性能相对好的混用棉。

（1）纱线强力及其CV值。

① 细度和成熟度：在一定成纱线密度范围内，纤维细度细，成纱强力高。这是因为纤维细，成纱截面内包含的纤维根数多，纤维之间的接触面积大，拉伸时滑脱的机会少。如果因纤维成熟度过差而造成纤维细度细，则纤维单强过低，不但工艺处理较困难，而且纺成的棉纱强力较低，强力不匀率也大。

成纱线密度对原棉细度有不同的要求。细特纱的截面中包含的纤维根数较少，只有使用细度细的纤维，才能增加纤维之间的抱合作用，提高成纱强力。粗特纱的截面中纤维根数较多，在一定范围内改变纤维线密度，对成纱强力影响较小。因此，配棉时应把纤维成熟度和细度结合起来考虑，并控制低成熟度纤维的百分率，以稳定成纱强力。

外棉常用马克隆值（M）来代替细度和成熟度。马克隆值是原棉的细度、成熟度和纤维刚度等的综合性指标。M值越大，表示棉纤维越粗，成熟度越高。按马克隆值可分为A、B、C三级：A级是M值在3.7～4.2范围内的原棉，为优级；B级是M值在3.5～3.6与4.3～4.96范围内的原棉，为标准级；C级是M值小于3.4与大于5.0的原棉。M值大于4.9后，随M值的增大，成纱条干水平下降。但配棉平均马克隆值并不是越小越好，当配棉平均马克隆值低于3.5时，纤维成熟度低，易产生棉结，并且会影响棉纱吸色能力，造成成纱质量下降。要保持成纱条干水平长期稳定，不能只注重配棉的色泽、成熟度和长度，还应重视纤维马克隆值的选配。

② 纤维长度和短绒率：原棉的长度指标有平均长度与品质长度，平均长度是原棉交易中常使用的指标，而品质长度是确定牵伸握持距的依据。原棉的长度整齐度的指标有长度均匀度、长度整齐度。纤维长度长，整齐度好，纤维之间接触机会多，摩擦力、抱合力大，成纱强力高。纤维长度长，但整齐度差，由于短纤维在纱条中起到减弱纤维间摩擦力和抱合力的作用，增加纱线在拉伸时纤维间的滑脱机会，造成纱强力降低。因此，纺细特纱时，要选择纤维长度

5

及长度整齐度都比较好的原棉。

锯齿棉含有的短绒率一般比皮辊棉低,选用锯齿棉有利于成纱的强力和条干。

③ 产区:指省或专区,因为同一个地区原棉的可纺性比较一致、相对稳定。如黄河流域的雨量比长江流域少,纤维一般较短、含水率较低,用这种原棉对减少成纱棉结、杂质有利;长江流域所产的原棉,中游地区比下游和上游地区的成纱强力好。又如北方原棉容易黄染,南方原棉容易灰染,沿海原棉易出现青灰色等,在选配原棉时都应加以考虑。

(2) 质量不匀率。混合棉中原棉性质差异过大会影响牵伸后产品的质量不匀率,因为原棉性质差异过大,纤维的摩擦力和抱合力的差异也大。摩擦力、抱合力好的原棉,在牵伸过程中所需的牵伸力大,牵伸效率低,成纱偏重;相反,牵伸效率高,成纱偏轻。因此,在接批时要控制好对成纱质量不匀率有影响的原棉的使用,避免波动太大而影响成纱质量不匀率。

(3) 条干均匀度。影响条干均匀度的因素有机械、工艺、空调、操作和原棉等。原棉的细度、短绒率和棉结杂质等疵点对条干均匀度的影响较大。如纤维的细度细,成纱截面内的纤维根数多,则对成纱条干均匀度有利。又如短纤维在牵伸过程中不易控制,呈浮游状态,牵伸时易产生牵伸波,影响成纱的条干均匀度。当原棉中棉结、带纤维的籽屑等疵点较多时,它们会纠缠在纤维间,干扰纤维的正常运动,也会使成纱粗细不匀。当原棉含水率过低时,加工时须条蓬松,纤维彼此间联系小,易产生绕罗拉、胶辊现象,也会影响成纱条干均匀度。

(4) 棉结、杂质粒数。原棉性质对成纱棉结、杂质粒数的影响主要有以下几个方面:

① 成熟度:原棉成熟度差,纤维刚性低,在清、梳加工时易拉结成索丝和棉结。成熟度差的原棉中,带纤维杂质往往也很多,且杂质较脆弱,在清、梳加工中易碎裂,使杂质数量增加。

② 疵点:原棉中含破籽、不孕籽、索丝、僵片、软籽表皮、带纤维籽屑和棉结等有害疵点,其质量轻、颗粒小,较难排除,使棉结杂质粒数增多。因此,配棉时对有害疵点的含量和粒数都要严格控制。

③ 含水率:原棉的含水率高,纤维间的黏附力强,在清、梳加工中纤维不易松解,杂质不易清除,加工中同时易形成索丝或棉结。

纱线质量除与原棉性质有关外,车间生产管理、工艺设计、机械状态、温湿度等也会影响纱线的质量。

2.2 产品用途

纱线用途极为广泛,如机织用纱、针织用纱和特种用纱等。配棉工作应根据产品的不同用途选用适当的原棉。如帘子线要求原料强力高,成熟度适当,但对色泽无要求;深色织物不能含有僵片,否则因僵片死纤维染不上颜色而出现色花。

2.3 设备的装备水平与之相配套的工艺和运转管理水平

技术装备先进,企业技术开发能力强,则纺纱时对纤维的损伤小,控制纤维运动的能力强。在确保成纱质量的前提下,可适当降低配棉等级,或同样的配棉等级可纺成更高质量的产品。

3 配棉方法

我国棉纺厂使用较多的配棉方法是分类排队法。

3.1 原棉分类

分类就是根据原棉的性质和各种纱线的不同要求,把适纺某一类纱的原棉划为一类。在原棉分类时,先安排特细和细特纱,后安排中、粗特纱;先安排重点产品,后安排一般或低档产

品。具体分类时,还应注意以下问题:

(1) 原棉资源。为了使混合棉的性质在较长时间内保持稳定,在分类时要考虑棉季变动和到棉趋势,留有余地,并考虑各种原棉的库存量。如果库存量虽不多,但原棉将大量到货时,在选用时应尽量多用些;反之,库存量虽多,但到货量逐渐减少时,应控制少用。在可能的条件下适当保留一些性能好的原棉,做到瞻前顾后、留有余地。

(2) 气候条件。气候的变化也会使成纱质量产生波动。如严冬季节气候干燥,易使成纱条干恶化;南方地区黄梅季节高温高湿,即使采用空调也不能控制成纱棉结、杂质粒数增多的趋势时,就需要在配棉中适当混用一些成熟度好、棉结和杂质较少的原棉,以便成纱质量稳定。

(3) 加工机台的机械性能。设备型号、机件规格等不同时,即使使用相同的原棉,成纱质量也会有差异。如有的设备除杂效率高,有的牵伸装置牵伸性能好,有的梳棉机分梳元件好,等等,在配棉时都要掌握,以便充分发挥这些设备的特点。

(4) 配棉中各成分的性质差异。为了保持混合棉质量的稳定,配棉时要掌握各种原棉性质的差异。一般来讲,接批原棉间的差异愈小愈好;而混合棉中各成分之间允许部分原棉的性质差异略大一些,对成纱质量并无影响。如所谓的"短中加长"和"粗中加细"的经验,即在以较短纤维为主体的配棉成分中,适当搭配一些较长的纤维;或在以较粗纤维为主体的配棉成分中,适当混用一些较细纤维。这对改善条干和提高成纱强力都有一定的好处,但混比不宜过大。当在较短纤维中混入一定量的较长纤维时,可提高纤维的平均长度,对条干无影响,而对强力有利;在较粗的纤维中混入一定量的较细纤维时,可增加纱线截面内的纤维根数,从而改变成纱的质量。

3.2 原棉的排队

排队就是在分类的基础上将同一类原棉分成几队,把地区或性质相近的原棉排在一个队内;当一批原棉用完时,将同一队内另一批原棉接替上去。原棉接批时,要确定各批原棉使用的百分率,并使接批后混合棉的平均性质无明显差异。在排队时应注意以下问题:

(1) 主体成分。由于同一产区原棉的可纺性比较一致,在配棉成分中可选择某一产区的若干种可纺性较好的原棉作为主体成分。当来自不同产区的原棉的可纺性都较好时,可以根据成纱质量的特殊要求,以长度或细度作为确定主体成分的指标。主体成分在总成分中应占70%以上,它是决定成纱质量的关键。

(2) 队数与混用比例。不同原棉的混用比例的高低与队数多少有关。在一张配棉成分表中,队数多,则混用比例低,原棉接批时造成成纱质量波动的风险就小;但队数过多,车间管理麻烦。一般选用5~6队,每队原棉最大混用比例应控制在25%以内。小型棉纺企业所进原料品种少,量也不大,配棉时会出现队数过少和个别成分混用比例过高的现象。如果货单量不大,在一个交货单内不进行原料接批,就可避免因原棉接批而使成纱质量波动大的现象,但原料成本会较高。

(3) 勤调少调。勤是指调换成分的次数要多,少是指每次调换成分的比例要小。勤调少调就是调换成分的次数多些,每次调换的成分少些。勤调虽然使管理工作麻烦些,但会使混合棉质量稳定;反之,如果减少调换次数,每次调换的成分多,会造成混合棉质量的突变。如果某一批混用比例较大,可以采用逐步抽减的办法。如某一批原棉混用25%,接近用完前,先将后一批接替原棉15%左右;当前一批原棉用完后,再将后一批原棉增加到25%。这样使部分成分提前接替使用,可避免混合棉质量的突变。

3.3 原棉性质差异的控制

原棉性质差异控制范围见表1-1。

表 1-1　原棉性质差异控制范围

控制内容	混合棉中原棉性质差异	接批原棉性质差异	混合棉平均性质差异
产地	—	相同或接近	地区变动不宜超过 25%（针织用纱不宜超过 15%）
品级	1~2 级	1 级	0.3 级
长度（mm）	2~4	2	0.2~0.3
含杂率	1%~2%	1% 以下	0.5% 以下
细度（公支）	500~800	300~500	50~150
断裂长度（km）	1~2	接近	0.5

3.4　回花和再用棉的混用

在纺纱过程中，由于半制品生头、断头、试验黏缠等原因产生的、内在质量接近原棉的纤维，称为回花，包括疵卷、废条、粗纱头、细纱风箱花及皮辊花。它们与混合棉的性质基本相同，故可以与混合棉混用。但因回花，特别是粗纱头受重复打击多，易生成棉结，因此，混用量视所纺纱线细度、回花类别确定。一般品种，回花可全部本特回用；质量要求高或低特纱品种，粗纱头、细纱风箱花可升特使用。粗纱头要开松后混用，且要严格控制其混用比例。

再用棉是指加工过程中产生的可再利用的落物，主要有：开清棉机的车肚花（统破籽），梳棉机的车肚花、盖板花和抄针花，以及精梳落棉。再用棉的含杂率和短绒率都较高。如统破籽中可纺纤维仅占 20%~40%，并且纤维较短，含有大量细小杂质，因此，经处理后只能混用于中、粗特纱或副牌纱中；斩刀花和抄针花中可纺纤维占 80%~85%，但棉结杂质粒数较多，短绒率较高，虽然细特纱的斩刀花、抄针花质量较好，但为确保成纱质量，不在本特混用；一般用途的中、粗特纱，斩刀花、抄针花均本特混用，质量差的降至副牌纱或废纺中使用。精梳落棉的纤维长度较短，棉结多而小，杂质细而小，一般在细特纱中混用 5%~20%，中特纱中也可混用 1%~5%。再用棉也是气流纺的极好原料。

下脚包括统破籽经处理后的落杂、开清工序中经尘笼排除的地弄花、梳棉工序的车肚花、条粗工序的绒板花、粗细工序的绒辊花，以及细纱筒摇的回丝等，经专门的拣净、开松和除杂后，在副牌纱或废纺中使用。

回花和再用棉要均衡使用，要根据产品的质量要求和最终用途决定使用比例，一般以不超过 10% 为好，对染色要求高的品种要少用或不用。

4　彩色棉的选配

除了按一般原棉进行单色种原棉选配外，还可根据最终产品的色彩，对每种原料单独测色后将多种原料混合拼色，生产混色纱产品，使产品颜色既符合设计要求，又丰富了产品的色彩。

5　配棉实例

纺制 16 tex ×2 股线的配棉分类排队表见表 1-2，表中有 9 个批号的原棉，共分 5 个队，各队又排队接批。表中以虚线表示每月使用的包数和接批情况。如湖北孝感的原棉，每天混用 20%，使用到 14 日调用湖北黄陂的原棉。调动前混合棉平均技术品级为 2.61，调动后为 2.66，相差 0.05 级。根据混合棉平均性质差异控制范围（表 1-2）规定的品级不超过 0.3 级，说明符合要求。混合棉的其他性质差异也在范围之内。

表 1-2 配棉实例

纱的线密度 16 tex * 2				配棉排队表														

配棉排队表（主数据）

产地	等级	成分(%)	包数	未熟籽	破籽	带纤维籽屑	不带纤维籽屑	总计粒数	技术品级	技术长度(mm)	含杂率(%)	成熟度	未熟棉率(%)	强力(cN)	线密度(tex)	右半部长度(mm)	主体长度(mm)	短绒率(%)	基数(%)
湖北孝感	329	20	203	290	40	200	760	1 290	2.25	28.5	2.2	1.79	24.6	4.15	1.77	30.1	27.9	10.7	41.3
湖北黄陂	329	20	215	250	180	190	750	1 370	2.5	27.9	2.2	1.75	24.9	4.02	0.17	29.4	26.3	13.9	35.1
湖北孝感	329	23	164	320	70	320	1 080	1 790	2.5	28.7	2.1	1.76	22.8	4.1	1.77	30.6	27.7	10.1	39.2
湖北孝感	329	23	59	540	160	700	1 000	2 400	2.5	29.2	2.9	1.75	29.1	4.02	1.77	29.3	26.8	13.2	43.0
湖北孝感	429	20	66	280	160	400	900	1 740	3.25	28.5	3.3	1.75	27.6	4.03	1.70	28.0	25.2	14.1	41.7
湖北孝感	429	20	56	440	140	240	1 500	2 320	3.25	28.2	2.9	1.79	23.6	4.15	1.76	29.8	27.1	11.6	39.1
湖北黄陂	429	20	58	500	180	840	900	2 420	3.75	29.5	4.3	1.73	25.8	3.51	1.71	30.9	28.0	15.3	31.7
河南商邱	227	22	500	293	47	460	453	1 253	1.75	28.5	1.7	1.74	25.1	4.04	1.84	29.8	26.8	12.8	36.2
河南商邱	327	15	495	365	15	500	595	1 475	3.0	28.0	2.0	1.77	25.2	4.47	1.9	30.5	27.9	12.2	39.5

用棉进度（以虚线表示）：11月 21日 23日 24日 25日 26日 27日 28日 30日；12月 1日 2日 3日 4日 5日 6日 7日 8日 9日 10日 11日 12日 14日 15日 16日 17日 18日 19日

百克粒数：未熟籽、破籽、带纤维籽屑、不带纤维籽屑、总计粒数

物理特征：成熟度、未熟棉率(%)、强力(cN)、线密度(tex)、右半部长度(mm)、主体长度(mm)、短绒率(%)、基数(%)

各项指标逐日平均

指标	值1	值2	值3	值4	值5
技术品级	2.51	2.51	2.51	2.61	2.66
技术长度(mm)	28.5	28.4	28.7	28.8	28.6
含杂率(%)	2.26	2.18	2.46	2.64	2.64
含水率(%)					
未熟籽	30	339	351	402	394
破籽	69	65	73	94	122
不孕籽					
带纤维籽屑	370	338	458	545	543
不带纤维籽屑	769	889	769	750	748
合计粒数	1 515	1 631	1 651	1 791	1 807
成熟度	1.76	1.77	1.76	1.76	1.75
未熟棉率(%)	25.0	24.2	23.6	25.1	25.1
强力(cN)	4.14	4.16	4.03	4.01	3.98
线密度(tex)	1.79	1.8	1.79	1.79	1.78
右半部长度(mm)	29.8	30.2	30.4	30.1	29.9
主体长度(mm)	27.1	27.4	27.6	27.4	27.1
短绒率(%)	11.9	11.4	12.2	12.9	13.5
基数(%)	39.5	38.8	37.5	38.4	37.1

左侧统计项

项目	上期	本期
平均长度(mm)	28.4	28.6
平均品级	2.58	2.98
混棉差价率(%)	121.12	119.07

说明：

6　计算机配棉概述

传统配棉由配棉工程师针对某一品种纱,从数百种原棉唛头中选择合适的原棉唛头,并确定混纺比。这项工作面广、量大,且要有较丰富的实践经验。计算机配棉应用人工智能模拟配棉全过程,通过对成纱质量进行科学预测,及时指导配棉工作,并对库存原棉进行全面管理,准确地向配棉工作提供库存依据,保证了自动配棉的顺利完成;同时使得原料库存管理与成本核算方便、快捷。计算机配棉管理系统主控制模块包括三个子系统(分控制模块),即原棉库存管理系统、自动配棉系统和成纱质量分析系统。主控制模块可根据操作者需要,将工作分别交给三个子系统处理。

纺纱原料中主体成分为固定某产区时,计算机辅助配棉技术可以作为人工配棉的参考。当纺纱原料中主体成分在几个原料产区波动时,计算机辅助配棉技术很难发挥作用,因各产区原棉对成纱质量的影响程度是不相同的。

【技能训练】

作一张配棉排队表。

【课后练习】

1. 原棉、化学纤维是如何分类的?
2. 什么是配棉? 配棉的目的是什么? 配棉的依据是什么?
3. 如何做到合理配棉?
4. 如何合理使用回花与再用棉?

任务1.3　化学纤维的选配

【工作任务】讨论原棉与化纤选配的区别。

【知识要点】1. 原棉选配的依据、原棉选配的方法及配棉的注意事项。

　　　　　2. 化学纤维选配的依据和选配方法,纤维在混纺纱中的转移分布规律。

随着我国化学纤维工业的飞速发展,化学纤维的品种和规格日益增多。化学纤维有许多独特的优点,如何使用好化学纤维原料,使企业增效、增益,是棉纺厂的一项重要任务,其中原料的选配是关键。

化学纤维原料的选配包括单一化学纤维纯纺、化学纤维与化学纤维混纺、化学纤维与天然纤维混纺的选配。

1　化学纤维选配的目的

1.1　充分利用化学纤维特点

各种纤维有不同的特点。例如,棉花的吸湿性能好,但强力一般,弹性低;涤纶的强力和弹性均好,但吸湿性能差。两者混纺可制成滑、挺、爽的涤/棉织物。又如黏胶纤维的吸湿性能好,染色鲜艳,价格便宜,但牢度差,不耐磨;而锦纶的强力好又耐磨。在黏胶纤维中混入少量

9

锦纶,织物的耐磨性及强力可显著提高。

1.2 增加花色品种

目前差异化纤维、功能纤维和新的纤维素纤维在棉纺加工系统不断应用,同时各种不同规格的合成纤维、纤维素纤维和天然纤维等组合出现了二合一、三合一和五合一等多种产品。通过不同纤维纯纺或混纺,制成各种风格、用途的产品,满足社会的各种需要。

1.3 改善纤维纺纱性能

大多数合成纤维的吸湿性差,比电阻高,在纺纱过程中静电现象严重,纯纺比较困难。为了保持生产稳定,可在合成纤维中混用吸湿性较高的棉、黏胶纤维或其他纤维素纤维,增加混合原料的吸湿性和导电性,改善可纺性。

1.4 提高织物服用性能

合成纤维一般吸湿性能很差,作为内衣原料,吸汗和透气性均不好。若混入适量棉或黏胶纤维,可使织物吸湿性能等服用性能得到改善。

1.5 降低产品成本

化学纤维品种多,不仅性能差异大,价格差异也很大,在选配原料时,既要考虑提高质量和稳定生产,还要注意降低成本,以取得较好的综合经济效益。在保证服用要求的情况下,混用部分价格低廉的纤维,可降低生产成本。

2 化学纤维的选配

2.1 化学纤维纯纺与混纺

化学纤维纯纺是指以单一品种的化学纤维进行纺纱。单一品种的化学纤维,由于生产厂和批号等不同,染色性和可纺性也会有较大差异,因此,也应注意合理搭配。

在国产化学纤维和进口化学纤维并用的情况下,宜采用混唛纺纱。混唛即不同化学纤维厂、不同批号的同品种化学纤维搭配使用,逐步抽调成分。混唛可做到取长补短,以保证混合原料的质量稳定,减少生产波动。但是混唛对混合的均匀性要求较高,混合不匀会造成纬向色档及匀染性差的缺陷,严重时织物经向出现"雨状条花"疵点。因此,纺织厂在大面积投产前常将不同批号、不同国家的化学纤维在同一条件下进行染色对比,按色泽深浅程度排队,供混唛配料调换成分时参考。如果长年由某化学纤维厂对口供应原料,可采用单唛纯纺,这样不易产生染色差异。

除单一化学纤维纯纺外,还有不同品种化学纤维的混纺,在衣着方面主要有涤黏、涤腈等化学纤维混纺。

2.2 化学纤维与棉混纺

化学纤维与棉混纺,产品不但具有化学纤维的特性,也有棉的性质,应用较广泛,如涤棉、腈棉、维棉、黏棉混纺。选用化学短纤维长度为 36.38 mm。由于化学短纤维的整齐度较好,单纤维强力较高,为确保成纱条干均匀,则要求选用的原棉长度长、整齐度好、品级高、成熟度好且细度适中。生产超细特化学纤维与棉的混纺纱,常用长绒棉;生产细特化学纤维与棉的混纺纱,可选用细绒棉。为了提高化学纤维与棉的混纺产品的质量,保证正确的混纺比,一般化学纤维与棉混合时回花不在本特纱内回用。

3 化学纤维性能的选配与工艺和成纱质量的关系

化学纤维选配主要包括纤维品种的选配、混纺比例的确定和纤维性能的选配等,其中纤维品种的选配和混纺比例的确定主要在开发设计产品时考虑。纤维性能的选配原则是原料选配应关注的主要内容,对成纱质量有很大影响。

化学纤维性能与棉纤维性能的差异很大,有棉纤维所不具备的特性,如卷曲度、含油率、比电阻、超倍长纤维等。下面就这些性能指标对工艺和成纱质量的影响进行分析:

(1)长度和线密度。与棉纤维一样,化学纤维长度越长,细度越细,单纤维强力越大,都对成纱强力有利。化学纤维的长度和线密度相互配合,构成棉型、中长型、毛型等规格。一般化学短纤维的长度 L(mm)和线密度 Tt(dtex)的比值为 23 左右。当该比值大于 23 时,织物强力高,手感柔软,可纺较细的纱,生产细薄织物;但过大时,开清棉工序易绕角钉。当该比值小于 23 时,织物挺括并具有毛型风格,可生产外衣织物;但过小时,成纱发毛,可纺性差。

(2)强度和伸长率。化学纤维的强度和伸长率影响成纱强力和织物风格。当混纺纱受拉伸时,断裂伸长率低的纤维先断裂,使成纱强力降低,所以,应选断裂伸长率相近的纤维进行混纺,对提高成纱强力有好处。同时,两种纤维的混比选择也应尽量避开临界混纺比。

(3)化学纤维的含油率、超长和倍长纤维、并丝等疵点及热收缩性。含油太少,纤维粗糙发涩,易起静电;含油太多,纤维发黏易绕锡林。一般冬天宜含油率略高,夏天宜含油率稍低。超长、倍长纤维在纺纱过程中易绕刺辊、绕锡林,牵伸时出硬头,影响正常生产,产生橡皮纱。如:在梳棉机上容易绕刺辊、绕锡林;在粗纱机和细纱机上容易出硬头,不易牵伸,有时会产生橡皮纱。一般要求纺超细、细特纱时,超长、倍长纤维的含量,100 g 纤维中控制在 3 mg 以内,中特纱控制在 6 mg 以内。僵丝、并丝、粗丝、扭结丝和异状丝等纤维疵点,对牵伸不利,容易造成条干不良和程度不同的竹节纱,也会增加各工序的断头。多唛混用时,应使不同规格的纤维的热收缩性相接近,避免成纱在蒸纱定捻时或印染加工受热后产生不同的收缩率,造成印染品出现布幅宽窄不一,形成条状皱痕。这些性能对纺织印染工艺有一定影响,需正确把握。

(4)色差。通过目测纺同一品种的熟条、粗纱和细纱出现明显的色泽差异,以及络纱筒子上发生不同色泽的层次的现象,称为色差。原纱的色差会使印染加工中染色不匀,产生色差疵布。在化学纤维配料时,对染色性能差异大的原料,应找出合适的混纺比,减少原料的白度差异,接批时要做到勤调少调和交叉抵补。一般选 1~2 种可纺性较好的纤维为主体成分,在原料供应充分的情况下,最好采用同一批号化学纤维多包混配。

(5)卷曲数。化学纤维达到一定的卷曲数和卷曲度,可以改善条干和提高强力,生产过程中可纺性也较好。

4 化学纤维转移对选配的影响

两种或两种以上的化学纤维进行混纺时,即使混纺比相同,但若混纺纱中两种纤维的性质差异较大,会使纤维在成纱中的分布情况不同,得到不同性质的混纺纱,使织物的手感、外观、耐磨等性质有明显差异。如果较多的细而柔软的纤维分布在纱的外层,则织物的手感柔软;如果较多的强度高、耐磨性能好的纤维分布在纱的外层,则织物耐磨。因此,研究纤维在混纺纱截面内的分布,使纤维转移到所需要的位置,具有一定的实际意义。

（1）纤维长度对转移的影响。选用细度相同、长度不同的化学纤维进行混纺时，因长纤维容易被罗拉钳口握持，而另一端承受加捻，在纺纱张力存在的情况下，有向心压力，使纤维向中心转移；而短纤维离开钳口后，受张力控制较弱而被挤到纱的外层。

（2）纤维细度对转移的影响。两种纤维混纺，如长度相同、细度不同时，因细纤维的抗弯强度小，加捻时容易向纱的中心转移；而粗纤维易向纱的外层转移。

（3）纤维截面形状对转移的影响。天然纤维有固定的截面形状，但化学纤维可制成任意形状的截面，目前有圆形、三角形、五叶形、工字形、六边形等截面形状。当截面形状不同的纤维混纺时，抗弯强度小的纤维易向纱的中心转移。如用圆形截面和三角形截面的纤维混纺，由于圆形截面纤维的抗弯强度比三角形小，故易处于纱的内层；而三角形截面的纤维易分布在纱的外层。

除上述性质外，纤维的初始模量、纤维的卷曲等也影响纤维的转移。纤维在纺纱过程中的转移，除受纤维本身性状影响外，还与纺纱工艺、纺纱线密度、混纺比等因素有关，是一个较为复杂的问题。

在紧密纺纱时，纤维内外转移的能力较小，分布较均匀。

5 化学纤维选配应注意的问题

化学纤维选配的目的是保证生产稳定，成纱质量达到用户要求。化学纤维品种质量差异小，主体成分突出，一般以 1～2 种可纺性好的纤维作为主体成分，含量占总量的 60%～70%。一般采用单唛，也可采用多唛原料，为达到降低成本的目的，也可混入适量回花。

（1）采用单唛原料。

① 单一原料必须质量稳定，可纺性好。

② 单一原料需要有足够的储备量，且供应渠道通畅。

③ 更换原料时必须了机重上。

（2）采用多唛原料。

① 原料接替变动，混纺比不能太大，性能要一致，否则容易产生色差疵点。

② 对原料的混合要求较高。

③ 有光、无光不能混用。

④ 原料变化大时，要做颜色比对试验。

（3）使用化学纤维回花。混并前一般按某种纯化学纤维处理，混并后按某种主体成分的纤维使用，或集中经处理后纺制专纺产品。

【技能训练】

学会化学纤维选配。

【课后练习】

1. 化学纤维选配的依据是什么？如何合理选配化学纤维？

2. 多种成分在传统环锭纺纱系统上混纺时，各类纤维在纱的截面上的转移规律如何？

任务1.4 原料的混合

【工作任务】 1. 混纺纱的混料方法有哪些？试比较其特点。

2. 试选择涤棉、涤黏产品各自的混料方法，并简述理由。

【知识要点】 1. 原料混合的方法与设计。

2. 混料方法选择。

3. 混纺比计算。

化学纤维具有一些优良的物理性能和化学性质。例如,合成纤维一般具有强度高、弹性好、密度小、耐磨及化学性质稳定等特点;但也有弱点,如吸湿性差、摩擦后易产生静电,以及不易染色和可纺性差等。纺纱工艺设计时,应根据产品的不同用途和要求,结合原料资源和成本价格,采用不同化学纤维混纺或化学纤维与棉混纺。但是,由于化学纤维性状间差异大,故易产生混合不匀,不仅使产品物理性能下降,还会造成织物染色不匀。因此,化学纤维与棉及不同化学纤维混纺时,对均匀混合有更高的要求。

1 混合方法

目前采用的混合方法有棉包散纤维混合、条子混合和称重混合等。

1.1 棉包散纤维混合

在开清棉车间,将棉包或化学纤维包放在抓棉机的平台处,用抓棉机进行混合的方法,称为棉包散纤维混合。不同品种、批号的化学纤维或原棉,在原料加工的开始阶段就进行混合,使这些原料经过开清棉各单机和以后各工序的机械加工,进行较充分的混合。但这种混合方法,混纺比例不易控制准确。因为在这种混合方法中,各种成分的混合比例是以包数多少体现的,而当包的松紧、规格不同时,会影响抓取效果,尤其在开始抓包和结束抓包时,混合比例更难控制。

1.2 条子混合

在并条机上,将经过清棉、梳棉、精梳工序加工制成的不同纤维的条子进行混合的方法,称为条子混合。棉型化学纤维与棉混纺时,由于原棉含有杂质和短绒,化学纤维只含有少量疵点而且长度整齐。为了排除原棉中的杂质和短绒,一般采用原棉与化学纤维分别经过清棉、梳棉、精梳工序单独处理后,再在并条机上按规定比例进行条子混合。这种混合方法的优点是混合比例容易掌握,不同原料不同处理,有利于节约原料,减少纤维损伤。但混合不易均匀,管理较麻烦。为了提高混合均匀程度,可采用增加并合道数的方法。

1.3 称重混合

在开清棉车间,将几种纤维成分按混合比进行称重后混合的方法,称为称重混合。例如,过去普遍使用的小量混合方法,将4～6种配棉成分,每一种成分按混棉比例要求分别称重;然后一层层铺放在混棉长帘子上,再喂入下台机器加工。采用这种混合方法,各成分的比例虽准确,但劳动强度大,现已很少使用。近几年制造了自动称量机,可以将纤维按不同混合比例自动称重后铺放在混棉长帘子上,以代替人工的抓取、称重和铺放工作,大大减轻了劳动强度。一般一套开清棉联合机配备三台自动称量机和一台回花给棉机,整套设备的占地面积较大。

13

目前此种混合方法主要用于中长化学纤维的混纺中。但对于某个成分的混合比例在 5%～8% 时,只能将该成分与其中一个混合比例较小的成分采用称重混合方法,先混合后打包使用,这样可确保小比例混合成分在混合后能均匀分布在混用原料中。

2 混纺比的计算

混纺纱中各种纤维的混纺比是指干重的混纺比。由于各种化学纤维以及棉的回潮率不相同,纺纱量应按设计的干混纺比经过计算后进行投料生产。

2.1 棉包散纤维混合或称重混合时的混纺比计算

设各种化学纤维混纺时,实际回潮率 W_i 分别为 W_1,W_2,…,W_n;干重混比 Y_i 分别为 Y_1,Y_2,…,Y_n;各种纤维的湿重混比 X_i 分别为 X_1,X_2,…,X_n。可按下式计算:

$$X_i = \frac{Y_i(1+W_i)}{\sum_{i=1}^{n} Y_i(1+W_i)} \tag{1-1}$$

例如:涤/黏纱设计干混比为 65/35,若涤纶的实际回潮率为 0.4%,黏胶纤维的回潮率为 11%,求两种纤维的湿重混纺比。

解:根据已知数据代入式(1-1),得

$$X_1 = \frac{65 \times (1+0.4\%)}{65 \times (1+0.4\%) + 35 \times (1+11\%)} = 62.68\%$$

$$X_2 = \frac{35 \times (1+11\%)}{65 \times (1+0.4\%) + 35 \times (1+11\%)} = 37.32\%$$

投料时,涤纶应取 62.68%,黏胶纤维取 37.32%。

2.2 条子混合时的混比计算

采用条子混合时,在初步确定条子的根数后,应计算各种混合纤维条子的干定量。

设各种纤维条子的干混比 Y_i 分别为 Y_1,Y_2,…,Y_n;各种纤维条子的干定量 g_i 分别为 g_1,g_2,…,g_n;各种纤维条子的根数 N_i 分别为 N_1,N_2,…,N_n。各种纤维条子的干混比、干定量与根数之间的关系如下式:

$$Y_1 : Y_2 : \cdots : Y_n = g_1 N_1 : g_2 N_2 : \cdots : g_n N_n \tag{1-2}$$

可改写成
$$\frac{Y_1}{N_1} : \frac{Y_2}{N_2} : \cdots : \frac{Y_n}{N_n} = g_1 : g_2 : \cdots : g_n \tag{1-3}$$

例如:涤/棉纱设计混比为 65/35,在并条机上混合,初步确定用 4 根涤纶条子和 2 根棉条喂入头道并条机,涤纶条子的干定量为 18 g/5 m,求棉条的干定量。

解:将已知数据代入式(1-3),得

$$\frac{65}{4} : \frac{35}{2} = 18 : g_2$$

$$g_2 = 19.38(\text{g}/5 \text{ m})$$

即在涤棉混纺时采用 4 根涤条和 2 根棉条混合,棉条干定量为 19.38 g/5 m。

如果是三种纤维混合,也可采用式(1-3)进行计算。如果按所设根数计算出的干定量值过大或过小,可修改预先所设的根数或定量,使之达到合适范围。

3　纤维包排列

纤维包排列是纤维包混合基础,其排列的合理与否决定着纤维包散纤维混合的均匀性。

3.1　圆盘式抓包机纤维包排列

圆盘式抓包机纤维包排列台是相对于抓包机转台的圆环,如图 1-1 所示。由于抓取的打手绕中心做旋转运动时,在指定的一个旋转角度 α 内,中心内环弧长 $A'B'$ 较外环的 AB 短。因此,圆盘式抓包机的打手抓取置于内环的一包纤维时,同时可抓取外环的多包纤维。即置于内环的一包纤维可以均匀地混合到外环的多包纤维中去。按这个原理,排列纤维时,少数包原料置于内环,而多数包原料置于外环,各种原料沿着其放置层圈圆周均匀分布。这样就确保了抓取纤维的打手在抓取混合时,各种纤维混合得充分、均匀。认为将同一种原料的纤维在内外环上交错排列,就能使纤维包混合更均匀,是错误的。因为,纤维块的混合首先要能同时抓取多种成分,其次是在打手完成抓取纤维一周后,各种成分被抓取的时间间隔要均匀。而被抓取的多种成分的纤维块进入输纤管道,在漩涡气流的作用,自然能得到充分均匀的混合。

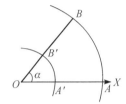

图 1-1　圆盘式抓包机抓取纤维过程图

3.2　往复式抓包机纤维包排列

往复式抓包机抓取纤维时,在两个纤维包排列头尾出现重复抓取的现象。打手的窄带直线式抓取,虽无需像圆盘式抓包机上纤维包排列那样麻烦,但必须考虑打手抓取的重复性。

按打手往复抓取的纤维顺序将纤维包绘制成一个圆圈,如果各种原料沿着圆周排列是均匀的,则可以认为此种纤维包排列是合理的。实际操作时,先绘制一个圆圈,然后画一水平线平分圆周,接着将所需排列的各种纤维包放在上半圆周,然后将上半圆周的各种纤维包对称于水平线画在下半圆周上,其整个圆周上的各种原料的纤维包,与打手往复抓取各种纤维原料一次的情况相同。因此,若在整个圆周上各种成分的纤维包沿圆周排列均匀分散,则纤维包排列是极其合理的。

【技能训练】

计算各种混纺比实例。

【课后练习】

1. 原料混合的方法有哪些? 各自的适用范围如何?

2. 纤维包排列如何实现原料的混合均匀性?

开清棉流程设计及设备使用

1. 理论知识：

（1）了解开清棉工序的任务、工艺流程、发展概况。

（2）掌握开清棉机械的分类，能根据原料特性设计一套开清棉联合机组。

（3）掌握开清棉各单机的机构组成、作用、工艺过程。

（4）掌握开松、除杂、混合和均匀作用的原理、在流程中的设计原则及提高这些作用的相关措施。

（5）掌握工艺调节参数及调整方案、质量控制。

（6）了解开清棉工序中各主机之间的连接方式。

2. 实践技能： 能完成开清棉工艺设计、质量控制、操作及设备调试。

3. 方法能力： 培养学生的分析归纳能力，提升总结表达能力，训练动手操作能力，建立知识更新能力。

4. 社会能力： 培养学生的团队合作意识，形成协同工作能力。

☞ 项目导入

将原棉或各种短纤维加工成纱需经过一系列纺纱过程，开清棉是棉纺工艺过程的第一道工序。原棉或化纤是以紧压成包的形式进入纺纱厂的，原棉中还含有较多的杂质和疵点。因此，开清棉工序的主要任务如下：

（1）开松。通过开清棉联合机各单机中的角钉、打手的撕扯和打击作用，将棉包或化纤包中压紧的块状纤维松懈成小棉束，为除杂和混合创造条件。

（2）除杂。在开松的同时去除原棉中 $50\%\sim60\%$ 的杂质，尤其是棉籽、籽棉、不孕籽、砂土等大杂。

（3）混合。将各种原料按配棉比例充分混合。

（4）均匀成卷。制成一定规格（即一定长度和质量，结构良好，外形正确）的棉卷或化纤卷，以满足搬运和梳棉机的加工需要。在采用清梳联合机的情况下，则不需成卷，而是直接输出棉流到梳棉机的储棉箱中。

以上各项任务是相互关联的。要清除原料中的杂质疵点,就必须破坏它们与纤维之间的互相联系,为此就应该把原料松懈成尽量小的纤维束。因此,本工序的首要任务是开松原料,原料松懈得愈好,除杂与混合的效果愈好。但开松过程中应尽量减少纤维的损耗、杂质的碎裂和可纺纤维的下落。

任务 2.1 典型流程特点分析

【工作任务】1. 列出开清棉工序的任务。
　　　　　　2. 分析开清棉典型流程特点。
【知识要点】1. 开清棉机械的分类。
　　　　　　2. 开清棉典型工艺流程。

1　开清棉机械的类型

在开清棉工序中,为完成开松、除杂、混合、均匀成卷四大作用,开清棉联合机由各种作用的单机组成,按机械的作用特点以及所处的前后位置,可分为下列几种类型:

(1)抓棉机械。如自动抓棉机,可从许多棉包或化纤包中抓取棉块和化纤,喂给前面的机械。它具有扯松与混合的作用。

(2)棉箱机械。如自动混棉机、多仓混棉机、双棉箱给棉机等。这些机械都具有较大的棉箱和一定规格的角钉机件。输入的原料在箱内进行比较充分的混合,同时利用角钉把原料扯松,并尽量去除较大的杂质。

(3)开棉机械。如六辊筒开棉机、豪猪开棉机、轴流式开棉机等。它们的主要作用是利用打手机件对原料进行打击、撕扯,使原料进一步松解,并去除杂质。

(4)清棉,成卷机械。如单打手成卷机。它的主要作用是以比较细致的打手机件,使输入原料获得进一步的开松和除杂,再利用均棉机构及成卷机构制成比较均匀的棉卷或化纤卷。采用清梳联合机时,则输出均匀的棉流,供梳棉机加工使用。

(5)辅助机械。如凝棉器、配棉器、除金属装置、异纤清除器等。

以上各类机械通过凝棉器和配棉器连接,组合成开清棉联合机。

2　开清棉机械的发展和典型工艺流程

20 世纪 50 年代初期,我国自行设计制造了多种类型的开清棉机械,如 54 型、58 型开清棉联合机等。20 世纪 60 年代到 70 年代,又成批生产了多种按不同要求系列化的第二代开清棉机械,如 LA001 型～LA007 型开清棉联合机,以及不成卷的清棉与流棉连接的 LA011 型和 LA012 型开清棉联合机等。为了加速我国棉纺工业的现代化,从 20 世纪 80 年代开始,研制了具有国际水平且适合我国国情的第三代开清棉设备-FA 系列。

目前,国内清梳设备主要生产企业有郑州宏大纺织机械有限公司、青岛宏大纺织机械有限公司、江苏金坛纺织机械总厂等。他们吸收国际先进纺织机制造商如德国特吕茨勒、瑞士立达的设计和制造经验,结合我国国情,生产的成套开清棉联合机,其主要技术水平达到或接近 20 世纪 90 年代中后期的国际先进水平。这些设备普遍应用可编程(PLC)或计算机控制、变频调速或多电机传动等,极大地提升了我国开清棉设备的制造水平。

综观开清棉的过去和现在,发展趋势大致是:提高单机的开松作用和除杂效果,减少纤维的损伤,增加混合作用,提供混合比例的准确度,进一步实现工艺流程自动化、连续化,提高流程的适应性,向清梳联方向发展。

下面介绍传统的开清棉(成卷)工艺流程:

2.1 加工棉纤维

(1) LA004 型开清棉联合机工艺流程。

A002D 型自动抓棉机(2 台)→A006B(附 A045 型凝棉机)→A034 型六辊筒开棉机(附 A045 型凝棉器)→A036 型豪猪式开棉机(附 A045 型凝棉器)→A036B 型豪猪式开棉机(附 A045 型凝棉器)→A062 型电器配棉器(2 路或 3 路)→A092A 型双棉箱给棉机(2~3 台,附 A045 型凝棉器)→A076A 型单打手成卷器(2~3 台)。

(2) FA 系列棉纺开清棉流程。

FA002 型自动抓棉机(2 台并联)→FA121 型除金属杂质装置→FA104A 型六辊筒开棉机(附 A045 型凝棉器)→FA022 型多仓混棉机→FA106 型豪猪式开棉机(附 A045 型凝棉器)→FA107 型豪猪式开棉机(附 A045 型凝棉器)→A062 型电器配棉器(2 路)→A092AST 型振动式双棉箱给棉机(2 台,附 A045 型凝棉器)→FA141 型打手成卷机(2 台)。

2.2 加工化纤纤维

(1) 郑州纺制机械股份有限公司开清棉流程。

FA002A 型圆盘抓棉机(2 台并联)→AMP3000 金属火星及重杂物三合一探除器→FA051A 型凝棉器→FA028B 型多仓混棉机→FA111A 型单辊筒清棉机→FA134 型振动棉箱给棉机→FA141 型单打手成卷机(或 A076F 型成卷机)(3 台)。

(2) 江苏金昇实业股份有限公司开清棉流程。

FA002 型圆盘抓棉机(2 台并联)→MT-902 型金属探测器→119AⅡ火星探除器→SFA035F 型混开棉机(FA030 型凝棉器)→FA106A 型豪猪开棉机(FA030 型凝棉器)→JFA001A 两路分配器→SFA161 型自动给棉机(FA030 型凝棉器)→FA146 成卷机(2 台并联)。

3 现代开清棉技术的特点

(1) 精细抓棉。要求抓取的棉束尽量小而均匀,为其他机台的开松、除杂、混合以及均匀创造良好的条件。

(2) 多仓混棉。采用多仓混棉机,增大储棉量,实现棉流长片段大范围之间的均匀混合。

(3) 柔和开松。采用各种新型打手,辅之以弹性握持,进行柔和开松。

(4) 自调匀整。采用自调匀整装置,灵敏度高,匀整效果显著。

(5) 机电一体化。将机械设备与电气控制技术、流体控制技术、传感器技术有机结合,实现了生产过程中的在线监测和自动控制。

(6) 短流程。采用混开棉机、单道豪猪开棉机。

【技能训练】

开清棉典型流程特点分析。

【课后练习】

　　1. 试述开清棉工序的任务。

　　2. 试述开清棉联合机组主要包括哪些设备？这些设备的主要作用是什么？

任务2.2　抓棉机类型及使用

【工作任务】1. 作抓棉机的机构图。

　　　　　　2. 讨论提高环形式抓棉机混棉效果的工艺要点。

【知识要点】1. 抓棉机的结构及工艺过程。

　　　　　　2. 抓棉机的开松作用及影响因素。

　　　　　　3. 抓棉机的混合作用及影响因素。

　　　　　　4. 抓棉机主要工艺参数设置。

　　抓棉机是开清棉联合机的第一台设备,它的主要作用是按照确定的配棉成分和一定的比例抓取原料。原料经抓棉机械的打手抓取后,以棉流的形式送入下一机台,具有初步的开松和混合作用。抓棉机的机型较多,按其运动特点可分为两类：一类为环形式;另一类为往复式。它们的工作原理基本相同,在结构上都要满足多包抓取、连续抓取、安全生产、均衡供应的工作要求。

1　抓棉机机构与原理

1.1　FA002 型环行式自动抓棉机

　　(1) FA002 型环行式自动抓棉机的机构和工艺过程。

　　图 2-1 所示为 FA002 型环行式自动抓棉机外形图。

　　FA002 型环行式自动抓棉机适于加工棉、棉型化纤和中长化纤,其机构如图 2-2 所示,主要由抓棉小车 3、伸缩管 2、内外圈墙板 5 和 6、输棉管道 1 和地轨 7 等机件组成。抓棉小车由抓棉打手 4 和肋条 8 等组成。

图 2-1　FA002 型环行式自动抓棉机外形

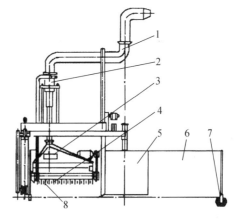

图 2-2　FA002 型环行式自动抓棉机机构

1—输棉管道；2—伸缩管；3—抓棉小车；4—抓棉打手；
5—内圈墙板；6—外圈墙板；7—地轨；8—肋条

棉包放在圆形地轨内侧的抓棉打手的下方。抓棉小车沿地轨做顺时针环行回转,它的运行和停止由前方机台棉箱内的光电管控制。当前方机台需要原棉时,小车运行;前方机台不需要原棉时,小车就停止运行,以保证均匀供给。同时,小车每回转一周,间歇下降一定距离,由齿轮减速电机通过链轮、链条、四只螺母、四根丝杆传动。小车运行到上、下极限位置时,受限位开关的控制。抓棉小车运行时,抓棉打手同时做高速回转,借助肋条紧压棉包表面,锯齿刀片自肋条间均匀地抓取棉块。抓取的棉块由前方机台凝棉器风扇或输棉风机所产生的气流吸走,通过输棉管道落入前方机台的棉箱内。

打手高速转动时,拖动离心开关。运行中若打手绕花而降速时,离心开关触点分离,行车电动机停止转动,打手定位,则抓不到原料;若打手速度回升,离心开关闭合,行车电动机启动,打手恢复抓取原料。

和 A002D 型相比,FA002 型抓棉机的最大特征是可以并联抓取,使它的开松、混合质量明显改善。

抓棉打手结构如图 2-3 所示,由锯齿形刀片、隔盘(共 31 片)和打手轴等组成。每个隔盘上的刀片数由内向外分为三组:里面一组(1～12 片)9 齿/片;中间一组(13～20 片)12 齿/片;外面一组(21～31 片)15 齿/片。其作用是补偿打手径向抓棉的差异,力求均衡。锯齿刀片的刀尖角为 60°,对原料的抓取角(刀片工作面与刀片顶点和打手中心连线之间的夹角)为 10°。

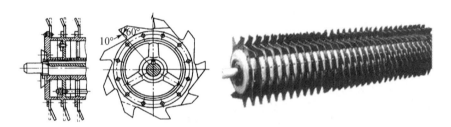

图 2-3　抓棉打手结构

(2)几种圆盘式抓棉机的技术特征。

国产圆盘式抓棉机的主要技术特征见表 2-1。

表 2-1　国产圆盘式抓棉机的主要技术特征

机型	A002A	A002C	A002D	FA002
产量[kg/(台·h)]	800	800	800	800
堆放棉包质量(kg)	2 000	2 000	2 000	4 000(2 台)
外圈墙板直径(mm)	无	4 760	4 760	4 760
内圈墙板直径(mm)	1 300	1 300	1 300	1 300
内圈墙板形式	固定式	转动式	转动式	转动式
小车运转速度(r/min)	1.7, 2.3	1.7, 2.3	1.7, 2.3	0.59～2.96
打手直径(mm)	385	385	385	385
打手转速(r/min)	740	740	710	740
打手刀片形式	U 形	U 形	锯齿刀片	锯齿刀片
刀片刀尖角	50°	50°	60°	60°

机型	A002A	A002C	A002D	FA002
刀片抓取角	10°	10°	10°	10°
刀片排列方式	8 排交叉	8 排交叉	31 片组合	31 片组合
刀片伸出肋条距离(mm)	0～10	2.5～7.5	2.5～7.5	2.5～7.5
刀片与地面距离(mm)	最高 1 080,最低 20		最高 1 110,最低 30	
打手每次下降距离(mm)	1.5～6	3～6	3～6	3～6
功率(kW)	2.3	3, 0.25, 0.55	3, 0.25, 0.5	4.17

1.2　FA006 型、FA009 型系列往复式抓棉机

（1）FA006 型往复式抓棉机的机构和工艺过程。

FA006 型往复式抓棉机的外形和机构如图 2-4 所示,主要由抓棉小车、转塔、抓棉器、打手、压棉罗拉、输棉通道、地轨及电气控制柜等组成,适于加工各种原棉和长度为 76 mm 以下的化学纤维。

（a）外形图

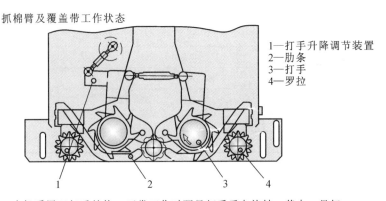

1—打手升降调节装置
2—肋条
3—打手
4—罗拉

本机采用双打手结构,正常工作时两只打手反向旋转,其中一只打手的旋转方向总是与小车运动方向相反,压棉罗拉与小车运动方向一致。风道覆盖带为无拖动卷绕式,采用力矩电机控制,使覆盖带无摩擦运行,显著延长使用寿命

（b）机构简图

图 2-4　FA006 型往复式抓棉机外形和机构

抓棉器内装有两只抓棉打手 3 和三根压棉罗拉 4。打手刀片为锯齿形,刀尖排列均匀。压棉罗拉有两根分布在打手外侧,一根在两打手之间。抓棉小车通过四个行走轮在地轨上做双向往复运动。同时,间歇下降的抓棉打手高速回转,对棉包顺序抓取。被抓取的棉束经输棉管道,通过前方凝棉器或输棉风机的抽吸作用,送入前方机台棉箱内。

FA006 系列抓棉机单侧可放置 50 个棉包,它采用间歇下降的双锯齿刀片打手,随抓棉小车做往复运动,对棉包顺序抓取。其间歇下降量可在 0.1～19.9 mm/次范围内无级调节,抓取棉束小而均匀,平均质量为 30 mg,且棉束的离散度小,有利于后续进一步的开松和均匀混合。在 FA006 基本型基础上开发的 FA006A 型往复式抓棉机还具有分组抓取功能,可处理相隔排放的不同原料,可同时纺多个品种,供应一至两条开清棉生产线。FA006B/C 型往复式抓棉机更具有棉包自动找平、抓棉器打手倒挂装置、抓棉臂下降量数字精确控制功能。小车行走、压棉罗拉、转塔旋转三电机变频传动,调整简单,稳定可靠。使用打手倒挂装置,使两只打手的高低位置根据抓棉方向的变化自动调节,始终保持前低后高。这样,两只打手在工作时的负荷基本相当,减少抓取棉束的离散度,降低了纤维损伤。此外,所有工艺参数都可在电气操作台控制面板上方便地进行设定和更改。

(2) 几种往复式自动抓棉机的技术特征。

几种往复式抓棉机的技术特征见表 2-2。

表 2-2　几种往复式抓棉机的技术特征

机型	FA006	FA006A	FA006(B/C)		FA009	
工作宽度(mm)	1 720	1 720	2 300		1 720	2 300
最高产量[kg/(台·h)]	1 000	1 000	1 500		1 000	1 500
单侧堆放棉包数	约 50 包	约 50 包	约 80 包		约 50 包	约 80 包
工作高度(mm)	1 600	1 700	1 775		1 720	
打手形式	双打手,锯齿刀片				双打手,锯齿刀片	
打手直径(mm)	300		250		280	
打手转速(r/min)	1 440				1 650	
打手间歇下降量(mm/次)	0.1～19.9,连续可调				0.1～20.0,连续可调	
工作行走速度(m/min)	12		5～15,变频调速		2～16,可调	
压棉罗拉直径(mm)	共 3 只,130、116、130				—	
棉包找平功能	无		有		有	
抓棉器回转	手动		自动		自动	
小车行走记忆	无	有	有		有	
分组抓棉功能	无	有	有		有	

2　自动抓棉机工艺配置

自动抓棉机的工艺原则是在保证供应的前提下,尽可能"少抓勤抓",以利于混合与除杂,抓棉机的运转率争取达到 90% 以上。

(1) 影响抓棉机开松作用的主要工艺参数。

① 打手刀片伸出肋条的距离。此距离大时,抓取的棉块大,开松作用降低,刀片易损坏。

为提高开松作用,打手刀片伸出肋条的距离不宜过大,控制在 1~6 mm 为较好(偏小掌握)。

　　② 抓棉打手间歇下降的距离。下降距离大时,抓棉机产量高,但开松作用降低,动力消耗增加。一般为 2~4 mm/次(偏小掌握)。

　　③ 打手转速。转速高时,刀片抓取的棉块小,开松作用好;但打手转速过高,抓棉小车震动过大,易损伤纤维和刀片。一般,FA002 打手转速为 700~900 r/min;FA006 为 1 000~1 200 r/min。

　　④ 抓棉小车运行速度。适当提高小车运行速度,单位时间内抓取的原料成分增多,有利于混合,同时产量提高。一般为 1.7~2.3 r/min。

　　(2) 影响抓棉机混合作用的主要工艺因素。

　　抓棉小车运行一周按比例顺序抓取不同成分的原棉,实现原料的初步混合。影响抓棉机混合效果的工艺因素如下:

　　① 合理编制排包图和上包操作。编制排包图时,对相同成分的棉包要做到"横向分散、纵向错开",保持打手轴向并列棉包的质量相对均匀。此外,对于圆盘抓棉机,小比例成分的纤维包原料置于内环,而大比例成分的纤维包原料置于外环,一般排 24 包。当棉包高低、长短、宽窄差异较大时,要合理搭配排列。

　　上包时应根据排包图上包,如棉包高低不平时,要做到"削高嵌缝、低包松高、平面看齐"。混用回花和再用棉时,也要纵向分散,由棉包夹紧或打包后使用。

　　② 提高小车的运转率。为了达到混棉均匀的目的,抓棉机抓取的棉块要小,所以在工艺配置上应做到"勤抓少抓",以提高抓棉机的运转率。

　　提高小车运行速度、减少抓棉打手下降动程,以及打手刀片伸出肋条的距离,是提高运转率行之有效的措施。提高抓棉机的运转率,对以后工序的开松、除杂和棉卷均匀度都有益。抓棉机的运转率一般要求达到 90% 以上。

【技能训练】

　　作抓棉机的机构简图,讨论提高抓棉机混棉效果的工艺要点。

【课后练习】

　　1. 自动抓棉机有哪几种形式? 试说明圆盘抓棉机的"勤抓少抓"工艺。

　　2. 试分析影响 FA002 型自动抓棉机开松作用、混合作用的因素。

任务 2.3　混棉机类型和混棉原理

【工作任务】 1. 作混棉机的机构图。

　　　　　　 2. 目前混棉机械的混棉方式主要有哪些? 指出其代表机型。比较几种不同混棉机的工作原理。

　　　　　　 3. 讨论混合效果评价方法。

【知识要点】 1. 混棉机的分类、各种混棉机的机构及工艺过程。

　　　　　　 2. 各种混棉机的混合原理。

　　　　　　 3. 混棉机工艺设计与参数调整。

混棉机械的主要作用是混合原料，其位置靠近抓棉机械。混棉机械的共同特点是都具有较大的棉箱和角钉机件。利用棉箱可对原料进行混合，利用角钉机件可对原料进行扯松、去除杂质和疵点。国产棉箱机械主要有以下几种型号：

1 混棉机机构及原理

1.1 FA022型多仓混棉机

（1）FA022型多仓混棉机的机构和工艺流程。

FA022型多仓混棉机适于各种原棉、棉型化纤和中长化纤的混合。该机有6仓、8仓和10仓之分，其6仓机构如图2-5所示。输棉风机1将后方机台的原料抽吸过来，经过进棉管2进入配棉道6，顺次喂入各储棉仓4。各储棉仓顶部均有活门5，前后隔板的上半部分均有网眼小孔隔板8。当空气带着纤维进入储棉仓后，空气从小孔逸出，经回风道3进入下部混棉道12。与此同时，网眼板将纤维凝聚并留在仓内，使纤维与空气分离。凝聚的纤维在后续纤维重力、惯性力及空气静压力的作用下，不断地从网眼板的上方滑向下方，充实储棉仓的下部。这样，仓内的储料不断增高，网眼小孔逐渐被纤维遮住，有效透气面积逐渐减小，仓内及配棉道内的气压逐步增高。当仓内储料达到一定高度，配棉道内气压（静压）上升到一定数值时，压差开关发出满仓信号（也有采用仓顶安装光电管来检测仓内储料是否满仓），由仓位转换气动机构进行仓位转换，本仓活门关闭，下一仓活门自动打开，原料喂入转至下一仓；如此，逐仓喂料，直到充满最后一仓为止。在第二仓位观察窗7的1/3～1/2高度处装有光电管9，监视着仓内纤维的存量高度。当最后一仓被充满时，若第二仓内纤维存量不多，原料高度低于光电管位置，则喂料就转回第一仓位；后方机台继续供料，使多仓混棉机进入下一循环的逐仓喂料过程。若最后一仓被充满时，第二仓内纤维存量较多，存料高度高于光电管位置，则后方机台停止供料，同时关闭进棉管中的总活门14，但输棉风机仍然转动，气流经旁风道管15进入垂直回风道，最后由混棉道逸出。待仓内存量高度低于光电管位置时，光电管装置发出信号，总活门打开，后方机台又开始供料，重复上述喂料过程。这样，储棉仓的高度总是保持阶梯状分布。在各仓底部均有一对给棉罗拉10和一只打手11，原料经开松后落入混棉道12，顺次叠加在一起完成混合作用，然后被前方气流吸走。

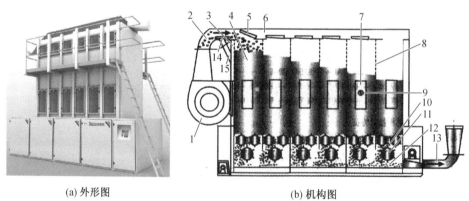

(a) 外形图　　　　　　　　　　(b) 机构图

图2-5　FA022型多仓混棉机

1—输棉风机；2—进棉管；3—回风道；4—储棉仓；5—活门；6—配棉道；7—观察窗；8—隔板；9—光电管；10—给棉罗拉；11—打手；12—混棉道；13—出棉管；14—总活门；15—旁风道管

（2）FA022 型多仓混棉机的混合特点。

① 时间差混合。FA022 型多仓混棉机的混合作用主要是依靠各仓进棉时间差来达到混合的目的。其工作原理概括为"逐仓喂入、阶梯储棉、不同时输入、同步输出、多仓混合"，即不同时间先后喂入本机各仓的原料，在同一时刻输出，以达到各种纤维混合的目的。

② 大容量混合。FA022 型多仓混棉机的容量为 440～600 kg，约为 A006BS 型自动混棉机容量的 15 倍，所以混合片段较长，是高效能的混合机械。为了增大多仓混棉机的容量，除了增加仓位数外，FA022 型多仓混棉机还采用了正压气流配棉，气流在仓内形成正压，使仓内储棉密度提高，储棉量增大。

③ FA022 型多仓混棉机的技术特征见表 2-3。

表 2-3　FA022 型多仓混棉机的技术特征

机型			FA022-6	FA022-8	FA022-10
产量[kg/(台·h)]			500	600	700
机幅(mm)			1 400		
打手	形式		六翼齿形钢板		
	直径(mm)		420		
	转速(r/min)		260,330		
罗拉	形式		六翼钢板		
	直径(mm)		200		
	转速(r/min)		0.1, 0.2, 0.3		
输棉风机	直径(mm)		500		
	转速(r/min)		1 200, 1 440, 1 728		
罗拉间隔距(mm)			30		
罗拉与打手间隔距(mm)			11		
总功率(kW)			12.2		

1.2　FA025 型多仓混棉机

（1）FA025 型多仓混棉机的机构和工艺过程。

FA025 型多仓混棉机的结构如图 2-6 所示。上一机台输出的棉流经顶部输棉风机吸入喂棉管道 1，在导向叶片的作用下，均匀喂入六只棉仓 2，气体则由棉仓上网眼板排出。各仓原棉在弯板处转 90°后叠加在水平输棉帘 7 上，向前输送，受角钉帘 5 的逐层抓取作用而撕扯成小棉束并输出。均棉罗拉 4 回击过厚的棉块，使之落入小棉箱 3 内，产生细致混合。剥棉罗拉 6 剥取角钉帘上的棉束并喂入下一机台。

（2）FA025 型多仓混棉机的混合特点。

① 时差混合。同时输入、六层并合、不同时输出，依靠路程差产生的时间差，从而实现时差混合。

② 三重混合。在水平输棉帘、角钉帘及小棉箱三处产生三重混合作用，因而能实现均匀细致的混合效果。

③ FA025 型多仓混棉机的主要技术特征见表 2-4。

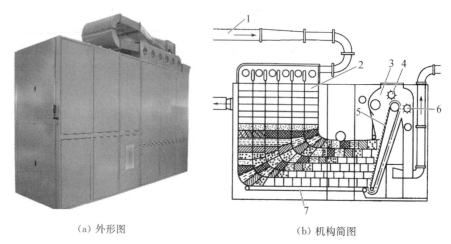

（a）外形图　　　　　　　　　　　（b）机构简图

图 2-6　FA025 型多仓混棉机

1—输棉管道；2—棉仓；3—小棉箱；4—均棉罗拉；5—角钉帘；6—剥棉罗拉；7—输棉帘

表 2-4　FA025 型多仓混棉机的主要技术特征

项目	技术特征	项目	技术特征
产量[kg/(台·h)]	150～600	均棉罗拉至角钉帘隔距(mm)	15～39
机幅(mm)	1 200	剥棉罗拉至角钉帘隔距(mm)	3～16
仓数	6	输棉风机风量(m³/s)	1.1
水平帘线速度(m/min)	0.23～0.79	配棉头可调角度	0°，−5.5°，+5.5°，+8.5°，+14°
角钉帘线速度(m/min)	60～100	功率(kW)	3.31

1.3　A006B 型、FA016A 型自动混棉机

（1）A006B 型自动混棉机的机构和工艺流程。

A006B 型自动混棉机的机构如图 2-7 所示。该机一般位于自动抓棉机的前方，与凝棉器联合使用。原料靠储棉箱上方的凝棉器 1 吸入本机,通过翼式摆斗 2 的左右摆动,将棉块横向往复铺放在输棉帘 5 上,形成一个多层混合的棉堆。压棉帘 13 将棉堆适当压紧,因其速度和输棉帘相同,故棉堆被两者上下夹持而喂给角钉帘 7。角钉帘对棉堆进行垂直抓取,并携带棉块向上运动,当遇到压棉帘的角钉时,由于角钉帘的线速度大于压棉帘,于是棉块在两帘子之间受到撕扯作用,从而获得初步开松。被角钉帘抓取的棉块向上运动时,与均棉罗拉 12 相遇,因均棉罗拉的角钉与角钉帘的角钉运动方向相反,棉块在此处既受撕扯作用又受打击作用。较大的棉块被撕成小块,一部分被均棉罗拉击落在压棉帘上,重新送回储棉箱与棉堆混

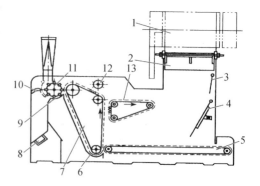

图 2-7　A006B 型自动混棉机机构简图

1—凝棉器；2—摆斗；3—摇栅；4—混棉比斜板；
5—输棉帘；6—尘棒；7—角钉帘；8—磁铁；
9—尘格；10—间道隔板；11—剥棉打手；
12—均棉罗拉；13—压棉帘

合;一部分小而松的棉块被角钉帘上的角钉带出,由剥棉打手 11 击落在尘格 9 上。在打手和尘棒的共同作用下,棉块松解成小块后输入前方机械,继续加工;而棉块中部分较大的杂质如棉籽、籽棉等,通过尘棒间隙下落。

均棉罗拉与角钉帘之间的隔距可根据需要进行调节,使角钉帘上的棉块经均棉罗拉作用后,可以输出较均匀的棉量。储棉箱内的摇栅 3(或光电管)能控制棉箱内的储棉量。当储棉量超过一定高度时,通过电气系统使抓棉小车停止运行,停止给棉;反之,当棉箱内的储棉量低于一定水平时,电气系统使抓棉小车运行,继续给棉。在出棉部分装有间道装置,可以根据工艺要求改变出棉方向。间道隔板 10 位于虚线位置时为上出棉,位于实线位置时为下出棉。A006C 型自动混棉机用于纺化纤,只有上出口。下出棉口有磁铁 8,用以吸除原棉中的部分铁杂,以防事故发生。

(2) A006B 型自动混棉机的混合作用特点。

A006B 型自动混棉机主要利用"横铺直取、多层混合"的原理来达到均匀混合的目的。这种方法不仅可使角钉帘在同一时间内抓取的棉块能包含配棉所规定的各种成分,而且可使自动抓棉机喂入的各种成分原棉之间在较长片段上得到并合与混合。图 2-8 所示为棉层的铺放情况,图中 z 方向是水平帘的喂棉方向,x 方向是棉层的铺放方向,y 方向是角钉帘垂直运动的抓取方向。

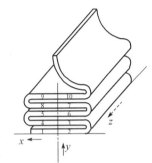

图 2-8　棉层铺放示意图

(3) A006B 型自动混棉机的主要技术特征见表 2-5。

表 2-5　A006B 型自动混棉机的主要技术特征

项目	技术特征	项目		技术特征
产量[kg/(台·h)]	600~800	尘棒形式		扁钢尘棒
机幅(mm)	1 060	尘棒根数		19
输棉帘线速度(m/min)	1, 1.25, 1.5, 1.75	扁钢尘棒间隔距(mm)		10
压棉帘线速度(m/min)	1, 1.25, 1.5, 1.75	剥棉打手与尘棒处隔距(mm)	进口	10~15
角钉帘线速度(m/min)	60, 70, 80, 100		出口	12~20
均棉罗拉直径(mm)	260	压棉帘与角钉帘隔距(mm)		60~80
均棉罗拉转速(r/min)	200	角钉帘与均棉罗拉隔距(mm)		40~80
剥棉打手直径(mm)	400	摆斗摆动次数(次/min)		19~25
剥棉打手转速(r/min)	430	全机总功率(kW)		1.57

(4) FA016A 型自动混棉机。

该机是在传统的 A006 系列混棉机基础上改进设计的。它利用横铺直取的原理进行混棉,在出口处为双打手,即圆柱角钉打手和 U 形刀片打手,在混棉的同时加强了开松作用,并带有自动吸落棉装置。本机还可加装回花帘子,用于人工喂棉。其机构如图 2-9 所示。

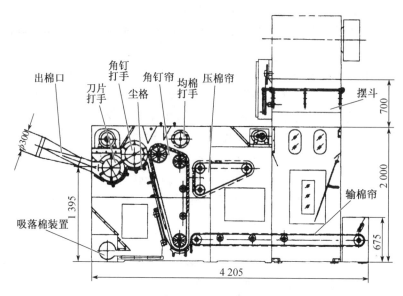

图 2-11　FA016A 型自动混棉机机构简图

2　混棉机工艺设置

以 A006B 型自动混棉机为例说明混棉机的工艺配置。

A006B 型自动混棉机的主要任务是对原料进行混合,并伴有初步的开松、除杂作用。

(1) A006B 型自动混棉机的混合作用及工艺影响因素。

A006B 型自动混棉机的混合原理是"横铺直取、多层混合",混合效果由棉层的铺层数决定。影响混合作用的主要因素有:①摆斗的摆动速度;②输棉帘的输送速度。

加快摆斗的摆动速度和减慢输棉帘速度,均可增加铺放的层数,混合效果好。为了使棉箱内的多层棉堆外形不被破坏,便于角钉帘抓取全部配棉成分,在棉箱内的后侧装有混棉比斜板。当输棉帘的速度加快时,混棉比斜板的倾斜角也增大。倾斜角一般在 22.5°~40.0°范围内调整,倾斜角过大,则影响棉箱中的存棉量。另外,棉箱内存棉量的波动要小,以保证均匀出棉。

(2) A006B 型自动混棉机的开松作用及工艺影响因素。

A006B 型自动混棉机的开松作用,主要是利用角钉等机件对棉块进行撕扯和自由打击来实现的,对纤维损伤小,杂质也不易破碎。本机的开松作用主要发生在四个部位:①角钉帘对压棉帘与输棉帘夹持的棉层的加速抓取;②角钉帘与压棉帘间的撕扯;③均棉罗拉与角钉帘间的撕扯;④剥棉打手对角钉帘上棉块的剥取打击开松。

以上开松部位,除第一点为一个角钉机件的扯松作用外,其余均为两个角钉机件间的撕扯作用。

影响 A006B 型自动混棉机开松作用的主要工艺参数有:

① 两角钉机件间的隔距。主要是均棉罗拉与角钉帘间的隔距和压棉帘与角钉帘间的隔距。它们间隔距小,开松作用好。减小隔距还可以使出棉稳定,有利于均匀给棉。在保证前方供应的情况下,取隔距较小为宜。但隔距减小后,通过棉量少,机台产量低,所以在减小隔距的

同时需增加角钉帘的速度。角钉帘与压棉帘的隔距一般为 40~80 mm,角钉帘与均棉罗拉的隔距一般为 20~60 mm。

② 角钉帘和均棉罗拉的速度。提高角钉帘的速度,产量增加;但单位长度上受均棉罗拉的打击次数减少,开松作用有所减弱。一般通过变换角钉帘的运行速度来调节自动混棉机的产量。均棉罗拉加速后,棉块受打击的机会增多,同时打击力增加,开松效率提高。角钉帘与均棉罗拉间的速比,称为均棉比。应使均棉比保持适当的关系。

③ 角钉帘的倾斜角与角钉密度。减小角钉帘的倾角,角钉对棉块的抓取力增大,有利于角钉帘的抓取,棉块也不易被均棉罗拉击落;但角度过小时会影响抓取量。角钉密度是指单位面积上的角钉数,常用角钉的"纵向齿距×横向齿距"表示。植钉密度过小,开松次数减少,棉块易嵌入钉隙之间;但密度过大时,棉块易浮于钉尖表面而被均棉罗拉击落,影响开松与产量。A006B 型混棉机的角钉帘的植钉密度为 64.5 mm×38 mm。

综上所述,在保证产量的前提下,为加强开松作用,需加快均棉罗拉的转速,适当加快角钉帘的速度,缩小均棉罗拉与角钉帘的距离。因角钉帘与压棉帘的扯松作用发生在均棉罗拉之前,所以其隔距应比角钉帘与均棉罗拉的隔距大些。为了保证棉箱内原棉的均匀输送,输棉帘与压棉帘的速度应相同。因角钉帘的速度决定机台产量,应首先选定。

(3) 自动混棉机的除杂作用及工艺影响因素

自动混棉机的除杂作用主要发生在角钉帘下方的尘格和剥棉打手下方的尘格两个位置。影响自动混棉机除杂作用的因素主要有以下几点:

① 尘棒间的隔距。为了充分排除棉籽等大杂,尘棒间的隔距应大于棉籽的长直径,一般为 10~12 mm。适当增大此隔距,对提高落棉率和除杂效率有利。

② 剥棉打手和尘棒间的隔距。此处隔距对开松、除杂作用均有影响,一般采用"进口小、出口大"的配置原则。进口小可增强棉块在进口处的开松作用。随着棉块逐渐松解,体积逐步增大。此隔距一般进口为 8~15 mm,出口为 10~20 mm,可随加工需要进行调整。

③ 剥棉打手的转速。打手转速的高低,直接影响棉块的剥取和棉块对尘格的撞击作用,对开松和除杂均有影响。转速过高,会出现返花,且因棉块在打手处受重复打击和过度打击,易形成索丝和棉团。剥棉打手的转速一般采用 400~500 r/min。

④ 尘格包围角与出棉形式。当采用上出棉时,尘棒包围角较大,由于棉流经剥棉打手输出形成急转弯,可利用惯性除去部分较大、较重的杂质,但同时需要增加出棉风力。当采用下出棉(即与六辊筒开棉机连接)时,尘格包围角较小,对除杂作用略有影响。

【技能训练】

1. 作混棉机的机构图。

2. 在实训基地或企业收集混棉机工艺,了解混合作用的主要影响因素。

【课后练习】

1. 说明 FA016A 型自动混棉机的组成与工艺过程,其开松方式有何特点?其混合方式有何特点?其开松点与除杂点发生在机器何处?如何调节?

2. 说明 FA022 型多仓混棉机的组成和工艺过程,其混合方式有何特点?如何提高其混合效果?

3. 说明 FA025 型多仓混棉机的组成和工艺过程,其混合方式有何特点? 如何提高其混合效果?

4. FA022 型多仓混棉机与 FA025 型多仓混棉机在混合方式、开松纤维方式上有何不同?

5. 如何评价混合效果?

任务 2.4 开棉机类型及工艺

【工作任务】1. 作开棉机的机构图。

2. 比较不同开棉机的工作原理(开松、除杂作用原理、气流规律、除杂控制)。

3. 比较不同开棉机的工艺参数设置与调整。

4. 讨论开松除杂效果评价。

【知识要点】1. 开棉机的分类、各种开棉机的机构及工艺过程。

2. 各种开棉机的开松除杂原理。

3. 开棉机工艺设计与参数调整。

开棉机械的共同特点是利用高速回转机件(打手)的刀片、角钉或针齿对原料进行打击、分割或分梳,使之得到开松和除杂。开棉机械的打击方式有两种:一是原料在非握持状态下经受打击,称为自由打击,如多辊筒开棉机、轴流开棉机等;二是原料在被握持状态下经受打击,称为握持打击,如豪猪式开棉机等。在开清棉联合机的排列组合中,一般先排自由打击的开棉机,再排握持打击的开棉机。

开棉机械的除杂是在打手的周围安装由若干尘棒组成的栅状尘格来完成的,受高速回转的打手作用后的纤维和杂质被投向尘格并与尘棒相撞,纤维块被尘棒滞留,杂质则从尘棒间隙下落。

1 六辊筒开棉机

1.1 FA104A 型、FA104 型六辊筒开棉机的机构和工艺流程

FA104A 型六辊筒开棉机的机构如图 2-12 所示。1 为辊筒,共有六个,直径均为 455 mm。每个辊筒上有四排角钉,每排 7~8 只角钉。辊筒转速自下而上逐渐加大。辊筒下方的尘格 2 采用振动式扁钢尘棒,尘棒间距可以调节。相邻两个辊筒间装有剥棉刀 7,以防止返花。储棉箱 5 内装有调节板,用以调节棉箱内的储棉量。棉箱的两个侧面装有光电管,用于控制喂棉机械对本机的喂棉。棉箱下部装有输出罗拉,将原料喂给 U 形刀片打手 6。后方机台输出的棉流在凝棉器 4 的作用下,落入储棉箱,经 U 形刀片打手打击后喂给第一辊筒。原料在辊筒腔内受到自由打击,并在角钉和尘棒的共同作用下获得开松,杂质和短纤维从尘棒间隙落入尘箱。原料受逐个辊筒作用后,依靠前方气流的吸引,自下而上逐步运动,最后由上部的出棉口 3 输出机外。

尘棒受棉块撞击后产生振动,有利于开松和除杂。与固定尘棒比较,振动式尘棒具有籽棉和棉籽等大杂不嵌塞尘棒的优点。

FA104 型六辊筒开棉机如图 2-13 所示。储棉箱内只有一对给棉罗拉,没有刀片打手,由给棉罗拉 2 将原棉喂入第一个辊筒,依次向上接受六个辊筒的打击开松,为典型的自由打击开

棉机。

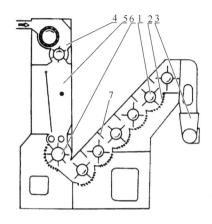

图 2-12 FA104A 型六辊筒开棉机

1—辊筒；2—尘格；3—出棉口；4—凝棉器；
5—储棉箱；6—角钉打手；7—剥棉刀

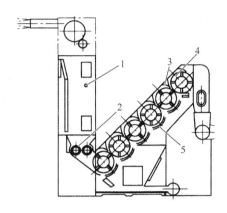

图 2-13 FA104 型六辊筒开棉机

1—光电管；2—给棉罗拉；3—剥棉刀；
4—角钉打手；5—尘格

1.2 六辊筒开棉机的作用特点

（1）开松作用。六辊筒开棉机的开松作用,主要通过棉块在自由状态下,反复经过角钉以及角钉和尘棒的打击、扯松来实现的。棉块经角钉作用后,由于离心力的作用,与尘格撞击,迫使尘棒产生振荡,而棉块再次受到松解。被分离的棉籽、籽棉等大杂易下落,不嵌塞尘棒。

（2）除杂作用。六辊筒开棉机在第一至第五辊筒下方的尘格处进行除杂。由于连续采用多个角钉辊筒与振动式扁钢尘棒,除杂面积较大,具有较高的除杂能力。

六辊筒开棉机只适用于加工棉纤维,因为化学纤维几乎不含杂质且长度较长。为避免产生返花现象,加工化学纤维时不使用六辊筒开棉机。

1.3 FA104 型六辊筒开棉机的技术特征（表 2-6）

表 2-6 FA104 型六辊筒开棉机的技术特征

项目	技术特征
产量[kg/（台·h）]	800
适合加工的原料	棉
辊筒形式及排列倾角	四排圆锥体角钉,向上倾斜 45°
辊筒直径（mm）	455
辊筒转速（r/min）	第一档:448,492,545,572,632,698;第二档:均为400;第三档:均为492
尘棒形式及安装角	振动式扁钢尘棒,±15°
尘棒根数	第一、二、三组351第四、五组为39
尘棒隔距（mm）	第一、二、三组为10;第四、五组为8
给棉罗拉转速（r/min）	5.4,4.95,4.5,4.05
辊筒与尘棒隔距（mm）	第一、二、三组为8;第四、五组为12
外形尺寸（长×宽×高）（mm）	3 440×1 430×2 875

2 豪猪式开棉机

2.1 FA106 型豪猪式开棉机的机构和工艺流程

FA106 型豪猪式开棉机外形如图 2-14(a)所示。

FA106 型豪猪式开棉机适于对各种品级的原棉做进一步的开松和除杂,其机构如图 2-14(b)所示。原棉在凝棉器作用下进入储棉箱 1。光电管 2 控制棉箱,以保持储棉高度一定。当棉箱中储棉量过多或过少时,可通过光电管来控制后方的机台停止给棉或重新给棉,以保持箱内一定的储棉量。通过改变调节板 3 的位置来调节输出棉层厚度。木罗拉 4 使原棉初步压缩后输送至金属给棉罗拉 5。给棉罗拉 5 受弹簧加压,紧握棉层,使之经受豪猪打手 6 的打击、分割和撕扯。被打手撕下的棉块,沿打手圆弧的切线方向撞击于尘棒上。在打手与尘棒的共同作用以及气流的配合下,棉块获得进一步的开松与除杂,被分离的尘杂和短纤维则由尘棒间隙落下。在出棉口处装有剥棉刀,以防止打手返花。

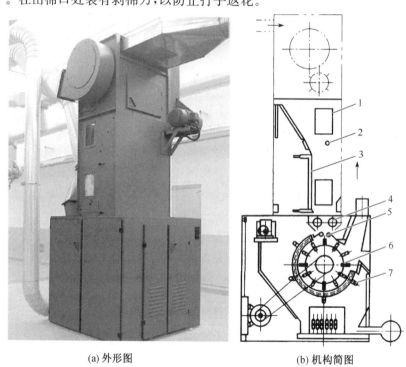

(a) 外形图　　　　　　　　　(b) 机构简图

图 2-14　FA106 型豪猪式开棉机

1—储棉箱;2—光电管;3—调节板;4—木罗拉;5—给棉罗拉;6—豪猪打手;7—尘格

（1）豪猪打手结构。如图 2-15 所示,打手轴上装有 19 个圆盘,每个圆盘上装有12 把矩形刀片。12 把刀片不在一个平面上,且以不同的角度向圆盘两侧倾斜,刀片的倾斜角度呈不规则排列,对整个棉层宽度都有打击作用,使得打手高速回转时不因产生轴向气流而影响棉块在横向的均匀分布。

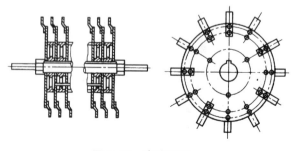

图 2-15　豪猪打手

(2) 豪猪式开棉机的尘格。豪猪打手下方的 63 根尘棒分为四组，包围在打手的 3/4 圆周上，尘棒隔距可通过调节尘棒安装角来调节。尘棒的结构如图 2-16(a)所示。$abef$ 面称为顶面，用以托持棉块；$acdf$ 面称为工作面，用以反射撞击于尘棒上的杂质；$bcde$ 面称为底面。尘棒顶面与工作面间的夹角 α 称为清除角，安装时迎着棉块的运动方向，具有分离杂质和阻滞棉块，以及与打手共同扯松棉块的作用。α 一般为 $40°\sim50°$，其大小与开松除杂作用有关。当 α

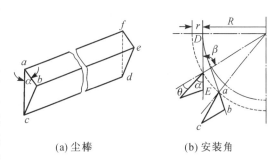

(a) 尘棒　　　　(b) 安装角

图 2-16　尘棒的结构与安装角

较小时，开松除杂作用好，但尘棒的顶面托持作用较差。尘棒顶面与底面的交线至相邻尘棒工作面的垂直距离称为尘棒间的隔距。增大尘棒间的隔距，可更多地排除杂质。

(3) 尘棒安装角。尘棒工作面与工作面顶点至打手轴心连线之间的夹角 θ 称为尘棒的安装角，见图 2-16(b)。调节安装角时，尘棒间的隔距也随着改变。安装角的变化对落棉、除杂及开松都有影响，其变化规律为：随着 θ 角的增大，尘棒间的隔距逐渐减小，顶面对棉块的托持作用较大，尘棒对棉流的阻力较小，开松差，落杂少；反之，θ 角减小时，尘棒对棉块形成一定阻力，开松好，落杂多，但托持作用削弱，容易落白花。

2.2　FA106 型豪猪式开棉机的作用特点

FA106 型豪猪式开棉机属于握持打击开松，打击力大，具有较强的开松、除杂能力，但纤维易损伤，杂质易碎。

2.3　FA106 系列其他打手类型的开棉机

(1) FA106A 型梳针辊筒开棉机、FA106B 型锯齿刀片开棉机。

FA106A 型梳针辊筒开棉机的机构基本上与 FA106 型豪猪式开棉机相同，区别之处是将豪猪打手换成梳针辊筒，主要用于加工棉型化纤。梳针辊筒由 14 块梳针板组成，运转时梳针刺入棉丛内部进行开松和梳理。辊筒的 1/2 圆周外装有尘棒，由于化纤不含杂质，故将原 FA106 型在进口处的一组尘棒改为弧形光板，其他的尘棒安装角可以通过机器外的手轮进行调节。

FA106B 型开棉机采用鼻型锯齿打手，打手轴由 41 个锯齿刀盘组成，每个锯齿刀盘有 30 个鼻型锯齿，具有较好的开松、除杂作用。

不同类型的打手结构见图 2-17。

FA106　　　　　　　　　FA106A　　　　　　　　FA106B

图 2-17　不同类型的打手结构

(2) FA107 型小豪猪开棉机、FA107A 型小梳针开棉机。

FA107 型小豪猪开棉机和 FA107A 型小梳针开棉机分别排在 FA106 型豪猪开棉机和

FA106A 型梳针辊筒开棉机的输出部位。FA107 型小豪猪开棉机的豪猪打手由 28 个圆盘组成,上面植有矩形刀片。FA107A 型的打手为三翼梳针式,梳针直径为 3.2 mm。它们的机构、作用分别与 FA106 型和 FA106A 型相同。

2.4 豪猪式开棉机的技术特征(表 2-7)

表 2-7 豪猪式开棉机的技术特征

机型		FA106	FA106A	FA107	FA107A	A036BS	A036CS
产量[kg/(台·h)]		800	600	600	250	600~800	600
适合加工原料		棉	化纤	棉	化纤	棉	化纤
打手	形式	矩形刀片	梳针辊筒	矩形刀片	三翼梳针	矩形刀片	梳针辊筒
	直径(mm)	610	600	406		610	600
	转速(r/min)	480,540,600		720,800,900		480,540,600	
给棉罗拉	直径(mm)	76		70		76	
	转速(r/min)	14~70		15.6~78		35,39,46,48,69	
	传动方式	单独电动机,无级变速器		无级变速器		(可变换的)齿轮传动	
	与打手隔距(mm)	6	11	—		6	11
尘棒形式		4组尘格机外手轮调节	3组尘格机外手轮调节	1组三角形尘棒机外手轮调节		4组尘格机外手轮调节	3组尘格机外手轮调节
尘棒根数		63	49	23		68	54
尘棒间的隔距(mm)	进口一组	11~15(14根)	弧形光板	5~10		11~15	6~10
	中间两组	6~10(每组17根)				6~9	6~10
	出口一组	4~7(15根)				4~10	4~7
打手与尘棒隔距(mm)	进口一组	10~14	15~19	—		10~14	15~19
	中间两组	11~17	15~19			11~17	15~19
	出口一组	14.5~18.5	19~23.5			14.5~18.5	19~23.5

2.5 开棉机开松除杂作用及主要影响因素

开棉机械的主要作用是对原料进行开松和除杂。开棉机的工艺参数,应根据原棉性质和成纱质量要求合理配置,一方面避免过度打击造成对纤维的损伤和杂质碎裂,另一方面要防止可纺纤维下落而造成浪费。

(1) FA104 型六辊筒开棉机的开松除杂作用及主要工艺的影响因素。

① 辊筒速度。六个辊筒转速的配置采用递增的方法,有利于逐步加强开松和除杂,也有利于棉块的输送。相邻辊筒速比一般为 1:(1.1~1.3),适当提高第一辊筒转速和相邻辊筒速比,可提高落棉率和除杂效率;但转速过高易造成辊筒返花或落白花,使落棉含杂率降低。辊筒的转速应根据原棉品级来决定,一般为 450~750 r/min。

② 辊筒与尘棒之间的隔距。每个辊筒与尘棒间的隔距设置是进口大、中间小、出口大,在工艺上以中间最小处隔距为准,减小此处隔距可增强开松除杂作用。从第一至第六辊筒的隔距变化是:辊筒与尘棒之间的隔距逐渐放大,以适应原棉因开松而体积变大的要求。一般第

一、二、三辊筒与尘棒之间的隔距为 8 mm,第四、五辊筒与尘棒之间的隔距为 12 mm,第六辊筒与弧形托板之间的隔距为 18 mm。增大或减小辊筒与尘棒间的隔距可通过升降辊筒两端轴承进行调节。同时必须注意,每次升降辊筒轴承后,必须校核辊筒到剥棉刀的隔距,不得使辊筒角钉与剥棉刀相碰。

③ 尘棒与尘棒之间的隔距。尘棒与尘棒间的隔距配置是由大到小,一般第一、二、三辊筒的尘棒间隔距采用 10 mm,第四、五辊筒的尘棒隔距采用 8 mm。这样配置的目的,是为了实现先落大杂、后落小杂,提高落棉含杂率的工艺要求。调节尘棒间的隔距可通过改变尘棒安装角来获得。

尘棒的工作原理及相关工艺名称见图 2-18。三角尘棒的结构见图 2-19。

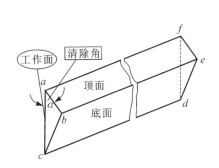

图 2-18　尘棒的工作原理及相关工艺名称

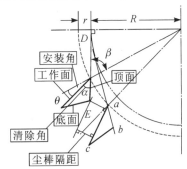

图 2-19　三角尘棒的结构(三面一角)

(2) FA106 型豪猪式开棉机的开松除杂作用及主要工艺的影响因素。

豪猪式开棉机的开松、除杂作用的实现,是通过给棉罗拉握持的棉层被豪猪打手进行握持打击、分割和撕扯;被撕下的棉块,沿打手圆弧的切线方向撞击在尘棒上;在打手与尘棒的共同作用以及气流的配合下,使棉块获得进一步的开松和除杂。影响豪猪式开棉机的开松、除杂作用的主要因素有:

① 打手速度。当给棉量一定时,打手转速高,开松、除杂作用好;但速度过高,杂质易碎裂,而且易落白花或出紧棉束,落棉、含杂反而降低。打手转速一般采用 500～700 r/min。在加工纤维长度长、含杂少或成熟度较差的原棉时,通常采用较低的打手转速。

② 给棉罗拉转速。给棉罗拉的转速是决定本机产量的主要因素,给棉罗拉转速高,产量高,但开松作用差,落棉率低;反之,则产量低,开松作用强,落棉率增加。这是因为产量降低以后,打手室内棉层薄,对开松除杂有利。本机的最大产量可达 800 kg/h,但一般以 500～600 kg/h 为宜。

③ 打手与给棉罗拉间的隔距。此处隔距较小时,开松作用较大,纤维易损伤,此隔距不经常变动,应根据纤维长度和棉层厚度而定。当加工较长纤维、喂入棉层较厚时,此隔距应放大。一般加工化学短纤维时用 11 mm,加工棉纤维时用 6 mm。

④ 打手与尘棒间隔距。此处隔距应按由小到大的规律配置,以适应棉块逐渐开松、体积膨胀的要求。打手至尘棒间的隔距愈小,棉块受尘棒阻击的机会增多,在打手室内停留的时间愈长,故开松作用大,落棉增加;反之,此处隔距大时,开松作用差,落棉减少。一般纺中线密度纱时,进口隔距采用 10～18.5 mm,出口隔距采用 16～20 mm。由于此处隔距不易调节,在原棉性质变化不大时一般不予调整。

⑤ 打手与剥棉刀之间的隔距。此处隔距以小为宜,一般采用 1.5～2 mm;过大时,打手易返花而造成束丝。

⑥ 尘棒间隔距。尘棒间隔距应根据原棉含杂多少、杂质性质和加工要求配置。一般情况下,尘棒间隔距的配置规律是从入口到出口,由大到小,这样有利于开松除杂,减少可纺纤维的损失。进口一组尘棒间隔距为 11～15 mm,中间两组为 6～10 mm,出口一组为 4～7 mm。根据工艺要求,尘棒间的隔距可通过尘棒安装角在机外整组进行调节。

⑦ 气流和落棉控制。一般将豪猪开棉机落杂区分为死箱与活箱两个落杂区,与外界隔绝的落棉箱称为"死箱",而与外界连通的落棉箱称为"活箱",并开设前后进风和侧进风,见图 2-20 所示。死箱以落杂为主,活箱以回收为主。

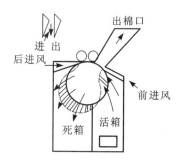

图 2-20　尘棒间气流流动情况

a. 加工普通含杂的原棉。含杂少时增加侧进风,减少前、后进风;反之,应减少侧进风,增加前、后进风,以使车肚落杂区扩展;适当增加落棉,减少纤维回收。

b. 加工高含杂原棉。则应考虑不回收,加大前、后进风量,放大入口附近的尘棒间隔距,并将前、后箱全部封闭成死箱。

c. 加工化纤。则要加强纤维的回收,可采用前、后全"活箱",减少纤维下落。采用尘棒全封闭时,应考虑空气补给。

⑧ 尘笼和打手速度配比。尘笼与打手通道的横向气流分布与打手的形式和速度、风机速度和吸风方式有关。为保证尘笼表面棉层分布均匀,棉流输送均匀,风机的速度应大于打手速度 10%～25%。风扇转速增大,从尘棒间补入的气流增强,落棉减少,打手转速增大,从尘棒间流出的气流增多,落棉增加,其中可纺纤维的含量也增加,使落棉含杂率降低。因此,增加打手转速,不利于豪猪式开棉机的气流控制。

FA106 型豪猪式开棉机具有较高的开松、除杂性能,落棉中含不孕籽、破籽、籽棉、棉籽等杂质的比例较大。在加工含杂率为 3% 左右的原棉时,一般落棉率为 0.6%～0.7%,落棉含杂率为 60%～75%,落杂率为 0.3%～0.5%,除杂效率为 10%～16%。目前,在开清棉联合机的组成中,一般都配两台豪猪式开棉机,并设有间道装置,可根据使用原棉情况选用一台或两台。

3　FA105A 型、FA102 型、FA113 型单轴流开棉机

该系列开棉机外形见图 2-21,所使用的打手结构见图 2-22。

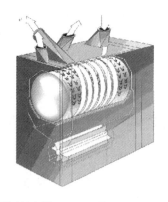

图 2-21　FA105A 型、FA102 型、FA113 型开棉机外形

图 2-22　打手结构图

该系列机型为高效的预开棉设备,FA105A 型单轴流开棉机的机构如图 2-23 所示。进入本机的原料,沿导棉板呈螺旋状运动,在自由状态下经受多次均匀、柔和的弹打,得到充分的开松、除杂。

该机的主要特点是:①无握持开松,对纤维损伤少;②V 形角钉富有弹性,开松柔和、充分,除杂效率高,实现了大杂"早落少碎";③角钉打手转速为 480~800 r/min,由变频电机传动,无级调速;④尘棒隔距可手动或自动调节,满足不同的工艺要求;⑤可供选择的间歇或连续式吸落棉装置;⑥特殊设计的结构,加强了微尘和短绒的排除。

作为预开棉机,本机一般安装在抓棉机和混棉机之间。FA105 型适用于各种等级的棉花加工,FA113 型适用于加工棉、化纤和混合原料。

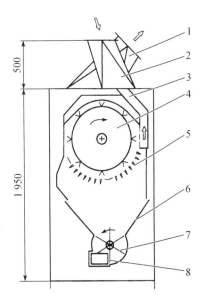

图 2-23 FA105A 型单辊筒轴流式开棉机

1—进棉管;2—出棉管;
3—排尘管;4—V 型角钉辊筒;
5—尘格;6—落棉小车;
7—排杂打手;8—吸落棉出口

4 FA103A 型双轴流开棉机

本机适用于加工各种等级的原棉,其机构如图 2-24 所示。原棉由气流输入打手室,并通过两个角钉辊筒对其进行自由打击,纤维损伤小。在棉流沿打手轴向做旋转运动的同时,籽棉等大杂沿打手切线方向从尘棒间隙落下。转动的排杂打手能把尘杂聚拢,由自动吸落棉系统吸走,并能稳定尘室内的压力。

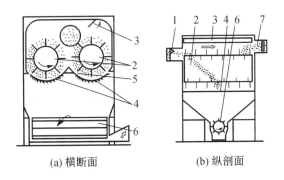

(a) 横断面   (b) 纵剖面

图 2-24 FA103 型双轴流开棉机

1—进棉口;2—角钉转筒;3—导向板;4—尘棒;5—导向板;6—排杂打手;7—出棉口

5 A035 系列混开棉机

A035DS 型混开棉机机构如图 2-25 所示。由角钉刀片打手、两只小豪猪打手、尘格、角钉帘、输棉帘、压棉帘、均棉罗拉、棉箱、摆斗、光电装置等机件组成。由后方机台输出的原棉在储棉箱 1 上方的凝棉器 2 的作用下吸入本机,通过摆斗 3 的摆动将棉层横向逐层铺在输棉帘 4 上。储棉箱内有光电管,角钉帘 5 抓取原棉进入前方打击区。在角钉帘的后上方装有均棉罗拉6,较大棉块在此处被击落,回入储棉箱,重新和棉箱中的棉堆混合。角钉帘带出的棉块被角钉打手8剥下,角钉打手之后装有刀片打手9。刀片打手的刀片与角钉打手的角钉呈互相交叉排列,因此可剥取角钉打手上的棉块,并使原棉的开松作用较为均衡。在角钉、刀片打手的下方设有两只豪猪打手10,分别由19个、28个密集薄片的打手刀盘组成,刀片的排列采用无规则排列法,棉块在此受到打击而开松。最后,棉块由前方凝棉器吸出机外。双打手(8、9亦称为平行打手)和两只豪猪打手的下方均设有尘格,可排出杂质。

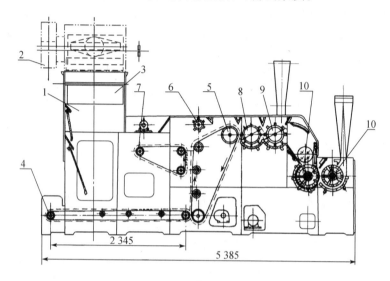

图 2-25　A035DS 型混开棉机

1—储棉箱;2—凝棉器;3—摆斗;4—输棉帘;5—角钉帘;6—均棉罗拉;
7—压棉帘;8—角钉打手;9—刀片打手;10—豪猪打手

A035DS 型混开棉机是综合了混棉机和开棉机的作用特点而制成的棉箱机械,具有以下工艺特点:

(1) 在原棉含杂为 1.8%～3.5% 时,全机总除杂效率达 30%～35%,与 A006BS 型自动混棉机、FA104A 型六辊筒开棉机、FA106 型豪猪式开棉机三台机器的除杂效率总和相比,差异较小。因此,基本上可替代上述三台机器,为缩短清棉工序流程创造了条件。

(2) 由于豪猪打手的刀片加密,加强了对纤维的开松作用,且棉层在无握持状态下受到打击,故对纤维损伤较小。

【技能训练】

1. 作开棉机的机构图。

2. 在实训基地或企业收集开棉机工艺,了解开松除杂作用的主要影响因素。

【课后练习】

1. 开棉机如何分类?各有何特点?各类开棉机在开清棉工艺流程中设置在何处较合适?为什么?

2. FA104A 型六辊筒开棉机的组成和工艺过程怎样?其开松、除杂方式有何特点?如何提高其开松、除杂效果?

3. FA106 系列豪猪式开棉机的组成和工艺过程怎样? 其开松、除杂方式有何特点? 如何提高其开松、除杂效果?

4. 单辊筒开棉机的组成和工艺过程怎样? 其开松、除杂方式有何特点? 如何提高其开松、除杂效果?

5. 混开棉机与混棉机或开棉机相比有何特点?

6. 如何评价机台的开松效果?

7. 如何评价机台的除杂效果?

任务 2.5 给棉机类型及使用

【工作任务】1. 作给棉机的机构图。

2. 比较 FA046A 型与 FA016A 型在作用和结构上的主要区别。

3. 指出棉箱给棉机使用中的工艺要点。

【知识要点】1. 给棉机的分类,各种给棉机机构及工艺过程。

2. 给棉机的作用及原理。

3. 给棉机工艺设计与参数调整。

棉箱给棉机的主要作用是均匀给棉,并具有一定的混合与扯松作用。

1 振动棉箱给棉机的工艺过程

1.1 A092AST 型振动棉箱给棉机

本系列机型主要采用振动棉箱代替了传统 A092A 型的 V 形帘棉箱,输出的纤维经振动后成为密度均匀的筵棉而喂入成卷机制成均匀的棉卷。A092AST 型振动棉箱给棉机的主要机构如图 2-26 所示。原棉经凝棉器喂入本机进棉箱 10,进棉箱内装有调节板 12,用以调节进棉箱的容量,侧面装有光电管 2,可根据进棉箱内原料的充满程度来控制电气配棉器进棉活门的启闭,使棉箱内的原料保持一定高度。进棉箱下部有一对角钉罗拉 9,用以输出原料。机器中部为储棉箱 7,下方有输棉帘 8。原料由角钉罗拉输出后落在输棉帘上,由输棉帘送入储棉箱。储棉箱中部装有摇板 11,摇板随箱内原料的翻滚而摆动。当原料超过或少于规定容量时,由于摇板的倾斜带动一套连杆及拉耙装置,以控制角钉罗拉的停止或转动。输棉帘前方为角钉帘 5,角钉帘上植有倾斜角钉,用以抓取和扯松原料。角钉帘后上方的均棉罗拉 6 从角钉帘上打落较大及较厚的棉块或棉层,以保证角钉帘带出的棉层厚度相同,使机器均匀出棉,并具有扯松原料的作用。均棉罗拉表面装有角钉,与角钉帘的角钉交叉排列。均棉罗拉与角钉帘之

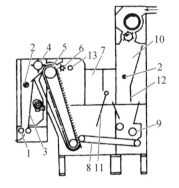

图 2-26 A092AST 型振动板双棉箱给棉机

1—输出罗拉;2—光电管;3—振动板;
4—剥棉打手;5—角钉帘;6—角钉罗拉;
7—中储棉箱;8—输棉帘;9—角钉罗拉;
10—进棉箱;11—摇板;12—调节板;
13—清棉罗拉

间的隔距可以根据需要进行调节。角钉帘的前方有剥棉打手,用于从角钉帘上剥取原料,使其进入振动棉箱,同时具有开松作用。

振动棉箱由振动板 3 和出棉罗拉 1 等组成。振动棉箱的上部装有光电管,控制角钉帘和输棉帘的停止或转动。经振动板作用后的筵棉,由输出罗拉均匀地输送至单打手成卷机。

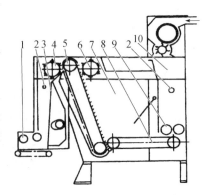

A092A 型在输出部位依靠 V 形帘强迫夹持棉层喂入成卷机,棉层横向的均匀度较差。而 A092AST 型则采用振动板棉箱给棉,棉束在棉箱内自由下落,棉层的横向密度较均匀,为提高棉卷质量创造了条件。

1.2 FA046A 型振动棉箱给棉机

FA046A 型振动棉箱给棉机是在 A092AST 的基础上改进而成的。A092AST 型的振动频率及振幅不可调节,而 FA046A 型的振动频率及振幅可以调节,以适应不同原料的加工要求。FA046A 型振动棉箱给棉机的主要机构如图 2-27 所示。

图 2-27　FA046 型振动棉箱给棉机

1—输出罗拉；2—光电管；3—振动板；
4—剥棉打手；5—角钉帘；6—均棉罗拉；
7—中储棉箱；8—输棉帘；9—角钉罗拉；
10—进棉

2　A092AST 型、FA046A 型振动式给棉机的均匀作用

为达到开松效果良好和出棉均匀的要求,双棉箱给棉机通过三个棉箱逐步控制储棉量的稳定,从而实现出棉均匀的目的。均匀作用主要通过以下途径实现:

① 在进棉箱和振动棉箱内均装有光电管,用以控制进棉箱和振动棉箱内存棉量的相对稳定,使单位时间内的输出棉量一致。

② 中棉箱的棉量由摇板-拉耙机构控制。

③ 角钉帘与均棉罗拉隔距控制出棉均匀。当两者隔距小时,除开松作用增强外,还能使输出棉束减小和均匀,但隔距小时产量低(此时,应适当增加角钉帘的线速度)。

④ 振动棉箱控制输出棉层的均匀,采用了振动棉箱使箱内的原料密度更为均匀,因而可使均匀作用大为改善。

3　A092AST 型、FA046A 型双棉箱给棉机的技术特征

表 2-8 列出了 A092AST 型、FA046A 型双棉箱给棉机的技术特征。

表 2-8　A092AST、FA046A 振动双棉箱给棉机的技术特征

机型	A092AST	FA046A	机型	A092AST	FA046A
产量[kg/(台·h)]	250	250	均棉罗拉转速(r/min)	335	272
角钉帘线速度(m/min)	50，60，70	46.5~75.6	角钉帘与均棉罗拉隔距(mm)	0~40	0~40
输棉帘线速度(m/min)	10.4，12.6，14.5	10.0~16.3	振动板振动频率(次/min)	167	154，205，257
剥棉打手直径(mm)	320	320	振幅(mm)	11	8~12
剥棉打手转速(r/min)	458	429	电动机总功率(kW)	1.52	2.94
均棉罗拉直径(mm)	260	320	—	—	—

【技能训练】

　　1. 作给棉机的机构图。

　　2. 在实训基地或企业收集给棉机工艺,了解其均匀给棉作用的主要影响因素。

【课后练习】

　　1. 给棉机械的作用是什么?

　　2. FA046A 型振动式给棉机的组成和工艺过程怎样? 其均匀方式有何特点? 如何提高其混合效果?

任务2.6　清棉机工艺设计及调控

【工作任务】1. 作清棉机的机构图。

　　　　　　2. 天平调节装置的作用是什么? 其作用原理是什么?

　　　　　　3. 绘出装置的作用过程方框图,指出装置使用中的主要调控方法。

　　　　　　4. 掌握单打手成卷机的传动及工艺计算。

【知识要点】1. 单打手成卷机的机构及工艺过程。

　　　　　　2. 单打手成卷机的均匀作用及原理。

　　　　　　3. 单打手成卷机的开松作用及原理。

　　　　　　4. 单打手成卷机的工艺设计与参数调整。

　　　　　　5. 单打手成卷机的传动系统与工艺计算。

图 2-28　清棉机外形图

　　原料经上述一系列机械加工后,已达到一定程度的开松与混合,一些较大的杂质已被清除。但尚有相当数量的破籽、不孕籽、籽屑和短纤维等杂质,需经过清棉机械进一步开松与清除。清棉机械的作用是:继续开松、均匀、混合原料,控制和提高棉层纵、横向的均匀度,制成一定规格的棉卷或棉层。

　　清棉机外形如图 2-28 所示。

1　FA141 型单打手成卷机工艺过程

　　FA141 型单打手成卷机适用于加工各种原棉、棉型化纤及长度为 76 mm 以下的中长化纤,其机构如图 2-29所示。A092AST 型双棉箱给棉机振动棉箱输出的棉层,经角钉罗拉 15、天平罗拉 14、天平曲杆 16 喂给综合打手12。当通过棉层太厚或太薄时,经铁炮变速机构自动调节天平罗拉的给棉速度。天平罗拉输出的棉层受到综合打手的打击、分割、撕扯和梳理作用,开松的棉块被打手抛向尘格 13,杂质通过尘格落下,棉块则在打手与尘棒的共同作用下得到进一步的开松。由于风机 11 的作用,棉块被凝聚在尘笼 10 的表面,形成较为均匀的棉层,细小的杂质和短纤维穿过尘笼网眼,被风机吸出机外。尘笼表面的棉层由剥棉罗拉 9 剥下,经过凹凸防黏罗拉 8,再由四个紧压罗拉 7

将棉层压紧后,经导棉罗拉 6,由棉卷罗拉 5 绕在棉卷扦上制成棉卷,最后自动落卷称重。

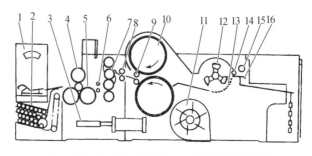

图 2-29　FA141 型单打手成卷机机构示意图

1—棉卷秤；2—存放扦装置；3—渐增加压装置；4—压卷罗拉；5—棉卷罗拉
6—导棉罗拉；7—紧压罗拉；8—防黏罗拉；9—剥棉罗拉；10—尘笼；11—风机
12—综合打手；13—尘格；14—天平罗拉；15—角钉罗拉；16—天平曲杆

2　FA141 型单打手成卷机的主要机构和作用

2.1　打手的结构与作用

　　FA141 型单打手成卷机采用综合打手。综合打手由翼式打手和梳针打手发展而来,其机构如图 2-30 所示。在打手的每一臂上,都是刀片 1 装在前面,梳针 2 装在后面,因此兼有翼式打手和梳针打手的特点。刀片的刀口角（楔角）为 70°,梳针直径为 3.2 mm,梳针密度为 1.42 枚/m²,梳针倾角为 20°,梳针高度自头排到末排依次递增,以加强对棉层的梳理作用。此外,打手刀片可根据工艺要求进行拆装,拆下刀片,换成护板,即可用作梳针打手。综合打手对棉层的作用是先利用刀片对棉层的整个横向施以较大的打击冲量,进行打击开松之后,梳针刺入棉层内部进行分割、撕扯、梳理,破坏纤维之间、纤维与杂质之间的联系而实现开松。综合打手作用缓和,杂质破碎较少,并能清除部分细小杂质。

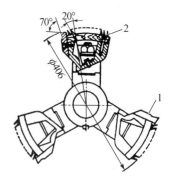

图 2-30　综合打手

1—刀片；2—梳针

2.2　尘棒的结构和作用

　　综合打手下方约 1/4 的圆周外装有一组尘棒,尘棒的结构及作用与豪猪式开棉机相同,也是三角形尘棒,与综合打手配合,起开松、除杂的作用。尘棒之间的隔距也通过机外手轮进行调节。

2.3　均匀机构和作用

　　清棉机的产品要达到一定的均匀要求,必须对棉层的纵、横向均匀度加以控制。产品的均匀度是在开清棉联合机中逐步获得的。FA141 型单打手成卷机的均匀机构主要包括天平调节装置和一对尘笼。

　　（1）天平调节装置的工作原理。通过棉层的厚薄变化来调节天平罗拉的给棉速度,使天平罗拉单位时间内的给棉量保持一定。

　　天平调节装置的机构与工作过程:天平调节装置由棉层检测、连杆传递、调节和变速等机构组成,如图 2-31 所示。由 16 根天平曲杆 2 和一根天平罗拉 1 组成的检测机构测出棉层厚度,通过一系列连杆产生一定位移并传给变速机构,使天平罗拉产生相应的给棉速度。天平罗拉 1 的下方有 16 根并列的天平曲杆 2。天平罗拉的位置是固定的,而天平曲杆则以刀口棒 3 为支点,可以上下摆动。当棉层变厚时,天平曲杆的头端被迫下摆,其尾端上升,通过连杆 4 和 5,使总连杆(又称吊钩攀)6 随之上升。总连杆上升又使平衡杠杆 7 以 8 为支点向上摆动,使与平衡杠杆左端相连的调节螺丝杆 10 上升。此时,双臂杠杆 11 以 12 为支点向右摆动,带动连杆 13 使铁炮皮带叉 14 右移,铁炮皮带 15 也随之向主动铁炮(也称下铁炮)16 的小直径处移动一定距离。由于主动铁炮的转速是恒定的,被动铁炮(也称上铁炮)由主动铁炮传动,它又通过蜗杆 18、蜗轮 19、齿轮 20 传动天平罗拉及其后方的给棉机构。此时,铁炮皮带向主动铁炮的小直径方向移动,天平罗拉的转速减慢,给棉速度相应减慢。反之,当棉层变薄时,由于天平曲杆本身的质量及平衡重锤 9 的作用,天平曲杆的头端上抬,平衡杠杆的左端下降,铁炮皮带向主动铁炮的大直径端移动,天平罗拉的转速成比例地增加,给棉速度加快。

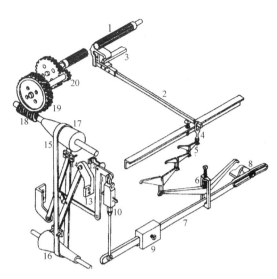

图 2-31　天平调节装置

1—天平罗拉;2—天平曲杆;3—刀口棒;4、5—连杆;6—总连杆;7—平衡杠杆;8—支点;9—平衡重锤;10—调节螺丝杆;11—双臂杠杆;12—支点;13—连杆;14—铁炮皮带叉;15—铁炮皮带;16—主动铁炮;17—被动铁炮;18—蜗杆;19—蜗轮;20—齿轮

　　天平调节装置的这套均匀机构沿横向分段检测棉层,然后进行纵向控制,所以,对棉层的横向均匀度不能调节。

　　(2)尘笼的结构和作用。尘笼与风道的结构如图 2-32 所示。在综合打手的前方,有上、下一对尘笼 5、6。尘笼两端有出风口 1,与由机架墙板构成的风道 2 相连接。当风机 3 回转并通过排风口 4 向地沟排风时,在尘笼网眼外形成一定的负压,促使空气由打手室向尘笼流动,棉块被吸在尘笼表面而凝聚成棉层。细小尘杂和短绒随气流进入网眼,经风机排入机台下面的尘道中,再经滤尘设备净化。净化后的空气可进入车间回用,棉层则由尘笼前面的一对出棉罗拉剥下而向前输送。

　　尘笼的主要作用是凝聚棉层、调节棉层的横向均匀度,使棉块均匀地分布在尘笼表面。在凝聚棉层的过程中,尘笼表面吸附棉层较厚的地方,透过的气流减弱,便不再吸附棉块,而吸附棉层较薄的地方,仍有较强的气流通过,使棉

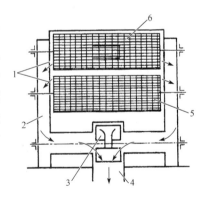

图 2-32　尘笼与风道

1—出风口;2—风道;3—风机;4—排风口;5、6—尘笼

块补充上去。尘笼的这种均匀自调作用,提高了棉层的横向均匀度,有利于制成均匀的棉卷。

　　(3)自调匀整装置。铁炮为机械式变速机构,它对棉层喂给量的均匀调整有很大的滞后性。目前,在国产清棉机上,天平喂给部分广泛采用了电子式自调匀整装置,反应灵敏,调速范围大,控制准确及时,如 SYH301 型自调匀整装置,其机构原理如图 2-33 所示。在天平调节

装置的总连杆上挂有重锤3,重锤上装有高精度位移传感器。当天平罗拉和天平杆之间的棉层厚薄发生变化时,经天平连杆传递,使总连杆上的重锤3产生位移。垂锤3上的位移传感器检测出变化量,转换为电信号后送给匀整仪2处理,从而调整天平罗拉的电机速度,使天平罗拉的喂入速度变化,达到瞬时喂入棉量一致。

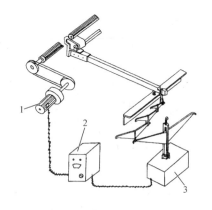

图 2-33　SYH301 型自调匀整装置

1—调速电机；2—匀整仪；
3—重锤及位移传感器

2.4　成卷机构

经开清棉工序加工的原棉,为适应下道工序的加工,如不采用清梳联,则需制成一定长度、一定质量、厚薄均匀和成形良好的棉卷,所以清棉机一般配备有成卷机构。

为了满足加压、卷绕和落卷等要求,成卷机构应包括紧压罗拉加压装置、棉卷加压制动装置、满卷自停装置以及自动落卷装置等。

(1)紧压罗拉加压装置。为了在卷绕之前形成较为紧密的棉层,使其层次分清,避免粘连,需要利用紧压罗拉进行加压。压力除四个紧压罗拉的自重外,还需另外施加一定压力。FA141型单打手成卷机采用气动加压,加压大小由调压阀调节。若紧压罗拉之间通过的棉层过厚时,加压杠杆上的碰板触动电气开关,切断电源,自行停车。其加压装置及棉层过厚自停装置如图 2-34 所示。

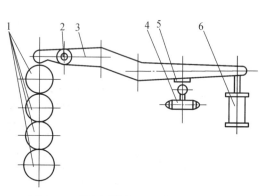

图 2-34　紧压罗拉加压及棉层过厚自停装置

1—紧压罗拉；2—支轴；3—加压杆；
4—电气开关；5—碰板；6—气缸

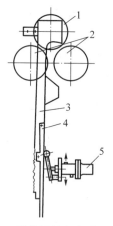

图 2-35　压卷罗拉与渐增加压装置

1—压卷罗拉；2—棉卷罗拉；3—压钩；
4—导板；5—渐增加压气阀

(2)压卷罗拉加压装置。棉层自紧压罗拉输出后,经导棉罗拉到达棉卷罗拉,棉层因棉卷罗拉的摩擦作用而卷绕在棉卷杆上。棉卷在形成过程中,需施加一定压力,使制成的棉卷紧密坚实、成形良好、容量大,且便于搬运。压卷罗拉的加压与压钩的升降,由气缸控制,升降速度可通过节流阀和气控调压阀调节。加压采用气动渐增加压,成卷时压钩渐渐上升,装在压钩3上的导板4推动渐增加压气阀5进行渐增加压。这样,棉卷直径小时,加压小;棉卷直径增大时,加压随之逐渐增大,使整个棉卷受压均匀、内外一致。加压的大小可根据成卷要求进行调整。压卷罗拉与渐增加压装置如图 2-35 所示。

（3）自动落卷装置。FA141 型单打手成卷机采用 YH401B 记数器来测定棉卷长度及自动落卷装置。压钩与自动推放扦装置如图 2-36 所示,满卷时的作用过程如下：

① 压钩 5 积极上升,带动棉卷罗拉加速,切断棉卷。

② 棉卷被推出,落至棉卷秤的托盘上。

③ 压钩升顶,触动电气开关,气缸反向并进气,压钩积极下降。

④ 压钩上的压板 3 触动翻扦臂 2,将预备棉卷扦 1 放入两个棉卷罗拉之间,自动卷绕生头。

⑤ 压卷罗拉落底加压,开始成卷。

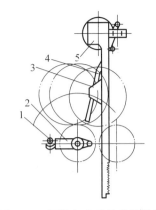

图 2-36　压钩与自动推放扦装置

1—棉卷扦；2—翻扦臂；3—压板；4—推扦板；5—压钩

2.5　单打手成卷机的技术特征（表 2-9）

表 2-9　单打手成卷机的技术特征

机型	A076C	FA141	机型	A076C	FA141
产量[kg/(台·h)]	250		风机形式	离心式	
成卷宽度(mm)	980	960	风机转速(r/min)	800～1 200	1 100～1 400
成卷质量(kg)	12～18	13～30	综合打手直径(mm)	406	
成卷长度(m)	30～43	30～80	综合打手转速(r/min)	900～1 000	
成卷时间(min)	3～6	3～10	尘棒形式	1 组三角形尘棒	
棉卷罗拉直径(mm)	230		尘棒根数(根)	15	
棉卷罗拉转速(r/min)	10～15		尘棒间隔距	5～8,机外手轮调节	
压卷罗拉直径(mm)	155	184	打手与尘棒隔距(mm)	进口 8;出口 18	
压卷罗拉转速(r/min)	—	13～16	天平罗拉直径(mm)	76	
导棉罗拉直径(mm)	70	80	天平罗拉转速(r/min)	9～22.6	
导棉罗拉转速(r/min)	—	28～34	棉卷定长控制	定长齿轮	YH401 记数器
尘笼直径(mm)	560	560	电动机总功率(kW)	8	11.1

3　FA141 型单打手成卷机工艺配置

3.1　FA141 型开松除杂作用及主要工艺影响因素

（1）综合打手速度。在一定范围内增加打手转速,可增加打击数,提高开松除杂效果。但打手转速太高时,易打碎杂质、损伤纤维和导致落白花。一般打手转速为 900～1 000 r/min。加工的纤维长度长或成熟度较差时,宜采用较低转速。

（2）打手与天平罗拉之间的隔距。一般在喂入棉层薄、加工纤维短而成熟度高时,此隔距应小;反之,则应适当放大。此隔距一般为 8.5~10.5 mm,由加工的纤维长度和棉层厚度决定。

(3) 打手与尘棒之间的隔距。随着棉块逐渐开松、体积增大,此隔距从进口至出口逐渐增大,一股进口为 8~10 mm,出口为 16~18 mm。

(4) 尘棒与尘棒之间的隔距。此隔距主要根据喂入原棉的含杂内容和含杂量而定,一般为 5~8 mm。适当放大此隔距,可提高单打手成卷机的落棉率和除杂效率,但应避免落白花。

3.2 天平调节装置的均匀作用与工艺调节

天平调节装置由天平罗拉和天平曲杆对棉层厚度进行横向分段检测,再由连杆传递机构将检测的棉层厚度变化的位移信息传递给变速机构,变速机构改变天平罗拉的转速,从而改变单位时间内棉层的喂给量,使天平罗拉单位时间的给棉量保持一定,对棉层厚度进行纵向均匀度的控制。天平调节装置的调节方法主要有:

(1) 需要调整棉卷定量时的调节方法。

① 若棉卷定量的改变是通过改变棉箱给棉机输出的棉层厚度来实现的,则棉卷定量调整时,需改变天平调节装置上平衡杠杆支点的位置,通过变化杠杆比例系数来变化天平罗拉转速,从而使棉卷定量符合要求(改变杠杆比 m,支点靠近总连杆时,m 大,反之则相反;如棉卷定量加重时,m 应减小,则支点位置应远离总连杆)。

② 棉卷定量的改变是通过改变棉卷罗拉与天平罗拉之间的传动比来实现的,则棉卷定量的调整只要改变牵伸变换齿轮,不需要变动杠杆比 m。

(2) 棉层密度改变时的调节方法。当生产过程中棉层密度变化大,致使棉卷质量与标准定量偏差大时,也可通过以下方法进行调节,但调节量不宜过大:

① 转动螺杆上的六角螺帽,移动铁炮皮带位置。如棉卷偏轻,则将铁炮皮带向主动铁炮大头移动,用改变天平罗拉的喂入速度来弥补棉层密度的变化。

② 移动重锤位置。如棉卷偏重,也可把重锤向支点移近,使天平杆与天平罗拉间棉层加压减轻,密度减小;反之亦然。

(3) 安装校正法。在平车和品种工艺翻改后,都需对杠杆比 m 进行重新调整,从而保证杠杆比 m 与棉层厚度和棉层密度的正确配合。

4 FA141 型单打手成卷机的传动与工艺计算

4.1 传动系统

(1) FA141 型单打手成卷机的传动特点。FA141 型单打手成卷机传动图如图 2-37 所示。其传动特点如下:

① 打手和风扇等快速机件与给棉罗拉等慢速机件,以及需要停止的机件分开传动,保证间歇落卷和停止给棉的需要。

② 自动落卷由小电动机单独传动,保证动作准确。

③ 车头设有开关,可使给棉和成卷部分同时停转。在天平罗拉和传动部分设有离合器,可停止棉层喂入。另外,天平罗拉的传动齿轮上设有安全防轧装置,当棉层过厚时,可脱开传动,以防止损坏。为了保证天平罗拉的喂棉,喂入部分均由天平罗拉传动。

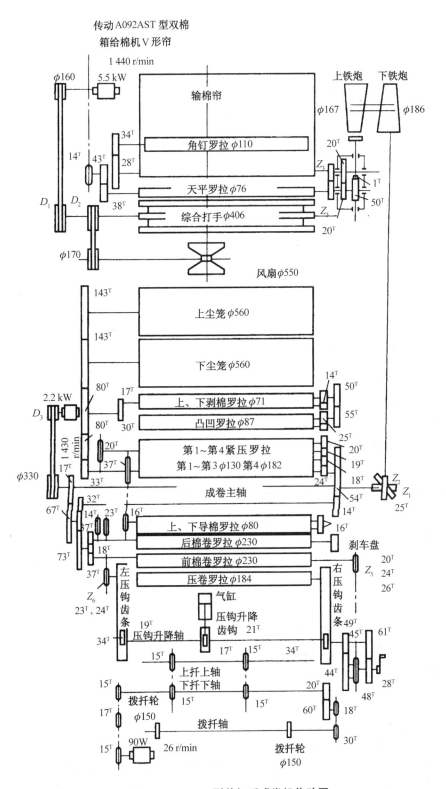

图 2-37　FA141 型单打手成卷机传动图

（2）传动系统如图 2-38 所示。

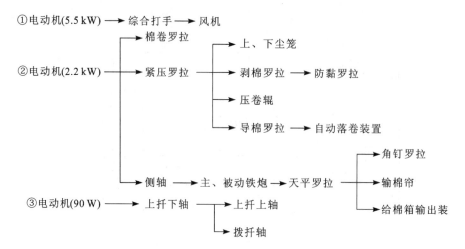

图 2-38 FA141 型单打手成卷机传动系统图

4.2 工艺计算

（1）速度计算。

① 综合打手转速 n_1（r/min）：

$$n_1 = n \times \frac{D}{D_1} = 1\,440 \times \frac{160}{D_1} = \frac{230\,400}{D_1} \tag{2-1}$$

式中：n——电动机（5.5 kW）的转速（1 440 r/min）；

D——电动机皮带轮直径（160 mm）；

D_1——打手皮带轮直径（230 mm，250 mm）。

② 天平罗拉转速 n_2（r/min）（设皮带在铁炮的中央位置）：

$$n_2 = n' \times \frac{D_3 \times Z_1 \times 186 \times 1 \times 20 \times Z_3}{330 \times Z_2 \times 167 \times 50 \times 20 \times Z_4} = 0.096\,5 \times \frac{D_3 \times Z_1 \times Z_3}{Z_2 \times Z_4} \tag{2-2}$$

式中：n'——电动机（2.2 kW）的转速（1 430 r/min）；

D_3——电动机变换皮带轮直径（100 mm，110 mm，120 mm，130 mm，140 mm，150 mm）；

Z_1/Z_2——牵伸变换齿轮齿数（$24^{\mathrm{T}}/18^{\mathrm{T}}$，$25^{\mathrm{T}}/17^{\mathrm{T}}$，$26^{\mathrm{T}}/16^{\mathrm{T}}$）；

Z_3/Z_4——牵伸变换齿轮齿数（$21^{\mathrm{T}}/30^{\mathrm{T}}$，$25^{\mathrm{T}}/26^{\mathrm{T}}$）。

③ 棉卷罗拉转速 n_3（r/min）：

$$n_3 = n' \times \frac{D_3 \times 17 \times 14 \times 18}{330 \times 67 \times 73 \times 37} = 0.102\,6 \times D_3 \tag{2-3}$$

棉卷罗拉转速范围为 10.26～15.39 r/min。

（2）牵伸倍数计算。产品在加工过程中被抽长拉细，使单位长度的质量变轻的过程，称为牵伸。产品被抽长拉细的程度用牵伸倍数表示。按输出与喂入机件的表面速度求得的牵伸倍数称为机械牵伸倍数（亦称理论牵伸倍数），按喂入与输出产品单位长度质量或线密度求得的牵伸倍数称为实际牵伸倍数。

在成卷机中,为了获得一定规格的棉卷,需对棉卷罗拉与天平罗拉之间的牵伸倍数 E 值进行调节。

① 机械牵伸倍数 E:

$$E = \frac{d_1}{d_2} \times \frac{Z_4 \times 20 \times 50 \times 167 \times Z_2 \times 17 \times 14 \times 18}{Z_3 \times 20 \times 1 \times 186 \times Z_1 \times 67 \times 76 \times 37} = 3.216\,2 \times \frac{Z_2 \times Z_4}{Z_1 \times Z_3} \quad (2\text{-}4)$$

式中:d_1——棉卷罗拉直径(230 mm);

d_2——天平罗拉直径(76 mm)。

牵伸变换齿轮与 E 的关系见表 2-10。

表 2-10　牵伸变换齿轮与 E 的关系

Z_4/Z_3 ＼ Z_2/Z_1	18/24	17/25	16/26
30/21	3.446	3.124	2.827
26/25	2.508	2.274	2.058

② 实际牵伸倍数 $= \dfrac{\text{机械牵伸倍数}}{1-\text{落棉率}}$。

(3) 棉卷长度计算。FA141 型单打手成卷机的棉卷长度由 YH401B 型计数器控制。当计数器显示所要求的数字时,便产生落卷动作。

① 棉卷计算长度 L(m):

$$L = n_4 \times \pi \times d \times e_1 \times e_0 / 1\,000 \quad (2\text{-}5)$$

式中:n_4——导棉罗拉生产一个棉卷的转数;

d——导棉罗拉直径(80 mm);

e_1——棉卷罗拉与导棉罗拉之间的牵伸倍数;

e_0——压卷罗拉与棉卷罗拉之间的牵伸倍数。

其中:

$$e_1 = \frac{230}{80} \times \frac{16 \times 54 \times 32 \times 18}{37 \times 14 \times 73 \times 37} = 1.022\,6$$

$$e_0 = \frac{184}{230} \times \frac{37 \times 73 \times 14 \times 24 \times 20 \times 23}{18 \times 32 \times 54 \times 19 \times 23 \times Z_6}$$

式中:Z_6——压卷罗拉与棉卷罗拉之间的棉卷张力齿轮齿数,有 23 齿、24 齿两种。

② 棉卷的伸长率 ε:棉卷在卷绕过程中有伸长,故实际长度大于计算长度。设棉卷的实际长度为 L_1,计算长度为 L,则棉卷的伸长率 ε 为:

$$\varepsilon = \frac{L_1 - L}{L} \times 100\% \quad (2\text{-}6)$$

③ 棉卷的实际长度 L_1:

$$L_1 = L \times (1+\varepsilon) \quad (2\text{-}7)$$

当棉卷线密度一定时,其长度由整个棉卷的总质量来考虑选定。棉卷越长,棉卷总质量越大。棉卷总质量直接影响运输和梳棉机上卷的劳动强度。一般棉卷的总质量控制在 16~20 kg

范围内。棉卷长度的调整可根据需要调节 YH401B 记数器的数值来进行,调整后即可开车生产。

（4）产量计算。

① 理论产量:

$$G = \frac{\pi D n_3 \times 60 \times \text{Tt}}{1\,000 \times 1\,000 \times 1\,000} \times (1 + \varepsilon) \tag{2-8}$$

或

$$G = \frac{\pi D n_3 \times 60 \times g}{1\,000 \times 1\,000} \times (1 + \varepsilon) \tag{2-9}$$

式中：G——理论产量[kg/(台·h)]；

D——棉卷罗拉直径(mm)；

Tt——棉卷线密度(tex)；

g——棉卷公定回潮率时的定量(g/m)。

② 定额产量:定额产量是考虑了时间损失所计算出的产量。时间损失是指如落卷停车、小修理停车、故障停车等的时间损失,这需要通过测定而确定,一般用时间效率或有效时间系数表示。时间损失越多,时间效率越低。

定额产量＝理论产量×时间效率

【技能训练】

读懂传动图,完成指定品种的相关工艺计算。

【课后练习】

1. 清棉机械的作用是什么?

2. FA141 型单打手成卷机的组成和工艺过程怎样? 其开松、除杂、均匀与混合方式有何特点? 如何提高其开松、除杂、均匀效果? 如何防止黏卷?

任务 2.7 开清棉流程设计

【工作任务】1. 讨论开清棉联合机中各主机之间的连接方式。

2. 讨论开清棉联合机的联动控制方法。

3. 设计给定品种的开清棉流程。

【知识要点】1. 凝棉器的结构、作用及工艺。

2. 配棉器的种类、作用。

3. 开清棉联合机的联动控制方法。

4. 开清棉流程组合原则及典型流程。

开清棉工序是多机台生产,在整个工艺流程中,通过凝棉器把每一台单机互相衔接起来,利用管道气流输棉,组成一套连续加工的系统。为了平衡产量,原棉由开棉机输出后,在喂入清棉机前还要进行分配,故在开棉机与清棉机之间要有一定形式的分配机械;为了适应加工不同原料的要求,开清棉各单机之间还要有一定的组合形式;为了使各单机保持连续定量供应,还需要一套联动控制装置。

1   开清棉联合机的连接

1.1   凝棉器

凝棉机由尘笼、剥棉打手和风扇组成,其主要作用是:①输送棉块;②排除短绒和细杂;③排除车间内部分含尘气流。

(1) A045B 型凝棉器的机构和工艺过程。

A045B 型凝棉器的机构如图 2-39 所示。当风机(图中未画出)高速回转时,空气不断排出,使进棉管 1 内形成负压区。棉流即由输入口向尘笼 2 的表面凝聚,一部分小尘杂和短绒则随气流穿过尘笼网眼,经风道排入尘室或滤尘器,凝聚在尘笼表面的棉层由剥棉打手 3 剥下,落入储棉箱中。

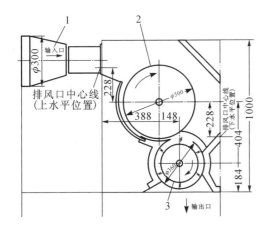

图 2-39   A045B 型凝棉器

1—进棉管;2—尘笼;3—剥棉打手

(2) 凝棉器的工艺参数。

① 风机速度。风机速度的确定,应符合棉流的输送要求。当风机转速太低时,风量和风压都不够,容易造成堵车;反之,风机转速过高,动力消耗大,且凝棉器震动较大,容易损坏机件。

选用的原则是在不发生堵车的前提下,尽量选用较低的转速。选择风机速度还应考虑机台间输棉管道的长度、管道内的漏风情况等。

② 尘笼转速。尘笼转速的高低,影响凝聚棉层的厚薄。当尘笼转速较高时,凝聚棉层薄,增加了清除细小尘杂和去除短绒的作用;但尘笼表面容易形成一股随尘笼回转的气流,使棉层不能紧贴尘笼表面而呈浮游状态,在尘笼气流的作用下,容易成块冲向前方,如积聚过多,在打手的上方容易发生堵车。所以,尘笼转速不宜过快。A045B 型凝棉器的剥棉打手转速为 260 r/min 时,尘笼转速采用 85 r/min;剥棉打手转速为 310 r/min 时,尘笼转速应采用 100 r/min。

③ 剥棉打手。A045B 型凝棉器采用皮翼式剥棉打手。为了克服剥棉处尘笼的吸附力,剥棉打手的线速度应高于尘笼的线速度。另外,打手直径小,易缠花。根据生产经验,打手与尘笼的线速度之比一般不小于 2∶1。

(3) 凝棉器的技术特征见表 2-11。

表 2-11　几种凝棉器的技术特征

机型	A045B	A045C	FA051
产量[kg/(台·h)]	800		
尘笼直径(mm)	500		490
尘笼转速(r/min)	85，100		111
打手形式	六排皮翼式		
打手转速(r/min)	260，310		367
风扇直径(mm)	500		410
风扇转速(r/min)	1 200，1 400，1 600		2 290，2 430，2 570，2 750
风扇排风量(m³/h)	4 500 左右		4 000~7 000
总功率(kW)	4		8.25

1.2　配棉器

由于开棉机与清棉机的产量不平衡,需要借助配棉器将开棉机输出的原料均匀地分配给2~3台清棉机,以保证连续生产,并获得均匀的棉卷或棉流。配棉器的形式有电气配棉器和气流配棉器两种。电气配棉采用吸棉的方式,气流配棉采用吹棉的方式。FA系列开清棉联合机采用的是A062型电气配棉器。

(1) A062型电气配棉器。图2-40为A062型电气配棉器的机构图,它装在FA106型豪猪式开棉机与A092AST型双棉箱给棉机之间,利用凝棉器气流的作用,把经过开松的棉块均匀分配给2~3台A092AST型双棉箱给棉机。

① 配棉头。配棉头为三通或四通管道:两路电气配棉为Y形三通管道;三路电气配棉为品字形四通管道。配棉头内装有调节板,用以改变棉流的运动轨迹,可使2~3台双棉箱给棉机获得均匀的配棉量。

② 进棉斗。如图2-41所示,进棉斗由一个带有两节扩散的管道、进棉活门和直流电磁吸铁等组成。当A092AST型双棉箱给棉机的进棉箱需要棉时,通过光电管接通电源,吸铁上吸,进棉活门开启,棉块通过凝棉器喂入双棉箱给棉机进棉箱;反之,当A092AST型双棉箱给棉机的进棉箱内储棉量超过规定高度时,电气开关断电,吸铁释放,进棉活门借重锤的平衡作用而关闭,停止给棉。进棉斗采用联动控制,即当2台或3台A092AST型双棉箱给棉机的进棉箱全部充满时,通过电气控制使2台或3台进棉斗的活门全部开启,同时豪猪式开棉机给棉停止,让管道内的余棉和开棉机上的惯性棉同时进入

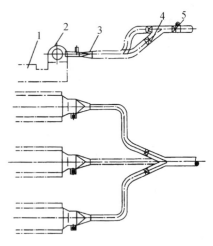

图 2-40　A062型电气配棉器

1—A092AST型双棉箱给棉机;
2—A045B型凝棉器;
3—进棉斗;4—配棉头;
5—防轧安全装置

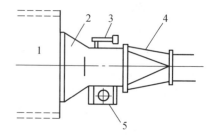

图 2-41　进棉斗

1—凝棉器;2—二级扩散管;
3—重锤杠杆;4—一级扩散管;
5—电磁吸铁

A092AST 型双棉箱给棉机的进棉箱,然后活门关闭。当其中任一台需要棉时,开关接通,该机吸铁上吸,进棉活门开启,豪猪式开棉机重新给棉;而其他机台的吸铁则释放,进棉活门关闭。

1.3　金属除杂装置

FA121 型金属除杂装置如图 2-42 所示,在输棉管的一段部位装有电子探测装置(图中未画出),当探测到棉流中含有金属杂质时,由于金属对磁场起干扰作用,发出信号,并通过放大系统使输棉管专门设置的活门 1 做短暂开放(图中虚线位置),使夹带金属的棉块通过支管道 2 落入收集箱 3 内,然后活门立即复位,恢复水平管道的正常输棉,棉流仅中断 2～3 s。而经过收集箱的气流透过筛网 4,进入另一支管道 2,汇入主棉流。该装置的灵敏度较高,棉流中的金属杂质可基本排除干净,防止金属杂质带入下台机器而损坏机件和引起火灾。

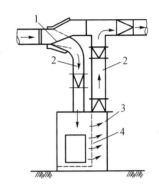

图 2-42　FA121 型金属除杂装置

1—活门;2—支管道;
3—收集箱;4—筛网

2　开清棉联合机组的联动

开清棉联合机是由各个单机用一套联动装置联系起来的,前后呼应,控制整个给棉运动。当棉箱内棉量充满或不足时,以及落卷停车或开车时,使前后机械及时停止给棉或及时给棉,以保证定量供应和连续生产。此外,联动装置还要保障工作安全,防止单机台因故障而充塞原棉,造成机台堵塞、损坏或火灾危险等。

2.1　控制方法

联动装置在构造上可分为机械式和电气式两种,后者的控制较为灵敏、准确。国产开清棉联合机采用机械和电气相结合的控制装置。机械式如拉耙装置、离合器等,电气式如光电管、按钮连续控制开关等。

控制方法可分为逐台控制、连锁控制和循序控制三种。逐台控制是一段一段地控制。如前方的一台机器不需要原棉时,可以控制其后方的一台机器不给棉,但后方更远的机器仍可给棉;反之,当前方的一台机器需要棉时,后一台机器的给棉部分便产生运动向前给棉。连锁控制就是把某台机器的运动或某台机器的几种运动联系起来控制。例如自动抓棉机打手的上升与下降,当打手正在下降时需要改为上升,应先停止打手下降,然后使打手上升;若不先停止打手下降,即使按下上升按钮,打手也无法上升。采用这种控制方式可避免两相线路同时闭合而造成短路停车事故。循序控制是对开清棉机的开车、关车的次序进行控制。

2.2　开关车的顺序

一般是先开前一台机器的凝棉器,再开后一台机器的打手,达到正常转速后,再逐台开启给棉机件。如果前一台凝棉器未开车,则喂入机台的打手不能转动;机台的打手不启动,则给棉机件不能开动。关车的顺序与开车顺序相反,即先停止给棉,再关闭打手,最后凝棉器停止吸风。

3　开清棉的工艺原则

开清棉是纺纱的第一道工序,通过各单机的作用,逐步实现对原棉的开松、除杂、混合、均匀的加工要求。各单机的作用各有侧重。开清棉工艺主要是对抓棉机、混棉机、开棉机、给棉机、清棉机等主要设备的工艺参数进行合理配置,其工艺应遵循"多包取用、精细抓棉、混合充分、渐进开松、早落少碎、以梳代打、少伤纤维"的原则。

3.1 开清棉工艺流程选择要求

选择开清棉流程,必须根据单机的性能和特点、纺纱品种和质量要求,并结合使用原棉的含杂内容和数量,以及纤维长度、线密度、成熟系数和包装密度等因素综合考虑。使用化纤时,要根据纤维的性能和特点,如纤维长度、线密度、弹性、疵点数、包装密度、混棉均匀度等因素决定。选定的开清棉流程的灵活性和适应性要广,要能够加工不同品质的原棉或化纤,做到一机多用、应变性强。

开清点是指对原料进行开松、除杂作用的主要打击部件。开清棉流程应配置适当个数的开清点。主要打手为轴流、豪猪、锯片、综合、梳针、锯齿等,每只打手作为一个开清点。多辊筒开棉机、混开棉机及多刺辊开棉机,每台也作为一个开清点。当原棉含杂和包装密度不同时,应考虑开清点的合理配置。根据原棉含杂情况不同,配置的开清点数可参见表2-12。

表 2-12 原料含杂率与开清点的关系

原棉含杂率(%)	2.0以下	2.5~3.5	3.5~5.5	5.0以上
开清点数	1~2	2~3	3~4	5或经预处理后混用

根据纺纱线密度的不同,选择开清点数一般为:高线密度纱3~4个开清点;中线密度纱2~3个开清点;低线密度纱1~2个开清点。配置开清点时,应考虑间道装置,以适应不同原料的加工要求。

要合理选用混棉机械,配置适当棉箱只数,保证棉箱内存棉密度稳定。为使混合充分均匀,可选用多仓混棉机。

在传统成卷开清棉流程中,还要合理调整摇板、摇栅、光电检测装置,保证供应稳定、运转率高、给棉均匀,充分发挥天平调节机构或自调匀整装置的作用,使棉卷质量不匀率达到质量指标要求。

3.2 组合实例

(1)纺棉流程。

① FA002A型自动抓棉机×2→TF30A型重物分离器(附FA051A型凝棉器)→FA022-6型多仓混棉机→FA106B型豪猪式开棉机(附A045B型凝棉器)→A062-Ⅱ型电器配棉器→[FA046A型振动棉箱给棉机(附A045B型凝棉器)+FA141A型单打手成卷机]×2台。

② FA002A型自动抓棉机×2→A035E混开棉机(附A045B型凝棉器)→FA106B型豪猪式开棉机(附A045B型凝棉器)→A062-Ⅱ型电器配棉器→[FA046A型振动棉箱给棉机(附A045B型凝棉器)+FA141A型单打手成卷机]×2台。

(2)纺化纤流程。

FA002A型自动抓棉机×2→FA022-6型多仓混棉机→FA106A型梳针式开棉机(附A045B型凝棉器)→A062-Ⅱ型电器配棉器→[FA046型振动棉箱给棉机(附A045B型凝棉器)+FA141A型单打手成卷机]×2台。

3.3 除杂效果评定指标

为了鉴定除杂效果,配合工艺参数的调整,要定期进行落棉试验与分析。表示除杂效果的指标有落棉率、落棉含杂率、落杂率、除杂效率和落棉含纤率等。

① 落棉率:反映落棉的数量。

$$落棉率 = \frac{落棉质量}{喂入原棉质量} \times 100\%$$

② 落棉含杂率:反映落棉的质量。用纤维杂质分离机把落棉中的杂质分离出来,进行称重。

$$落棉含杂率 = \frac{落棉中杂质质量}{落棉质量} \times 100\%$$

③ 落杂率:反映落杂的数量,也称绝对落杂率。

$$落杂率 = \frac{落棉中杂质质量}{喂入原棉质量} \times 100\%$$

④ 除杂效率:反映去除杂质的效能,与落棉含杂率有关。

$$除杂效率 = \frac{落杂率}{原入原棉质量} \times 100\%$$

⑤ 落棉含纤维率:反映可纺纤维的损失量。

$$落棉含纤率 = \frac{落棉中纤维质量}{落棉质量} \times 100\%$$

⑥ 总除杂效率:反映开清棉工序机械总的除杂效能。

$$总除杂效率 = \frac{原棉含杂率 - 棉卷含杂率}{原棉含杂率} \times 100\%$$

【技能训练】

根据所给定的纺纱原料及开清棉流程组合原则,设计适合的开清棉流程。

【课后练习】

1. 开清棉联合机的连接方式如何?要求如何?
2. 凝棉器的作用是什么?其种类有哪些?各有何特点?
3. 配棉器的作用是什么?
4. 开清棉流程中还设置了哪些安全装置?

任务 2.8 棉卷质量检测与分析

【工作任务】1. 讨论棉卷质量要求的指标与控制措施。

2. 讨论节约用棉的有效途径。

3. 做棉卷质量不匀率(棉卷均匀度)及伸长率实验。

【知识要点】1. 棉卷质量要求。

2. 开清棉对杂质的清除能力及对不同原料的处理。

3. 棉卷均匀度要求及控制途径。

提高棉卷质量和节约用棉是开清棉工序一项经常性的重要工作。它不仅影响细纱的质量,而且在很大程度上决定了产品的成本。为提高棉卷质量,一方面要充分发挥开清棉工序中各单机的作用,另一方面要制订必要的棉卷质量检验项目和控制指标,以便及时发现问题,加以纠正,确保成纱质量的稳定和提高。

1 棉卷质量要求

目前的开清棉工序的质量检验项目有棉卷含杂率、棉卷质量、棉卷质量差异和棉卷不匀率等(表 2-13)。此外,还要进行各机台的落棉试验,分析落杂情况,控制落棉数量,增加落杂,减少可纺纤维的损失等。节约用棉是指在不影响棉卷质量的前提下,尽量减少可纺纤维的损失。具体做法是提高各单机的落棉含杂率和降低开清棉联合机的总落棉率,亦即统破籽率。由于总落棉率直接影响每件纱的用棉量,所以是节约用棉的主要控制指标。其中含杂量,影响开清棉联合机的除杂效率和棉卷含杂率。提高质量和节约用棉是矛盾的对立与统一,涉及的面很广,不仅与原棉有关,而且与工艺调整、机械维修、操作管理、温湿度控制等有密切关系。

表 2-13 开清棉工序的质量检验项目和控制范围

检验项目	质量控制范围
棉卷质量不匀率	棉 1.1%左右,涤 1.4%左右
棉卷含杂率	按原棉性能质量要求制订,一般为 0.9%～1.6%
正卷率	>98%
棉卷伸长率	棉<4%,涤<1%
棉卷回潮率	棉 7.5%～8.3%,涤 0.4%～0.7%
总除杂效率	按原棉性能质量要求制订,一般为 45%～65%
总落棉率	一般为原棉含杂率的 70%～110%

2 棉卷含杂率的控制

在整个纺纱过程中,除杂任务绝大部分由开清棉和梳棉两个工序承担。在其他工序中,除了络筒机有一定除杂作用外,其余各工序的除杂作用很少。在清、梳两个工序中,清棉一般除大杂,如棉籽、籽棉、不孕籽、破籽等;而一些细小、黏附性很强的杂质以及短绒等,则可留给梳棉工序清除,如带纤维籽屑、软籽表皮、短绒等。开清棉联合机各单机的结构特点不同,对不同杂质的除杂效率各异,应充分发挥各单机特长,在清、梳合理分工的前提下,使棉卷含杂率尽可能降低,达到降低成纱棉结、杂质和节约用棉的目的。

棉卷含杂率的控制应视原棉含杂数量和内容而定。开清棉除杂工艺原则有两条:①不同原棉不同处理;②贯彻早落、少碎、多松、少打的原则。

开清棉工序的总除杂效率、落棉率、棉卷含杂率的一般控制范围见表 2-14。

(1)开清棉各单机对各类杂质和疵点的清除能力。

棉箱机械角钉帘下和剥棉打手部分应尽可能将原棉中的棉籽、籽棉全部除去,如有少量残留,则应在豪猪开棉机中全部清除。不孕籽、尘屑、碎叶应在主要打手处排除。但往往会有少量带到棉卷中,由下一道工序梳棉机的刺辊部分排除。至于带纤维籽屑、僵片、软籽表皮等,在开棉机中较难清除,一般在清棉机的梳针打手处排除一部分,余下部分在梳棉机中排除。

表 2-14　开清棉工序总除杂效率

原棉含杂率(%)	开清棉总除杂效率(%)	落棉含杂率(%)	棉卷含杂率(%)
1.5 以下	40 左右	50 左右	0.9 以下
1.5~1.9	45 左右	55 左右	1 以下
2~2.4	50 左右	55 左右	1.2 以下
2.5~2.9	55 左右	60 左右	1.4 以下
3~4	60 左右	65 左右	1.6 以下

原棉中含棉籽、籽棉、大破籽等大杂较多时,应执行早落防碎的工艺,防止这些大杂在以后的握持打击中被罗拉压碎而成为破籽和带纤维籽屑,那么在开清棉加工中更难清除,就会增加梳棉机的除杂负担。因此,必须充分发挥棉箱机械的扯松作用,采用多松工艺,在第一台棉箱的剥棉打手下配置较大的尘棒间隔距,创造大杂早落多落的条件。

含不孕籽较多的原棉,应充分发挥各类打手机械的除杂作用。含软籽表皮和带纤维籽屑较多的原棉,除充分发挥梳针打手的作用外,对主要打手如豪猪打手、六辊筒打手,应采用较小的尘棒隔距和少补风、全死箱等清除细杂的工艺。

(2)不同原棉不同处理。

① 正常原棉。由于这种原棉成熟正常、线密度适中、单纤维强力较高、回潮率适中、有害疵点少,因此,开清棉一般采用多松早落、松打交替,充分发挥棉箱机械及开棉机的开松除杂作用。

② 低级棉。由于低级棉的成熟度差、单纤维强力低、回潮率高、有害疵点多,因此,开清棉一般采用多松早落多落、少打轻打、薄喂慢速、少返少滚,减少束丝和棉结的工艺。

③ 原棉含杂率过高。如含大杂多时,应多松早落多落,适当增加开清点;如含细小杂质较多时,应使梳棉工序多负担除杂任务。

④ 原棉回潮率过高、过低。原棉回潮率过高,会降低开清棉机械的开松和除杂的效果,因此,原棉需经干燥后再混用。干燥可采用松解曝晒后自然散发的方法。回潮率过低的原棉,如低于 7% 时,一般先给湿,然后放置 24 h 再混用。

3　棉卷均匀度的控制

棉卷不匀分纵向不匀和横向不匀,在生产中以控制纵向不匀为主。纵向不匀是考核棉卷单位长度的质量差异,它直接影响生条质量不匀率和细纱的质量偏差,通常以棉卷 1 m 长为片段,称重后算出其不匀率的数值。棉卷不匀率根据不同原料进行控制,一般棉纤维控制在 1% 以内,棉型化纤控制在 1.5% 以内,中长化纤控制在 1.8% 以内。在棉卷测长过程中,通过灯光目测棉横向的分布情况,如破洞及横向各处的厚薄差异等。横向不匀过大的棉卷,在梳棉机上加工时,棉层薄的地方,纤维不能处在给棉罗拉与给棉板的良好握持下进行梳理,容易落入车肚成为落棉,不利于节约用棉。所以棉卷横向不匀特别差时要及时改善。另外,生产中还应控制棉卷的质量差异,即控制棉卷定量或棉卷线密度的变化。一般要求每个棉卷质量与规定质量相差不超过正负 1.0%~1.5%,超过此范围作为退卷处理。退卷率一般要求不超过 1%,即正卷率需在 99% 以上。棉卷均匀度控制的好坏是衡量开清棉工序生产是否稳定的一项重要指标。

提高棉卷均匀度和正卷率的主要途径有：

（1）原料。混合原料中各成分的回潮率差异过大或化纤的含油率差异过大时，如果原料的混合不够均匀，就会造成开松度的差异，影响天平罗拉喂入棉层密度的变化，使得棉卷均匀度恶化，因此，喂入原棉密度应力求一致。

（2）工艺。调整好整套机组的定量供应，稳定棉箱中存棉的高度和密度，控制各单机单位时间的给棉量和输出量稳定，提高机台运转率。正确选用适当的打手和尘笼速度，使尘笼吸风均匀。

（3）机械状态。保证天平调节装置的工作状态正常或采用自调匀整装置。

（4）车间温湿度。严格控制车间温湿度变化，使棉卷回潮率及棉层密度趋向稳定。开清棉车间的相对湿度一般为55%～65%。

（5）操作管理。严格执行运转操作工作法，树立质量第一的思想。按配棉排包图上包，回花、再用棉应按混合比例混用，操作人员不能随便改变工艺等。

【技能训练】

在实习工厂或企业了解棉卷质量控制指标、疵卷类型，学习质量控制的方法。

【课后练习】

1. 棉卷有哪些质量控制指标？
2. 如何控制棉卷的含杂率？
3. 如何提高棉卷的均匀度？
4. 疵卷的种类有哪些？如何控制？

任务2.9 开清棉工序加工化纤的特点

【工作任务】 1. 讨论加工化纤工艺流程设置的原则及要求。

2. 比较开清棉加工化纤与棉的工艺区别。

3. 讨论化纤黏卷的控制方法。

【知识要点】 1. 化纤的特点。

2. 加工化纤的工艺流程。

3. 加工化纤的主要工艺参数。

4. 防止黏卷的措施。

1 化纤的特点

目前在棉纺设备上加工的化学纤维可分为两类：长度在40 mm以下的棉型化纤；长度为51～76 mm的中长化纤。化纤的特点是：无杂质，较蓬松，含有硬丝、并丝、束丝等少量疵点，加工时极易产生静电，并产生黏卷现象。另外，化纤中含有少量的超长和倍长纤维，极易缠绕打手。

2　开清棉工序加工化纤的工艺流程与工艺参数

2.1　工艺流程

采用短流程(2 个棉箱、2 个开清点)、多梳少打的工艺路线,以减少纤维损伤,防止黏卷。

2.2　打手形式

采用梳针辊筒(如 FA106A 型梳针辊筒开棉机)。

2.3　工艺参数

(1)打手转速。一般比加工同线密度的棉纤维低,如速度过高,不仅容易损伤纤维,而且会因开松过度而造成纤维层粘连。

(2)风扇速度。风扇与打手的速比应比加工棉纤维时大,风扇转速宜控制在 1 400～1 700 r/min 范围内。

(3)给棉罗拉速度。给棉罗拉速度以较快为好,这样棉箱厚度可调小,形成薄层快喂的加工方式,有利于加工。

(4)打手与给棉罗拉间的隔距。由于化学纤维的长度比棉纤维长,且与金属间的摩擦系数较大,所以清棉机打手与给棉罗拉间的隔距应比纺棉时大,一般为 11 mm。

(5)尘棒间的隔距。因化纤含杂少,故尘棒间的隔距应比纺棉时小。在化学纤维含疵率低的情况下,打手室内落杂区的尘棒要反装,适当采用补风,以减少可纺纤维的损失。

(6)打手与尘棒间的隔距。因纤维蓬松,为了减少纤维损伤或搓滚成团的现象,打手与尘棒间的隔距应放大。

3　防止黏卷的措施

黏卷是化纤纺纱中一个突出的问题。化纤易产生黏卷的原因:一是纤维卷曲少且在加工过程中易于消失,纤维间的抱合力小;二是化纤较为蓬松,回弹性大;三是化纤的吸湿性差,与金属的摩擦系数大,易产生静电。防止黏卷的措施有以下几种:

(1)采用凹凸罗拉防黏装置。在紧压罗拉后面加装一对凹凸罗拉,使纤维层在进入紧压罗拉前先经凹凸罗拉轧成槽纹,使化纤卷内外层分清,起到较好的防黏作用。

(2)增大上下尘笼的凝棉比。上下尘笼的凝棉比例应比纺棉纱时大,使大部分纤维凝聚在尘笼表面,这对防止黏卷有显著的效果。

(3)增大紧压罗拉的压力。增大压力可使纤维层内的纤维集聚紧密,一般压力比纺棉时大 30% 左右。

(4)采用渐增加压。采用该措施可使纤维卷加压随成卷直径增加而增加,防止了内紧外松和纤维层质量的内重外轻,小卷黏层、大卷蓬松的现象也得到改善。

(5)在第二、三紧压罗拉内安装电热丝。通过电热丝加热,使紧压罗拉的表面温度升高到 95～105 ℃。纤维层在通过第二、第三紧压罗拉时,可获得暂时的热定形,从而达到防止黏卷的目的。

(6)采用重定量、短定长的工艺措施。该措施不仅可防止黏卷,还可降低化纤卷的不匀率。适当增加成卷定量,有利于改善纤维层的结构,增强纤维间的抱合力,从而减少黏卷。

(7)在化纤卷间夹粗纱(或生条)。用 5～7 根粗纱或生条头夹入化纤内,将纤维层隔开,可作为防止黏卷的一个辅助性措施。

【技能训练】

讨论开清棉加工中化纤与棉纤维在工艺上的差别。

【课后练习】

1. 阐述开清棉加工化纤的主要工艺流程和参数。
2. 说明防止黏卷的措施。

梳棉机工作原理及工艺设计

- -

1. 理论知识：

（1）梳棉工序的任务，梳棉机的工艺过程，梳棉的组成及其作用。

（2）给棉和刺辊部分的机构与作用，给棉和刺辊部分的分梳作用，梳棉机刺辊下方除杂方式，刺辊部分对落物率与落物含杂率的控制。

（3）锡林、盖板间对纤维的梳理与除杂作用，棉结的产生与控制。

（4）锡林、刺辊间的纤维转移原理，锡林、道夫间的纤维转移原理，提高纤维转移的措施。

（5）提高整台梳棉机分梳纤维能力的方式。

（6）针布对纺纱工艺性能的要求，锯齿针布的规格参数及其对纺纱性能的影响。

（7）锡林、道夫、刺辊的针布要求，盖板针布纺纱性能的要求。

（8）针布的定期维护。

（9）梳棉质量的控制。

2. 实践技能：能完成梳棉机工艺设计、质量控制、操作及设备调试。

3. 方法能力：培养学生的分析归纳能力，提升总结表达能力，训练动手操作能力，建立知识更新能力。

4. 社会能力：培养学生的团队合作意识，形成协同工作能力。

- -

经过开清棉联合机加工后，棉卷或散棉中的纤维多呈松散棉块、棉束状态，并含有 $40\%\sim 50\%$ 的杂质，其中多数为细小的、黏附性较强的纤维性杂质（如带纤维破籽、籽屑、软籽表皮、棉结等），所以必须将纤维束彻底分解成单根纤维，并清除残留在其中的细小杂质，使各配棉成分纤维在单纤维状态下充分混合，制成均匀的棉条，以满足后道工序的要求。

任务3.1 梳棉机工艺流程

【工作任务】作梳棉机工艺流程图。

【知识要点】1. 梳棉工序的任务。

2. 梳棉机的工艺过程。

3. 梳棉机的作用原理。

1 梳棉工序的任务

梳棉工序的任务是:

(1) 分梳。在尽可能少损伤纤维的前提下,对喂入棉层进行细致而彻底的分梳,使束纤维分离成单纤维状态。

(2) 除杂。在纤维充分分离的基础上,彻底清除残留的杂质疵点。

(3) 均匀混合。使纤维在单纤维状态下充分混合并分布均匀。

(4) 成条。制成一定规格和质量要求的均匀棉条,并有规律地圈放在棉条筒中。

梳棉工序的任务是由梳棉机来完成的。梳棉机上棉束被分离成单纤维的程度与成纱强力及条干密切相关;其除杂作用的效果在很大程度上决定了成纱的棉结杂质和条干;梳棉机在普梳系统各单机中,落棉率为最多,且落棉中含有一定量的可纺纤维,所以梳棉机落棉的数量和质量直接与用棉量有关。

综上所述,梳棉机良好的工作状态,对改善纱条结构、提高成纱质量、节约用棉、降低成本至关重要。

2 国产梳棉机的发展

国产梳棉机的发展经过了三个大的发展阶段。20世纪50年代,我国自行设计生产了"1"系列弹性梳棉机(代表机型1181),结束了不会制造的历史;在以后不断的探索改进中,又研制出了A系列金属针布梳棉机(代表机型A186C);在20世纪80年代后期,消化吸收了国外的新技术,研制出了新一代的FA系列梳棉机,并使机型趋向多样化,如表3-1所示。

表3-1 梳棉机的技术特征

机型 项目		MK5D 英国	A186C 中国	FA224 中国	FA225 中国
适纺范围(mm)		—	24~76	22~76	22~76
喂入定量(g/m)		340~930	—	350~720	清梳联
输出定量(g/m)		3.5~7.0	—	3.5~6.5	4~6.5
总牵伸倍数		80~130	68.5~122.6	70~130	70~130
实际产量[kg/(台·h)]		≤120	15~25	30~55	40~85
实际出条速度(m/min)		350	—	最高220	最高265
给棉罗拉直径(mm)		—	70	—	100
直径(mm)	刺辊	254	250	250	172.5×3
	锡林	1 016	1 289	1 290	1 290
	道夫	508	706	700	700

（续　表）

项目 \ 机型		MK5D 英国	A186C 中国	FA224 中国	FA225 中国
速度(r/min)	刺辊	600～1 500	1 014, 1 105	600, 900, 950, 1 060	695～1 305, 901～1 747, 1 194～2 274
	锡林	425～770	335, 365	280, 350, 400	280, 353.5×405.8, 458.2×497.5, 549.8
	道夫	40～120	15～28	—	最高 75
回转盖板根数		36/89	41/106	30/80	30/80
盖板速度(m/min)		—	棉 168～274 化纤 84～137	—	与锡林反向 106～424
固定盖板根数		前 4 后 4	—	前 4 后 4	前 2 后 1
道夫变速形式		—	双速电机	变频电机	变频电机
棉网清洁器		前 1 后 1	—	前 1 后 1	前 3 后 3
剥棉形式		三罗拉	四罗拉	倾斜式三罗拉	倾斜式三罗拉
适用条筒		—	Φ600×900(1 100)	Φ600×900(1 100)	Φ600(900)×900(1 100)
装机功率(kW)		10.37	4.7	8.69	15.06
吸尘点		全封闭	2～3 个	多吸点集中连续吸	多吸点集中连续吸(全封闭)
外形尺寸(长×宽)(mm)			3 749×1 979	4 741×2 625	4 683×2 315

国产梳棉机的发展主要体现在以下几个方面：

（1）速度与产量不断提高。产量由最初的 4～6 kg/(台·h)提高到现在的 45～85 kg/(台·h)，国外有的机型可达到 100～140 kg/(台·h)。

（2）适纺范围不断扩大。新型梳棉机的适纺范围在 22～76 mm，既能加工棉、棉型化纤，还可以加工中长化纤。

（3）主要机件、支撑件的刚度和加工精度不断提高，从而改善了梳棉机的稳定性。

（4）扩大分梳区域、改进附加分梳元件和采用新型针布，使分梳质量和除杂效果大大提高。

（5）采用吸尘机构及密封机壳，以降低工人劳动强度，改善生产环境。

（6）采用自调匀整机构，进一步提高生条质量。

3　梳棉机的工艺过程

如图 3-1 所示，棉卷置于棉卷罗拉上，并借其与棉卷罗拉间的摩擦而逐层退解（采用清梳联时，由机后喂棉箱输出均匀棉层），沿给棉板进入给棉罗拉和给棉板之间，在紧

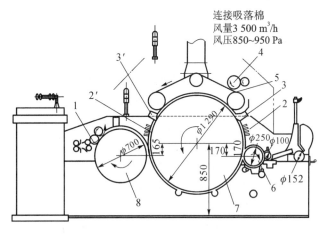

图 3-1　FA224 型梳棉机的工艺过程

1—剥棉罗拉；2—后固定盖板；2′—前固定盖板；3—后棉网清洁器；3′—前棉网清洁器；4—盖板花清洁装置；5—盖板；6—刺辊；7—锡林；8—道夫

握状态下向前喂给刺辊 6,接受开松与分梳。由刺辊分梳后的纤维随同刺辊向下,经过吸风除尘刀和分梳板、吸风小漏底,被锡林剥取,杂质、短绒等在给棉板、除尘刀、分梳板、小漏底之间被吸风口吸入尘室而成为落棉。

由锡林 7 剥取的纤维随同锡林向上,经过后固定盖板 2 的梳理和后棉网清洁器 3 吸尘后,进入锡林盖板工作区,由锡林和活动盖板进行细致的分梳。充塞到盖板针齿内的短绒、棉结、杂质和少量可纺纤维,在走出工作区后,经盖板花清洁装置 4 刷下后由吸风口吸走。随锡林走出工作区的纤维通过棉网清洁器吸尘及前固定盖板 2′梳理后,进入锡林道夫工作区,其中一部分纤维凝聚于道夫 8 的表面,另一部分纤维随锡林返回,又与从刺辊针面剥取的纤维并合,重新进入锡林盖板工作区进行分梳。道夫表面所凝聚的纤维层,被剥棉装置 1 剥取后形成棉网,经喇叭口汇集成棉条,由大压辊输出,通过圈条器,将棉条有规律地圈放在棉条筒中。

根据加工特点,梳棉机可分为给棉刺辊部分、锡林—盖板—道夫部分和剥棉条部分。

4 梳棉机的作用原理

4.1 针面间的作用条件

由于梳棉机上各主要机件的表面包有针布,所以各机件间的作用实质上是两个针面间的作用。两针面间要对纤维产生作用,则必须满足以下三个条件:

① 两针面有一定的针齿密度,以便对纤维产生足够的握持力。

② 两针面间要有较小的隔距,使纤维能够与两针面针齿充分接触。

③ 两针面间要有相对运动。

4.2 针面间的作用

根据两针面针齿配置及两针面相对运动的方向不同,针面对纤维可产生三种不同的作用。

(1)分梳作用。两针面的针齿相互平行配置,彼此以本身的针尖迎着对方的针尖相对运动,则可得到分梳作用,如图 3-2 所示。由于两针面的隔距很小,故由任一针面携带来的纤维都有可能同时被两个针面的针齿所握持,从而受到两个针面的共同作用。此时纤维和针齿间的作用力为 R,R 可分解为平行于针齿工作面方向的分力 p 及垂直于针齿工作面方向的分力 q,前者使纤维沿针齿向针内运动,后者使纤维压

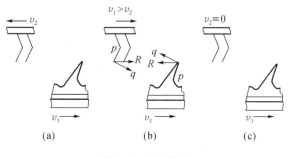

图 3-2 分梳作用

向针齿。无论对哪一针面来说,在 p 力作用下,纤维都有沿针齿向针内移动的趋势。因此,两个针面都有握持纤维的能力,从而使纤维有可能在两针面间受到梳理。

由于两针面的针齿密度、针齿规格不同,分梳时握持纤维的能力不同,因此,两针面分梳时会发生以下情况:

① 握持能力强的针面握持纤维,握持能力弱的针面梳理纤维的尾端,这种情况称为"梳理"。

② 握持能力强的针面从握持能力弱的针面上抓取纤维,握持能力弱的针面梳理纤维的另一端,即纤维从一个针面被转移到另一个针面,这种情况称为"转移"。

③ 两针面都具有较强的握持力。当对纤维的握持力大于纤维间的联系力(摩擦、抱合力)时,纤维束分解成两个小束或两根纤维,这种情况称为"纤维束的分解"。针面对纤维的握持能力,与纤维或纤维束接触的针齿数、纤维(束)对针齿的包围角、加工纤维的长度、纤维与针齿间的摩擦系数、纤维与纤维间的摩擦系数有关。

(2) 剥取作用。两针面针齿的方向交叉配置,且一个针面的针尖沿另一针面的针齿的倾斜方向运动,则前一针面的针齿从后一针面的针齿上剥取纤维,完成从一个针面向另一个针面转移纤维的作用,这种作用称为剥取作用,如图 3-3 所示。图 3-3(a)和(b)中,针面Ⅰ的针尖沿针面Ⅱ的针齿的倾斜方向运动,因两针面的相对运动对纤维产生分梳力 R。将 R 分解为平行于针齿工作面方向的分力 p 和垂直于针齿工作面方向的分力 q。对针面Ⅰ来说,纤维在分力 q 的作用下有沿针齿向针内移动的趋势;对针面Ⅱ来说,纤维在分力 p 的作用下有沿着针齿向外移动的趋势,所以针面Ⅱ握持的纤维将被针面Ⅰ所剥取。而图 3-3(c)中,则是针面Ⅱ剥取针面Ⅰ上的纤维。因此,在剥取作用中,只要符合一定的工艺条件,纤维将从一个针面完全转移到另一个针面上。

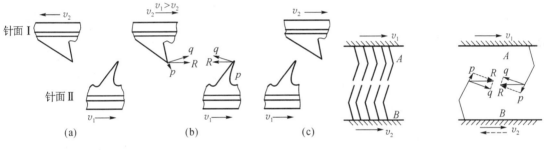

图 3-3　剥取作用　　　　　　　　　　图 3-4　提升作用

(3) 提升作用。如两针面的针齿配置和分梳作用相同,但相对速度的方向与之相反,即一个针面的针背从另一个针面的针背上超越时,两针面的作用为提升作用,如图 3-4 所示。从受力分析可知,沿针齿工作面方向的分力 p 指向针尖,表示纤维将从针内滑出。若某针面内沉有纤维,在另一针面的提升作用下,纤维将升至针齿表面。

【技能训练】

画出梳棉机的工艺流程图。

【课后练习】

1. 梳棉工序的任务是什么?

2. 试给出梳棉机各主要机件的相对位置、转向和针齿的配置。

3. 两针面发生作用的条件是什么?

4. 什么是分梳作用、剥取作用、提升作用?

任务 3.2　给棉—刺辊部分机构特点及工艺要点

【工作任务】 1. 给棉—刺辊部分的给棉方式有哪几种? 怎样保证棉层握持的有效性?

2. 绘图说明给棉板分梳工艺长度,怎样决定分梳工艺长度? 怎样测量分梳工艺长度? 分梳工艺长度怎样调整?

3. 分析刺辊分梳度的作用和缺陷。

4. 除杂系统配置方式有哪几种? 作图表示刺辊周围的气流运动规律。除尘刀有哪些作用?

【知识要点】1. 给棉—刺辊部分的机构。

2. 给棉部分的握持作用。

3. 给棉—刺辊部分的分梳作用。

4. 刺辊部分的气流与除杂作用。

1 给棉—刺辊部分机构

给棉—刺辊部分由棉卷罗拉、给棉板、给棉罗拉、分梳板、刺辊等机件组成,如图3-5所示。该部分的主要作用是握持、喂给、分梳和除杂。

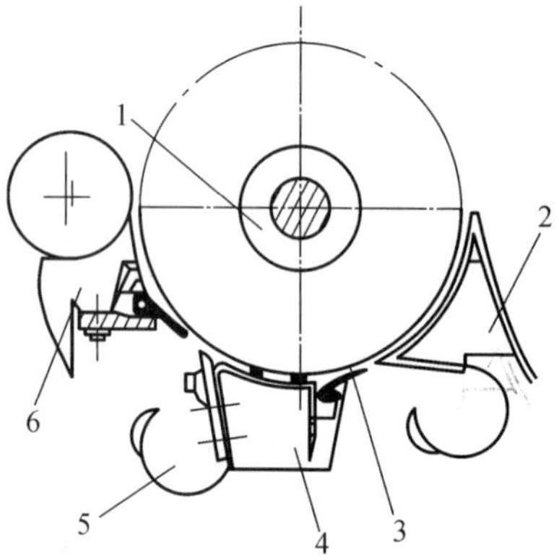

1.1 棉卷架与棉卷罗拉

棉卷架由生铁制成,中间沟槽用以搁置棉卷扦,确保棉卷顺利退绕。槽底倾斜的目的是使棉卷直径较小时增加与棉卷罗拉之间的接触面积,防止棉卷退解时打滑,减小意外牵伸。顶端凹弧上放置备用棉卷。棉卷罗拉也由生铁制成,中空,棉卷搁置在上面。当棉卷罗拉回转时,依靠摩擦力使棉卷退解。棉卷罗拉表面有凹槽,以避免棉卷打滑。

1.2 给棉板和给棉罗拉

给棉罗拉为一表面刻有齿形沟槽或包有锯齿的圆柱形

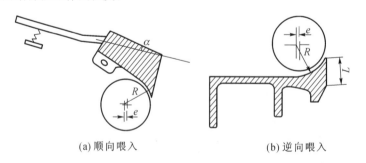

图 3-5 FA224 型梳棉机给棉—刺辊部分机构

1—刺辊;2—三角小漏底;3—导棉板;4—分梳板;5—吸风口;6—给棉板

回转体。根据它与给棉罗拉的相对位置,给棉板有两种形式,其剖面形状如图3-6所示。给棉板前沿斜面长度称为给棉板工作面长度。

(a) 顺向喂入　　　　　　　　(b) 逆向喂入

图 3-6　梳棉机给棉板与给棉罗拉的相对位置

给棉罗拉与给棉板前端(鼻端)共同对棉层组成强有力的握持钳口,依靠摩擦作用,向刺辊供给棉层,为了使握持牢靠、喂给均匀,给棉罗拉与给棉板必须满足以下条件:

(1)鼻端处的握持力最强。为使刺辊分梳时棉束尾端不至于过早滑脱,要求最强握持点在给棉板鼻端处。给棉罗拉与给棉板间的隔距,自入口出出口,应逐渐缩小,使棉层在圆弧段逐渐被压缩,握持逐渐增强。因此,给棉罗拉半径略小于给棉曲率半径,其中心向鼻端方向偏过一偏心距。

(2) 给棉罗拉对棉层应具有足够的握持力。给棉钳口的握持力与给棉罗拉对棉层的摩擦力有关,而摩擦力又取决于给棉罗拉的加压,以及给棉罗拉对棉层的摩擦系数和握持状态。

在给棉罗拉表面铣以直线,或螺旋沟槽,或菱形凸起,或包卷锯齿,并进行淬火处理,以增大给棉罗拉的摩擦系数和耐磨性能。不同的表面形式又决定了给棉罗拉和给棉板对棉层的握持状态不同。FA224 型和 FA225 型梳棉机上为直径 100 mm 的锯齿罗拉。

在给棉罗拉两端施加一定的压力,且压力方向偏向给棉板鼻端,压力的大小应与机上罗拉直径相适应,以减少罗拉因两端加压而产生一定的中间挠度。不同机型,其加压方式各异。

1.3　刺辊

刺辊结构如图 3-7 所示。刺辊主要由筒体 1 和包覆物(锯条)组成。筒体有铸铁和钢板焊接结构两种,筒体外包覆有金属针布。筒体两端用堵头 4(法兰盘)和锥套 3 固定在刺辊轴上,沿堵头内侧圆周有槽底大、槽口小的梯形沟槽,平衡铁螺丝可沿沟槽在整个圆周移动。校验平衡时,平衡铁 5 可固紧在需要的位置上,平衡后再装上镶盖 2 封闭筒体。

由于刺辊转速较高,与相邻机件的隔距很小,因此对刺辊筒体和针齿面的圆整度,刺辊圆柱针齿面与刺辊轴的同心度,以及整个刺辊的静、动平衡等,都有较高的要求。

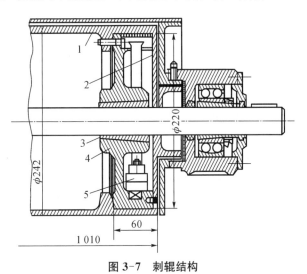

图 3-7　刺辊结构

1—筒体;2—镶盖;3—锥形套筒;4—堵头;5—平衡铁

FA224 型和 FA225 型梳棉机采用的是钢板焊接结构,与铸铁筒体相比,其质量轻、平衡好、启动惯性小。

1.4　刺辊车肚附件

刺辊车肚附件的主要作用是除杂、分梳和托持纤维。不同型号梳棉机的车肚附件形式不同,但基本由除尘刀、分梳板和小漏底组成。

(1) 除尘刀。形如带刃扁钢或以钢板弯折成刀尖状,两端嵌在机框上的托脚内或固装于分梳板、小漏底的前端,其作用是配合刺辊排除杂质(破籽、不孕籽、僵片等),并对刺辊表面的可纺纤维起一定的托持作用。

(2) 分梳板。分梳板主要由分梳板主体、除尘刀 1、导棉板 4 和分梳板支承四部分组成,如图 3-8 所示。分梳板主体采用一组或两组锰钢齿片 3 组成。齿片间以铝合金隔片间隔,并以螺钉 2 固定在分梳板支承上,再用胶合树脂固定在外壳上。齿面应与刺辊同心,表面平整,齿尖光洁。

除尘刀与导棉板(落棉量调节板)可分别用螺钉固装于分梳板的前后侧,各自表面有若干个长圆孔,可单独调节与刺辊间的隔距。导棉板(落棉量调节板)与刺辊平行的一面,备有几种规格尺寸,以适应不同的工艺要求。分梳板上是否装加除尘刀、导棉板,因机型而异。

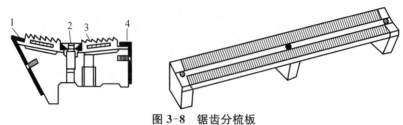

图 3-8　锯齿分梳板

1—除尘刀；2—螺钉；3—齿片；4—导棉板

分梳板的主要作用是与刺辊配合对刺辊上的纤维进行自由分梳，松解棉束，排除杂质和短绒。

（3）小漏底。小漏底为三角形或弧形光板，采用平滑的镀锌铁板制造，其主要作用是托持刺辊（锡林）上的纤维，引导刺辊、锡林三角区的气流运动，以保证刺辊表面的纤维顺利地向锡林转移。

FA224 型梳棉机的车肚附件由两把带吸风口的除尘刀、两块落棉量调节板、一块分梳板和一个小漏底组成，如图 3-5 所示。两把除尘刀分别装在分梳板与小漏底之前，两块落棉量调节板分别装在给棉板和分梳板之后，可通过机外手轮调节其与刺辊及除尘刀之间的隔距，以调节车肚落棉量。

1.5　新型梳棉机车肚附件

新型梳棉机下方有取消小漏底、增加锯齿分梳板的趋向，以增强刺辊部分的分梳作用。刺辊下方配置按除杂的方式分为：①自然沉降式除杂系统，即只采用除尘刀切割气流除杂，有 A186 系列、FA201 系列、FA231 系列、MK6 型梳棉机；②积极式除杂系统，即采用除尘刀与吸风槽组成的组合装置，有特吕茨勒公司制造的新型梳棉机、郑州纺织机械股份有限公司制造的 FA221 系列、FA224 系列和 FA225 系列，及经纬纺织机械股份有限公司的 JWF120 系列梳棉机 C51 型。

（1）自然沉降式除杂系统的刺辊下方配置。该类梳棉机刺辊下方配置除尘刀、小漏底或两件分梳板组合装置及弧形托板，将刺辊下方分割成三个除杂区，如图 3-9(a) 所示。

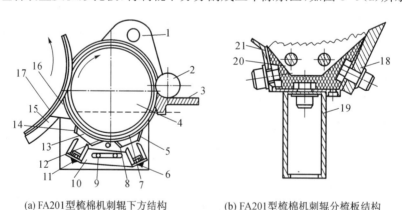

(a) FA201型梳棉机刺辊下方结构　　　　(b) FA201型梳棉机刺辊分梳板结构

图 3-9　自然沉降式除杂系统的刺辊下方配置

1—刺辊吸罩；2—给棉罗拉；3—给棉板；4—刺辊；5—第一除尘刀；6—分梳板调节螺杆；7—第一分梳板；8—第一导棉板；9—托脚螺丝；10—双联托脚；11—分梳板调节螺丝；12—第二除尘刀；13—第二分梳板；14—第二导棉板；15—大漏底；16—三角小漏底；17—锡林；18—除尘刀；19—加强筋；20—齿片；21—导棉板

其特点是含尘杂高的外围气流受到除尘刀或小漏底入口切割后，从除杂区折入车肚，其中的尘杂靠其自身重力沉降于车肚中而成为落物。其分梳板结构如图 3-9(b) 所示，由分梳板主体、除尘刀、导棉板和加强筋四个部分组成。而 C51 型梳棉机刺辊下方只配置两块分梳板,将刺辊下方分割成两个落杂区。

①分梳板主体:是分梳板组合的心脏,采用锯齿片,用胶合树脂固定在外壳上,再以铝合金板作为齿片间的夹片而制成。如图 3-9(b)所示。FA201 型梳棉机在刺辊下安装两组分梳板。要求分梳板上锯齿横向分布均匀,分梳板圆弧表面平整,齿面与刺辊同心,齿尖光洁。

②除尘刀:刀角 30°。刀体有 6 个长圆孔,用螺丝固装于分梳板主体的前侧。可以单独调节其与刺辊间的隔距。它的作用为切割刺辊表面的气流附面层,除去杂质。

③导棉板:由薄钢板制成 L 形,安装在分梳板主体的后侧面,与刺辊间的隔距可以调节。要求表面光滑平整,与刺辊表面平行的一面备有几种规格尺寸,以适应不同工艺的要求。

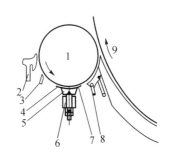

④加强筋:是保证分梳板主体不变形的基础。要求顶面平整,侧面与顶面相互垂直。

图 3-10 所示为 A186 系列梳棉机改造后的刺辊下方结构,是将 A186 系列梳棉机刺辊下方的小漏底保留弧形托板部分,在除尘刀与弧形托板之间安装除尘刀与分梳板组合件,将刺辊下方分割成三个除杂区。

图 3-10　A186 系列梳棉机改造后刺辊下方结构

1—刺辊;2—给棉板;3—除尘刀;
4—后托棉板;5—预分梳板;
6—预分梳板托脚;7—前托棉板;
8—短弦长小漏底;9—锡林

(2)积极式除杂系统的刺辊下方配置。该类梳棉机的刺辊下方结构如图 3-11(a)和(b)所示,由落棉调节板、除尘刀与吸风除杂槽组合装置、分梳板、弧形托板组成。

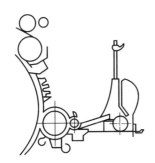
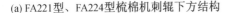
(a)FA221 型、FA224 型梳棉机刺辊下方结构

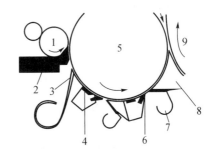
(b)C51 型梳棉机刺辊下方结构

图 3-11　积极式除杂系统的刺辊下方配置

1—给棉罗拉;2—给棉板;3—除尘刀;4—分梳板;5—刺辊;6—落棉调节板;
7—吸风除杂槽;8—弧形托板;9—锡林

积极式除杂系统是利用吸风主动引导刺辊附面层外层气流进入吸风槽而实现除杂的,如图 3-12 所示。

①分梳板:属于单一性质的分梳板,与刺辊共同分梳纤维。

②除尘刀与吸风除杂槽组合装置:利用吸风槽内的负压,吸收由除尘刀切割下来的刺辊气流附面层,清除杂质。

③落棉调节板:利用其安装的角度,控制刺辊表面的气流附 **图 3-12　积极式除杂系统除杂原理**

面层的厚度及除尘刀切割气流附面层的厚度,调节落棉量及除杂效率。

　④ 弧形托板:为弧形无孔钢板,起托持纤维作用。

　(3)加装分梳板的作用。刺辊加装分梳板能起到预分梳作用。这是因为分梳板表面的锯齿对随刺辊通过的纤维束和纤维进行自由梳理,增加了刺辊作用区的梳理度。特别是位于喂入棉层里层的纤维束和小纤维块,在刺辊梳理过程中受到较弱的梳理作用,在刺辊下安装分梳板可以弥补这个缺陷。

2　给棉部分的握持作用

　给棉罗拉和给棉板共同对棉层的握持作用,将直接影响给棉刺辊部分的分梳质量,因而给棉罗拉加压和给棉板圆弧面以及给棉板规格,对给棉部分的握持分梳作用有很大影响。

2.1　给棉罗拉加压

　梳棉机的给棉罗拉加压方式采用杠杆偏心式弹簧加压机构和流体加压装置。国产机型都采用杠杆偏心式弹簧加压机构。加压量应该依据棉层定量、结构、刺辊速度、罗拉直径等因素决定,一般为 38~54 N/10 mm。

　给棉罗拉加压机构设有厚卷自停装置。当棉卷出现厚段(超过双层棉卷厚度),或棉卷内夹有铁丝或其他硬物时,迫使给棉罗拉抬高,螺钉抬起,通过连杆使微动开关发生作用,使道夫自动停转。

2.2　给棉板圆弧面

　给棉板与给棉罗拉正对位置为圆弧面,其轴心与给棉罗拉的不重合,上下呈偏心配置,形成一个进口大、出口小的纤维通道,有效控制棉层,在刺辊分梳棉层中棉束的头端时,棉束尾端不至于过早滑脱。

3　给棉—刺辊部分的分梳作用

3.1　分梳过程

　给棉—刺辊部分的分梳可分为两部分:一是握持分梳;二是自由分梳。

　(1)握持分梳。握持分梳时,棉层被有效握持,经给棉钳口缓慢地喂入刺辊锯齿的作用弧内,如图 3-13 所示。高速回转的刺辊以其锯齿自上而下地打击、穿刺和分割棉层。由于棉层的恒速喂入,纤维或棉束受到的握持力逐渐减弱,在刺辊锯齿的抓取和摩擦作用下逐渐被锯齿带走,被带走的纤维或纤维束的尾端在相邻纤维束的摩擦力控制下滑移,受到分离并伸直。因为棉层在给棉罗拉与给棉板间受到较大圆弧面的控制,同时刺辊有较大的齿密,对棉层的作用齿数较多,加上刺辊与给棉罗拉的速度差异可达千倍左右,所以棉层中 70%~80% 的棉束被刺辊分解成单纤维状态。

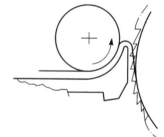

图 3-13　握持分梳过程

　(2)自由分梳。自由分梳作用发生在刺辊与分梳板之间。当刺辊带着纤维经过分梳板时,纤维尾端从锯齿间滑过,使位于刺辊纤维层表面、在握持分梳时受到较弱梳理作用的纤维束、小棉块得到分梳,从而减少了进入锡林盖板工作区的纤维束和棉束长度,提高了纤维的分离程度,为锡林盖板工作区的细致分梳创造了有利条件。该分梳也被称为预分梳。

3.2 影响分梳效果的因素

分梳效果的好坏以棉层中棉束的质量百分率来表示,棉束质量百分率愈小,说明纤维的分离程度、单纤化程度愈高,分梳效果好。影响分梳效果的因素除喂入品的结构状态外,主要有以下几个方面:

(1) 给棉握持方面。

① 给棉罗拉表面形式:不同的给棉罗拉表面形式,决定了不同的握持状态。以直线沟槽罗拉握持时,齿峰与齿谷交替通过给棉板鼻端,会导致棉层纵向相邻片段的握持力及握持位置的变化,造成棉须纵向分梳作用的差异,同时导致棉条短片段周期性不匀恶化。采用螺旋沟槽时,因紧握点连续而有所改善。采用菱形凸起表面时,因其左右螺旋沟槽的导程不等,握持点具有一定的连续性,故落棉中长纤维较少,棉条不匀有所降低。采用表面包有锯条的给棉罗拉,用隔条限制齿顶伸出长度,由齿顶构成的握持点多且分散均匀,使棉层在横向受压缩的同时,纵向部分纤维受到压缩和拉伸,形成弹性握持,有利于刺辊梳理时纤维的伸直和损伤减少,故罗拉加压量可适当减轻。

② 给棉钳口加压量:当机型一定时,给棉钳口加压量应随刺辊转速、喂入棉层定量、纤维品种的变化而调整。当转速高、定量大、纤维与罗拉的摩擦系数小时,应增加加压量。

③ 给棉方式:给棉罗拉与给棉板相对位置的变化,可以构成不同的握持喂给方式。

顺向喂给,即棉层喂给方向与刺辊分梳方向相同。若配以锯齿罗拉弹性握持,则刺辊分梳时,锯齿握持的较长纤维尾端可从握持钳口中顺利抽出,以避免损伤。

逆向喂给,即棉层喂给方向与刺辊分梳方向相反。刺辊分梳时,锯齿所带纤维尾端受到的阻力大,纤维易被拉断。

④ 给棉分梳工艺长度:给棉分梳工艺长度指给棉罗拉与给棉板握持点 a 到给棉罗拉(或给棉板)与刺辊最小隔距点 b 之间的距离,如图 3-14 所示。

分梳工艺长度决定了刺辊刺入棉层的高低位置,分梳工艺长度短,始梳点位置升高,纤维被握持分梳的长度增加,刺辊的分梳作用增强,但纤维损伤逐步加剧。若分梳工艺长度过长,始梳点过低,则纤维被握持分梳的长度过小,棉束质量百分率增加。

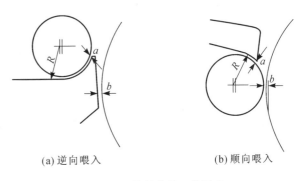

(a) 逆向喂入　　　(b) 顺向喂入

图 3-14　给棉分梳工艺长度

刺辊分梳时,纤维会被锯齿侧面的棱角或前棱打断,或因排列紊乱、相互扭结而被拉断,受梳理的时间愈长,纤维损伤的概率愈大,所以分梳工艺长度的选择应兼顾分梳效果与纤维受损伤这两个方面。生产实践证明,当分梳工艺长度约等于纤维的主体长度时,分梳效果好,纤维损伤也不显著,所以在加工不同长度的纤维时,给棉分梳工艺长度应与纤维的主体长度相适应。在纤维长度改变时,调整给棉板的高低位置,即可改变分梳工艺长度。

在纤维长度改变时,可在一定范围内调整分梳工艺长度,提高给棉板的工艺适应性。在逆向喂给的梳棉机上,为了与加工的纤维长度相适应,给棉板有五种规格、三种类型(直线面、双直线面和圆弧面)可供选择,见表 3-2。

表 3-2　给棉板规格的选用

给棉板工作面长度(mm)	给棉板分梳工艺长度(mm)	适纺纤维长度(棉纤维主体长度)(mm)
28	27～28	29 以下
30	29～30	29～31
32	31～32	原棉:33 以上;化纤:38
46(双直线)	45～46	中长化纤:51～60
60(双直线)	59～60	中长化纤:60～75

（2）刺辊分梳方面。

① 刺辊的转速：刺辊转速较低时，在一定范围内增加刺辊转速，握持分梳作用增强，残留的棉束质量百分率降低，并且随着刺辊转速增快，降低棉束质量百分率的幅度趋小。但刺辊转速太高，不仅不能明显地提高分梳效果，而且会增加纤维的损伤。增加刺辊转速时，还应考虑锡林与刺辊间的速比。如刺辊速度增加，锡林速度不变或未能按比例增加，会影响锡林顺利剥取刺辊表面纤维的作用。

② 刺辊形式及针齿规格：刺辊有梳针和锯齿两种类型。梳针型刺辊在除杂和避免纤维损伤方面优于锯齿型刺辊：梳针对纤维的作用比较缓和，且开松能力较强，有利于纤维与杂质的分离，在梳理中也不易打碎杂质；梳针在使用时磨损小，不易变形，使用寿命长。但加工难度较大，维修不方便，所以国内梳棉机均采用锯齿型刺辊。

刺辊的锯齿规格如图 3-15 所示。在锯齿规格中，锯齿工作角 α、齿基厚 w、纵向齿距 p 和齿尖厚度 b 对分梳作用的影响较大。

锯齿工作角 α 直接影响锯齿对棉层的穿刺能力和刺辊的除杂作用。当 α 较小时，有利于锯齿刺入棉须分梳，但对杂质的抛落不利；过小时还会造成刺辊返花、棉结增多。因此，锯齿工作角应兼顾分梳与除杂两个方面。

锯齿密度包括纵向密度和横向密

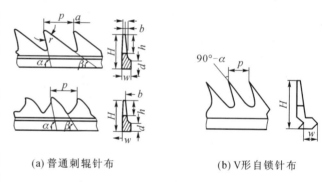

(a) 普通刺辊针布　　　(b) V形自锁针布

图 3-15　刺辊锯条规格

度，横向密度与齿基厚 w 有关，纵向密度与齿距 p 有关，齿距小，则密度大。锯齿密度大时，每根纤维受到的作用次数增多，但纤维损伤的可能性增加，所以当密度大时可适当降低刺辊速度来减少对纤维的损伤。密度增加，对纤维的握持力增强，对落杂及纤维转移不利，所以齿密应与工作角相配合，即大工作角与大齿密配合、小齿密与小工作角相配合，以兼顾分梳、落棉与转移。

锯齿的齿尖厚度分厚型(0.4 mm)、中薄型(0.2～0.3 mm)、薄型(0.2 mm 以下)三种。薄齿的穿刺能力强，分梳效果好，纤维损伤少，刺辊落棉率低，落棉含杂率高；但薄齿强度低，易轧伤、倒齿。

锯齿总高 H 和齿高 h 小，强度高，纤维向锡林转移好，但 h 还应与棉层厚度相适应，一般为 2.7～4.0 mm。锯齿总高 H 则应根据基部高度 d（1.5～1.6 mm）和齿高 h 而定，一般在

$5.60\sim5.85$ mm 之间。

　　随着梳棉机产量的不断提高,刺辊锯齿有向薄齿、高密发展的趋势,以便在不过多提高刺辊转速的情况下提高穿刺能力,保证分梳质量。

　　(3) 刺辊与给棉罗拉(或给棉板)隔距。刺辊与给棉板或给棉罗拉间的隔距偏大时,棉须底层不受锯齿直接分梳的纤维增多,棉须各层纤维的平均分梳长度较短,因而分梳效果差。在机械状态良好的条件下,此隔距以偏小掌握为宜,一般采用 $0.18\sim0.30$ mm。在喂入棉层偏厚、加工纤维的强力偏低等情况下,为了减少短绒,可适当加大此隔距。

4　刺辊部分的除杂作用

　　刺辊车肚是梳棉机的主要除杂区,可去除棉卷杂质的 $50\%\sim60\%$。经过刺辊良好的分梳作用,包裹在纤维间的杂质被分离出来,或与纤维间的联系力松懈,在刺辊高速回转的离心力作用下,依靠气流控制和机械控制相结合的方法,使杂质充分落下,纤维则尽可能地少落并回收。

4.1　气流附面层原理与落杂区划分

　　(1) 气流附面层。当物体高速运动时,运动物体的表面因摩擦而带动一层空气流动,由于空气分子的黏滞与摩擦,里层空气带动外层空气,这样层层带动,就在运动物体的表面形成气流层,称为附面层。附面层有以下特点:

　　① 附面层的厚度:在一定范围内,附面层厚度 δ 与附面层形成点 A 的距离成正比,离形成点越远,附面层厚度愈厚,如图 3-16(a)所示。与形成点的距离达到一定值后,附面层厚度达到正常,即这一厚度为一常数。

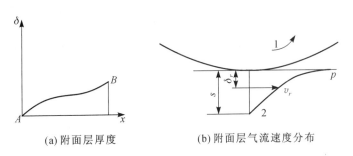

(a)附面层厚度　　　　(b)附面层气流速度分布

图 3-16　气流附面层

1—回转体；2—附面层

　　② 附面层速度分布:附面层内,受空气黏滞阻力的影响,与运动物体表面距离不同的各点上,气流速度不同。距离运动体愈近,气流速度愈大,并接近于运动物体的速度;距离运动体愈远,气流速度愈小,在气流速度小至运动物体速度 1% 的区域,就是附面层的边界。附面层中各层气流速度形成一种分布,如图 3-16(b)所示。

　　③ 回转体附面层中不同性质物体的运动规律:如果在回转体的附面层中悬浮有两种不同密度的物体,当物体随气流做回转运动时,受气流速度及离心力的影响,物体有向附面层外层移动的趋势。质量大、体积小的物体因离心力大而在附面层中悬浮的时间短,质量小、体积大的物体则在附面层中悬浮的时间长,从而促使附面层内不同质量的重物与轻物分道而行,附面层外重物多于轻物,附面层内轻物多于重物。

73

刺辊对棉层进行分梳时,纤维和杂质被锯齿带走并随其做回转运动,脱离锯齿的纤维和杂质便悬浮于刺辊的附面层中,杂质因体积小、质量大而多处于附面层的外层,纤维因体积大、质量小而多在附面层的内层,并沿着各自的运动轨迹离开附面层而下落,如图3-17所示。利用纤维与杂质在附面层中的分类现象,对附面层进行不同的切割,即可达到去杂保纤,调节落棉的目的。在附面层中,纤维与杂质的运动是互为影响的,有些纤维与杂质粘连较紧而随杂质一起落下成为落棉,也有一些与纤维黏滞力较强的细小杂质随纤维继续在附面层中前进。

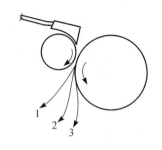

图 3-17 纤维和杂质的运动轨迹

1—较重杂;2—较轻杂;3—纤维

(2) 落杂区的划分。梳棉机的机型不同,则刺辊车肚附件各异,落杂区的划分也各不相同,一般为2~3个落杂区,即给棉板至第一附件间的空档为第一落杂区,第一附件至第二附件间的空档为第二落杂区,第二附件至第三附件间的空档为第三落杂区;也有以表面有尘棒和网眼的第二附件为第三落杂区的特例(A186C型)。

4.2 刺辊车肚气流与除杂

刺辊车肚气流与除杂如图3-18所示。在刺辊3与给棉板5(给棉罗拉4)的隔距点处,因隔距小且有棉须,故可看作刺辊附面层的形成点。在第一落杂区内,附面层形成并逐渐增厚,要求自给棉板下补入气流,补入气流对刺辊上的纤维有一定的托持作用。增厚的附面层在除尘刀7处受阻而被分割,大部分气流被除尘刀阻挡而沿刀背向下流动,其中的杂质、短纤维随之落入车肚或被吸风口7吸走。进入刺辊与除尘刀隔距的气流,通过分梳板8的导棉板6后又开始增厚,并要求从导棉板下补入气流。增厚的附面层又被小漏底除尘刀所切割,尘杂随被切割的气流落下并吸走。通过小漏底1的气流与锡林2带动的气流汇合,一部分进入锡林后罩板,一部分进入刺辊罩盖内被吸尘罩吸走。

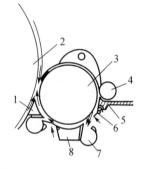

图 3-18 刺辊车肚气流与除杂

1—小漏底;2—锡林;3—刺辊;
4—给棉罗拉;5—给棉板;6—导棉板;
7—除尘刀;8—分梳板

内被吸尘罩吸走。若吸尘不畅,则会使刺棍罩盖内静压增高,迫使气流从给棉板(给棉罗拉)与刺辊隔距点处喷下,使部分纤维脱离锯齿进入落棉。

4.3 影响刺辊除杂的因素

在实际生产过程中,当配棉成分发生较大变化或对成纱质量有不同要求时,应及时调整刺辊落棉;若各机台机械状态或落棉率存在较大差异,亦需对刺辊落棉做必要调整,以便做到稳定生产、保证质量和节约用棉。

影响后车肚落棉的因素很多,可归纳为两大类:一类是与分梳强度有关的因素,如刺辊转速、给棉板(或给棉罗拉)与刺辊间隔距、棉卷定量及梳棉机的产量等;另一类是与刺辊周围气流组织有关的因素,如除尘刀、小漏底、分梳板与刺辊的隔距、除尘刀的厚度、导棉板的弦长等。现就主要因素讨论如下:

(1) 刺辊速度。提高刺辊速度,有利于分解棉束、暴露杂质。刺辊速度增加,锯齿上纤维、杂质的离心力及空气阻力均相应增加,对长纤维来说,离心力增加较小而空气阻力增加较多,杂质则相反,随着刺辊速度的提高,除杂作用增强。但刺辊速度必须与锡林保持一定的速比关系。在刺辊速度改变的同时,分梳板、除尘刀和小漏底的工艺必须做相应的调整。在其他条件不变时,增大锯齿工作角 α 也有利于对短绒及杂质的排除。

(2)刺辊直径。增大刺辊直径,有利于除杂区分梳除杂附件的安排,使吸尘点增多。如马佐利 C501 型梳棉机的刺辊直径增至 350 mm,刺辊下可安置三组带除尘刀的吸风装置和两把偏转刀(可调节落杂区及落棉量)、两块分梳板,使刺辊部分可完成梳棉机 90% 的除杂工作。

(3)落杂区分配。当喂入棉卷的含杂量和含杂内容改变时,可通过调整除尘刀、导棉板位置或除尘刀、导棉板规格来调整前后落杂区的长度分配。

加大第一落杂区长度可以保证杂质抛出的必要时间,使该区内附面层的厚度增加,附面层中悬浮的杂质总量较多,有利于除尘刀分割较厚的附面层气流,以排除较多的杂质。所以,当棉卷含杂量较高时,应适当放大第一落杂区长度。同理,放大第二落杂区长度,同样有利于排除杂质,但落下杂质总量较第一落杂区少。若梳棉机有第三落杂区时,落杂区长度一般不做改变。

(4)除尘刀、小漏底入口与刺辊间的隔距。除尘刀、小漏底入口与刺辊间的隔距缩小,切割的附面层厚度增加,有利于除杂,但由于附面层内层所含的纤维量较多而杂质较少,因此隔距在一定范围内再缩小,将使落棉中可纺纤维含量增加,而杂质落下量不显著。除尘刀、小漏底入口与刺辊间的隔距一般在 0.3~0.5 mm 范围内选择,除尘刀处偏小掌握,小漏底处偏大掌握。

5 给棉—刺辊部分新技术

提高分梳效果,减轻各梳理区的表面负荷,是梳棉机高产优质方面取得突破性发展的主要措施之一。但过多提高分梳部件的速度,会造成机器振动,能耗增加,对纤维的损伤增加,因此,在高产梳棉机上扩大分梳面、加装分梳附件即成为提高分梳效果的关键所在。近年来,人们在分梳附件的配置上进行着不断的探索和努力,现简述如下:

(1)双分梳板。双分梳板如图 3-19 所示。

开清棉联合机采用新型单机组合时,所提供的棉卷(或散棉)中,纤维的分离度较好且含杂少。采用双分梳板梳棉机与之配套,可增加纤维被自由分梳的时间和区域,有利于提高梳棉机的产质量。在开清棉使用传统的单机组合配套时,因双分梳板的分梳面增大造成的落杂区长度减少,使棉卷中的杂质不能被充分去除。所以梳棉机应与开清棉联合机相匹配,才能发挥其应有的作用。

(2)多吸口除尘系统。如图 3-20 所示。在刺辊下加装预分梳装置的同时,在每一个附件前加装落棉吸除吸口,使每一个落杂区中由除尘刀切割的气流层被顺利导入除尘系统。加设多吸口除尘系统,大大增加了刺辊部分的除杂效果,可使 90% 的杂质从这里排出,为减少锡林、盖板针布磨损、增加使用寿命、稳定梳理质量创造了条件。

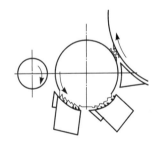

图 3-19 C4 型梳棉机刺辊分梳板

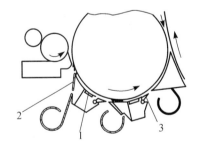

图 3-20 多吸口除尘系统

1—弧形分梳板;2—有吸尘罩盖的除尘刀;
3—偏转刀片

（3）多刺辊梳理机构。为了增加刺辊部分的分梳效果,除增设分梳板外,一些梳棉机上采用了多刺辊梳理机构,如图 3-21 所示。它包括三个分梳除杂刺辊,每个刺辊都配有一块分梳板和一个带吸风管的除尘刀组合件。这三个刺辊包覆三种不同规格的针布,齿密依次增加。三个刺辊的直径较小,各刺辊表面线速度依次增大,并与锡林速度相匹配。第一刺辊承担握持分梳的任务,速度可低些,以减少纤维的损伤;其后的刺辊速度逐次增大,有利于杂质在纤维充分分离的状态下被排除。三辊针齿和速度的配置为剥取作用。

图 3-21　FA225 型梳棉机的
多刺辊梳理机构

三个刺辊与配置的分梳板及吸风除尘刀相结合,更有利于大杂早落少碎及小杂质、微尘、短纤维的分步排除,使分梳除杂效率大为提高。德国的 DK3、DK803、DK903 及我国的 FA225 型梳棉机均采用这种刺辊梳理机构,不同之处是西德梳棉机上采用短梳针刺辊作为第一刺辊,其分梳作用更为缓和,损伤纤维较锯齿型少。此外,增大刺辊直径以增加预分梳区域,增加附加分梳元件数量,也是提高分梳除杂效果的有效措施。

【技能训练】

1. 调节给棉刺辊部分的工艺参数。

2. 梳棉机落棉实验。

3. 棉结杂质测试实验。

【课后练习】

1. 给棉—刺辊部分的机构与作用是什么?

2. 给棉板有哪几种? 各有何特点?

3. 梳棉机刺辊下方的除杂方式有哪些? 各有何特点? 各自如何控制落物率与落物含杂率?

4. 给棉—刺辊部分的分梳作用是如何完成的? 实际生产中影响刺辊分梳效果的因素有哪些? 如何控制?

任务3.3　锡林—盖板—道夫部分机构特点及工艺要点

【工作任务】1. 列出锡林、盖板、道夫的主要特征,指出小踵趾差的优点。

2. 比较对纤维产生三种基本作用的针面配置条件,比较三种基本作用的针面配置条件下的纤维流向。

3. 列出梳棉机的主要工作机件对纤维的基本作用。

4. 作锡林、刺辊、盖板、道夫机构和针面配置简图,指出针面配置对纤维的作用,并标出纤维流向,比较锡林—盖板自由分梳与刺辊握持梳理的不同特点。

5. 列出为提高转移质量,纺普通棉、化纤、长绒棉的主要工艺不同点。

6. 列出道夫工艺作用的关键词,说明产生这些作用的根本原因。

7. 指出道夫输出棉网中纤维弯钩的特点。

8. 描述梳棉机产生混合作用的现象、原因、效果。

9. 描述梳棉机产生均匀作用的现象、原因、效果。

10. 分析盖板走出工作区前、后所带的纤维层在质量和内容上的差异及原因。

11. 列出控制盖板落棉的主要工艺参数。

【知识要点】1. 锡林—盖板—道夫部分的机构与作用。

2. 刺辊—锡林间的纤维转移。

3. 锡林—盖板间的分梳作用。

4. 锡林—道夫间的凝聚作用。

5. 锡林—盖板—道夫部分的混合与均匀作用。

6. 锡林—盖板部分的除杂作用。

7. 新技术。

　　锡林—盖板—道夫部分的机构主要由锡林、盖板、道夫、前后固定盖板、前后罩板和锡林车肚罩板等组成。经刺辊分梳后转移至锡林针面的棉层中,大部分纤维呈单纤维状态,棉束质量百分率为 15%～25%;此外还含有一定数量的短绒和黏附性较强的细小结杂。所以,这部分机构的主要作用是:锡林和盖板对纤维做进一步的细致分梳,彻底分解棉束,并去除部分短绒和细小杂质;道夫将从锡林针面转移来的纤维凝聚成纤维层,在分梳、凝聚过程中实现均匀与混合;设置前、后罩板和锡林车肚罩板,罩住或托持锡林上的纤维,以免飞散。

1　锡林—盖板—道夫部分的机构与作用

1.1　锡林、道夫的结构和作用

　　锡林是梳棉机的主要元件,其作用是将刺辊初步分梳的纤维剥取,并带入锡林盖板工作区,做进一步细致的分梳、伸直和均匀混合,并将纤维转移给道夫。道夫的作用是将锡林表面的纤维凝聚成纤维层,并在凝聚过程中对纤维做进一步分梳和均匀混合。

　　锡林、道夫均由钢板焊接结构或铸铁辊筒和针布组成,辊筒结构如图 3-22 所示。辊筒两端用堵头(法兰)和裂口轴套将辊筒与轴连接在一起。由于两者均为大直径回转件,与相邻机件的隔距很小,为保证机件回转平稳、隔距准确,对辊筒圆整度、辊筒与轴的同心度,以及辊筒的动/静平衡等要求较高。

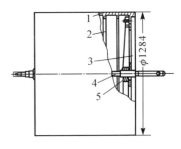

图 3-22　锡林辊筒结构

1—辊筒;2—环形筋;3—堵头;
4—辊筒轴;5—裂口轴承

1.2　活动盖板的结构和作用

　　活动盖板的作用是与锡林配合,对纤维做进一步细致的分梳,使纤维充分伸直和分离,并去除部分短绒和细小杂质,在单纤维状态下均匀混合。不同的梳棉机具有不同的活动盖板根数,基本在 80～106 根范围内,其中工作盖板(参加锡林、盖板工作区分梳作用)为 28～41 根(FA224 型梳棉机的盖板总数为 80 根,工作盖板 30 根)。所有活动盖板用链条或齿形带连接起来构成回转盖板,由盖板传动机构传动,沿着锡林墙板上的曲轨慢速回转。

　　活动盖板由盖板铁骨和盖板针布组成,盖板铁骨是一狭长铁条,工作面包覆盖板针布。为了增加刚性,保证盖板、锡林两针面间隔距准确,盖板铁骨呈"T"形,且铁骨两端各有一段圆

脊,相当于链条的滚子,以接受盖板机构的推动。盖板铁骨两端的扁平部搁在曲轨上,曲轨支持面叫作踵趾面,如图 3-23 所示。为使每根盖板与锡林两针面间的隔距入口大于出口,踵趾面与盖板针面不平行,所以扁平部截面的入口一侧(趾部)较厚,而出口一侧(踵部)较薄,这种厚度差叫作踵趾差。踵趾差的作用是使蓬松的纤维层在锡林、盖板两针面间逐渐受到分梳。国产梳棉机的踵趾差一般在 0.56 mm。

图 3-23　盖板铁骨和盖板踵趾面

(a) 盖板铁骨　　(b) 盖板踵趾面

另一类是每端为一对由硬质合金制成的圆柱形定位销,配置了铝制模件制造的盖板铁骨的盖板。该类盖板质量轻,同时采用同步齿形带,通过其上的定位销固定盖板,减小了盖板运行阻力,降低了盖板踵趾及曲轨的磨损。而且采用圆柱体代替盖板踵趾面,使盖板运转更加平稳,盖板针面与锡林针面间隔距校调更为精确,如图 3-24 所示。

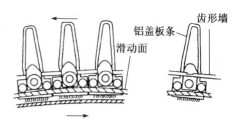

图 3-24　新型盖板及传动

包盖板机将盖板针布包覆在盖板铁骨上形成盖板针面,盖板针面要求平整,具有准确的踵趾关系。

1.3　固定盖板的结构与作用

固定盖板的结构如图 3-25 所示。按其安装位置可分为前固定盖板和后固定盖板,机型不同,其安装数量及组合各异。

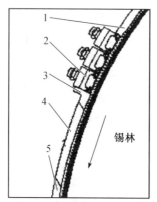
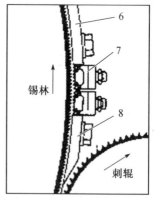

图 3-25　固定盖板及安装位置

1—前上罩板;2—前固定盖板;3—连接板 4—抄针门;
5—前下罩板 6—后上罩板;7—后固定盖板;8—后下罩板

后固定盖板 7 安装在后下罩板 8 的上部,每块盖板上均包覆有金属针布,其齿尖密度配置自下而上逐渐由稀到密。后固定盖板的作用是对进入锡林、盖板工作区的纤维进行预分梳,减轻锡林针布和回转盖板针布的梳理负荷。

前固定盖板 2 安装在前上罩板 1 和抄针门 4 之间，其作用是使纤维层由锡林向道夫转移前再次受到分梳，以提高纤维伸直平行度，改善生条质量。

固定盖板若配以除尘刀及吸风系统（棉网清洁器），则进一步加强了梳棉机对杂质、短绒、微尘的排出作用，使生条质量大为改观，如图 3-26 所示。

新型梳棉机均配置有带棉网清洁器的固定盖板机构，现举例如下：

（1）瑞士立达公司生产的 C10 型梳棉机的锡林前后各配置 6 块固定盖板，6 块盖板中间加装除尘刀和吸风装置，如图 3-27 所示。

（2）Platt 2000 型梳棉机采用的 TM2000 型固定分梳板由弧形分梳板 5、除尘刀 3 和排杂风道 4 组成，如图 3-28 所示。分梳板与安装在盖板 1 和道夫 7 之间。

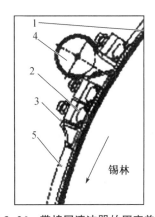

图 3-26　带棉网清洁器的固定盖板

1—前上罩板；2—前固定盖板；3—连接板；
4—棉网清洁器；5—前下罩板

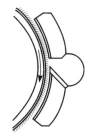

图 3-27　C10 型梳棉机的锡林后固定盖板

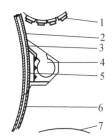

图 3-28　Patt 2000 型梳棉机的前固定盖板

1—盖板；2—前上罩板；3—除尘刀；
4—排杂风道；5—分梳板；6—前下罩板；7—道夫

（3）英国 Corsrol MK5 及 MK5C 型梳棉机的固定盖板装有可对杂质、短绒、微尘排放量精确控制的高效气流排杂系统，如图 3-29 所示。该机构由一块控制固定盖板 4、一块控制板 3、一把除尘刀 2 及三块固定盖板 1 组成，气流从控制固定盖板处补入，经过控制板后，受除尘刀作用而从控制板与固定盖板间排出，并带走杂质、短绒和尘屑。

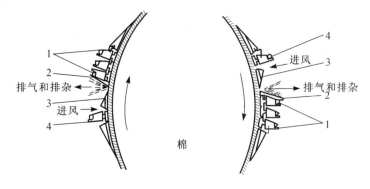

图 3-29　MK5C 型梳棉机固定盖板

1—固定盖板；2—除尘刀；3—控制板；4—控制固定盖板

（4）意大利 Marzoli C501 型梳棉机配有前后各 6 块固定盖板及相应的除尘刀和吸尘系统，如图 3-30 所示。

从以上实例可以看出，欲使附加分梳的效果显著，则需增加附加分梳元件的数量；要增加附加分梳元件的数量，则必须扩大锡林上附加分梳区域的有效面积，有效措施有：

① 采用较小的道夫直径。

② 抬高锡林的相对位置。

③ 适当减少活动盖板总数和工作盖板数。

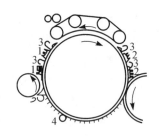

图 3-30　C501 型梳棉机固定盖板

1—后固定盖板；2—前固定盖板；
3—有吸尘罩的除尘刀；4—吸尘盖板

1.4　前后罩板的结构和作用

前后罩板包括后上下罩板、前上下罩板和抄针门。它们的主要作用是罩住锡林针面上的纤维，以免飞散。前、后罩板用厚 4~6 mm 的钢板制成，上下呈刀口形，用螺丝固装于前后短轨上。根据工艺要求，可调节其高低位置，以及它们与锡林间的隔距。后下罩板位于刺辊的前上方，其下缘与刺辊罩壳相接。调节后罩板与锡林间入口隔距的大小，可以调节小漏底出口处气流静压的高低，从而影响后车肚的气流和落棉。前上罩板的上缘位于盖板工作区的出口处，它的高低位置及其与锡林间的隔距大小，直接影响纤维由盖板向锡林转移，从而可以控制盖板花的多少。

1.5　锡林车肚罩板的结构和作用

FA224 型梳棉机的锡林下方装有 12 块光滑的弧形板和两只吸口来取代过去的尘棒大漏底，锡林车肚罩板由铁皮或经过防棉蜡和增柔剂黏结处理的光铝板制成，它的入口前缘呈圆形，以免挂花，出口和小漏底衔接。车肚罩板的主要作用是托持锡林上的纤维，并使落下的短绒和尘屑从吸风口排走。墙板处有调节和紧固螺钉，可调节罩板及吸口与锡林的隔距。

1.6　锡林墙板和盖板清洁装置

锡林墙板为一圆弧形铁板，和锡林轴承为一体，固定于锡林两侧的机框上，其上安装有曲轨、弓板盖板调节支架，抄磨针托架和调节刺辊、道夫的螺钉等部件。

曲轨 3 是由生铁制成的弧形铁轨，装在墙板上，左右各一根，其表面光滑并具有弹性，盖板在其上缓慢滑行，其上有短轴和槽孔，利用托脚 1 及其螺栓装在墙板上，可借调节螺丝 2 来调节曲轨的高低位置，以改变盖板 4 与锡林间的隔距，如图 3-31 所示。

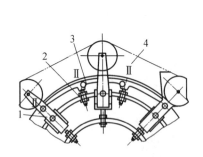

图 3-31　曲轨与盖板托脚

1—托脚；2—调节螺丝；3—曲轨；4—盖板

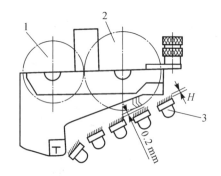

图 3-32　盖板清洁装置

1—清洁辊；2—毛刷辊；3—盖板

盖板清洁装置由一根包有弯脚钢丝针布的毛刷辊 2 和一根包有直脚钢丝针布的清洁辊 1

及吸风罩组成,如图 3-32 所示。当活动盖板走出工作区时,由毛刷辊将盖板上的盖板花刷下,转移给清洁辊后,由吸风口吸走。毛刷辊与盖板间的相对位置可调。清洁辊由单独电机传动。

2　刺辊—锡林间纤维的转移

刺辊表面的纤维经过预分梳后,在刺辊与锡林的隔距点处完成向锡林针面的转移。为了使纤维能顺利转移给锡林,刺辊与锡林针面间为剥取配置。剥取作用的完全与否与下列因素有关:

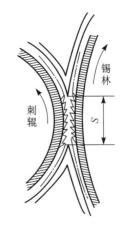

(1) 锡林与刺辊的速比。设小漏底鼻尖和后罩板底边为转移区,其长度为 S,如图 3-33 所示。设纤维长度为 L,锡林表面速度为 v_2,刺辊表面速度为 v_1,则刺辊上某一锯齿经过转移区的时间为 $t=S/v_1$。设纤维在转移区开始时即被锡林针齿抓住另一端,在接近后罩板底部时以伸直状态转移至锡林,则在 t 时间内,锡林某针齿抓取的纤维,除通过转移区长度 S 外,还应走过一段等同于纤维长度的距离,即在这段时间内,锡林走过的距离为 $S+L$,即:

$$\frac{v_2}{v_1}=\frac{S+L}{S} \tag{3-1}$$

由上式可知,锡林与刺辊的速比与转移区的长度及纤维长度有关。依靠刺辊的离心力和进入转移区气流的作用,纤维在速比较小时也能被锡林剥下,但由于纤维在转移过程中伸直作用差,从而影响了锡林针面纤维层的结构,关车时因离心力较小而造成刺

图 3-33　纤维由刺辊向锡林转移

辊返花较多。因此,锡林与刺辊的速比应根据不同的原料和工艺要求确定,一般纺棉时为 1.4~1.7,纺棉型化纤或中长时为 1.8~2.4。

(2) 刺辊与锡林的隔距。此隔距愈小,纤维转移愈完全。由于隔距小,锡林针尖抓取纤维的机会多、时间早,纤维(束)与锡林针面的接触齿数多,锡林对纤维的握持力增加,有利于转移。一般此隔距在 0.13~0.18 mm 范围内选择。

3　锡林—盖板间的分梳作用

3.1　分梳作用

锡林—盖板针面间的隔距很小,两针面的针齿相互平行配置,有相对速度,则两针面发生分梳作用,如图 3-34 所示。任一针面携带的纤维束,被另一针面的针齿所握持或嵌入针齿间,受到两个针面的共同作用。此时纤维束产生张力 R,将 R 分解为平行于针面方向的分力 P 和垂直于针齿方向的分力 Q。P 力使纤维沿针齿工作面向针内运动,Q 力使纤维压向针齿面,有:

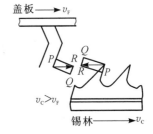

图 3-34　两针面间的分梳作用

$$P=R\cos\alpha;\quad Q=R\sin\alpha$$

式中:α——针面工作角。

可见,对于任一针面来说,在 P 力的作用下,纤维都有沿针齿工作面向针内移动的趋势。

因而两个针面都有握持纤维的能力,使纤维束有可能在两针面间受到分梳作用。锡林、盖板针面和锡林、道夫针面都属分梳作用的配置。在锡林、盖板两针面间,纤维和纤维束被反复交替转移,受到充分梳理,绝大部分成为单根纤维状态。同样,在锡林、道夫的两针面间,则是利用分梳作用来达到将锡林上的部分纤维转移给道夫针面的目的。

3.2 锡林、盖板纤维层的形成和特点

(1)锡林纤维层的形成及其特点。金属针布因针隙间容纤维量少,自由纤维量占纤维总量的比例大,内层纤维量很少,所以该类梳棉机上的锡林针面负荷比较小,形成比较平衡的针面所需时间较短,纤维受力均衡,针面负荷不再随时间的延长而变化,所以基本上可以不需抄针,而是间隔数天后抄一次针,以清除嵌塞在针隙间的破籽、叶屑等。另外,金属针布的针齿浅,其上的纤维层处于针尖的较高位置,有利于分梳和转移。

(2)盖板纤维层的形成及其特点。锡林针面纤维层走进工作区之后,由于锡林离心力的作用,使部分纤维尾端翘起,即为盖板针齿抓取、握持,继而反复交替转移,形成了盖板纤维层。

盖板纤维层有以下特点:

① 因盖板上针布较长,则充塞的纤维层较厚,而且离开梳理区的盖板上纤维层较进入梳理区的沉入稍深。

② 被盖板针齿握持的纤维成弯钩状态,而且每块盖板向着锡林运动方向侧优先抓取纤维,而被抓取的纤维尾端嵌入针齿间,使得盖板上的纤维层头上厚、尾部薄,而尾部的一部分纤维与下一块盖板的纤维层相连,再加上盖板针面机械状态差异,因而形成盖板花的波动。

③ 带纤维杂质和棉结等细小杂质在工作区中随同纤维在锡林、盖板间反复转移,并受锡林离心力的作用,挤入盖板针面,形成盖板花。

3.3 纤维转移分梳的几种情况

锡林针面携带新纤维进入锡林工作区后,纤维被一针面抓取,而另一端受到另一针面梳理,直接带出盖板梳理工作区;或者纤维在两针面间发生转移,接受反复梳理后被带出盖板梳理工作区。是在锡林—盖板梳理区经过一次梳理就被转移出梳理区,还是在锡林—盖板梳理区反复转移接受多次梳理,取决于锡林与盖板两针面上的负荷大小。

3.4 影响分梳作用的主要因素

影响锡林—盖板间分梳作用的主要因素有锡林速度和直径、台时产量、针布规格与锡林盖板间隔距等。

(1)锡林的速度和直径。在一定的产量条件下增加锡林和刺辊速度时,由于锡林转一周所输出的纤维量与锡林转速成反比,同时,离心力按速度平方成比例增大,增加了从锡林到道夫的转移能力,并使锡林盖板针面负荷显著减少。锡林增速还可加强纤维从锡林向盖板的转移。因而锡林增速可使棉网中未分解的棉束的质量和数量减少。提高锡林速度是高产、保证质量甚至是提高质量的有效措施,是高产优质的工艺措施。在一定的产量条件下减小锡林直径时,一定要使锡林线速度不变,因离心力随锡林直径的减小而增加,削弱了针齿握持纤维的能力,影响分梳作用。为了不降低梳棉机的分梳效能,可以减小针布工作角,所以小锡林梳棉机的针布工作角一般可小到65°。

(2)台时产量。在原有状态下增加台时产量时,会使锡林盖板的针面负荷增加而影响分梳作用。

(3)针布规格。为了使两针面纤维分配关系正常,加强纤维在锡林盖板间的相互转移,两

针面的针布工作角应接近。为了增加纤维从锡林向道夫转移,可减小道夫针布的工作角,或减少锡林和道夫间的隔距。在弹性针布梳棉机上,因针布工作角过小,会限制道夫隔距的缩小,故以增加道夫针密为主;在金属针布梳棉机上,因分梳时针布工作角不变,故采用减小道夫针布工作角的方法来提高道夫转移纤维的能力。所以,相互作用的两针面规格必须配套使用。配用新型半硬性盖板针布,可减少盖板针面负荷,从而可提高分梳效能。

（4）锡林和盖板间的隔距。此隔距减小后,有如下作用:

① 针齿刺入纤维层深,与之接触的纤维多。

② 纤维被针齿分梳或握持的长度长,梳理力大。

③ 锡林、盖板针面间转移的纤维数量多。

④ 浮于锡林、盖板针面间的纤维数量少,被搓成棉结的可能性小。

因此,小隔距能增强分梳作用,减少生条和成纱的棉结粒数。但是,缩小此隔距的前提是锡林、道夫、刺辊有较高的圆整度、较好的动平衡及盖板的平直度好。

（5）盖板回转方式。在盖板正向回转时,刚进入盖板区的纤维在清洁盖板的作用下得到较好的梳理;而在出盖板区时,由于这时的盖板充塞已接近饱和状态,纤维得不到细致的梳理,梳理效果不是最理想,还有可能使少量盖板花进入道夫纤维层中。为了加强分梳能力,新型梳棉机采用盖板反向回转方式,其作用是使分梳负荷在锡林分梳区域内合理分配。理想的状况是锡林、盖板间分梳作用逐渐加强,在锡林走出盖板区时,纤维能得到最细致的梳理,这样才能得到良好的梳理效果。此外,进入盖板区的纤维先被略有充塞的盖板进行粗略的梳理,在出盖板区时又被清洁的盖板进行细致的梳理,这样的梳理由粗到细、逐渐加强,改善了分梳效果。采用反转盖板后,棉网质量有一定改善,成纱细节、棉结、杂质都有所降低。

4　锡林—道夫间的凝聚作用

锡林与道夫间的作用常被称为凝聚作用,这是因为慢速道夫在一个单位面积上的纤维是从快速锡林的许多个单位面积上转移、凝集而得的。而锡林与道夫间的“凝聚”,实质上是分梳。正是由于这种实质上的分梳作用,道夫清洁针面仅能凝聚锡林纤维层中的部分纤维,不可能凝聚锡林纤维层中的全部纤维。

走出锡林、盖板分梳区的纤维接着要转移给道夫,而该类纤维从锡林针面转移到道夫清洁针面上,是依靠分梳作用来实现的。

锡林针面上的纤维离开盖板工作区后,在离心力的作用下,部分浮升在针面或在针面翘起,当走到前下罩板下口及锡林道夫三角区时,纤维在离心力和道夫吸尘罩气流的共同作用下,纤维一端抛向道夫,被道夫针面抓取,如图 3-35 所示,有少量纤维未经梳理就转给道夫,也有少量纤维在两针面间反复转移。纤维与道夫针间的梳理角为 α_2,在上三角区至隔距点间逐渐减小,使纤维与道夫针面的接触点增多,有利于转移。在隔距点下方,因道夫直径较锡林小,α_2 增大,而纤维与锡林针间的梳理角 α_1 减小;再加上在下三角区处形成气流附面层,有补入气流,增加了锡林针面的握持作用,也有被道夫抓取的纤维返回锡林,从而形成反复转移。

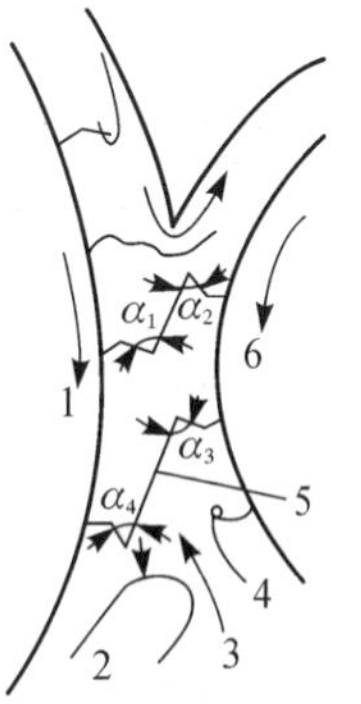

图 3-35　锡林转移纤维至
道夫的情况

1—锡林;2—大漏底;3—气流;
4—后弯钩;5—纤维;6—道夫

棉网中的大部分纤维呈弯钩状,尤以后弯钩居多。这是因为道夫针面在凝聚纤维的过程中,纤维的一端被道夫握持,另一端受锡林的梳理;而锡林的表面速度远大于道夫,因而被锡林梳直的一端在前,握持的一端在后,这样纤维随道夫转出时就成为后弯钩纤维,所以生条中的弯钩以后弯钩居多。

4.1 道夫转移率的概念和意义

道夫转移率用以表示道夫转移锡林上纤维的能力。它不同于锡林一转向道夫转移的纤维量 g,因为 g 只取决于产量和锡林转速,与其他因素无关,不能表示道夫转移纤维的能力。

道夫转移率可用下式表示:

$$\gamma_1 = \frac{g}{Q_c} \times 100\% \tag{3-2}$$

式中:γ_1——锡林一转给道夫的纤维量 g 占转移前锡林一周针面上全部纤维量 Q_c 的百分率。

在金属针布梳棉机上,Q_0 近似于 Q_c,道夫转移率也可用下式计算:

$$\gamma_2 = \frac{g}{Q_0} \times 100\% \tag{3-3}$$

式中:Q_0——锡林盖板针面自由纤维量,其值表示加工纤维的负荷量。

γ_2 一般为 $6\% \sim 15\%$。

4.2 道夫转移率与产质量的关系

当梳棉机的产量增加而锡林速度不变时,g 增加得多,γ_2 增加得多,Q_0 增加得少。所以高产时道夫转移率 γ_1 提高,相应降低了锡林盖板针面负荷 Q_0,增强了锡林盖板的梳理作用。低速低产和高速高产时,γ_2 相差很多,但在实际生产中棉网质量相接近;高速低产和低速高产时,γ_2 相接近,但棉网质量前者较后者好得多。

因而不能仅用道夫转移率的大小作为衡量梳理质量优劣的标准,由于很多影响因素相互之间有联系,故不能忽略条件的不同,而单看转移率的大小。

在一般情况下,高速时的转移量大,应有适当高一些的道夫转移率。但是,转移率过高时会使"锡林一转,一次工作区分梳"或"锡林多转,一次工作区分梳"的纤维在棉网中占有过大的比例,影响梳理、混合作用。所以金属针布梳棉机的 γ_1 一般控制在 $3\% \sim 14\%$,以 $10\% \sim 12\%$ 较为适宜。

4.3 影响道夫转移率的因素

影响道夫转移率的因素有针布规格、锡林和道夫间隔距、生条定量和道夫速度以及产量和锡林转速等。

(1)针布规格。道夫针布工作角 a 一般较锡林针布工作角小 $10°$ 左右,以提高其抓取纤维的能力;道夫针齿比锡林高,以增加针齿间空隙,从而增加容纤量,以及泄出道夫隔距处的气流。道夫针齿应锋利光洁,一方面可以提高 γ_2,另一方面可减少或消除锡林绕花现象。

(2)锡林和道夫间的隔距。采用较小隔距可增加道夫针齿和纤维的接触机会,使锡林盖板针面自由纤维量 Q_0 减小,从而提高 γ_2。

(3)生条定量和道夫速度。生条定量低和道夫速度高时,道夫针齿抓取纤维的能力增加,道夫转移率 γ_2 提高。

(4)产量和锡林转速。当产量增加而锡林速度不变时,g 的增加倍数大于 Q_0 的增加倍数,因而 γ_2 随产量增加而加大。当锡林速度提高而产量不变时,g 的减少倍数小于 Q_0 的减少倍数,因而 γ_2 随锡林转速提高而加大。

5　锡林—盖板—道夫部分的混合与均匀作用

5.1　混合作用

由分梳作用的分析可知,纤维在锡林—盖板间和锡林—道夫间所受的是自由分梳作用和相互转移作用。锡林一转从刺辊上取得的纤维量,在同一转中被锡林带出工作区的仅是一部分,这部分纤维与锡林上原有的纤维一起与道夫相遇时,转移给道夫的又是其中的一小部分。可见纤维在机内停留的时间不同,使同一时间喂入机内的纤维可能分布在不同时间输出的棉网内。由此可知,纤维在针面间的转移产生了混合作用。这种混合作用的效果取决于锡林、盖板两针面的负荷大小及进入锡林、盖板梳理区的锡林针面负荷的均匀性。如果两针面的负荷适中,进入锡林与盖板梳理区的锡林针面负荷均匀性大,则盖板针面吸放性能较好,两针面间纤维转移频繁,混合作用也好。

5.2　均匀作用

由于盖板针齿较深,能充塞的纤维量较大,因而针面负荷较大,同样盖板针面吸放纤维的能力也较大。在锡林与盖板梳理区,当盖板针齿具有较强的抓取能力时,就尽可能地抓取纤维,吸收纤维;但当锡林针面具有较强的抓取能力时,纤维就不断地从盖板针面转移给锡林,此时盖板放出纤维。当进入锡林与盖板梳理区的锡林针面负荷突然增大时,锡林针面就不断地向盖板转移纤维,使锡林针面负荷降低;但当进入锡林与盖板梳理区的锡林针面负荷突然减小时,锡林针面抓取能力强,就不断地吸收盖板转移过来的纤维,增大针面负荷。因此,这种针面的吸放纤维作用使得走出锡林与盖板梳理区的锡林针面负荷均匀。同时,由于针面吸放纤维作用有个过程,则梳棉机输出的生条不可能出现突发性的、阶跃状粗细变化。但是,当喂入纤维量的波动片段长且不足以引起锡林和盖板针面负荷发生较大变化时,输出生条质量将随之发生波动,此时梳棉机的均匀作用仅仅是延缓波动。因此,必须控制喂入棉卷的均匀度,注意棉卷搭头时的质量。只有当进入锡林与盖板梳理区的锡林针面负荷不均匀程度在盖板针面负荷吸放纤维可调节的范围内,才能使锡林与盖板梳理区的锡林针面负荷均匀。

5.3　混合作用及均匀作用与生条和成纱质量的关系

开清工序将喂入原料的各种成分进行块状或束状纤维间的初步混合,梳棉机的锡林盖板和道夫部分对喂入原料进行单根纤维之间的进一步混合。因此,锡林、盖板、道夫间由分梳、转移而引起的混合作用影响生条和成纱中各种成分按比例的均匀分布。由锡林、盖板间的分梳、转移作用而引起的吸放纤维作用和道夫的凝聚作用改善了生条的短片段不匀,为成纱的均匀度打下了基础。总之,锡林、盖板和道夫部分的混合作用与均匀作用对生条和成纱质量有直接影响,而提高混合作用与均匀作用的关键是提高锡林—盖板间和锡林—道夫间的分梳和转移能力。

6　锡林—盖板部分的除杂作用

锡林—盖板部分的除杂作用主要是靠排除盖板花和抄针花完成的。因金属针布梳棉机不需经常抄针,一般 5～10 天抄针一次,以清除嵌入针齿间的破籽、僵棉等,抄针花极少,故它主要依靠盖板除杂。

6.1 锡林周围的气流情况

对于 A186 系列、FA201 系列、FA203 系列、FA231 系列梳棉机，锡林周围的气流情况如图 3-36 所示。锡林 2 带动气流通过后罩板，后罩板内的气压为正值。自后罩板输出的气流附面层逐渐增厚，遇到后区第一块盖板时，由于隔距小而附面层受阻，进入工作区入口，几块盖板的气流从盖板间隙内排出，气压仍为正值。为确保锡林与盖板 4 分梳顺利，除 A186 系列梳棉机外，在后罩板与盖板之间安装吸尘点，降低该处的气流压力。工作区中间部分盖板间的气压较小而接近于大气压，因而气流在

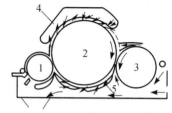

图 3-36　锡林周围的气流情况

1—刺辊；2—锡林；3—道夫；
4—盖板；5—大漏底

盖板缝隙处有进有出。接近盖板出口处的气流附面层又增厚，要求从盖板出口处补入气流，此处的气压为负值，前上罩板内的气流亦为负值。气流到达道夫 3 的罩盖内壁后输出，并带出含尘空气。锡林道夫三角区的气压为正值，当采用道夫吸尘点后，该处气压随之下降，当此三角区较大时，纤维会在该处打转，有时被带出而在棉网中成为疵点，在后道工序中则易产生纱疵。过锡林与道夫隔距点后，锡林表面附面层又增厚，在大漏底 5 的入口处有一股气流补入附面层，当大漏底入口离道夫距离过近时，这股气流会吹在道夫针面的棉网上，影响棉网均匀。这是因为锡林转过其与道夫的隔距点后，附面层急剧扩散增厚，使表面纤维处于蓬松状态，针齿对这种纤维的握持减弱。如果拆去大漏底，落棉率会立即增加，落白也增多。如果将大漏底隔距调小，仍可看到在大漏底入口处有落白现象，这是由于过小的隔距不能使较厚的气流附面层顺利通过。因此大漏底可以托持纤维，并稳定锡林下方的气流，而不影响后车肚气流的稳定。

在锡林大漏底下，常因后车肚吸斗抽吸，空气从道夫棉网下和机框下向后车肚输送。如在道夫机框下开门，输入空气会将大漏底下落棉吹向后车肚吸斗。如在此处另加喷射的气流，就有自动清扫大漏底落棉的作用。大漏底内负压较小而接近于大气压，因而气流在大漏底尘格处有进有出。

在 FA221 系列、FA224 系列、FA225 系列高产梳棉机上，除上述在后罩板与盖板之间安装吸尘点，降低该处的气流压力外，在锡林底部安装锡林罩壳模板，稳定锡林底部气流，并在锡林底部安装锡林罩壳模板的位置处设计了两个吸风槽，控制其底部气流压力，同时起到除杂作用。

6.2 锡林—盖板间的除杂作用

纤维在锡林—盖板针面间进行交替、反复分梳和转移时，大部分短绒杂质不是随纤维一起充塞针隙，而是随纤维在锡林和盖板间上下转移，部分短绒杂质转移到盖板后，不易再转移到锡林。这是因为向下转移只有一个抓取力，没有离心力，靠近工作区出口处，由于锡林高速所产生的离心力将体积小而密度大的杂质抛向盖板纤维层表面，这些杂质来不及再次转移到锡林即已走出工作区，因而盖板花中含有较多的短绒杂质，并且盖板针面的外层表面附有较多杂质。

盖板花中的大部分杂质为带纤维籽屑、软籽表皮、僵瓣，还有一部分棉结。16 mm 以下的短纤维约占盖板花总量的 40% 以上，这是由于短纤维不易被锡林针齿抓取，因而存留在盖板花中。

盖板花的含杂率和含杂粒数都随盖板参与工作时间的延长而增加，盖板刚进入盖板梳理区时增加较快，接近走出工作区时有饱和趋势。

6.3　控制除杂量的方法

在锡林盖板部分，根据棉卷的含杂情况和对生条的质量要求来控制除杂量，一般采用调节盖板速度和调节前上罩板上口与锡林间隔距的方法。

（1）调节盖板速度。当盖板速度较快时，每块盖板在工作区内停留的时间减少，其针面负荷也略有减少，每块的盖板花量略有降低，但是总的盖板花和除杂效率有所增加，故在一定范围内加快盖板速度，可以提高盖板的除杂效率。

（2）调节前上罩板上口与锡林间隔距。对于 A186 系列、FA201 系列、FA231 系列梳棉机，工作盖板运动方向与其梳理区的锡林针面的方向相同。前上罩板对盖板花的作用，可用图 3-37(a)说明，当纤维离开工作区的最后一、二块盖板，遇到前上罩板时，纤维的尾端被迫弯曲而贴于锡林针面，特别是较长纤维，这样便增加了锡林针齿对纤维的握持作用，使原来被盖板针齿握持的纤维沿盖板针齿工作面方向脱落，这就是前上罩板对盖板花所起的机械作用。当锡林走出工作区时，由于附面层的作用，使原来被盖板握持的纤维易于吸入前上罩板内，这就是前上罩板对盖板花所起的气流作用。正是由于前上罩板对纤维所起的机械作用和该处的气流作用，纤维易于脱离盖板而转向锡林，根据工艺要求调节上述两个作用，可以控制盖板花数量。

如图 3-37(b)所示，从机械作用分析，纤维被前上罩板压下，较小隔距时纤维与针齿的接触多于较大隔距时的接触，锡林针齿对纤维的握持力增大，纤维易被锡林针齿抓取，使盖板花减少；相反，增大隔距则使盖板花增加。而从气流作用分析，较大隔距时进入锡林罩板间的气流附面层较厚，吸入前上罩板的

图 3-37　前上罩板对盖板花的影响

1—锡林；2—盖板；3—前上罩板

纤维多，盖板花应减少。看起来两者似有矛盾，但是，由于机械作用所起的影响因素超过气流作用的影响因素，综合两种影响因素的结果，仍是隔距大，盖板花增加；隔距小，盖板花减少。

如图 3-37(c)所示，从机械作用分析，当前上罩板的位置较高时，它的效果与减小前上罩板上与锡林间隔距相似，即盖板花减少；位置低，盖板花增加。从气流作用分析，位置较高时锡林针面附面层较薄，大部分气流进入罩板，部分气流从前上罩板上表面溢出，盖板花增加。但是，调节前上罩板上口的高低位置，就必须将抄针门和前下罩板一起上抬，不仅工作麻烦，而且会影响道夫三角区气流，因而在实际生产中一般不采用。

以上两种调节盖板花数量的方法，当需要大幅度、大面积地调节盖板花数量时，才采用调节盖板速度的方法；需要调节个别机台且调节幅度较小时，可以调节前上罩板上口与锡林间隔距。

在梳棉机上如看到盖板花从前上罩板吸入和转移的现象，说明盖板针齿对纤维的握持作用较差。在这种情况下，宜放大最后几块工作盖板与锡林间隔距，可使前上罩板上口附近的附面层增厚，从而有部分气流从前上罩板表面溢出，使盖板花增加，以利除杂。

调节 FA203 系列、FA221 系列、FA224 系列、FA225 系列梳棉机后罩板与锡林间的隔距，其对盖板花数量的控制效果与 A186 系列梳棉机的前上罩板的效果相同。

6.4　盖板花的去除

在 A186 系列、FA201 系列梳棉机上，采用斩刀剥棉方式来除去盖板花；其后再用圆毛刷清洁盖板针齿；最后由人工收集被斩刀剥下并堆放在道夫罩壳上的盖板花。FA 系列梳棉机

采用清洁刷清洁盖板针齿,然后通过收集盖板管道将盖板花吸走,如图 3-38 所示。

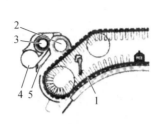

图 3-38 圆毛刷盖板花清洁装置

1—盖板;2—钢丝大毛刷;3—清洁罗拉;
4—吸落棉风槽;5—除尘刀

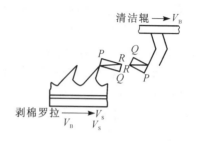

图 3-39 两针面之间的提升作用

如图 3-39 所示,两针面的针齿平行配置,相对运动方向顺着针尖,有相对速度,因而两个针面针齿的分力 P 均指向针齿尖端,从而使纤维自针隙间提起,使之处于针尖位置。

为使提升作用完善,在实际应用中常将速度较快、针密较小的清洁针面接近或稍稍插入充满纤维的剥板罗拉针面,经一定作用过程后,快速针面即离去或增大隔距。这样可使纤维提升,停留在原来针面的针齿尖端。梳棉机的盖板清洁毛刷与盖板针齿、三罗拉剥棉装置中安全清洁辊与剥棉罗拉间为提升作用。

FA231 系列梳棉机的盖板运动方向在盖板梳理区与锡林相同,属于前出盖板花,因而盖板收集点设计在机前前罩板位置上方的盖板上。其他类型的梳棉机,因盖板反转,盖板花收集点在机后方向。

7 新技术

7.1 电子测盖板装置

考虑到盖板隔距精确度对梳理效果的重要作用,特吕茨勒公司研制了电子式锡林盖板隔距测量装置。该装置在锡林的三个点和整个梳理区对锡林和盖板针布尖端之间的隔距进行电子测量,在线记录数值,并以图形显示或打印出来。试验表明,隔距可以达到前所未有的精确程度。这种新型的盖板隔距测量装置(Flat Control,简称 FCT)对改善梳棉机梳理质量很有帮助。

7.2 在线棉结传感器

生条棉结、杂质含量是纺纱过程中重要的半制品质量指标,生条中棉结和杂质数是衡量梳理效果的重要依据。DK903 型高产梳棉机在线检测技术的重要发展是配置了棉结和杂质传感器,采用光学方法检测道夫和轧辊之间运行的纤维网,纤维网通过一块有机玻璃的观察缝隙,其下设有一装在滑架上的小型电子照相机和照明装置。照相机由一台小型电动机传动,在工作宽度内横移,连续拍照并分析图像(每秒钟分析 5 张图片),还可以区别出棉结和杂质的种类并精确计数,绘制出统计直方图,提供生条中疵点的确切情况。数据可在显示器上显示,并储存于数据存储器(KIT)装置中。用这种方法,根据定位和时间,可以推断出关于针布状态、盖板隔距和所用原料的变化。采用棉结传感器(Nep Control,简称 NCT),可在线获得主要质量数据,否则只能随机抽样在试验室内进行测试,且信息反馈不够及时。

7.3 PMS 与 PFS

特吕茨勒公司研制的除尘刀精确设定系统(PMS)与盖板精确设定系统(PFs)可以实现机

外手动调节或自动调节。

【技能训练】

1. 练习调整锡林、盖板、道夫之间的工艺参数。
2. 梳棉机"四锋一准"上机实验。

【课后练习】

1. 锡林—盖板—道夫部分的作用是什么？
2. 锡林—盖板间如何实现对纤维的梳理与除杂？棉结是如何产生的？如何控制棉结产生？
3. 锡林—刺辊间的纤维转移原理是什么？如何提高两者之间的纤维转移率？
4. 锡林—道夫间的纤维转移原理是什么？如何控制两者之间的纤维转移率？
5. 可采取哪些措施来提高整台梳棉机分梳纤维的能力？

任务3.4 分梳元件选用

【工作任务】1. 列出梳棉机分梳元件选用的基本原则。

2. 分析锡林针布、道夫针布发展的主要特点。

3. 分别说明抄针、侧磨、平磨的作用。

【知识要点】1. 针布的纺纱工艺性能要求。

2. 金属针布的选用。

3. 弹性针布的特点。

4. 针布的选配。

梳棉分梳元件就是人们常说的针布。针布包覆在刺辊、锡林、道夫和罗拉式剥棉装置的剥棉罗拉、转移罗拉的筒体上，或包覆在盖板、预分梳板、固定分梳板铁骨的平面上。它们的规格、型号、工艺性能和制造质量，直接决定着梳棉机的分梳、除杂、混合与均匀作用。所以梳棉分梳元件是完成梳棉机任务、实现优质高产的必要条件。

1　针布的纺纱工艺性能要求

（1）具有良好穿刺和握持能力，使纤维在两针面间受到有效的分梳。

（2）具有良好的转移能力，使纤维（束）易于从一个针面向另一个针面转移，即纤维（束）在锡林与盖板两针面间应能顺利地往返转移，从而得到充分、细致的分梳；已分梳好的纤维能适时地由锡林向道夫凝聚转移，以降低针面负荷，改善自由分梳效能，提高分梳质量。

（3）具有合理的齿形和适当的齿隙容纤量，使梳棉机具备应有的吸放纤维能力，起均匀混合作用。

针布分金属针布和弹性针布两大类。弹性针布的应用主要在弹性盖板针布这一领域。由于金属针布的使用性能稳定，可选择的规格多，防止纤维充塞和改善梳理效能，梳理质量好且稳定，抄针、磨针周期长，故其涉及所有类型的针布。随着梳棉机产量的增加，纤维负荷增加，梳理度下降。为此,必须设法减轻针布负荷,增加梳理度。因而,锡林针布的齿高随产量增加而减小,齿密则随产量增加而增加。由此可见,锡林针布齿条向矮、浅、尖、薄、小(前角余角小,齿形小)发展,与之相配套的道夫、盖板针布也发生了相应变化。

2 金属针布

2.1 金属针布的齿形和规格

针布的齿形和规格参数直接影响分梳、转移、除杂、混合、均匀及抗轧、防嵌等性能。金属针布规格型号由适梳纤维类代号、总齿高、齿前角、齿距、基部宽及基部横截面代号顺序组成。棉的代号为 A。被包卷的部件代号:锡林为 C、道夫为 D、刺辊为 T。如图 3-40 所示,总齿高 H 是指底面到齿顶面的高度。齿前角 β 为齿前面与底面垂直线的夹角。工作角 α 为齿前面与底面的夹角,有 $\alpha+\beta=90°$。纵向齿距 P 为相邻两齿对应点间的距离。参数中,以工作角、齿形、齿密和齿深较为重要。

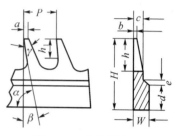

图 3-40　金属针布

H—总齿高;h—齿尖高(齿深);h_0—齿尖有效高;
α—工作角;β—齿前角;γ—齿尖角;
P—纵向齿距;W—基部厚度;a—齿尖宽度;
b—齿尖厚度;c—齿根厚度;d—基部高度;e—台阶高度

为了进一步提高梳理效能,要求针布既能加强分梳又能防止纤维沉入针根,为此设计了具有负角、弧背等新型齿形。如图 3-41 所示,(a)为针布齿条齿顶形式:平顶形,齿顶强度大,不易磨损,但刺入纤维束的能力较弱;尖顶形,齿顶强度小,易磨损,但分梳能力强;弧顶形,其总体性能介于平顶形与尖顶形之间;鹰嘴形,齿顶强度大,不易磨损,分梳能力强,握持纤维能力强。(b)针布齿条齿尖断面形式:楔形,握持与分梳纤维能力差;尖劈形,握持纤维能力差,分梳纤维能力好;齿部斜面沟槽形,握持纤维能力强,但分梳能力差。(c)针布齿条齿形:直齿圆底形,易充塞纤维,分梳能力好,握持纤维能力强;直齿平底形;折齿负角形,分梳纤维能力强,齿浅有利于纤维在两针面间转移,对针面纤维负荷均匀、混合作用有利;双弧线形,介于直齿圆底形与直齿平底形、折齿负角形之间,但制造困难。

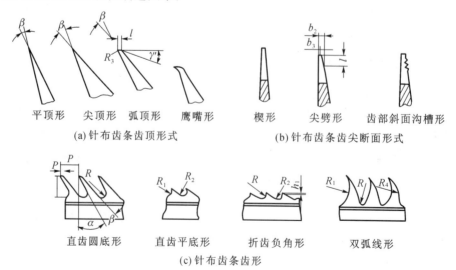

平顶形　尖顶形　弧顶形　鹰嘴形
(a)针布齿条齿顶形式

楔形　尖劈形　齿部斜面沟槽形
(b)针布齿条齿尖断面形式

直齿圆底形　直齿平底形　折齿负角形　双弧线形
(c)针布齿条齿形

图 3-41　齿形图

齿顶面积:齿尖宽度 a 和齿尖厚度 b 的乘积即为齿顶面积。齿顶面积越小,越锋利。

齿尖耐磨度:针尖的耐磨度关系到锋利度的持久性和针布的使用寿命。随着梳棉机高产高速的要求,必须采取有效措施,提高齿尖的耐磨度。

针齿光洁度:针齿毛糙,易挂纤维,增加棉结。所以新针布需喷砂抛光,新包针布应适当刷光。

梳理用齿条的规格参数见表 3-3。

表 3-3 梳理用齿条的规格参数

名称	作 用 说 明
工作角 α	影响针齿对纤维的握持、分梳转移能力,α 大,转移能力强;α 小,握持穿刺的能力强
齿距 P	影响纵向齿密,P 愈小,密度愈大,分梳质量好
齿基厚 W	影响横向密度,W 愈小,横向密度愈大,分梳质量好
齿深 h	h 小,纤维充塞少,转移率高,齿尖强度高,但容纤维量降低
齿基高 d	d 过大,不易包卷,影响包后平整度,易倒条;d 过小,包卷易伸长变形
齿尖角 γ	γ 越小,齿愈小,穿刺能力强,易脆断
齿顶面积 $a \times b$	$a \times b$ 愈小,针齿愈锋利,分梳效果好,棉结少;$a \times b$ 过小,锋利度衰退较快

梳理用齿条型号的标记方法由适纺纤维类别代号、齿总高、齿前角、齿距、基部厚度和基部横截面代号顺序组成。适纺纤维类别代号:棉纤维为 A,毛纤维为 B,麻纤维为 C,丝纤维为 D;被包卷部件代号:锡林为 C,道夫为 D,刺辊为 T,固定盖板为 G,剥棉罗拉为 S。梳棉机梳理用齿条有两种标记方法,一种为厂家标记,一种为标准标记,见表 3-4。

表 3-4 梳理用齿条规格和标记方法

原金属针布型号	H(mm)	β(°)	P(mm)	W(mm)	标准型号
JT49	3.5	15	1.6	0.80	AC3515×01680
JT38	4.5	30	1.8	0.9	AD4530×01890
SAC53	2.8	20	1.3	0.67	AC2820×01367
SAC54	2.8	28	1.5	0.67	AD2828×01567

注:$\beta = 90° - \alpha$。

2.2 锡林针布

新型锡林针布(棉型)的特点为矮、浅、尖、薄、密、小(前角余角小,齿形小),纺纱性能优良。

(1)采用大前角(即小工作角)。梳棉机的分梳主要由刺辊部分的握持分梳和锡林、盖板部分的自由分梳组成(不计各附加分梳件的自由分梳),而且后者是更为细致充分的梳理,为使针、齿面产生理想的自由分梳作用,必须使针、齿面(锡林、盖板)的针、齿具有良好的穿刺纤维层及棉束的能力和良好的抓取、握持纤维的能力。只有这样,才能使梳针刺入并牢牢握持纤维和棉束,进行两针面间的梳理。新型针布首先把前角变大,把工作角减少,以尽量满足分梳的要求,而采用矮齿、浅齿,改善表面粗糙度。道夫针布通过采用较大前角并增大齿深等措施来解决转移问题,同时极大地提高了针布对纤维的分梳作用,减少了滑脱纤维,使浮游纤维减少,生条棉结、纤维伸直度、均匀度、梳理度及成纱质量得到极大改善,适应高速、高产。

在小锡林分梳时,针齿工作角要小。但纺化学纤维较长且易起静电,针齿工作角要放大,这样纤维易转移、不易损伤。

(2)采用矮齿、浅齿。使纤维处于齿尖,与另一针面(盖板、道夫)的接触长度和作用齿数增加,有利于纤维的分梳、交替和转移等作用,提高了梳理效果和均匀混合效果。转移率大,针布纤维负荷轻,对减少棉结有利,并解决了针布的转移问题,为进一步增大前角和增加齿密创造条件,同时扩大大前角针布对锡林速度和纤维种类的适应范围,因此,增大前角必须采用更矮、更浅的齿。

采用矮齿还能提高针齿的抗轧强度,使锡林针布不易轧伤,且不易嵌破籽。随着高产梳棉机的发展,针齿将不断变矮变浅。

采用矮齿时,齿深可以相应减小,以有利于纤维的转移和纺纱质量的提高。均匀度、棉网结构、纤维伸直度都有所改善,成纱质量提高,齿尖磨损减轻。采用薄齿必须与矮齿相结合,以利于针布包卷。

(3)采用薄齿、密齿。增加齿密有利于增强对纤维的握持、分梳能力,特别是横向增密更有利于把纤维束分梳成单纤维,因而密齿、薄齿具有增强分梳、减少棉结、改善棉条结构的作用。采用薄齿后产生的另一特点是增大横、纵向齿密比,也更有利于纺纱质量的改善。要求高产量时采用密齿,以提高分梳度。

锡林针布还要求有尖齿、平整、锋利、光洁、耐磨等特点。

2.3 道夫针布

道夫针布的主要作用是抓取凝聚纤维,把已分梳好的单纤维及时从锡林上充分转移出来凝聚成棉网。道夫针布应具有足够的抓取力和握持力,因此道夫针布必须采用深而细的基本齿形。

(1)影响道夫转移因素。

① 梳棉机工艺,如锡林/道夫速度、梳棉机产量、锡林道夫隔距、生条定量等。

② 加工纤维的性能,如纤维种类(棉、化学纤维、麻、毛)、纤维长度、纤维细度及纤维导电性等。

③ 锡林、道夫针布齿条尺寸规格参数等。

④ 锡林、道夫间高速气流的引导作用与道夫针齿本身的针齿的高度(齿深)、角度、齿密、齿间容量、齿形等密切有关。

(2)道夫针布的规格。道夫针布的规格应随锡林速度、锡林针布和梳棉机产量的变化而适当变化。一般通过增大前角和增大齿高来增加齿间容量,以顺利引导高速气流,解决纤维转移。

① 前角应随着梳棉机速度、产量的增加而增大。因为生条定量加重和锡林针布矮齿、密齿、大前角的采用,为了平衡转移率,道夫针布前角应略有增大。

② 道夫针布齿深加大,齿间容量加大,道夫针布接触纤维的长度大,道夫针布的握持、抓取力大,有利于纤维向道夫针布的转移和凝聚,促进顺利引导高速气流。但齿深增大,针布的抗轧性能差,针布易于倒伏和轧伤。特别是大前角时,更易轧坏。道夫针布的齿深增大,齿距也会适当放大,齿密适当减小。

③ 弧形变角齿尖的设计以适应超高产梳棉机和一些难转移纤维的需要。格拉夫公司(Graf)和霍林思渥斯公司(Hollingsworth)开发的弧形变角齿尖针布齿条新产品,极大地提高了道夫针布的剥取转移性能。齿的前面采用弧形,增大了齿尖部分的前角,而且改善了梳理棉网质量,特别是棉结显著降低。

2.4　刺辊针布

刺辊的主要任务是对纤维和棉束进行握持分梳并清除其中的杂质,然后把分梳后的纤维完善地转移给锡林。在此握持分梳过程中,应尽可能少损伤纤维。刺辊齿条的合理规格参数是完成上述任务的主要保证。为此,新型齿条应满足以下条件:

(1) 适当减小齿条的前角。新型齿条的前角在纺棉时应减小到 $10°\sim15°$,棉型化学纤维、中长化学纤维减小到 $0°\sim5°$。

(2) 适当加大锯齿的工作角。新型锯条的锯齿工作角在纺棉时应增加到 $80°\sim86°$,纺棉型化学纤维时增加到 $85°\sim90°$,而纺中长化学纤维时增加到 $90°\sim95°$。

(3) 适当增加齿密,提高齿尖的锋利度。齿密增加,齿尖锋利度提高,有利于对纤维的分梳作用。但齿密增加有可能影响后车肚的落杂作用,因而必须与适当减小齿条前角、增大锯条的工作角相结合,既增加分梳,又提高后车肚除杂效率。化学纤维不需要除杂,而且纤维长度大,因而可以加大齿距。

(4) 提高齿尖耐磨性能。刺辊是握持分梳,梳理作用剧烈,梳理力大;刺辊齿密小(即远比锡林针布稀),每个齿尖作用的纤维较锡林针布多;喂入棉卷的开松度较差,棉束多且大,因而刺辊齿条的磨损远较锡林针布严重而且频繁。

(5) 齿顶厚。锯条有厚型、中型和薄型三种。薄齿的穿刺能力好,分梳作用强,损伤纤维少,而且刺辊落棉减少,落杂含杂率高。但与厚齿相比,由于薄齿强度较低,如喂入棉层中有硬性杂物时,则易被轧伤和倒齿。

(6) 齿条在刺辊表面的包卷方式。一种是辊筒表面车螺旋槽,齿条包嵌在槽内;另一种是表面不车槽,采用无槽包卷法。引进设备 DK715 型、DK740 型、C4 型等均采用此种刺辊光胎,包以自锁齿条。有条件的尽可能采用自锁式刺辊齿条,以改善包卷后齿顶面的圆整度。

2.5　分梳板和前后固定盖板针布的选用和配套

(1) 选用配套因素。附加分梳元件针布的选用配套因素与刺辊、锡林、道夫、盖板针布一样,应考虑以下因素:

① 加工纤维的性质(如种类、长度等)。

② 梳棉机的工艺(如产量、速度等)。

③ 纺纱要求(如纱的线密度等)。

④ 刺辊、锡林、道夫、盖板针布间的相互配套及规格参数间的相互影响。

⑤ 梳理作用应依次增加,如设 N_T、N_F、N_C 分别为刺辊、盖板、锡林的针齿密度,N_1、N_2、N_3 分别为分梳板、后固定盖板、前固定盖板的针布齿密,则有 $N_T \leqslant N_1 \leqslant N_2 \leqslant N_F \leqslant N_3 \leqslant N_C$。

⑥ 分梳板、前后固定盖板针布应具有自洁能力,即不充塞纤维和杂质,始终保持清洁针面,但应具有握持分梳纤维的能力。

附加分梳件针布的选用配套考虑上述六个因素,才能发挥良好的梳理作用,获得满意的梳理质量和优良的产品。

（2）刺辊分梳板针布的选用和配套。

① 齿密 N_1：进入分梳板梳理区的纤维和棉束，经过刺辊与给棉板间的握持分梳，棉卷中的棉束受到刺辊锯齿的梳解，棉束有所减小，同时考虑分梳板针齿不充塞纤维、具有自洁能力，因此，N_1 略大于 $N_T(N_0 > N_T)$。

② 工作角：分梳板针齿应具有握持分梳和自洁的能力，因此，工作角应接近和略大于刺辊针齿的工作角。加工化学纤维时，刺辊的工作角一般为 $85° \sim 95°$，分梳板宜采用 $90°$ 或略大（如中长纤维时）。分梳板锯片一般采用平行倾斜排列（倾斜角为 $7° \sim 7.5°$），这样可减少纵向重复梳理，增加横向梳理，利于加强对纤维束的分梳；同时使部分纤维与锯齿背面棱边接触，增加纤维上升分力，利于防止分梳板锯齿充塞纤维，增加锯齿自洁能力。

③ 齿距：一般在 $4 \sim 5$ mm，其纵向齿密接近和略大于刺辊锯齿。

（3）后固定盖板针布的选用和配套。

① 齿密 N_2：棉束纤维经分梳板分梳后进入后固定盖板梳理区，纤维受梳理度增加，棉束进一步减小，齿密 N_2 应略大于分梳板齿密，但应小于盖板针密 ⅣF。同时，后固定盖板锯齿仍较粗大，齿深较大，应保持针齿自洁能力。

② 工作角：后固定盖板针齿同样应具有握持分梳能力和自洁能力，后固定盖板针齿工作角为 $80° \sim 90°$，棉纤维以 $85°$ 左右为宜，化学纤维以 $90°$ 为宜。后固定盖板齿条也应采用平行倾斜排列，以加强分梳作用和自洁能力。

（4）前固定盖板针布的选用和配套。

① 齿密 N_3：前固定盖板针齿小，齿浅，较锡林针布密，工作角小，握持、抓取力大，因而前固定盖板针齿自洁能力强，降低生条成纱棉结。此外，纤维经锡林盖板细致梳理后，再进入前固定盖板区梳理，其齿密 N_3 应大于盖板针密 N_F，否则不能充分发挥前固定盖板的分梳效能。

② 工作角：应具有握持分梳能力和自洁能力，工作角只能选用适当大小。工作角宜采用 $70° \sim 85°$，可根据加工纤维（棉或化学纤维）、锡林针布工作角及自身齿深等因素适当选用。

3 弹性针布

3.1 弹性针布和盖板针布的结构及规格参数

弹性针布和盖板针布由底布和植在其上的梳针组成。其结构及规格参数如图 3-42 所示。

底布由硫化橡胶、棉织物、麻织物等多层织物用混炼胶胶合而成。底布是植针的基础，必须达到以下基本要求：

① 强力高。

② 弹性好。

③ 伸长小。

目前弹性针布的底布结构，锡林道夫底布有六层橡皮面（VCLCCC）、六层中橡皮（CV—CLCC），其中，V 代表橡胶，C 代表棉织物，L 代表麻织物；盖板底布有五层橡皮面、七层橡皮面、八层橡皮面等规格。

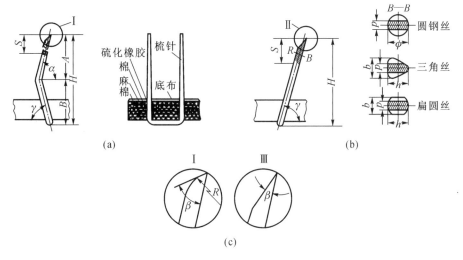

图 3-42　弹性针布

A—上膝高度；*B*—下膝高度；*S*—侧磨深度；*α*—动角（工作角）；*β*—针尖角；
γ—植角；*b*—针截面宽度；*ϕ*—针截面直径；*h*—针尖截面长度；*p*—针尖宽度

3.2　新型盖板针布的特点

（1）增强梳针的抗弯性能，并加强底布。采取的措施有以下几条：

① 减短梳针裸针高度，可以减小钢针挠度，增强抗弯性能；同时，促使纤维无法沉入针布底部而常处于针面，不易充塞针布，有效地提高纤维在锡林、盖板梳理区两针面间的交替分梳，增强反复转移的频率，增加均匀混合的机会，从而保证了有效分梳；此外，有利于实施紧隔距强分梳。

② 采用异形钢丝，以提高梳针的抗弯性能和梳理性能，如扁圆形、椭圆（双凸）形钢丝等。

③ 加大钢丝直径。

④ 采用高碳钢和合金钢，提高梳针的抗弯性能和耐磨性能。

⑤ 改进底布结构，增加底布厚度（胶合层增多），表面覆以硫化橡胶层，使植针稳固，增加弹性。

（2）改进针布的植针排列和减小横向针尖距。

① 超横密型：采用特殊的错位排列，针尖间隙均匀，针间不再有直线通道，横向针尖距缩小，纵向适当放稀，以适应锡林的配套要求，使分梳作用加强，纤维损伤减小。

② 稀密型：将一块盖板的针尖排列分为稀密两个部分，在趾面隔距较大处（约 1/3 针面）针面为稀区，而在踵端隔距较小处（约 2/3 针面）采用较密排列（密区），这种稀密植针排列，既有利于减少盖板花充塞和杂质碎裂，并能减少纤维损伤。根据植针稀密排列的特点，可分横向稀密、纵向稀密（如德国 HD38K/27 型）和纵横向均有稀密的植针组织。

③ 横向密、纵向渐增的弧形曲线排列。此类针布横向为超密型，而纵向齿尖距由大到小，针尖密度逐渐增加，形成曲线弧形的针尖排列组织，梳理时每块盖板入口处隔距大、针密较稀，出口处隔距小、针密大，使其与锡林针布齿尖的相互梳理达到缓和、充分、完善的最佳配合，从而改善了分梳除杂能力，达到减少棉结、减少纤维损伤、提高产品质量的目的。对高速高产梳棉机更为适合，如 PT、JPT、TP 和 MCH 等。其中 MCH、TP 沿纵向分为三个区。

④ 其他型：如英国针布公司、金井公司等采用的其他几种植针方式。这些针布可使横向

针尖距缩小到 0.5 mm 以下,纵向针尖由稀到密渐增,以改善分梳除杂效能,达到减少棉结、减少纤维损伤、提高产品质量的目的,如 PT、JPT、TP、MCH52 等。

(3) 提高针尖锋利度、平整度和耐磨度,降低针尖的粗糙度。

(4) 在保证抗弯性能的情况下适当增加齿密。

(5) 采用较小的盖板针布工作角。

盖板梳针有直针与弯针两种。在梳理过程中,梳针受到梳理力的作用而向后偏仰,使锡林到盖板间的梳理隔距发生瞬息变化,影响分梳质量。为了减小隔距变化,将梳针设计成弯曲状。就半硬性直针盖板针布而言,由于其梳针截面经过改进,针较短,抗弯矩大,受力后不易变形。

4 针布选配

高产梳棉机已有迅速的发展,产量从 30～40 kg/(台·h)提高到 50～180 kg/(台·h),同时促进了新型针布的发展和刺辊分梳板、锡林前后固定盖板的推广应用。因而不仅要研究锡林、道夫、盖板、刺辊新型针布的选用配套(即四配套),还要加上分梳板、前/后固定盖板针布的选用配套。这七种针布的选用配套也可以简称"七配套"。

4.1 针布的选用配套因素

新型针布的选用配套必须考虑以下四个方面的因素:

(1) 被加工纤维的特点,如被加工纤维的种类、长度、含杂、强力、摩擦系数等。

(2) 梳棉机的工艺,如梳棉机产量、锡林速度、生条定量等。

(3) 纺纱条件的要求,如纺纱的线密度、混纺或纯纺,以及有关纱的特殊用途要求等。

(4) 锡林、道夫、盖板针布的相互配套及规格参数间的相互影响。

4.2 新型针布的选用和配套

(1) 高产、超高产针布。

高产针布有以下特点:

① 产量高,一般 30～50 kg/(台·h)为高产,超高产为 50～100 kg/(台·h)。

② 梳棉机速度高,一般锡林速度为 360～450 r/min,超高产时速度为 450～600 r/min。

③ 要求有充分的梳理度。

④ 生条定量重,针布负荷大,纤维转移率略高些。

⑤ 一般纺中/细特纱,使用中等长度原棉,原棉含杂中等。

(2) 纺细特纱(高支纱)针布。新型针布比弹性针布更适宜于纺低特纱(9.7～4.86 tex),不仅纺纱质量好,而且梳棉机产量提高。

一般纺低特纱时有以下要求:

① 所用原棉较好,纤维长,含杂少。

② 梳棉机速度、产量比纺中特纱时低,生条定量也较轻。

③ 低特纱在细纱截面内的纤维根数少,成纱均匀度要求高,因此要求梳棉机的分梳、均匀和除杂作用充分,纤维转移率可适当调低。

④ 生条结杂要少,棉网清晰度和纤维梳理度要好。

⑤ 要尽可能避免损伤纤维。

(3) 纺低级棉、高含杂棉用针布。低级棉的纤维较短,线密度较小,锡林速度中等,原棉含杂较高,针布嵌破籽杂质问题较突出,针布规格和齿形应考虑减少嵌破籽杂质的效果。

(4) 纺棉型化学纤维针布。

① 化学纤维的摩擦系数大,静电多,比棉纤维转移困难。

② 化学纤维因长度长(棉型和中长化学纤维),纵向齿距可放大些,齿密可小些(基部宽度也稍大些)。

③ 化学纤维的脉冲梳理力大,且不易充塞,因而盖板针布齿密应减小,梳针应短而粗,以提高梳针的抗弯性能。

④ 加工化学纤维时需具有足够的梳理度,特别是 38~51 mm 的化学纤维,锡林针布齿密最好不低于 600 齿/(25.4 mm)^2。

⑤ 加工化学纤维时除杂少,锡林、刺辊速度应略低。

(5) 纺中长纤维针布。中长化学纤维一般细度大于 0.167 tex(1.5 den),长度大于 40 mm。

(6) 纺超细纤维专用针布。超细纤维的细度定义,各国略有不同,美国、德国和我国等都将单丝细度在 0.9 dtex 以下的称为超细纤维。国内外对超细纤维及其产品的开发极为重视。在梳棉机上梳理超细纤维,与棉、棉型化学纤维和中长化学纤维相比,有特殊的纺纱要求,需要配套使用能满足这些特殊要求的专用针布。

① 超细纤维远比一般化学纤维细,甚至比棉纤维细很多,而长度较棉纤维长(一般超细纤维长 32~40 mm),即具有细长的特点。在梳理过程中,因表面积增加,摩擦作用增加,静电多,转移困难,极易缠绕针布,极大地影响了纺纱质量。这要依靠改善针布齿条参数的设计、提高齿条的制造质量(如表面粗糙度等)和改进梳棉机工艺来解决。

② 要求有足够的梳理度。超细纤维细,要求均匀度好、梳理充分。

③ 要求产生棉结少。超细纤维细而长,静电多,纤维转移困难,针布纤维负荷重,"三绕"现象极易产生,在梳理过程中易产生大量棉结,要求从针布参数、制造质量和梳棉工艺来解决。

表 3-5　锡林、道夫、刺辊梳理用齿条的发展

型号	参数	H(mm)	α(度)	P(mm)	W(mm)	h(mm)	N/(针齿/英寸^2)
锡林针布	28	2.8	75~68	1.6~1.3	0.8~0.6	0.9~0.6	551~806
	25	2.5	70~60	1.6~1.3	0.7~0.5	0.6~0.6	620~920
	20	2.0	63~50	1.6~1.3	0.6~0.4	0.4~0.3	660~920
	18~25	1.8~1.5	55~50	1.5	0.4	0.4~0.3	1 080
道夫针布	40	4.0~4.3	65~58	1.8~2.2	0.75~0.9	2.0~2.3	350~450
	50	5.0	65~60	2.0~2.2	0.8~0.9	—	340~350
	37	3.7	65~60	1.75~2.12	0.9	2.3~2.6	340~350
刺辊针布	56	5.6	75~80	5.65	1.09	—	340~410
	58	5.85	85~90	5.64	1.09~1.30	—	88~105
	V 型自锁	5.0	80~95	5.0~6.4	3.2~2.1	—	31~61

表 3-6　盖板针布规格参数

适纺范围	型号		针高(mm)	针截面 $b \times h$	角度(°)	密度(齿/英寸)
纺制细或超细棉	ECCO500		8	28×32	75	470
	无锡 JST45		8	双凸	72	450
纺制细绒棉	ECCO440		8	28×32	75	443
	远东	SFC16 SFC19	8	双凸	72 74	390 360
一般棉纤维	ECCO	400 330	7.5	21×31	75	380 332
	无锡 36		8	双凸	72	360
	白银无锡	821 709	8	三角	74	400 460
中低档含杂多棉	ECCO300		7.5	26×29	75	
	无锡	JRT32 JST	8 8	双凸 双凸	72 72	320

5 针齿的养护

针布上出现个别高针尖齿,可轻微打磨,侧弯齿可用手工慢慢校正。少处高低不平,可用皮块压住针布,用锤子适当敲打。包好后的针布要特别注意保养,由于所纺的纤维不同,含杂质也不同,杂质在针布上沉积过多,易压伤针齿或挤倒针布,所以要经常清刷针布。方法是先用带钩的小刀将齿隙里的草刺、木屑、皮块、砂土等杂物钩出,再用毛刷将针布刷干净。

较大面积的倒尖和轧伤,要用维修工具(钩刀、小锉)顺着齿尖的方向修刮。如果发现针布松动起浮,自锁针布基部没锁紧,应及时拆掉重新包卷。切不可强行使用,以免损坏针布和梳理设备。

锡林、道夫、刺辊针布锋利度及损伤的判断见表 3-7。

表 3-7　针布锋利度及损伤的判断

项目 名称	检查项目	允许限度	检查方法及说明
锡林针布	锋利度	棉中等及以上 化学纤维中下等及以上	手感,用手指面试针齿锋利度,锋利度共分五等 上等:针齿锋利,有扎手、刺痛之感 中上等:针齿锋利,颇有刺手之感 中等:针齿锐利,有刺手之感 中下等:针齿稍具锋利度,有正反方向之感 下等:针齿溜滑,无正反方向之感 评定锋利度以锡林整个宽度为准,针布线形损伤宽 3 mm 及以内不计,不满一圈要累计损伤面积 金属针布中损伤面积>30 cm² 的不能修理,<30 cm² 的可修理
	光洁度	不挂花	
	损伤	不允许	
道夫针布	锋利度	棉中等级以上 化学纤维中下等及以上	锋利度评等方法同锡林针布 评定锋利度以道夫整个宽度为准,针布线形损伤宽 2 mm 及以内不计,不满一圈要累计损伤面积 金属针布中损伤面积>10 cm² 的不能修理,<10 cm² 的可修理
	光洁度	不挂花	
	损伤	不允许	
盖板针布	锋利度	中等及以上	锋利度评等方法同锡林针布 评定锋利度以盖板整个宽度为准,损伤、接针修理不计,光板不允许
	光洁度	不挂花	
	损伤	不允许	

梳棉机的分梳元件,在工作一定时间后,针齿经大量纤维的激烈摩擦,使针齿的齿顶面、齿尖两侧面和工作面棱边发生磨蚀,并在磨蚀处形成沟纹或缺口。因而针齿的锋利度、平整度和光洁度不断下降,降低了对纤维的握持和转移能力,削弱了分梳作用,使棉网清晰度变差,生条棉结杂质增加。为恢复其锋利度、平整度和光洁度,要通过磨针来实现。磨针因磨削针齿部位不同分平磨和侧磨两种。

用金刚砂带或砂轮紧贴针齿齿顶面进行磨削,即为平磨。平磨以磨砺齿顶面为主,提高针齿的平整度,是紧隔距的主要措施之一,有提高分梳质量和降低生条结杂的效果。但平磨随着对针尖磨耗量增大,齿顶面积也增大,尤其是弧背齿形针齿,齿顶面积增大更快,将使针齿的穿刺能力下降,对分梳不利,而且使锋利度的持久性差,磨针周期缩短。用磨片插入针齿侧面一定深度,对针齿侧面进行磨砺,即为侧磨。侧磨以磨砺针齿侧面为主,磨后齿尖变薄,锋利而持久,对提高分梳质量和降低生条结杂有较显著的效果。但侧磨难免会磨损针齿顶面,对平整度有影响。一般,因选用的金属针布较薄,有较好的热处理,只进行对齿顶平磨,不再对齿侧进行侧磨。

实际生产中应根据磨前针布状态,充分利用平磨和侧磨的优点,尽可能减少齿尖的磨耗,延长针布使用年限;同时,既要保持针面的平整度,又要获得耐久的锋利度。采用快速磨针,每个针齿受磨时间短,锋利度不易提高,一般总的磨针时间较长,而且,如果锡林振动大,将增加磨砺的不均匀性。所以锡林快速磨针后,针面平整度较差,但光洁度较好。采用慢速磨针,磨后情况则与快速磨相反,针面平整度较好。

磨砺方向有顺磨和逆磨两种,如图 3-43 所示。磨砺时,特别是进磨量过大时,难免产生刺屑甚至小弯钩。故磨针后需经刷针以去除刺屑。刷针即用钢丝针刷辊代替磨针的磨辊刷光针面。依其刷针方向也有顺刷和逆刷之分。顺刷易于刷光逆磨留在齿背的刺屑,却不便刷光顺磨留在齿顶前缘的刺屑,而逆刷则有碍针齿锋利度。故磨针常采用逆磨顺刷的组合方式。

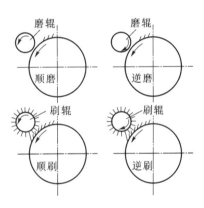

图 3-43　磨针与刷针方向

磨针周期应根据具体情况而定,各种纤维对针布的基本要求虽然相同,但不同的纤维侧重不同,如棉纤维强调针布的锋利度,而化学纤维则强调针布的光洁度和平整度。因此,磨针周期应按针布的锋利度、不同型号针布的耐磨度、纤维性状、梳棉机的产量、速度,以及保全保养技术水平等因素,并结合棉网的结杂和成纱质量的实际水平而定。瑞士立达(Rieter)公司在 C51 型梳棉机上研发了集成磨针布系统(IGS),如图 3-44 所示。IGS 主要由集成锡林磨针系统(IGSclassic)和集成盖板磨针系统(IGStop)两部分组成。IGSclassic 安装在锡林的下面,在生产过程中,其磨石自动地在幅宽方向往复移动,进行磨砺锡林针布;IGStop 安装在盖板上面,盖板在清洁后被弹簧压向 IGStop 的磨刷,接受磨针。使用集成磨针布系统可明显减少棉结数量,延长针布的使用寿命达 20% 以上,并可延长保养周期。

【技能训练】

　　1. 讨论各针布的特点。

　　2. 选配梳棉机针布。

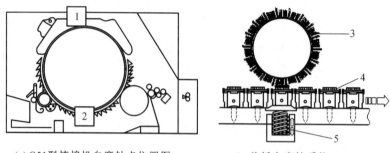

(a) C51型梳棉机自磨针点位置图　　　　(b) 盖板自磨针系统

图 3-44　C51 型梳棉机集成磨针布系统(IGS)

1—集成盖板磨针布系统；2—集成锡林磨针布系统；3—磨针刷；4—盖板；5—磨针盖板升降系统

【课后练习】

　　1. 针布的纺纱工艺性能有哪些要求？

　　2. 锯齿针布的规格参数有哪些？其大小对纺纱性能有何影响？

　　3. 锡林、道夫、刺辊针布各有何要求？为什么？盖板针布的纺纱性能有何要求？

　　4. 为何要对针布进行定期维护？维护方式有哪些？

任务 3.5　剥棉、成条和圈条部分的使用要点

【工作任务】1. 作 A186 型梳棉机剥棉、成条和圈条部分机构简图，并标出纤维流向。

　　　　　　2. 讨论剥棉、成条和圈条部分机构作用原理和工艺设置。

【知识要点】1. 剥棉装置的机构和作用原理。

　　　　　　2. 成条部分的机构和作用原理。

　　　　　　3. 圈条器的机构和作用原理。

1　剥棉装置

　　剥棉装置的作用是将凝聚在道夫表面的纤维剥下而形成棉网。梳棉工艺对剥棉装置的要求是：

　　(1) 能顺利地从道夫上剥取纤维层，并保持棉层的良好结构和均匀性，不增加棉结。

　　(2) 当原料性状、工艺条件及温湿度发生变化时，能保证稳定剥棉，不会引起棉网破洞、破边甚至断头。

　　(3) 机构简单，使用维修方便。

1.1　三罗拉剥棉装置

　　三罗拉剥棉装置由剥棉罗拉 3 和一对轧(碎)辊 4 组成，如图 3-45 所示。剥棉罗拉表面包覆有"山"形锯条，其主要规格见表 3-8。"山"形锯条因其工作角为负角，不能握持纤维，所以工作时不会破坏棉网的结构。

　　道夫 1 棉网中的大部分纤维,尾端被道夫针齿所握持,头端浮于道夫针面,当其与定速回转的剥棉罗拉相遇时,由于道夫与剥棉罗拉间的隔距很小(0.12~0.18 mm),剥棉罗拉与纤维接触产生摩擦力,再加上纤维间的黏附作用,使纤维从道夫上被剥离。剥棉罗拉的表面速度略高于道夫,从而产生一定的棉网张力。这一张力既不会破坏棉网结构,又可增加棉网在剥棉罗拉上的黏附力,使剥棉罗拉能连续地从道夫上剥下棉网并交给上下轧棍。上下轧棍与剥棉罗拉之间配置有较小的隔距和一定的张力牵伸,依靠轧辊与棉网的摩擦黏附和棉网中纤维间的黏滞力,将棉网从剥棉罗拉上剥下来。棉网从上下轧辊间输出时,上下轧辊对棉网中的杂质有压碎作用,以避免棉网在输出过程中因杂质而造成的结构变化。

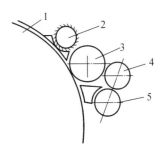

图 3-45　三罗拉剥棉装置

1—道夫;2—安全清洁辊;
3—剥棉罗拉;4—上轧辊;
5—下轧辊

表 3-8　剥棉锯条规格

型号	制造地区	产品规格						
		P	w	H	h	α	β	ε
AS45-19×04220	青岛	4.2	2.0	4.5	2.5	109°	54°	55°
AS45-19×04215	上海	4.23	1.5	4.5	2.5	109°	54°	55°
AS45-35×04215	上海	4.23	1.5	4.5	2.5	125°	70°	55°
AS45-35×04220	天津	4.2	2.0	4.5	2.5	125°	70°	55°
AS45-40×31510	常州	3.15	1.0	3.5	—	130	—	—

　　三罗拉剥棉装置在剥棉罗拉上加装了一套安全清洁辊 2 和返花摇板自停装置。安全清洁辊表面包覆有直角钢丝抄针针布,由单独电机传动,以高速击碎返花纤维并由尘罩吸走,可基本防止剥棉罗拉返花、轧伤针布的问题发生。

　　三罗拉剥棉装置结构紧凑,操作维修方便,剥棉效能良好,所以被大多数国内外梳棉机所采用。

1.2　四罗拉剥棉装置

　　四罗拉剥棉装置如图 3-45 所示。该装置有一个较大直径的剥棉罗拉 2 和一个转移罗拉 4、两根轧辊 5,剥棉罗拉和转移罗拉表面包卷有山形齿,对纤维的作用相同。四罗拉剥棉装置的剥取原理与三罗拉相同。剥棉装置均配置有防返花装置,因机型不同而各异。图 3-46 中防返花装置为一两端装有限位开关的绒辊 3,由剥棉罗拉传动,当绒辊因绕花上抬到一定位置时,通过控制杆推动限拉开关使机器停转,以保护金属针布,避免扎坏。使用罗拉剥棉时,在工艺上应注意以下几点:

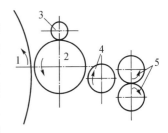

图 3-46　四罗拉剥棉装置

1—道夫;2—剥棉罗拉;3—绒辊;
4—转移罗拉;5—轧辊

　　(1)棉网要有一定的定量(一般在 14 g/5 m 以上),否则棉网强力过小,经不起拉剥,易产生破边、破洞,甚至出现断头。

　　(2)原棉品级过低、纤维过短,将导致棉网强力低,不易收拢成条而引起断头。

　　(3)道夫与轧辊的线速度增加时,为了使棉网能顺利地向喇叭口集拢,应有较大的张力牵伸。

（4）车间温湿度要严格控制,温度在 $18\sim25$ ℃,相对湿度在 $50\%\sim60\%$。当温度低而道夫速度高时,车间相对湿度应稍偏高。

2 成条部分

棉网由剥棉装置剥离后,由大压辊牵引,经喇叭口逐渐集拢,压缩成条。

2.1 棉网的运动

棉网在上下轧辊与喇叭口之间的一段行程中,由于棉网横向各点与喇叭口的距离不等,因而棉网横向各点虽由轧辊同时输出,却不同时到达喇叭口,即棉网横向各点进入喇叭口有一定的时间差,从而在棉网纵向产生了混合与均匀作用,有利于降低生条的条干不匀率。

2.2 喇叭口与压辊

从轧辊输出的棉网,集拢成棉条后是很松软的,经喇叭口和压辊的压缩后,方能成为紧密而光滑的棉条。棉条紧密度的增加,不仅可增加条筒的容量,而且可以减少下道工序引出棉条时所产生的意外牵伸和断头。棉条的紧密程度主要取决于喇叭口出口截面面积、形状及压辊所加压等因素。

（1）喇叭口。喇叭口直径对棉条的紧密程度的影响较大。喇叭口的直径应与生条定量相适应,如直径过小,棉条在喇叭口与大压辊间造成意外牵伸,影响生条的均匀度;如直径过大,达不到压缩棉条的作用,影响条筒的容量。喇叭口的出口截面是长方形,它的长边与压辊钳口线垂直交叉,可使棉条四面受压,以增加棉条紧密度。

（2）压辊。压辊加压同样会影响生条的紧密程度。压辊的加压装置可以调节加压量的大小,一般纺化纤时压力应适当增加。采用凹凸压辊、双压辊等技术措施,可使棉条压缩更紧密,以增加条筒容量、减少断头。

3 圈条器

3.1 圈条器的结构、作用和工艺要求

圈条器由圈条喇叭口、小压辊、圈条盘（圈条斜管齿轮）、圈条器传动部分等组成。圈条器的作用是将压辊输出的棉条有序地圈放在棉条筒中,以便储运和供下道工序使用。

对圈条器的工艺要求如下:

（1）圈条斜管齿轮每回转一转圈放的棉条长度,应为小压辊同时送出的长度与圈条牵伸之积。

（2）圈条斜管齿轮转速与底盘齿轮转速之比,称为圈条速比。圈条速比的大小,应保证棉条一圈圈紧密铺放,相邻棉条不叠不离,外形整齐,有利于增加条筒容量。

（3）棉条圈放应层次清晰,互不粘连,外缘与筒壁的间隙应大小适当,棉条在下道工序能顺利引出。

（4）在圈条器提供的几何空间条件下,合理配置圈条工艺,提高条筒容量,减少换筒次数,以提高设备利用率和劳动生产率。

（5）圈条器应适应高速,运转时负荷轻、噪音小、磨灭少、不堵条、便于保养。

3.2 圈条工艺

（1）偏心距。圈条斜管齿轮与底盘两回转轴线之间的垂直距离,即条筒中心与圈条中心的距离,称为偏心距,如图 3-47 所示。偏心距的大小根据条筒直径、棉条圈放半径及气孔大小

等决定。

（2）大小圈条。棉条圈放有大、小圈条之分。棉条圈放直径大于条筒半径者称为大圈条,棉条圈放直径小于条筒半径者称为小圈条,如图 3-47 所示。大圈条的各圈棉条在交叉处留有气孔,即图中的 d_0,每层圈条数少于小圈条,重叠密度也小于小圈条。在同样条筒直径时,大圈条的条筒容量较小圈条少,但大圈条条圈的曲率半径大,纤维伸直较好,可减少黏条并保持棉条光滑,圈条质量好。

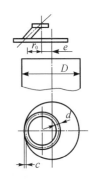

图 3-47　圈条器偏心距

大小圈条的选用,应视条筒直径而定,一般大筒采用小圈条,小筒使用大圈条。随着梳棉机的高产高速化,条筒直径不断增大,圈条的曲率半径也在增加,所以梳棉机上都采用大筒小圈条。

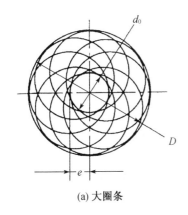
(a) 大圈条

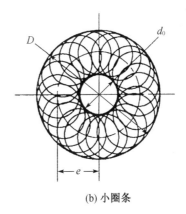
(b) 小圈条

图 3-48　大小圈条

（3）圈条牵伸。为了保证正确的圈条成形,圈条斜管与小压辊之间有一定的张力牵伸,也称为圈条牵伸。牵伸过小,易堵塞斜管;过大则会因被斜管拉动而造成已圈入条筒内棉条的意外牵伸,棉条表面易拉毛,影响棉条结构和成纱质量。一般纺棉时圈条牵伸控制在 1～1.06 倍;纺化纤时,考虑到纤维的弹性回缩,圈条牵伸小于 1 倍。

【技能训练】

选择梳棉机的主要剥棉、成条与圈条工艺。

【课后练习】

1. 三罗拉剥棉与四罗拉剥棉的比较。
2. 影响罗拉剥棉效果的因素有哪些?
3. 圈条方式有几种? 各有什么特点? 如何选择?

任务 3.6　梳棉机的传动和工艺计算

【工作任务】 1. 读懂梳棉机传动。

2. 对指定品种进行梳棉机工艺计算。

【知识要点】1. 梳棉机的传动。
　　　　　　2. 梳棉机的工艺计算。

1 梳棉机的传动要求

在现代纺织设备的传动中,为减少传动级数及传动的误差,主要机件分别采用单独电机传动。

对梳棉机传动系统的要求如下:

(1) 为了确保生条定量的稳定,喂入量必须与输出量相对稳定,因而给棉罗拉必须由道夫刚性传动。

(2) 在高产梳棉机上,由于锡林与盖板的线速比高达万倍左右,为了降低盖板速度,在盖板皮带轮传动盖板星形导盘轴之间,采用二级蜗轮、蜗杆机构,以达到盖板慢速的目的。

(3) 梳棉机高速后,传动负荷增加,为了传动稳定,接头操作方便,除轴承采用滚珠、齿形带传动外,还采用摩擦离合器。道夫应采用快速运转、低速生头以便适当延长升速时间的措施,使生头操作方便,并且不会影响生条条干。

(4) 成条部分的传动系统应使大/小压辊和圈条盘的传动与道夫保持同步,故可由道夫直接传动,以保证大压辊与道夫间、小压辊与大压辊间,以及圈条盘与小压辊间的棉网和棉条的正常张力牵伸。梳棉机逐步采用多电机分散式传动,PLC、变频调集中控制。

(5) 调整工艺参数方便。在传动系统的适当部位设置变换带轮和变换齿轮,以便根据质量,产量和消耗要求调整速度、牵伸等工艺参数。

(6) 便于运转操作。生头时道夫需慢速,生头后向快速转换时,道夫应有一个逐步增速的过程;锡林为负荷中心,应具有良好的启动性,并便于启动操作,同时应给抄磨针准备传动轮。

(7) 高速生产时,为防堵防轧,输出机件与喂给机件应联锁,以保证产品质量和设备安全。

2 梳棉机的传动系统

2.1 传动的特点

(1) 锡林和刺辊由同一电机通过张力尼龙平胶带正反面传动,刺辊座上有张紧轮,使传送带保持一定的张力。

(2) 喂入部分由变频电机传动,可无级调速,由链条传至给棉罗拉,再传至棉卷罗拉。

(3) 道夫、剥棉装置和圈条器由变频电机和同步带传动,可无级调速,同时机构简化,噪音较小。

(4) 盖板清洁毛刷由盖板传动箱经同步带传动,并由单独电机传动的清洁辊清除毛刷辊上的盖板花。

(5) 盖板踵趾面清洁盘刷左右分别由两台小电机单独传动。

2.2 安全装置

(1) 道夫给棉启动与锡林速度连锁。在梳棉机的传动系统中,锡林和道夫分别由各自的电机传动。由于惯性不同,它们的启动时间也不一样。锡林和刺辊需要时间较长,而道夫、给棉部分需要时间较短。若同时启动,将会造成给棉罗拉开始喂入正常棉量时,刺辊尚在启动过程中,因速度较低易被轧死。所以道夫及给棉罗拉必须在锡林和刺辊启动一段时间后才能启动。关车时,锡林道夫的停转也不同步,道夫停得快,锡林停得慢。停车后在锡林道夫转移区堆积了过量的纤维,重新开车时将引起断头。所以道夫、给棉及锡林间采用连锁控制,开车时,当刺辊速度达到一定值时,道夫、给棉部分方能启动。关车时,当刺辊速度降到一定值时,道夫即自动关车。

(2)自停装置。为了保证安全生产,避免损伤针布,梳棉机上均设有多处自停装置,如给棉棉层过厚自停、大小压辊之间断条自停、轧辊处棉网超厚自停、条筒定长报警自停、防护罩打开自停,以及锡林速度监控装置等。

FA224C 型梳棉机的传动如图 3-49 所示。其传动系统如下:

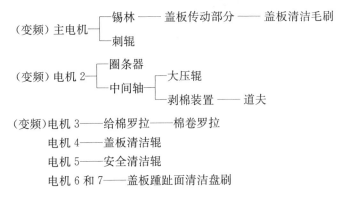

(变频)主电机——锡林——盖板传动部分——盖板清洁毛刷
　　　　　　　└——刺辊

(变频)电机 2——圈条器——大压辊
　　　　　　　└——中间轴——剥棉装置——道夫

(变频)电机 3——给棉罗拉——棉卷罗拉
电机 4——盖板清洁辊
电机 5——安全清洁辊
电机 6 和 7——盖板踵趾面清洁盘刷

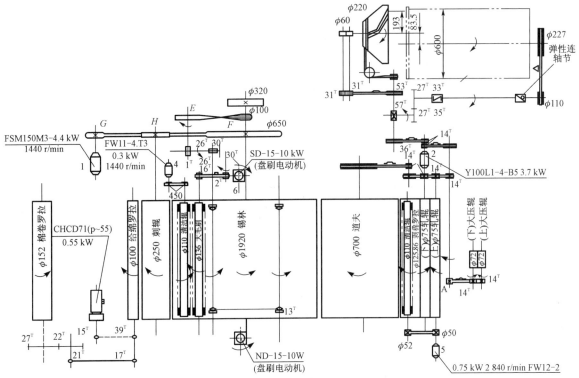

图 3-49　FA224C 型梳棉机传动图

3 工艺计算

3.1 速度计算

三角带和平皮带的传动效率为98%。

（1）锡林转速 n_c（r/min）。

$$n_c = n_1 \times \frac{G}{650} \times 98\% = 1\,440 \times \frac{G}{650} \times 98\% = 2.17G \tag{3-4}$$

式中：n_1——调频主电机转速（r/min）；

$\quad\quad G$——主电机皮带轮直径（mm）。

FA224C型梳棉机锡林转速与电机皮带轮直径见表3-9。

表3-9 锡林转速与主电机皮带盘直径

电机皮带盘直径（mm）	50 Hz			60 Hz		
	110	135	155	92	110	135
锡林转速（r/min）	280	350	400	289	345	424

（2）刺辊转速 n_t（r/min）。FA224梳棉机刺辊转速见表3-10。

$$n_t = n_1 \times \frac{G}{H} \times 98\% \tag{3-5}$$

式中：H——刺辊带轮直径（mm）。

表3-10 刺辊转速　　　　　　　　　　　　　　　　单位：r/min

电机带轮直径（mm） 刺辊带轮直径（mm）	50 Hz			60 Hz		
	110	135	155	92	110	135
210	754	925	1 060	757	904	1 110
240	660	810	928	662	792	972
260	609	748	858	611	731	897

（3）盖板速度 v_f（mm/min）。盖板由星形导盘传动，星形导盘有13齿，周节为36.5 mm，与相邻两盖板间的距离相等。

$$v_f = n_1 \times \frac{G \times 100 \times 1 \times 1}{650 \times E \times 26 \times 26} \times 13 \times 36.5 \times 98\% \tag{3-6}$$

$$= 0.105\,8 \times \frac{G}{E} \times n_1$$

式中：E——盖板带轮直径（mm）。

盖板速度的选择见表3-11。

表 3-11 盖板速度 　　　　单位：mm/min

电机带轮直径(mm) 盖板带轮直径(mm)	50 Hz			60 Hz		
	110	135	155	92	110	135
110	213	266	305	216	259	318
136	157	196	224	136	190	234
180	119	148	169	180	144	176
210	102	127	145	210	123	151

(4) 道夫转速 n_d(r/min)。

$$n_d = n_2 \times \frac{14 \times 14 \times 14}{B \times D \times C} \times 98\% = 2\ 689.12 \times \frac{n_2}{B \times C \times D} \tag{3-7}$$

式中：n_2——道夫传动电机转速(r/min)；

　　B——中间轴同步带轮齿数(有 33^T、34^T、35^T)；

　　C——剥棉罗拉同步带轮齿数(有 28^T、29^T、30^T)；

　　D——道夫同步带轮齿数(有 82^T、84^T)。

(5) 小压辊出条速度 v(m/min)。

$$v = 60 \times \frac{14 \times 53}{36 \times 31 \times 1\ 000} \times n_2 = 0.125 n_2 \tag{3-8}$$

3.2　牵伸计算

(1) 总牵伸倍数(小压辊—棉卷罗拉)。

$$E = \frac{v_{小}}{v_{卷}} = \frac{0.125 n_2 \times 1\ 000}{\frac{15 \times 17 \times 22}{39 \times 21 \times 27} \times \pi \times 152 \times n_3} = 1.031\ 8\frac{n_2}{n_3} \tag{3-9}$$

式中：n_3——给棉罗拉电机转速(r/min)。

(2) 张力牵伸倍数。

① 给棉罗拉—棉卷罗拉：

$$e_1 = \frac{100}{152} \times \frac{27 \times 21}{22 \times 27} = 0.997 \tag{3-10}$$

② 剥棉罗拉—道夫：

$$e_2 = \frac{125.86}{700} \times \frac{D}{14} = 0.012\ 84D \tag{3-11}$$

当 $D = 82^T$ 时，$e_2 = 1.053$；当 $D = 84^T$ 时，$e_2 = 1.079$。

③ 轧辊—剥棉罗拉：

$$e_3 = \frac{75}{125.86} \times \frac{C}{14} = 0.042\ 56C \tag{3-12}$$

C 与 e_3 的关系见表 3-12。

表 3-12　C 与 e_3 的关系

C	28	29	30
e_3	1.192	1.234	1.227

④ 大压辊—轧辊：

$$e_4 = \frac{72}{75} \times \frac{14 \times A}{14 \times 14} = 0.068\,57A \tag{3-13}$$

A 与 e_4 的关系见表 3-13。

表 3-13　A 与 e_4 的关系

A	16	17	18
E_4	1.037	1.166	1.234

⑤ 小压辊—大压辊：

$$e_5 = \frac{60}{72} \times \frac{14 \times B \times 14 \times 53}{A \times 14 \times 36 \times 31} = 0.554\,1\frac{B}{A} \tag{3-14}$$

A、B 与 e_5 的关系见表 3-14。

表 3-14　A、B 与 e_5 的关系

B ＼ e_5 ＼ A	16	17	18
35	1.214	1.143	1.079
34	1.179	1.11	1.048
33	1.145	1.077	1.018
32	1.11	1.044	0.987

（3）实际牵伸倍数。按输出与喂入机件的表面线速度之比求得的牵伸倍数称为机械牵伸倍数（也称理论牵伸倍数）；按喂入半制品定量与输出半制品定量之比求得的牵伸倍数称为实际牵伸倍数。因为梳棉机有一定的落棉，所以实际牵伸倍数大于机械牵伸倍数，两者的关系式为：

$$\frac{E_\mathrm{p}}{E_\mathrm{m}} = \frac{1}{1 - 落棉率} = \eta \tag{3-15}$$

式中：η——牵伸效率。

4　产量计算

梳棉机的理论产量取决于生条的定量和小压辊的速度。

$$G = v_小 \times g = \frac{0.125n_2 \times g}{1\,000 \times 5} \times 60 = 0.001\,5n_2 g \tag{3-16}$$

式中：G——理论产量[kg/(台·h)]；

n_2——道夫变频电机转速(r/min)；

g——生条定量(g/5 m);

当 n_2 为 1 500 r/min 时, $G=2.25\times g$。

梳棉机在正常运转时,要扣除生头、抄针、小修理等时间损失。在一个轮班期间,实际运转时间与理论时间比值的百分率称为时间效率。定额产量 G_d 的计算公式如下:

$$G_d = G \times 时间效率$$

5 梳棉机各部位隔距

梳棉机各部位隔距应根据具体工艺选择,选择范围见表 3-15～表 3-18。

表 3-15 刺辊与周围机件间的隔距 单位:mm

	给棉板	调节板		除尘刀	分梳板	小漏底	锡林
		第一	第二				
刺辊	0.3～0.8	1.0～1.2	1.2	1.2～1.4	1.2～1.4	0.55～1.5	0.13～0.18

表 3-16 锡林与周围机件的隔距 单位:mm

	后罩板		前罩板		后固定盖板			前固定盖板
	下罩板	上罩板	下罩板	上罩板	第一块	第二块	第三、四块	第一～四块
锡林	1.0～1.5	1.25～1.5	0.5	0.95～1.5	0.6～0.75	0.5～0.6	0.4～0.5	0.23～0.3
活动盖板	—	0.7～0.15	—	0.7～0.15			—	

表 3-17 锡林与周围机件的隔距 单位:mm

	活动盖板				下罩板				道夫
	第一点	第二点	第三点	第四点	入口	中间	中间	小漏底	0.1～0.12
锡林	0.2～0.23	0.15～0.2	0.15～0.2	0.17～0.23	3.5～4.0	1.5～1.8	1.5～1.8	0.8～1.2	
	盖板清洁钢刷辊				0.2				

表 3-18 其他机件间的隔距 单位:mm

给棉罗拉—给棉板	剥棉罗拉—道夫	上轧辊—剥棉罗拉
0.3～0.6	0.12～0.18	0.1～0.15

【技能训练】

1. 在实习车间认识传动图和传动系统。
2. 速度和牵伸的计算方法训练。

【课后练习】

1. 梳棉机的传动系统有哪些要求?
2. 在 FA224C 型梳棉机生产中,已知喂入棉卷定量为 510 g/m,制成输出生条定量为 20 g/5 m。

（1）求实际总牵伸倍数；

（2）求机械牵伸倍数；

（3）确定牵伸变换齿轮。

任务 3.7 生条质量分析与调控

【工作任务】生条质量分析与调控。

【知识要点】1. 生条质量指标。

2. 生条棉结杂质的控制。

3. 生条均匀度的控制。

在普梳系统中，梳棉之后的工序基本不再具有开松、分梳和清除杂质的作用，所以生条的质量，特别是结杂含量，直接影响成纱的质量。因此，对生条的质量控制尤为重要。

1 生条质量指标

生条的质量指标可分为运转生产中的经常检验项目和参考项目两大类。

1.1 经常性检验项目

（1）生条条干不匀率。生条条干不匀率反映生条每米片段的粗细不匀情况，检验指标有萨氏条干及与乌氏条干两种，一般萨氏条干应控制在 14%～18%，乌氏条干 CV 值控制在 4% 以下。

（2）生条质量不匀率。生条质量不匀率反映生条 5 m 片段的粗细不匀情况，应控制在 4.0% 以下。

（3）生条棉结杂质。生条棉结杂质反映每克生条中所含的棉结杂质粒数。该指标由企业根据产品要求自定，其参考范围见表 3-19。

表 3-19 生条中棉结杂质的控制范围

棉纱线密度（tex）	棉结数/结杂总数		
	优	良	中
32 以上（18 以下）	25～40/110～160	35～50/150～200	45～60/180～220
20～30（19～29）	20～38/100～135	38～45/135～150	45～60/150～180
19～29（30～50）	10～20/75～100	20～30/100～120	30～40/120～150
11 以下（51 以上）	6～12/55～75	12～15/75～90	15～18/90～120

注：表中括号内数字为英制支数。

（4）生条短绒率。指生条中 16 mm 以下纤维所占的百分率。梳棉工序在一定程度上既排除短绒，又会产生短绒。普通梳棉机的短绒生产量大于排除量，所以生条中短绒含量一般较棉卷多。采用多吸点吸风以后，大大增加了梳棉机对短绒、尘屑的排除量，可使生条中的短绒含量小于棉卷，一般生条短绒率控制在 4% 以内。

1.2 参考指标

棉网清晰度是反映棉网结构状态的一个综合性指标，通过目测观察棉网中纤维的伸直度、分离度及均匀分布状况，能快速了解梳棉机的机械状态及工艺配置情况。

2　改善生条质量

根据质量控制原理,影响产品质量的因素主要有五个方面,即人的因素、机械因素、原料因素、工艺方法因素和环境因素,故一般提高产品质量的措施也是从这些方面着手。在一定的产量条件下,提高质量的措施主要有下列几个方面:

2.1　控制生条结杂

生条中的结杂一部分是由原棉性状所决定的,另一部分是在开清棉和梳棉工序的加工过程中造成的。梳棉工序在刺辊锯齿的打击摩擦作用和锡林—盖板间的反复搓转作用下击碎大量杂质,并排除大量杂质和棉结,同时将弹性和刚性较小而回潮率较高的低成熟纤维扭结成棉结。开清棉工序加工时所形成的棉团、索丝,以及未被排除的带纤维杂质、短纤维和有害疵点,在梳棉工序中也易转化为棉结。在梳棉工序,一方面排除了大量结杂,另一方面又形成许多新的小棉结。总的来说,通过梳棉工序,结杂的质量大为减少,而粒数有所增加,特别是棉结粒数大幅度增加,因此,梳棉工序是影响成纱结杂数的关键。控制生条结杂就是在高产低耗的前提下尽量多排除结杂,少形成棉结。

为控制梳棉工序的生条结杂,应从以下几方面着手:

(1) 把好原料关。控制原棉中的结杂含量,是控制成纱结杂的重要环节。其次,控制混用原料中不成熟纤维、死纤维的含量及粗纱头、回花的混用量,确保梳棉时不产生大量棉结。

(2) 清梳工序合理分担除杂任务。对大而易分离排除的杂质,如棉籽、籽棉、破籽、不孕籽、僵棉、砂土等大杂,由开清棉工序排除;对黏附力较大的带纤维杂质、带纤维籽屑、未被开清棉工序排除的部分破籽、不孕籽和僵棉、短绒和带纤维细小杂质,则应由梳棉工序清除。对梳棉工序本身来说,棉卷中的不孕籽和僵棉、死纤维,应在刺辊部分排除,而带纤维籽屑以及棉结、短绒等则应在锡林—盖板部分清除。在一般情况下,按棉卷和生条的含杂计算得出的总除杂效率达 90% 左右,刺辊部分的除杂效率控制在 50%~60%,而锡林—盖板部分控制在 8%~10%,生条含杂率应控制在 0.15% 以下。可见刺辊部分是排杂的重点。

(3) 提高分梳效能。既要增强刺辊部分握持梳理的能力,又要提高锡林—盖板部分自由梳理和反复梳理的效能。因而在给棉板与刺辊间、锡林与盖板间采用较小隔距,以增加对纤维的作用,有利于减少棉结的形成和清除棉结。锯条和针布的针齿锋利是提高分梳效能的有效保证。

(4) 改善纤维转移情况,减少新棉结的形成。形成棉结的根本原因是纤维间的搓转,而返花、绕花和挂花等不正常现象,常易造成剧烈摩擦,从而导致纤维搓转而形成棉结。返花、绕花和挂花的主要原因是速比或隔距配置不当,或开松、梳理元件的锋利光滑程度不够。因为梳理元件锋利容易抓取纤维,而光滑则易释放纤维。应针对产生原因,采取相应措施,以消除纤维搓转和剧烈的摩擦现象。

(5) 设计合理的梳棉机产量。根据选用针布的性能,设计锡林合理的转速,锡林针面有效、合理的针面负荷可确保锡林盖板梳理区有较好的分梳能力,降低棉结产生,有利于排除杂质。同时,也有利于纤维从锡林向道夫、刺辊向锡林转移。适当增大锡林与刺辊的速比,有利于生条的均匀与多成分纤维的混合作用,降低刺辊返花现象。

(6) 加强温湿度管理,控制纤维上机回潮率。棉纤维在高温高湿下塑性大,抗弯性能差,纤维间易粘连,容易形成棉结,特别是成熟度低的原棉,在高温高湿下更易吸收水分子,形成棉

111

结,又因高温高湿下的纤维弹性差,在盖板工作区往往会由于未被梳开而搓转成棉结。但温湿度过低,易产生静电,棉网易破碎或断裂。因而必须加强温湿度管理,同时控制纤维上机回潮率,使之在放湿状态下进行加工,以增加纤维的刚性和弹性,减少纤维与针齿间的摩擦和充塞针隙现象。一般纯棉卷的上机回潮率控制在 6.5%～7%,相对湿度以 55%～60% 为宜。

2.2 降低生条不匀率

生条不匀包括长片段不匀和短片段不匀两种:前者以生条 5 m 片段间的不匀情况表示,称为质量不匀率;后者则表示生条每米片段内的不匀情况,称为条干不匀率。产生质量不匀率的主要原因是喂入棉卷不匀和各机台间的落棉差异;而条干不匀率主要是由于分梳效能不理想,造成棉网结构不良,其原因主要是机械状态不良和工艺配置不当。改善生条条干不匀率的措施主要有下列几个方面:

(1) 提高分梳效能。分梳效能关系到纤维的梳理度和分离度,因而直接影响锡林、盖板的均匀混合作用,由此影响纤维从锡林向道夫转移时在道夫针面的均匀分布程度,从而影响棉网和生条的均匀度。

(2) 改善棉网清晰度。棉网清晰度实质上是棉网结构的反映。目测棉网中有比较多的云斑、破洞、破边,这就是清晰度差的棉网,也可以说是棉网结构不良。改善棉网清晰度的措施,亦即是改善分梳效能的措施。在正常的机械状态下,采用紧隔距、强分梳、四锋一准的工艺,确保梳棉机有合理的产量与合理的锡林转速,可以保持足够的分梳度,提高棉网的清晰度。棉网质量的评定见表 3-20。

表 3-20 棉网质量评定

棉网类别	评 定 内 容
一类棉网	棉网清晰,无明显破边、破洞、云斑,棉网中无明显棉球
二类棉网	棉网有淡云斑,有轻度破边,道夫一转有一到两处直径小于 2 cm 的破洞
三类棉网	棉网清晰度差,有明显云斑,棉网两边有大于 2 cm 以上的破边,道夫一转有一处直径 5 cm 或两处直径 2 cm 以上的破洞,棉网中有明显的棉球

(3) 合适的牵伸张力。剥棉装置与大压辊间、小压辊与大压辊间、圈条器与小压辊间的各个牵伸张力过大,会使生条条干不匀率增加。

2.3 控制生条短绒率

生条短绒率是指生条中含 16 mm 以下的短纤维的百分率。梳棉工序在一定程度上既能排除短绒,又会产生短绒。它在车肚落棉和盖板花中排除了一定数量的短绒,可是在刺辊部分和盖板工作区的梳理过程中,损伤了一定数量的纤维,造成一些纤维断裂,从而产生了一定数量的短绒。生产实践表明,所产生的短绒数量一般多于被排除的短绒数量,因而生条中的短绒含量一般较棉卷中多 2%～4%。生条中的短绒率过高,不利于后道工序中牵伸的正常进行,影响成纱条干和强力。因此,要合理选用给棉板分梳工艺长度和刺辊转速,尽量减少纤维的损伤和断裂,少产生短绒,尽量在后车肚落棉和盖板花中多排除短绒。生条短绒率的控制范围需视原料情况,以及成纱的条干和强力要求而定,一般为 14% 以下。

3 生条均匀度的控制

生条不匀率分为生条质量不匀率和生条条干不匀率两种,前者表示生条长片段间(5 m)

的质量差异情况,后者表示生条每米片段的不匀情况。

3.1　生条条干不匀率的控制

生条条干不匀率影响成纱的质量不匀率、条干和强力。影响生条条干不匀率的主要因素有分梳质量、纤维由锡林向道夫转移的均匀程度、机械状态,以及棉网云斑、破洞和破边等。

分梳质量差时,残留的纤维束较多,或在棉网中呈现一簇簇大小不同的聚集纤维,而形成云斑或鱼鳞状的疵病。机械状态不良,如隔距不准,刺辊、锡林和道夫振动而引起隔距周期性地变化,圈条器部分齿轮啮合不良等,均会增加条干不匀率。另外,如剥棉罗拉隔距不准,道夫至圈条器间各个部分牵伸和棉网张力牵伸过大,生条定量过轻等,也会增加条干不匀。

3.2　生条质量不匀率的控制

生条质量不匀率和细纱质量不匀率及质量偏差有一定的关系。对生条质量不匀率,应从内不匀率和外不匀率两个方面加以控制。影响生条质量不匀率的主要因素有棉卷质量不匀、梳棉机各机台间落棉率的差异、机械状态不良等。控制生条质量的内不匀率,应控制棉卷质量不匀率,消除棉卷黏层、破洞和换卷接头不良。而降低生条质量的外不匀率,则要求纺同线密度纱的各台梳棉机隔距和落棉率统一,防止牵伸变换齿轮用错,做好设备的状态维修工作,以确保机械状态良好。

4　合理控制落棉率

低耗的原则是在保证产量和质量的前提下,降低原料消耗。梳棉工序的落棉包括后车肚落棉、盖板花和吸尘落棉。后车肚落棉数量最多,盖板花次之,吸尘落棉最少(视吸尘装置的效果而定)。

后车肚落棉应根据喂入棉卷的含杂率和含杂情况,以及成纱的质量要求而定。控制的主要手段是调整后车肚工艺,在保证质量的前提下降低原料消耗。一般刺辊部分的除杂效率以控制在 $50\%\sim60\%$ 为宜。盖板除杂对去除细杂、棉结和短绒较刺辊部分有效。如喂入棉卷中带纤维杂质少,可减少盖板花,以节约用棉;反之,应增加盖板花,以保证生条质量。盖板除杂率一般控制在 $8\%\sim10\%$。低耗的主要措施可从以下两方面着手:

4.1　控制落棉数量和台差

(1) 落棉率、落棉含杂率和除杂效率的控制。根据原棉性状、棉卷含杂和纺纱线密度,总落棉率应控制在一定的范围内。在充分排除杂质和疵点的情况下,较高的落棉含杂率意味着原料消耗的降低。

(2) 落棉差异的控制。落棉差异是指纺制同线密度纱各机台间落棉率和除杂效率的差异,俗称台差,要求台差愈小愈好,以利于控制生条质量不匀率。后车肚落棉是重点控制部分,当各台落棉差异较大时,可调节各机台的后车肚落棉工艺。

纺同线密度纱的盖板速度应保持一致,如发现各机台间盖板花差异较大时,可调节盖板工艺。

4.2　控制落棉内容

后车肚落棉是落棉重点。

对于自然沉降式除杂方式,不但要检查总的落棉含杂率和含杂内容,还应注意三个落杂区各自的落杂情况,并加以控制。第一落杂区的落杂大部分是大杂,如发现有落白等不正常现象,应检查调整;第二落杂区是刺辊排杂的重点区域,在此处落下的是小部分大杂和大部分小杂,由于这个落杂区较长,可纺纤维落下的机会相对增多,应注意气流回收,当棉卷中小杂质偏多时,此落杂区应相应加长,以充分排除小杂;小漏底落杂区的落棉是短绒和尘屑,需注意小漏底内的气流大小及其稳定程度。

后车肚落棉中如有较严重的落白现象和可纺纤维含量较多时,应控制刺辊部分的气流,控制三个落杂区的落杂数量和内容,可调整除尘刀的高低位置和角度以及小漏底工艺。盖板花的含杂内容是带纤维细杂、短绒和棉结。如盖板花中可纺纤维含量过多,可调整前上罩板上口。

对于积极抽吸式除杂方式,调整好落棉控制调节板及吸风槽内的负压,控制后车肚落棉。

【技能训练】

1. 生条质量控制措施分析。
2. 棉条定量、质量不匀率实验。

【课后练习】

1. 如何控制生条结杂?
2. 如何降低生条不匀率?
3. 如何控制生条短绒含量?
4. 如何控制落棉率?

任务3.8 梳棉加工化纤的特点

【工作任务】1. 讨论梳棉工序加工化纤的特点。
　　　　　　2. 比较梳棉工序加工棉与化纤的工艺差异。
【知识要点】1. 化学纤维的特性与梳棉加工的要求。
　　　　　　2. 梳棉工艺的合理调整。

1　化学纤维特性对梳棉工艺的要求

在梳棉机上加工化学纤维时,由于其工艺特性与棉纤维并不完全相同,必须采用不同的工艺进行加工,才能达到高产、优质、低耗的目的。棉型化学纤维和中长型化学纤维在梳棉机上加工时的工艺性能,可概括为如下几点:

(1)化学纤维的长度较长,在棉纺设备上加工的棉型化学纤维和中长化学纤维。如采用加工棉时的工艺,势必增加纤维损伤,影响顺利转移。因此,必须相应改变有关工艺参数。

(2)化学纤维基本上不含杂质,仅含极少量粗硬丝和饼块等杂质,必须采用不落棉的工艺配置,达到低耗的要求。

(3)化学纤维的回潮率比棉小得多,与金属机件间的摩擦系数大,在加工过程中易产生静电,易产生绕花和生条发毛现象,因而在速度和隔距配置上应采取相应措施。

(4)化学纤维的抱合力不如棉,特别是合成纤维,因为纤维之间的摩擦系数较小,故易产生棉网下坠和破边现象。

(5)化学纤维的弹性远较棉好,回弹力强,条子蓬松,通过喇叭口和圈条斜管时,易造成通道堵塞。

（6）化学纤维在梳理过程中产生的静电不易消失，且含有油脂，易黏附在分梳元件上，不能顺利转移，从而引起绕锡林、盖板、道夫针齿和刺辊锯齿，以及刺辊返花现象，造成棉结增多。故需采用适用于纺化学纤维的针布。

2　合理调整梳棉工艺

2.1　给棉工艺

（1）给棉加压。化学纤维之间的抱合力差，压缩回弹性大，棉层内的纤维很易离散，必须增强给棉罗拉和给棉板对棉层的握持力，以利于刺辊对棉层的穿刺，加强分梳作用。增强给棉握持的方法就是增大给棉罗拉压力，一般比纺棉时增大 20% 左右。随着刺辊分梳效能的提高，棉网质量有所改善。

（2）给棉板工作面长度。化学纤维的切断长度一般较棉纤维长，为了减少纤维损伤和提高成纱强力，须加大分梳工艺长度。

2.2　后车肚工艺

尽可能不落或少落。所加工的化学纤维含疵较多时，后车肚落棉可掌握在 0.2%～0.3%；含疵较少时，掌握在 0.1% 左右。

2.3　锡林与刺辊间的速比

如前所述，锡林与刺辊间的速比影响刺辊上纤维向锡林的转移。速比与转移区长度和纤维或纤维束长度有关。根据棉型化学纤维和中长化学纤维较原棉长的特点，一般在锡林速度不变的情况下，降低刺辊速度，使速比相应增加，以保证顺利转移，并减少纤维损伤。但在此前提下，速比也不宜过大，以免造成刺辊转速过低而影响分梳。

2.4　速度配置

（1）锡林转速。锡林高速可以减轻针面负荷，增强分梳。由于锡林、刺辊间速比较纺棉时大，锡林速度的提高，可使刺辊转速不致过低而影响刺辊分梳。

（2）刺辊转速。刺辊速度必须与锡林相适应，刺辊速度高，有利于开松除杂，但过高会造成纤维损伤。刺辊速度与锡林速度不相适应时，纤维不能顺利转移，造成返花、棉结增多。

（3）盖板速度。盖板速度影响除杂效率和盖板花量。根据化学纤维含杂少的特点，可降低盖板速度。

（4）道夫转速。道夫速度低，多次盖板工作区梳理的纤维数量多，有利于改善棉网质量，过低则影响产量。对成纱质量要求较高的品种，道夫速度可放慢些。

2.5　隔距配置

根据棉型化学纤维和中长化学纤维的长度特点，各梳理机件之间的隔距原则上较纺棉时大；但对各部分隔距，均需按其具体要求而定。

（1）刺辊与给棉板间。

此处隔距应视棉层厚度和纤维长度而定，一般棉型化学纤维比纺棉时大，纺中长化学纤维宜更大一些。

（2）锡林与盖板间。要求在减少充塞的前提下充分梳理，锡林与盖板间隔距应比纺棉时略大。

（3）锡林与道夫间。锡林与道夫间的隔距以偏小掌握为宜。

2.6 张力牵伸

由于化学纤维间的摩擦系数小,抱合力不如棉,为避免棉网下坠和飘浮,一般以棉网不坠不飘为原则,张力牵伸以偏小掌握为宜。

2.7 生条定量

除黏胶纤维外,化学纤维的密度均低于棉,成条粗,纤维蓬松,弹性好,容易引起斜管堵塞,生条定量应较纺棉时稍轻。

3 分梳元件的选用

选择化纤用分梳元件非常重要。加工黏胶纤维,无论金属针布或弹性针布,均可采用。但加工合成纤维时,必须用化纤专用型或棉与化纤通用型针布,否则纤维容易充塞针齿间和缠绕针面。在选择加工合成纤维用的金属针布时,应以锡林不缠绕纤维、生条结杂少、棉网清晰度好为主要依据。

3.1 锡林针布的选用

合成纤维与金属针布针齿间的摩擦系数较大,纤维进入针齿间不易上浮。所以选用的针布除应具有良好的握持和穿刺能力,以及针齿锋利、耐磨和光洁等基本性能外,还应有适当的转移能力。因此,锡林针布应选用的针齿规格要求工作角较大、齿深较浅、齿密较稀、齿形为弧背负角。这种金属针布可以增强对纤维的释放和转移能力,并能有效地防止纤维缠绕锡林或受损伤,有利于纤维向道夫凝聚转移。

3.2 道夫针布的选用

加工化纤时道夫用金属针布的选用必须与锡林针布配套,一般使道夫的凝聚能力适当大些,降低锡林针面负荷,减少棉结。所以,道夫针布宜选用针齿工作角较小,而且与锡林的差值比纺棉时大,齿密较稀,稀于锡林针密,齿深较深,齿形为直齿形。这些规格考虑出自有利于道夫从锡林凝聚转移纤维,以及便于剥棉罗拉从道夫上剥取纤维而成网。

3.3 盖板针布的选用

盖板应选用针密较稀、钢针较粗、针高较短的无弯膝的双列 702 型盖板针布。这种针布梳针的抗弯能力强,能适应高产量、强分梳的要求。针布中间少植八列针,不易充塞纤维,盖板花较少。

3.4 刺辊锯条的选用

刺辊锯条宜选用工作角较大、薄型稀齿的锯条。目前一般选用 75°×4.5 齿/25.4 mm 的规格,分梳效果较好。特别是齿尖厚度为 0.15~0.20 mm 的薄型锯条,对棉层的穿刺和分梳能力较强。纺中长纤维时,为了避免刺辊绕花,采用较大工作角的刺辊锯条,如 95°×3.5 齿/25.4 mm,易被锡林剥取,但分梳效果较差。

【技能训练】

举例做出某化纤加工的工艺参数选择。

【课后练习】

1. 化纤在分梳工艺中应注意哪些问题?

2. 梳棉机加工化纤如何选用分梳元件?

3. 加工化纤时有哪些工艺特点?

项目 4

清梳联流程设计

☞ 教学目标 ························

1. 理论知识：

(1) 清梳联技术的意义，清梳联工艺流程的选择要求。

(2) 往复式抓棉机的打手形式及其特点，计算机控制系统的应用对往复式抓棉机抓取纤维块带来的好处，FA006 型往复式抓棉机的组成及作用。

(3) JWF1124 型单梳针辊筒开棉机的组成及作用，及其在开松、除杂方面的特点。

(4) FA109 系列、FA112 系列清棉机的组成及作用。

(5) C-Ⅲ超高效清棉机型的组成及作用，及其在开松、除杂方面的特点。

(6) FA116 型主除杂机的组成及作用，及其在开松、除杂方面的特点。

(7) JWF1051 型除微尘机的组成及作用和除尘原理。

(8) FA177A 型清梳联喂棉箱的组成及作用。

(9) 异性纤维检测清除装置的作用。

(10) FA225 型梳棉机的结构特点。

(11) 清梳联工艺调试注意事项。

(12) 清梳联质量控制。

(13) 开清棉梳棉除尘的目的与要求。

2. 实践技能：能完成清梳联工艺设计、质量控制、操作及设备调试。

3. 方法能力：培养学生的分析归纳能力，提升总结表达能力，训练动手操作能力，建立知识更新能力。

4. 社会能力：提高学生的的团队合作意识，形成协同工作能力。

☞ 项目导入 ························

开清棉联合机将棉包加工成棉卷，纤维多呈松散棉块、棉束状态，并除去部分杂质。梳棉机进一步将棉块、棉束彻底分解成单根纤维，清除残留在其中的细小杂质，并使各配棉成分纤维在单纤维状态下充分混合，制成均匀的棉条，以满足后道工序的要求。为缩短工艺流程，减少劳动力，提高劳动生产率，使纺纱过程实现连续化、自动化、优质高产和低消耗，通过气流输

117

送控制技术,将开清棉和梳棉两个工序连接起来,即为清梳联技术。

任务4.1 概　　述

【工作任务】讨论清梳联技术的发展趋势。
【知识要点】清梳联技术的发展趋势。

　　清梳联合机亦称"清钢联",通过气流输送控制技术将开清棉和梳棉两个工序连接起来,达到缩短工艺流程、减少劳动力、提高劳动生产率的目的。清梳联技术是纺纱新技术的一个里程碑,也是纺纱过程实现连续化、自动化、优质高产和低消耗的重要途径。

　　清梳联技术有如下的发展趋势:

　　(1)短流程。与传统工艺相比,清梳联技术缩短了工艺流程。

　　(2)宽幅化。工作幅宽由原来的1 000 mm扩大至1 500 mm,在稳定加工效能和产品质量的前提下,提高产量。

　　(3)全流程棉流输送均匀稳定的控制系统。清梳联过去采用终端控制,即通过梳棉机自调匀整装置控制生条质量,以达到预期的控制目标。但机组内各机台间的供应控制采用"开、停、开"的控制方法,机台停车以后,由于纤维自重的影响,棉层密度发生变化,在输送过程中首、尾喂棉密度不同,尤其是第一台梳棉机和最后一台梳棉机之间的差异更大。因此,先进的清梳联均采用全流程无停车跟踪连续无级喂棉控制系统,使整个喂棉系统达到棉层密度稳定均匀的目的,生条质量波动小,台间差异改善。

　　(4)异性纤维杂物自动检测清除系统。棉纺厂使用的原棉中常混有异性纤维和杂物,在一般的纺纱过程中很难除去,纺成纱、织成布后,严重影响最终产品质量。用异性纤维自动检测系统代替人工拣除原棉中异性纤维和杂质,系统清除率可达80%以上,保证残留的异性纤维和杂质在质量允许范围以内。

　　(5)喂棉箱与梳棉机一体设计。清梳联喂棉箱出棉罗拉与梳棉机给棉罗拉合二为一,减少了喂棉箱输出筵棉的意外牵伸,保证喂给均匀。

　　(6)自调匀整装置的改进。新型自调匀整装置有两项新的改进:一是琴键式给棉板,德国特吕茨勒公司的DK903型梳棉机、国产FA225系列与JWF1205型梳棉机的每块给棉板下装一个压力传感器,感知棉层厚度并转换为电信号,经处理后变换给棉罗拉的输出速度;二是罗拉牵伸装置的改进,台湾东夏公司生产的机前自调匀整装置于大压辊前,根据输出棉条的质量调整牵伸倍数,达到匀整的目的。原来只有一对罗拉进行牵伸,虽然匀整效果较好,但产生生条短片段不匀,影响生条CV值。现改为一组两对罗拉进行牵伸,较好地解决了条干不匀率高的问题。

【技能训练】

　　讨论清梳联技术的发展趋势。

【课后练习】

　　1. 简述清梳联技术的发展趋势。

　　2. 清梳联技术的意义是什么?

任务 4.2 清梳联工艺过程

【工作任务】设计一套能纺精梳纱的清梳联机组。

【知识要点】1. 几种典型的清梳联工艺流程。

　　　　　　2. 清梳联工艺过程。

1　清梳联工艺流程

清梳联可分为有回棉和无回棉两种工艺流程,新型的清梳联工艺多采用无回棉系统。清棉机打手输出的原料,由输棉风机均匀地分配到各台梳棉机的喂棉箱中。其给棉过程采用电子压差开关进行控制,当箱内压力低于设定值时即给棉,达到设定值时即停止给棉。无回棉喂给装置控制灵敏度准确,气流稳定,可保证棉层的均匀喂给,还可避免纤维的重复打击,减少纤维损伤和成纱棉结、杂质。常见国产新型清梳联设备的组合情况如下所述:

1.1　郑州纺织机械股份有限公司清梳联合机流程

FA006 型往复式抓棉机→TF27 型桥式吸铁→AMP200 型金属火星及重杂物三合一探除器→TF45 型重物分离器→FA051 型凝棉器→FA113 型单轴流开棉机→FA028 型多仓混棉机→(TV425 型风机)→JWF1124 型清棉机→JWF1051 型异纤微尘分离机→FA177A 型清梳联喂棉箱×6~8 台→(FA221 系列或 FA225 系列或 JWF1205 型梳棉机+FT025 型自调匀整器)×6~8 台。

该清梳联流程的组合具有如下特点:

(1) 选配 FA006 型往复式抓棉机、FA113 型单轴流开棉机和 FA028 型多仓混棉机,实现了多包取用、精细抓棉。FA113 型单轴流开棉机以轴向螺旋运动方式输出棉流,棉流与尘棒多次撞击排除杂质,使大杂早落少碎、细杂纤尘多排。FA028 型多仓混棉机采用大容量混合,保证稳定供棉,又利用逐仓喂棉、各仓同时输出的时间差进行混合,混合效果显著,达到充分均匀混合,减少了纱线染色差异。

(2) 喂棉器是保证系统正常稳定运行的重要装置。采用无级连续喂棉,使输棉的棉气比值相对稳定,棉箱储棉量稳定,散棉密度均匀;同时消除了间歇喂棉造成的冲击和压力波动,提高了管理工作效率,有利于整个系统正常运行。

(3) 该流程中专门配置了集中控制柜,有可编程序控制与运行状态显示,根据工艺要求设置自动和手动开关,手动开关供维修、试车用,自动开关能按工艺要求自动顺序开车或关车,大大方便了运转管理,减轻了劳动强度。

(4) 具有安全防轧系统。在抓棉、开棉之间装有金属火星及重杂物三合一探除器,有效防止金属、硬杂物进入机内,轧伤机体与针布,有利清梳联设备长期正常运行。

(5) FA177A 型清梳联喂棉箱采用无回棉上下两节棉箱,在配棉总管内设有压力传感器,保证了上棉箱内棉花密度均匀。下棉箱采用风机,通过静压扩散循环吹气,使整个机幅内下棉箱压力均匀。根据下棉箱压力来控制上棉箱给棉罗拉速度,保证下棉箱压力稳定。采用螺旋式排列梳针打手,纤维损伤小。

1.2 青岛纺织机械股份有限公司清梳联流程

FA009 型往复抓包机→FT245F 型变频输棉风机→AMP2000 型火星金属及重杂物三合一探除器(FT2l3A 型三通摇板阀、FT215B 型微尘分离器)→FA125 型重物分离器(FT214A型桥式吸铁、FT240F 型变频输棉风机)→FA105 型单轴流开棉机→FA029 型多仓混棉机(FT222F 型变频输棉风机、FT224F 型弧形磁铁、FT240F 型变频输棉风机)→FA179 型喂棉箱、FA116A 型主除杂机→JWF0011 型异性纤维分拣仪→FA156 型除微尘机(FT240 型变频输棉风机、FT201B 型变频输棉风机)→119AII 型火星探除器→FT301B 型连续喂棉控制器→JWF1171 型棉箱→FA1203 型梳棉机+FT025 型、FT027 型自调匀整器。

该清梳联流程的组合具有如下特点:

(1)工艺流程简捷、高效。该流程设计贯彻"多包取用、精细抓棉、均匀混合、少碎早落、渐近开松、少伤纤维"的原则。

(2)清棉、梳棉工艺分工合理。清棉仅有两台开松除杂设备,但是可以去除原棉中60%以上的尘杂,尤其是 FA116 型主除杂机,通过梳针刺辊梳理除杂,实现了以梳代打,提高了开松除杂效率,并提供了对梳棉机的工作非常有利的筵棉状态,即充分发挥梳棉机的分梳功能,为提高梳棉机的产量提供了可靠保证。

(3)系统运行安全、稳定、可靠。该流程中配有火星探除、重物分离、金属探除等安全措施作为保证;电气系统采用计算机及可编程序控制,运行程序严格;各单机之间动作连锁,并设置光电自停、棉层过厚自停、打手绕花自停、低压报警等声光信号,以及梳棉机、喂棉箱二合一电气控制。

(4)各主机零部件基体刚性好,加工制造精度高,并配备高精度的梳理元件,从而保证了工艺隔距准确,有良好的分梳效果,为提高分梳除杂效能创造了有利前提。

(5)该系统采用 FT301B 型连续喂棉控制器,比例跟踪,连续喂给,实现了棉流连续均匀喂给。在进喂棉箱前的管道入口处,安装一压力传感器,测定其管道静压力,并转换为电信号,与设定值比较后控制传动储棉箱喂给罗拉的交流变频电动机,实现了连续喂给无级调整,进而保证了上棉箱管道静压力差保持在±20 Pa 以内。同时,储棉箱喂给罗拉的速度按比例跟踪梳棉机道夫速度,实现了喂入与产出平衡。

1.3 王田清梳联流程

A3000L 型自动抓棉机→RS-2 型火星侦测器→HB-600 型重物分离箱→MD-300 型金属侦测器→TW-12 型自动分道器(D-BOX 型排除物收集箱)→AV-50R 型气流式清棉机(配微尘机)→M6X 型六仓混棉机→C-III 型超高效清棉机(配微尘机)→CFC 型连续供棉控制系统→UF-80 型梳棉自动供棉机(喂棉箱)(8 台)×CC250 型高速梳棉机(LC-III 型梳棉自动匀整装置)(8 台)。

该清梳联流程的组合具有如下特点:

(1)清梳联流程短,设备结构简单。在整个工艺流程的纤维流路径中,除了喂给罗拉、打手外,没有其他转动机件与纤维块接触,消除了堵塞、搓揉等现象发生,降低了棉结产生的概率。同时整个机组发生故障的概率也非常低。

(2)除微尘机与主机一体化设计,设备密封性好,过渡通道短,防堵塞。采用尘笼不转式有动力凝棉器,除尘杂稳定,不堵塞、不搓揉纤维,无棉结产生。

(3)多仓混棉机在各仓位采用无控制活门,利用气流平衡原理来实现自动喂给纤维流技术,确保连续、稳定供应。

（4）在高效清棉机上采用以梳代打,逐步开松,减少纤维损伤。利用静电吸引技术,协助纤维块在打手之间转移,减少返花的可能。

（5）从微细处考虑防火,打手采用铝合金,确保打手与黑色金属体碰撞,避免了火灾发生的可能性。

（6）采用连续供应技术,实现均匀喂给,确保生条质量稳定。

2　清梳联工艺过程

郑州纺织机械股份有限公司清梳联的工艺过程如下:

棉包排列在 FA006 型抓棉机轨道的两侧,以机座和抓棉臂组合成抓棉小车,抓棉臂上安装两只抓棉打手。抓棉臂在运行中按预设要求,由计算机控制,可旋转 180°。抓取的原棉由气流经伸缩管吸入给棉槽,输棉风机将其送给下一台机器。

抓棉打手每次下降距离取 0.1～19.9 mm,一般为 3～4 mm,由计算机控制。打手刀片伸出肋条 0～5 mm,刀片与肋条的距离为 5 mm。每次抓棉的质量在 25 mg 以下。抓棉机工作长度最大可达 45 m。

由凝棉器送来的原棉,进入 FA113 型单轴流开棉机。该机是联合机组中主要的打击开松机械,是自由状态下的打击。打手室内有两只辊筒打手,辊筒上装有 8 排圆柱形角钉。打手逆时针方向回转,自由打击原棉。打手下方圆周上有三角形尘棒,原棉开松后分离出杂质,并从尘棒排出,落入废棉室。喂入原棉与打手打击方向垂直,原棉撞击尘棒后,由于离心力作用被抛向顶板,又被打手打击而返回尘棒。棉流在打手室内经导向板引导,呈螺旋线前进,根据棉束大小和吸风风力,被吸出机外。

FA028 型多仓混棉机是流程中的关键混合设备,对均匀混合起着重要的作用。原棉经管道依次喂入储棉仓内,每个棉仓的顶部及两侧有直径为 3 mm 的网眼,使棉气分离。凝聚在隔板上的原棉在惯性力和空气压力的作用下,不断地从网眼板上方滑下,落入棉仓下部。当仓内棉量增加时,透气孔逐渐被堵塞,导致仓内气压上升,该仓气动阀门关闭,并开启前一仓阀门。此程序重复至每仓完成喂棉。各仓下的输棉罗拉同时启动,随着原棉的输出,仓内气压下降。当棉量低于棉仓四分之一高度处的光电管时,光电管发出信号,打开阀门继续喂棉。机器程序工作时,按仓位的程序倒数喂入,棉仓间储棉高度会保持一个斜度,下部同时输出,使不同时喂入的原棉同时输出,原棉得到充分均匀、混合,即时间差的混合,提高了混棉效率。

JWF1124 型清棉机将凝棉器送来的纤维由一对给棉罗拉（上罗拉采用满槽式,下罗拉采用锯齿式）喂入,然后受到一个直径为 406 mm 的梳针辊筒的高速打击,使纤维得到进一步开松除杂。

JWF1051 型除微尘机是开清棉流程中的最后一个除尘点,经充分开松的纤维,由输棉风机输入本机内,并通过摆动阀门装置来控制输入机内的纤维量。进入机内的纤维在另一台输棉风机的作用下,经过大面积带有滤网的网眼板而输出本机;而纤维中的细小杂质、微尘和短绒,在经过滤网时,在排尘风机的作用下透过滤网而被排尘风机吸走,所以能大大降低纤维含尘而导致的断头。

FA177A 型清梳联喂棉箱上棉箱的棉量来自于输棉管道,棉箱的上部有排气滤网,当喂入棉量逐渐将网眼遮盖时,棉箱内的压力增大;棉量减少时,压力降低。压力传感器将信号传至控制器,控制清棉机喂棉罗拉运动。上棉箱纤维由喂棉罗拉喂入,经开松打手开松后喂入下棉箱。下棉箱由电子压力传感器,按压力设定值控制上棉箱喂棉罗拉向下连续无级喂棉,闭路循环气流风机使散棉均匀分布在下棉箱内,压力参数根据输出筵棉定量调校设定。下棉箱的下部由一对送棉罗拉将棉层输送至梳棉机的喂棉罗拉,最后由梳棉机喂棉罗拉将纤维层喂入梳棉机。

【技能训练】

讨论清梳联工艺流程。

【课后练习】

清梳联工艺过程。

任务 4.3 清梳联特有单机的结构与工艺原理

【工作任务】熟悉几种清梳联特有单机的结构与工艺原理。

【知识要点】 1. 往复式抓棉机的打手形式及其特点,计算机控制系统的应用对往复式抓棉机抓取纤维块带来的好处,FA006 型往复式抓棉机的组成及作用。

2. JWF1124 型单梳针辊筒开棉机的组成及作用,及其在开松、除杂方面的特点。

3. FA109 系列、FA112 系列清棉机的组成及作用。

4. C-Ⅲ超高效清棉机型的组成及作用,及其在开松、除杂方面的特点。

5. FA116 型主除杂机的组成及作用,及其在开松、除杂方面的特点。

6. JWF1051 型除微尘机的组成及作用和除尘原理。

7. FA177A 型清梳联喂棉箱组成及作用。

8. 异性纤维检测清除装置的作用。

9. FA225 型梳棉机的结构特点。

1 FA006 型往复式抓棉机

1.1 FA006 型往复式抓棉机的主要特点

FA006 型往复式抓棉机主要由抓棉头、行走小车和转塔等组成,如图 4-1 所示。FA006 型往复式抓棉机适用于各种原棉和 76 mm 以下的化学纤维。

抓棉器内装有抓棉打手 2 和压棉罗拉 4。抓棉打手直径为 300 mm,打手刀片为锯齿形,刀尖排列均匀。压棉罗拉共有三根,两打手外侧的两根直径均为 130 mm,两打手之间的一根直径为 116 mm。三根罗拉的表面速度与行走小车 8 的速度同步,以保证棉包两侧不散花且压棉均匀。在外侧面的一根压棉罗拉的轴头处设有安全保护装置,抓棉器设有限位保险装置,使其升降到极限位置时自动停止。在其升降传动机构中,还设有超负荷离合器,当抓棉器升降阻力超过一定限度时,便发出自动停车警报。

行走小车 8 通过支撑的四个行走轮在地轨上做往复运动。由于抓棉头 6 和转塔 5 与小车连在一起,所以同样做往复运动。

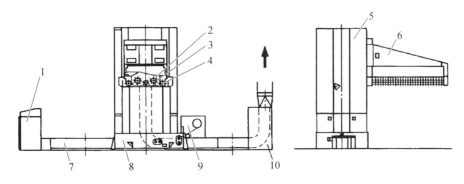

图 4-1　FA006 型往复式抓棉机

1—操作台；2—抓棉打手；3—肋条；4—压棉罗拉；5—转塔；6—抓棉头；
7—输棉风道及地轨；8—行走小车；9—覆盖带卷绕装置；10—出棉口

转塔由塔顶、塔底等组成。转塔底座与小车底座上的四点接触回转支撑相连接,并附有拨销机构。一般情况下,棉包堆放在轨道的两侧,当一侧抓棉时,另一侧可堆放新包。若抓棉器由地轨一侧转向另一侧抓棉时,需先将拨销机构的定位销拨起,人工将转塔旋转 180°后,再将定位销插入另一销孔内定位,这样就完成了抓棉器的转向。

FA006 型往复式抓棉机堆放棉包数量比 FA002 型多,可以进行多包混棉。抓棉打手速度提高,抓取棉块减小,为提高产品质量打下了良好的基础,并且具有更换品种方便等优点。

该机是上抓式,塔形机身置于轨道上,做往复移动。棉包可在轨道两侧排放,每侧可放 36 包,可集中成片,也可分成四个棉区,区别成分。运行时抓棉打手在一侧抓棉,另一侧可放预备配包。抓棉机构以悬臂形式安装于塔身上,可旋转 180°。抓棉机构主要由抓棉辊、肋条、集棉辊组成。该机配有计算机程序控制,可以自控抓棉深度和抓棉量,并可对不同成分分区配备的四组不同棉包高度的棉推自控变换抓取。抓棉辊采用 T 形齿片,抓棉机构可双向往复抓取。计算机自控改变旋转方向、抓棉辊方向。抓取速度为 5 m/min,抓取深度 0.2～7 mm。双向抓棉效率高,但破坏了抓棉程序,影响混合比。抓取的棉束由塔身内输棉风道,通过输棉管道送至下道机台。

两个抓棉打手,无论抓棉小车向前或向后运动,总有一个抓棉打手为顺向抓棉,而另一个抓棉打手则为逆向抓棉。由电动机驱动的打手悬挂装置将逆向抓棉打手抬高,抬高的高度可根据需要进行调节,防止该打手抓棉深度过大,使两个打手在工作时的负荷基本相当,减少皮带、轴承等机件的磨损。上、下浮动的双锯片打手抓取的棉束大小均匀,离散度小,以实现清梳联工艺开始就将棉块抓细、抓小、抓匀的要求。抓棉打手与抓棉小车的运行方向如图 4-2 所示。

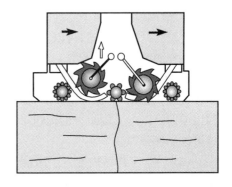

图 4-2　抓棉打手与抓棉小车的运行方向

FA009 型自动往复式抓棉机和德国特吕茨勒公司的自动往复式抓棉机的结构及工作原理与 FA006 型往复式抓棉机相似。A3000L 型自动抓棉机和瑞士立达公司的自动往复式抓棉机采用单打手抓棉,小车换方向运动时,打手换方向转动抓取纤维块,如图 4-3 所示。其抓棉打手结构如图

4-4所示。

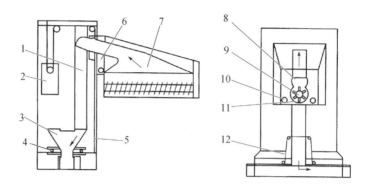

图4-3　A3000L型自动抓棉机结构

1—入棉管；2—配重装置；3—衔接管；4—主机塔旋转装置；5—打手滑轨；6—打手轮座；
7—集棉管；8—隔棉管；9—打手；10—压棉罗拉；11—肋条；12—输送带

1.2　计算机控制系统的应用

　　新型往复式自动抓棉机的出现,彻底减轻了操作者的劳动强度,并具有很好的开松工艺效能。为了充分发挥高产量、多品种、自动化的效能,配备了计算机控制系统。利用光电、脉冲感应扫描,转换为电信号后输入计算机,对工艺所需、控制所需、监控所需等程序存储进行比较,作用于抓棉机构的升降、往复、抓取原棉,并吸送至前方机台。

　　FA009系列抓棉机与德国特吕茨勒公司制造的全自动计算机抓包机(BDT),全部动作均由操作台控制,操作台设有数字显示和多个功能键。运转工作步骤由计算机自动操作,操作台可指令控制计算机系统,系统中存储了近百个调整信息,可随时调用查询,从而可以及时掌握运转过程中的

**图4-4　A3000L型自动抓棉机
抓棉打手结构**

抓棉深度、包组的起始位置、瞬时高度、抓棉机构的瞬时位置等,并可指令调整,在计算机控制下,可同时调整供应四个品种以内的生产。为了减少操作者的工作量,计算机系统能对保持不变的批量数据进行存储,可以再次应用,其功能和精确程度是人工难以做到的。该计算机系统控制功能如下:

　　(1) 棉包可以在轨道两侧配置,抓棉塔相应转向180°运转生产,即一侧正常抓棉时,另一侧放置配包备用,避免等待,保持抓棉的连续性,提高效率。每一侧为一区,一区内可分别放置四组或四组以内不同组分的棉包,组分间棉包高度可以交错不一。抓棉机可同品种分别混抓,也可按品种分抓。

　　(2) 一个工作区内配置了高度为1 600 mm、1200 mm、800 mm的三个包组,人工操作只需输入对最高包组计划抓取的高度。如输入为4 mm,则其余两组由计算机系统自动计算出相应的抓取深度为3 mm和2 mm,在运行中执行。最终可使三组不同高度的包组同时抓取完,利于多包取用成分一致。

　　(3) 配置新包时,棉包上层较松,抓取上层时产量较低,此时输入一个补充增加倍数(一般为2～5倍),即可增加抓棉深度;但在抓取运行中,每次行程后依序自动减少抓棉深度的

10%,这样 10 次行程后即恢复原抓棉深度。对每条加工线、每一个工作区,可分别施加增加倍数,控制准确无误。

例如,棉包分三组,按上述三个高度配置,供同一条加工线,抓棉深度是 4 mm,上层补充增加倍数为 3 倍,每组每层递减抓棉深度由计算机系统自动计算,自动控制递减,见表 4-1。

表 4-1　抓棉机每次下降高度　　　　　　　　　　　　　　　单位:mm

棉包组	起始高度	每次行程抓棉深度						
		1	2	3	…	10	11	12
1	1 600	12	11.2	10.4	…	4.8	4	4
2	1 200	9	8.4	7.8	…	3.6	3	3
3	800	6	5.6	5.2	…	2.4	2	2

(4)抓棉深度的控制调整依据原棉成分松紧状态、回潮情况、产量等因素进行。调整时不需做机械调整操作,只需通过计算机系统敲键输入即可完成,非常简便。

(5)包组配置后,无论包组数多少,计算机系统经空程扫描,即可对各组起始、终止点存储记忆,运行中可根据存储的各组起始、终止点来控制抓棉机构的起始、终止抓程。

(6)一个工作区内可配置供四个以内的品种,在机组联动控制的信号指令需求下,通过抓棉机计算机系统控制,及时抓取对应包组,准确无误。

2　JWF1124 型单梳针辊筒开棉机

JWF1124 型单梳针辊筒开棉机(图 4-5)专为清梳联流程设计,对经过初步开松、混合、除杂的筵棉进行进一步的开松、除杂。采用梳针辊筒开松梳理,提高纤维的开松度,取消了传统的尘格装置,采用三把除尘刀、三块分梳板、两块调节板及三个吸风口来控制开松、除杂,给棉罗拉采用双变频器控制进行无级调整,可在一定范围内根据清梳联喂棉箱的需要自动调整,达到连续喂棉的目的。当原棉含杂率较低(0~2%)、纤维较细时或纺化学纤维时,采用该开棉机。

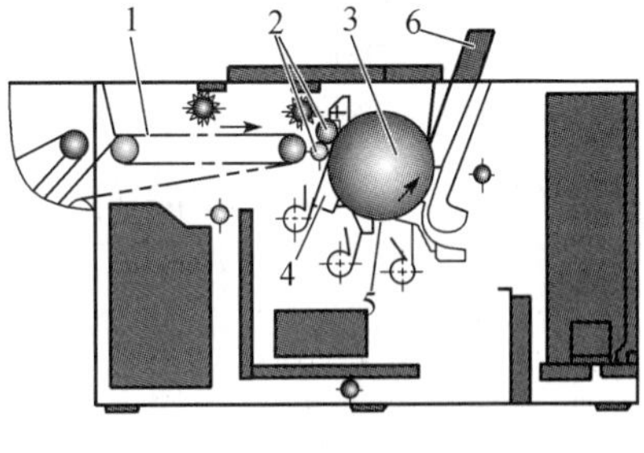

图 4-5　JWF1124 型单梳针
辊筒开棉机简图

1—输棉帘;2—压棉罗拉;3—梳针辊筒打手;
4—除尘刀、分梳板及吸风口组合;
5—调节板;6—出棉口

3　FA109 系列、FA112 系列清棉机

3.1　FA109 系列清棉机

如图 4-6 所示,FA109 系列为三辊筒清棉机,主要由机架、给棉系统、清棉系统、排杂系统和电气控制系统组成。

(1)给棉系统。给棉系统由输棉帘 1、压棉罗拉 3 和给棉罗拉 4 组成,根据前方要棉情况,由交流变频器进行无级调速喂给。输棉帘呈水平状态,其上方装有两个压棉罗拉,将后方机器输入的原棉初步压紧后,送入两个给棉罗拉之中。上给棉罗拉为沟槽罗拉,两端轴承座采用碟形弹簧加压。下给棉罗拉为锯齿罗拉,其齿向与转动方向相反。在保证对棉层的平均握持力的同时,又使纤维具有可纺性,减少对纤维的损伤。当喂入棉层过厚时,上给棉罗拉上移,触及

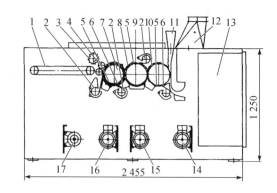

图 4-6　FA109 系列三辊筒清棉机示意图

1—输棉帘；2—吸口；3—压棉罗拉；4—给棉罗拉；5—落棉调节板；6—除尘刀；7—第一清棉辊筒；
8—预分梳板；9—第二清棉辊筒；10—第三清棉辊筒；11—出棉口；12—排杂口；13—电气控制柜；
14—第三辊筒电动机；15—第二辊筒电动机；16—第一辊筒电动机；17—给棉电动机

限位开关,停止给棉,防止堵车。

（2）清棉系统。清棉系统由三个直径相同而形式各异的辊筒及其附属的除尘刀6、分梳板等组成。三个清棉辊筒分别由三台交流异步电动机单独传动,其转速以 1.7：1 左右的比例递增,以利于纤维的开松和转移。

第一清棉辊筒 7 为角钉辊筒,装有两把除尘刀。两把除尘刀之间装有两组分梳板。

第二清棉辊筒 9 为粗锯齿辊筒,装有一组分梳板和一把除尘刀。

第三清棉辊筒 10 为细锯齿辊筒,装有一把除尘刀。

3.2　FA112 型清棉机

FA112 系列四辊筒清棉机适用于加工各种等级的原棉,对经过初步开松和混合的原棉进行精细开松,并除去其中的杂质,与 FA028 型多仓混棉机或 FA031 型、TF023 四型中间喂棉机连接使用,也可用于成卷流程。

（1）清棉系统。FA112 型清棉机的前两个清棉辊筒与 FA109 系列清棉机相同,第三个清棉辊筒为中锯齿辊筒,第四个清棉辊筒为细锯齿辊筒,在第二、第三、第四清棉辊筒下方各装一把除尘刀。在每个辊筒左侧的皮带轮上,均装有测速盘,上方装有接近开关,监测辊筒转速。当机器内有异物或棉层过厚时,转速下降,则会自动停车,以保护清棉辊筒不被轧坏。

（2）排杂系统。排杂系统由吸尘管、调节板及排杂管等组成。在清棉辊筒的各把除尘刀处,均装有吸尘管,并与机器两侧的排杂管相连接。清棉系统分离的尘杂落在吸尘管内,即被连续抽吸的气流抽至滤尘设备。在第一清棉辊筒的除尘刀和第二、三清棉辊筒的除尘刀处,均装有调节板,可在机器运转中无级调节,以改变落棉量及落棉含杂量。在使用过程中,如发现落棉中有用纤维过多,可适当调节三块落棉调节板的开口大小,加以改善。

（3）电气控制系统。电器控制系统由 PLC 可编程控制器、操作面板和其他电气元件组成。

纤维较粗时,如原棉含杂率为 2%～5%,使用 FA109A 型三辊筒清棉机;原棉含杂率 >5% 时,使用 FA112 型四辊筒清棉机。

此外,C-Ⅲ型超高效清棉机采用三只辊筒打手(第一打手为梳针打手,第二打手为粗锯齿打手,第三打手为细锯齿打手,三只打手速度递增),实行以梳代打的开松原则。各打手之间的纤维转移采取剥取转移法,并以磁力棒产生静电转移效应来协助打手转移纤维,防止返花。采用尘棒与吸除杂相结合的方式,有效控制各打手的除杂效果。

4　FA116 型主除杂机

　　如图 4-7 所示,该机与 FA179 型喂棉箱组合,适用于处理各种等级的原棉或精短毛。纤维在该机内经过初步开松后,进一步通过针布梳理,把纤维束梳理成单纤维状态,并将杂质从纤维内部剥离出来,杂质通过自动吸尘系统吸入滤尘室,纤维通过输棉管道送给下道机器。通过该机加工后,纤维基本处于清洁和充分开松状态。

　　该机有三个清棉辊筒,依次为粗针辊筒、粗锯齿辊筒和细锯齿辊筒,能够有效处理开松度较低的原棉。各个辊筒处均设有分梳板、除尘刀和连续吸口,并在除尘刀处设有调节板。可根据所纺原料和工艺要求的不同,调节除杂开口的大小,以控制各自的落棉量和落棉含杂量。该机最主要的特点是具有较高的开松除杂性能。经过该机处理后,棉束平均质量减少 67%,棉束质量离散程度减少 75%,即使原棉含杂率为 1.8% 左右,单机除杂效率也可达 47%。该机尤其适合去除带纤维籽屑一类的杂质,使尘杂和短绒在开清棉就得到有效的清除,减轻梳棉机的负担,为梳棉机实现高产创造条件。使用 FA109 系列清棉机或 FA116 型主除杂机,可将开清棉部分的握持打击点大大减少,有效地防止纤维损伤,并使整个流程大为缩短。

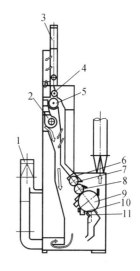

图 4-7　FA116 型主除杂机简图

1—排尘口;2—风机;3—配棉头;
4—给棉罗拉;5—梳针打手;
6—金属探测装置;7—给棉罗拉;
8—转移罗拉;9—上除杂刺辊;
10—分梳板;11—除尘刀

　　该机还装有金属探测装置及喂棉过厚保护措施,可防止损伤罗拉;给棉罗拉、转移罗拉及主除杂刺辊均采用变频调速;机上装有安全防护装置;输棉通道中有三处设有压力自动检测,一旦异常,机器自动停车;采用连续吸尘,尘杂自动吸入滤尘室;三辊筒盖罩采用开启式结构,检修维护非常方便;三辊筒上包有专用金属针布。

　　主除杂机组合打手主要由喂入部分、转移罗拉和主除杂刺辊三个部分组成。

　　(1) 喂入部分。主除杂机的棉层由给棉罗拉和给棉板喂入。给棉罗拉包覆特殊针布,可使蓬松的纤维顺利喂入,与沟槽式给棉罗拉相比,由直线握持变成多点弹性侧面握持,从而减少了纤维的损伤。而主除杂机的上半部是一个类似于梳棉机喂棉箱的结构,可以保证喂入棉层形成均匀的棉片,分梳效果好。

　　(2) 转移罗拉。转移罗拉的直径较小,转速较低。主除杂刺辊的直径是它的 2.21 倍,转速是 1.45 倍。转移罗拉的针布经过特殊设计,纵密小,横密大。转移罗拉的特点有:一是转移罗拉虽属于握持打击,但喂入的纤维受到的分梳力较小,纤维受损小;二是横密较大,有利于喂入棉层的分解,有利于主除杂刺辊的分梳除杂;三是转移罗拉的直径比主除杂刺辊小,结构上保证了组合打手可以采用较小的转速比,有利于控制主除杂刺辊的清除力,减轻纤维损伤。实质上转移罗拉的功能主要是薄喂轻梳、分解棉束,有效地把进一步开松的纤维均匀、全面地传送给主除杂刺辊。

　　(3) 主除杂刺辊。主除杂刺辊 9 负担着主要的分梳除杂功能,其上包卷特殊设计的针布,齿密为转移罗拉的 1.875 倍,锯齿工作角比传送刺辊小,它与转移罗拉的线速度比达3.2,以达到少伤纤维、少产生棉结的目的。由于主除杂刺辊的直径大,可设置三把除尘刀、两块分梳板,起到交替除杂和分梳的作用,大大有利于棉束的分解、尘杂的清除。主除杂刺辊的分梳作用为自由分梳,作用较缓和,对纤维的损伤很小。主除杂刺辊的针布齿较浅,所以纤维易被气流剥取而输送至下一机台。

5 JWF1051 型除微尘机

本机的主要作用是排除原棉中所含的部分细小杂质、微尘和短绒。除微尘机作为开清棉流程中的最后一个除杂点,可大大降低纤维中的含杂率。

JWF1051 型除微尘机(图 4-8)是新型高效除微尘机械,它通过扁形进棉管道与开棉机相连,由棉箱上半部的滤尘网板 2、尘杂出口 3、出棉风机 4 和输棉管道等组成。

充分开松的纤维流,在输棉风机的吸引下进入扁形的棉箱,以极高的速度水平进入棉箱,与滤尘网板产生碰撞,使纤维束中的微小短绒和细小杂质分离。细小杂质、短绒和微尘穿过网板孔后,由排尘风机吸取送至滤尘设备,脱尘后的纤维则由出棉风机吸取送至前方机台。由于纤维束与滤尘网板产生碰撞后,在系统气流的作用下,以自由状态沿网板滑动,使得纤维束与网板孔接触相应增加,有效地提高了除尘效果,而纤维在气流推动的滑移过程中不受损伤。

JWF1051 型除微尘机去除微尘、短绒的效果,还取决于出棉风机、出棉风机风量、风压的匹配。

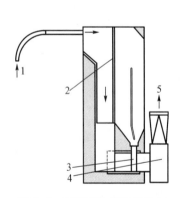

图 4-8　JWF1051 型除微尘机

1—进棉口;2—滤尘网板;3—尘杂出口;
4—出棉风机;5—出棉口

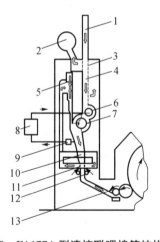

图 4-9　FA177A 型清梳联喂棉箱结构简图

1—输棉管;2—排尘管;3—上棉箱气流出口;4—上棉箱;
5—闭路循环气流风机;6—喂棉罗拉;7—开松打手;
8—自调均整控制器;9—压力传感器;10—下棉箱;
11—下棉箱气流出口;12—送棉罗拉;
13—梳棉机喂棉罗拉

6 FA177A 型清梳联喂棉箱

本机安装在梳棉机上,是连接开清棉与梳棉机的喂棉箱,将清棉机输送的,经过开松、除杂、混合的筵棉,均匀地输送给梳棉机。

FA177A型清梳联采用无回棉的喂棉箱系统,如图4-9所示。它主要由上棉箱、下棉箱两个部分组成,主要机构有输棉管1、排尘管2、上棉箱排气滤网、闭路循环气流系统、喂棉罗拉6、开松打手7、自调匀整控制器8、压力传感器9、送棉罗拉12等,主要通道采用镜面钢板制成,整机刚性好,精度和密封性好。

原料由上部输棉管送入上棉箱4,空气经上棉箱排气滤网送出,通过排尘管2排出,纤维落入上棉箱,上棉箱的储棉高度逐渐增加,压力亦逐渐增大。在配棉总管中,设有压力传感器9,将压力信号转换为电信号,并传给控制器,由控制器控制开清棉中清棉机的喂棉罗拉速度。根据上棉箱内压力来控制开清棉设备输送给梳棉系统的喂入量,以保证上棉箱的压力稳定和上棉箱内纤维层密度均匀。

下棉箱10采用闭路循环气流系统,由风机通过静压扩散循环吹气,使整个机幅内下棉箱压力均匀。下棉箱中也设有压力传感器,将下棉箱的压力信号转换为电信号,并传给自调匀整控制器8,由自调匀整控制器根据下棉箱的压力来控制上棉箱给棉罗拉的转速。给棉罗拉的转速通过变频调节连续喂棉。开松打手将上棉箱给棉罗拉输出的棉层均匀开松后送入下棉箱,保证下棉箱压力更稳定。下棉箱在300 Pa压力工作时波动小于20 Pa,为梳棉机提供均匀稳定的棉层,为保证生条质量不匀小且稳定提供了良好的基础。

最后,由下棉箱10下部的一对送棉罗拉12将棉层输出,由梳棉机喂棉罗拉13将棉层喂入梳棉机。

7 异性纤维检测清除装置

异性纤维是指与加工纤维不同类型、色泽、外形的异性物质,一般包括色纤维、丙纶丝、有色尼龙、塑料碎布、麻袋片、彩色布及毛发等,俗称"三丝"。

异性纤维检测清除装置是一种在线检测及自动去除原棉中异性纤维的装置,所有与原棉性质不同或色泽不同的纤维、杂物都会被扫描(CCD)摄像机检测出后被特殊的气动系统排除。异性纤维的检测装置是一个光、机、电一体化的系统,其检测原理如图4-10所示。开松后的原料经过一水平的矩形输送管道进入检测区,矩形管两面安装有高速、高分辨率的扫描摄像机,经过扫描摄像机检测通过的原棉,并将采集到的信号送入计算机,利用图像处理技术和图像识别技术进行分析,检测出异性纤维并将其定位,然后经过一个计算设置好的延时系统,由控制装置上的一排高压喷嘴中相应位置的喷嘴系统将异性纤维吹落到收集箱中。

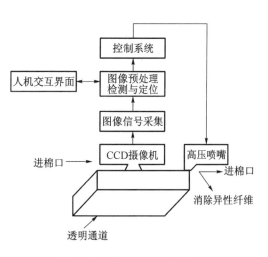

图4-10 检测原理方框图

8 FA225型梳棉机

8.1 FA225型梳棉机的结构特点

如图4-11所示,该机将开清棉工序开松过的散纤维进行梳理、除杂、混合,并排除大部分短绒和杂质,集束成较均匀的棉条,有规律地圈放在条筒内,供后续工序并条使用。梳棉机机架由钢板焊接成整体结构,以保证各部件的安装精度。

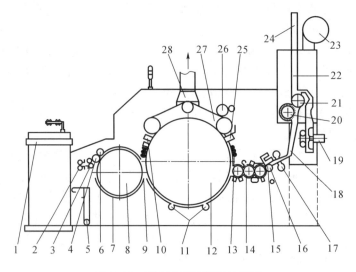

图 4-11　FA225 型梳棉机示意图

1—圈条器;2—大压辊;3—轧碎辊;4—剥棉罗拉;5—吸风漏门;6—清洁辊;7—道夫下罩;8—道夫;
9—前固定盖板;10—前棉网清洁器;11—锡林下方吸口;12—锡林;13—后固定盖板;14—三刺辊系统;
15—喂棉板;16—喂棉罗拉;17—带梳子板的吸风口;18—喂棉道;19—吹气风机;20—开松打手;
21—喂棉罗拉;22—储棉箱;23—排尘管道;24—输棉管道;25—后棉网清洁器;26—清洁辊;
27—活动盖板;28—连续吸落棉总管

　　(1)给棉喂入机构。给棉喂入机构采用上给棉,即倒置式喂入机构。给棉机构如图 4-12 所示,给棉罗拉 4 在下方,而给棉板 1 在给棉罗拉的上方,通过加压弹簧 3 对给棉钳口的纤维层加压。纤维层厚度检测装置如图 4-13 所示,对棉层的加压压力可通过加压弹簧 1 进行调节,给棉罗拉 3 与刺辊之间的隔距可调。给棉板由不锈钢板焊接而成。给棉罗拉包有针布。检测装置由 10 块弹簧钢板组成。这种喂入机构的喂给方式属于顺向喂给。倒置式喂入机构的最大特点是能加工各种长度的纤维,调节给棉板的位置就可调节握持点到始梳点的距离,而且调节方便。

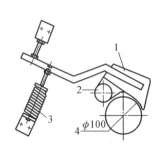

图 4-12　FA225 型梳棉机给棉机构

1—给棉板;2—给棉板支点;
3—加压弹簧;4—给棉罗拉

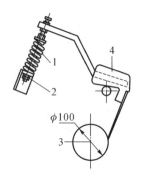

图 4-13　FA225 型梳棉机纤维层厚度检测装置

1—加压弹簧;2—位移传感器;
3—给棉罗拉;4—纤维层厚度检测头

（2）刺辊区。FA225 型梳棉机的三刺辊系统包括三个分梳除杂辊,每个刺辊配一个带吸风管的除尘刀组合件和一块分梳板,如图 4-14 所示。第一刺辊 6 为针形刺辊,它可以柔和地进行开松;第二、第三刺辊(7 和 8)为锯齿形针布罗拉,其速度逐渐增加,使棉层形成落网。由于各刺辊间及其与锡林间均为剥取转移,故表面线速度逐渐增大不会产生堵塞。该系统的主要作用并不仅限于附加除杂作用,而是采用分段开松使锡林获得较好的梳理条件,并借助新型的落物调节板喂入清梳联喂棉箱,改善了沿工作面宽度和长度方向的棉层均匀度。

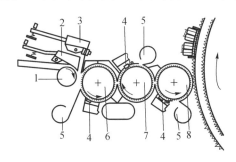

图 4-14 FA225 型梳棉机三刺辊系统

1—给棉罗拉;2—喂棉台;3—感应板和感应杠杆;
4—预分梳板;5—带吸风槽的除尘刀组合装置;
6—第一刺辊;7—第二刺辊;8—第三刺辊

刺辊区由三个刺辊、三块预分梳板、三把除尘刀及吸口等组成。第一刺辊有两种形式,一种为角钉辊,另一种为粗齿罗拉,可根据用户需要任选。第二、第三刺辊均为锯齿辊,针布形式不同,周围都装有预分梳板、除尘刀及吸口等。第二、第三刺辊的预分梳板处装有调节板,用以改变落棉量及落棉含杂量。第一刺辊与给棉罗拉间的隔距、第三刺辊与锡林间的隔距均可调。

（3）锡林。锡林筒体由钢板焊接而成,采用高精度自调中心的滚柱轴承。锡林轴承座与圆墙板为一体。圆墙板上装有曲轨、弓板、盖板调节支架、抄磨针托架和调节刺辊、道夫的螺钉等部件,下方前后装有 12 块光滑的弧形罩板和两个吸口。圆墙板外侧有调节和紧固螺钉,可调节罩板及吸口与锡林的隔距。罩板及吸口可从机架右侧的锡林下方取出,装拆方便。

（4）盖板。机上装有 80 块回转盖板,其中 30 根处于工作位置。盖板运动方向与锡林转动方向相反。盖板采用小踵趾差。锡林前后各装有 3 块固定盖板,每块可单独调节与锡林表面的隔距。位于盖板后上方的盖板花清洁装置由一根包有弯脚钢丝针布的毛刷辊和一根包有直脚钢丝针布的清洁辊组成。毛刷辊与盖板之间的相对位置可调节,清洁辊由单独电动机传动。

（5）道夫。道夫筒体由钢板焊接而成,由两个自调中心的滚柱轴承支撑。道夫与锡林的隔距可调。

（6）剥棉罗拉。剥棉罗拉为三罗拉形式,包覆有金属针布。如图 4-15 所示,下轧辊位置向后倾斜固定,上轧辊由螺旋压簧向下加压,加压值和两轧辊之间的间隙可无级调节。道夫和剥棉罗拉之间的上方装有道夫清洁辊,外覆直脚钢丝针布,由单独电动机传动。

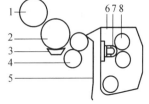

图 4-15 FA225 型梳棉机剥棉与
棉网集束成条装置

1—剥棉清洁辊;2—剥棉罗拉;
3—剥棉托板;4—上、下轧辊;
5—刮刀;6—集棉器;
7—喇叭口;8—大压辊

（7）上/下轧辊。上/下轧辊都配有刮刀 5,由弹簧通过连杆使刮刀紧密地接触在轧辊表面,刮刀两端由调心球轴承支撑。轧辊前为大压辊座,在大压辊座与轧辊之间有集棉器 6。集棉器安装在大压辊座上,由气缸控制,使集棉器与大压辊 8 一起上下翻动,气缸活塞下推,集棉器向上转至正常工作位置;气缸活塞向上拉,集棉器向下转至生头位置。

(8)罩板区。锡林与锡林上/下罩板、前下罩板、道夫罩板的间隙可调。锡林前后还装有前三、后三固定盖板和前二、后一棉网清洁器。道夫下方装有4块弧形罩板。

(9)传动系统。锡林由一高扭矩电动机传动,并通过平皮带传动盖板齿轮箱。三刺辊由单独的电动机传动。喂入部分由伺服电动机传动,可无级调速,直接由同步带传至给棉罗拉。同步带的张力通过张紧轮调节。道夫、剥棉罗拉和圈条器由变频电动机和同步带传动。盖板清洁毛刷辊由盖板传动箱经同步带传动,并由单独电动机传动的清洁辊清除毛刷辊上的盖板花。盖板踵趾面清洁刷左右分别由两台小电动机单独传动。

(10)自调匀整装置。给棉检测板处装有检测控制给棉罗拉速度的短片段自调匀整装置。自调匀整范围为喂入棉层质量允许差的±30%。

(11)参数显示区。该机能显示出条速度、总牵伸倍数、四个班各自产量、总产量、条筒规定容量及当时剩余容量、换筒预报警及满筒报警、棉箱压力、棉条质量、棉层厚度、棉箱打手速度、刺辊速度、锡林速度、CV值、帮助文件、手动测试程序、故障原因及故障点。

此外,该机还有棉层过厚自停、断条自停、大轧辊处棉网超厚保护、道夫启动与锡林速度连锁、各传动速度监控、条筒定长报警及停车、吸棉系统负压过低自停等保护装置。

8.2 FA225型梳棉机的传动图 (图4-16)

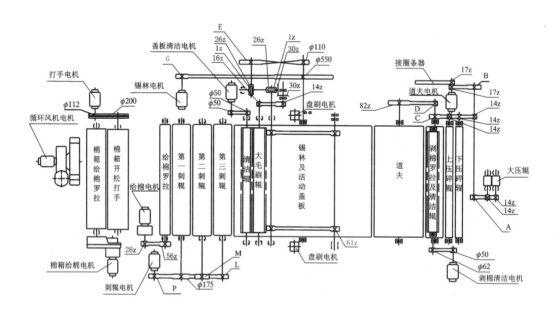

图4-16 FA225型梳棉机传动图

8.3　FA225 型梳棉机工艺计算

（1）锡林转速（表 4-2）。

表 4-2　锡林转速

锡林转速 (r/min) ／ 电动机带轮直径(mm) 变频机频率(Hz)	92	110	135	155	175	190	210
50	—	288	354	406	458	498	550
60	289	346	424	487	550	597	—

（2）刺辊转速（表 4-3）。

表 4-3　刺辊转速

刺辊转速 (r/min) 变频机频率 (Hz) 刺辊直径(mm) ／ 电动机带轮直径(mm)	75	84 化学纤维专用	102	112	135	145	160
175 / 50		695	844	927	1 118	1 200	1 325
175 / 60	746	834	1 013	1 112	1 342	1 440	
135 / 50		901	1 095	1 202	1 449	1 556	1 717
135 / 60	967	1 081	1 314	1 442	173	1 867	
112 / 50		1 087	1 320	1 450	1 748	1 877	2 071
112 / 60	1 165	1 304	1 584	1 740	2 098	2 252	
102 / 50		1 194	1 450	152	119	2 061	2 274
102 / 60	1 279	1 433	1 740	1 910	2 403	2 473	
82 / 50		1 432	1 739	1 910	2 302	2 472	2 728
82 / 60	1 535	1 718	2 087	2 292	2 762	2 966	

（3）盖板速度（表 4-4）。

表 4-4　盖板速度

变频机频率(Hz) 盖板速度(mm/min) 盖板带轮直径(mm) ／ 电动机带轮直径(mm)	92	110		135		155		175		190		210
	60专用	50	60	50	60	50	60	50	60	50	60	50
100	223	222	266	273	327	313	375	354	424	384	460	424
036	164	163	15	201	241	230	276	260	312	282	338	312
180	124	123	147	151	182	174	208	197	236	213	256	236
210	106	106	127	130	156	149	178	168	202	183	219	202

（4）大压辊与轧辊之间的张力牵伸倍数。

$$E_1 = 0.065\,557A$$

式中：A——变换齿轮齿数（17^T、18^T）。

（5）轧辊与剥棉罗拉之间的张力牵伸倍数。

$$E_2 = 0.042\,56C$$

式中：C——变换齿轮齿数（27^T、28^T、29^T、30^T）。

（6）剥棉罗拉与道夫之间的张力牵伸倍数。

$$E_3 = \frac{14.74}{D}$$

式中：D——变换齿轮齿数（14^T、15^T）。

【技能训练】

讨论几种清梳联特有单机的结构与工艺原理。

【课后练习】

1. FA006 型往复式抓棉机的组成及其作用是什么？

2. 往复式抓棉机的打手形式有哪几种？各有何特点？

3. 计算机控制系统的应用对往复式抓棉机抓取纤维块有什么好处？

4. JWF1124 型单梳针辊筒开棉机的组成及作用是什么？该机型在开松、除杂方面有何特点？

5. FA109 系列、FA112 系列清棉机的组成及作用是什么？该类机型在开松、除杂方面有何特点？适应性如何？

6. 超高效清棉机 C-Ⅲ 的结构组成及作用是什么？该类机型在开松、除杂方面有何特点？

7. FA116 型主除杂机的组成及作用是什么？该类机型在开松、除杂方面有何特点？适应性如何？

8. JWF1051 型除微尘机的组成及作用是什么？其除尘原理是什么？

9. FA177A 型清梳联喂棉箱组成及作用是什么？其清梳联喂棉箱的作用是什么？

10. 异性纤维检测清除装置的作用是什么？其适应性如何？

11. FA225 型梳棉机的结构特点是什么？

任务 4.4 清梳联工艺及调整

【工作任务】学会清梳联质量控制。

【知识要点】1. 清梳联工艺调试注意事项。

2. 清梳联质量控制。

1　清梳联质量指标

（1）清梳联生条 5 m 质量总不匀率控制在 1.5％～2％，5 m 生条质量内不匀率控制在 1.0％～2.5％，5 m 生条质量偏差控制在±2.5％，合格率达到 100％。

（2）生条短绒率：中特纱≤18％；细特纱≤14％。

（3）短绒增长率：开清棉≤1％；梳棉≤65％。

（4）生条棉结数：生条棉结视原棉品级而定，棉结数不大于疵点数的三分之一。棉结增长率：开清棉＜80％，梳棉＜－80％；落棉率：开清棉≤3％，梳棉后车≤2.0％；除杂效率：视原棉含杂率而定，一般总除杂率为 95％～98％，其中开清棉为 40％～65％、梳棉为 92％～97％。

2　流程选用

根据所纺品种、使用原料的情况选用合理的流程，清梳联流程要短，设备结构简单，便于维修。

（1）原棉含杂率高，成熟度较好，可选用由除杂效能高的高效清梳机组成的流程，提高开松和除杂功能。原棉含杂率低，纺细特纱，可选择由握持分梳作用柔和的清棉机组成的流程。

（2）若要同时纺两个品种，可采用一机两线流程。

（3）转杯纺流程中要充分利用除微尘机，去除开松后原棉中的细小杂质和短绒。

（4）清梳联由多种单机组合而成，在完成开松、除杂、混合、均匀作用时，各单机的作用各有侧重、合理分配。

3　工艺调试

有了合理的流程，还需要合理的工艺来保证其发挥出最大的功效。

（1）要提高清棉各机台的运转率，首先，往复抓棉机的运转率要达到 85％，才能实现其精细抓取的特点；多仓混棉机的换仓压力在确保机台供应的前提下，选用较小的压力，一般为 150～250 Pa。这样，可提高开松度，改善不匀率。

（2）凝棉器风机转速在保证纤维能顺利转移的前提下，尽量调低；打手转速相应调低，以减小束丝。

（3）在满足开松度要求的条件下，各打手的转速可适当调低，对减少棉结和短绒有利。

（4）调整连续喂棉装置，选用合适的比例常数（P）、积分常数（I）、微分常数（D）的值和模糊强度，保证配棉压力稳定，使波动范围在±20 Pa；配棉道的压力根据品种、流程不同，设定在 750～950 Pa 之间；输棉风量在不堵配棉道的前提下，尽量减小。

（5）调整好滤尘设备风量的配比，风量过大，浪费能源，而且由于负压过大，纤维容易在尘笼内积短绒；滤尘运转要稳定可靠，特别注意滤尘设备的维护保养，使系统阻力保持稳定。

4　自调匀整

（1）要保证各传感器安装牢固、动作灵活，严格按设计要求调试和设定。

（2）处理好长片段和短片段之间的关系，应以长片段为主、短片段为辅，从直观角度，长、短片段的比例以 7∶3 或 6∶4 为宜。

（3）生产管理上，要建立质量信息反馈或定期检查体系，若发现不匀率有突变或异常的机台,要立即检查,并找出原因。

5 故障率与断头率

开清棉机组与梳棉机的故障率及梳棉机的断头率的高低,是决定清梳联是否正常生产的关键,尤其是开清棉机组的故障率。

开清棉机组的故障率低,可采取以下措施:

(1) 配备高效能滤尘系统,保证各单机出口风压要求,并合理安排各打手风扇速度,保证管道内、机台内棉流通畅,不轧塞机车。

(2) 加强棉箱管道加工安装精度,喂棉箱采用光亮不锈钢螺钉点焊,使管道光滑无毛刺不挂花,并要十分注意密封件的选择,确保不跑漏气。

(3) 气动薄膜、传感器、橡胶帘子及电气控制系统始终处于正常状态,确保设备运转正常。

(4) 提高打手、风扇的制造加工装配精度,并校动平衡,保证高速运转、运行平稳。

(5) 采用无回转凝棉器,减少轧车,同时解决凝棉器返花造成的紧索丝。

6 清梳联质量控制

6.1 生条质量不匀率控制

(1) 依据纺纱品种、配棉情况以及产量与温湿度,合理选择上棉箱输棉管道和下棉箱静压参数,是箱内储棉稳定、密度均匀、输出筵棉纵横均匀的基础;而且上棉箱储棉密度应适当高些,确保上、下棉箱均匀连续喂给,降低生条质量不匀率。

(2) 提高机台运转率。开清棉机台运转率为 $85\% \sim 100\%$ 时,能使系统运行稳定,并且是清梳联连续生产的重要因素。

(3) 调控好多仓储棉状态,有利于稳定连续喂棉。首要工作是设定好多仓压力参数,一般以 200 Pa 左右为宜,调控逐仓阶梯形储棉高度,否则难以保证系统正常运行,也会影响连续跟踪喂棉。

(4) 充分发挥梳棉机的自调匀整仪的匀整作用,确保其性能稳定、持续可靠。清梳联因蓬松筵棉喂入梳棉机,纵横均匀不如棉卷,受温湿度影响,对筵棉喂入移动张力的影响较大,台、班间生产质量难免飘移。调校好自调匀整仪传感器位置,使检测准确,生条质量不匀率能控制在较好的水平。为改善并稳定生条质量不匀率,要尽可能提高机台运转率,保持多仓阶梯形储棉,稳定系统静压,调控喂棉箱内散棉的密度,调校自调匀整装置的位移传感器的位置正确。

(5) 保持机械状态良好,特别是梳棉机针布工作状态,不能出现绕花等不良情况。

(6) 加强滤尘系统设备的管理与维护,以确保其工作状态稳定及清梳各吸点的空气压力稳定。为此,可采取积极式除杂系统的开清点、梳棉机落杂区。除此之外,滤尘系统状态也很重要。

(7) 合理安排清梳流程的开清点,使各处开清点的开松分工明确,既能做到有效地开松纤维块,又能做到纤维损伤小、开松充分、除杂效果好,还能确保纤维流密度稳定,使后续机台能实现连续均匀喂给。

6.2 生条棉结、杂质控制

(1) 要做到合理开清,抓、松、混、清是基础。原棉开松时结合早落、少碎、多排的原则;抓棉机抓取棉束要细、匀;原棉排包以配棉成分分成小单元,且必须找平、填实缝隙,根据总产量适当调整小车往复速度。机械要求是抓棉辊刀尖沿轴向在同一圆柱面上,肋条工作面平整。否则,即使采用最优工艺,也难以达到应有效果。

（2）发挥自由开松作用,采用适当的握持打击强度。在满足开松条件下,轴流开棉机的打手打击不宜过重,以免击碎杂质、损伤纤维。提高运转率是少损伤纤维、击碎杂质的措施之一。结合调整落棉工艺,如尘棒、尘刀、分梳漏底隔距,组织好各输棉风机的气流以及各机台的吸落棉风量,能达到渐开缓打、早落、多排、少损碎的要求。根据所纺品种、原料及其含杂率,选择合理的开清点。要充分发挥松解纤维块的能力,使抓包机输出的纤维块经过轴流开棉机后变得很松软,纤维彼此间联系松懈,这样可确保纤维流输送稳定,后续开松容易而不伤纤维,产生棉结少。

（3）充分利用梳棉机的除杂能力,做到少产生棉结、多排除杂质。合理配置梳棉机锡林针面负荷,确保盖板梳理区对纤维束的分梳质量,少产生棉结。正确处理梳棉机产量与锡林转速和锡林针面负荷的关系,力求在合理的锡林针面负荷的前提下,适当提高锡林转速,增大锡林与刺辊的速比,获取适度的高产。在高产时打手梳针、锯齿的针齿高度要适当降低,有利于针齿梳纤维块时实现从外部逐渐梳解纤维块,减少针齿、锯齿对纤维的损伤。锡林针齿矮,针隙容纳纤维量少,则盖板梳理区针隙带中漂浮的纤维少,产生棉结的机会也少,同时有利于结杂向盖板针面转移。此外,锡林向道夫高速转移时,纤维的混合、均匀效果好,也有利于改善生条的条干与质量不匀率。

（4）确保输棉管道、棉箱密封,并保持足够的风量及压力,光滑不黏挂,不挤压阻塞,棉流转移顺利,对少产生棉结有利。

（5）提高清梳落棉含杂率与除尘效率是降低生条结杂的有效途径。在实际生产中,清梳除杂分配以保证成纱质量即可,即开清棉除杂效率掌握在 60% 左右,不宜强调落多、除尽;梳棉除杂效率在 95% 左右,注意提高落棉含杂率。要考虑清梳除杂的互补性,应视配棉含杂和成纱质量而定,合理分配。

6.3　生条短绒控制

清梳联中短绒率增多,是由于高速机件在高速运行时对纤维的冲量很大,容易导致纤维损伤,并形成适度的短绒。要降低短绒产生,必须做到以下几点:

（1）纤维块松软。加大轴流开棉机对纤维块的开解能力,使纤维块变得松软,纤维之间的联系降低,为后续加工创造条件。

（2）喂给纤维层薄。纤维层薄,纤维块必然松软,纤维之间联系小,后续分梳容易,对纤维损伤小。抓棉机抓取的纤维块应适当小且均匀。如果抓棉机抓取的纤维块很小,势必对纤维损伤严重,同时,对杂质的破碎作用大,不利于除杂。

（3）纤维流速快。要高产,又要纤维损伤小,必须使清梳联流程的纤维流密度小,但流速要快,有利于分梳、除杂作用的进行。

在满足产量的前提下,适当降速,有利于少产生短绒。纤维包在使用前必须保证有一定时间卸箍松包,达到吸湿平衡。纤维包松,有利于抓包机抓取;纤维达到吸湿平衡,可纺性就好,都有利于减少纤维损伤,降低短绒率。最后,利用清梳各落棉点多排除短绒,也是解决生条含短绒高的措施之一。

【技能训练】

讨论清梳联质量控制。

【课后练习】

1. 清梳联工艺流程的选择要求是什么？
2. 清梳联工艺调试要注意哪些问题？
3. 如何控制梳棉机断头率？
4. 如何控制生条质量不匀率？
5. 如何控制生条棉结、杂质？
6. 如何控制生条短绒？

任务 4.5 清梳除尘

【工作任务】讨论几种常用的滤尘设备。

【知识要点】1. 开清棉梳棉除尘的目的与要求；
2. 开清棉梳棉除尘的方法与设备。

1 开清棉梳棉除尘的目的与要求

原棉在开清棉梳棉工序的加工过程中不断分离出一些短纤维和杂质，其中大部分经沉降而成为落棉。但有一部分轻而细小的杂质和短绒，经尘笼和凝棉器吸取后，如果随气流排到机外，必然会污染车间环境；如果直接排到室外，将会严重影响车间温湿度，造成棉卷质量波动，并消耗大量热能。所以对机台排放的不洁空气必须进行处理。这就是开清棉除尘。

为了保障职工的身体健康，改善劳动条件，国家规定车间空气中的含尘量不得超过 3 mg/m^3。为了达到这个目标，就要在开清棉车间配备一定数量的滤尘设备。

2 开清棉的除尘方法

把纤维与尘杂从气流中分离出来，有以下四种方法：

(1) 机械分离。利用纤维和杂质的重力、惯性力、离心力等，将纤维和杂质从气流中分离出来，如旋风滤尘器等。

(2) 过滤分离。利用过滤材料对纤维杂质的隔离作用来达到除尘目的，如布袋滤尘、回转过滤器滤尘、尘笼滤尘等。

(3) 电力分离。利用高压电产生的静电使空气电离，棉尘吸附于电极板上，如静电滤尘。

(4) 洗涤分离。含尘空气通过水幕时，尘杂黏附于水滴上而随水流出，应用最为普遍的如洗涤室滤尘。

纺纱过程中释放出来的含尘空气大多采用过滤分离的除尘方法。

开清棉除尘按过滤次数，可分为一级滤尘和二级滤尘：一级滤尘是指含尘空气通过一道除尘装置即排到室外，如布袋滤尘等；二级滤尘是指含尘空气通过两道除尘装置处理后才排到车间或室外，如 A171 型和 A172 型滤尘器、仿罗瓦滤尘器、板式滤尘器等。

3 几种常用的滤尘设备

3.1 A172-AU052 型滤尘器

这是尘笼和布袋相结合的二级滤尘设备。第一级 A172 型滤尘器作为初过滤器，其作用是使含尘空气经过滤后分离出较大量的短纤维和杂屑等,经回转罗拉从尘笼表面剥下,集中到杂屑箱内。而细小尘屑、灰土则随气流进入第二级AU052型布袋滤尘器进行过滤。布袋滤尘的特点是把含尘空气中的尘灰阻留在袋内,并沉降到灰斗中,空气则透过布袋经风机送进空调室回用。

布袋滤尘的效果较好,但实践证明,还存在如下问题:

(1) 过滤阻力较高,达392~588 Pa,在清理周期前后,过滤差异较大。

(2) 布袋振荡时产生二次飞扬的灰尘。

(3) 布袋的清理很困难。

3.2 SFU001型滤尘设备组

SFU001型滤尘设备组为二级滤尘,由回转式过滤器、预分离器、纤维分离器、集尘器、间歇式吸集落棉装置及风机、风管等组成。该机可用于清棉机、梳棉机的除尘,清棉机、梳棉机、精梳机的间歇式吸集落棉,及棉纺织厂的回风过滤。清棉除尘如图4-17所示。

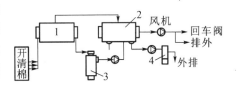

图4-17 SFU001型滤尘设备组示意图
1—预分离器;2—回转式过滤器;
3—纤维分离器;4—集尘器

开清棉含尘空气经预分离器1第一级处理后,含有尘灰细屑的空气就送入第二尘室,经回转式过滤器2再次过滤;大部分纤维性大杂屑则在预分离器的排出口,经纤维分离器3集棉,其输出的含尘空气也回送入回转式过滤器。经过回转式过滤器过滤,空气就可以回用或外排。积集在回转式过滤器表面的尘灰细屑由该机的高压吸嘴往复吸取,并通过管道送往集尘器4。

整套设备设计合理,功能较多,自动化程度较高,设备安装、迁移均方便,尘室要求一般,使用效果良好,能自动出灰,收集的废棉比较清洁,便于回用,操作和维护也较简便,但能耗较高。

3.3 XLZ型滤尘器

如图4-18所示,XLZ型滤尘器综合了离心集尘机和过滤集尘的原理,将罗瓦除尘机组的预分离器垂直套装于二级回转过滤器中,复合成立式复合除尘器,下装集尘袋2,形成一机三用(预分离器、回转过滤器、纤维分离器)装置。第一级上部装有旋风蜗壳11,蜗壳中装有芯管9,用锦纶筛做滤筒。含尘空气先进入蜗壳,产生旋转,在分离大杂质和短纤维的同时,清扫黏附在滤筒上的尘杂,使其落入收尘布袋中。第二级是立式套装在第一级过滤筒之外的回转过滤器,过滤器内壁装有无纺布。经一级过滤后的空气,透过滤筒进入回转过滤器内,由无纺布阻截的细小微灰,被高压清灰吸嘴吸取而进入装于墙上的布袋集尘器内,定期调换灰袋和集尘袋即可。该滤尘器占地面积小,不需静压室,除尘效果好,安装维修方便,耗能低。

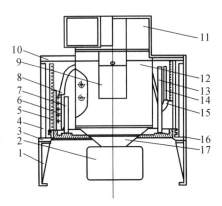

图4-18 XLZ型滤尘器示意图
1—支脚;2—集尘袋;3—底盘;4—立柱;
5—转笼;6,14—底板;7,13—支架;
8,15—塑料管;9—芯管;10—盖板;
11—旋风蜗壳;12——级滤布;
16—压盘;17—灰斗

3.4 板式滤尘器

板式滤尘器是铁板框架密封型设备,由两个部分组成:第一级FU027型碟式滤尘器;第二级FU035型板式滤尘器。

碟式滤尘器由表面包覆着 31.5～51.8 网孔/cm(80～100 目)不锈钢丝网的圆盘做回转运动,含尘空气由风斗进入,吹在圆盘表面的短纤维由长吸嘴不断吸出机外,进入纤维分离器落入尘袋而被收集;微尘则透过不锈钢丝网进入板式滤尘器。板式滤尘器是上、下两层包覆长毛绒的钢丝网板,以 150 mm 隔距安装成各个小隔弄(称为槽)。5 个槽加上、下各两块长毛绒滤板。微尘空气进入各隔弄的长毛绒表面,透过长毛绒底板的微孔,进入离心风机的风道而被吸出机外;微尘则被吸附于长毛绒表面,当积聚到一定浓度时,则由小槽内的机械臂带动吸尘装置不断地从长毛绒表面吸走,经塑料软管、小风机而进入集尘器,完成集尘工作。

4 清梳联除尘

目前,国内外清梳联的主机型号及工艺流程种类繁多,各不相同。但对于除尘系统而言,均要考虑以下几点:

(1)每台主机设备的功用、在生产流程中的前后位置、单产水平及其在整个流程中怎样配置,才能保持前后产量平衡。

(2)每台主机的排风点位置、排风量、排风口要求负压。

(3)每台主机的吸落棉点位置、吸落棉量和方式、吸口要求负压。

在设计和配置除尘系统之前,必须确定清梳联机组各主机设备的组合与排列工艺流程图。决定主机设备组合与排列的依据有以下两条:

(1)产量前后平衡。根据清梳联流程中梳棉机型号、台数确定其每小时产量,再据此配备输棉风机和开清棉流程中 A、B、C 类主机设备的台数(A 类是抓取、初混、初开松设备;B 类是开松、除杂、细混设备;C 类是精细开棉、除微尘设备)。梳棉机单产 30 kg/h,台数小于 10 台,或单产 50 kg/h、台数小于 8 台时,输棉风机用 1 台,开清棉流程中 A、B、C 类设备各用 1 台;梳棉机单产 30 kg/h、台数 11～19 台,或单产 50 kg/h 时,输棉风机用 2 台,开清棉流程中 A、B 类设备用 1 台,C 类设备用 2 台;梳棉机单产 30 kg/h、台数为 20 台,或单产 50 kg/h、台数为 16 台时,输棉风机用 2 台,开清棉流程中 A 类设备用 1 台,B、C 类设备各用 2 台。

(2)生产品种的要求。生产纯棉中、粗特纱,开清棉流程应设置各类打击点 3～4 个;如生产转杯纱,还要在流程出口增设除微尘机。生产纯棉细特纱和化学纤维混纺纱,开清棉流程应设置各类打击点 2～3 个;如生产特细特纱,还要在流程出口增设除微尘机。

【技能训练】

讨论几种常用的滤尘设备的特点。

【课后练习】

开清棉梳棉除尘的目的与要求是什么?

项目 5

并条机工作原理及工艺设计

☞ **教学目标** --

1. 理论知识:

(1) 并条工序的任务,并条机的工艺过程。

(2) 条子的并合作用,提高条子并合效果的措施。

(3) 牵伸及实现罗拉牵伸的基本条件,机械牵伸与实际牵伸及其两者的关系。

(4) 牵伸装置,总牵伸和部分牵伸及其关系。

(5) 牵伸区内纤维的分类,牵伸区内须条摩擦力界的概念、布置及合理布置的途径。

(6) 并条机的组成及其作用,各牵伸形式的特点。

(7) 并条工序的道数、各道并条的总牵伸倍数及并条工序各道并合数的确定。

(8) 并条机后牵伸区牵伸倍数的确定,各牵伸区的牵伸握持距确定。

(9) 并条工序质量控制。

2. 实践技能:能完成并条机工艺设计、质量控制、操作及设备调试。

3. 方法能力:培养学生的分析归纳能力,提升总结表达能力,训练动手操作能力,建立知识更新能力。

4. 社会能力:培养学生的团队合作意识,形成协同工作能力。

☞ **项目导入** --

梳棉机制成的生条,是连续的条状半制品,具有纱条的初步形态,但其长片段不匀率很大,且大部分纤维呈弯钩或卷曲状态,同时,还有部分小棉束存在。如果把这种生条直接纺成细纱,其品质将达不到国家标准的要求。所以,还需要将生条经过并条工序进一步加工成熟条,以提高棉条质量。

任务5.1 并条机工艺流程

【**工作任务**】1. 画并条机机构简图,在图上标注主要机件名称、并条主要任务实现的部位。

2. 列表比较四种并条机的主要技术特征(课前预习完成)。

【知识要点】1. 并条工序的任务。
2. 并条机的工艺过程。

1 并条工序的任务

梳棉机生产的生条,纤维经过初步定向、伸直,具备纱条的初步形态。但是梳棉生条不匀率很大,且生条内纤维排列紊乱,大部分纤维成弯钩状态,如果直接把这种生条纺成细纱,细纱质量差。因此,在进一步纺纱之前需将梳棉生条并合,改善条干均匀度及纤维状态。并条工序的主要任务是:

(1) 并合。将6~8根棉条并合喂入并条机,制成一根棉条,由于各根棉条的粗段、细段有机会相互重合,从而可改善条子长片段不匀率。生条的质量不匀率约为4.0%,经过并合后,熟条的质量不匀率应降到1%以下。

(2) 牵伸。即将条子抽长拉细到原来的程度,同时经过牵伸可改善纤维的状态,使弯钩及卷曲纤维得到进一步伸直平行,使小棉束进一步分离为单纤维。通过改变牵伸倍数,有效地控制熟条的定量,以保证纺出细纱的质量偏差和质量不匀率符合国家标准。

(3) 混合。用反复并合的方法进一步实现单纤维的混合,保证条子的混棉成分均匀,稳定成纱质量。由于各种纤维的染色性能不同,采用不同纤维制成的条子,在并条机上并合,可以使各种纤维充分混合,这是保证成纱横截面内的纤维数量获得较均匀混合、防止染色后产生色差的有效手段,这在化纤与棉混纺时尤为重要。

(4) 成条。将并条机制成的棉条有规则地圈放在棉条筒内,以便搬运存放,供下道工序使用。

2 并条机的发展

新中国成立前我国的纺纱技术及设备落后,主要依靠进口设备。新中国成立后,我国并条机的发展非常迅速,可分为三个阶段。第一个阶段是在20世纪50年代中期到60年代初期,生产了第一代"1"字号并条机,如1242、1243、1241型,出条速度在40 m/min以下,因型号陈旧、加工质量差、效率低,已经淘汰;60年代中期生产了第二代"A"系列并条机,如A272A/B/C型、A272F型等,设计速度为200~250 m/min(实际生产速度为180~220 m/min);改革开放后,在消化吸收国外先进技术的基础上,我国生产了一批具有高速度、高效率、高质高产、自动化程度较高的第三代FA系列并条机,如FA302、FA303、FA305、FA306、FA311、FA322型,其出条速度为150~600 m/min。随着并条工序对质量重要性认识的深化,国内外新型并条机已采用各种新技术,使并条机在提高速度的同时,熟条质量也得以提高。

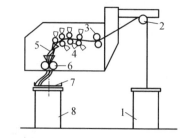

3 FA311型并条机的工艺流程

图5-1所示为国产FA311型并条机的工艺过程。棉条筒1放在并条机机后导条架的两侧,每侧放置6~8个条筒。条子自条筒引出,通过导条架上的导条罗拉2积极喂入,经过给棉罗拉3,再经过塑料导条块聚拢,平齐地

图5-1 FA311型并条机工艺流程图
1—喂入棉条筒;2—导条罗拉;3—给棉罗拉;
4—牵伸罗拉;5—弧形导管;6—紧压罗拉;
7—圈条器;8—棉条筒

进入牵伸装置,经过牵伸后,喂入的条子被拉成薄片;然后由导向辊送入兼有集束和导向作用的弧形导管 5 和喇叭口聚拢成条,再由紧压罗拉 6 压紧,形成光滑紧密的棉条;最后由圈条器 7 将棉条有规律地盘放在棉条筒 8 内。为了防止在牵伸过程中短纤维和细小杂质黏附在罗拉和皮辊表面,高速并条机都采用上下吸风式自动清洁装置,由上下吸风罩、风道、风机、滤棉箱和罗拉自动揩拭器等组成。为了减轻劳动强度,一般都设有自动换筒装置。

4　国产并条机的主要技术特征

国产并条机的主要技术特征见表 5-1。

表 5-1　国产并条机的主要技术特征

机型		A272F	FA305D	FA306	FA311F
眼数		2	2	2	2
眼距(mm)		650	650	650	570
适纺原料		棉、化纤纯纺、混纺	棉、化纤纯纺、混纺	棉、化纤纯纺、混纺	棉、化纤纯纺、混纺
适纺纤维长度(mm)		22～76	22～76	22～76	22～76
并合数		6～8	6～8	6～8	6～8
出条速度(m/min)		120～250	204～406	148～600	150～400
总牵伸倍数		5.6～9.58	5.6～9.54	4～13.5	5～15
牵伸形式		三上三下压力棒曲线牵伸,有集束区	三上三下上托式压力棒曲线牵伸,无集束区	三上三下压力棒曲线牵伸加导向辊,无集束区	四上四下压力棒双区曲线牵伸加导向辊,无集束区
罗拉直径(mm)	集束罗拉	40	—	—	—
	前罗拉	35	35	45	35
	二罗拉	35(压力棒 ϕ12)	35(压力棒 ϕ12)	35(压力棒 ϕ12)	35(压力棒 ϕ12)
	三罗拉	35	35	35	35
	后罗拉	—	—	—	35
皮辊直径(mm)		35×30×35×35	34×34×34	34×34×30×34	34×34×27×34×34
罗拉加压(单侧 N)		118×314×58.5×343×314	294×343×343	118×294×58.5×314×294	294×294×98×294×392×392
罗拉加压方式		弹簧摇架加压	弹簧摇架加压	弹簧摇架加压	弹簧摇架加压
棉条喂入方式		平台积极横向喂入	高架顺向积极喂入	高架顺向积极喂入	高架顺向积极喂入
清洁方式		上清洁:积极回转绒带及清洁梳　下清洁:摆动丁腈刮圈	上清洁:积极回转绒带及清洁梳　下清洁:摆动丁腈刮圈	上清洁:积极回转绒带及清洁梳　下清洁:摆动丁腈刮圈	上清洁:积极回转绒带及清洁梳　下清洁:摆动丁腈刮圈
喂入条筒(直径×高度)(mm)	头道	600×900(1 100)400×900(1 100)	600×1 100400×1 100	800×900(1 100)600×900(1 100)	600×900(1 100)400×900(1 100)
	二道	400×900(1 100)350×900(1 100)	400×1 100350×1 100	500×900(1 100)400×900(1 100)	600×900(1 100)400×900(1 100)
机器外形尺寸(长×宽×高)(mm)		820×1 945×2 014820×1 945×2 194	3 500×1 870×2 1104 200×1 870×2 110	2 000×800×1 9102 000×800×2 110	2 100×750×1 755
输出条筒规格(直径×高度)(mm)		400×900350×900	500×1 100400×1 100	头道:400×1 100二道:400×1 100350×1 100300×1 100	500×915400×915350×915300×915

【技能训练】

根据实习车间的并条机画出并条机的工艺图。

【课后练习】

1. 并条工序的任务是什么?
2. 并条机的工艺过程是怎样的?
3. 简述并条机的主要机构及作用。

任务 5.2 并合作用分析

【工作任务】讨论并合原理及并合根数的选择。

【知识要点】1. 并合的均匀效应。

2. 降低棉条质量不匀率的途径。

3. 并合的均匀效应。

并合是并条机的主要作用,通过多根条子并合,可以使条干均匀。对于混纺纱来说,通过并合可以使几种成分的条子按一定的比例进行混合。

1 并合的均匀作用

1.1 并合原理

梳棉生条粗细不匀,当两根棉条在并条机上并合时,由于并合的随机性,可能产生四种情况:一根条子的粗段和另一根条子的细段相遇;粗段与粗细适中段相遇;细段与粗细适中段相遇;最粗段与最粗段、最细段与最细段相遇(图5-2)。前三种可能都可以使条子均匀度得到改善,最后一种情况虽不能使棉条均匀度提高,但也不会恶化。棉条并合根数越多,粗段与粗段、细段与细段相遇的机会越少,其他情况发生的机会越多,因此,改善产品均匀度的效果越好。

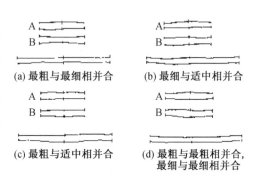

(a) 最粗与最细相并合　　(b) 最细与适中相并合

(c) 最粗与适中相并合　　(d) 最粗与最粗相并合,
　　　　　　　　　　　　　　 最细与最细相并合

图 5-2　并合的均匀效果

1.2 并合根数与条干不匀率的关系

并合对改善棉条均匀度、降低条干不匀率的效果非常明显,为了确定并合根数与条干不匀率之间的关系,可采用数理统计的方法。

设有 n 根棉条,它们的 5 m 长度片段的平均质量及不匀率 H_0 都相等,则并合后产品的不匀率 H 为:

$$H = \frac{H_0}{\sqrt{n}} \tag{5-1}$$

由上式可见,并合根数越多,并合后棉条的不匀率越低。其关系如图5-3所示,曲线前段陡峭、后段平滑,说明并合根数少时,并合效果非常明显;当并合根数超过一定范围时,再增加并合数,并合效果就逐渐不明显了。这是因为并合根数越多,牵伸倍数也越大,由于牵伸装置对纤维的控制不尽完善,所带来的条干不匀后果也越大,所以应全面考虑并合与牵伸的综合效果。一般在并条机上采用 6～8 根并合。

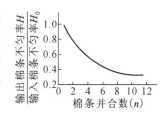

图 5-3 并合效果与并合根数的关系

2 降低棉条质量不匀率的途径

2.1 质量不匀率的种类

同一眼(或同一卷装)内单位长度质量(5 m 长度质量)的不匀率称为内不匀,以 C_N;而眼与眼(或不同卷装)之间单位长度质量的不匀率称为外不匀,以 C_W 表示;而在实际生产中进行测试时,样品取自不同的台、眼,反映出来的不匀率是总不匀率 C_Z。三者之间的关系是:

$$C_Z^2 = C_N^2 + C_W^2 \qquad (5-2)$$

2.2 降低棉条质量不匀率的途径

棉条质量不匀率直接影响成纱长片段不匀,因此要降低棉条的质量不匀率,一方面要控制每眼生产棉条的不匀率即内不匀,又要加强对眼与眼或台与台之间的不匀率即外不匀的控制,使生产的棉条总不匀率得到控制。为了降低棉条质量不匀率,工厂一般采用以下措施:

(1) 轻重条搭配。各台梳棉机生产的生条有轻有重,并条机各眼喂入的条子应轻条、重条、轻重适中条子搭配使用,以降低眼与眼之间的外不匀率。

(2) 积极式喂入。采用高架式或平台式积极喂入装置,在运转操作时应注意里外排条筒、远近条筒及满浅条筒的搭配,并尽量减少喂入过程中的意外伸长。FA311 型并条机采用积极回转的接力式导条罗拉,并顺着喂入方向由筒中提取条子,无消极拖动和条子转弯现象,减少了意外牵伸。

(3) 断头自停。断头自停装置的作用要求灵敏可靠,保证设定的喂入根数,防止漏条,防止喂入条交叉重叠等不正常现象。FA311 型并条机采用红外光监控,与主电机的电磁制动装置配合,灵敏可靠,条子断头时不会因高速而被抽进牵伸区。

【技能训练】
讨论并条机的并合数为什么不超过 8 根。

【课后练习】
1. 条子的并合作用是什么? 如何提高条子的并合效果?
2. 降低棉条质量不匀率的途径有哪些?

任务5.3 牵伸基本原理分析

【工作任务】1. 绘制牵伸装置模型图,通过讨论,理解分区、速度、距离等概念。
2. 讨论机械牵伸和实际牵伸的关系,会进行牵伸倍数的计算。
3. 用移距偏差的概念,解释牵伸引起须条附加不匀的原因。

4. 讨论摩擦力界的理想分布应该是怎样的？如何实现？

5. 通过浮游纤维的受力分析,讨论牵伸区中纤维运动控制的重点。

6. 讨论稳定牵伸力的意义及牵伸力变化的因素、稳定措施。

7. 讨论牵伸倍数对前、后弯钩纤维伸直效果的影响。

【知识要点】 1. 牵伸概述。

2. 牵伸区内的纤维运动。

3. 牵伸区内纤维数量的分布。

4. 牵伸区内须条摩擦力界及其分布。

5. 引导力和控制力。

6. 牵伸力和握持力。

7. 牵伸区内纤维运动的控制。

8. 纤维的伸直平行作用。

1 牵伸概述

1.1 实现牵伸的条件

在纺纱过程中,将须条抽长拉细的过程称为牵伸。须条的抽长拉细是须条中纤维沿长度方向做相对运动的结果,所以牵伸的实质是纤维沿须条轴向的相对运动,其目的是将须条抽长拉细至规定的线密度。在牵伸过程中,由于纤维的相对运动,使纤维得以平行、伸直,在一定条件下,也可以使产品中的纤维束分离为单纤维。

并条机的牵伸机构由罗拉和皮辊组成牵伸钳口。每两对相邻的罗拉组成一个牵伸区。在每个牵伸区内实现牵伸的条件是:

(1) 每对罗拉组成一个有一定握持力的握持钳口。

(2) 两个钳口之间有一定的握持距。这个距离稍大于纤维的品质长度,以利于牵伸的顺利进行,并可以避免损伤纤维。

(3) 两对罗拉的钳口之间有速度差,即前一对罗拉的线速度应大于后一对罗拉的线速度。

1.2 机械牵伸与实际牵伸

须条被抽长拉细的倍数称为牵伸倍数。用牵伸倍数可以表示牵伸的程度。图 5-4 所示为牵伸作用示意图。

设备对罗拉之间不产生滑移,则牵伸倍数 E 可以用下式表示:

$$E = \frac{v_1}{v_2} \tag{5-3}$$

式中: v_1——罗拉输出速度;

v_2——罗拉喂入速度。

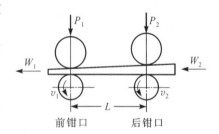

图 5-4 牵伸作用示意图

假设在牵伸过程中无纤维散失,则单位时间内自牵伸区中输出的产品质量与喂入的产品质量应相等,即:

$$v_1 \times W_1 = v_2 \times W_2; \quad E = \frac{v_1}{v_2} = \frac{W_2}{W_1} \qquad (5-4)$$

式中：W_1——输出产品的单位长度质量；

　　　W_2——喂入产品的单位长度质量。

实际上，牵伸过程中有落棉产生，皮辊也有滑溜现象，前者使牵伸倍数增大，后者使牵伸倍数减小。因而，不考虑落棉与皮辊滑溜的影响，用输出、喂入罗拉线速度求得的牵伸倍数，称为机械牵伸倍数或计算牵伸倍数；而考虑了上述因素求得的牵伸倍数，称为实际牵伸倍数。

实际牵伸倍数可以用牵伸前后须条的线密度或定量之比求得：

$$E' = \frac{\mathrm{Tt}_2}{\mathrm{Tt}_1} = \frac{W_2'}{W_1'} \qquad (5-5)$$

式中：E'——实际牵伸倍数；

　　　W_1'——输出产品的定量；

　　　W_2'——喂入产品的定量；

　　　Tt_1——输出产品的线密度；

　　　Tt_2——喂入产品的线密度。

实际牵伸倍数与机械牵伸倍数之比称为牵伸效率 η，即：

$$\eta = \frac{E'}{E} \times 100\% \qquad (5-6)$$

在纺纱过程中，牵伸效率常小于 1。为了补偿牵伸效率，生产中常使用的一个经验数值是牵伸配合率，它相当于牵伸效率的倒数 $1/\eta$。为了控制纺出纱条的定量、降低质量不匀率，生产中根据同类机台、同类产品的长期实践积累，找出牵伸效率变化规律；然后在工艺设计中，预先考虑牵伸配合率，由实际牵伸倍数与牵伸配合率算出机械牵伸倍数，从而确定牵伸变换齿轮，即能纺出符合规定的须条。

1.3　总牵伸倍数与部分牵伸倍数

一个牵伸装置常由几对牵伸罗拉组成，从最后一对喂入罗拉至最前一对输出罗拉间的牵伸倍数，称为总牵伸倍数；相邻两对罗拉间的牵伸倍数，称为部分牵伸倍数。

设由四对牵伸罗拉组成三个牵伸区，罗拉线速度自后向前逐渐加快，即 $v_1 > v_2 > v_3 > v_4$，各部分牵伸倍数分别是：$E_1 = v_1/v_2$；$E_2 = v_2/v_3$；$E_3 = v_3/v_4$。总牵伸倍数为：$E = v_1/v_4$。

将三个部分牵伸倍数连乘，则：

$$E_1 \times E_2 \times E_3 = \frac{v_1}{v_2} \times \frac{v_2}{v_3} \times \frac{v_3}{v_4} = E \qquad (5-7)$$

即总牵伸倍数等于各部分牵伸倍数的乘积。

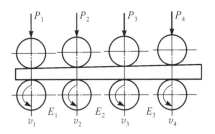

图 5-5　总牵伸与部分牵伸的关系

2　牵伸区内的纤维运动

牵伸的基本作用是使须条中纤维与纤维之间产生相对移动，使纤维与纤维头端之间的距离拉大,将纤维分布到较长的片段上。假设两根纤维牵伸之前其头端之间的距离为 a,牵伸之后纤维头端距离加大,使纤维头端距离产生变化,这种变化称为移距变化。

经过牵伸后,产品的长片段不匀有很大的改善,其条干不匀(短片段不匀)却增加了,这说明牵伸对条干均匀度有不良影响。为此,从研究牵伸过程中纤维的运动规律及牵伸前后的纤维移距变化着手,来掌握牵伸过程中纤维的运动规律,从而控制条干均匀度。

2.1 牵伸后纤维的正常移距

图 5-6 所示是两对罗拉组成的牵伸区。假设 A、B 是牵伸区内两根等长且平行伸直的纤维,牵伸之前 A、B 的头端距离为 a_0。假设两根纤维在同一变速点(前钳口线处)变速,变速之前两根纤维都以后罗拉表面速度 v_1 前进,由于纤维 A 头端在前,到达变速点的时间较早,变速后以前罗拉速度 v_2 前进。纤维 A 变速后,纤维 B 仍以较慢的速度 v_1 前进,直至到达前钳口线。

假设纤维 B 到达前钳口线的所需时间为 t,则 $t = a_0/v_1$;在同一时间内纤维 A 所走的距离为 a_1,则:

$$a_1 = v_2 \times t = v_2 \times (a_0/v_1) = (v_2/v_1)a_0 = Ea_0 \tag{5-8}$$

即经过牵伸后,两根纤维 A、B 之间的头端距离增大了 E 倍。假若纱条截面内所有纤维在同一变速点变速,经过牵伸后,各根纤维头端距离均扩大为原来的 E 倍,这样,牵伸前后纱条条干均匀度没有变化。这种移距变化,即 $a_1 = Ea_0$,称为正常移距。

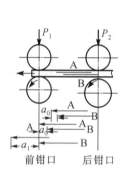

图 5-6　牵伸后纤维的正常移距

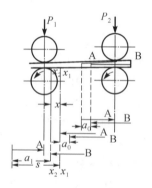

图 5-7　纤维头端在不同界面变速的移距

2.2 移距偏差

对纤维进行移距试验,即将两根不同颜色的纤维夹在须条中,牵伸前其头端距离为 a_0,则经过 E 倍牵伸后,在输出的须条中测量这两根纤维的头端距离为 a_1。在反复试验中,发现 a_1 有时大于 Ea_0,而有时小于 Ea_0,很少等于 Ea_0。这说明在实际牵伸中,纤维头端并不在同一截面变速,从而使牵伸后须条的条干均匀度恶化。

如图 5-7 所示,设纤维 A 在 x_1—x_1 界面变速,而纤维 B 到达 x_2—x_2 界面才变速(即头端在前的纤维先变速,头端在后的纤维后变速),纤维 A 变速后以较快的速度 v_2 运动,而纤维 B 仍以 v_1 运动。

当纤维 B 到达变速界面 x_2—x_2 时所需时间为 $t = (a_0+x)/v_1$;在同一时间内纤维 A 所走的位移为:

$$a_1 + x = t \times v_2 = [(a_0+x)/v_1] \times v_2 = E(a_0+x)$$

$$a_1 = E(a_0 + x) - x = Ea_0 + (E-1)x \qquad (5\text{-}9)$$

由上式可知,由于前面的纤维变速较早,后面的纤维变速较晚,使牵伸后纤维头端距离较正常移距偏大。

同理,假设纤维 A 在 $x_2—x_2$ 界面变速,而纤维 B 在 $x_1—x_1$ 界面变速,即头端在前的纤维的变速点在后,头端在后的纤维的变速点在前,且 $a_0 > x$,则当纤维 A 在 $x_2—x_2$ 界面变速后,纤维 B 尚须以速度 v_1 移动一段距离 $(a_0 - x)$ 才到达 $x_1—x_1$ 界面而变速,所需时间为:

$$t = (a_0 - x)/v_1$$

在同一时间内,纤维 A 移动的距离为 $a_1 - x$,则:

$$a_1 - x = v_2 t = v_2(a_0 - x)/v_1 = E(a_0 - x)$$

$$a_1 = E(a_0 - x) + x = Ea_0 - (E-1)x \qquad (5\text{-}10)$$

上式说明由于前面的纤维变速较晚,后面的纤维提前变速,牵伸后纤维的移距较正常移距为小。

综合上述两种情况,两根纤维在不同截面上变速后,头端的移距为:

$$a_1 = Ea_0 \pm (E-1)x \qquad (5\text{-}11)$$

式中:Ea_0——须条经 E 倍牵伸后纤维头端的正常移距;

$(E-1)x$——牵伸过程中纤维头端在不同界面上变速而引起的移距偏差。

由此可见,在实际牵伸过程中,由于纤维头端不在同一位置变速而引起的移距偏差,使须条经牵伸后产生附加不匀。在牵伸区内,若棉条的某一截面上有较多的纤维变速较早,使纤维头端距离较正常移距为小,便产生粗节,紧跟在粗节后面的就是细节;反之,若有较多的纤维变速较晚,便产生细节,紧跟在细节之后的就是粗节。从移距偏差 $(E-1)x$ 可知,当纤维变速位置越分散(x 值越大),牵伸倍数 E 越大时,则移距偏差越大,条干越不均匀。因此,在牵伸过程中,使纤维变速位置尽可能向前钳口集中,即 $x \to 0$,是改善条干均匀度、提高牵伸能力的重要条件。

2.3　纤维变速点的分布

为了研究牵伸过程中纤维的变速界面,可采用以下方法进行测试:

如图 5-8 所示,在牵伸装置内放好试验用的棉条,在开车前将数根染有不同颜色的纤维头端,按等距离依次夹在棉条内,并在棉条上做一记号 O(扎结一根色纱),量出记号 O 和最末一根染色纤维的头端距离 b_i,如图中(a);然后开车,使染色纤维进入牵伸区,当最后一根染色纤维到达变速界面前,该纤维仍以后罗拉速度运动,其头端到记号 O 的距离 b_i 不变,如图中(b),直到这根纤维从前罗拉输出,而记号 O 尚未进入牵伸区,立即停车,如图中(c)。测量记号 O 至前钳口线的距离 s,前钳口线至染色纤维头端距离 c_i,即可计算出纤维头端变速点与前钳口线的距离 x_i。

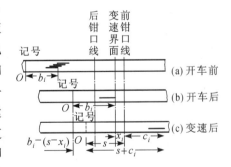

图 5-8　纤维变速点实验

由于纤维在距前钳口线 x_i 处变速，从变速点开始到关车的过程中，以速度 v_1 走过 (x_i+c_i) 的距离。在这段时间内，记号 O 以速度 v_2 走过的距离为 $b_i-(s-x_i)=b_i+x_i-s$。则：

$$(x_i+c_i)/v_1=(b_i+x_i-s)/v_2$$

$$x_i=[c_i-E\times(b_i-s)]/(E-1) \tag{5-12}$$

因此，根据各根染色纤维的 b_i 及 c_i 值，便可算出各根染色纤维的变速点与前钳口线间的距离 x_i 值。

通过试验，简单罗拉牵伸区内纤维变速点分布如图 5-9 所示。图中纵坐标表示纤维数量。试验表明：

（1）在牵伸过程中，纤维头端的变速界面 x_i（变速点至前钳口距离）有大有小，各个变速界面上变速纤维的数量也不相等，因而形成一种分布，即为纤维变速点分布（曲线 1）。

（2）同样长度的纤维，其头端也不在同一位置变速，同样呈现一种分布，长纤维的变速点分布较集中且向前钳口靠近（曲线 2）；短纤维的变速点分布较分散且距前钳口较远（曲线 3）。

（3）在牵伸倍数一定的条件下，随着牵伸区隔距的增大，变速点分布的离散性增加，变速点距前钳口的距离愈远；在隔距相同的条件下，随着牵伸倍数的增加，变速点分布的离散性越小，且变速点位置靠近前钳口。

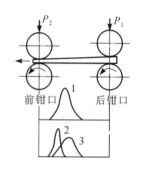

图 5-9　简单罗拉牵伸区内纤维变速点分布

（4）为了获得均匀的产品，应使纤维头端变速点分布尽可能向前钳口处集中而稳定。

实际上，纤维变速点分布是不稳定的，即各变速界面上变速纤维的数量是变化的。当变速点分布曲线向前钳口偏移时，说明有比较多的纤维推迟变速，牵伸后输出的产品必然出现细节；当变速点分布曲线向后偏移时，说明比较多的纤维提前变速，牵伸后输出的产品必然出现粗节。因此，变速点分布不稳定，是产品条干恶化的主要原因。在牵伸过程中，使纤维变速点分布集中而稳定，是保证产品条干均匀的必要条件。

3　牵伸区内的纤维数量分布

在牵伸区内，由后钳口向前钳口方向，从出现快速纤维开始，须条截面中的纤维数量即开始变化。愈向前，快速纤维越多，须条截面中纤维数量越少。在前钳口，所有的纤维均变为快速纤维，结果从后钳口到前钳口的须条截面内的纤维数量由多变少，形成一种分布，如图 5-10 所示。

钳口间的须条可用切段称重法得到各截面的纤维数量分布曲线 $N(x)$。后钳口的纤维数量等于喂入须条横截面内的平均纤维根数 N_2，前钳口的纤维数量等于输出须条横截面内的平均纤维根数 N_1，且 $N_2/N_1=E$。在设法除去牵伸区中的浮游纤维后（用夹持梳理法），即可得到前后钳口握持的纤维（简称前纤维或后纤维）；再用切段称重法得到前钳口握持的纤维数量分布曲线 $N_1(x)$ 和后钳口握持的纤维数量分布曲线 $N_2(x)$。

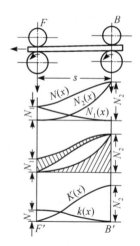

图 5-10　简单罗拉牵伸区内纤维数量分布

如果以 $N(x)$ 曲线为基准,将快速纤维数量分布曲线 $N_1(x)$ 离底线的垂直距离相应地移至 $N(x)$ 曲线下,这样图(b)中的上部和下部阴影部分分别为前纤维和后纤维在牵伸区内的数量分布;介于两者之间的空白部分,则表示既不被前钳口握持又不被后钳口握持的那部分纤维,即浮游纤维的数量分布。

通常牵伸区内,在罗拉握持可靠的条件下,前纤维为快速纤维,后纤维为慢速纤维,而浮游纤维受其周围快速纤维和慢速纤维的影响,速度不稳定。一般在后钳口处,由于其周围纤维多为慢速纤维,所以浮游纤维为慢速纤维;在前钳口处,由于其周围多为快速纤维,且越向前快速纤维数量越多,所以,浮游纤维变为快速纤维。按前、后纤维的比例,把浮游纤维分配成快速纤维和慢速纤维两个部分,再和前、后纤维相加,得到快速纤维的数量分布 $k(x)$ 和慢速纤维的数量分布 $K(x)$。

4　牵伸区内须条摩擦力界及分布

纤维在牵伸过程中的运动取决于牵伸过程中作用在纤维上的外力。作用在整个须条中各根纤维上的力如果不均匀、不稳定,就会引起纤维变速点的分布不稳定。

4.1　摩擦力界的形成与定义

在牵伸区中,纤维与纤维间、纤维与牵伸装置部件之间的摩擦力所作用的空间,称为摩擦力界。摩擦力界具有一定的长度、宽度和强度。牵伸区中,纤维之间各个不同位置的摩擦力强度不同所形成的一种分布,称为摩擦力界分布。摩擦力界每一点上的摩擦力大小,主要取决于纤维间压应力的大小,所以纤维间压应力的分布曲线在一定程度上可以近似地代表摩擦力界的分布曲线。图 5-11 中(a)表示一对罗拉作用下须条轴线方向摩擦力界分布情况。

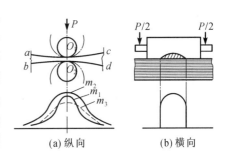

图 5-11　罗拉钳口下摩擦力界分布图

由于上罗拉垂直压力 P 的作用,须条被上下罗拉握持,因而使纤维间产生压应力。这个应力的分布区域不仅作用在通过上下罗拉轴线的垂直平面上,而且还扩展到这个平面两侧的空间。在上下罗拉轴线的垂直平面 O_1O_2 上,压应力最大,纤维接触最紧密,纤维间产生的摩擦力强度也最大,摩擦力界分布曲线在这个位置是峰值。在 O_1O_2 两侧,压应力逐渐减小,摩擦力强度也逐渐减小,形成一种中间高、两端低的分布。

4.2　影响摩擦力界的因素

当皮辊加压、罗拉直径、棉条的定量变化时,其摩擦力界的分布也会变化,规律如下:

(1)皮辊加压。皮辊的压力增加,钳口内的纤维丛被压得更紧,摩擦力界长度扩展,且摩擦力界强度分布的峰值增大(曲线 m_2)。

(2)罗拉直径。罗拉直径增大时,摩擦力界纵向长度扩展,但摩擦力界峰值减小。这是因为同样的压力分配在较大的面积上(曲线 m_3)。

(3)棉条定量。棉条定量增加,而其他条件不变,则加压后须条的宽度与厚度均有所增加,加大了与皮辊和罗拉的接触面积,摩擦力界分布曲线的峰值降低、长度扩展,与曲线 m_3 的形态相似。

(4)纤维的表面性能、抗弯刚度及纤维的长度和细度等。这些因素都影响着远离钳口过程中摩擦力界分布扩展的态势。

（5）罗拉隔距。此隔距小时，摩擦力界强度较强；隔距大时，中部的摩擦力界强度较小。

图5-11(b)所示为沿须条横截面方向的罗拉钳口下的摩擦力界分布。这个方向的分布简称横向分布。当皮辊加压后，由于皮辊富有弹性和变形，须条完全被包围，中部的须条压缩得紧密，摩擦力界强度最大；两侧的须条，由于皮辊变形，也受到较大的压力。所以，横向摩擦力界的分布比较均匀。

牵伸过程中，对纤维运动的控制是否完善，与摩擦力界的纵向分布密切相关；至于横向摩擦力界，只要求做到适当地约束须条，使之不过于向两侧扩散，保持须条横向分布均匀、摩擦力界分布均匀即可。

在一个牵伸区中，两对罗拉各自形成的摩擦力界连贯起来，就组成了简单罗拉牵伸区内整个摩擦力界分布，如图5-12所示。可见，中部摩擦力界的强度较弱，所保持的只是纤维间的抱合力，因而控制纤维的能力较差，致使较短的纤维的变速点不稳定，恶化产品条干。可采用紧隔距、重加压来增强中部摩擦力界。

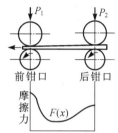

图5-12 简单罗拉牵伸区内摩擦力界分布

5　引导力和控制力

牵伸区内任意一根浮游纤维都被周围的快速纤维和慢速纤维所包围。快速纤维作用于浮游纤维上的摩擦力 f_a，称为引导力；慢速纤维作用于浮游纤维上的力 f_v，称为控制力。控制力使浮游纤维保持慢速，而引导力则使浮游纤维快速前进。一根浮游纤维在牵伸区内处于不同位置时，作用于其上的引导力和控制力也不相同；当引导力大于控制力时，就能使浮游纤维变速。

如图5-13所示，牵伸区内任意一根长度为 l_f 的浮游纤维，其头端位于 x_1 位置时，尾端位于 (x_1-l_f) 的位置，它被周围的快速纤维 l_1 和慢速纤维 l_0 所包围。

由于牵伸区内纵向摩擦力界强度分布为 $F_M(x)$，在任一截面 x 上，浮游纤维 l_f 的微小片段 dx 受到周围纤维的摩擦力总和为 $F_M(x)dx$。由于牵伸区内快慢纤维的数量分布，慢速纤维与浮游纤维 l_f 的接触概率为 $K(x)/[k(x)+K(x)]$，快速纤维与它的接触概率为 $k(x)/[k(x)+K(x)]$。

则快速纤维对浮游纤维的引导力为：

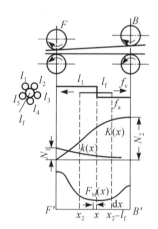

图5-13　引导力与控制力

$$f_a = \int_{x_1-l_f}^{x_1} \frac{k(x)}{k(x)+K(x)} F_M(x)dx \qquad (5-13)$$

慢速纤维对浮游纤维的控制力为：

$$f_v = \int_{x_1-l_f}^{x_1} \frac{K(x)}{k(x)+K(x)} F_M(x)dx \qquad (5-14)$$

显然，当 $f_a > f_v$ 时，该纤维改为快速运动；当 $f_a < f_v$ 时，该纤维仍保持原来的慢速运动。影响引导力和控制力的主要因素有：接触的快速、慢速纤维的数量；摩擦力界的强度分布；

浮游纤维本身的长度和它处在须条中的位置;以及纤维的摩擦性能。

为了使牵伸过程中浮游纤维运动保持稳定,必须使引导力和控制力稳定。

6 牵伸力和握持力

牵伸区中,前钳口所握持的须条是由快速纤维组成的,后钳口所握持的须条是由慢速纤维所组成的。罗拉钳口必须具有足够的握持力来克服所有快速纤维和慢速纤维间的摩擦力,牵伸作用才能顺利进行。

6.1 牵伸力和握持力

(1)牵伸力。牵伸过程中,以前罗拉速度运动的快速纤维从周围的慢速纤维中抽出时,所受到的摩擦阻力的总和,称为牵伸力。

牵伸力与控制力、引导力是有区别的。牵伸力是指须条在牵伸过程中受到的摩擦阻力,而控制力和引导力是对一根纤维而言的。牵伸力与快、慢速纤维的数量分布及工艺参数有关。

由于任意一根纤维受到周围的慢速纤维的摩擦阻力称为控制力,故牵伸力 T 可以从控制力的概念,由式(5-14)导出:

$$T = \int_{S-l_m}^{S} F_M(x) \frac{K(x)}{k(x)+K(x)} k(x) \mathrm{d}x \tag{5-15}$$

式中:l_m——纤维最大长度;

S——前、后钳口间的距离。

(2)握持力。在罗拉牵伸中,为了能使牵伸顺利进行,罗拉钳口对须条要有足够的握持力,以克服须条牵伸时的牵伸力。

所谓罗拉握持力是指罗拉钳口对须条的摩擦力。其大小取决于钳口对须条的压力及上下罗拉与须条间的摩擦系数。如果罗拉握持力不足以克服须条上的牵伸力时,须条就不能正确地按罗拉表面速度运动,而在罗拉钳口下打滑,造成牵伸效率低、输出须条不匀,甚至出现"硬头"等不良后果。

在前钳口处,前罗拉作用于须条的摩擦力 F_1 与须条的运动方向相同,皮辊对须条的摩擦力 f_1 与须条的运动方向相反;而牵伸力 T 是快速纤维受到慢速纤维的摩擦力的总和,故 T 与须条的运动方向相反。因而正常牵伸时,为了防止须条在钳口下打滑,前钳口握持须条的条件是:

$$F_1 - f_1 \geqslant T \tag{5-16}$$

后钳口握持的须条,在牵伸力 T 的作用下,有向前滑动的趋势,故 T 与须条的运动方向相同;而后罗拉作用于须条的摩擦力 F_2 及后皮辊作用于须条的摩擦力 f_2 都与须条的运动方向相反。因而,正常牵伸时,后钳口握持须条的条件是:

$$F_2 + f_2 \geqslant T \tag{5-17}$$

由以上分析可知,前、后钳口的实际握持力分别为 (F_1-f_1) 及 (F_2+f_2)。因此,欲使前、后钳口同样达到与牵伸力相适应的握持力,则 $F_1 > F_2$,故前皮辊上的压力 P_1 应大于后皮辊

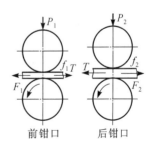

图 5-14 须条在两对简单罗拉构成的牵伸钳口下的受力分析

上的压力 P_2。

6.2 影响握持力和牵伸力的因素

（1）影响握持力的因素。握持力的大小取决定上下罗拉与须条的摩擦系数及罗拉上的加压。因此，影响握持力的因素，除罗拉加压外，主要有皮辊的硬度、罗拉表面沟槽的形态及槽数。同时，由于皮辊磨损中凹，皮辊芯子缺油而回转不灵活，以及罗拉沟槽棱角磨光等，对握持力亦有很大影响。牵伸装置对各对罗拉所加压力是通过实验确定的，一般应使钳口的握持力比最大牵伸力大2～3倍。

（2）影响牵伸力的因素。影响牵伸力的因素很多，主要有以下几个方面：

① 牵伸倍数：

a. 当喂入棉条的线密度一定时，牵伸倍数与牵伸力的关系如图5-15所示。当牵伸倍数等于1时，纤维间没有相对滑移，牵伸力为零；此后，随着牵伸倍数的提高，须条呈张紧状态，牵伸力随牵伸倍数的增大而急速增大；在牵伸倍数接近临界值 E_c 时，纤维间开始产生滑动；当牵伸倍数超过 E_c 后，钳口下纤维数量减少，牵伸力下降。实验表明，棉条临界牵伸倍数 $E_c=1.2～1.3$。

b. 当输出棉条线密度维持不变，喂入棉条的线密度增大。牵伸倍数增大，此时虽然前纤维数量不变，但由于后纤维数量增加，后钳口摩擦力界向前扩展，因而使每根纤维受到的阻力增加，牵伸力也随之增加。因此，牵伸力随着牵伸倍数的增大而增大。

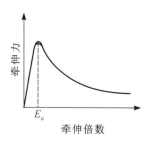

图 5-15 牵伸倍数与牵伸力

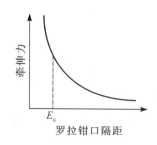

图 5-16 罗拉隔距与牵伸力

② 罗拉握持距：当罗拉隔距变化时，牵伸力的变化曲线如图5-16所示。罗拉隔距增大，牵伸力减小；但到一定程度后，隔距再增大时，牵伸力几乎没有变化，因为此时快速纤维的后端受到摩擦力界的影响较小。反之，当罗拉隔距缩小到一定程度后，快速纤维尾端受到后罗拉摩擦力界的影响较大，部分长纤维可能同时受到前、后罗拉的控制，牵伸力剧增，使纤维拉断或牵伸不开而出现"硬头"。

③ 皮辊加压：牵伸区中后钳口处皮辊压力增大，后摩擦力界强度、范围增大，牵伸力也随之增大。

④ 附加摩擦力界：由于曲线牵伸机构的后摩擦力界扩展，因此，即使后钳口处压力与简单罗拉牵伸相同，牵伸力也较大。如牵伸机构中采用集合器、压力棒等，都会使牵伸区内附加摩擦力界增大，牵伸力增大。

⑤ 喂入棉条的厚度和密度：当喂入棉条厚度增大时，摩擦力界分布长度扩展，牵伸力变大。实验证明，当其他条件不变时，两根棉条并列喂入，其牵伸力为单根棉条的2倍；两根棉条上下重叠喂入，牵伸力为单根棉条的3.2倍。

⑥ 纤维性质:纤维长度长,细度细,则同样线密度的须条的截面中纤维根数多,且纤维在较大的长度上受到摩擦阻力,所以牵伸力大;同时接触的纤维数量较多,抱合力较大,也增加了牵伸力。此外,纤维的平行伸直度愈差,纤维相互交叉纠缠,摩擦力较大,牵伸力增大。

⑦ 温湿度:温湿度与牵伸力密切相关。温度增高时,纤维间摩擦系数小,牵伸力降低。一般情况下,相对湿度增大,纤维摩擦系数增加;但相对湿度在34%～76%时,相对湿度增加,牵伸过程中纤维易于平行伸直,牵伸力反而降低。

6.3　对牵伸力和握持力的要求

牵伸力反映了牵伸区中快速纤维与慢速纤维之间的联系力。由于这种联系力的作用,使得须条紧张,并引导慢速纤维在紧张伸直的状态下转变速度。因此,牵伸力应具有一适当的数值,并保持稳定。这是保证牵伸区内纤维运动稳定的必要条件。牵伸力不应过大,因为过大就意味着快速纤维与慢速纤维之间的联系力非常紧密,易带动慢速纤维提前变速,从而使变速点分布离散度增加,恶化须条条干。

同时,如果前罗拉钳口对纤维的握持力小于牵伸力,会使须条在钳口下打滑,牵伸不开。

握持力必须大于牵伸力,才能使牵伸正常进行,一般握持力应比牵伸力大2～3倍。

7　牵伸区内纤维运动的控制

在牵伸过程中,控制纤维的运动是提高须条均匀度的关键。

牵伸装置对纤维运动的控制,是依靠其对须条的摩擦力界合理布置而建立的。

7.1　摩擦力界布置

摩擦力界布置应该使其一方面满足作用于个别纤维上的力的要求,同时又能满足作用于整根牵伸须条上的力的要求。

对于个别纤维而言,适当加强控制力,并减少引导力,可以使纤维变速点向前钳口靠近,并有利于变速点相对稳定。

对于整根须条而言,牵伸力应具有适当数值,并保持稳定。根据适当加强对浮游纤维的控制力,并减弱其对引导力的要求,在牵伸区纵向,应将后钳口的摩擦力界向前逐渐扩展并逐渐减弱。这意味着加强慢速纤维对浮游纤维的控制,同时又能让比例逐渐增加的快速纤维从须条中顺利抽出,而不影响其他纤维的运动。

前钳口的摩擦力界在纵向的分布状态应高而狭,以便稳定地发挥对浮游纤维的引导作用,这样,可以保证纤维变速点分布向前钳口附近集中且相对稳定。

7.2　附加摩擦力界的应用

根据摩擦力界分布的理论要求,仅由两对罗拉组成的摩擦力界分布是不能满足要求的。在牵伸区域中,由于两对罗拉之间有一定的隔距,且隔距主要适应所加工纤维长度的需要,因此由两对罗拉所建立的摩擦力界,其扩展到牵伸区的中部时,强度已经很弱;甚至在牵伸区中部的较长一段距离上,摩擦力界主要依靠纤维之间的抱合力来建立。因此,控制力和引导力不稳定,波动较大。在此情况下,浮游纤维的运动将不能得到很好的控制,变速点分布离散度大,且不稳定。因此,需要在牵伸区加装附加摩擦力界,以加强牵伸区中部摩擦力界,达到既控制浮游纤维运动、又不阻碍快速纤维运动的目的。

目前,常用的附加摩擦力界机构为皮圈、轻质辊、压力棒、曲线牵伸等形式,以增加中部摩擦力界,改善对纤维运动的控制。

8 纤维的平行伸直作用

通过牵伸可以提高须条中纤维的平行伸直度,改善须条中纤维的弯钩状态,提高成纱质量。

8.1 平行伸直的概念

一根纤维在空间的真实长度(或称原始长度)为 ab,(图5-17),向任意平面 $x—x'$ 的最大投影长度为 cd,则纤维的伸直度 ξ 及平行度 p 分别为:

$$\xi = (cd/ab) \times 100\% \tag{5-18}$$

$$p = \cos\theta = (cd/a'b') \times 100\% \tag{5-19}$$

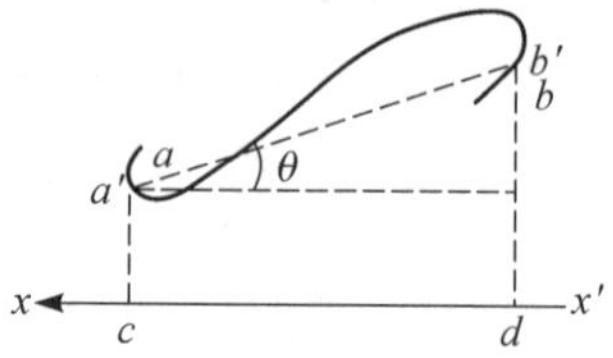

图5-17 单纤维平行度与伸直度

在牵伸过程中,纤维的伸直过程就是纤维自身各部分间发生相对运动的过程。须条中纤维的形态一般分为三类,即无弯钩的卷曲纤维、前弯钩纤维和后弯钩纤维。无弯钩的卷曲纤维,纤维的伸直过程较为简单,当它的前端与其他部分之间产生相对运动时,纤维即开始伸直。但是有弯钩的纤维,伸直过程较为复杂。通常将有弯钩纤维的较长部分称为主体,较短部分称为弯钩;位于牵伸前进方向的一端称为前端,另一端称为后端;弯钩与主体相连处称为弯曲点。弯钩的消除过程,即弯钩纤维的伸直过程,应看作是主体与弯钩产生相对运动的过程。主体和弯钩如果以相同速度运动,则不能将弯钩消除。

弯钩纤维能否伸直,必须具备三个条件:①弯钩与主体部分必须有相对运动,即速度差;②伸直延续时间,即速度差必须保持一定的时间;③作用力,即弯钩纤维所受到的引导力和控制力应相适应。

8.2 纤维伸直过程的延续时间

纤维能否伸直以及伸直效果的好坏,在很大程度上取决于伸直过程的延续时间。对于后弯钩纤维,开始伸直的最大可能位置是主体部分的中点越过快、慢速纤维数量相等的 R' 点,如图5-18所示。事实上,由于主体的长度较长,它的中点还未到达 R' 点时,其头端可能已经进入前钳口线 FF',由于前钳口的握持力迫使主体部分提前变速,因此延长了弯钩伸直的延续时间,提高了伸直效果。相反,对于前弯钩纤维,开始伸直的位置是弯钩的中点越过 R' 点,而纤维弯曲点的位置还未到达前钳口,主体部分的中点尚未到达 R' 点。但当前弯钩纤维伸直发生后,由于弯曲点很快进入前钳口,迫使整根纤维做快速运动,使伸直过程提前结束,因此缩短了弯钩伸直的延续时间,降低了伸直效果。

可见,由于前钳口的强制握持作用,使后弯钩纤维的伸直延续时间长,前弯钩纤维的伸直延续时间短,所以,罗拉牵伸有利于后弯钩纤维的伸直。

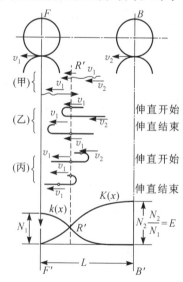

图5-18 纤维的伸直过程

8.3　影响伸直平行效果的主要因素

实践证明,影响纤维伸直平行效果的主要因素有牵伸倍数及牵伸分配、牵伸形式、罗拉握持距和罗拉加压及工艺道数等。

(1) 牵伸倍数及牵伸分配。牵伸倍数对于弯钩纤维的伸直效果有直接影响。弯钩纤维的伸直度可以用伸直系数 η 表示:

$$\eta = 主体部分的长度 / 纤维的实际长度$$

经过牵伸后,弯钩纤维的主体部分长度增大,弯钩部分长度减小,伸直系数相应增大。若用 η 表示伸直作用开始前的伸直系数,η' 表示伸直作用结束后的伸直系数,则 $\eta' > \eta$。

各种牵伸倍数下前弯钩纤维的伸直效果可以用函数图像来表示,如图 5-19 所示,横坐标表示牵伸倍数,纵坐标表示伸直系数 η',各条曲线表示各种原始伸直系数的纤维在不同牵伸倍数下的伸直效果。图像共分为三个区:①区表明牵伸倍数较小($E < 3$)时,伸直效果随牵伸倍数的增大而提高;②区表示牵伸倍数增大($E > 3$)时,伸直效果先增后减,总的伸直效果不明显;③区表示牵伸倍数更大($E > 4 \sim 6$)时,各线段趋于水平,即 $\eta' = \eta$,无伸直效果。

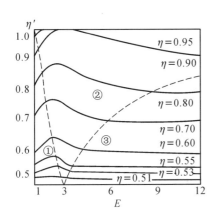

图 5-19　前弯钩纤维伸直效果的函数图像

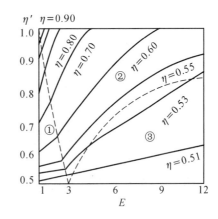

图 5-20　后弯钩纤维伸直效果的函数图像

各种牵伸倍数下后弯钩纤维的伸直效果也可以用函数图像表示,如图 5-20 所示。图中①、②、③三个区域的图像表明各种原始伸直系数的后弯钩纤维,经牵伸后,其伸直系数都随牵伸倍数的增大而提高,即:牵伸倍数越大,后弯钩纤维的伸直效果越好。

从以上的分析可见,牵伸对伸直后弯钩有利,且牵伸倍数越大,对后弯钩纤维的伸直效果越好;而对于伸直前弯钩,仅在牵伸倍数较小 $E < 3$ 时才有一定的伸直作用。

由于梳棉生条中大部分纤维呈后弯钩状态,条子从条筒中引出后,每经过一道工序,纤维便发生一次倒向,所以使喂入头道并条机的生条中前弯钩纤维居多,喂入二道并条机的半熟条中后弯钩纤维居多。因此,在头道并条的后牵伸区采用较小的牵伸倍数(1.06~2.00),有利于前弯钩伸直;在二道并条的主牵伸区采用较大的牵伸倍数,有利于后弯钩的伸直。并条机道数间的牵伸配置采用头道小、二道大,有利于消除后弯钩,可提高纤维的伸直度。

（2）牵伸形式。不同的牵伸形式，其牵伸区具有不同的摩擦力界分布，对须条的牵伸能力和弯钩的伸直作用不同。曲线牵伸和压力棒牵伸，由于加强了牵伸区后部的摩擦力界，对纤维的控制力加强，且主牵伸区的牵伸倍数增大，对纤维的伸直作用较好。

（3）工艺道数。由于细纱机是伸直纤维的最后一道工序，且牵伸倍数最大，有利于消除后弯钩。因此为了使喂入细纱机的粗纱中后弯钩纤维为主，在普梳纺纱工艺中，梳棉与细纱之间的工艺道数应符合"奇数原则"，这样有利于弯钩伸直。

【技能训练】

1. 描述牵伸的基本作用。
2. 牵伸中纤维变速的条件与变速点控制。

【课后练习】

1. 什么是牵伸？实现罗拉牵伸的基本条件是什么？什么是机械牵伸与实际牵伸？两者的关系如何？
2. 什么是牵伸装置的总牵伸和部分牵伸？两者的关系如何？
3. 牵伸区内纤维是如何分类的？
4. 什么是牵伸区内须条摩擦力界？如何布置？其有何作用？如何在牵伸区内设置合理的须条摩擦力界？
5. 为何要控制牵伸区内浮游纤维的运动？如何控制？
6. 牵伸过程中纤维伸直平行必须具备的条件是什么？在实际过程中如何满足？

任务5.4 牵伸机构与传动

【工作任务】 1. 绘制并条机的主要牵伸形式图（附摩擦力界分布），分析不同牵伸装置的特点（课前预习完成）。

2. FA319型和FA306型传动图分析，认识牵伸变换齿轮。
3. 解释理论产量计算式中各数字的意思。
4. 讨论Z_E、Z_F与输出棉条定量的关系。
5. 确定牵伸变化齿轮的方法和步骤。

【知识要点】 1. 并条机的牵伸形式。

2. 并条机的传动。
3. 并条机的工艺计算。

1 并条机的牵伸形式

并条机的牵伸形式经历了从连续牵伸和双区牵伸到曲线牵伸的发展过程，其牵伸形式、牵伸区内摩擦力界布置越来越有利于对纤维的控制。尤其是新型压力棒牵伸，使牵伸过程中纤维变速点分布集中，条干均匀，品质优。

1.1   三上四下曲线牵伸

三上四下曲线牵伸是在四罗拉双区牵伸形式上发展而来的。如图 5-21 所示,它用一根大皮辊骑跨在第二、三罗拉上,并将第二罗拉适当抬高,使须条在中区呈屈曲状握持。须条在第二罗拉上形成包围弧,对纤维的控制作用较好。但在前区,由于须条对前皮辊表面有一小段包围弧,在后区,须条在第三罗拉表面有一段包围弧(称为反包围弧),使两个牵伸区前钳口的摩擦力界增强,并向后扩展,虽然加强了前钳口对纤维的控制,但易引起纤维变速点分散后移,影响条干质量。

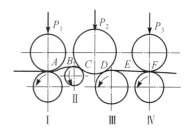

图 5-21   三上四下曲线牵伸

1.2   新型牵伸形式

各种新型并条机的牵伸装置的特点是:①在加大输出罗拉直径的条件下,通过上下罗拉的不同组合,或采用压力棒等附加摩擦力界装置,来缩小主牵伸区的罗拉握持距,适应较短纤维的加工;②在主牵伸区,须条必须沿上下罗拉公切线方向进入钳口,尽量避免在前罗拉上出现反包围弧,否则会增加前钳口处的摩擦力界向牵伸区扩展,使纤维提前变速,且变速点分散。

(1)压力棒曲线牵伸。压力棒牵伸是目前高速并条机上广泛采用的一种牵伸机构。在主牵伸区放置压力棒,增加了牵伸区中部的摩擦力界,有利于纤维变速点向前钳口靠近且集中。根据压力棒与须条的相对位置,压力棒牵伸可分为下压式和上托式两种。

压力棒牵伸装置形式有下压式和上托式两种。上托式是指棉网在上,而压力棒在下;下压式则是棉网在下,压力棒在上,易积花。

① 下压式压力棒:即压力棒在上、须条在下。这种牵伸装置是当前高速并条机上采用最广泛的一种牵伸形式,如图 5-22 和图 5-23 所示。在主牵伸区装有压力棒。它是一根半圆辊或扇形棒。它的弧形边缘与须条接触,并迫使须条的通道成为曲线。压力棒的两端,用一个鞍架套在中胶辊的轴承上,使压力棒中胶辊连接为一个整体,并可绕中胶辊的中心摆动。在机器运转时,压力棒被须条的张力托持而有向上抬起的倾向,所以需要加弹簧压力,以限制压力棒的上抬。其方法是在摇臂加压的摇架上加弹簧片,当摇架放下时,弹簧片施压于鞍架肩部,由于力矩作用,使压力棒对须条产生压力。

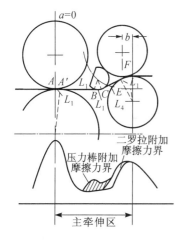

图 5-22   压力棒曲线牵伸

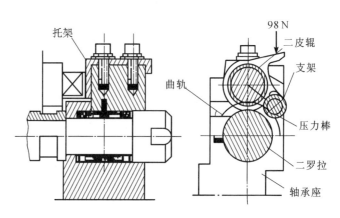

图 5-23   压力棒安装结构

② 上托式压力棒：即压力棒在下、须条在上，压力棒向上托起，使须条呈屈曲状，增加对纤维的握持。由于压力棒处于须条下部，解决了压力棒积花现象，结构简单，操作方便。但当棉网高速运动向上的冲力较大时，压力棒对须条的控制作用较差，不适宜高速。如图 5-24(a)所示为上托式压力棒。

压力棒曲线牵伸的特点为：

① 压力棒可以调节，所以容易做到使须条沿前罗拉的握持点切向喂入。

② 压力棒加强了主牵伸区后部摩擦力界，使纤维变速点向前钳口靠近且集中。

③ 加工适应性强，适纺纤维长度为 25～80 mm。

④ 压力棒对须条的法向压力具有自调作用，相当于一个弹性钳口的作用。当喂入品为粗段时，牵伸力增加，此时压力棒的正压力正比例增加，加强了压力棒牵伸区后部的摩擦力界，可防止由于牵伸力增大而使浮游纤维提前变速。当喂入品为细段时，须条上所受的压力略有降低，从而使压力棒能够稳定牵伸力。

（2）三上三下、三上三下附导向辊压力棒曲线牵伸。这两种压力棒曲线牵伸的特点是均为双区牵伸，第一、第二罗拉间为主牵伸区，第二、第三罗拉间为后牵伸区；第二罗拉上的胶辊既是主牵伸区的控制辊，又是后牵伸区的牵伸辊，中皮辊易打滑。这种牵伸装置适合纺中粗特纱。

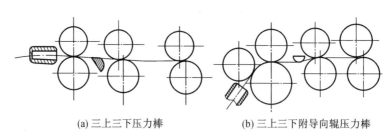

(a) 三上三下压力棒   (b) 三上三下附导向辊压力棒

图 5-24　三上三下、三上三下附导向辊压力棒曲线牵伸

三上三下压力棒曲线牵伸如图 5-24(a)所示，其棉网在离开牵伸区而进入集束区时，易受气流干扰，影响输出速度提高。三上三下附导向辊压力棒曲线牵伸如图 5-24(b)所示，其输出棉网在导向辊的作用下，转过一个角度后顺利地进入集束器，克服了三上三下压力棒曲线牵伸中棉网易散失的缺点。FA306 型并条机采用三上三下压力棒曲线牵伸。

（3）四上四下附导向辊压力棒双区曲线牵伸。FA311 型并条机的牵伸形式为四上四下附导向辊压力棒双区曲线牵伸，如图 5-25 所示。

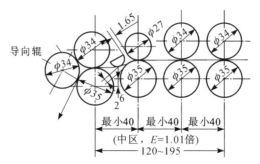

图 5-25　FA311 型并条机的牵伸形式

这种牵伸形式的特点是既有双区牵伸和曲线牵伸的优点,又带有压力棒,是一种新型曲线牵伸。与三上三下压力棒式的新型曲线牵伸结构相比,它的突出特点是中区的牵伸倍数设计为接近于 1 的略有张力的固定牵伸($E = 1.018$)。这种设置改善了前区的后胶辊和后区的前胶辊的工作条件,使前区的后胶辊主要起握持作用,后区的前胶辊主要起牵伸作用,改善了牵伸过程中的受力状态。因此,在相同的牵伸系统制造精度条件下,对须条可获得较好的综合握持效果,利于稳定条干质量。另一方面,须条经后区牵伸,进入牵伸倍数接近 1 的中区,可起稳定作用,为进入更大倍数的前区牵伸做好准备。这种牵伸系统的适纺纤维长度为 20~75 mm,通常适纺 60 mm 以下纤维;如纺 60~75 mm 纤维时,要拆除第三对罗拉,改为三上三下附导向辊压力棒式连续牵伸。

(4) 多皮辊曲线牵伸。皮辊列数多于罗拉列数的曲线牵伸装置,叫作多皮辊曲线牵伸。这种曲线牵伸既能适应高速,又能保证产品质量。图 5-26 所示为德国青泽 720 型并条机的五上三下曲线牵伸装置,具有以下特点:

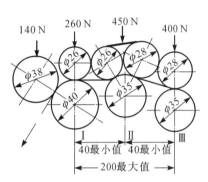

图 5-26　青泽 720 型并条机牵伸装置

① 结构简单,能满足并条机高速化的要求。该牵伸机构内没有集束区,整个牵伸区仅有三根罗拉,简化了结构和传动系统。罗拉列数少,为扩大各牵伸区的中心距创造了条件,适纺较长纤维。

② 前后牵伸区都是曲线牵伸,利用第二罗拉抬高对须条的曲线包围弧,加强了前牵伸区的后部摩擦力界分布,有利于条干均匀度。

③ 将第二罗拉的位置抬高,将第三罗拉的位置降低,三根罗拉形成扇形配置,使须条在前、后两个牵伸区中都能直接沿公切线方向喂入,减小反包围弧至最低限度,对提高产品质量有利。

④ 前皮辊起导向的作用,有利于高速。

⑤ 可加工纤维的长度适应性强。因为采用了多列皮辊,并缩短了中间两个皮辊的直径,使罗拉钳口间距离缩小,能加工 25 mm 的短纤维;又由于罗拉列数少,可放大第一到第三罗拉间的中心距,故可加工长纤维。

2　传动系统

FA311 型并条机采取 4/8 极双速电机(附电磁制动),8P 低速启动平稳可靠,整机停车迅速,可防止在试车启动时产生不规则牵伸。

以直径大的压辊轴为主轴,分别通过两级齿轮传给前罗拉和二罗拉,有利于主牵伸区中两对牵伸罗拉在开关车时同步运行。

牵伸传动齿轮分布于车头、车尾两个箱内,全部为斜齿轮,安装在封闭的油浴齿轮箱内,运转平稳,噪音小。

其他传动部分的齿轮、伞形齿轮和蜗轮减速器均安装于封闭的齿轮箱内,高速回转件均采用滚动轴承,适应高速,便于保养。传动图如图 5-27 所示。

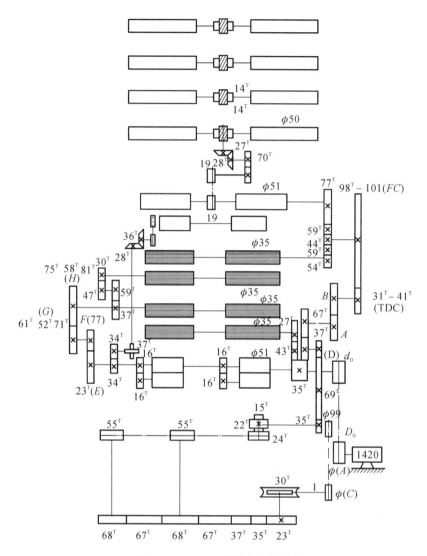

图 5-27　FA311 型并条机传动图

3　工艺计算

3.1　牵伸计算

本机总牵伸的调节范围为 5～15 倍,后区牵伸的调节范围是 1.2～2.0 倍,中区是 1.018 倍的固定牵伸。后区牵伸倍数的调节以改变主牵伸倍数来实现,即:

$$后区牵伸倍数 = \frac{总牵伸倍数}{1.018 \times 主牵伸倍数} \tag{5-20}$$

(1) 总牵伸倍数。

$$总牵伸倍数 = \frac{67 \times B \times FC \times 54}{27 \times A \times TDC \times 44} \tag{5-21}$$

式中：A，B——总牵伸范围变换齿轮齿数；

　　　TDC——总牵伸变换齿轮（轻重牙）齿数（$31^T \sim 41^T$）；

　　　FC——总牵伸微调齿轮（冠牙轮）齿数（$98^T \sim 101^T$）。

（2）主牵伸倍数。

$$主牵伸倍数 = \frac{39 \times F \times H}{27 \times E \times G} \tag{5-22}$$

式中：E，F，G，H——主牵伸变换齿轮齿数（E/F 有 $77^T/23^T$ 或 $71^T/29^T$，G 有 40^T、43^T、46^T、52^T、61^T、71^T，H 有 58^T、75^T、81^T）。

3.2　张力牵伸计算

（1）给棉罗拉—导条罗拉张力牵伸倍数 $= \dfrac{51 \times 70 \times 27}{50 \times I \times 28}$ \hspace{2em}(5-23)

式中：I——给棉张力牙（$63^T \sim 65^T$）。

（2）后罗拉—给棉罗拉张力牵伸倍数 $= \dfrac{77 \times 35}{54 \times 51} = 0.978$ \hspace{2em}(5-24)

（3）压辊—前罗拉张力牵伸倍数 $= \dfrac{27 \times 51}{39 \times 35} = 1.008\,7$ \hspace{2em}(5-25)

（4）圈条盘—压辊张力牵伸倍数 $= \dfrac{\phi \times 24 \times 15 \times D \times 39}{51 \times 55 \times 22 \times 39 \times 57} - \dfrac{1}{N}$ \hspace{2em}(5-26)

式中：D——圈条张力牙；

　　　ϕ——圈绕直径；

　　　N——圈绕数（圈条盘与条筒的转速比）。

N（圈绕数）取决于下圈条的蜗杆上皮带轮"C"的尺寸：

$$N = \frac{68 \times 30 \times (C-9) \times 24 \times 15}{23 \times 1 \times (99-9) \times 55 \times 22} \tag{5-27}$$

3.3　牵伸计算举例

当总牵伸设计为 8.133 倍时，后区牵伸预置 1.2 倍左右，总牵伸值除后区牵伸预置值及中区牵伸值等于 6.657 倍。即：

$$\frac{8.133}{1.2 \times 1.018} = 6.657$$

当选用 $F/E = 77/23$ 时，与 6.657 相近的上限值为 6.974，下限值为 6.421，于是后牵伸值可求出：

$$\frac{8.133}{6.974 \times 1.018} = 1.146;\quad \frac{8.133}{6.421 \times 1.018} = 1.244$$

最后，确定牵伸值为 1.244 时，则主牵伸为 6.421，应用 G 为 61^T、H 为 81^T。

3.4　产量计算

（1）压辊输出速度 v(m/min)。

$$v = \frac{\pi \cdot d \cdot n \cdot D_0 (1 - \varepsilon)}{1\,000 d_0} \tag{5-28}$$

式中：n——电机的转速($1\,450\ r/min$)；

d——压辊直径($51\ mm$)；

D_0——电动机皮带轮直径(mm)；

d_0——压辊传动轴皮带轮直径(mm)；

ε——平皮带相对滑动系数(取 0.01)。

（2）理论产量。

$$Q_0 = 2 \times 60 \times \frac{v \cdot q}{5 \times 1\,000} = 0.024vq\,[\text{kg}/(\text{台}\cdot\text{h})] \qquad (5\text{-}29)$$

$$QL_0 = 2 \times 60 \times \frac{v}{1\,000} = 0.012v\,[\text{km}/(\text{台}\cdot\text{h})] \qquad (5\text{-}30)$$

式中：q——棉条定量($g/5\ m$)；

v——压辊输出速度(m/min)。

（3）实际产量。

$$Q = Q_0(1-\eta) \quad [\text{kg}/(\text{台}\cdot\text{h})] \qquad (5\text{-}31)$$

$$QL = QL_0(1-\eta) \quad [\text{km}/(\text{台}\cdot\text{h})] \qquad (5\text{-}32)$$

式中：η——机器停台率。

【技能训练】

1. 对照设备，认识牵伸各组成部分及作用、特点。

2. 对照设备，复习牵伸各基本概念。

3. 根据传动图进行计算，确定变换齿轮。

【课后练习】

1. 并条机的组成及其作用是什么？各牵伸形式有何特点？

2. 为什么双区牵伸的条干优于连续牵伸，曲线牵伸的条干优于双区牵伸？

3. 适应高速化的牵伸形式应具有哪些特点？说明压力棒曲线牵伸及多皮辊曲线牵伸的优点。

4. 压力棒的截面形状应满足哪些要求？压力棒的截面形状有几种？

5. 压力棒在牵伸区中的安装方式有几种？各有何优缺点？

6. 在 FA311 型并条机上，头道棉条干定量为 $20\ g/5\ m$，末道棉条干定量为 $19.7\ g/5\ m$，设牵伸配合率为 1.03，试确定末道并条机的牵伸分配及变换齿轮齿数。

任务5.5 牵伸工艺配置与工艺设计

【工作任务】1. 讨论各道并条的总牵伸倍数的确定及原因。

2. 讨论后区牵伸倍数的确定及原因。

3. C28 tex 的输入、输出品定量，总牵伸倍数及后区牵伸倍数的确定。

4. 完成并条工艺设计报告(分组课余时间完成)。

【知识要点】1. 牵伸工艺配置。

2. 并条机工艺设计。

1　牵伸工艺配置

并条工序是提高纤维伸直平行度与纱条条干均匀度的关键工序。为了获得质量较好的棉条,必须确定合理的并条机道数,选择优良的牵伸形式及牵伸工艺参数。牵伸工艺参数包括棉条线密度、并合数、总牵伸倍数、牵伸分配、罗拉握持距、皮辊加压、压力棒调节、集合器口径等。

1.1　牵伸倍数及牵伸分配

(1) 总牵伸倍数。总牵伸倍数应与并合数及纺纱线密度相适应,一般应稍大于或接近于并合数。根据生产经验,总牵伸倍数=(1~1.15)×并合数。

(2) 牵伸分配。牵伸分配是指当并条机的总牵伸倍数一定时,配置各牵伸区倍数或头、二道并条机的牵伸倍数。决定牵伸分配的主要因素是牵伸形式,还要结合纱条结构状态来考虑。

① 各牵伸区的牵伸分配:由于前区为主牵伸区,牵伸区内摩擦力界布置合理,尤其是曲线牵伸和压力棒牵伸,对纤维的控制能力较好,纤维变速点稳定集中,所以可以承担大部分牵伸;后区由于为简单罗拉牵伸,且刚进入牵伸区内的须条纤维排列紊乱,所承担的牵伸倍数较小,主要起整理作用,使条子以良好的状态进入前区。

各道并条机前、后牵伸区的牵伸分配也不相同。喂入头道并条机条子中前弯钩居多,过大的牵伸倍数不利于弯钩纤维的伸直;且喂入头道并条机的是梳棉生条,纤维排列紊乱,高倍牵伸会造成移距偏差大,造成条干不匀。所以一般前区牵伸不宜太大,应在 3 倍左右,后区应在1.7~2.0 倍。喂入二道并条机的是半熟条,条子内纤维较为顺直,可选用较大的前区牵伸,以提高总牵伸倍数,降低熟条定量;而且由于喂入二道并条机的条子中以后弯钩纤维居多,较大的牵伸倍数有利于消除弯钩。所以前区牵伸倍数为 7.5 倍以上,后区牵伸倍数为 1.06~1.1 倍。

② 头、二道并条机的牵伸分配:采用两道并条时,头、二道并条机的牵伸分配有两种工艺。一种是倒牵伸,即头道牵伸倍数稍大于并合数,二道牵伸倍数稍小于或等于并合数。这种牵伸形式,由于头道并条喂入的生条纤维紊乱,牵伸力较大,半熟条均匀度差,经过二道并条机时配以较小的牵伸倍数,可以改善条干均匀度。但这种牵伸装置由于喂入头道并条机时前弯钩纤维居多,较大的牵伸倍数不利于前弯钩伸直。第二种工艺是顺牵伸,即头道并条机的牵伸倍数小于并合数,二道并条机的牵伸倍数稍大于并合数,形成头道小、二道大的牵伸配置。这种配置有利于弯钩纤维的伸直,且牵伸力合理,熟条质量较好。实践证明第二种牵伸工艺较为合理。

表 5-2　不同工艺的牵伸分配

工艺情况	并合数	头并总牵伸倍数	二并总牵伸倍数	头并后牵伸倍数	二并后牵伸倍数
1	8	8.6	8.00	1.45	1.45
2	8	8.00	8.60	1.74	1.15
3	8	7.00	8.60	1.74	1.07

表 5-3　20^S 普梳纱不同工艺的纺纱实验

工艺情况	细纱条干 CV 值(%)	−50% 的细节(km)	+50% 的粗节(km)	细纱单强 CV 值(%)	头并条干 CV 值(%)	二并条干 CV 值(%)	粗纱条干 CV 值(%)
1	14.70	8	113	10.99	3.84	3.54	5.63
2	13.12	3	53	8.95	3.64	3.07	5.29

1.2　罗拉握持距

牵伸装置中相邻罗拉间的距离有中心距、表面距和握持距三种。中心距是相邻两罗拉中心之间的距离;罗拉表面距是相邻两罗拉表面之间的最小距离;握持距是指相邻两对罗拉钳口线之间的须条长度。对于直线牵伸,罗拉握持距与罗拉中心距是相等的;对于曲线牵伸,罗拉握持距大于罗拉中心距。

(1)几种不同牵伸形式的常用握持距。罗拉握持距是纺纱的主要工艺参数,其大小要适应加工纤维的长度,并兼顾纤维的整齐度。为了既不损伤纤维长度,又能控制绝大部分纤维的运动,并考虑到胶辊在压力作用下产生变形,使实际钳口变宽,所以,罗拉握持距必须大于纤维的品质长度。但握持距的大小又必须适应各牵伸区内牵伸力的要求,握持距大,罗拉中间摩擦力界薄弱,牵伸力小。由于牵伸力的差异,各牵伸区的握持距应取不同的数值,一般可由下式表示:

$$S = L_P + P$$

式中:S——罗拉握持距;

　　　L_P——纤维品质长度;

　　　P——根据牵伸力差异及罗拉钳口扩展长度确定的长度值。

罗拉握持距应全面衡量机械工艺条件和原料性能而定。如果罗拉的握持力好,纤维长度短、整齐度高、须条定量轻时,前区握持距可偏小掌握,以利于改善条干均匀度;后区握持距偏大,有利于纤维伸直。不同牵伸形式下各区握持距推荐 P 值范围见表 5-4。

表 5-4　不同牵伸形式下各区握持距 P 值范围　　　　　单位:mm

牵伸形式	三上三下附导向辊压力棒曲线牵伸	四上四下附导向辊压力棒曲线牵伸	三上四下曲线牵伸
前区握持距 S_1	$L+(5\sim10)$	$L_P+(4\sim8)$	$L_P+(3\sim5)$
中区握持距 S_2	—	$L_P+(3\sim5)$	$L_P+(3\sim5)$
后区握持距 S_3	$L_P+(10\sim12)$	$L_P+(9\sim14)$	$L_P+(10\sim15)$

由上表可以看出,在压力棒牵伸装置的主牵伸区,由于压力棒加强了主牵伸区中部的附加摩擦力界,对浮游纤维的控制能力好,所以握持距比三上四下曲线牵伸大。

(2)压力棒牵伸装置的握持距。由于压力棒牵伸装置的罗拉中心距一般是固定不变的,所以,前区罗拉握持距取决于三个参数(图 5-22),即前胶辊前移或后移值 a、中胶辊前移或后移值 b 及压力棒与中罗拉间的隔距 s(标志压力棒的高低位置)。而罗拉握持距长度是由须条在压力棒和中罗拉表面的接触弧长度 L_3 和 L_5、须条离开压力棒后的自由距离 L_2、须条在前罗拉表面的接触弧长度 L_1,以及须条在压力棒与中罗拉之间的长度 L_4 这五段长度组成的。上述参数配置需注意:

① 自由长度 L_1+L_2 应小于纤维主体长度,使纤维能得到压力棒的有效控制。

② 须条对压力棒的接触弧长或包围角影响压力棒作用的正常发挥。如 FA311 型并条机的 b 值为 $1\sim2$ mm 时,须条对压力棒的包围弧长为 $2.6\sim2.9$ mm,包围角为 $23.4°\sim26°$,工艺效果最好。包围弧过长,牵伸力过大,反而使条干恶化。

③ 尽量减小须条在前罗拉上的反包围弧。当这一长度超过 4 mm 时,条干就会恶化。

1.3　罗拉加压

罗拉加压是保证须条顺利牵伸的必要条件,根据"紧隔距、重加压"工艺,重加压是实现对纤维运动有效控制的主要手段。罗拉加压一般应考虑罗拉速度、纤维种类、棉条定量、牵伸形式等。罗拉速度快,须条定量重,牵伸倍数高时,加压宜重。棉与化纤混纺时,加压较纺纯棉时高 20%,加工纯化纤应比纺纯棉时高 30%。

国产并条机多采用弹簧摇架加压,不同牵伸形式的加压范围见表 5-5。

表 5-5　不同牵伸形式的加压范围

牵伸形式	从前至后皮辊加压
三上四下曲线牵伸	$(120\times200\times300\times200)\times2$
三上三下压力棒	$(118\times294\times314\times294)\times2$
四上四下压力棒	$(300\times300\times300\times400\times400)\times2$

2　并条工序的工艺设计

2.1　并条机的道数

考虑到牵伸对伸直后弯钩纤维有利,在普梳纺纱系统的梳棉和细纱之间,工艺道数应符合"奇数原则",如图 5-28 所示。

图 5-28　工艺道数与纤维的弯钩方向

在普梳纺纱系统中,大多经过头并、二并两道并条。当不同原料采用条子混纺时,为了提高纤维的混合效果,一般采用三道混并;但对于精梳混纺产品来说,虽然混合效果很好,但由于多根条子反复并合、重复牵伸,使条子附加不匀增大,条子发毛过烂,易于粘连。

2.2　出条速度

随着并条机喂入形式、牵伸形式、传动方式及零件的改进和机器自动化程度的提高,并条机的出条速度提高很快。如 1242 型并条机的出条速度为 $30\sim70$ m/min,A272 型并条机的出条速度为 $120\sim250$ m/min,FA306 型并条机的出条速度为 $148\sim600$ m/min。FA311 型并条机的出条速度可达 $150\sim500$ m/min。并条机的出条速度与所加工纤维种类相关。由于化纤易起静电,如速度高,易引起绕罗拉、皮辊等现象,所以纺化纤时出条速度比纺棉时低10%~20%。对于同类并条机来说,为了保证前、后道并条机的产量供应,头道并条的出条速度略大于二道并条。

2.3 熟条定量

熟条定量是影响牵伸区牵伸力的一个主要因素,主要根据罗拉加压、纺纱线密度、纺纱品种及设备情况而定。一般棉条的定量控制在 12~25 g/5 m 范围内。纺细特纱时,熟条定量宜轻;纺粗特纱时,熟条定量宜重。当生条定量过重时,牵伸倍数大,应增大牵伸机构的加压。一般在保证产品供应的情况下,适当减轻熟条定量,有利于改善粗纱条干。

表 5-6　熟条定量范围

细纱线密度(tex)	熟条定量(g/5 m)	细纱线密度(tex)	熟条定量(g/5 m)
9 以下	12~17	20~30	17~23
9~19	15~21	32 以上	19~25

2.4 前罗拉速度选择

一般来说,纺棉纤维的速度略高于纺化学纤维的速度,涤预并条的速度略高于涤棉混并条的速度,普梳纱的速度略高于精梳纱的速度,棉预并条的速度略高于精梳后并条或混并条的速度,纺中特纱、粗特纱的速度略高于细特纱的速度。

【技能训练】

完成某产品的并条工序的工艺设计。

【课后练习】

1. 并条工序的道数如何确定?各道并条的总牵伸倍数如何确定?为什么?
2. 并条工序各道并合数确定有何要求?
3. 并条机后牵伸区牵伸倍数如何确定?各牵伸区的牵伸握持距如何确定?

任务5.6 熟条质量分析与调控

【工作任务】1. 分析确定有缺陷的牵伸元件的方法。
　　　　　　2. 讨论分析牵伸波的成因及控制。
　　　　　　3. 根据纺出干重进行定量控制。
【知识要点】1. 熟条的定量控制。
　　　　　　2. 质量不匀率及质量偏差。
　　　　　　3. 条干均匀度的控制。

熟条质量直接影响最后细纱的条干和质量偏差,并最终影响布面质量。所以,控制熟条质量是实现优质的重要环节。工厂对熟条质量的控制主要有条干定量控制、条干均匀度控制及质量不匀率控制。

1 熟条的定量控制

1.1 目的和要求

熟条的定量控制,即指将纺出熟条的平均干燥质量(g/5 m)与设计的标准干燥质量间的差异控制在一定的范围内。全机台纺出的同一品种的平均干重与标准干重间的差异,称为全机台的平均质量差异;一台并条机纺出棉条的平均干重与标准干重之间的差异,称为单机台的平均质量差异。前者影响细纱的质量偏差,后者影响细纱的质量不匀率。一般单机台平均干重差异不得超过±1%,全机台平均干重差异不得超过±0.5%。生产实践证明,当单机台的干重差异控制在±1%以内时,既可降低熟条的质量不匀率,又可使全机台的平均干重差异降低到±0.5%左右,从而保证细纱的质量不匀率和质量偏差均在标准范围内。所以对熟条的定量控制主要是对单机台的平均质量差异进行控制。

1.2　纺出定量的调整方法

为了及时控制棉条的纺出干燥质量,生产厂每班对每个品种的熟条测试 2~3 次,方法是每隔一定时间在全部眼中各取一试样,试样总数根据具体品种所用台眼数的不同,一般为 20~30 段,分别称取每段质量(湿重);并随机抽取 50 g 试验棉条测定棉条回潮率,根据测得的数据计算出各单机台平均干重,与设计标准干重进行比较,计算出单机台质量差异,看其是否在允许的控制范围之内。若超过了允许的控制范围则进行调整,调整的方法是调冠牙或轻重牙,改变牵伸倍数,使纺出熟条定量控制在允许范围之内。FA311 型并条机轻重牙的齿数范围为 31~41,冠牙齿数范围为 98~101。由于轻重牙齿数较少,每增减 1 齿,纺出质量变化较大;冠牙齿数较多,每增减 1 齿,引起的质量变化较小。在生产中,可根据实际情况进行调整,调整方法有:仅换调冠牙(波动值较小,略超过±1%,接近于冠牙 1 齿所控制的质量);仅调换轻重牙(波动值较大,略超过±4%,接近于轻重牙 1 齿所控制的质量);同时调换冠牙和轻重牙各 1 齿(如变动冠牙 1 齿所调整的量太小,而变动轻重牙 1 齿调整的质量又太大时)。

$$冠牙增减 1 齿所能调整的棉条干重 = \pm\frac{实际纺出干重}{机上使用冠牙齿数}$$

$$轻重牙增减 1 齿所能调整的棉条干重 = \pm\frac{实际纺出干重}{机上使用轻重牙齿数}$$

例如:熟条设计干重为 20 g/5 m,某台并条机纺出干重为 20.25 g/5 m,机上轻重牙为 40 齿,冠牙为 100 齿,问是否需要调牙? 如何调牙?

首先,求出纺出干重差异值的控制范围是 20 g × (±1%) = ±0.2 g。而纺出实际干重差异为 20.25 - 20.0 = 0.25 g,已超出允许范围。若使轻重牙减一齿,纺出干重变化量为 -20.25/40 = -0.506 g,变化太大;若使冠牙增一齿,纺出干重变化量为 -20.25/100 = -0.202 5 g,调整后纺出干重是 20.25 - 0.202 5 = 20.048 g,纺出实际干重差异为 20.048 - 20 = 0.048 g,在允许范围之内,所以应将冠牙齿数增加一齿为 101 齿即可。

各机台分别控制棉条的质量差异,对减少全机台棉条的质量偏差、降低棉条的质量不匀率的效果明显,但由于各机台的轻重牙和冠牙齿数不同,应加强管理,认真核对,以防出现差错。

1.3　棉条定量的掌握

在实际生产中,对每个品种每批纱(一昼夜的生产量作为一批)都要控制质量偏差。这不仅是因为质量偏差是棉纱质量的一项指标,而且还涉及每件纱的用棉量。质量偏差为正值时,表明生产的棉纱比要求粗,用棉量增多;反之,质量偏差为负值时,每件纱的用棉量虽然较少,但所纺棉纱比要求细,对用户不利。国家标准规定了中、细特纱的质量偏差范围是±2.5%,月度累计偏差为±0.5%以内。因此,纺出棉条干重的掌握既要考虑当时纺出细纱质量偏差的情况,又要考虑细纱累计质量偏差情况。如果纺出细纱质量偏差为正值,则棉条的干重应偏轻掌握;反之,则应偏重掌握。细纱累计偏差为正值时,需要纺些轻纱,并条机的棉条纺出质量应偏轻掌握。

当原料或温湿度有变化时,常常引起粗纱机和细纱机牵伸效率的变化,导致细纱纺出干重的波动。如混合棉成分中纤维长度变长、细度变细或纤维整齐度较好,以及潮湿季节棉条的回潮率较大时,都会引起牵伸力增大,牵伸效率降低,导致细纱纺出质量偏差。这时,熟条干重宜偏轻掌握;反之宜偏重掌握。

棉条定量控制是保证棉纱质量的重要措施,但如熟条纺出干重波动大,齿轮变换频繁,对细纱质量仍有不利影响。因此熟条的干重差异最好稳定在允许范围之内,变换齿轮以少调整为宜。为此,必须控制好棉卷的定量和质量不匀率,统一梳棉机的落棉率,在并条机上执行好轻重条搭配和巡回换筒等工作,以减少熟条纺出干重的波动,提高细纱质量。

2 质量不匀率及质量偏差

2.1 试验周期

预并、头并条子,每月每台至少 2 次;末并条子,每班每台每眼 3 次。每眼取 5 m,各个品种每次不少于 20 段。各次试验中,至少有 1 次计算质量不匀率。

2.2 参考指标

末并条子质量不匀率:纯棉普梳<1%;纯棉精梳<0.8%;化学纤维混纺<1%。

2.3 质量不匀率和质量偏差的控制

并条机的作用,除使纤维伸直平行、均匀混合外,主要是依靠并合原理来降低条子的质量偏差和质量不匀率。如果熟条的质量偏差和质量不匀率太高,在粗纱和细纱工序几乎无法得到改善。因此,要降低成纱的质量不匀率和质量偏差,必须严格控制熟条的质量偏差和质量不匀率。

为了降低熟条的质量不匀与质量偏差,除要求前工序有较好的半制品供应,以及本工序的合理工艺配置和良好的机械状态外,还应切实做好以下两方面的工作:

(1)轻重条搭配(详见本书第 146 页"2.2 降低棉条质量不匀率的措施")。

(2)控制熟条质量偏差。条子的定量控制和调整范围有两种。一种是单机台各眼条子定量的控制。单机台的定量控制能及时消除并条机各台间纺出条子质量的差异,既有利于降低条子和细纱的质量不匀率,又有利于降低细纱的质量偏差。另一种是同一品种全部机台条子定量的控制。全机台的定量控制是为了控制细纱的质量偏差,使细纱在少调或不调牵伸齿轮的情况下,纺出纱的线密度符合国家规定的标准。条子的质量控制范围,可根据细纱质量偏差的允许波动范围±2.5%作为参考。生产实践证明,如果单机台条子干重的差异百分率控制在0.4%～1%,则全机台条子干重(即各单机台条子的平均干重)的差异百分率有把握稳定在国家规定的范围之内。细特纱应更严格一些,控制范围可根据实际情况确定。

3 条干均匀度的控制

条干均匀度是表示棉条粗细均匀程度的指标。棉条的条干均匀度不仅对粗纱条干均匀度、细纱条干均匀度、细纱断头等有直接影响,而且还会影响布面质量,因此它是并条机质量控制的重要项目之一。

条干不匀率是指纱条粗细不匀的程度,不匀率越小,纱条越均匀。习惯上常用条干不匀率来定量地表示纱条的不匀程度。

条干不匀包括有规律性和无规律性的条干不匀两类。有规律性的条干不匀是指由于牵伸部分的回转件发生故障而形成的周期性粗节、细节,也称机械波。经常发生的有罗拉、胶辊的弯曲、偏心,胶辊中凹、磨灭、缺油,齿轮偏心、缺齿、齿顶磨灭等。无规律的条干不匀主要是指纱条在牵伸过程中由于浮游纤维不规则运动而引起的粗节、细节,也称牵伸波。常见的产生原因有工艺设计不当,罗拉隔距走动,胶辊直径变化,胶辊加压不足或两端压力不一致,罗拉或胶辊缠花,胶辊回转不灵,上下清洁器作用不良,吸棉风道堵塞或漏风,压力棒积灰附入条子等。

3.1　规律性条干不匀的控制

(1) 利用条干曲线分析规律性不匀的原因。利用萨氏(国产 Y311 型条干均匀度仪)条干不匀曲线的波形,可以判断产生条子条干不匀的原因和发生不匀的机件部位。该仪器通过上下有凹凸槽的一对导轮夹紧条子,连续测定条子受压后的截面(厚度)来反映试样的短片段均匀。由于回转部件的机械性疵病形成的条子周期性条干不匀具有固定的波长,因此,可以在了解并条机传动图、各列罗拉、胶辊直径、牵伸倍数等工艺参数的情况下,假定某一部件有疵病而计算出该部件疵病形成的周期波的波长,对照条干曲线的周期波波长而得到验证,推断出机械性疵病发生的部位。

① 罗拉、皮辊造成的规律性不匀:由罗拉、皮辊造成不匀的波长等于某机件的圆周长度,再经前方各牵伸区牵伸后逐次放大。棉条不匀的实际波长 λ 可用下式计算:

$$\lambda = \text{造成不匀的牵伸机件的圆周长度} \times \text{前方各牵伸区的牵伸倍数}$$

例如,A272C 型并条机的前罗拉直径为 28 mm,前罗拉至集束罗拉间的张力牵伸倍数为 1.014 倍,集束罗拉至压辊间的张力牵伸倍数为 1.013 倍,由前罗拉轴承磨灭引起罗拉握持点前后摆动所造成的条干不匀如图 5-29 所示,则前罗拉造成的规律性不匀的实际波长为:

$$\lambda = 28 \times \pi \times 1.014 \times 1.013 = 90.36 \text{ mm}$$

在 Y311 型条干均匀度仪上,棉条与记录纸的速度是 12:1,即棉条每走 12 mm,记录纸相应走 1 mm,所以记录纸上不匀曲线的波长等于棉条上不匀的波长乘以 1/12。因此,前罗拉造成的不匀在记录纸上的波长相当于 $90.36 \times 1/12 = 7.53$ mm。而记录纸一大格中出现约 10 个规律性不匀的曲线时,说明问题发生在前罗拉上,如图 5-29(a)所示。

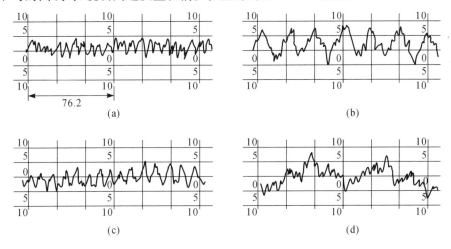

图 5-29　各种规律性不匀曲线

同理可以分析出记录纸大格中的曲线上如果出现 7 个规律性的高峰,问题发生在集束罗拉或前皮辊上,如图 5-29 中(b)所示;如果出现 2.5～3 个规律高峰,问题发生在第二罗拉上,如图 5-29(c)所示;如果出现 1.5 个规律性的高峰,问题发生在第三罗拉上;如果出现 1 个规律性高峰,问题就发生在后罗拉或在中/后皮辊上,如图 5-29(d)所示。其他部位造成的规律性不匀,都可以依次类推。

② 牵伸齿轮造成的规律性条干不匀:由于牵伸传动齿轮本身有毛病(如齿轮缺齿、磨损、齿轮啮合不良、键销松动等)造成的规律性条干不匀。其波长可用下式计算:

λ ＝ 该齿轮至它所传动罗拉的传动比 × 该罗拉所造成的规律性条干不匀的实际波长

例如,A272 型并条机后罗拉头的 35^T 齿轮磨损造成的规律性条干不匀曲线如图 5-30 所示。设给棉罗拉到压辊间的牵伸倍数为 8.071,则按传动图可算出不匀的波长:

$$\lambda = 35/41 \times \pi \times 40 \times 8.071 = 0.853\,7 \times 1\,013.7 = 865.38\ \text{mm}$$

折算条干曲线纸上的波长 ＝ 865.38/12 ＝ 72.11 mm

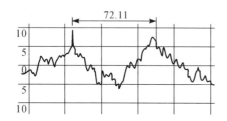

图 5-30　后罗拉头 35^T 齿轮磨损后的棉条条干曲线　　图 5-31　纱条的波谱图

(2) 利用波谱图分析条干不匀率及其原因。波谱图又称条干周期性变异图,横坐标表示波长(用波长的对数表示),纵坐标表示周期变异振幅。图 5-31 所示为纱条不匀的波谱图,它由四种不匀成分组成。其中 A 为理想纱条的理论波谱图。根据纤维的主体及长度分布,理想波谱图的最高峰值出现在纤维平均长度为 2.7～2.8 倍处。B 为由于纤维、机械、工艺等不理想而形成的正常波谱图。C 为由于牵伸工艺不良造成的牵伸波的图形。D 为由于机械不良形成的规律性不匀图形。用波谱图分析棉条不匀率,简捷方便。将波谱图的实际波形与理想波谱图或正常波谱图相比较,就能分析出产生不匀的种类,然后按照工艺参数推断出不匀产生的主要原因及机件部位。

对于牵伸罗拉或传动齿轮不正常所形成的周期性不匀,可根据波谱图上出现的凸条(俗称烟囱)所对应的波长和输出速度,来推算产生这种周期性不匀的机件的位置。通常有两种方法,一是波长计算,二是测速法。

① 波长计算法:与萨氏条干曲线波长的计算方法相同。

A272 型并条机输出棉条的波谱图如图 5-32 所示。若在波长 9.02 cm 处出现一特大烟囱,可得:

$$d = \lambda / \pi E$$

已知 $\lambda = 9.02\ \text{cm} = 90.2\ \text{mm}$,$E = 1.013 \times 1.014 = 1.026$ 倍,则:

$$d = 90.2/3.14 \times 1.026 = 27.98 = 28\ \text{mm}$$

由此可以确定这一周期性不匀发生在前罗拉(28 mm)处,可能是前罗拉偏心、齿轮磨损、罗拉弯曲、传动齿轮缺陷、齿轮啮合太紧等原因造成的。

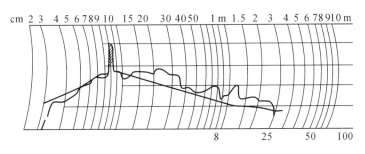

图 5-32　棉条规律性不匀的波谱图

② 测速法:测速法是判断周期性不匀产生原因的最简捷的方法。利用测速仪测出机台输出线速度 v 后,棉条周期性不匀的波长 λ 即可直接在波谱图上读出。若有弊病机件的转速为 n,则可按下式求出产生周期性不匀的机件的转速 n:

$$n = v/\lambda$$

例如,图 5-33 所示为 A272C 型并条机的波谱图,在波长为 63 cm 处出现一烟囱,同时测得压辊输出速度为 250 mm/min,则有弊病机件的转速为:

$$n = v/\lambda = 250 \times 100/63 = 396 \text{ r/min}$$

该转速等于中罗拉的转速,因此可以确定这一周期性不匀是由于中罗拉弯曲所造成的。这个方法同样适用于判断传动齿轮的缺陷。

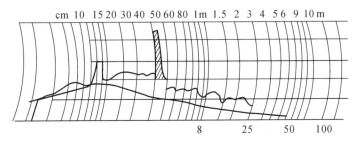

图 5-33　棉条周期性不匀波谱图

在两眼并条机上,如果两眼纺出的棉条不匀规律性相同,则故障应从传动部分去找,可能是罗拉头齿轮键松动、偏心、缺齿或罗拉头轴颈磨损、轴承损坏等原因造成的。如果仅一眼有规律性波形,则可能是该眼的罗拉沟槽部分弯曲、偏心或沟槽表面局部有损伤凹陷,以及皮辊偏心、弯曲、表面局部损伤凹陷或皮辊轴承磨损、轴承损坏等原因造成的。

当发现有规律性不匀的棉条时,可用上述方法找出原因,并及时排除故障。平时应加强机器的维护保管,按正常周期保全、保养,对不正常的机件及时维修或调换,以预防规律性不匀棉条的出现。

3.2　不规律性条干不匀的控制

不规律性条干不匀是纱条在牵伸过程中由于浮游纤维的不规则运动而引起的粗节、细节,也称牵伸波。引起不规律性条干不匀的主要原因有以下几个方面:

（1）工艺设计不合理。如果罗拉隔距过大或过小、皮辊压力偏轻、后区牵伸倍数过大或过小，都可能造成条干不匀。因此，要加强工艺管理，使工艺设计合理化。每次改变工艺设计，应先在少量机台上做实验，当棉条均匀度正常时，再全面推广。

（2）罗拉隔距走动。这是由于罗拉滑座螺丝松动或罗拉缠花严重而造成的。罗拉隔距走动，改变了对纤维的握持状态，引起纤维变速点的变化，因而出现不规律性条干不匀，所以要定期检查罗拉隔距，保证其正确性。

（3）皮辊直径变化。由于皮辊在使用过程中出现磨损，直径减小，使摩擦力界变窄，引起纤维变速点改变而造成条干不匀，因此要加强皮辊的管理，严格规定各档皮辊的标准直径及允许的公差范围。

（4）皮辊加压状态失常。如两端压力不一致、弹簧使用日久或加压触头没有压在皮辊套筒的中心，都会引起压力不足，因而不能很好地控制纤维的运动，致使纤维变速不规律，造成条干不匀。

（5）罗拉或皮辊缠花。若车间温湿度高，罗拉和皮辊表面有油污，皮辊表面毛糙，都容易造成罗拉或皮辊缠花而产生条干不匀。因此，要加强温湿度管理，不能用油手摸罗拉或皮辊，并加强对皮辊的保养工作。

此外，喂入棉条重叠、棉条跑出后皮辊两端、棉条通道挂花、皮辊中凹、皮辊回转不灵、上下清洁器作用不良及吸棉风道堵塞或漏风引起飞花附入棉条，也都会产生不规律性条干不匀。因此，对规律性条干不匀的原因，必须仔细查找。平时应加强整顿机械状态，防止这类条干不匀的产生。

【技能训练】
质量控制分析与调控。

【课后练习】
1. 哪些情况下熟条干重应偏重掌握？哪些情况下熟条干重应偏轻掌握？
2. 规律性条干不匀是怎样产生的？怎样判断产生这类不匀的机件部位？
3. 产生不规律性条干不匀的原因有哪些？平时应做好哪些工作才能减少这类不匀？

任务5.7 并条工序加工化学纤维的特点

【工作任务】1. 确定加工化纤的工艺道数。
　　　　　　2. 分析加工化纤的工艺特点。
【知识要点】1. 工艺道数和喂入条子的定量。
　　　　　　2. 工艺特点。
　　　　　　3. 圈条斜管形式。

1　工艺道数和喂入条子的定量

1.1　工艺道数

并条机的工艺道数取决于原料的混合方式。纺纯棉、纯化纤及化纤与化纤混纺时，由于采用棉包混棉,混合均匀充分,所以并条机多采用两道,以简化工艺,防止条子发毛。当采用棉与化纤如涤纶混纺时,由于原料含杂不同,所以开清棉分开进行,在并条工序进行混合,由于采用的是条子混合,为了混合均匀,防止产生色差,多采用三道并条。

在生产精梳涤棉混纺纱时,涤纶生条先经过一道预并条,再与精梳棉条并合,这样可以降低涤纶生条的质量不匀率和控制生条的定量,使涤纶与棉混合时保证混纺比正确;而且还可以使化纤条子中纤维的平行度、伸直度能和精梳棉条的情况相适应,在以后的混并机上可以使化纤与棉之间的张力差异减小,有利于混并条子的条干均匀度。但涤纶预并机上纤维易缠罗拉、皮辊,劳动强度高。

从纤维的混合效果来看,混并机上条子的径向混合效果较差。近年来国内采用由多层棉网叠合的混合方式复并机,可以采用一道复并,再经过一道混并的工艺过程,代替一预三混并或三道混并的工艺过程。

1.2 喂入条子的定量

一般精梳涤棉混纺的混纺比为干重比(如 65：35),这个比例必须从混并头道开始,用两种条子的干定量和并合根数搭配进行控制。两种条子的定量不应相差太大,以免罗拉钳口对两种条子的握持力不一致,影响正常牵伸。一般可根据混纺比来确定两种条子的混合根数 n_1 和 n_2,再根据纺纱线密度,选择一种条子的干定量 a,然后确定另一种条子的干定量 b。例如两种条子的混纺比为 $w_1 : w_2$,则 $n_1 a : n_2 b = w_1 : w_2$。

确定了混并条子的干定量及混并机的牵伸倍数、喂入各种条子的根数,则可根据混纺比求出各种条子的干重。

例如,头道混并条子的干重为 20 g/5 m,牵伸倍数为 6.2 倍,4 根涤条、2 根棉条混合喂入,涤棉干重混纺比为 65：35。则:

$$涤条干重 = 20 \times 6.2 \times 0.65/4 = 20.15(g/5\ m)$$
$$棉条干重 = 20 \times 6.2 \times 0.35/2 = 21.7(g/5\ m)$$

为了提高混合效果,喂入头道混并机的 6 根条子中,2 根棉条应排在第 2、5 位置。

2 工艺特点

由于化纤具有整齐度高、长度长、卷曲数比棉多、纤维与金属之间摩擦系数较大等特点,所以牵伸过程中牵伸力较大。因此工艺上采用"重加压、大隔距、通道光洁、防缠防堵"等措施,以保证纤维条质量。

(1)罗拉握持距。化纤混纺时,确定罗拉握持距应以较大成分的纤维长度为基础,适当考虑混合纤维的加权平均长度;化纤与棉混纺时,主要考虑化纤的长度。罗拉握持距大于纤维长度的数值应比纺纯棉时适当放大,并结合罗拉加压而定。三上四下曲线牵伸的前区握持距约为 $L+(3\sim6)$ mm,后区握持距约为 $L+(12\sim16)$ mm;三上三下压力棒曲线牵伸的前区握持距约为 $L+(8\sim10)$ mm,后区握持距由于后罗拉加压充分,变动较小,控制在 $L+(10\sim10)$ mm 内。L 为化纤的公称长度。

(2)皮辊加压。皮辊加压一般比纺纯棉时增加 20%～30%,这是因为化纤条子的牵伸力较大。如果加压不足,会产生突发性纱疵。

(3)牵伸分配。为了降低化纤条在牵伸中的较大牵伸力,提高半制品质量,可适当加大后区牵伸倍数。当总牵伸倍数为 6 倍时,后区牵伸倍数可为 1.5～1.6 倍。

（4）前张力牵伸。前张力牵伸倍数必须适应纤维的回弹性。在纯涤纶预并机上,由于涤纶纤维的回弹性大,纤维经过牵伸后被拉伸变形,走出牵伸区后有回缩现象,故前张力牵伸倍数宜小一些,以防产生意外牵伸,可用 1 倍或稍小于 1 倍。在混并机上,精梳条会因张力牵伸倍数过小而起皱,前张力牵伸倍数应大于 1,一般为 1.03 倍。

与此同时,还需考虑以下因素:

（1）定量。混纺条的定量是影响牵伸力的一个主要因素。由于化学纤维混纺牵伸力较大,条子蓬松,所以混纺条的定量与纯棉相比以偏重掌握为宜,一般控制在 12～21 g/5 m 范围内。喂入条子的定量应根据混纺比确定,从头并开始,将两种条子以一定的并合数搭配进行混合,故两者的定量不能相差太大,否则罗拉钳口对各根条子的握持力不一致,影响正常牵伸。

（2）条子排列。如涤棉混纺的干重混比为 65∶35,头道混并的并合数为 6 根,其中 4 根涤条、2 根棉条。为了提高混合效果,喂入头道混并机的 6 根条子中,2 根棉条应排列在第 2、5 位置,即按"涤、棉、涤、涤、棉、涤"排列,使两种纤维径向分布不匀程度较小。

（3）出条速度。纺化学纤维时,并条机速度过高容易产生静电,引起缠胶辊和缠罗拉,机后部分也容易产生意外牵伸。因此,纺化学纤维时出条速度比纺纯棉或化学纤维与棉混纺时稍低。

3 圈条斜管形式

由于化纤与金属之间的摩擦系数大、条子蓬松,因此,化纤纯纺或与棉混纺时,若并条机圈条器采用直线斜管,则条子通过时摩擦阻力较大,在斜管进、出口处容易堵塞。化纤纯纺比化纤混纺易堵,高速比低速易堵。

直线斜管进口容易堵塞,是由于条子从压辊输出后,以高速冲向斜管管壁,冲击力 F 在管壁上的垂直分力 $F\sin\alpha$（图 5-34）增加了进口处的摩擦力,斜管倾角 α 越大,所增加的摩擦阻力越大。空管生头时,棉条只靠自重下垂,下滑的作用力小,因而更容易堵塞。满筒时,条子与圈条盘底面接触,条子走出斜管时要转折 90°,条子与斜管出口包围弧增大,使摩擦阻力增大,因而易堵塞。经过研究分析,发现圈条过程中条子自直线斜管入口至出口的运动轨迹,是近似螺旋线的空间曲线,条子随直线斜管回转时,总是紧贴在斜管的一侧,摩擦阻力大。针对这一点,改进斜管的形状,采用圆锥螺旋线斜管（图 5-35）,以期条子上的动点自斜管入口至出口的轨迹比较近似于直线,减少了满管时条子对斜管壁的摩擦阻力,并将斜管入口倾角 α 减小为 25°,斜管出口与底盘处的折角为 20°,减少了满管时条子对斜管出口的摩擦阻力。

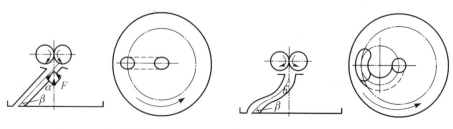

图 5-34 直线斜管   图 5-35 螺旋线斜管

此外,减轻条子定量,采用压缩喇叭,使进入斜管的条子细且结构紧密,定期清洁斜管,保持通道光洁,对防止条子堵塞也有一定效果。

【技能训练】

　　某化纤加工的工艺设计。

【课后练习】

　　1. 加工化纤时并条机牵伸工艺有什么特点? 为什么?

　　2. 写出 JT/C 65/35 11.5 tex 的纺纱工艺流程。

项目 6

粗纱机工作原理及工艺设计

1. 理论知识：

(1) 粗纱的任务、工艺过程。

(2) 粗纱机的组成、结构及各部分的作用。

(3) 粗纱牵伸工艺及其配置原则。

(4) 粗纱加捻的目的、方法和机构，粗纱捻系数设计的要点。

(5) 粗纱假捻的原理、作用及其应用。

(6) 粗纱的卷绕成形的条件及其主要机构作用、原理。

(7) 粗纱张力及其调整方法。

(8) 粗纱传动机构及其工艺计算。

(9) 粗纱加工化纤的特点。

2. 实践技能：能进行一般产品设计和工艺参数调整；熟悉质量要求和控制方法；掌握设备调试技能和运转操作技能；培养生产现场管理、生产调度和经营管理能力；能完成粗纱机工艺设计、质量控制、操作及设备调试。

3. 方法能力：培养分析归纳能力；提升总结表达能力；建立知识更新能力。

4. 社会能力：培养团队合作意识；形成协同工作能力。

☞ 项目导入

目前环锭纺细纱机的牵伸能力尚达不到采用纤维条直接成纱的要求，所以在并条工序与细纱工序之间需要粗纱工序来承担纺纱过程中的一部分牵伸。因此可以理解为粗纱工序是纺制细纱的准备工序。

任务 6.1 粗纱机工艺流程

【工作任务】1. 列表比较四种粗纱机的主要技术特征（课前预习完成）。

2. 作粗纱机工艺流程图，在图上标注主要机件名称、运动状态。

【知识要点】1. 粗纱工序任务、工艺过程。
　　　　　　2. 粗纱质量指标。
　　　　　　3. 纺织设备绘图能力和技巧。

1　粗纱工序的任务

（1）牵伸。将棉条抽长拉细 5～12 倍，并使纤维进一步伸直平行，改善纤维的伸直平行度与分离度。

（2）加捻。由于粗纱机牵伸后的须条截面内纤维根数少，伸直平行度好，故强力较低，所以需加上一定的捻度来提高粗纱强力，以避免卷绕和退绕时的意外伸长，并为细纱牵伸做准备。

（3）卷绕与成形。将加捻后的粗纱卷绕在筒管上，制成一定形状和大小的卷装，便于储存和搬运，适应细纱机的喂入。

2　粗纱机的发展

我国粗纱机的发展是一个由机械化逐渐向机电一体化、智能化演变的过程。在 20 世纪 50 年代至 90 年代初期，基本以竖锭为主，在牵伸形式、加压方式、适纺范围等方面逐步改进和发展，代表机型有 1271、A453B、A456C。20 世纪 90 年代中期至 90 年代末，随着改革开放的不断深入，粗纱机的制造有了长足的发展，由竖锭转入悬锭，通过改进润滑条件、提高设备加工精度、采用张力补偿装置等一系列措施，设备的自动化程度日益提高，为粗纱机的高产、优质、大卷装创造了条件，代表机型有 FA401、FA423、FA423A。进入 21 世纪，变频技术、微电子技术、数控技术的应用，使纺织设备进入了智能化发展阶段，使粗纱机有了质的飞越，逐步取消了机械传动机构、机械操作机构及执行机构（变速机构、差动机构、成型机构和张力微调装置等），整机结构简单，维修方便，运行可靠，噪音低。由多台电机传动各主要机件，采用可编程序（PLC）及工业计算机，通过闭环系统实现了各机件的同步匹配，并逐步取消了除牵伸变换齿轮以外的其他变换齿轮，采用触摸屏完成参数设置、运行监控、故障处理等。

3　粗纱机的工艺过程

如图 6-1 所示，熟条 2 从机后条筒 1 内引出，由导条辊 3 积极输送。导条辊上的分条器将每根棉条隔开，经安装在慢速往复运动的横动装置上的导条喇叭，喂入牵伸装置 4。熟条经牵伸后，由前罗拉钳口输出，导入安装在固定龙筋 5 上的锭翼 6 的顶孔后，进入空心臂。锭翼 6 随锭子 7 一起回转，锭子一转，锭翼给纱条加上一个捻回，使须条获得捻度而形成粗纱，经压掌 8 将粗纱卷绕在筒管上。为了将粗纱有规律地卷绕在筒管上，筒管一方面以高于锭翼的转速回转，另一方面又随运动龙筋 9 做升降运动，最终将粗纱以螺旋线状绕在纱管表面。随着纱管卷绕半径的逐渐增大，每圈粗纱的卷绕长度随之增加。由于前罗拉的输出速度是恒定的，因此，筒管的转速和龙筋的升降速度必须逐层递减。为了获得两端截头圆锥形、中间为圆柱形的卷装外形，龙筋的升降动程还必须逐层缩短。最终将粗纱卷绕成两头呈截头圆锥形、中间为圆柱形的粗纱卷装。

粗纱机可分为五个部分，即：喂入牵伸部分，加捻、卷绕部分，变速成形控制部分，车头传动部分,电气部分。

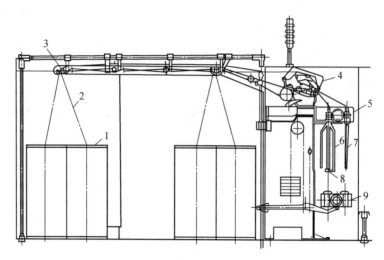

图 6-1　粗纱机工艺过程示意图

1—条筒；2—熟条；3—导条辊；4—牵伸装置；5—固定龙筋；6—锭翼；7—锭子；8—压掌；9—运动龙筋

【技能训练】

　　在实习车间内认识粗纱机,并作粗纱机工艺流程图,在图上标注主要机件名称、运动状态。

【课后练习】

　　1. 粗纱工序的任务是什么?

　　2. 简述粗纱机的工艺过程。

任务6.2　粗纱机喂入牵伸部分机构特点及工艺要点

【工作任务】 1. 绘制粗纱机主要牵伸装置图及摩擦力界分布图。

　　　　　　　2. 讨论粗纱机牵伸装置的主要工艺配置。

【知识要点】 1. 粗纱机喂入机构及要求。

　　　　　　　2. 粗纱机牵伸机构类型及特点。

　　　　　　　3. 粗纱机牵伸机构主要工艺配置。

1　喂入机构

1.1　喂入机构及其作用

　　喂入机构的作用是将熟条从条筒内引出,有序地输送到牵伸机构,并要求在熟条喂入牵伸装置前防止不合理的喂入方式,尽量减少意外牵伸,便于挡车操作。

1.2　喂入机构的组成及其作用

　　如图6-2所示,喂入机构由分条器1、导条辊(2、3、4)、导条喇叭5及其横动机构组成。

　　(1)分条器。分条器的作用是隔离条子,防止条子打圈、打扭等纠缠等不正常喂入方式产生,严禁交叉引条。

（2）导条辊。导条辊的作用是积极引条,减少引条意外牵伸。机后导条辊分前、中、后三列,经后罗拉通过链条传动,实现与后罗拉同线速运转。

（3）横动装置。该装置迫使条子进入牵伸钳口后做横向缓慢往复运动,避免须条在牵伸钳口内固定位置摩擦而导致胶辊与胶圈中凹,可延长胶辊、胶圈的使用寿命;但使用不当,会导致粗纱发毛。

横动装置由蜗轮、蜗杆传动系统、偏心滑块机构、横动杆导条喇叭口等组成。

（4）导条喇叭。导条喇叭迫使条子进入牵伸区前顺直,防止条子打圈、打折等不合理的喂入方式,同时实现条子的横向运动。导条喇叭口规格根据熟条定量选择,熟条定量重,则选用规格较大的导条喇叭口。

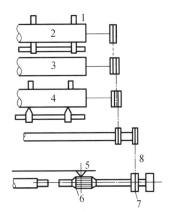

图 6-2　粗纱机的喂入机构

1—分条器;2—后导条辊;
3—中导条辊;4—前导条辊;
5—导条喇叭;6—后罗拉;
7—链轮;8—链条

1.3　喂入部分质量控制

在喂入过程中,因棉条经过的路线长,应尽量减少意外伸长,以保证粗纱质量。应采取以下措施:

（1）在并条机上加大压辊压力,以增进棉条的紧密度。

（2）采用有弹簧底的棉条筒,以减少棉条引出的自重伸长。

（3）在保证操作方便的条件下,导条辊离地面的高度不宜过高,导条辊间的距离不宜过大。

2　牵伸机构

2.1　牵伸机构的组成及作用

牵伸机构由牵伸装置、加压装置与清洁装置组成。它们相互配合,共同完成对条子的牵伸。

2.2　牵伸装置

（1）粗纱机牵伸装置的形式。粗纱机牵伸装置是决定粗纱机工艺性能的核心部分之一。国内新型粗纱机一般采用的牵伸形式有三罗拉双短胶圈牵伸装置、四罗拉双短胶圈牵伸和三罗拉长短胶圈牵伸。使用胶圈牵伸,其技术进步主要表现在以下几点:

① 胶圈部分能在前牵伸区形成合理的摩擦力界布置。

② 具有很好的控制牵伸区内纤维运动的能力,纤维变速点分布更加稳定、集中,并靠近前钳口,有利于提高牵伸质量。

③ 采用弹簧摇架加压或气动加压方式,加压、卸压方便,压力较为稳定,能有效保证足够的握持力及其稳定性。

④ 中钳口由上、下罗拉、上、下胶圈及上、下销等组成,采用由弹簧摆动上销构成的弹性钳口,对纤维的控制力良好。

⑤ 主牵伸区的浮游区长度大为缩短。胶辊、罗拉采用密封性良好的滚针轴承,采用高弹低硬度胶辊和优质胶圈,胶辊使用新型防缠涂料,或使用不涂胶辊;牵伸区采用自动清洁装置;传动齿轮采用高精度加工;等等。

（2）三种牵伸形式的特点。首先了解钳口的传动关系。罗拉部分由罗拉传动与其表面接触的须条下纤维层，须条下纤维层通过纤维彼此间摩擦抱合作用传动须条上纤维层，须条上纤维层传动与其相接触的胶辊。皮圈部分由中罗拉传动下皮圈，由下皮圈传动与其表面接触的须条下纤维层，须条下纤维层通过纤维彼此间摩擦抱合作用传动须条上纤维层，须条上纤维层传动与其相接触的上皮圈及小铁棍。

牵伸机构中，胶辊、小铁辊因轴承缺油，缠绕纤维，回转不灵活，温湿度、各传动环节的摩擦作用达不到预期要求，就会出现须条上、下纤维层运动不同步，使牵伸钳口中的须条发生上、下分层，影响牵伸。

① 三罗拉双短胶圈牵伸。三罗拉双短胶圈牵伸装置如图 6-3 所示。前、后罗拉均为钢质沟槽罗拉，中罗拉为钢质滚花罗拉。三列下罗拉的轴芯线在同一平面上，前、后上罗拉为胶辊，中上罗拉为钢质裸体小铁辊。三对罗拉组成两个牵伸区，前区为主牵伸区，罗拉中心距为 46～90 mm，并配置由上、下销与上、下胶圈及上销弹簧、隔距块等组成的胶圈控制元件；后区只有 1.12～1.48 倍的张力牵伸，罗拉中心距为 40～90 mm。两个牵伸区均设有集合器。该装置的总牵伸能力为 5～12 倍，适纺纤维

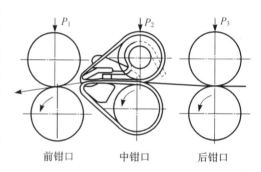

前钳口　　　中钳口　　　后钳口

图 6-3　三罗拉双短胶圈牵伸

长度为 22～65 mm。在主牵伸区中，由于采用双短胶圈等控制元件，使主牵伸区的摩擦力界分布更加合理。上、下胶圈直接与纱条接触，产生一定的摩擦力界，一方面大大加强牵伸区中后部的摩擦力界强度；另一方面使主牵伸区中后部摩擦力界向前延伸，增强了对纤维的控制，缩短了浮游区长度，同时也使浮游纤维的数量减少。在胶圈销处，采用了具有弹性的弹簧摆动上销，形成一个柔和而又有一定压力的胶圈钳口，既能有效控制纤维的运动，又能使快速纤维顺利抽出。在前罗拉后面放一个集合器，也起到加强摩擦力界的作用。

总之，双短胶圈牵伸的摩擦力界布置比较合理，中后部摩擦力界较强，可使牵伸区中运动纤维的变速点分布更集中、稳定，有利于纤维的伸直平行。所以反映在成品质量上，双短胶圈牵伸优于简单罗拉牵伸和曲线牵伸。但是，这种三上三下双短胶圈牵伸形式不宜纺定量过重的粗纱，一般以 2.5～6 g/10 m 为宜。定量过重时，胶圈间的须条易产生分裂或分层现象，这是由于胶圈钳口上、下胶圈运动不同步所致的。

② 三罗拉长短胶圈牵伸。三罗拉长短胶圈牵伸装置如图 6-4 所示。其前、后罗拉为钢质斜沟槽罗拉，中罗拉为钢质滚花罗拉，罗拉表面均经镀铬处理。前、后上罗拉为胶辊，胶辊采用硬度为邵氏硬度 C72-74 的橡胶制成，胶圈采用橡胶圈。隔距块用锌合金制成，固定在下销上。下销鼻尖不带凹处，上面为平面。三对罗拉组成两个牵伸区：前区为主牵伸区，设有胶圈控制元件，胶圈钳口隔距块前端凹槽内放有下开口式集合器；后区只有很小的张力牵伸。

③ 四罗拉双短胶圈牵伸。四罗拉双短胶圈牵伸

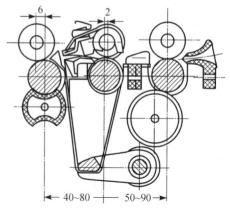

图 6-4　三罗拉长短胶圈牵伸

装置如图 6-5 所示。四罗拉双短胶圈牵伸是在三罗拉双短胶圈牵伸的基础上,在前方加上一对集束罗拉,使须条走出主牵伸区后再经过一个整理区。这种牵伸又称为 D 型牵伸。该装置设置有三个牵伸区,后区为配置 1.18~1.8 倍的牵伸倍数的后牵伸区,中区为主牵伸区,前区为 1.05 倍左右的张力牵伸的整理区。总牵伸倍数为 4.2~12 倍,主牵伸区不设置集合器,其他两个牵伸区均设有集合器,起集束作用。其特点为:中、后区具有三罗拉双短胶圈的特点,

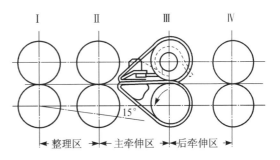

图 6-5　四罗拉双短胶圈牵伸

对纤维控制作用强,成纱条干好的优点;所不同的是在主牵伸区的前边增加了一个 1.05 倍的整理区,纺出粗纱外表光滑,有利于减少细纱毛羽。

(3) 三种牵伸形式的比较。

① 四罗拉双短胶圈和三罗拉双短胶圈的比较。四罗拉双短胶圈牵伸实质上还是三罗拉双短胶圈牵伸,它的主牵伸区集中在二、三罗拉之间,只是在一、二罗拉之间多了一个牵伸倍数为 1.05 的整理区,前集棉器放置在整理区,实行"牵伸区不集束,集束区不牵伸",以达到提高条干均匀度的目的。四罗拉牵伸整理区,在纺制小捻度、重定量,以及纤维长度在 51 mm 以上较为蓬松的化学纤维时,可以使经过牵伸区的纤维在凝聚区集合在一起。粗纱机三罗拉双短胶圈的总牵伸倍数为 4~18 倍,而以 5~12 倍的工艺效果为最好。当牵伸倍数在 18 倍左右或以上时,最好采用四罗拉双短胶圈牵伸。因为在重定量、小捻度和高倍牵伸的情况下,如采用三罗拉双短胶圈牵伸,在主牵伸区内的须条较宽,如再放置集合器,会使纤维有较大的收缩而不利于牵伸,有损条干。对于较蓬松的纤维来说,影响更甚。需要指出的是,集合器的作用绝不是收缩须条,而是使须条边部的松散纤维不散开,使其逐渐收拢。

D 型牵伸在二、三罗拉之间的主牵伸区不设集合器,而在一、二罗拉之间设了一个整理区,对牵伸后的须条起到集束作用。而在粗纱定量较轻、牵伸倍数不大的情况下,三罗拉双短胶圈牵伸已能满足要求,不需要再增加一对罗拉及其相应的部件,使机构复杂化。

② 长短胶圈牵伸和双短胶圈牵伸的比较。无论是三罗拉胶圈牵伸还是四罗拉胶圈牵伸,都有长短胶圈之分。在双短胶圈中,下胶圈过紧或过松,对使用均会产生影响,从而影响纺纱质量。由于下胶圈的周长是固定的,因而除了本身的长度误差外,还有零件制造误差和装配误差,这些累计误差在使用过程中无法消除,造成锭间误差不一。同时,由于下胶圈没有自动张紧作用,在牵伸过程中,容易出现胶圈中凹,影响胶圈中部对纤维的控制能力,使纤维在离开胶圈钳口后处于不稳定的状态。尤其在纺制涤棉混纺纱时,由于纤维的摩擦长度增加和对温湿度的变化较为敏感,如果主牵伸区的隔距和钳口开口过小,均会使牵伸区内的快慢速纤维之间的牵伸力增加,使变速点分布后移,因而造成突发性的条干不匀和纱疵。为了克服这一弊病,一般通过放大隔距和钳口开口高度来解决,但粗纱的条干均匀度也随之恶化。而在长短胶圈牵伸中,由于下长胶圈有张力装置张紧,对胶圈的长度等误差的要求也不高,使得下胶圈经常处于张紧状态,其中钳口对纤维的控制能力较好,纤维运动比较稳定,因而在较小的罗拉隔距下,可以得到较好的粗纱条干质量。在维护保养方面,双短胶圈优于长短胶圈,双短胶圈的结构也简单,且易于安装下清洁装置。长短胶圈则相反,下清洁装置结构设计比较困难,因而国

外有的机型采用胶圈刮皮加吸风的清洁结构,增加了用电。同时,长短胶圈在使用过程中还会发生掉胶圈问题。

（4）其他牵伸元件对纺纱质量的影响。对纺纱质量有显著影响的因素,除牵伸形式外,还有牵伸机构中各元件的性能及其相互配置等,如胶圈、胶辊、胶圈销子和加压压力、胶圈钳口、集合器等。

① 胶圈质量。胶圈质量包括胶圈厚度的均匀性、弹性摩擦系数等。上、下胶圈搭配厚度合适与否,对钳口处摩擦力界分布、对浮游纤维控制都有很大影响,如厚度、弹性不匀,则胶圈回转不稳定,影响粗纱 CV 值。胶圈表面摩擦系数对纤维的控制和上、下胶圈间的滑溜率有关。下胶圈是主动件,上胶圈的线速度一般小于下胶圈,处于上、下胶圈间的须条,上、下纤维层要产生相对滑移而破坏条干,因此,要求上、下胶圈间的滑溜率以小为好。经试验研究,长胶圈不但滑溜率小,而且纺纱质量优于短下圈,从而说明胶圈质量和合适的搭配对纺纱质量有较明显的影响。

② 胶辊硬度。胶辊胶管成分、内在质量、硬度、弹性等与运转稳定性、滑溜率、控制纤维等情况有直接关系,对粗纱质量的影响较大。胶辊软,则握持力不匀率小,握持稳定性好,且须条嵌入胶辊内凹面的弧长大,控制须条边纤维和单纤维的能力增强,弹性变形大,能弥补胶辊的轻微中凹和胶辊结构及表面特性的不均匀性,对粗纱质量有利。生产实践证明:低硬度胶辊纺出的粗纱 CV 值优于高硬度胶辊,无套差胶辊纺出的粗纱 CV 值略优于小套差胶辊。

③ 上销弹簧压力和胶圈钳口。在双短胶圈牵伸形式中,胶圈钳口离前罗拉握持点较近,是快/慢速纤维产生相对运动最剧烈的区域。该处的摩擦力界及分布的稳定性对纤维运动的影响特别敏感。为了使纤维变速点稳定,要求胶圈钳口既要有效地控制浮游纤维,又要使快速纤维能顺利通过,必须选择适当的上销弹簧压力和胶圈钳口隔距。实践表明,胶圈钳口隔距对粗纱条干 CV 值有显著影响,上销弹簧压力的影响不显著。

胶圈钳口原始隔距为牵伸装置中无须条状态下胶圈钳口的间隙,其大小由胶圈钳口隔距块控制,确保了胶圈钳口的最小隔距。该参数应根据粗纱定量、主牵伸倍数等确定,钳口原始隔距过小,须条在钳口的受力就大,甚至可能出现死钳口,出现牵伸不开的情况;钳口原始隔距过大,则须条在钳口的受控作用减弱,起不到应有的作用。

④ 集棉器。其作用是将牵伸时或牵伸后的须条收拢,防止纤维散失,有利于须条加捻,减少粗纱毛羽。在主牵伸区内,须条较薄,纤维比较松散,因此,不宜给予过大的约束;若使用不当,阻碍两侧纤维的运动,会导致集束不理想或产生更多的纤维弯钩和棉结,而影响质量。因此,前区集棉器口径选择是否适当,对前纤维运动的影响较大。口径太小,纤维运动阻力太大,两侧纤维很难以主体速度向前运动,对条干 CV 值不利;口径过大,对两侧纤维起不到集束作用,可能使纤维扩散分离。实践表明,前区集棉器对粗纱 CV 值的影响更为显著。集棉器口径的选择要依据具体工艺条件,通过试验确定。

2.3 加压装置

加压装置是牵伸机构的重要组成部分,是牵伸机构形成合乎工艺要求的摩擦力界的必要条件。它对牵伸区能否有效控制纤维运动,改善纱条均匀度,以及保全、保养、维修工作,都有直接影响。粗纱机已普遍采用弹簧摇架加压,有的新机型还采用了气动加压的方式。

（1）弹簧摇架加压装置。图 6-6 所示为粗纱机弹簧摇架结构示意图。弹簧摇架加压装置由摇臂体、手柄、加压杆、加压弹簧、钳爪、压力调节块及锁紧机构组成。尽管摇架加压装置的型号多种多样,但都不外乎以上这些部分组成;所不同的只是锁紧机构和加压元件而已。

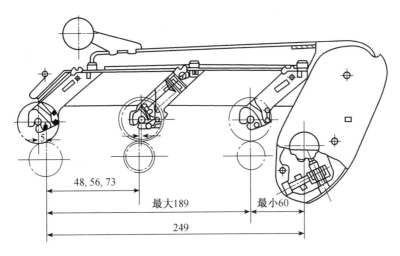

图 6-6　粗纱机弹簧摇架结构示意图

利用摇架下压自锁时压缩弹簧对所在钳口施加压力,一个摇架控制两个锭位牵伸的加压。由于弹簧质量的多分散性,使用时间长后,弹簧因疲劳而失效,导致加压失效而影响牵伸效果,因而平时要注意维护、检测弹簧状态。

(2) 气动加压装置。如图 6-7 所示,在摇架下压自锁时,利用气囊充气膨胀,促使摇架下压,对各牵伸钳口施加压力。气动加压装置加压稳定,加压锭差小,卸加压方便,整个机构吸振性好,但管路、空压机、空气过滤等设施的维护管理工作量大。

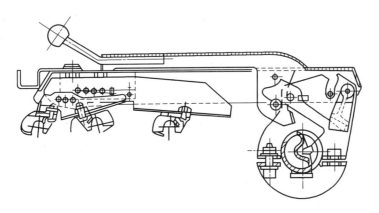

图 6-7　粗纱机气动摇架结构示意图

2.4　清洁装置、绒套清洁装置

如图 6-8 所示,清洁装置是清除罗拉、胶辊和胶圈表面的短绒和杂质,防止纤维缠绕机件,并保证产品不出或少出疵点的重要装置。清洁装置还可清洁牵伸区内的短绒微尘,降低车间空气含尘量。在牵伸过程中,不可避免地会产生一些飞花和须条边纤维的散失,而机器的速度越高,这种现象越严重。这些飞花带入须条中就会产生纱疵,一方面影响产品的质量,另一方面使工人的劳动强度加大,影响看台能力。

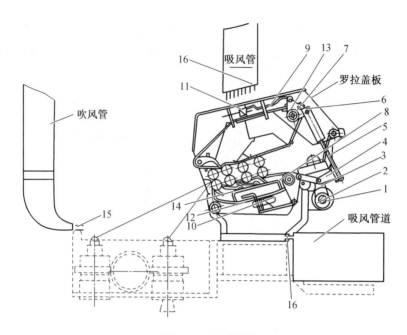

图 6-8　清洁装置

1—传动轴；2—偏心轮；3—摆动臂；4—下摆动架；5—撑杆；6—上摆动架；7,8—棘爪；

9,10—牵手杆；11,12—剥棉梳刀；13,14—棘轮；15—吹风口；16—吸风口

粗纱机清洁装置的种类有固定绒板式、积极式回转绒带清洁装置、下罗拉刮皮加吸风清洁装置、断头吸棉及自停装置、车面吹吸风清洁装置等。

（1）固定绒板式。它的清洁效果差，而且往往因挡车工处理不及时，导致大面积突发性黄竹节纱疵，已被淘汰。

（2）积极式回转绒带清洁装置。该装置适合于双短胶圈牵伸装置的上、下罗拉清洁，也适合于长短胶圈牵伸的上罗拉清洁。一般采用偏心滑块机构来驱动回转绒带清洁罗拉。图 6-8 所示为与上、下牵伸罗拉接触的回转绒套。

（3）下罗拉刮皮加吸风清洁装置。此类型适用于长短胶圈的牵伸装置的前、后罗拉的清洁。在前、后罗拉下部装胶质刮皮且有吸风口，下胶圈后面也有吸风口，罗拉上黏附的短绒棉尘被刮皮刮起后，吸入排尘管道，进入车尾的吸棉过滤网箱，经过滤，清洁空气送回车间。

（4）断头吸棉及自停装置。它的作用是防止飘头后产生疵点。在机尾管道内装有电容式传感器，通过检测管道内是否有飞花，从而判断是否有断头，发动停车。

（5）巡回清洁机吹风管。有的利用气流把锭翼、龙筋盖、车面等处的积棉和下清洁绒套剥下的废棉清除，并将其吹向车面吸风口，聚集起来；吸风管利用气流吸取上绒套上被刮下的短绒。有的在车面设置吹吸风清洁装置，利用气流把锭翼、龙筋盖、车面等处积棉和下清洁绒套剥下的废棉清除。

3　工艺配置

3.1　粗纱定量

根据设备性能、使用设备状态、温湿度以及前后工序的供应情况决定所纺粗纺定量，一般粗纱定量控制在 $2\sim7\,\mathrm{g}/10\,\mathrm{m}$。纺超细特纱时，细纱成纱细，则粗纱定量要控制得小。粗纱定

量较重时,必须控制好车间相对湿度,否则易出现牵伸须条分层现象。重定量是粗纱低速高产、降低粗纱伸长率差异的重要途径。

采用 D 型牵伸形式时,在主牵伸区不考虑集束,须条纤维均匀分散开,不易产生须条上下层分层现象,故粗纱定量可适当放宽。

3.2　牵伸倍数

(1)牵伸时浮游纤维变速运动的移距偏差,直接与牵伸倍数相关,同时,喂入熟条中前弯钩纤维居多,因而要适当减小总粗纱牵伸倍数。一般选 5～8 倍。

(2)牵伸分配。后区牵伸倍数的选定应根据熟条中纤维排列、纤维长度、细度等情况,尽可能避免临界牵伸倍数。适当放大后区牵伸倍数,缩小主牵伸区牵伸倍数,有利于前弯钩纤维伸直平行。一般控制在 1.08～1.35 倍。

(3)罗拉隔距。此隔距是两罗拉表面间最近距离,选择得合理与否,决定着工艺调整的稳定性以及产品的适纺性;同时,为了确保生产秩序的稳定,纺制某一类产品时,罗拉隔距是不变的。罗拉隔距的确定是一个企业技术的漫长积累及技术管理的合理性体现,各企业间同种原料所纺纱特相同,罗拉隔距也不尽相同。

罗拉握持距是牵伸区前后两钳口间纤维运动轨迹的距离,反映运动被控制的重要指标,是在罗拉隔距的基础上,利用上罗拉适当的几何配置而确定的参数。一般通过上罗拉的前冲后移来调整满足所纺纤维要求的罗拉握持距,同时缩短加捻三角区的长度,降低粗纱断头。一般配置见表 6-1。

上罗拉的前冲量,三罗拉双胶圈牵伸为 3 mm,四罗拉双胶圈牵伸为 2 mm,一般情况尽可能为零。

表 6-1　粗纱罗拉握持距

牵伸形式	前罗拉～二罗拉 L_1(mm)			二罗拉～三罗拉 L_2(mm)			三罗拉～四罗拉 L_3(mm)		
	纯棉	棉型化学纤维	中长纤维	纯棉	棉型化学纤维	中长纤维	纯棉	棉型化学纤维	中长纤维
A	$R+$ (14～20)	$R+$ (16～22)	$R+$ (18～22)	L_p+ (16～20)	L_p+ (18～22)	L_p+ (18～22)	—	—	—
B	35～40	37～42	42～57	$R+$ (22～26)	$R+$ (24～28)	$R+$ (24～28)	L_p+ (16～20)	L_p+ (18～22)	L_p+ (18～22)

注:A——三罗拉双胶圈牵伸;B——四罗拉双胶圈牵伸;R——胶圈架长度(mm);L_p——棉纤维品质长度(mm)。

胶圈架的长度:棉、棉型化学纤维为 35.2 mm;51 mm 中长型胶圈架长度为 43.5 mm;60 mm 中长型胶圈架长度为 56.8 mm。

3.3　钳口加压

钳口加压量依据所纺纤维性能、胶辊的硬度等参数设定。在生产实践中,要注意前钳口、中钳口压力的一致性。

【技能训练】

在实习车间认识粗纱牵伸机构,牵伸基本工艺参数上机调试训练。

【课后练习】

1. 喂入机构的组成及其作用是什么?

2. 粗纱机常用的牵伸形式有哪些？分别阐述它们各自的特点。

3. 粗纱牵伸工艺配置的主要内容有哪些？

4. 怎样进行前、后牵伸区的牵伸分配？什么情况下后区可采用较大的牵伸倍数？为什么？

任务6.3 粗纱加捻与假捻应用

【工作任务】1. 讨论加捻目的与机构。

2. 讨论加捻的实质和量度指标，粗纱捻系数选择的主要依据。

3. 分析捻陷对粗纱生产产生的影响。

4. 讨论粗纱假捻的原理及其在粗纱机上的应用效果。

【知识要点】1. 掌握加捻原理、加捻的实质和量度及捻系数的选择。

2. 掌握粗纱加捻机构。

3. 掌握假捻的原理及其在粗纱机上的应用。

1 加捻机构

1.1 加捻机构的目的

由于前罗拉钳口输出的须条结构松散，纤维彼此间联系较弱，因而须条强力极低，不能被下一工序使用及满足运输、储存的需要。因此，为了提高粗纱工序半制品的可加工性，必须给须条加适当的捻度。

1.2 加捻卷绕机构的组成和作用

粗纱机加捻卷绕机构按锭子的悬挂形式分为托锭式、悬锭式和封闭式三种。

（1）托锭式加捻卷绕机构。该形式的加捻卷绕机构配备在 A 系列粗纱机上，代表机型为 A454 系列、A456 系列。该机构由锭子、锭翼、锭脚油杯、筒管组成，如图 6-9 所示。

① 锭子：为圆形长杆，锭子顶端为锥台形且开有凹槽，下端为圆锥形。

② 锭翼：又称锭壳，由锭套管、实心臂、空心臂、压掌组成。

锭套管中有天眼，天眼锥度与锭子上端相配，内有一个销钉；锭套管上有顶孔，顶孔两侧开有侧孔，为加捻点。空心臂为导粗纱臂，保护粗纱不受惯性作用而破坏。实心臂用以平衡空心臂，保证锭翼高速旋转时动态平衡。压掌由压掌杆、压掌叶、上下圆环组成。上下圆环将压掌杆、压掌叶悬挂在空心臂的外侧；压掌叶起引导粗纱卷绕、确保粗纱卷绕有序的作用；压掌杆在惯性作用下确保压掌叶始终压向筒管。

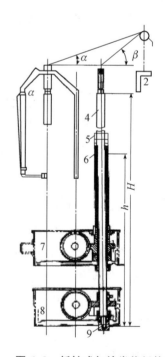

图 6-9 托锭式加捻卷绕机构
1—前罗拉；2—机面；3—锭翼；4—锭子；5—筒管；6—锭管；7—运动龙筋；8—固定龙筋；9—锭脚油杯

③ 锭脚油杯:实质为滑动轴承,安装在固定龙筋上,起支撑、润滑锭子的作用。

④ 筒管:安装在筒管座上,随筒管座同步旋转,并随运动龙筋做上升、下降运动。

上述部件的配套关系为:筒管座、筒管为中空,锭子从中穿过,间隙配合,各自独立运动;锭子下端置入锭脚油杯;锭套管天眼套在锭子上端,其销钉卡入锭子上端凹槽,保证锭子、锭翼中心合一,同步旋转。

(2)悬锭式加捻卷绕机构。悬锭式加捻卷绕机构配置在所有新型粗纱机上,如图 6-10 所示。锭翼悬挂在固定龙筋上,做旋转运动;锭子只起定位作用;而筒管安装在运动龙筋上,随运动龙筋做上升、下降运动。

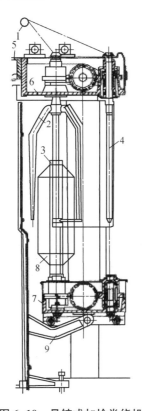

图 6-10　悬锭式加捻卷绕机构

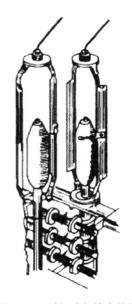

图 6-11　封闭式加捻卷绕机构

1—前罗拉;2—锭翼;3—筒管;4—锭子;5—机面;
6—固定龙筋;7—运动龙筋;8—粗纱;9—摆臂

(3)封闭式加捻卷绕机构。如图 6-11 所示,锭翼双臂封闭,顶端和底部均有轴承支持,确保稳定、高速旋转。压掌安装在锭翼空心臂的中部。锭子为套管式结构,外面是锭套管,里面是空心锭子,二者通过双键连接。取消了升降的运动龙筋,锭子随套管同速回转,而筒管随锭子回转。锭子下部内壁有螺纹与导向螺杆啮合。套管与螺杆分别由筒管轴和螺杆轴传动。若螺杆与锭子间同向等速传动,则锭子无上升或下降运动;若螺杆转速比锭子转速快,锭子向上运动;若螺杆转速较锭子转速慢,锭子向下运动,实现筒管升降运动。

托锭式加捻卷绕机构,锭子上端单侧受粗纱条的牵拉作用,即使加上锭翼的动平衡性能,运动龙筋上升、下降运动准确性,也很容易使锭子上端出现摆动,从而导致粗纱伸长率不稳定,因而不适宜高速。悬锭式、封闭式加捻卷绕机构,锭翼引入纱口位置固定,粗纱运动平稳,粗纱伸长率稳定,适宜高速、大卷装。

1.3 粗纱的加捻过程

无论采用哪种形式的加捻卷绕机构,粗纱的加捻卷绕过程都是基本相同的。

前罗拉钳口握持须条,须条从锭翼顶孔穿入,从锭翼侧孔引出,经空心臂、压掌叶绕在筒管上。前罗拉钳口以一定线速度输出须条,锭子以一定转速旋转,不断对须条加捻,加捻点为锭翼侧孔。随着卷装半径的增大,压掌叶、压掌的质心旋转半径差异减小,使二者高速旋转产生的惯性力差减小,从而导致压掌叶压向粗纱的压力随卷装半径增大而减小,因而粗纱卷装结构里紧外松。

2 加捻的实质和量度

2.1 加捻实质

(1)粗纱加捻的基本条件。前罗拉钳口为纱条握持点,锭翼侧孔为纱条另一握持点,该点同时也是纱条绕自身轴旋转的加捻点。锭翼旋转一周,给纱条加上一个捻回。

(2)加捻的实质和意义。须条绕自身旋转时,须条由扁平状变为圆柱状,纤维由原来的伸直平行状,通过加捻时的内外转移,转变为适当的紊乱排列,使外侧纤维加捻后产生两个以上的固定点,以实现其对纱体的外包围作用;而外侧纤维产生的向心压力,挤压纱条内部纤维,从而使纱条紧密,纤维彼此间联系紧密,纱条的机械物理性能得到显著提高,满足进一步加工的需要。

如图 6-12 所示,假设被加捻纱体中的纤维伸直、等长。加捻后,纱体等半径截面上纤维相对纱体轴线扭转成螺旋线轨迹,其轨迹在纱轴上的投影长度随着截面半径变小而增长,即纱体被加捻后,纱外层高度相对里层的短。但在实际加捻过程中,任一长度纱体两个截面的纤维沿半径方向的截面高度缩短是相等的,这势必导致外层纤维收缩外包缠绕半径来减小缩短量,从而产生外包纤维对内层的挤压作用或内外转移,纱体外层获得向心压力,增强纤维彼此间的联系,使纱体获得可满足使用要求的强度。

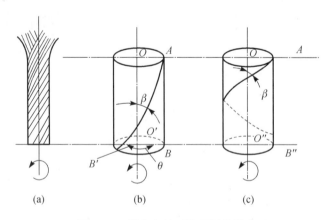

图 6-12 纱条加捻时外层纤维的变形

2.2 加捻的量度和捻向

(1)捻向。分 S 捻、Z 捻两种,如图 6-13 所示。
(2)加捻的量度。

① 捻度:属于绝对性指标,是指单位长度纱条上的捻回数。按单位长度的不同分为:英制捻度 T_e(单位长度为 1 英寸);公制捻度 T_m(单位长度为 1 m);特克斯制捻度 T_t(单位长度为 10 cm)。三者关系为 $T_t = 0.1T_m = 3.937T_e$。

图 6-13 捻向

② 捻系数:属于相对指标。该指标考虑原料性能对加捻作用的影响,能在不同原料、不同纱线粗细时,通过外包纤维对纱轴的夹角来反映纱条内纤维的彼此间联系,表征加捻的效果。

按纱线粗细表征指标不同分为英制捻系数 α_e、公制捻系数 α_m、特克斯制捻系数 α_t。三者关系为 $\alpha_t = 3.14\alpha_m = 95.07\alpha_e$。

③ 捻度与捻系数的关系:

$$T_t = \frac{\alpha_t}{\sqrt{Tt}}$$

$$T_m = \alpha_m \sqrt{N_m}$$

$$T_e = \alpha_e \sqrt{N_e}$$

式中: Tt——纱条线密度;

N_m——纱条公制支数;

N_e——纱条英制支数。

④ 捻度计算:设前罗拉钳口输出须条的线速度为 v_f(m/min),锭翼的转速为 n_s(m/min),则粗纱机上纱条的计算捻度为:

$$T_m = \frac{n_s}{v_f} \text{(捻回 /m)} \qquad (6-1)$$

2.3 粗纱捻系数的选择

(1) 粗纱捻系数选择原则。要满足粗纱卷绕、卷装的储存和运输、细纱退绕要求的机械物理性能时,采用适当小的粗纱捻系数,即确保加工过程中稳定、合适的粗纱伸长率时应采用较小的粗纱捻系数。

(2) 粗纱捻系数选择依据。包括所纺纤维的长度及其整齐度、粗纱线密度、细纱机后区牵伸工艺及车间温湿度等因素。

所纺原料:棉纤维的密度较化学纤维大得多,因而相同线密度的纱线截面内含有的纤维,棉纱条较化学纤维纱条少,加上棉型化学纤维长度长、整齐度高,因而棉纱条中纤维彼此间的联系较化学纤维小,则棉纱条选择的捻系数较化学纤维高得多。

纤维长度长、整齐度高,细度细,纱中纤维的摩擦力、抱合力大,纤维彼此间联系强,所选捻系数可小些。

细纱机后区牵伸工艺中,握持距大、牵伸倍数小、牵伸须条牵伸力较小时,可选择大些的捻系数。

车间温度低或相对湿度大时,要适当加大粗纱捻系数。

此外,要考虑粗细纱工序前后供应平衡,因为粗纱捻系数大,粗纱质量好,但粗纱产量低,前后供应易出现问题,请务必注意。

3 粗纱机上的假捻及其应用

3.1 捻回传递

由于加捻前的须条一般为松散介质的集合体,当加捻器让纱条沿自身轴心旋转时,所产生的应力、应变通过纤维间的联系传递到整根纱条上,并且可以看到靠近加捻点处的捻回较多,而远离加捻点捻回逐渐变稀。该现象即为捻回的传递。

3.2 捻陷及其危害

须条由握持点输入加捻区,从加捻点输出,在捻回传递过程中,若受到一个摩擦阻力方向与须条中纤维的倾斜方向一致的阻碍点,阻止捻回向前传递,使受阻点到加捻点的区域内获得的捻回数比未受阻时多得多,而握持点至受阻点区域内获得的捻回数比未受阻时少得多,该现象称为捻陷。

如图 6-14 所示,粗纱加捻过程中存在捻陷,捻陷点 B 为须条与锭翼顶孔上边缘接触处。由于纱条从前罗拉钳口 A 输出,到锭翼侧孔加捻点 C 之间区域内,纱条在该处拐弯,纱条与锭翼顶孔上边缘的接触点阻力较大,阻碍了捻回向上传递。产生捻陷后,前罗拉钳口与阻碍点区域内的纱条获得捻回少,纱体松散,纤维彼此间的联系弱,纱条强力低,在机械振动等干扰下,易出现纱条的意外伸长,特别是不稳定的伸长,影响产品的条干,甚至断头增多。

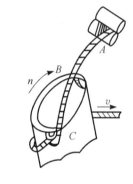

图 6-14 粗纱捻陷示意图

3.3 真捻、假捻

(1)真捻、假捻的获得。纱条进入加捻区前具有的捻度为 T_0,经过加捻区后的捻度为 T,则有 $\Delta T = T - T_0$,如图 6-15 所示。

① 当 $\Delta T \neq 0$ 时,则称须条获得真捻。当 $\Delta T > 0$ 时,则加捻区最终施加于纱条的捻回的捻向与纱体原有的同向,其效果为纱条增捻。当 $\Delta T < 0$ 时,则前后所加捻回的捻向相反,其效果为纱条退捻。

② 当 $\Delta T = 0$ 时,纱条经过加捻区后,未获得捻回,称加捻区对纱条施加了假捻,加捻器即称为假捻器。

图 6-15 加捻原理图

(2)应用。如图 6-16(a)所示,须条无轴向运动且两端分别被 A 和 B 握持,若在中间 B 处施加外力,使须条按转速 n 绕自身轴线旋转,则 B 的两端产生大小相等、方向相反的扭矩,B 的两侧获得捻向相反的捻回 M_1 与 M_2,且 $M_1 = M_2$。一旦外力消失,在一定张力下,两侧的捻回便相互抵消,该现象就是假捻。如图 6-16(b)所示,如果一段纱条进入加捻区前的捻回数为 T_1,因 B 点的假捻作用,同方向加上 M_1 个捻回,而 B 的右侧因与左侧假捻作用反方向而减去 M_2 个捻回,纱条输出 C 点时的捻回数为 T_2。因为 $M_1 = M_2$,$T_2 = T_1 + M_1 - M_2 = T_1$。因此纱条经过假捻区后,其自身捻度不变。

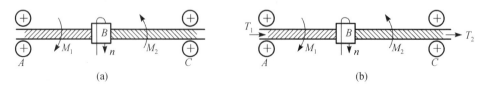

图 6-16 假捻过程

在粗纱加捻过程中,出现捻陷,纱条在锭翼顶孔上边缘滑动多,纱条呈扁形,摩擦力增大,纱体不易翻动,进一步阻碍了下部捻回向上传递。

① 解决思路。使纱条在锭翼顶孔上边缘由滑动转变为滚动,实现假捻作用,提高上部纱条的捻回数,也增强了该纱条的强力,降低了意外伸长率及其波动,降低了断头。此外,在细纱机后区牵伸工艺允许的前提下,适当增大粗纱捻系数,让须条获得较多捻回后充分收缩呈圆形,提高捻回传递效率,可降低捻陷。

② 解决措施。安装假捻器,如图 6-17 所示。假捻器有塑料质、橡胶质,纤维与假捻器的摩擦系数特别大,有利于纱条发生滚动,而降低滑动,实现了假捻,降低了捻陷。此外,应适当增大粗纱捻系数。

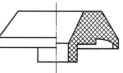

图 6-17　假捻器示意图

【技能训练】

1. 在实习车间认识粗纱加捻机构,加捻机构主要元件的保养、调试训练。

2. 粗纱运转操作训练。

【课后练习】

1. 粗纱机加捻卷绕机构有几种形式? 各有什么特点?

2. 加捻的目的是什么? 如何衡量加捻的程度?

3. 试述粗纱捻系数选择的依据及主要影响因素。

4. 什么是捻回传递? 什么是捻陷? 捻陷有何危害? 如何解决捻陷问题?

5. 什么是假捻原理和假捻效应? 试述假捻在粗纱上的应用。

任务 6.4　粗纱卷绕成形作用分析

【工作任务】1. 分析实现粗纱卷绕的条件。

2. 对照传动图和粗纱机,指出卷绕五大机构(变速机构、差动机构、升降机构、摆动机构、成形机构)的作用、工作原理。

3. 绘制升降机构的工作原理简图。

【知识要点】1. 粗纱卷装结构。

2. 实现粗纱卷绕的条件。

3. 粗纱卷绕成形机构及作用。

1　实现粗纱卷绕的条件

1.1　粗纱卷装结构

粗纱卷装从里往外分层排列,每层粗纱平行紧密卷绕,为实现无边不塌头,采用两端锥台形的卷绕形状,确保粗纱退绕稳定,如图 6-18 所示。

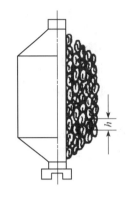

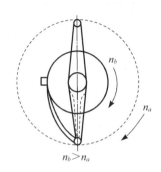

图 6-18　粗纱卷装结构　　　　　　　图 6-19　粗纱卷绕示意图

1.2　翼锭纺纱的卷绕成形方式

翼锭纺纱的卷绕是依靠筒管与锭翼之间的转速差异来实现的。当锭翼转速大于筒管时，称为翼导；当筒管转速大于锭翼时，称为管导。在翼导中，筒管的卷绕点快于筒管表面速度，断头时，容易产生断头飞花，且因筒管转速随卷绕直径的增加而增加，如果卷绕动平衡不良，大纱时使其回转更加不稳定。这种卷绕方式曾用于麻纺，现已被淘汰。管导卷绕中，在确保供需平衡的前提下，筒管转速随卷绕直径增大而减小，故大纱时回转稳定性较好，现被广泛使用。

1.3　粗纱卷绕条件

（1）如图 6-19 所示，在管导卷绕中，设锭翼的转速为 n_{s}，筒管的转速为 n_{b}，粗纱的卷绕转速为 n_{w}，有：

$$n_{\mathrm{w}} = n_{\mathrm{b}} - n_{\mathrm{s}}$$

（2）为实现正常生产，单位时间内前罗拉钳口输出的须条长度，必须等于筒管的卷绕长度，有：

$$v_{\mathrm{f}} = \pi D_x n_{\mathrm{w}}$$

式中：v_{f}——前罗拉钳口须条输出速度；

D_x——筒管上粗纱卷绕直径。

则有卷绕方程：

$$n_{\mathrm{b}} = n_{\mathrm{s}} + \frac{v_{\mathrm{f}}}{\pi D_x} \tag{6-2}$$

在实际生产中 v_{f}、n_{s} 为定值，D_x 随卷绕逐层增大，故 n_{b} 将随卷装卷绕直径 D_x 逐层增大而减小。在同一层粗纱卷绕层，D_x 不变，n_{b} 也不变。

（3）为实现粗纱在筒管轴向紧密排列，则单位时间内上龙筋的升降高度应等于筒管的轴向卷绕高度。设粗纱轴向圈距为 $h(\mathrm{mm})$，筒管上升或下降的速度为 $v_1(\mathrm{mm/min})$，则有升降方程：

$$v_1 = \frac{v_{\mathrm{f}}}{\pi D_x} \cdot h \tag{6-3}$$

在实际生产中,v_f 和 h 为定值,因此,v_1 随 D_x 逐层增大而逐层减小,即每卷绕一层粗纱,筒管上升或下降速率降低一次。

2 各种粗纱机传动示意图

A 系列、FA458 型、FA415 系列、FA421 系列、FA423 系列粗纱机的传动示意图如图 6-20 所示。JWF1415 型粗纱机的传动示意图如图 6-21 所示。JWF1416 型、FA491 型、HY491 型、HY492 型粗纱机的传动示意图如图 6-22 所示。

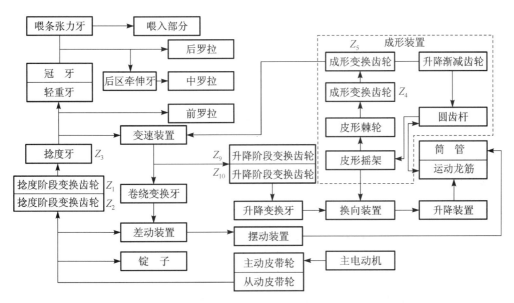

图 6-20 A 系列、FA458 型、FA415 系列、FA421 系列、FA423 系列粗纱机传动示意图

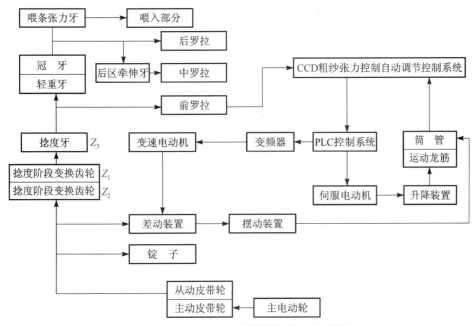

图 6-21 JWF1415 型粗纱机传动示意图

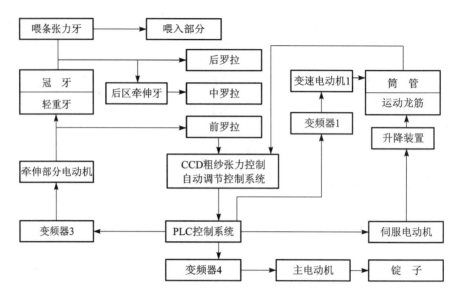

图 6-22　JWF1416 型、FA491 型、HY491 型、HY492 型粗纱机传动示意图

3　变速装置及其作用

3.1　作用

为筒管径向卷绕,轴向升降产生一个变速。

3.2　变速装置的种类

(1)机械式。铁炮变速装置如图 6-23 所示。主动铁炮 1 为动力输入,恒速;从动铁炮 3 为动力输出。两个铁炮通过铁炮皮带联系在一起,当铁炮皮带从主动铁炮的大端向其小端移动时,主动铁炮的直径变小,而从动铁炮的直径变大,故被动铁炮的转速逐渐减小。适用于 A 系列、FA458 型、FA415 型、FA421 型、FA423 型、FA415 型粗纱机等。

(2)变频调速。电动机的同步转速为:

$$n = \frac{60f}{p}$$

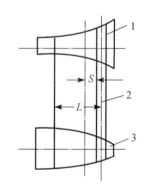

图 6-23　铁炮变速装置原理图
1—主动铁炮;2—铁炮皮带;
3—从动铁炮

式中:f——驱动电流频率;

p——电动机绕组极数。

对于指定的电动机,p 固定,当改变输入电流频率 f、电功率后,电动机转速就同步改变,从而实现变速。适用于 FA425 型、FA426 型、FA491 型粗纱机等。

4　差动装置

差动装置的作用是将变速装置传来的变速与主轴恒速合成一个满足筒管卷绕要求的变速,其原理如图 6-24 所示。其结构采用差动行星轮系。新型粗纱机(如 FA491 型)取消了差动装置。

图 6-24　差动装置速度合成示意图

5 成形机构

A 系列、FA458 型、FA415 型、FA421 型、FA423 型粗纱机安装有成形机构,包括摆动装置、升降装置、成形装置等,完成运动龙筋升降及其升降动程的缩短等运动,制成截头圆锥形的粗纱卷绕形状。

5.1 摆动装置

(1)摆动装置的作用。将差动装置合成后的变速动力,通过变距离、变角度方式,传送给筒管轴端齿轮。

(2)万向联轴节式摆动装置。采用万向联轴节—花键轴结合方式,适用于除筒管单独电动机传动的机型外的所有型号的粗纱机。该摆动装置由花键轴、花键套筒、万向十字头等组成,如图 6-25 所示。

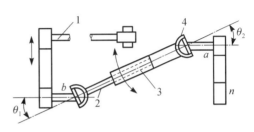

图 6-25 万向联轴节式摆动装置

1—筒管轴;2—花键轴;
3—花键套筒;4—万向十字头

左侧的轮子和筒管轴随着龙筋升降。花键轴 2 在花键套筒 3 内可以自由伸缩,以补偿运动龙筋升降时产生的传动距离。万向十字头 4 可自调转向,以适应运动龙筋升降时产生的传动方向的变化。

5.2 升降机构

(1)升降机构由运动龙筋、升降装置、换向装置、平衡重锤或平衡弹簧组成。其作用是使运动龙筋做升降运动。由于筒管的升降速度随着卷绕直径的增加而减慢,因而运动龙筋的升降速度也与卷绕直径成反比。故筒管的升降运动也是由变速装置传动的。

目前,粗纱机的升降机构普遍为链条式升降机构,如图 6-26 所示。升降轴 4 上固定升降链轮 3,升降链轮通过链条带动升降杠杆 9 做上下运动。升降杠杆以 A 为支点,另一端托持运动龙筋 8。当升降轴做正反向回转时,运动龙筋在升降杠杆的作用下完成升降运动。

由于运动龙筋的质量较重,所以上升时需要较大的功率。为了减轻升降系统的驱动负荷,降低功率消耗,确保运动龙筋升降平稳,升降轴上挂有平衡重锤 13 或平衡弹簧。运动龙筋下降时,则靠其自身质量的势能转化为平衡重锤或平衡弹簧的势能,将能量储存起来。为保证运动龙筋下降时的稳定性,使升降链条始终处于紧张状态,

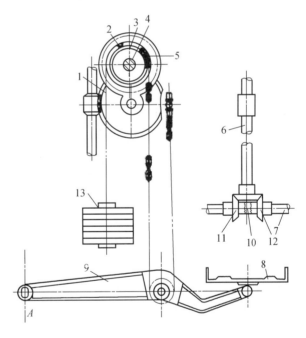

图 6-26 升降机构示意图

1—蜗轮;2—重锤链轮;3—升降链轮;4—升降轴;5—链条;
6—立轴;7—花键短轴;8—运动龙筋;9—升降杠杆;
10—离合器;11,12—换向齿轮;13—平衡重锤

197

故平衡重锤质量不能太重或平衡弹簧不能拉得太紧,否则链条伸长或升降滑槽内积花,可能造成运动龙筋呆滞或打盹。

(2) 换向装置。按驱动换向的动力性质,分为机械式换向装置、电磁阀式换向机构两种。

① 机械式换向装置:如图 6-26 所示。上圆锥齿轮固定,将动力输出传动竖轴,最终传动升降轴,两个换向齿轮 11 和 12 相对与套筒固定装在一起,安装在花键短轴 7 上,可在花键短轴上左右往复移动。短轴由变速装置直接驱动。

拨叉动作,向左移动,10、12 啮合;当粗纱一层纱卷绕结束时,拨叉在成形装置的控制下,向右移动,10、12 分离,10、11 啮合,6 改变转向,竖轴、升降转向,实现换向。

② 电磁阀式换向装置:结构原理与机械式相同,驱动换向齿轮由电磁阀控制。

5.3 成形装置

国产粗纱机广泛使用的成形装置有机电式和压簧式两种。

(1) 机电式成形装置。FA458 型、FA415 型粗纱机都采用机电式成形装置。其中,缩短运动龙筋的升降动程、锥轮胶带的移动和降低筒管卷绕转速由机械传动完成,而改变运动龙筋的升降方向则由机械、电气联合动作完成。

如图 6-27 所示,运动龙筋正处于下降过程中。成形滑座 1 随同运动龙筋下降,通过圆齿杆 2 带动上摇架 3 绕自身轴做顺时针摆动,使其右边的调节螺丝 8 下压下方的燕尾掣子 7,以解脱掣子对下摇架 6 的控制。与此同时,横杆左端被链条铁钩向上拉,而其右端在横杆下弹簧的配合下被向下拉。在运动龙筋下降过程中,横杆左端逐渐被链条铁钩拉起,而右侧的链条铁钩则施压于下摇架上,从而使下摇架具有绕自身轴以顺时针方向摆动的趋势。一旦上摇架的调节螺丝下压燕尾掣子,解脱对下摇架的控制时,下摇架立即沿顺时针方向摆动,而左侧掣子因弹簧作用下压。在这一瞬间,成形装置完成以下三项动作:

① 运动龙筋换向。下摇架 6 绕自身轴做顺时针摆动时,与其一体的短轴同时向左摆动,换向感应片 15(铁板)随之左摆而接近运动龙筋换向传感器 14,从而使双向吸铁动作,经连杆使随传动轴转动的锯齿离合器与一圆锥齿轮离合器脱开,而与另一圆锥齿轮离合器啮合,从而改变运动龙筋的运动方向。

② 锥轮胶带移位。重锤始终给胶带叉

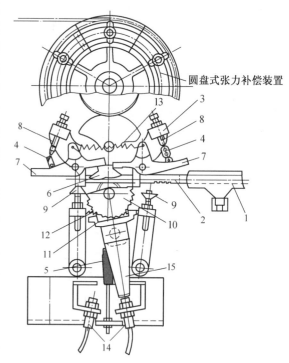

图 6-27 FA458A 型粗纱机机电式成形装置

1—成形滑座;2—圆齿杆;3—上摇架;4—链条;
5—横杆下弹簧;6—下摇架;7—燕尾掣子;
8—调节螺丝;9—伞形掣子;10—成形棘轮;
11—撞块;12,13—弹簧(拉簧);
14—运动龙筋换向传感器;15—换向感应片

一个向主动锥轮小直径端移动的拉力。成形棘轮 10 受两侧伞形掣子 9 的控制,阻止圆盘式张力调节轮转动。下摇架的短轴带动撞块 11,使左侧伞形掣子脱开成形棘轮。而与此同时,弹簧将右侧的伞形掣子拉向成形棘轮。在此过程中,成形棘轮因摆脱左侧伞形掣子的控制而做顺时针方向的转动,但成形棘轮仅转 1/2 齿,即受右侧掣子的阻止而停转。与此同时,在重锤重力驱动下,圆盘式张力调节轮、成形棘轮转动一个角度,圆盘式张力调节轮释放钢丝绳,锥轮胶带向主动锥轮的小直径端移动一小段距离。这样,改变了筒管的卷绕速度和运动龙筋的升降速度。

③ 升降动程的缩短。当成形棘轮转动 1/2 齿时,与圆齿杆啮合的升降渐减齿轮 Z,绕自身轴沿逆时针方向转过一个角度,使圆齿杆向左移动一小段距离,从而缩短了圆齿杆的摆动半径和运动龙筋的升降动程。

如图 6-28 所示,运动龙筋升降动程与圆齿杆摆动半径的关系为:

$$H = 2R\sin\frac{\theta}{2}$$

式中:H——运动龙筋的升降动程;

　　　R——拨齿杆的摆动半径;

　　　θ——圆齿杆的摆动角度。

圆齿杆的摆动角度受上摇架上的调节螺丝控

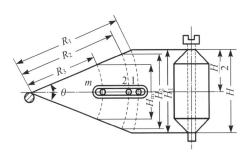

图 6-28 粗纱卷绕成形

制。当卷装高度确定以后,调节螺丝一般不予调节。

所以,在一落纱的过程中,θ 保持不变,使得 H 与 R 始终保持线性的比例关系。当筒管每卷绕一层纱时,圆齿杆的长度就缩短 ΔR,运动龙筋在下一层粗纱卷绕时,升降动程随 R 线性减小 ΔH。这样就确保了粗纱卷装两端为锥台形。当需要改变卷装高度或卷绕在筒管上的位置时,可以调节上摇架上的调节螺丝,使其提前或滞后(推迟)下压燕尾掣子,减小或增大 θ 角,达到调节运动龙筋最大升降动程之目的。当燕尾掣子提前下压时,θ 角减小,最大动程缩短;反之,则动程加长。

(2) 压簧式成形装置。A456 型粗纱机采用压簧式成形装置。其功能与机电式相同,但换向原理为中摇架驱动撞块撞击伞形掣子,实现成形棘轮转动;同时其下方拨叉杠杆带动拨叉,将两个换向齿轮轮流与成形竖轴伞形齿轮啮合,完成运动龙筋的换向运动。

6 辅助机构

6.1 铁炮三自动机构

为了确保准确开始和完成粗纱卷绕,除了保证正常卷绕所必需的变速机构和成形机构外,还应设置下铁炮升降、皮带复位和满纱自停等辅助机构。

(1) 下铁炮升降机构。粗纱机每次落纱时,需有 0.5 m 左右的粗纱不能被卷绕,而应盘绕在锭翼顶端,以供下一落纱生头使用,这称为落纱盘头。因此,落纱前需先抬起下铁炮,再运行一段时间。此时,前罗拉继续输出纱条,但锭翼与筒管的转速相同,因此,不卷绕,致使纱条盘绕在锭翼顶端。当下一落纱始纺前,需再放下下铁炮,以便继续纺纱。下铁炮的抬起和放下动作由下铁炮的升降机构完成。

为防止下铁炮抬起后筒管发生倒转,应配有防倒转装置。为防止下铁炮在运转中产生跳动,还必须有铁炮防振装置。

（2）铁炮胶带复位机构。每当一落纱纺满后，铁炮胶带已移至主动铁炮的小端位置。在铁炮升降机构将下铁炮抬起后，应将铁炮胶带从主动铁炮的小头位置移至大头的始纺位置，以便开始下一落纱的正常纺纱。以上动作由胶带复位机构完成。

为防止胶带伸长或松紧不一，应设有胶带张力调节装置，使胶带张力始终保持一致，减小滑溜。

（3）满纱自停机构。粗纱满纱停车，应做到"三定"，即定长、定位和定向。定长是指满纱时必须达到一定的粗纱纺纱长度，以便在细纱机上更好地实行"粗纱宝塔分段"工作法。定位是指落纱时运动龙筋所处的位置要符合要求。定向是指落纱时运动龙筋的方向一定。为了便于细纱机上换粗纱的操作，一般要求运动龙筋下降至卷装的 1/3~1/2 高度处落纱。这样，下一落纱可以从空管中部或 1/3 处卷绕，即第一层粗纱绕在空管上部的 1/3~1/2 的部位，使细纱挡车工在粗纱跑空前，还有一层不到的粗纱便于捋下，更换新粗纱。

6.2 防塌肩装置

防塌肩装置又称防冒装置。采用光电断头自停后，如果断头发生在换向前，在停车后的惯性运转过程中恰在该处换向，将出现冒花现象，断头发生在换向后不会出现冒花。

FA458 型、FA412 型粗纱机在电路中设有"换向前不自停装置"，它是由两个防冒开关及运动龙筋向上和向下继电器组成。当运动龙筋下降而绕纱到下极点位置时，因断头光电自停造成恰在换向处停机而冒花。为此，在电路中设有两个防冒开关，分别与运动龙筋向上、向下继电器串联，可有效防止冒花的发生。两个防冒开关分别装在成形装置两侧，并分别绕纱至上极点和下极点时开始压碰而闭合。因上肩换向前运动龙筋向下运动，尽管因纱条断头而自停形成断路，但运动龙筋向下时继电器因和一防冒开关串联而暂时不停，必须等到运动龙筋换向后，并越过下极点区防冒开关断开后才会停车。

6.3 防细节装置

（1）细节的产生。由粗纱机的传动系统可知，自电动机至前罗拉的传动路线比电动机至筒管的传动路线短得多，故筒管停转比前罗拉滞后，致使关车后前罗拉至筒管（尤其是前罗拉至锭翼顶孔）间这段粗纱因张力过度而产生细节。重新开车时虽有机会松弛，但这段纱条已无法回缩，影响粗、细纱的质量。为此，在 FA458 型粗纱机上采用防细节装置，用于控制传动系统的惯性，减小关车时筒管停转的滞后现象，达到降低纺纱段张力和防止细节的目的。

（2）防细节装置。为了防止粗纱细节的产生，在 FA458 型粗纱机下锥轮输出至差动装置的传动路线中，设置了一个电磁离合器。该电磁离合器在机器运转时啮合，而当切断主机电源到机器完全停转这一段时间内，电磁离合器脱开片刻，便输入差动装置的变速为零，从而使此时的筒管和锭翼同转而不产生卷绕，致使前钳口至锭翼顶端间粗纱呈松弛状态，避免了粗纱细节的产生。

6.4 自动落纱

粗纱机自动落纱技术是提高自动化程度、生产效率和降低劳动强度、实现纺纱过程连续化的关键技术。大部分吊锭粗纱实现了半自动或全自动落纱。如国产 FA423 型、日本 FL16 型粗纱机实现了半自动落纱，国产 HY495 型、意大利马佐利 LAB 型为全自动落纱粗纱机。

（1）半自动落纱程序控制。半自动落纱可采用人工手动程序控制方式或自动程序控制方式。若落纱时，压掌下部的粗纱容易被掐断，可采用自动程序控制方式；否则，只能采用人工手动程序控制方式。其操作程序如下：

纺纱→满管自停(自动)→铁炮皮带放松并复位(自动)→筒管、运动龙筋超降(自动)→铁炮皮带张紧(自动)→落纱(人工)→计长器复位(自动)→筒管龙筋上升至插管位置(人工)→筒管龙筋上升至始绕位置(按上升钮)→粗纱头绕在筒管上(人工)→开车纺纱(按电钮)。

程序简要说明:计数器发出满管信号,满管信号灯亮,龙筋上升至纺纱中间位置,随龙筋上升的碰头触及行程开关,主电动机、吸风电动机停转,而铁炮皮带复位电动机启动,下铁炮抬起,皮带复位至始纺位置,并触及行程开关,铁炮皮带复位电动机停转。与此同时,超降电动机启动,龙筋超降至落纱位置,并触及行程开关,超降电动机停转,而铁炮皮带复位电动机再次启动,下铁炮落下,皮带张紧并触及行程开关,铁炮皮带复位电动机停转,同时计数器复位,满管信号灯灭。

龙筋超降到落纱位置,即可进行落纱,落完纱后按动推键,超降电动机启动,龙筋上升到插管位置,触及行程开关,超降电动机停转,挡车工将空管插入,插齐后再按动复位按钮,超降电动机启动,龙筋再上升到卷绕生头位置,挡车工将纱头贴附在管端特殊的绒布卷上,完成接头操作,即可继续开车生产。

(2) 铁炮皮带自动复位装置。图 6-29 所示为 FA421 型粗纱机铁炮皮带自动复位装置。该机构可自动完成铁炮皮带放松、复位和张紧的连续动作,其作用原理为:粗纱满管后,主电动机停转,快速复位电动机启动。与此同时,电磁铁 16 接通,与齿形离合器 10 啮合,电磁制动器 3 放松,由于铁炮皮带 1 和重锤 15 的阻力大于伞形齿轮 5 的阻力,伞形齿轮 8 不动,通过伞形齿轮 5 传到蜗杆轴 6,使之顺时针旋转。三孔托架 12 抬起,松开铁炮皮带,到下弹簧压缩受阻时,伞形齿轮 5 停转,同时伞形齿轮 8 旋转,使长齿条拉动皮带返回初始位置,到掣子 14 压动限位开关 13 时,快速复位电动机停转。接着,龙筋升降电动机启动,龙筋自动超降,超降到位,电动机停止。从这个指令可直接使快速复位电动机反转,这时伞形齿轮 8 由于掣子阻止的阻力大于伞形齿轮 5 的阻力,伞形齿轮逆转,皮带张紧,铁炮皮带完成复位,电磁制动器恢复制动。

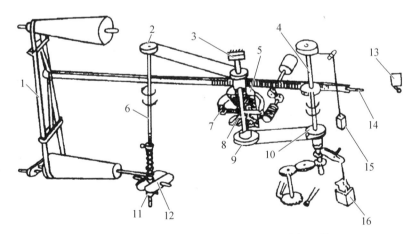

图 6-29　FA421 型粗纱机铁炮皮带自动复位装置

1—铁炮皮带;2—链轮;3—电磁制动器;4—垂直轴;5,8—伞形齿轮;6—蜗杆轴;7—蜗轮;10—齿形离合器;11—齿动轴颈;12—三孔托架;13—限位开关;14—掣子;15—垂轴;16—电磁铁

(3) 龙筋超降装置。筒管龙筋超降是通过一个差动轮系来实现的。图 6-30 是 FA421 型粗纱机超降装置,正常纺纱时,变速箱传来的升降运动,通过系杆传给齿轮 A,再传给升降齿

条。此时,由于内齿轮5与蜗轮副和制动电动机相连,而固定不动。筒管龙筋快速升降时,中心齿轮B起固定作用,运动是由升降电动机传来的,通过蜗杆、蜗轮和行星轮系,使筒管龙筋升降到需要位置。

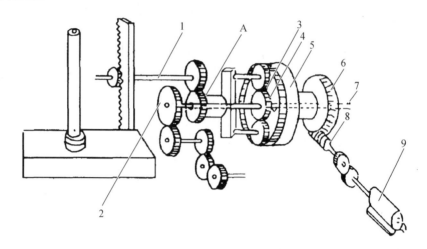

图 6-30 FA421 型粗纱机龙筋超降装置
1,7—轴;2,3—齿轮;4—中心轮;5—内齿轮;6—蜗轮;8—蜗杆;9—电动机

(4) 落纱阶段。FA417 型粗纱机半自动落纱装置进入落纱阶段,自动将粗纱向外同方向倾斜一定角度,而运动龙筋仍保持水平状态,便于挡车工落纱。后开车前能自动复位。

(5) 全自动落纱。现以意大利马佐里全自动落纱为例,说明其动作程序:

① 落纱前应准备好空管,放在粗纱机前方导架上。

② 落纱时的动作:

a. 落纱时粗纱筒管下降,离开粗纱锭翼,并向外倾斜 45°,以便落纱器落纱。

b. 机械手吸出粗纱放在大导架上,同时吸出导架上准备好的空筒管。

c. 把空筒管装入粗纱机。

d. 每次落纱 14 锭,如此循环,直到落完。

③ 粗纱落完后,粗纱管向内转 45°。恢复到原位,同时粗纱自动生头(吸附在管上),然后开车。

④ 机械手回到原来位置(一般在两台粗纱机中间)等待下一次落纱。

⑤ 粗纱自动运送到纱库或细纱机前。

【技能训练】

1. 在实习车间认识粗纱卷绕机构,对照粗纱机认识卷绕主要机构的结构、作用原理,并进行保养、调试训练。

2. 绘制升降机构的工作原理简图。

【课后练习】

1. 粗纱机加捻卷绕机构有几种形式?各有什么特点?

2. 为了实现粗纱的卷绕成形,必须满足哪些条件?

3. 变速装置的作用是什么？有哪几类？

4. 差动装置的作用是什么？

5. 摆动装置的作用是什么？

6. 升降机构及其作用是什么？运动龙筋是如何实现升降运动的？换向动作是怎样完成的？

7. 粗纱机成形装置的作用是什么？如何实现这些作用？

8. 粗纱生产过程中为何会出现细节？如何防止？

任务6.5 粗纱张力调整

【工作任务】 1. 讨论粗纱张力产生的原因及其对产品质量的影响。

2. 讨论粗纱张力的调整方法。

3. 讨论稳定粗纱张力的控制措施。

4. 讨论一落纱过程中纺纱张力的控制方法和原理。

【知识要点】 1. 粗纱张力产生的原因。

2. 粗纱张力的正确判断。

3. 粗纱张力变化应采取的控制措施。

1 粗纱张力的形成和分布

1.1 粗纱张力的形成及其作用

粗纱自前罗拉钳口输出至卷绕到筒管的行程中,必须克服锭翼顶端、空心臂和压掌等的摩擦力与空气阻力、重力,前段纱拖动后段纱一起运动的同时,保证一定的粗纱张力是工艺上所必需的,其作用如下。

(1) 能提高纱条中纤维的伸直度和须条的紧密度,便于退绕和减小毛羽。

(2) 能提高粗纱的卷绕密度,保持成形良好,增加卷装质量。

(3) 合适的张力有利于捻回的传递,确保纱条质量。

1.2 粗纱张力的分布和变化

粗纱从前罗拉钳口输出到卷绕至筒管上各段路径的粗纱张力是不同的,如图 6-31 所示。T_a 为前罗拉钳口至锭翼套管间的 ab 段纱条的张力,称为纺纱张力,这段纱条在锭翼空心臂内;T_c 为克服 bc 和 de 段的摩擦力后纱段 ef 的张力,称为卷绕张力。

根据欧拉公式,可获得粗纱卷绕张力及其粗纱张力间的关系:

$$T_b = T_a e^{\mu_1 \theta_1}$$

$$T_c = T_b e^{\mu_2 \theta_2} = T_a e^{(\mu_1 \theta_1 + \mu_2 \theta_2)} \qquad (6-4)$$

式中:μ_1, μ_2——纱条对锭翼套管和压掌的摩擦系数;

θ_1——粗纱在锭翼套管上包绕的角度;

θ_2——粗纱在压掌叶上包绕的角度。

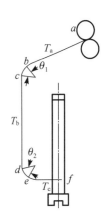

图 6-31 粗纱张力分布

由上可知,粗纱张力从前罗拉钳口输出到卷绕筒管上是逐渐增大的。卷绕张力 T_c 随选用原料、锭端和压掌叶上的绕圈数、车间温湿度,以及卷绕工艺而变。

2 粗纱张力对产品质量的影响

粗纱半制品的质量控制指标主要有以下几项:

(1) 质量不匀率。反映粗纱段质量均匀情况,通常测定多于 20 段(每段为 10 m)的粗纱质量后,按平均差系数公式计算,质量不匀率要求小于 1.2%。

(2) 条干不匀率。反映粗纱粗细情况,分萨氏条干与乌氏条干。萨氏条干不匀率为极差系数,要求<35%;乌氏条干不匀率为 4%。

(3) 粗纱伸长率。粗纱伸长率是间接反映粗纱张力的一个重要指标,要求<2.5%。

粗纱从前罗拉钳口输出通过锭翼卷绕在筒管上,纱条始终保持一定的紧张程度,承受一定的张力。因为粗纱为弱捻制品,强力较低,所以纺纱张力的细小变化都会敏感地影响到粗纱的质量不匀率和条干不匀率。因此,纺纱时要求粗纱张力保持适当的大小,既不破坏输出须条和粗纱的均匀度,又要保证足够的粗纱卷绕密度,这样的张力称为合理张力。经生产实践证明,合理的粗纱张力是粗纱生产过程得以正常进行和保证粗纱质量的必要条件。

粗纱张力的控制包括两方面的内容:一方面是张力的控制,也就是使张力限制在一定范围内;另一方面是张力差异的控制,即控制粗纱张力的波动范围。张力差异包括机台彼此间的张力差异,同一台粗纱机前后排之间的张力差异,同一排不同锭之间的张力差异,同一锭一落纱过程中大、中、小纱之间的张力差异。在粗纱纺纱卷绕过程中,粗纱一落纱的张力控制首先依据检测粗纱张力分布状态,调整铁炮皮带起始位置、张力牙等方法来实现的。但是,影响粗纱张力变化的因素是复杂的,有些因素的影响难以计算和控制,但总体而言,通过粗纱机的张力补偿装置或粗纱张力自动检测控制系统,可以实现一落纱粗纱张力及其稳定。

3 粗纱张力的调整方法

3.1 目测法

目测法是指通过观察粗纱纺纱段的运动状态来判断纺纱段张力的状态。

(1) 托锭粗纱机纺纱时的情况。一般认为,托锭粗纱机纺纱时,其纺纱张力情况如图 6-32 所示,可划分为三种情况。

第一种情况,纺纱段粗纱挺直,并伴随剧烈抖动,即粗纱纺纱张力过大,如图 6-32 中的 A。由于锭子锭翼单侧受力,使旋转的锭子出现不平衡状态,加上锭子锭翼动平衡状态及锭子与筒管的运动的同轴性,致使锭子摆动,纺纱段粗纱拉直而剧烈振荡,同时,粗纱加捻三角区长度波动。这样,不利于粗纱伸长率的稳定,使粗纱伸长率波动较大。

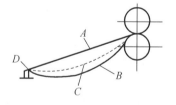

图 6-32 纺纱段粗纱位置图

第二种情况,纺纱段粗纱严重松弛,张力小且极不稳定,加捻三角区长且不稳定,甚至出现麻花状。由于加捻三角区增大,其中的纤维彼此间松散,联系作用减弱,不利于粗纱捻回传递到加捻三角区,也导致粗纱伸长率过大且不稳,如图 6-32 中的 B。

第三种情况,纺纱段粗纱紧而不拉直、不出现振荡,能使加捻三角区获得捻回且稳定,如图 6-32 中的 C。这样就能使粗纱纺纱段张力稳定,粗纱伸长率比较稳定,并且波动小。

（2）悬锭粗纱机纺纱时的情况。由于悬锭锭子中心上下位置固定不变，当粗纱纺纱段张力过大时，不可能出现如托锭粗纱机纺纱时纺纱段粗纱剧烈抖动的现象。而悬锭粗纱机纺纱段粗纱出现剧烈抖动，其原因应该是锭子上端假捻器上端面旋转时不在同一水平面内，导致粗纱与假捻器的接触点位置变动，使纺纱段粗纱剧烈抖动，属于假捻器安装质量问题。因此，纺纱段粗纱张力大小合适与否，是很难从纺纱段粗纱在检测区域的位置状态来区别的。当然，其粗纱伸长率是不一样的，但其伸长率差异在理论上应该没有太大区别，应该都比较稳定，而纺纱张力小时出现的情况与上相同。

3.2　粗纱伸长率测试法

粗纱伸长率以同一时间内筒管上卷绕的实际长度与前罗拉钳口输出的计算长度之差对前罗拉钳口输出的计算长度之比的百分率表示。因前罗拉转速较快，开关车时间不易掌握，故前罗拉钳口输出的计算长度是根据所测的后罗拉转过的转数，再根据机械牵伸倍数计算求得，计算公式如下：

$$\varepsilon = \frac{L - L_c}{L_c} \times 100\% \qquad (6-5)$$

式中：ε——粗纱伸长率；

　　　L——筒管卷绕的实际长度；

　　　L_c——前罗拉钳口相同时间内输出的实际长度。

实际生产中，主要控制伸长率的差异，一般要求伸长率为 $1\% \sim 2.5\%$，台间、前后排间、大小纱间的伸长率差异不大于 1.5%，超范围时应调整。

3.3　粗纱张力控制措施

（1）粗纱伸长率产生机理。为便于分析粗纱在加捻卷绕过程中产生伸长的情况，现将前罗拉钳口至筒管卷绕点之间分为三个区段。

① 加捻三角区段：纤维联系松散，强力最低，极易发生纤维彼此间的滑移，使粗纱伸长。该区段的粗纱伸长率占整个粗纱伸长率的密度较大。设该段的粗纱伸长率为 ε_1。

② 加捻三角区下端至锭翼加捻侧孔段：粗纱接受加捻。在加捻作用下，粗纱强力较加捻三角区须条的强力大得多，且纤维在纱条中不易滑移。在很小的纺纱张力作用下，不可能出现纱条的伸长；相反，却出现捻缩。设该段的粗纱捻缩率为 R_y。

③ 锭翼加捻侧孔至筒管卷绕点区段：粗纱因与金属通道的摩擦作用，其张力越来越大。此时，粗纱出现伸长及纤维彼此间的滑移伸长。伸长能力完全取决于粗纱捻系数大小、定量及其与金属的动摩擦系数。设该段的粗纱伸长率为 ε_2。

从上可知，粗纱伸长主要发生在加捻三角区。粗纱加捻时张力过小，加捻三角区大，则粗纱伸长率大，且不稳定。粗纱伸长率与粗纱张力并不是一一对应关系。粗纱张力大，粗纱伸长率大；但粗纱伸长率大，粗纱张力并非一定很大，即纺纱张力很小时，粗纱伸长也会很大。则纺纱时总的伸长率为：

$$\varepsilon = (1 + \varepsilon_1)(1 - R_y)(1 + \varepsilon_2) \qquad (6-6)$$

当纺纱张力合适，且 ε_1 和 ε_2 都很小时，则有可能出现 $\varepsilon < 0$；而在一般情况下，ε_1 和 ε_2 都很大，因而 $\varepsilon > 0$。

（2）粗纱加捻卷绕系统对纺纱张力的自调机理。在正常纺纱情况下：纺纱张力变小→卷绕张力变小→卷绕点粗纱压力 P 变小→粗纱变形量减小→粗纱卷绕层厚度增大→粗纱卷绕直径 D_m 比设计的大→粗纱卷绕量 $\pi D_m(n_m-n_0)$ 增大→ T_c 随之增大；反之亦然。

（3）消除或减小卷绕机构和机件对粗纱张力的影响。影响粗纱张力大小和均匀的因素很多。原料、工艺、温湿度、卷绕速度与前罗拉钳口输出速度的配合、锭翼假捻器、筒管直径等都可能造成影响。

关键是卷绕速度与前罗拉钳口输出速度的配合是否适当。在粗纱机上，前罗拉钳口输出速度是固定的，而筒管卷绕速度是随卷绕直径变化而变化，由于工艺设计的合理性，两者速度不能完全相配，则在生产中必须做适当的调整。

① 提高锭翼假捻器的假捻效果，减小前后排粗纱伸长率的差异。由于前排锭子距前罗拉钳口较长，纺纱段纱条抖动较大，又因前排导纱角较小，纱条在锭翼的顶孔捻陷现象严重，加上纺纱段分布捻度前排较后排少得多，致使前排伸长率较大，故前排锭翼刻槽或加装高效率的假捻器，或者抬高后排锭翼套管高度，使导纱角前后相同，以减少前、后排粗纱的伸长率差异。

② 正常锭翼状态。正常的锭翼应通道光洁、回转稳定、压掌灵活、压掌弧度正确，做好日常锭翼的维护整修工作。

③ 合理确定锭翼顶端的包围角和压掌的绕圈数。当锭翼顶端包围角增大和压掌叶上粗纱绕扣数增大，则粗纱的卷绕张力增大，粗纱卷装表面的卷绕压力增大，每层粗纱厚度相对变薄，同时每层粗纱的卷绕半径变小，故筒管卷绕速度相对于前罗拉钳口输出速度变小，从而使纺纱段松弛，纺纱张力变小，粗纱卷绕紧密。所以采用锭翼顶端大的包围角和压掌上多绕圈数，必须适当考虑纺纱段粗纱的运动状态及卷绕工艺。

④ 运动龙筋的正常机械状态。必须保持运动龙筋的良好润滑状态，筒管传动要正确，运动平稳，铁炮皮带张力适当。

⑤ 保持筒管直径一致。筒管外径差异<1%，如有超过太大者，应按品种分档，使其一致。筒管直径磨损不宜太大，要防止筒管跳动。

（4）试纺调整。改品种或新机械试纺时，先调整轴向卷绕密度，再调整小纱张力，最后调整中纱和大纱张力。

① 轴向卷绕密度的确定。轴向卷绕密度过稀或过密将逐层影响粗纱应有的卷绕直径，使伸长率剧增，使整落纱大、中、小纱伸长差异大。正常的粗纱轴向密度在小纱时能隐约见到筒管表面即可。缝隙不宜过稀或过密，要防止嵌入和重叠。轴向卷绕密度（圈数/cm）可根据经验为：

$$P = C \times Tt^{-0.662} \tag{6-7}$$

式中：Tt——粗纱线密度；

C——常数，纯棉为 223.556，化学纤维为 225.456，混纺纱按混纺比、各材料的回潮率折算。

然后查《粗纱机使用说明书》确定升降变换齿轮。

② 调整小纱时张力和伸长。观察头几层粗纱张力，一般凭目视，正常情况下，要以多绕一层偏紧、少绕一层偏松为宜。如过紧过松，可移动铁炮皮带初始位置，若移动范围过大时，可调整卷绕变换齿轮，铁炮皮带初始位置定位时，要留有调节余量，以便于张力波动时调整。若铁炮皮带起始位置调整不过来，必须先调整卷绕变换齿轮，然后再调整铁炮皮带起始位置。

③ 调整中、大纱的张力和伸长。若中、大纱张力偏松偏紧，伸长率超范围，纱条呈现紧张

206

或松飘,可调节张力变换齿轮。

④ 合理选择锭子转速。锭子转速应根据机械状态,兼顾产量和工人劳动强度,锭速太高,纺纱段振动加剧,伸长率也会相应增加。所以选择锭子转速及其他卷绕工艺,必须根据实际情况做适当调整。

(5)粗纱张力日常调整。日常主要控制大、中、小纱张力差异和台间的张力差异,视原料波动、气候等情况做相应调整。

① 车间相对湿度太大时,机件对粗纱的摩擦力增加,致使卷绕张力过大,卷绕半径相应变小,纺纱段一般松弛,纺纱张力减小,粗纱伸长率增大,此时,可适当调整锭翼顶端侧孔包围角及适当减少压掌绕圈数。

② 大、中、小纱伸长率不定,主要是粗纱捻度不足,可先测定捻系数,再调整捻度牙进行试验。

③ 个别锭位粗纱伸长率特别大或特别小时,可能是由于喂入熟条过重或过轻,或牵伸机件和卷绕部件的运转状态不良造成的。

④ 如在同一类机台的数台机器生产相同的品种,应保持各变换齿轮的相对稳定性和一致性。

⑤ 如果改变卷绕圈距时,必须考虑其他卷绕参数的互动影响。

⑥ 降低车速,可降低铁炮皮带传动滑溜率,稳定粗纱张力(只对采用铁炮变速装置的粗纱机有用)。

4　一落纱过程中纺纱张力的控制

粗纱机变速装置变速规律虽然经过多少年修正,已经相当完善。但实际生产中影响因素很多,且很复杂,当卷绕工艺不尽合理时,使得一落纱中张力出现较大波动。为了确保粗纱纺纱张力在一落纱过程中稳定,必须进行在线调整。

一落纱过程中纺纱张力在线调整控制形式按检测信息反馈的方式可分为两大类:一类为预置式纺纱张力控制形式,该类首先通过检测一落纱纺纱张力波动情况,然后在粗纱机的张力微调装置上设置粗纱张力的控制程序,例如,偏心齿轮式张力微调装置、圆盘式伸长率补偿装置、差动靠模式伸长率补偿装置;另一类为自动检测反馈控制式纺纱张力控制形式,在线检测、在线控制,例如 CCD 粗纱张力自动调节控制系统。

4.1　预置式一落纱过程中纺纱张力控制

(1)预置式一落纱过程中纺纱张力控制工作原理。首先测定一落纱粗纱张力分布情况,然后调整铁炮皮带每次的移动量,使等间距移动变为变间距移动,从而实现一落纱粗纱张力的基本稳定。

(2)圆盘式伸长率补偿装置。该装置应用于FA458A 型粗纱机上。如图 6-33 所示,圆盘上安装六块沿圆周均匀分布的滑块 5,滑块可沿圆盘径向做位置调整,使其牢固地固定在圆盘上,共同组成一个变半径的绞轮。钢丝绳 2 绕于其上,运动龙筋每换向一次,圆盘总是旋转一个角度 θ,放出一段钢丝绳,铁炮皮带

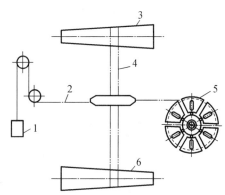

图 6-33　圆盘式伸长率补偿装置

1—重锤;2—钢丝绳;3—上锥轮;
4—铁炮皮带;5—滑块;6—下锥轮

4 移动一定距离。粗纱一落纱伸长率稳定时,绞轮被设置为等半径,铁炮皮带做等间距移动,不起伸长率补偿作用。当铁炮某一位置的粗纱伸长率不稳定时,则调节与之对应的一个或几个滑块。纺纱张力较大,粗纱伸长率较大时,滑块向作用半径大处调节;纺纱张力较小,粗纱伸长率较大时,滑块向作用半径小处调节。绞轮半径调整如图6-34 所示。

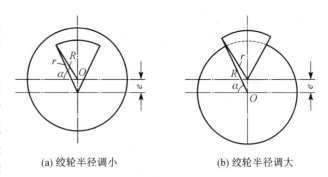

(a) 绞轮半径调小　　　　(b) 绞轮半径调大

图 6-34　绞轮半径调整示意图

设绞轮作用半径为 R,r 为滑块曲率半径,e 为偏心距,α 为转角。R 随 e 及 α 做一定规律的变化,有:

$$R = \pm e\sin\alpha + \sqrt{(e^2\sin^2\alpha + r^2 - e^2)}$$

上式中,取"+"号时,滑块向外移,降低筒管卷绕转速;取"-"号时,滑块向内移,提高筒管卷绕速度。

(3) 差动靠模式伸长率补偿装置。如图6-35 所示,差动靠模式粗纱伸长率补偿装置适用于长齿杆条推动铁炮皮带叉的粗纱机。移动铁炮皮带的长齿杆 3,一端连接铁炮皮带叉做水平方向移动,另一端沿着由六块可调节的靠模板 5 组成的导轨运动,齿杆 4 与长齿杆通过活套连接件,随长齿杆沿着靠模导轨做上下移动。而长齿杆接受 51^T 齿轮传动,移动铁炮皮带。适用于 FA415 型粗纱机。其原理如图6-36 所示。

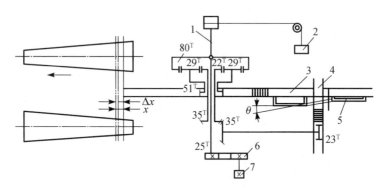

图 6-35　差动靠模式伸长率补偿装置示意图

1—竖轴内齿轮;2—重锤;3—长齿杆;4—齿杆;5—靠模板;6—张力变换齿轮;7—棘轮变换齿轮

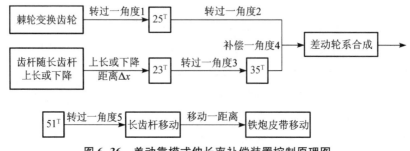

图 6-36　差动靠模式伸长率补偿装置控制原理图

（4）偏心齿轮式张力补偿装置。如图 6-37 所示，安装于成形机构上张力变换齿轮与主轴上 23 齿齿轮之间，由一对 80 齿的齿轮（分别为上张力偏心齿轮和下张力偏心齿轮）构成。适用于 FA421 型粗纱机。

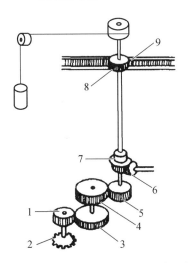

图 6-37　偏心齿轮式张力补偿装置传动示意图

1—成形齿轮；2—锯齿轮 RC；3,4—80ᵀ 齿轮；
5—20ᵀ 齿轮；6—23ᵀ 齿轮；7—29ᵀ 齿轮；
8—64ᵀ 齿轮；9—长齿杆

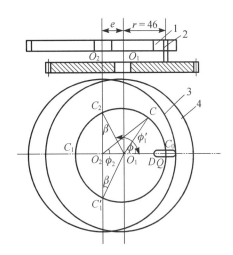

图 6-38　偏心齿轮运动分析

1—滑槽；2—销钉；3—上齿轮；4—下齿轮

两齿轮绕各自的轴心回转，下齿轮 4 固定，上有一销钉 2，下齿轮 4 与上齿轮 3 的偏心距 e 可调节，故称偏心齿轮。如图 6-38 所示，下齿轮由成形棘轮传动而做等速回转。上、下齿轮的角速度关系为：

$$\frac{\bar{\omega}_2}{\bar{\omega}_1} = \frac{r(r + e\cos\phi_1)}{e^2 + r^2 + 2re\cos\phi_1}$$

式中：$\bar{\omega}_1$，$\bar{\omega}_2$——上、下齿轮的角速度；

　　　e——上、下齿轮偏心距；

　　　r——曲柄长度；

　　　ϕ_1——下齿轮的角相位。

根据一落纱的粗纱张力变化，确定出粗纱伸长率波动幅度和波动情况，分别选择对应的上、下齿轮偏心距 e、下齿轮的角相位 ϕ_1，就能实现稳定粗纱张力。当粗纱张力稳定，不需要补偿时，取"0"。

4.2　CCD 粗纱纺纱张力自动调节控制装置——粗纱等纺纱张力控制系统

粗纱张力的大小及其稳定性完全取决于前罗拉钳口的出条速度、筒管转速、锭子转速及龙筋升降速度之间的关系。通过粗纱纺纱张力检测传感器的感知及将其信息传达至单片机，PLC 控制系统就可实现预定的纺纱张力要求。适用于 FA491 型、HY491 型粗纱机。

粗纱等纺纱张力检测，采用高精度的 CCD 线性位移图像传感器——"电子眼"，其在线测量精度达 0.1 mm。

粗纱等纺纱张力检测装置对瞬间某特定位置粗纱的位置的检测，来判断粗纱张力的合适与否,其检测原理如图 6-39 所示。

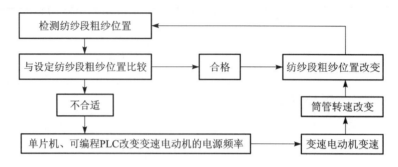

图 6-39　粗纱等纺纱张力控制系统原理图

【技能训练】

在实习车间认识粗纱张力控制系统,分析纺纱张力的大小并设计调整方案,上机调试粗纱纺纱张力。

【课后练习】

　　1. 粗纱张力的作用是什么? 如何形成的?

　　2. 在加捻卷绕过程中粗纱张力如何分布? 一落纱过程中粗纱张力是如何变化的?

　　3. 粗纱张力控制的目标是什么?

　　4. 粗纱张力的检测方法是什么?

　　5. 粗纱伸长率产生的机理是什么? 该机理说明什么?

　　6. 日常生产与试纺时粗纱张力如何控制?

　　7. 一落纱过程中纺纱张力的控制方式有哪些? 各有何特点?

任务6.6　粗纱传动和工艺计算

【工作任务】 1. 在传动图上指出卷绕五大机构及各变换齿轮。

　　　　　　2. 根据所给出的纱线品种计算捻度牙。

　　　　　　3. 完成工艺设计单的设计内容(课余分组完成)。

【知识要点】 1. 粗纱机传动图。

　　　　　　2. 粗纱机速度、捻度、牵伸的计算方法。

　　　　　　3. 粗纱机主要变换齿轮的确定方法。

1　粗纱机传动和变换齿轮的作用

由于粗纱的捻度少、强力低,因此,在卷绕过程中,必须有效控制卷绕速度与前罗拉输出进度的一致。图 6-40 为 FA458A 型粗纱机的传动图,其导条辊、牵伸罗拉、锭子和筒管恒速部分的转速,都由主轴直接传动。因为在一落纱过程中,要求它们的速度不变。但根据卷绕运动

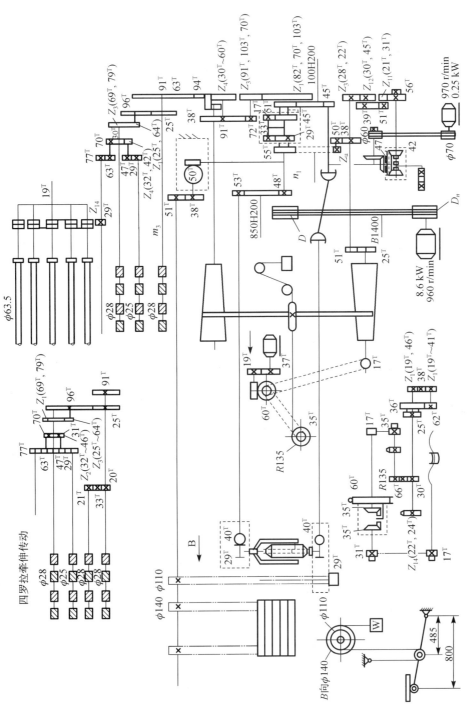

图 6-40　FA458A 型粗纱机传动图

规律,要求筒管变速部分的转速和升降龙筋的升降速度,须随筒管卷绕直径的逐层增大而减小,因此,粗纱机的升降龙筋升降速度和筒管的变速部分,都由下铁炮传动。差动装置将主轴传来的恒速和下铁炮传来的变速,合成后传给筒管,并传动升降龙筋升降。

图 6-40 标出了各变换齿轮的位置,现分别说明各变换齿轮的作用。

1.1 捻度齿轮 Z_1

捻度齿轮的作用是改变粗纱捻度,以适应纺纱工艺的需要。因其处于粗纱机传动的中心位置,故称为中心牙。当捻度改变时,需改变锭子对前罗拉的速比,锭速不变时,即改变前罗拉速度。由于前罗拉速度的改变,不仅对粗纱产量有影响,而且会影响前罗拉与筒管速度的关系。因此,捻度齿轮不配置在上铁炮与前罗拉间,而是配置在主轴与上铁炮之间。这样,捻度变化不会引起前罗拉与上铁炮速比的变化,从而消除了捻度变化对卷绕速度的影响。当捻度改变较多、对粗纱结构影响较大时,往往需要改变卷绕部分的变换齿轮与之相适应。与之配合的捻度对牙为 Z_2 和 Z_3。

1.2 牵伸齿轮 Z_6 和 Z_7 及 Z_8

牵伸齿轮用作改变粗纱机的牵伸倍数。当熟条定量变动时,通过调节牵伸齿轮来保证粗纱定量的稳定。而通过改变牵伸齿轮改变粗纱定量时,应相应调整其他变换齿轮,使卷绕速度和升降速度与之相适应。

1.3 卷绕齿轮 Z_{12}

卷绕齿轮用来调节铁炮皮带初始位置,亦即粗纱在空筒管上开始时的卷绕速度。当改变卷绕速度时,需同时改变龙筋的升降速度,故卷绕齿轮配置在下铁炮与升降齿轮之间。卷绕齿轮一般不调整,只有当筒管直径或粗纱定量改变较大,以至于铁炮皮带的初始位置调节不过来时,才调整卷绕齿轮。

1.4 升降齿轮 Z_{11}

升降齿轮决定粗纱在筒管轴向排列的疏密程度,因其与升降龙筋的升降速度快慢有关,又称为高低牙或快慢牙。当改变升降齿轮的齿数时,便改变升降龙筋的升降速度,从而改变粗纱的卷绕圈距,但不应改变筒管的卷绕转速,故升降齿轮配置在下铁炮至升降龙筋的轮系中。与之配合的为升降阶段牙 Z_9 和 Z_{10}。

1.5 成形齿轮 Z_4 和 Z_5

成形齿轮决定铁炮皮带每次移动的距离,即决定筒管卷绕转速和升降龙筋升降速度逐层降低的数量。铁炮皮带每次位移的距离大,粗纱卷绕转速和升降龙筋升降速度逐层降低的数量也大。如果皮带位移太大,粗纱卷绕太松;反之,粗纱卷绕太紧。为保证正常卷绕,生产上常通过改变成形齿轮齿数来调整粗纱卷装的松紧,故成形齿轮又称为张力牙。

1.6 升降渐减齿轮 Z_{13}

升降渐减齿轮决定升降龙筋每次升降缩短的动程,即决定粗纱两端的成形锥角,故又称为角度牙。为使成形锥角在纺不同粗纱定量时保持不变,则每层升降缩短量与卷绕直径的增量相当。因此,升降渐减齿轮由成形齿轮来传动。升降渐减齿轮一般很少改变,只有当改换纤维品种时才改变。

1.7 喂条张力牙 Z_{14}

调节机后喂条张力。

2　FA458A 型粗纱机的工艺计算

2.1　主轴、锭翼、前罗拉转速及产量计算

（1）主轴转速。

① 采用 PC（更换皮带盘可实现变速），电动机速度为 960 r/min，则主轴转速 n_1 为：

$$n_1(\text{r/min}) = n_\text{m} \times \frac{D_\text{m}}{D} \tag{6-8}$$

式中：n_m——电动机皮带盘转速（r/min，取 960 r/min）；

$\quad\quad D_\text{m}$——电动机皮带盘节径（mm）；

$\quad\quad D$——主轴皮带轮节径（mm）。

② 采用 PV（变频调速）时，采用变速频率范围为 0～50 Hz，电动机的速度范围为 0～960 r/min，则主轴转速 $n_\text{主}$ 为：

$$n_\text{主}(\text{r/min}) = 0.894\,7 \times (0 \sim 960) \tag{6-9}$$

（2）锭翼转速。

$$n_\text{d}(\text{r/min}) = \frac{48}{53} \times \frac{40}{29} \times n_\text{主} = 1.294\,2n_1 \tag{6-10}$$

（3）前罗拉转速。

$$n_\text{R}(\text{r/min}) = \frac{Z_1}{Z_2} \times \frac{72}{91} \times \frac{Z_3}{94} \times \frac{94}{63} \times \frac{63}{91} \times n_\text{主} = 6.46 \times 10^{-4} \times \frac{Z_1 Z_3}{Z_2} \times n_\text{主} \tag{6-11}$$

（4）产量计算。

每锭每小时米产量[m/(h·锭)]＝60π×前罗拉直径(mm)×前罗拉转速(r/min)

$$\times 10^{-3} \times (1-停台率)$$

每锭每小时千克产量[kg/(h·锭)]＝每锭每小时米产量[m/(h·锭)]×粗纱定量×10^{-4}

2.2　捻度及捻度常数

$$\begin{aligned}
捻度\ T_\text{m}(捻/\text{m}) &= \frac{n_0}{n_\text{R} \times \dfrac{D_\text{前} \times \pi}{1\,000}} = \frac{\dfrac{48}{53} \times \dfrac{40}{29} \times n_\text{主}}{\dfrac{Z_1 Z_3}{Z_2} \times \dfrac{72}{91 \times 91} \times n_\text{主} \times \dfrac{\pi D_\text{前}}{1\,000}} \\
&= \frac{48 \times 40 \times 91 \times 91 \times 1\,000 \times Z_2}{53 \times 29 \times 72 \times 28 \times \pi \times Z_1 Z_3} \\
&= 1\,633.314\,2 \times \frac{Z_2}{Z_1 Z_3}
\end{aligned} \tag{6-12}$$

$$捻度常数 = 1\,633.314\,2 \times \frac{Z_2}{Z_1} \tag{6-13}$$

式中：Z_1，Z_2——捻度阶段变换齿轮齿数；

Z_3——捻度变换齿轮齿数。

2.3 筒管轴向卷绕层数

筒管轴向卷绕层数(圈/cm)

$$= \frac{40 \times 61 \times 493 \times Z_{13} \times 38 \times Z_{10} \times 51 \times 56 \times 47 \times 50 \times 51 \times 2 \times 485 \times 10}{29 \times 45 \times 1\,485 \times 55 \times 50 \times Z_9 \times 39 \times Z_{11} \times 42 \times 1 \times 38 \times \pi \times 110 \times 800 \times 1}$$

$$= 61.233\,7 \times \frac{Z_{10}}{Z_9 Z_{11}} \tag{6-14}$$

$$\text{筒管轴向卷绕常数} = 61.233\,7 \times \frac{Z_{10}}{Z_9} \tag{6-15}$$

式中：Z_9，Z_{10}——升降阶段变换齿轮齿数；

Z_{11}——升降变换齿轮齿数；

Z_{13}——卷绕变换齿轮齿数(常取 36^T、37^T、38^T，上式中取 37^T)。

2.4 筒管径向卷绕层数及锥轮皮带每次移动量

$$\text{锥形皮带每次移动量(mm)} = \frac{1 \times 1 \times 36 \times Z_4 \times 30}{2 \times 25 \times 62 \times Z_5 \times 57} \times \pi \times (270 + 2.5) \tag{6-16}$$

$$= 5.232\,431\,9 \times \frac{Z_4}{Z_5}$$

$$\text{径向卷绕层数(层)} = \frac{\text{锥轮皮带移动范围}}{\text{锥轮皮带每次移动量} \times \text{每层纱厚}}$$

$$= \frac{700}{5.232\,431\,9 \times \dfrac{Z_4}{Z_5} \times \dfrac{152 - 45}{2} \times \dfrac{1}{10}}$$

$$= 25.005\,8 \times \frac{Z_5}{Z_4} \tag{6-17}$$

式中：Z_4，Z_5——成形变换齿轮齿数。

2.5 牵伸计算

(1) 总牵伸倍数。

$$\text{总牵伸常数} = \frac{96 \times Z_6 \times \pi D_前}{25 \times Z_7 \times \pi D_后} = \frac{96 \times Z_6 \times \pi \times 28}{25 \times Z_7 \times \pi \times 28} = 3.84 \times \frac{Z_6}{Z_7}$$

$$\text{总牵伸倍数} = \frac{\text{总牵伸常数}}{Z_7} \tag{6-18}$$

式中：Z_6——总牵伸阶段齿轮(即冠牙)齿数；

Z_7——总牵伸变换齿轮(即轻重牙)齿数。

(2) 后区牵伸倍数。

$$后区牵伸倍数 = \frac{30 \times 47 \times \pi D_{前}}{Z_8 \times 29 \times \pi D_{后}} = \frac{30 \times 47 \times \pi \times 27.2}{Z_8 \times 29 \times 28} = \frac{47.231\,5}{Z_8} \qquad (6-19)$$

式中：Z_8——后区牵伸牙齿数。

2.6 导条辊至后罗拉间张力牵伸

$$导条辊至后罗拉间张力牵伸 = \frac{70 \times 77 \times Z_{14} \times \pi \times D_{后}}{30 \times 63 \times 24 \times \pi \times D_{导}}$$

$$= \frac{70 \times 77 \times Z_{14} \times \pi \times 28}{30 \times 63 \times 24 \times \pi \times 63.5} = 0.052\,4 Z_{14} \qquad (6-20)$$

式中：Z_{14}——喂条张力变换齿轮齿数。

若牵伸形式为 D 型牵伸，则集束牵伸区的牵伸倍数为 1.05 倍。

【技能训练】

　　1. 在实习车间认识粗纱传动系统，指出主要的变化齿轮位置。

　　2. 完成指定品种的粗纱工艺计算。

【课后练习】

　　1. 在传动图上标出卷绕五大机构及主要变化齿轮。

　　2. 粗纱机各变换齿轮的作用是什么

　　3. 确定牵伸变化齿轮的步骤是怎样的？

任务 6.7 粗纱质量检测与控制

【工作任务】 1. 讨论粗纱条干不匀的控制。

　　　　　　　 2. 讨论粗纱质量不匀的控制。

【知识要点】 1. 粗纱质量指标。

　　　　　　　 2. 粗纱条干不匀的。

　　　　　　　 3. 粗纱质量不匀。

　　　　　　　 4. 粗纱质量检测方法。

1 粗纱质量指标

　　在传统的环锭纺系统中，粗纱机的任务就是提供符合细纱要求的粗纱，细纱机仅能在粗纱质量的基础上纺成成纱，粗纱的质量直接影响成纱质量，故粗纱工艺的优劣与成纱质量息息相关。要提高质量，满足织造工序的要求，除细纱工艺外，还必须有良好的粗纱质量做基础。

　　粗纱质量指标包括质量不匀、条干不匀、粗纱伸长率、捻度等，另外在卷装成形上有松烂纱、脱肩、冒头冒脚、整台粗纱卷绕过松或过紧等疵点。粗纱质量指标见表 6-2。

表 6-2　粗纱质量指标

纱线类别		回潮率(%)	萨氏条干不匀率(%)	乌斯特条干不匀率 CV(%)	质量不匀率(%)	粗纱伸长率(%)	捻度(捻/10 cm)
纯棉纱	粗	6.8~7.4	40	6.1~8.7	1.1	1.5~2.5	以设计捻度为标准
	中	6.7~7.3	35	6.5~9.1	1.1	1.5~2.5	
	细	6.6~7.2	30	6.9~9.5	1.1	1.5~2.5	
精梳纱		6.6~7.2	25	4.5~6.8	1.3	1.5~2.5	
化纤混纺纱		2.6±0.2	25	4.5~6.8	1.2	−0.5~1.5	

2　粗纱条干不匀的控制

控制粗纱条干不匀的措施主要包括以下几个方面：

2.1　合理的牵伸工艺设计

(1) 前区牵伸工艺。为减小牵伸对粗纱须条条干的恶化程度,牵伸后区采用稍大于弹性牵伸的牵伸倍数,前区实行集中牵伸。粗纱的集中牵伸对纺出粗纱的质量至关重要,其工艺要点有以下几点：

① 罗拉隔距。一般认为,上下胶圈钳口与牵伸钳口的距离越小越好,因为缩小浮游区长度,可加强对浮游纤维的控制,但由于粗纱机胶圈钳口下的纤维量较大,握持钳口的摩擦力界较宽,过小的罗拉隔距会使部分纤维束被强行拽出产生硬头,故粗纱主牵伸区隔距并不是越小越好,阶梯下弹性钳口至主牵伸钳口的隔距,应稍大于加工须条的品质长度,稍大的数值应视纤维的性质、定量而定。

② 集合器。集合器的主要作用是对牵伸区中须条边缘纤维的控制。粗纱集中牵伸的前区,因集合器接近牵伸钳口,加强并延伸了牵伸钳口对须条的摩擦力界,驱使纤维提前变速,变速点后移不利于条干均匀度。

③ 加压。罗拉加压需要视粗纱定量、纤维性质、纺纱速度而定,一般为重定量、重加压、高速度。

④ 原始钳口隔距。根据粗纱定量及主牵伸倍数而定,定量较重、主牵伸倍数较低时,胶圈钳口内通过的纤维量大,原始钳口隔距应偏大掌握;反之则偏小掌握。

(2) 后区牵伸工艺。粗纱机加工的是无并合的单根须条,故其牵伸系统应以减小对须条条干的恶化程度为好,因为多一道牵伸会产生相当比例的附加不匀率。所以,粗纱机的后区牵伸以控制弹性牵伸或稍大于弹性牵伸的范围为好,喂入的末并条中可能还有残余的前弯钩纤维,后区的牵伸不能大,放大罗拉较有利,一则使纤维在弹性牵伸区内有较大的伸直空间,二则使部分纤维的前弯钩获得较多的伸直空间,但过大的罗拉隔距会引起过多的浮游纤维失去控制,恶化条干,参考数据以纤维的品质长度加 16~18 mm 为宜。

2.2　合理的捻度设计及假捻器的使用

(1) 粗纱捻度设计。粗纱捻度设计不当,会造成细纱捻回重分布现象,引起纱条不匀。粗纱捻度的设计应考虑的因素有：

① 满足细纱条干均匀度的需要,减少细节。

② 根据粗纱卷装直径的大小采用不同的捻系数,卷装直径大采用较大的捻系数。

③ 根据粗纱定量而定,较重的粗纱在细纱机上退绕张力较大,应有较大的粗纱强力,也应采用较大的捻系数。但较大的捻系数,一则降低粗纱机的生产效率,二则增加细纱后区牵伸的负担,过大的牵伸力对细纱条干是极为不利的,一般纯棉中号纱较大的捻系数在 110 左右。

(2) 假捻器的使用。粗纱机上普遍使用假捻器,安装假捻器以后,增加了粗纱纺纱段的强力,减小了粗纱的伸长率,降低粗纱断头,还可以减小前后排粗纱伸长率的差异,对粗纱条干均匀度起着积极的作用。

选择假捻器的目的是提高粗纱纺纱段的强力,试验证明采用与须条有较大摩擦系数的软橡胶假捻器,能使纺纱段实时捻度远大于工艺设计捻度,故采用软橡胶制作的假捻器为好。其次是纺纱时须条与其表面接触的弧长,接触弧长较长,假捻效果好。较大的内孔直径能产生较大的摩擦转矩,有利于假捻的形成。

某些机型为减小前后排差异,采用了前低后高的锭翼,实行等纺纱角纺纱,这种方法的缺点是前后排锭翼不等高,需有较多的锭翼备件,增加管理上的难度。可通过不同的设计参数,在等高锭翼上配用不同型号、参数的假捻器,以消除其前后排伸长率的差异,并可以减少备件与投资。

2.3　良好的机械状态

生产过程中应保证机台的机械状态良好,加强对牵伸部件的检修,防止由于罗拉加压失效、弯曲偏心、皮辊中凹、表面磨损、回转不灵等原因在纱条上造成机械波或牵伸波的增大、增多,从而影响粗纱条干。加强对卷绕部件的检修,防止由于锭子磨损、偏心、锭子振动、锭翼表面毛刺等问题增大粗纱的意外伸长,使条干不匀恶化。

3　粗纱质量不匀的控制

粗纱重不匀包括单锭不匀、锭间不匀,以及更值得注意的粗纱机内外排质量偏差等。

粗纱质量不匀率的主要控制方法有:

(1) 由于筒管直径差异,以及筒管孔径或底部磨灭、锭子凹槽与锭翼销子配合不良、压掌弧形或位置不当,以及压掌圈数不一、锭子高低不一或因其他原因造成的锭子运转不平稳,都会造成同一排粗纱伸长律的锭间差异,影响粗纱的条干。通过波谱图有时还会发现有卷绕波出现。应加强机件和筒管日常性检修工作。

(2) 由于卷绕齿轮选择不当而造成的同一锭子大、中、小纱之间伸长的差异,应合理配置粗纱卷绕成形齿轮,保证一落纱大、中、小纱张力的基本一致。此外,粗纱的张力也随车间的温湿度变化而变化,这就要对张力齿轮的更换具有实时性。

(3) 假捻器的摩擦系数会影响成纱的毛羽量,要合理选择粗纱前后排假捻器,减少前后排粗纱张力差异,前排假捻数多于后排。

(4) 棉条筒的摆放。棉条筒摆放要避免规律性发生。比如供里排纱的棉条筒放在离机器近的位置,供外排纱的棉条筒放在离机器远的位置,这样就会导致供外排纱的棉条行程长,从而也会引起里外排纱质量不匀。摆放的时候也得注意,尽量使棉条垂直于导棉辊平面,避免倾斜。

(5) 导棉辊的旋转速度也要控制好,减少棉条喂入时形成的意外牵伸。

(6) 梳棉、并条设备的日常检查维护和试验室的质量把关,偏差大也会导致细纱重不匀大、强力 CV 大等严重质量问题。

4 其他粗纱疵点的控制

其他粗纱疵点的成因及解决方法见表6-3。

表6-3 粗纱疵点成因及解决方法

疵点名称	主要成因	解决方法
松烂纱	原料抱合力差 卷绕张力过小 粗纱捻度过小	正确选配原料 增加卷绕密度和卷绕张力 适当加大捻系数
脱肩	成形角度齿轮配置不当 换向机构失灵造成机构部件配合不良 粗纱张力控制不当	正确调整成形角度齿轮(有铁炮粗纱机) 正确设置成形角度(无铁炮粗纱机) 加强换向、成形机构检修 稳定粗纱张力
冒头冒脚	锭翼或压掌高低不一 升降龙筋动程太长或偏高、偏低 锭翼、锭杆、筒管齿轮跳动	统一卷绕部件高度 保证锭翼、锭杆、筒管齿轮运转平稳 正确设计、调整升降龙筋动程

【技能训练】

粗纱条干不匀率实验。

【课后练习】

1. 分析粗纱条干不匀的成因及解决方法。

2. 分析粗纱质量不匀的成因及解决方法。

任务6.8 粗纱加工化纤的特点

【工作任务】1. 掌握粗纱工序加工化纤的特点。

2. 比较粗纱工序加工棉与化纤的工艺差异。

【知识要点】粗纱工序加工化纤的特点。

1 设备选用

为了适应棉型化学纤维及中长化学纤维的纺纱,现在粗纱机的罗拉中心距有较大的可调范围。FA458型粗纱机中,三罗拉双短胶圈牵伸形式的前中罗拉中心距为48～90 mm,中后罗拉中心距为50～100 mm,可纺棉型及65 mm以下的中长化学纤维;四罗拉双短胶圈牵伸形式的前罗拉与第二罗拉的中心距为35～57 mm,第二与第三罗拉的中心距为47～60 mm,第三罗拉与后罗拉的中心距为48～73 mm,可纺棉型及51 mm以下的中长化学纤维。对于51～76 mm的中长化学纤维,还有专用粗纱机,如A456M型、A456MA型粗纱机,采用三上三下双短胶圈牵伸形式,前后罗拉中心距可达177～227 mm。

2 工艺特点

由于化学纤维长度长、长度整齐度高、摩擦系数大、回弹性好、易产生静电,以及受温湿度的影响敏感等特性,故粗纱工艺宜采用"大隔距、重加压、小张力、小捻系数"等原则。现以棉型涤棉混纺和中长型涤黏混纺为主讨论。

2.1　牵伸部分工艺特点

(1)牵伸形式。用双胶圈牵伸形式进行棉型化学纤维纯纺和混纺时,由于化学纤维长度长、长度整齐度好和摩擦系数大等原因,牵伸区的牵伸力较纯棉纺时大。为缓和牵伸区的牵伸力,双胶圈牵伸装置的阶梯形下销以改为平销为宜。用于中长纺的粗纱机,其上销长度为 60 mm,下销规格: $a = 5$ mm, $b = 38$ mm,适纺 51～60 mm 长度的纤维; $a = 6$ mm, $b = 50$ mm,适纺 65～76 mm 长度的纤维。

一般来说,双胶圈牵伸的牵伸力大,条干水平好,成纱质量好。但当纺重定量的中长纤维,尤其在高温、高湿环境下,粗纱的牵伸力太大,会出现打滑、绕胶圈,甚至拉断胶圈等问题,粗纱质量不稳定。因此,如专纺中长纤维,在粗纱定量较重、粗纱牵伸倍数不大的情况下,可采用 D 型牵伸。

(2)粗纱定量和牵伸倍数。由于纺化学纤维时的牵伸力大,粗纱定量和牵伸倍数比纺棉时应适当减小。双胶圈牵伸的粗纱定量在 2～5 g/10 m,牵伸倍数在 10 倍以下。

(3)罗拉隔距和胶辊压力。化学纤维混纺时,粗纱机的罗拉隔距一般以主体成分的纤维长度为基础,并适当考虑混合纤维的加权平均长度。由于化学纤维的长度长,纺纱过程中的牵伸力大,罗拉隔距和胶辊压力比纺棉时适当加大,胶辊压力一般比纺棉时增加 20%～25%。

2.2　卷绕部分工艺特点

(1)粗纱捻系数。化学纤维由于长度长、纤维之间的联系力大,须条的强力比纯棉时大,故纺化学纤维的粗纱捻系数一般较纺纯棉时小一些。纺棉型化学纤维时为纺纯棉纺的 50%～60%,纺中长化学纤维时为纺纯棉时的 40%～50%。具体数据视原料种类和定量而定。

(2)粗纱伸长率。加工化学纤维时,当须条自前罗拉钳口输出后,由原来的受牵伸状态变为相对自由的状态,会依其化学纤维较大的回弹性而急速回缩。如果卷绕线速度较前罗拉线速度高出一定范围,导致纺纱段过于紧张而产生意外牵伸,条干恶化。原则上只要保证纺纱段纱条不下坠,尽量控制其有较小的粗纱伸长率。解决措施为适当增加粗纱在压掌上的卷绕圈数。一般情况下,涤棉混纺时的粗纱伸长率掌握在 −1.5%～+1%。

(3)粗纱成形角。纺棉与纺化学纤维时的粗纱成形半锥角。加工化学纤维时,为确保粗纱卷装不塌边,有一定的容量,规定粗纱成形半锥角:纺化学纤维时为 42°,纺中长化学纤维时为 38°左右。粗纱成形锥度的调节,可改变升降渐减齿轮的齿数,从而改变横齿杆摆动半径的每次缩短值。

3　纱疵的形成原因和防止方法

3.1　粗纱工序造成纱疵的种类和原因

由于化学纤维的导电性差,对温湿度的影响较敏感,如果管理不好,容易出现粘(条子或粗纱互相粘连)、缠(罗拉和胶辊表面缠花)、挂(锭翼等通道挂花)和带(纱条中带入飞花等)四种弊病,造成竹节纱、粗经粗纬和突发性条干不匀等纱疵。粗纱工序形成竹节纱的主要原因有粗纱接头不良、绒板花带入、机后条子粘连;粗纱工序形成粗经粗纬的主要原因有粗纱接头时搭头过长或包卷过紧,罗拉、胶辊、胶圈缠花,粗纱飘头,加压不足,胶辊有中凹或有大小头;突发性条干不匀,常在气候突变、原料成分改变或牵伸部件损坏等情况下发生,机械因素主要有胶辊或胶圈芯子缺油,牵伸部分的齿轮磨灭,隔距走动,中罗拉抖动,以及齿轮啮合不良等。

3.2 防止纱疵的方法

(1)加强胶辊胶圈表面处理。由于化学纤维摩擦系数大、导电性能差,又因在加工化学纤维时必须重加压,故在纺纱过程中,胶辊、胶圈容易绕花、中凹和断皮圈,影响正常生产。因此,用于加工化学纤维的胶辊,要求表面光洁、颗粒细、硬度大、耐磨性好。对胶辊、胶圈进行涂料、酸处理等,可增加胶辊、胶圈的光滑性、抗静电性和适应温湿度变化的能力,减少绕花现象,但应注意不要降低胶辊的硬度。

(2)加强温湿度控制。化学纤维的蓬松性、表面摩擦系数和导电性等与温湿度有密切关系。化学纤维的回潮率都较低,水分仅吸附在纤维表面,故对周围环境的变化比棉纤维敏感得多。温湿度高时,纤维表面发黏,对牵伸不利,且易黏、易缠;温湿度低时,静电现象严重,同样容易黏缠。因此,加强温湿度控制,是稳定生产、减少粗纱纱疵和提高成纱质量的重要一环。

生产经验表明,并粗工序的相对湿度应介于前纺与后纺两个工序之间,一般掌握在55%~65%范围内。

(3)加强保全保养制度。

① 保证胶辊调换周期。

② 保持导条辊、条筒边沿、喇叭口、集合器,以及锭翼等纱条通道的光洁。

③ 提高清洁装置对胶辊、胶圈和罗拉表面的清洁效能。

④ 定期检查牵伸部分的齿轮啮合、轴颈磨损,检查是否缺油,加压是否适当,上、下胶圈销是否正常,以及隔距是否走动等。

以上讨论了以涤纶为主的粗纱纱疵种类、形成原因及其防止方法,在实际生产中,纱疵种类更多,原因也更复杂,因此,必须坚持调查研究,根据不同的纱疵,分析造成的原因,对症下药,才能有效地防止纱疵的产生。

【技能训练】

比较粗纱工序加工化纤与棉的工艺差异。

【课后练习】

1. 粗纱化学纤维纺纱工艺特点是什么?

2. 化学纤维粗纱纱疵的形成原因和防止方法是什么?

项目 7

细纱机工作原理及工艺设计

☞ **教学目标** ··

1. 理论知识：

（1）细纱工序的任务、地位，细纱机的发展、工艺过程。

（2）喂入机构及作用、要求，细纱机牵伸形式、牵伸主要元件及作用。

（3）细纱牵伸前区、后区的主要牵伸工艺设计及控制要点。

（4）细纱加捻的实质及原理，细纱成纱结构特点，细纱捻系数选择的依据。

（5）细纱加捻卷绕元件及作用，细纱卷绕成形要求及机构。

（6）细纱条干不匀、捻不匀的控制。

（7）细纱断头的分类、规律，断头产生的根本原因，降低细纱断头的措施。

（8）读懂传动图，速度、捻度、牵伸、产量计算方法，主要变换齿轮的确定方法。

（9）细纱工序加工化纤的特点。

（10）钢领、钢丝圈、胶辊、胶圈的选用。

（11）紧密纺纱技术减少毛羽的原理，不同紧密纺纱装置的特点。

（12）包芯纱、竹节纱的生产方法。

2. 实践技能： 掌握设备调试技能和运转操作技能，培养生产现场管理、生产调度和经营管理能力，能进行一般产品设计和工艺参数调整，熟悉质量要求和控制方法，能进行细纱操作及设备调试。

3. 方法能力： 培养分析归纳能力，提升总结表达能力，建立知识更新能力。

4. 社会能力： 培养团队合作意识，形成协同工作能力。

☞ **项目导入** ··

细纱工序是成纱的最后一道工序，其质量、成纱结构及外观直接影响以细纱为原料的下一环节产品的质量、生产效率和风格特征。同时，棉纺厂生产规模是以细纱机总锭数表示的，细纱的产量是决定棉纺厂各道工序机台数量的依据；细纱的产量和质量水平、生产消耗（原料、机物料、用电量等）、劳动生产率、设备完好率等指标，又全面反映出纺纱厂生产技术和设备管理的水平。因此，细纱工序在棉纺厂中占有非常重要的地位。

任务7.1 细纱机工艺流程

【工作任务】 1. 列表比较四种细纱机的主要技术特征(课前预习完成)。

2. 作细纱机工艺流程图,在图上标注主要机件名称、运动状态。

3. 了解细纱在纺织企业中的地位、发展及现状,认识传统细纱存在的问题,了解目前常用的生产方法(课前预习完成)。

【知识要点】 1. 细纱工序任务、工艺过程。

2. 细纱质量指标,了解细纱的重要性。

3. 细纱机结构及传统细纱存在的问题,了解细纱常用的生产方法。

4. 纺织设备绘图能力和技巧。

1 细纱工序的任务

细纱工序是将粗纱纺制成具有一定线密度、符合国家(或用户)质量标准的细纱,以供下道工序(如捻线、机织、针织等)使用。作为纺纱生产的最后一道工序,细纱加工的主要任务如下:

(1) 牵伸。将喂入的粗纱均匀地抽长拉细到所纺细纱规定的线密度。

(2) 加捻。给牵伸后的须条加上适当的捻度,使细纱具有一定的强力、弹性、光泽和手感等。

(3) 卷绕成形。把纺成的细纱按照一定的成形要求卷绕在筒管上,以便于运输、储存和后道工序的继续加工。

2 细纱机的发展

1949 年以后,细纱机的发展很迅速,主要围绕增大牵伸倍数、优质、高速、大卷装、自动化、扩大适纺纤维范围、通用性、系列化等方面进行。1954 年,我国自行制造了双短胶圈普通牵伸(14～20 倍)细纱机和单胶圈普通牵伸(12～18 倍)细纱机,满足了国内新建厂的需要。1956 年,我国研制了大牵伸细纱机,主要途径是增大后区或前区牵伸倍数,使细纱机的牵伸能力增大到 30～40 倍,如 1293 型细纱机。1972 年,研制成 A512 型大牵伸细纱机。随着化纤原料的发展及通用性、系列化的需要,1974 年又研制成功 A513 型细纱机。A512 型、A513 型细纱机的牵伸倍数较高,且适应性广,结构稳定,机构新颖,自动化程度高。1980 年以来,在 A513 系列细纱机的基础上改进、设计了 FA501、FA502……FA509 等 FA 系列细纱机,在机器结构、传动、精度、通用性、适纺范围、自动化等方面有了进一步提高。1990 年以后,细纱机在高锭速、大牵伸、变频调速、多电机、同步齿形带传动、电脑控制等方面取得突破,如国内有代表性的FA1508、EJM128K、EJM128KJL、TDM129、TDM139、TDM159 等新机,整机锭数也得到了提高。目前国产细纱机最大锭数达 1 008 锭,应用自动络筒机、钢领板可适位停机复位开机、集体落纱、可编程控制运转过程、张力恒定、变频调速、节能、自动润滑等新技术。细纱机的最大牵伸倍数达 50～70 倍,最高锭速达 22 000～25 000 r/min。同时研制开发了紧密纺纱、赛络纺纱、紧密赛络纺结合的纺纱技术,使传统环锭细纱技术实现了真正的飞跃。

3　细纱机的工艺过程

细纱机为双面多锭结构。图 7-1 所示为 FA506 型细纱机的工艺过程图。粗纱从细纱机上部吊锭 1 上的粗纱管 2 退绕后,经过导纱杆 3 和慢速往复横动的横动导纱喇叭口 4,喂入牵伸装置 5 完成牵伸作用。牵伸后的须条从前罗拉 6 输出,经导纱钩 7,穿过钢丝圈 8,引向筒管 10。生产中,筒管高速卷绕,使纱条产生张力,带动钢丝圈沿钢领高速回转,钢丝圈每转一圈,前钳口到钢丝圈之间的须条上便得到一个捻回。由于钢丝圈受钢领的摩擦阻力作用,使得钢丝圈的回转速度小于筒管,两者的转速之差就是卷绕速度。这样,由前罗拉输出、经钢丝圈加捻后的细纱便卷绕到紧套在锭子 9 上的筒管上。依靠成形机构的控制,钢领板 11 按照一定的规律做升降运动,使细纱卷绕成符合一定要求形状的管纱。

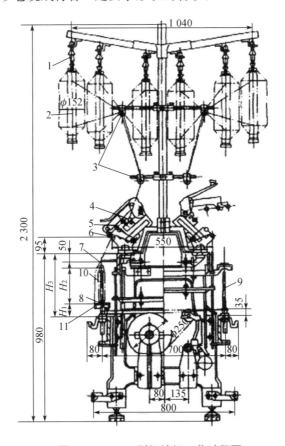

图 7-1　FA506 型细纱机工艺过程图

1—吊锭;2—粗纱管;3—导纱杆;4—横动导纱喇叭口;5—牵伸装置;
6—前罗拉;7—导纱钩;8—钢丝圈;9—锭子;10—筒管;11—钢领板

【技能训练】

在实习车间认识细纱机,现场绘制细纱机机构简图,在图上标注主要机件名称、运动状态。

【课后练习】

1. 细纱工序的任务是什么?

2. 叙述细纱机的工艺过程。

任务7.2 细纱机喂入牵伸部分机构特点

【工作任务】1. 讨论细纱机喂入部分的要求及作用。

2. 罗拉表面沟槽的作用是什么？如何调节罗拉隔距、皮辊压力？（课前预习完成）

3. 何谓弹性钳口？对成纱质量有何影响？

4. 隔距块的作用是什么？隔距块使用不当，成纱会出现什么主要质量问题？

【知识要点】1. 喂入机构及要求。

2. 细纱机牵伸形式。

3. 细纱牵伸主要元件及作用。

1 喂入机构

1.1 喂入机构的作用及其要求

细纱机喂入机构的作用是支撑粗纱，同时将粗纱顺利地喂入细纱机牵伸机构。工艺上要求各个机件的位置配合正确，粗纱退绕顺利，尽量减少意外牵伸。

1.2 喂入机构组成及其作用

细纱机喂入机构由粗纱架、粗纱支持器、导纱杆、横动装置等组成。

（1）粗纱架。其作用是支承粗纱，并放置一定数量的备用粗纱和空粗纱筒管。为便于生产操作，防止互相干扰，相邻满纱管之间应保持足够的空间距离，一般为15～20 mm。粗纱从纱管上退绕时，回转要灵活。粗纱架要不易积聚飞花，便于清洁工作。FA506型细纱机采用六列单层吊锭形式(图7-1)。

（2）粗纱支持器。生产中要求粗纱支持器能够保证粗纱回转灵活，防止退绕时产生意外牵伸。粗纱支持器有托锭和吊锭两种形式。目前广泛应用的是吊锭支持器，托锭已逐渐被淘汰。

吊锭支持器的优点是回转灵活，粗纱退绕张力均匀，意外伸长少，粗纱装取时挡车工操作方便，适用于不同尺寸的粗纱管；缺点是零件多，维修麻烦，纺化学纤维时易脱圈。

（3）导纱杆。导纱杆为直径12 mm的圆钢，表面镀铬。它的作用是保证粗纱退绕顺利，及粗纱退绕牵引张力稳定、波动小。在实际生产中，导纱杆的安装位置通常设在距离粗纱卷装下端1/3处。

（4）横动装置。横动装置的作用是在引导粗纱喂入细纱机牵伸装置时，使粗纱在后钳口一定的宽度范围内做慢速且连续的横向移动，改变粗纱喂入点的位置，使胶辊表面均匀磨损，以防因磨损位置集中而产生胶辊凹槽，保证钳口能有效地握持纤维，并延长胶辊的使用寿命。但横动装置会导致牵伸后须条边缘游离纤维增多，成纱毛羽多。因此，有些企业为减少成纱毛羽，不使用横动装置。

横动装置由横动导杆和横动装置两个部分组成。横动导杆活置于罗拉座的后槽内，其一端与横动装置上的横动连杆相连。横动装置通过横动连杆带动横动导杆做直线往复运动。横动导杆上装有喇叭口,其口径在保证粗纱正常通过的条件下以偏小为宜。喇叭口的口径有 1.5 mm、2 mm、3 mm 等几种,生产中应根据粗纱的定量进行合理选择。

FA506 型细纱机采用双偏心内齿轮式横动装置,图 7-2 所示为导纱横动轨迹。从图中可以看出,导纱板每次小动程的移距都不相等。导纱板的全动程 S 应是每次移距之和。全动程 S 的调节,视胶辊和胶圈的宽度而定,一般为 12 mm。由于是小动程往复,这种形式的横动装置的动程的起点和终点位置经常改变,粗纱在钳口下的位置经常变动,所以胶辊和胶圈的表面磨损比较均匀,从而延长了使用寿命。小的往复动程,还可使纱条在牵伸装置中的弯斜不会过大,有利于保证牵伸质量。

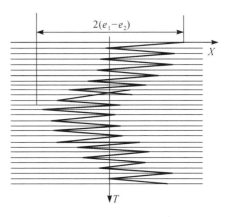

图 7-2 　导纱横动轨迹

2 　牵伸机构

2.1 　细纱机的牵伸形式

细纱机的牵伸形式主要有三罗拉双短胶圈牵伸、三罗拉长短胶圈牵伸和三罗拉长短胶圈 V 形牵伸。图 7-3 中,(a)所示为细纱机采用的三罗拉长短胶圈牵伸装置,(b)所示为细纱机采用的三罗拉长短胶圈 V 形牵伸装置。

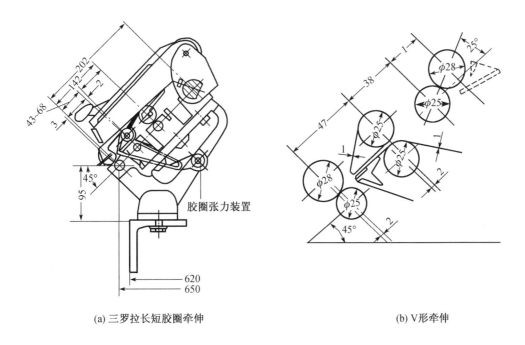

(a) 三罗拉长短胶圈牵伸 　　　　　　　　　　　　　(b) V形牵伸

图 7-3 　细纱机牵伸形式

2.2 牵伸装置的元件与作用

牵伸装置主要由牵伸罗拉、罗拉轴承、胶辊、胶圈、胶圈轴承、胶圈销、加压机构、集合器和吸棉装置等元件组成。

(1)牵伸罗拉。牵伸罗拉与上胶辊共同组成罗拉钳口,握持须条进行牵伸。对罗拉的工艺要求主要有以下几点:

① 罗拉直径应与所纺纤维的长度、罗拉加压量、罗拉轴承的形式相适应。

② 罗拉的表面应具有正确的沟槽齿形及符合要求的光洁度,以保证既能有效握持纤维,又不损伤纤维。

③ 罗拉应具有较高的制造精度,同型号罗拉具有互换性,减少因罗拉偏心、弯曲等机械因素产生的不匀。

④ 罗拉的材质应具有足够的扭转刚度和弯曲刚度,以保证正常生产。罗拉的中心层要具有良好的韧性,既耐磨又能校正弯曲。

为保证罗拉对纤维良好的握持效果,有效地传动胶圈,通常将罗拉设计成沟槽罗拉和滚花罗拉。

a. 沟槽罗拉:前后两列罗拉为梯形等分斜沟槽罗拉,其横截面如图 7-4(a)所示。同档罗拉分别采用左右旋向沟槽,目的是使其与胶辊表面组成的钳口线形成对纤维连续均匀的握持钳口,并防止胶辊在快速回转时产生跳动。

b. 滚花罗拉:传动胶圈的牵伸罗拉采用滚花罗拉,目的是保证罗拉对胶圈的有效传动。滚花罗拉的横截面是等分角的轮齿形状,圆柱表面是均匀分布的菱形凸块,以防止胶圈打滑。菱形凸块(齿顶)不宜过尖,以免损伤胶圈。菱形滚花罗拉的形状见图 7-4(b)。

(2)罗拉座。罗拉座的作用是放置罗拉。相邻两个罗拉座之间的距离称为节距,每节的锭子数为 6~8 锭。FA506 型细纱机设计为每节 6 锭。罗拉座由固定部分

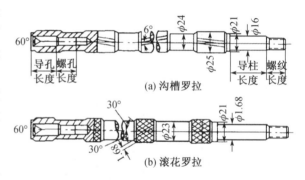

图 7-4　FA506 型细纱机牵伸罗拉

和活动部分组成,如图 7-5 所示。前罗拉放在固定部分 1 上,活动部分由两个(或三个)滑座组成,中罗拉放在滑座 2 内,后罗拉和横动导杆放置在滑座 3 内。松动螺丝 4 和 5,可改变中、后罗拉座的位置,达到调节前、后区罗拉中心距的目的。罗拉座与车面 7 用螺钉 6 相连,松动螺钉,可以调节罗拉座的前后、左右位置。罗拉座与车面设计成一定的倾角(罗拉座倾角),作用是减小须条在前罗拉上的包围弧,以利于捻回向上传递;罗拉座倾角 α 还对挡车工的生产操作有一定的影响。FA506 型细纱机的 α 为 45°。

罗拉座高度是指前罗拉中心与车面的高度尺寸,如图 7-5 中的 H。此值大,有利于清洁、保全、保养操作。FA506 型细纱机的 H 为 95 mm。

(3)胶辊。细纱胶辊每两锭组成一套,由胶辊铁壳、包覆物(丁腈胶管)、胶辊芯子和胶辊轴承组成。采用机械的方法使胶管内径胀大后套在铁壳上,并在胶管内壁和铁壳表面涂抹黏合剂,使胶管与铁壳黏牢。芯子和铁壳由铸铁制成,铁壳表面有细小沟纹,使铁壳与胶管之间

的连接力加强,防止胶管在加压回转时脱落。胶辊的硬度对纺纱质量的影响极大,一般把硬度在邵氏硬度 A72 以下的称为低硬度胶辊,硬度为邵氏硬度 A73～A82 的称为中硬度胶辊,硬度在邵氏硬度 A82 以上的称为高硬度胶辊。

（4）胶圈及控制元件。胶圈及控制元件的作用是在牵伸时利用上、下胶圈工作面的接触产生附加摩擦力界,加强对牵伸区内浮游纤维运动的控制,提高细纱机的牵伸倍数,并提高成纱的质量。胶圈控制元件是指胶圈支持器（上、下销）、钳口隔距块和张力装置等。在双胶圈牵伸装置中,下胶圈套在有滚花的中罗拉上,由起支持作用的下销和张力装置将下胶圈张紧;上胶圈套在中上罗拉(活芯小铁辊)上,由弹簧摆动销支持。胶圈一般是上薄下厚;上、下销组成扁形胶圈钳口,易于伸向前罗拉钳口,达到缩短浮游区长度的目的。

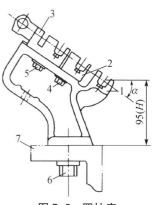

图 7-5　罗拉座

1—固定部分；2,3—滑座；
4,5—螺丝；6—螺钉；7—车面

胶圈销的作用是固定胶圈位置,把上、下胶圈引向前钳口,保证胶圈钳口能有效地控制浮游纤维的运动。FA506 型细纱机采用三罗拉长短胶圈牵伸形式,弹性钳口由弹簧摆动上销和固定曲面阶梯下销组成,如图 7-6 所示。

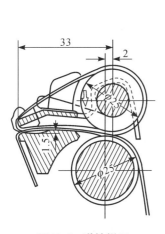

图 7-6　弹性钳口

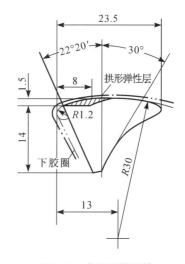

图 7-7　曲面阶梯下销

① 曲面阶梯下销。下销的横截面为曲面阶梯形,如图 7-7 所示。下销的作用是支承下胶圈,并引导下胶圈稳定回转;同时支持上销,使其处于工艺要求的位置。下销是六锭一根的统销,固定在罗拉座上。下销的最高点上托 1.5 mm,使上、下胶圈的工作面形成缓和的曲面通道,从而使胶圈中部的摩擦力界强度得到适当加强。下销前端的平面部分宽 8 mm,不与胶圈接触,使之形成拱形弹性层,与上销配合,较好地发挥胶圈本身的弹性作用。下销的前缘凸出,尽可能伸向前方钳口,使浮游区长度缩短。

② 弹簧摆动上销。上销的作用是支持上胶圈处于一定的工作位置。图 7-8 所示为双联式叶片状弹簧摆动上胶圈销。上销在片簧的作用下与下销保持紧贴,并施加一定的起始压力于钳口处。上销后部借叶片簧的作用卡在中罗拉(即小铁辊芯轴)上,并可绕小铁辊芯轴在一

定的范围内摆动,当通过的纱条粗细变化时,钳口隔距可以自行上下调节,故称为弹簧摆动钳口,简称弹性钳口。

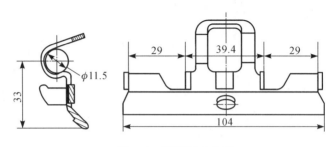

图 7-8 弹簧摆动上销

③ 隔距块。上销板中央装有锦纶隔距块,作用是确定并使上、下销间的最小间隙(钳口隔距)保持统一和准确。上、下销原始钳口隔距由隔距块的厚度确定。隔距块可根据不同的纺纱线密度进行调换,以改变上、下销间的原始隔距,适应不同的纺纱需要。纺纱线密度与隔距块厚度之间的关系见表 7-1。

表 7-1 隔距块选择

纺纱线密度(tex)	19 以下	20~32	36~58	58 以上
隔距块厚度(mm)	2.5	3.0	3.5	4.0
颜　色	黑	红	天蓝	橘黄

④ 胶圈张力装置。此部件在三上三下长短胶圈牵伸时使用。为了保证下胶圈(长胶圈)在运转时保持良好的工作状态,在罗拉座的下方装有胶圈张力装置(图 7-3)。胶圈张力装置利用弹簧把下胶圈适当拉紧,从而使下胶圈紧贴下销而回转。

(5)罗拉轴承。早期的细纱机采用滑动罗拉轴承,现在的机型采用滚动轴承。滚动轴承分为滚珠轴承和滚针轴承两种,具有适应重加压、利于功率传递、减少罗拉扭振等优点。FA系列细纱机的罗拉采用 LZ 系列滚针轴承,其直径比滚珠轴承小,较易适应纺纱工艺所规定的罗拉直径与罗拉中心距的要求。

(6)加压机构。加压机构是牵伸装置的重要组成部分,其作用是满足实现牵伸的条件,在牵伸过程中有效地控制纤维运动,保证牵伸过程顺利进行,防止须条滑溜,并改善条干均匀度。工艺上要求加压稳定且能调节,生产操作中加压、卸压及保全保养方便。现广泛采用弹簧摇架加压和气动加压。

① 弹簧摇架加压。弹簧摇架加压由加压组件和锁紧机构两大部分组成。弹簧摇架加压具有结构轻巧紧凑、惯性小、机面负荷轻、吸振作用好、能产生较大压力等优点,并且压力的大小既不受罗拉座倾角的影响,又可以按工艺的需要在一定范围内调节。同时,弹簧摇架加压的支撑简单,加压释压方便,有利于牵伸装置系列化、通用化。生产中对摇架结构及制造质量的要求较高,工艺上对胶辊与罗拉的平行度的要求较严(前胶辊与前下罗拉轴线的不平行度在70 mm 锭距内不大于 0.5 mm),锁紧机构要牢固可靠,压力稳定性要好。FA506 型细纱机采用的摇架主要是 YJ2-142 型,如图 7-9 所示。

弹簧摇架加压的主要缺点是弹簧使用日久会产生塑性变形,使压力有衰退现象,压力不够

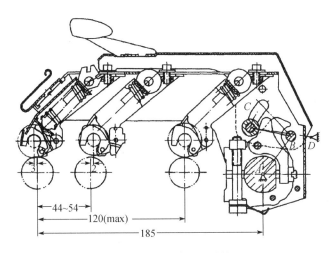

图 7-9　弹簧摇架结构

稳定,胶辊对罗拉的平行度尚不够理想。因此,必须加强日常测定、检修和保养工作。

② 气动加压。气动加压是以净化的压缩空气为压力源来进行加压。它需要有一套可靠的气源发生装置和机构,对供气系统的密封性能、气囊的质量要求高,如弹性好、强度高,并具有耐久性能。对压力机构的制造和安装精度的要求比弹簧摇架加压更高。

气动加压的特点是既保持了弹簧摇架加压的优点,又克服了弹簧使用日久疲劳衰退的缺点;吸振能力强,适应机器高速运转的要求;加压稳定、充分,适应“重加压”的工艺要求;压力可无级调节,调压方便且可以微调;停车时可以保持半释压或全释压状态,既防止胶辊上产生压痕,延长了胶辊的使用寿命,又可以阻止细纱捻回进入牵伸区;避免了开关车时钳口下纱条的位移,降低了再开车时产生的断头,利于成纱质量的提高;整套机构的结构简单,工作压力不受罗拉座倾角的影响;零件损伤小,维修工作量少,管理方便。

(7) 集合器。集合器的作用是收缩牵伸过程中带状须条的宽度,减小加捻三角区,使须条在比较紧密的状态下加捻,使成纱结构紧密、光滑,减少毛羽,提高强力。此外,集合器还能阻止须条边纤维的散失,减少飞花,有利于减少绕胶辊、绕罗拉现象,从而降低细纱断头,并节约用棉。防止集合器在高速运转时跳动;安装高度与胶圈钳口的高低相配合,防止须条从集合器上面通过;厚度适当,不能影响缩小浮游区长度;须条导入容易,集棉作用强,横动灵活,不易阻塞积花;保全保养和操作方便,制造简单,不易损坏。

集合器按形状分为木鱼形、梭子形、框形等,按挂装方式分为吊挂式和搁置式。此外还有单锭用和双锭用之分。如图 7-10 所示,(a)为梭子形,单锭两边吊挂,用于老机;(b)为框形,双锭联用,挂在摇架前的铁皮钩上,用于弹性钳口摇臂加压。

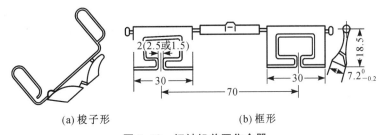

(a) 梭子形　　　　　　　　　(b) 框形

图 7-10　细纱机前区集合器

生产中应根据纱线线密度选用不同口径的集合器。如果使用不当,在生产中集合器会出现"跳动"或"翻转"现象,造成纱疵增加、成纱条干质量下降、毛羽和断头增加等缺陷。

(8) 断头吸棉装置。采用断头吸棉装置的目的是在细纱生产中出现断头时,能够立即吸走前罗拉钳口吐出的须条,消除飘头造成的连片断头,减少绕罗拉、绕胶辊现象,使细纱断头大大降低;减少毛羽纱和粗节纱,提高成纱质量;降低车间的空气含尘量,改善劳动条件,减轻挡车工劳动强度。注意控制车尾储棉箱内风箱花的积聚,确保前罗拉钳口前下方的笛管内呈一定的负压而能正常工作。

【技能训练】

在实习车间绘制细纱机牵伸机构简图,并对细纱牵伸装置、元件进行拆装和调校。

【课后练习】

1. 细纱机喂入部分的组成及其作用是什么?
2. 细纱机牵伸形式有哪些类型? 分别画示意图,并标明主要机构名称。
3. 上销和下销的作用是什么? 弹性钳口是如何形成的?

任务7.3 细纱机牵伸工艺分析

【工作任务】
1. 讨论细纱前区牵伸应重点控制的几个方面。
2. 讨论双短皮圈和长短皮圈的牵伸优缺点。哪种对纤维运动的控制能力更好? 为什么?
3. 皮圈在运行过程中容易出现什么问题? 如何解决?(课前预习完成)
4. 分析细纱出硬头的主要原因及调整方法。(课前预习完成)
5. 讨论粗纱捻回在细纱牵伸中的问题与作用。
6. 讨论粗纱"重定量、大捻度"时细纱后区工艺的调整方案。

【知识要点】
1. 细纱牵伸前区、后区工艺的控制要点。
2. 细纱牵伸前区、后区的主要牵伸工艺。

目前国产细纱机普遍采用三罗拉双胶圈牵伸机构。三罗拉双胶圈牵伸机构分为前区牵伸和后区牵伸(图7-3)。细纱牵伸装置直接关系到成纱质量。由于结构与工艺配置不同,不同的牵伸装置的牵伸能力和细纱质量水平都有较大的差异。

1 前区牵伸工艺

细纱牵伸装置的前区采用双胶圈牵伸。双胶圈牵伸在胶圈中部和胶圈钳口处具有合理的摩擦力界布置,如图7-11所示。利用双胶圈牵伸的上、下胶圈工作面与须条(纤维)直接接触,有效地增强了牵伸区中部摩擦力界的强度和幅度,加强了对浮游纤维运动的控制,促使浮游纤维运动的变速点更集中,提高成纱的条干质量。在胶圈钳口对纤维实施柔和控制,其开口大小能随须条粗细做适当调整,故既能控制短纤维运动,又能保证前罗拉钳口握持的纤维顺利抽出,牵伸波动小。

1.1　自由区长度

自由区长度是指胶圈钳口至前罗拉钳口间的距离。缩短自由区长度,就意味着减少了自由区中未被控制的短纤维数量,使牵伸区中部摩擦力界分布的薄弱区域缩小,因而加强了对浮游纤维运动的控制。虽然牵伸中纱条在自由区中变扁变薄,纤维数量少而扩散,但由于绝大部分浮游纤维在变速前受控制于胶圈钳口,受到的控制力较强且稳定,阻止了其提前变速,从而使浮游纤维的运动变速点向前钳口靠近且集中,有利于纤维变速点分布稳定,如图 7-12 所示。

生产中缩短自由区长度的主要措施有:采用双短胶圈;减小销子前缘的曲率半径;选用较小的销子钳口隔距;使用薄、软的胶圈等。另外,减小集合器的外形尺寸、将前胶辊前移、适当减小前胶辊直径等措施,也有利于缩短浮游区长度。

但自由区长度的缩短要依据牵伸纤维的长度及其整齐度、胶辊的硬度及可加压的量来确定,否则须条在前钳口下打滑而产生"硬头"。例如,纺制精梳纯棉纱、混纺纱、化学纤维纯纺纱时,由于纤维长度较长,整齐度高,此时的自由区长度应该适当放大。如果自由区长度过小,会引起牵伸力剧增,握持力难以满足牵伸力的要求,反而造成不良后果。弹簧摆动销牵伸装置的自由区长度可缩小到 12 mm 左右。

1.2　胶圈钳口

胶圈钳口分为固定钳口和弹性钳口两种。由于固定钳口的上下销子均为固定销,须条牵伸波动极

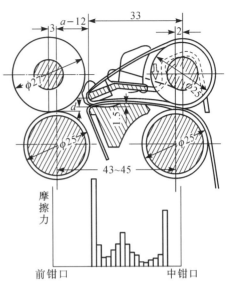

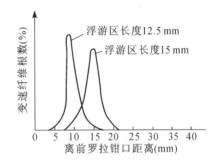

图 7-11　弹簧摆动销双胶圈牵伸
装置摩擦力界分布

图 7-12　浮游区长度与纤维变速点分布

大,已被淘汰。弹性钳口由弹簧摆动上销和固定曲面下销及一对上短、下长的胶圈组合而成。这种弹性钳口借助弹簧作用,使上销能在一定范围内上下摆动。这样既有胶圈的弹性作用,又有上销子自身的弹性自调作用,可以适应喂入纱条粗细和胶圈厚薄、弹性不匀的变化,使胶圈钳口压力波动减小,牵伸波动缓和,有利于改善条干。FA506 型细纱机的胶圈钳口属弹性钳口(图 7-11)。

引起胶圈钳口压力波动的主要因素是喂入纱条的粗细变化,以及胶圈厚薄不匀、弹性大小、抗弯刚度差异和胶圈运动不稳定。当弹性钳口通过抗弯刚度大的硬块时,弹性上销被略微顶起,缓冲了对牵伸须条弹性压力的急剧增加,防止条干恶化、出"硬头"。这是固定钳口所不具备的优势。若钳口参数选择不当,也会出现钳口摆幅过大,甚至产生"张口"现象,反而削弱了胶圈钳口的控制能力。为保证弹性钳口能发挥良好的工艺作用,生产中必须正确选择合理的弹簧起始压力和钳口原始隔距。根据生产实践,在纺制中、细特纱时,弹簧起始压力取 8～10 N/双锭为宜。弹性钳口的原始隔距应根据纺纱线密度、胶圈厚度和弹性、上销弹簧压力、纤维长度及其摩擦性能,以及前罗拉加压条件等确定,一般粗特纱为 3.2～4 mm,中特纱为 2.5～

3 mm,细特纱为 2.5 mm。

1.3　前区牵伸倍数

当喂入须条线密度一定时,不同的牵伸力与牵伸倍数的倒数接近直线关系。原因是纺出须条截面内的纤维根数与牵伸倍数成反比,牵伸倍数增大,前钳口握持的快速纤维变少,牵伸力减小;反之,牵伸倍数减小,牵伸力增大。

当纺出须条线密度一定时,牵伸倍数增大,后纤维的数量增加,后钳口摩擦力界向前扩展,每一根快速纤维受到的摩擦力增大,因而牵伸力增大;反之,牵伸倍数减小,牵伸力也相应减小。

当喂入须条线密度一定且其他条件不变时,牵伸倍数与牵伸力不匀率的平方接近直线关系。

1.4　前罗拉钳口加压量

罗拉钳口加压可确保胶辊、罗拉钳口对须条有足够大的动摩擦力,即握持力。对握持力的要求是:牵伸过程中钳口必须具有足够的握持力,以克服牵伸力。若握持力小于牵伸力,须条就会在钳口下打滑,轻则造成条干不匀,重则使须条不能被抽长拉细而出"硬头",既恶化了成纱条干,又降低了牵伸效率。

胶辊加压后,钳口下须条的变形情况如图 7-13 所示。图中 P 为胶辊压力,t 为钳口对须条的握持长度,Δ 为胶辊包覆物的厚度,L 为钳口内须条的宽度,δ 为钳口内须条的厚度,b 为胶辊的工作宽度。加压后,钳口下的须条和胶辊包覆物同时产生变形。如果包覆物的变形量小于须条变形后的厚度 δ,那么 P 可全部作用在须条上。但由于细纱机三个钳口下的须条都比较细薄,一般胶辊的变形量均超过须条的受压变形厚度 δ。须条宽度 L 的变形较大,压强也较大,须条两侧的胶辊与罗拉接触部分的压强和变形都较小,但由于这部分宽度较大$(b-L)$,使得胶辊压力 P 有相当大的部分没有作用在须条上。尤其前钳口下的须条宽度 L 和厚度 δ 都小,使胶辊压力作用在胶辊与罗拉接触部分的比例最大。因此,在同样的压力下,前罗拉钳口的握持力远比中、后罗拉钳口小;而且,当增大罗拉加压量时,前、中、后罗拉钳口的握持力虽然都增大,但由于钳口下握持须条的粗细和几何形态不同,前罗拉钳口的握持力的增幅也小于中、后罗拉钳口,如图 7-14 所示。

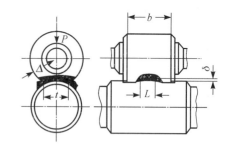

图 7-13　胶辊加压后的变形情况

增加握持力的措施有以下几条:

(1)增大胶辊压力。这是生产中增加握持力的简单而有效的方法。加压增大,胶辊对须条的实际压力增大,握持力就随之增加。但胶辊加压不宜过大,以防止引起胶辊变形和罗拉的弯曲、扭震,进而造成成纱的规律性条干不匀,甚至引起牵伸部分的传动齿轮爆裂

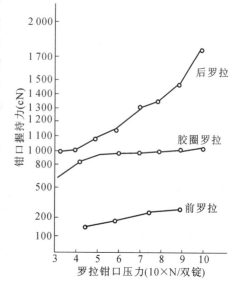

图 7-14　罗拉加压与钳口握持力的关系

及耗电量增加。

（2）改变胶辊包覆材料与几何尺寸。胶辊的丁腈橡胶有软、硬之分。在同样的加压下，采用低硬度的软胶辊，其弹性变形量大，虽然使实际作用在须条上的压力变小，但对须条的握持长度增加，对边纤维的控制作用增强，反而增大了对须条的握持力，且缩短了前区的自由区长度，有利于降低条干不匀率；硬胶辊对须条的握持长度小，对边纤维的控制作用弱，不利于降低条干不匀率。通常前胶辊取肖氏硬度 $65°\sim70°$，中、后胶辊取肖氏硬度 $80°$。另外，在同样的加压下，采用大直径胶辊，钳口对须条的握持长度较长；适当减小胶辊宽度，可减小胶辊与罗拉接触部分的压力，也可增加握持力。

（3）改变钳口下须条的几何形态。为增加钳口下须条受到的实际压力，适当地将被握持须条的宽度收窄、厚度加大，如增加粗纱捻度、采用集合器，都有利于增加钳口对须条的握持力。

2 后区牵伸工艺

细纱机的后区牵伸一般为简单罗拉牵伸。后区牵伸是细纱总牵伸的一部分，它与前区牵伸有密切的关系。后区牵伸的任务是负担一部分总牵伸，以减轻前区牵伸的负担，并为前区牵伸做好准备，保证喂入前区的须条具有均匀的结构和必要的紧密度，从而与前区（胶圈工作区）的摩擦力界相配合，形成稳定的前区摩擦力界分布，以充分发挥胶圈对纤维运动的控制作用，减少成纱的粗细节，提高条干均匀度。

2.1 后区牵伸力与罗拉握持力

细纱 $10\sim200$ mm 片段的不匀主要产生在细纱机的后区，它影响到细纱的质量不匀率。由于胶辊、胶圈是靠罗拉摩擦传动的，如果上、下罗拉的表面速度不一致，会出现须条在后钳口内滑溜的情况，使后区牵伸倍数减小，纺出纱条偏重。若中罗拉握持力不足，则会导致胶圈的速度不匀和滑溜，影响成纱条干均匀度。因此，要降低后区产生的不匀，罗拉钳口必须具有足够而稳定的握持力，以适应牵伸力的变化，保证须条在钳口下不产生打滑现象。

后区牵伸力随后区牵伸倍数的不同而变化。如图 7-15 所示，当牵伸倍数增大时牵伸力出现一个最大值，牵伸力最大值时的牵伸倍数即为临界牵伸倍数。小于临界牵伸值时，须条牵伸以纤维的伸直为主；大于临界牵伸值时，须条牵伸以纤维的相对滑移为主，随着前钳口下的快速纤维数量的不断减少，牵伸力随之减小，最后趋于缓和。临界牵伸值是随喂入须条和后区工艺的变化而变化的。喂入须条定量重或罗拉隔距紧或加压大，牵伸力都会增大；如粗纱捻系数大，纤维抱合紧密，摩擦阻力增大，牵伸力也会增大。

2.2 粗纱捻回的应用

（1）有捻粗纱牵伸后的捻回变化。通过切断称重法实测，可以得到牵伸区中须条变细和捻度变化曲线，如图 7-16 所示。在牵伸工艺合理的情况下，后牵

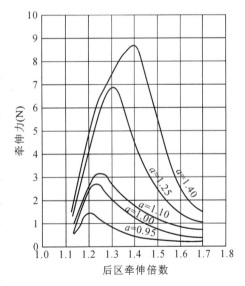

图 7-15 后区牵伸倍数、粗纱捻系数与牵伸力的关系

伸区须条上的捻回分布从后罗拉钳口到中罗拉钳口逐渐变稀。但当后区牵伸工艺配置不当时,因须条粗段的抗扭转矩较大,细段的抗扭转矩较小,在牵伸力的作用下,使得须条粗段分布的捻回比正常时少,而细段分布的捻回比正常时较多,即捻回从粗片段向细片段转移,前钳口附近集中大量捻回的现象,称为捻回重新分布现象。严重的捻回重新分布现象会造成整根牵伸须条上摩擦力界强度分布差异减小,牵伸力陡增,导致牵伸不开。

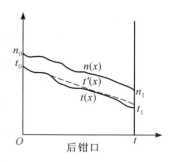

图 7-16 牵伸区中须条变细和捻度变化曲线

(2) 粗纱捻回的应用。在简单罗拉牵伸区中,利用粗纱捻回产生附加摩擦力界来控制纤维运动是有效的。配以合理的后区牵伸工艺,将捻回重新分布现象限制在极小范围内,使得经过后区牵伸的须条保留部分捻回。这样,当带有剩余捻回的须条进入前牵伸区时,牵伸须条联系紧密而不发生分裂,被上、下胶圈所握持而不会发生翻动,后纤维对浮游纤维的控制力大于前纤维的引导力,使纤维变速推迟,纤维的变速点稳定、集中,有利于提高成纱条干。

2.3 后区牵伸倍数

当总牵伸倍数较小时,宜选择比临界牵伸倍数小的后区牵伸倍数;当总牵伸倍数较大时,宜选择比临界牵伸倍数大的后区牵伸倍数。总之,要避开临界牵伸倍数。一般选用的后区牵伸倍数为 1.2~1.5 倍,V 形牵伸的后区牵伸倍数为 1.3~2.0 倍。

为了避免后牵伸区产生捻回重新分布现象,必须将粗纱工艺与细纱后工艺协调考虑,即"二大二小"的工艺原则:适当增大粗纱捻系数,减小粗纱牵伸倍数,以增大粗纱强力,减小粗纱意外伸长;适当增大细纱后区罗拉隔距,减小后区牵伸倍数,以避免发生粗纱捻回重新分布。

3 V 形牵伸

V 形牵伸装置是一种比较先进的牵伸装置,如图 7-17 所示,它通过上抬后罗拉,后置后胶辊,使须条在后罗拉表面形成曲线包围弧,增大了后罗拉摩擦力界的强度,加强了后区牵伸过程中对纤维的控制。后区有捻须条从前端到后端呈 V 字形进入前区,因而称为 V 形牵伸装置。这样,后罗拉前移,中、后罗拉中心水平距离缩短为 40 mm 左右(适用于纺棉型化学纤维)。V 形牵伸也不能以增大后区牵伸能力来提高细纱总牵伸能力,故 V 形牵伸的后区牵伸倍数以偏小掌握为宜(1.5 倍以下)。V 形牵伸细纱机的后牵伸区改善了进入前牵伸区须条的结构及均匀度,为提高成纱质量创造了条件。

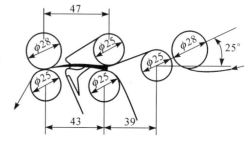

图 7-17 V 形牵伸装置

4 粗纱重定量、大捻系数对细纱工序的工艺要求

在传统细纱工艺中,粗纱多选用"轻定量、适中捻度"。而采用粗纱重定量,对细纱的牵伸能力和成纱质量产生了根本性的影响。首先,粗纱定量加重后,在纺制同特细纱时,要求细纱机有更高的牵伸能力。同时,由于牵伸区内纤维数量增多,必须保证有更大的握持力与牵伸力相适应,因而要求加压装置有足够大的压力,并且压力更可靠、更稳定。其次,增加捻度必然要求细纱后区工艺更能避免粗纱捻回重新分布。

　　V 形牵伸形式能较好地利用喂入的粗纱条在后罗拉上的包围弧,控制须条不翻滚、捻度不传递,进而增强和扩展后钳口处的摩擦力界,特别是进入中罗拉钳口后,纱条能在剩余捻回和引导力的共同作用下以较紧密状态进入前区,使控制纤维能力的加强,在相同成纱质量水平下可加大粗纱定量和捻度,较其他牵伸形式有更强的牵伸能力和适应性。粗纱定量可从 $4.2\,g/10\,m$ 提高至 $6.0\,g/10\,m$,捻系数从 105 提高到 120,纺纱线密度由 $14.5\,tex$ 降至 $5.8\,tex$。但纺细特时,后区牵伸不宜过大,最好小于 1.35 倍,否则会造成后区粗纱解捻过多,进入前区的须条剩余捻回减少,不利于保持前区粗纱条良好的圆整度,削弱对浮游短纤维的控制。在实际生产中,多数厂家在选用粗纱"重定量、大捻度"工艺时,细纱工艺均配备较大的后区隔距和较小的后区牵伸倍数,防止粗纱捻回重新分布。

【技能训练】
　　完成指定品种的细纱前、后区牵伸工艺设计。

【课后练习】
　　1. 细纱机前区牵伸工艺包含哪几个方面?
　　2. 什么是自由区长度? 自由区长度对牵伸质量有何影响? 控制自由区长度的主要措施有哪些?
　　3. 什么是粗纱捻回重新分布? 如何解决?

任务 7.4　细纱机加捻卷绕部分机构特点及工艺要点

【工作任务】 1. 讨论锭子、钢领、钢丝圈等加捻卷绕元件的作用。
　　　　　　　2. 根据细纱加捻方式分析环锭纱的成纱结构特点。
　　　　　　　3. 讨论细纱捻系数选择的依据。
　　　　　　　4. 讨论细纱卷装形式和要求。
　　　　　　　5. 指出细纱实现卷绕的条件。
【知识要点】 1. 细纱加捻的实质及成纱结构特点。
　　　　　　　2. 细纱捻系数选择的依据。
　　　　　　　3. 细纱加捻卷绕元件及作用。
　　　　　　　4. 细纱卷绕成形要求及机构。

1　细纱的加捻

1.1　细纱的加捻过程与成纱结构

　　细纱机前罗拉钳口输出的须条,只有经过加捻、改变须条结构后,才能成为具有一定强力、弹性、伸长、光泽与手感的细纱。细纱的加捻过程如图 7-18 所示,前罗拉 1 输出的纱条,经导纱钩 2,穿过活套于钢领 5 上的钢丝圈 4,绕在紧套于锭子上的筒管 3 上。锭子或筒管的高速回转,借纱线张力的牵动,使钢丝圈沿钢领回转。此时,纱条一端被前罗拉钳口握持,另一端随钢丝圈绕自身轴线回转。钢丝圈每转一圈,纱条便获得一个捻回。

　　加捻的实质就是使纱条内原来平行伸直的纤维发生一定规律的紊乱,提高纤维彼此间的联系,确保成纱满足要求的强力。如图 7-19 所示,经前罗拉钳口输出的须条呈扁平状态,纤维平行于纱轴。钢丝圈回转产生的捻回传向前钳口,使得钳口处须条围绕轴线回转,须条宽度被收缩,两侧逐渐折叠而卷入纱条中心,形成加捻三角区 abc。在加捻三角区内,产生纤维内、外层的转移。每一根纤维在加捻过程中都发生从外到内、从内到外的反复转移,使纤维之间的抱合力加大。纤维在纱条中呈空间螺旋线结构。若纱条中纤维一端被挤出须条边缘,便不能再回到须条内部,就会在纱条表面形成毛羽。

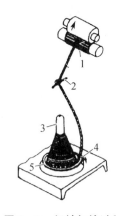

图 7-18　细纱加捻过程

1—前罗拉;2—导纱钩;3—筒管;4—钢丝圈;5—钢领

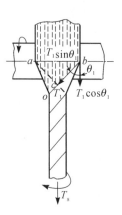

图 7-19　纱条的加捻

1.2　细纱捻系数与捻向的选择

　　细纱捻系数主要根据纱线的用途和最后成品的要求来选择。一般情况下,相同细度的经纱的捻系数比纬纱大 10%~15%;针织用纱的捻系数接近机织纬纱的捻系数;起绒织物与股线用纱,捻系数可偏低。生产中,在保证产品质量的前提下,细纱捻系数可偏低掌握,以提高细纱机的生产率。

　　细纱的捻向亦视成品的用途和风格需要而定。为方便操作,生产中一般采用 Z 捻。当经、纬纱的捻向不同时,织物的组织容易凸出。在化学纤维混纺织物中,为了使织物获得隐条、隐格等特殊风格,常使用不同捻向的经纱。

2　细纱加捻卷绕元件

　　细纱加捻卷绕元件主要有锭子、筒管、钢领、钢丝圈、导纱钩和隔纱板等。加捻卷绕元件是否能够适应高速,是细纱机能否实现高速生产的关键。

2.1　锭子

　　锭子速度因纺纱品种、线密度和卷装不同而不同,一般为 14 000~17 000 r/min。锭子的纺纱要求包括:运转平稳,振幅小;使用寿命长;功率消耗小,噪音低,承载能力大;结构简单可靠,易于保全保养。

　　锭子由锭杆、锭盘、锭胆、锭脚和锭钩组成。

　　(1)锭杆。作为高速回转轴,锭杆同心度必须极好,其偏心、弯曲应控制在允许的范围内。锭杆上部的锥度大小应与筒管相配合,起定位作用。锭杆底部做成锥形,锭尖是一个很小的圆球面,保证其以点支撑、运转平衡。上、下两轴承处要求有较高的硬度。

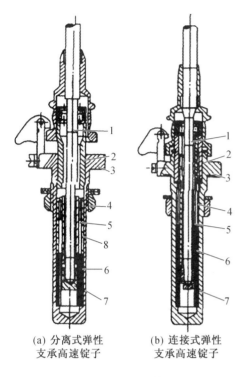

图7-20　锭子

1—锭杆；2—支承；3—锭脚；4—弹性圈；
5—中心套筒；6—圈簧；7—锭底

（2）锭盘。锭盘紧套在锭杆的中部，用铸铁制成，呈钟鼓形，接受锭带的传动。锭子的上轴承罩在锭盘内，以防止飞花、尘杂侵入。锭带的张力作用线与上轴承接近，减小了上轴承所受的力矩。减小锭盘的直径，既减小了锭盘质量偏心对锭子振动的影响，又降低了锭带线速度的要求，同时也有利于减小滚盘直径，并降低其转速，以减少细纱机的振动和功率消耗。

（3）锭胆。目前广泛采用的是弹性支承高速锭子。FA506型细纱机的锭胆采用弹性支承形式：一种是D12系列锭子，采用分离式弹性下支承锭胆，图7-20(a)所示为分离式弹性支承高速锭子；另一种是D32系列锭子，采用连接式弹性下支承锭胆，图7-20(b)所示为连接式弹性支承高速锭子。

FA506型细纱机采用D3202系列弹性套管高速锭子和D1202B分离型阻尼吸振锭子。

（4）锭脚。锭脚是整个锭子的支座，兼作储油装置。它用螺母紧固在龙筋上，因而锭子与钢领的同心度可调节。这种结构形式简单，加工方便。

（5）锭钩。锭钩由铁钩和铁板组成，作用是防止高速回转时锭子产生跳动，并可以防止拔管把锭杆拔出锭脚。

目前广泛使用的高速锭子的编号及各代号的含义见图7-21。

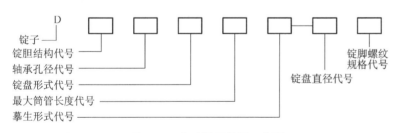

图7-21　高速锭子编号示意图

2.2　筒管

筒管为标准易耗件，可根据机型、钢领板升降参数和所配锭子进行选择。细纱筒管有经纱筒管[图7-22(a)]和纬纱筒管[图7-22(b)]两种，如图7-22所示。底部与锭盘钟鼓形部分是间隙配合(0.05～0.25 mm)。随着锭速的不断提高，对筒管的几何尺寸的一致性、偏心更加严格，确保高速生产时不跳动、不摆头。一般使用塑料筒管，其优点是制造工艺简单、结构均匀、规格一致、耐磨性好。工艺上要求塑料筒管表面及内孔均光洁，每一批筒管的色泽均匀一致，浸入80 ℃的热水中不变形。筒管套在锭杆上，高度差允许范围为±0.8 mm。

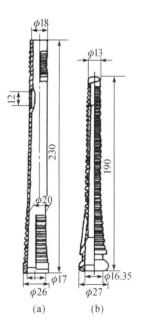

图7-22　细纱筒管

2.3 钢领

钢领是钢丝圈回转的轨道。钢丝圈高速回转时的线速度可达 30～45 m/s。由于离心力的作用,使钢丝圈的内脚紧贴钢领的内侧圆弧(俗称跑道)滑行,如图 7-23 所示。钢领与钢丝圈两者之间的配合,是影响细纱机高速大卷装的主要因素。

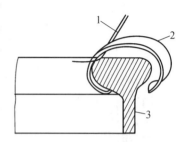

图 7-23 纱线、钢领、钢丝圈接触状态

1—纱线;2—钢丝圈;3—钢领

为此,生产中对钢领的要求如下:

① 钢领表面有较高的硬度和耐磨性能,以延长钢领的使用寿命。

② 对跑道表面进行适当处理,使钢领与钢丝圈之间具有均匀而稳定的摩擦系数,以利于控制纱线张力、稳定气圈形态。

③ 钢领截面(尤其是内跑道)的几何形状适合钢丝圈的高速回转。

当前,棉纺细纱机使用的钢领有平面钢领和锥面钢领两种。

(1)平面钢领。平面钢领可分为高速钢领和普通钢领两种。

① 高速钢领:PG1/2 型(边宽 2.6 mm),适纺细特纱;PG1 型(边宽 3.2 mm),适纺中特纱。

② 普通钢领:PG2 型(边宽 4 mm),适纺粗特纱。

钢领的代号如图 7-24 所示。

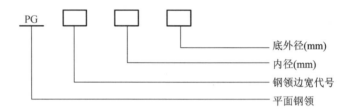

图 7-24 钢领的代号示意图

钢领边宽代号:1/2 为 2.6 mm;1 为 3.2 mm;2 为 4 mm

各种型号的平面钢领的截面几何形状如图 7-25 所示,(a)为 PG2 型钢领,(b)为 PG1/2 型钢领,(c)为 PG1 型钢领。

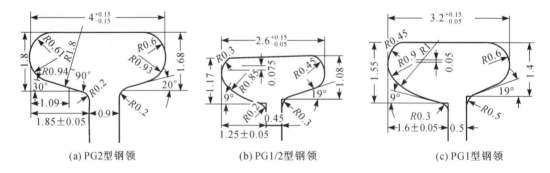

(a) PG2型钢领　　　　(b) PG1/2型钢领　　　　(c) PG1型钢领

图 7-25 各种型号平面钢领截面几何形状

从图 7-25 可看出,相比于普通钢领,高速钢领具有以下特点:

① 高速钢领的内跑道由多段圆弧相接而成,运转中钢丝圈与之接触点位置高,接触弧长,

有利于钢丝圈散热且耐磨。

②高速钢领的颈壁薄、内跑道深,减少了钢丝圈脚碰及内外壁的机会,使钢丝圈在回转时的倾斜活动范围适当,减少了钢丝圈楔住的机会,因而稳定了纺纱张力。

③高速钢领的边宽较窄,可使钢丝圈线材的周长短。因此,其相对截面大,散热快,圈形小,重心低,运转灵活,接头轻。

(2)锥面钢领。锥面钢领有 HZ7 和 ZM6 两个系列。其主要特征是钢领与钢丝圈为"下沉式"配合,如图 7-26 所示。钢领内跑道的几何形状为近似双曲线的直线部分,与水平面呈 55°倾角。钢丝圈的几何形状为非对称形,内脚长,与钢领内跑道近似直线接触。钢领与钢丝圈之间的接触面积大,压强小,有利于钢丝圈的散热,并减少磨损。钢丝圈运行平稳,有利于降低细纱断头。

图 7-26　锥面钢领与钢丝圈的配合

2.4　钢丝圈

钢丝圈虽小,但作用很大。它不仅是完成细纱加捻卷绕不可缺少的元件,更重要的是生产中通常采用调整和改变钢丝圈的型(几何形状)和号(质量)的方法来控制和稳定纺纱张力,以达到卷绕成形良好、降低细纱断头的目的。由于钢丝圈在钢领上高速回转,其线速度甚至可达到 45 m/s,压强高达 372.4×10^4 Pa,摩擦产生的温度可达 300 ℃以上,所以钢丝圈容易磨损、烧毁。为了减少磨损和烧毁,就必须使钢丝圈在高速运行中保持平衡。另外,当钢丝圈承受不住自身的离心力而从钢领上飞脱(飞圈)时,也会产生断头。当钢丝圈的顶端和两脚与钢领的顶面或颈壁相碰时,会使钢丝圈抖动或楔住,使纱线断头。为此,生产中对钢丝圈的设计提出了如下要求:

(1)钢丝圈的几何形状与钢领跑道截面的几何形状之间的配合良好,两者的接触面积尽量大,以减少压强和磨损,提高散热性能。

(2)钢丝圈的重心要低,以保证其回转的稳定性;钢丝圈的圈形尺寸、开口尺寸应与钢领的边宽、尺寸相配合,避免两脚碰及钢领的颈壁;保证有较宽的纱线通道;钢丝圈的线材截面形状要利于散热、降低磨损。

(3)钢丝圈线材的硬度要适中,应略低于钢领,富有弹性,不易变形,以稳定其与钢领的摩擦,并利用镀层的耐磨性来延长钢丝圈的使用寿命和缩短走熟期。

钢丝圈分为平面钢领用钢丝圈和锥面钢领用钢丝圈两种,这里主要介绍平面钢领用钢丝圈。

平面钢领用钢丝圈的号数是用 1 000 只同型号钢丝圈的公称质量的克数来表示的,1 000 只同型号钢丝圈对号数值的质量允许偏差应符合表 7-2 的规定;钢丝圈的圈形按形状特点分为 C 型、EL 型(椭圆形)、FE 型(平背椭圆形)和 R 型(矩形)四种。钢丝圈的类型、截面形状、号数系列和所配用的平面钢领边宽见表 7-3。

表 7-2　1 000 只同型号钢丝圈对号数值的质量允许偏差

号　　数	质量允许偏差(%)		
	优等品	一等品	合格品
≤200	±1.5	±2.0	±2.5
>200	±2.0	±2.5	±3.0

表 7-3 钢丝圈的类型、截面形状、号数系列和配用平面钢领边宽

钢丝圈类型		钢丝圈截面		钢丝圈号数系列					配用钢领边宽 (mm)
代号	形 状	形 状	代号						
C		矩形 / 圆形 / 圆背扁脚	f / r / rf	4.00	4.50	5.00	5.60	6.30	3.2(PG1) 4.0(PG2)
				7.10	8.00	9.00	10.0	11.2	
				12.5	(13.2)	14.0	(15.0)	16.0	
				(17.0)	18.0	(19.0)	20.0	(21.2)	
EL		矩形 / 弓形	f / B	22.4	(23.6)	25.0	(26.5)	28.0	
				(30.0)	31.5	(33.5)	35.5	(38.0)	
				40.0	(42.0)	45.0	(48.0)	50.0	
FE		瓦楞形 / 矩形开天窗	w / ft	(53.0)	56.0	(60.0)	(63.0)	(67.0)	
				71.0	(75.0)	80.0	(85.0)	90.0	
				(95.0)	100	112	125	140	2.6(PG1/2) 3.2(PG1) 4.0(PG2)
R		瓦楞形开天窗 / 瓦楞背扁脚	wt / wf	160	180	200	224	250	
				280	315	355	400	450	
				500	560	630	710	800	

2.5 导纱钩

导纱钩的作用是将前罗拉输出的须条引向锭子的正上方,以便卷绕成纱。FA506型细纱机所用的导纱钩为虾米螺丝式,如图7-27所示。导纱钩前侧有一浅刻槽,其作用是在细纱断头时抓住断头,不使其飘至邻锭而造成新的断头,又可将纱条内附有的杂质或粗节因气圈膨大而碰在浅槽处切断,以提高细纱质量。导纱钩后端有螺纹,可调节导纱钩前后、左右位置,实现锭子、钢领、导纱钩三心合一。

2.6 隔纱板

在纺纱过程中,由于锭子高速回转,纱条在导纱钩和钢丝圈之间形成气圈。隔纱板的作用是防止相邻两个气圈相互干扰和碰撞。隔纱板形式宜采用全封闭式,一般用薄铝或锦纶制成,表面力求光滑平整,以防止刮毛纱条或钩住纱条而造成断头。

3 细纱机的卷绕机构

3.1 细纱卷装的形式和要求

对细纱的卷绕成形的要求是:卷绕紧密,层次分清,不相互纠缠,后工序高速轴向退绕时不脱圈,便于运输和储存。卷装尺寸(容量)直接影响细纱工序的落纱次数和后道工序退绕时的换管次数,因此,卷装尺寸应尽量增大,以提高设备的利用率和劳动生产率,提高产品质量。

如图7-28所示,细纱卷绕成形是由钢领、钢丝

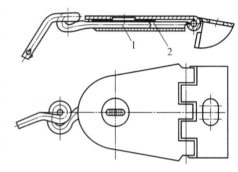

图 7-27 导纱钩
1—导纱钩;2—调节座

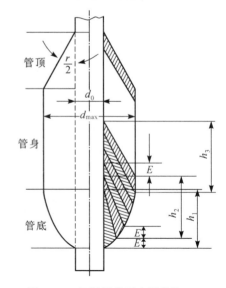

图 7-28 细纱圆锥形交叉卷绕

圈、锭子和成形机构共同完成的。要完成细纱管纱的圆锥形卷绕,必须使钢领板的运动满足以下条件:

(1) 短动程升降,一般上升慢、下降快。

(2) 每次升降后应有级升。

(3) 管底成形,即绕纱高度和级升从小到大逐层增加。

在管底成形时,升降动程和级升动程从小到大逐层增加,直到完成管底成形,两个参数达到正常值,这样可使管底成凸起形,以增加管纱容量。利用钢领板上升慢卷绕密、下降快卷绕稀,使卷绕层与束缚层两层纱之间分层清晰,既防止了退绕时脱圈,又增加了容纱量。

3.2　实现细纱卷绕的条件

由于钢丝圈在钢领上回转时受到摩擦阻力的作用,因此,钢丝圈的回转速度 n_t 落后于锭子的回转速度 n_s,两者之间的转速差 n_w 产生卷绕,即单位时间内的卷绕圈数。与此同时,钢丝圈随钢领板做升降运动,使得细纱沿筒管的轴线方向进行圆锥形卷绕,形成一定的卷装形式。

(1) 卷绕速度方程。如果忽略捻缩的影响,要实现细纱的正常卷绕,必须使前罗拉输出线速度等于筒管卷绕线速度,也就是单位时间内前罗拉钳口输出的须条长度等于筒管的卷绕长度,即:

$$v_f = \pi d_x n_w \tag{7-1}$$

而卷绕速度等于锭子速度与钢丝圈速度之差,即:

$$n_w = n_s - n_t$$

故
$$n_t = n_s - \frac{v_f}{\pi d_x} \tag{7-2}$$

式中:v_f——前罗拉线速度(mm/min);

d_x——细纱卷绕直径(mm);

n_w——卷绕转速(r/min);

n_s——锭子转速(r/min);

n_t——钢丝圈转速(r/min)。

由式(7-2)可知,对于圆锥形卷绕,由于每圈的卷绕直径 d_x 是一个变数,故钢丝圈在生产过程中的转速是随管纱卷绕直径变化而变化的。由于前罗拉的输出速度是恒定的,因而,钢丝圈对纱条所加的捻度也因钢丝圈的转速变化而不同,卷绕大直径时,钢丝圈对纱条所加的捻回数比卷绕小直径时多。但细纱捻度通常较多,按以上公式计算的细纱捻度在卷绕大、小直径时的差异只有 1.5% 左右。这个差异在细纱在以后的工序中退绕使用时可以得到自行补偿。细纱使用时,纱管固定,纱管上大、小直径的纱条,从纱管顶部每退绕一圈,都相当于只补充一个捻回。因此,退绕小直径时纱条长度短,所以捻度的补偿量多;退绕大直径时纱条长度长,所以捻度的补偿量少。从而使得加捻时产生的大、小直径纱条捻度差异得到补偿而达到平衡。

(2) 钢领板的升降速度方程。由于细纱成形采用短动程圆锥形交叉卷绕,同一层纱在各处的卷绕直径均不相同。若要保持圆锥度不变,应保证同一层纱的厚度一致,即卷绕节距不变。因而要求钢领板的升降速度随卷绕直径的变化做相应的变化,即钢领板的升降速度应与卷绕圈数和节距相适应,即:

$$v_r = h \cdot \frac{v_f}{\pi d_x} \tag{7-3}$$

式中：h——卷绕节距(mm/圈)；

　　　v_r——钢领板升降速度(mm/min)；

　　　v_f——前罗拉线速度(mm/min)；

　　　d_x——卷绕直径(mm)。

式(7-3)说明,卷绕大直径时钢领板的升降速度应慢,卷绕小直径时钢领板的升降速度应快,即只有在钢领板的升降速度与卷绕直径成反比时,才能保证同一层纱的卷绕节距相等。钢领板这种在一次短动程升降中的速度变化,是由成形凸轮外形曲线控制的。

3.3 细纱机的成形机构

根据细纱卷绕成形的要求,细纱机上必须设有成形机构。细纱机的成形机构有摆轴式和牵吊式两种。FA506 型细纱机采用牵吊式成形机构,如图 7-29 所示。

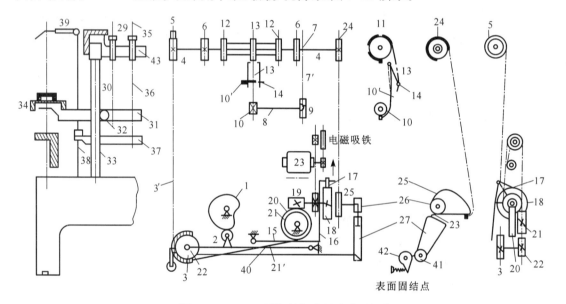

图 7-29　FA506 型细纱机牵吊式成形机构

1—成形凸轮；2—成形摆臂；3—摆臂左端轮；3',7',10',21',28—链条；4—上分配轴；5,7,9,10,11,22,24—链轮；
6—钢领板牵吊轮；8—下分配轴；12—导纱板牵吊轮；13—位叉；14—横销；15—小摆臂；16—推杆；
17—撑爪；18—级升轮；19—蜗杆；20—蜗轮；21—卷绕链轮；23—小电动机；25—平衡凸轮；
26—平衡小链轮；27—扇形链轮；29—钢领板牵吊滑轮；30—钢领板牵吊带；31—钢领板横臂；
32—锦纶转子；33—主柱；34—钢领板；35—导纱板牵吊滑轮；36—导纱板牵吊带；
37—导纱板横臂；38—导纱钩升降杆；39—导纱板；40—升降杆；41,42—扭杆

(1)钢领板的升降运动。卷绕机构的成形凸轮 1 在车头轮系的传动下匀速回转,推动成形摆臂 2 上下摆动,通过摆臂左端轮 3 上的链条 3',拖动固装于上分配轴 4 上的链轮 5,使上分配轴做正反往复转动。因而固装在上分配轴上的左右钢领板牵吊轮 6,经牵吊杆、钢领板牵吊滑轮 29、钢领板牵吊带 30,牵吊钢领板横臂 31。钢领板横臂上的锦纶转子 32 沿主柱 33 上下滚动,使机台两侧的钢领板 34 以主柱为升降导轨做短动程升降。

(2)导纱板短动程升降运动。在成形凸轮 1 推动成形摆臂 2,使上分配轴 4 做正反往复转动时,上分配轴的右侧的钢领板牵吊轮 6 旁的链轮 7(两者固装为一个整体),通过链条 7',拖

动装在下分配轴 8 上的链轮 9，使下分配轴做正反转动。固装在下分配轴上的链轮 10，通过链条 10′，拖动活套在上分配轴上的链轮 11。链轮 11 和左、右两侧的导纱板牵吊轮 12 是一个整体，所以下分配轴的正反转动传到导纱板牵吊轮，再由导纱板牵吊轮，经牵吊杆、导纱板牵吊滑轮 35、导纱板牵吊带 36，带动导纱板横臂 37，分别牵吊机器两侧的导纱钩升降杆 38，使导纱板 39 做短动程升降。

　　（3）钢领板、导纱板的逐层级升运动。钢领板、导纱板的级升运动是由级升轮 18（也称成形锯齿轮或撑头牙）控制的。其级升运动是：在成形摆臂 2 向上摆动时，带动小摆臂 15 向上摆动；小摆臂右端顶着推杆 16 上升，推杆上端有撑爪 17，撑动撑头牙做间歇转动，并通过蜗杆 19、蜗轮 20 传动卷绕链轮 21 间歇转过一个角度，然后通过链条 21′使链轮 22 间歇转动；链轮 22 与摆臂左端轮 3 为一个整体；于是，摆臂左端轮不断地间歇卷取链条 3′的一小段，使钢领板和导纱板产生逐层级升运动。当成形摆臂向下摆动时，撑爪在撑头牙上滑过，不产生级升运动。

　　为了压缩小纱时的气圈高度，降低小纱气圈张力，导纱板采用的是变动程升降运动，即从管纱始纺开始，导纱板短动程升降和级升逐渐增大，管纱成形到 1/3 左右时，才恢复到正常值。为此，在链轮 10 和链轮 11 之间设置了位叉机构。位叉 13 在链条 10′的一个横销 14 上，在小纱始纺时，迫使链条 10′屈成折线。此时，链轮 10 的正反往复转动造成位叉 13 的来回摆动，而链轮 11 和导纱板牵吊轮 12 只做少量的往复转动，导纱板的升降动程较小。随着级升运动的继续，曲折的链条 10′被逐步拉直，到管纱成形约 1/3 处时，链条 10′上的横销 14 脱离位叉 13，此后位叉 13 不再起作用。之后，链轮 10 带动链轮 11、导纱板牵吊轮 12 带动导纱板，做正常的升降运动和级升运动。FA506 型细纱机的钢领板和导纱板升降轨迹如图 7-30 所示。

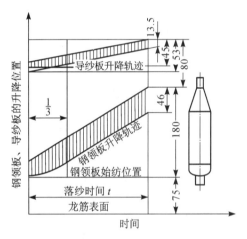

图 7-30　FA506 型细纱机的钢领板和导纱板升降轨迹

　　（4）管底成形。FA506 型细纱机采用凸钉式管底成形机构，如图 7-29 所示。链轮 5 上装有管底成形凸钉。在凸钉处，链轮 5 的直径较大。当卷绕管底时，与凸钉接触的链条 3′随成形摆臂上、下运动同样的距离。此时链轮 5 的转动半径增大，使链轮 5 的回转角度（弧度）较小，因此上分配轴 4、钢领板牵吊轮 6 做较小的往复转动，结果使钢领板升降动程较卷绕管身时小。当链条 3′逐层缩短，待链轮 5 的间歇转动使凸钉与链条 3′脱离接触后，钢领板的每次升降动程和级升恢复正常，此时便完成了管底成形。

　　（5）升降系统的平衡机构。FA506 型等新型细纱机都采用弹性扭杆，对钢领板和导纱板的质量加以平衡，确保钢领板升降平衡。

　　FA506 型细纱机采用双弹性扭杆平衡。升降平衡机构的平衡作用如图 7-29 所示。在上分配轴 4 的右端固装一链轮 24，通过链条拖动平衡凸轮 25。平衡小链轮 26 与平衡凸轮 25 同轴，通过链条 28，与扇形链轮 27 相连。扇形链轮 27 固装在扭杆 41 的一端。扭杆 41 的另一端通过链条与另一扭杆 42 的一端相连，扭杆 42 的另一端不转（但可以用调节螺钉进行调节）。由于扭杆的扭转产生扭转力，使得链轮 24 与平衡凸轮 25 之间的链条具有一定的拉力，对钢领板、导纱板等部件的部分质量起到平衡作用，从而减轻了成形凸轮 1 所承受的作用力。在钢领板和导纱板的升降过程中,扭杆的扭转角是不断变化的,由于平衡凸轮 25 的半径改变,使链轮 24 与平衡凸轮 25 之间的链条上的平衡力基本保持恒定。当钢领板、导纱板等部件上升时,扭杆的扭转角逐渐减小,扭杆所积蓄的弹性位能逐渐释放出来,帮助钢领板等上升,即扭杆的扭转变形能转变为钢领板和导纱板的位能,减小了车头垂直链条的拉力,从而减轻了成形凸轮对转子的压力;当钢领板、导纱板等部件下降时,扭杆的扭转角逐渐增大,钢领板、导纱板的位能转变为扭杆的扭转变形能,同样也减小了车头垂直链条的拉力,从而减轻了成形凸轮对转子的压力。为保证钢领板的顺利下降,平衡力应略小于钢领板等整套升降系统的总质量和升降滑轮与芯轴的摩擦力之差,否则在钢领板下降时链条会过分松弛,将造成钢领板产生明显的打顿现象而影响成形。

新型细纱机已取消成形机构,采用电子凸轮,即用伺服电动机直接驱动成形机构,实现细纱卷绕成形。

4 细纱机自动控制装置

为了提高产品质量,降低工人的劳动强度,提高劳动生产率,新型细纱机上配备了许多自动控制装置。FA506 型细纱机上主要配备了以下自动控制装置:

(1) 中途关车,自动适位制动停车。

(2) 中途(提前)落纱,钢领板自动下降到落纱位置,适位制动停车。

(3) 满管落纱,钢领板自动下降到落纱位置,适位制动停车。

(4) 开车前,钢领板自动复位。

(5) 打开车门时,全机安全自停。

(6) 满纱后自动接通 36 V 低压电源,供电动落纱小车落纱。

(7) 车头面板数字显示牵伸倍数、纺纱线密度、罗拉及锭子速度。

(8) 纺制直接纬纱时,自动绕取保险纱。

【技能训练】

1. 在实习车间对照设备认识加捻卷绕元件及机构,完成加捻卷绕机构的维护与保养训练。

2. 细纱捻系数的选择。

【课后练习】

1. 细纱的加捻卷绕机构组成及其作用是什么?

2. 细纱加捻原理是什么?如何计算细纱加捻捻度?细纱捻系数如何设计?

3. 隔纱板的作用是什么?如何调整隔纱板的位置?

4. 细纱卷装的形式和要求是什么?钢领板的运动应满足什么要求?

任务7.5 细纱断头、张力与质量调控

【工作任务】1. 纱线产品质量的表征及评价指标有哪些?纱线质量指标的检测方法有哪些?

2. 细纱条干不匀会造成哪些危害?影响纱线条干均匀度的因素是什么?改善条

干不匀的措施有哪些?

3. 根据给出的条件判断是否有条干不匀,并分析造成的原因。

4. 毛羽的危害是什么? 毛羽是怎样产生的? 控制毛羽的措施有哪些?

5. 分析细纱断头的实质,掌握降低断头的主攻方向。

6. 分析降低断头的主要措施。

【知识要点】 1. 细纱断头的分类及规律。

2. 细纱断头的根本原因。

3. 细纱张力形成及影响因素。

4. 降低细纱断头的措施,实际生产中处理断头的措施和经验。

5. 细纱质量的评判、检测及分析控制的方法。

1　细纱质量控制

细纱是纺纱生产的最后产品,其质量的好坏直接影响后续加工,影响织物的质量。细纱质量不仅与细纱工序的工艺、机械状态、操作等技术管理工作有关,还受到前纺如清、梳、精、并、粗各工序的半制品质量的影响。因此,要提高细纱的质量,除了加强对细纱车间的工艺条件、机械状态、温湿度状态、生产操作进行控制以外,还必须对各工序的半制品质量加以重视。

1.1　降低细纱不匀

(1) 细纱不匀的种类。细纱的不匀主要包括以下几种:

① 质量不匀:细纱的质量不匀是以 100 m 细纱之间的质量变异系数表示的,又称长片段不匀。生产中为保证半制品和细纱的纺出质量(线密度)符合规定的要求,在控制细纱百米质量变异系数的同时,还要通过控制细纱质量偏差来控制半制品和细纱的线密度。

② 条干不匀:细纱的条干不匀表示细纱短片段(25～51 mm)的质量不匀。过去采用的方法是按照规定把细纱绕在黑板上,然后与标准样照对比观测 10 块黑板,所得的结果即代表了细纱短片段条干质量(包括粗节、阴影、疵点等)。目前,主要采用乌斯特条干均匀度试验仪检测细纱 8 mm 片段粗细不匀,用 CV 值(变异系数)表示。介于长、短片段间的不匀称为中长片段不匀。

③ 结构不匀:细纱在结构上的差异称为结构不匀,主要包括细纱横截面或纵向一定范围内纤维的混合不匀、批与批之间原纱色调不一,以及由于条干不匀而导致的捻度不匀、强力不匀等。

细纱不匀之间是密切相关、相互影响的,如结构不匀会影响细纱的粗细不匀,粗细不匀又会影响捻度不匀和强力不匀,所以降低粗细不匀是控制细纱质量的主要方面。

(2) 细纱不匀的形成。生产实践证明:细纱的中长片段不匀产生在细纱机牵伸装置的后区和粗纱机牵伸装置的前区;长片段不匀主要产生在粗纱及前道工序,部分产生在细纱机牵伸装置的后区;短片段不匀主要产生在细纱机牵伸装置的前区。

细纱工序降低细纱不匀主要是降低细纱工序附加不匀,而细纱工序产生的附加不匀有两种:一种是由于牵伸装置对浮游纤维的运动控制不良而引起的牵伸波,纱条呈现无规律的粗节、细节,测试出的波动形态的波长和波幅无规律性;另一种是由于牵伸装置机件不正常(如罗拉偏心、弯曲,齿轮磨损严重,胶圈规律性打滑等)而引起的机械波,纱条呈现有规律的粗节、细节,测试出的波动形态的波长和波幅有规律性。规律性的粗节、细节,可以从不匀的波长找出其产生的部位及解决办法。

① 牵伸波：由于纤维性质和伸直排列状态的不同，使得短纤维和弯曲纤维在牵伸过程中的浮游距离较大，且受到的作用力始终处于不断的变化之中，因而造成纤维的移距偏差，并形成纱条的不匀，这种不匀称为牵伸不匀或牵伸波。牵伸波均表现为短片段不匀，取决于牵伸的工艺参数，包括牵伸倍数及牵伸分配、罗拉隔距、罗拉加压、喂入粗纱捻系数等。通常情况下，若细纱的线密度不变，在牵伸形式确定后，牵伸倍数越大，细纱的短片段不匀也越大，条干水平越差。罗拉隔距过大时，纤维的浮游距离加大，不利于对浮游纤维运动的控制；罗拉隔距过小则会造成牵伸力增大，握持力难以适应，使得须条在钳口处打滑，也会增加成纱的不匀率。加压量会影响牵伸效率和牵伸中纤维的正常运动，加压不足时，牵伸效率低，成纱定量偏重，严重时会使粗纱牵伸不开，造成细纱的粗节、细节。喂入粗纱的捻系数也会影响牵伸效率，粗纱捻度过大，纱条牵伸不开，而且会产生细纱的粗节、细节，破坏成纱的条干均匀度和质量不匀率。

② 机械波：由于牵伸装置机件不正常或机械因素影响而形成的周期性不匀，称为机械不匀或机械波。生产中罗拉钳口移动、钳口对须条中的纤维运动控制不稳定、胶辊回转不灵活或加压不足、齿轮磨损、胶圈滑溜、胶圈工作不良等，都是影响成纱条干均匀度的因素。

③ 其他原因：如果纱条的通道不光洁、意外牵伸过大、操作接头不良、集合器位置不正、罗拉的牵伸速度过大及机身震动，都会增加细纱的条干不匀率。

（3）改善细纱不匀的措施。

① 合理选择工艺参数：生产中应根据产品的特点、纺纱原料的性质、粗纱的结构，以及所使用的牵伸装置形式，通过对比纺纱试验，确定合理的工艺参数。当成纱质量要求较高，但缺少必要的有效措施时，总牵伸和局部牵伸分配不宜接近机型允许的上限，应偏小掌握，以利于提高成纱条干。罗拉隔距、喂入粗纱的定量、牵伸形式均应与局部牵伸倍数相适应。罗拉加压应稳定、均匀，以确保稳定的牵伸效率。

② 正确使用集合器：采用集合器可以收缩牵伸过程中须条的宽度，阻止须条边纤维的散失，减少飞花，使须条在比较紧密的状态下完成加捻，使成纱结构紧密、光滑，减少毛羽，提高强力。但如果使用、管理不当，集合器会出现"跳动"或"翻转"现象，造成纱疵增加、成纱条干质量下降、毛羽和断头增加。因为集合器相当于前区的附加摩擦力界，其稳定性直接影响成纱的条干质量。由于喂入胶圈牵伸区的须条受横动装置作用而左右移动，当集合器出口与须条运动轨迹不吻合时，会使须条被刮毛，顺直纤维变得弯曲纠缠，进而产生纱疵和毛羽。因此，生产中必须加强对集合器的使用和管理工作。

目前，也有厂家对细纱机上的牵伸装置进行改造，采用类似粗纱机的 D 型牵伸装置，也就是在胶圈牵伸区前增加一个整理区（牵伸倍数为 1.05 左右），将集合器放置在整理区内，使各区做到功能独立，实现"牵伸区不集合，集合区不牵伸"，这有利于成纱质量的全面改善。

③ 严格控制定量，提高半制品质量：加强原料的混合，严格控制前纺半制品定量，减少质量不匀；合理掌握半制品的并合数，提高纤维伸直度；采用适当形式的集合器以加强对边纤维的控制，使纤维在牵伸时有良好的伸直平行度，以最大限度地减少牵伸波，提高细纱的条干均匀度。

④ 加强机械维修保养工作：加强对牵伸部件的维护保养，确保机械处于良好的运行状态。

1.2 减少捻度不匀

在实际生产中，当加捻部件的运转不正常、操作管理制度不完善时，就会造成细纱的捻度不匀，这主要反映在细纱的强捻纱和弱捻纱两个方面。

（1）强捻纱产生的原因及消除方法。强捻纱即指纱线的实际捻度大于规定的设计捻度。形成的原因主要有:锭带滑到锭盘的上边;接头时引纱过长,结头提得过高,造成接头动作慢;捻度变换齿轮用错;等等。应在生产过程中加强检查,严格执行操作规程,一经发现,立即纠正。

(2)弱捻纱产生的原因及消除方法。弱捻纱即指纱线的实际捻度小于规定的设计捻度。形成的原因主要有:锭带滑出锭带盘,挂在锭带盘支架上;锭带滑到锭带盘边缘;锭带过长或过松,张力不足;锭胆缺油或损坏;锭带盘上或锭胆内飞花污物阻塞;锭带盘重锤压力不足或不一致;细纱筒管没有插好,浮在锭子上转动,或跳筒管造成与钢领摩擦;捻度变换齿轮用错;等等。针对上述原因,应在生产过程中加强专业检修工作,新锭带上车时应给予张力伸长,使全机锭带张力一致;锭胆定期加油;筒管加强检修,不合格的筒管及时予以剔除、更换;凡发现车上造成加捻不匀的因素,应立即予以纠正,以确保细纱的成纱的捻度均匀。

1.3　成形不良的种类及消除方法

细纱卷绕成形应符合卷绕紧密、层次清晰、不互相纠缠、便于退绕等要求,应尽量增大管纱的卷装容量,以减少细纱工序中的落纱和后加工工序中的换管次数,提高设备生产率和劳动生产率。但在实际生产过程中,往往由于机械状态不良及操作管理不严而产生一些成形不良的管纱,主要有以下几种情形:

(1)冒头、冒脚纱的产生及消除方法。造成冒头、冒脚纱的主要原因有:落纱时间掌握得不好;钢领板高低不平;钢领板位置打得低;筒管天眼大小不一致,造成筒管高低不一;小纱时跳筒管(落纱时筒管未插紧、坏筒管、锭杆上绕有回丝、锭子摇头等);钢领起浮;筒管插得过紧,落纱时将纱拔冒等。

消除方法:根据冒头、冒脚的情况,严格掌握落纱时间,校正钢领板的起始位置及水平,清除锭杆上的回丝;加强对筒管的维修及管理工作等。

(2)葫芦纱、笔杆纱的产生及消除方法。葫芦纱的产生原因主要是:倒摇钢领板;成形齿轮撑爪失灵;成形凸轮磨灭过多;钢领板升降柱套筒飞花阻塞;钢领板升降顿挫,或空锭(如空粗纱、断锭带、断胶圈、坏胶辊、试验室拔纱取样及其他零件损坏未及时修理等)一段时间后再接头等。笔杆纱主要是由于某 1 锭子的重复断头特别多而形成的。

消除方法:可根据所具体的产生原因,加强机械保养维修,挡车工严格执行操作规程,加强对机台的清洁工作等。

(3)磨钢领纱的产生及消除方法。磨钢领纱又称胖纱或大肚子纱。由于管纱与钢领摩擦,纱线被磨损或断裂,给后加工带来很大的困难。其产生原因是:管纱成形过大或成形齿轮选用不当;歪锭子或跳筒管;成形齿轮撑爪动作失灵;钢领板升降柱轧煞;弱捻纱;倒摇钢领板;个别纱锭的钢丝圈选用太轻等。

消除方法:严格控制管纱成形,使之与钢领大小相适应,一般管纱直径小于钢领直径 3 mm;严格执行操作法,以消除弱捻纱、跳筒管的产生因素;加强巡回检修,保证机台平修的质量水平。

2　细纱断头分析

2.1　细纱断头率

细纱断头率是以每千锭每小时的断头根数来表示的,通过实际测量再进行计算而得到。其计算公式如下:

$$细纱断头率 = \frac{实际断头根数 \times 1\,000 \times 60}{测定锭数 \times 测定时间(\min)}[根/(千锭 \cdot h)] \qquad (7-4)$$

细纱断头标准:纯棉纱,50 根/(千锭·h)以下;8 tex 以下纯棉纱,70 根/(千锭·h)以下;涤/棉(65/35)纱,30 根/(千锭·h)以下。

2.2 细纱断头的实质

纱线轴线方向所承受的力称为纱线张力。前罗拉到导纱钩之间的纱段称为纺纱段。纺纱段纱线所具有的强力称为纺纱强力,纺纱段纱条所承受的张力称为纺纱张力。在纺纱过程中,如纱线在某截面处的强力小于作用在该处的张力,就会发生断头。因此断头的根本原因是强力与张力的矛盾。

2.3 细纱断头的分类与断头规律

细纱的断头可分为成纱前断头和成纱后断头两类。成纱前断头指纱条从前钳口输出之前发生的断头,即发生在喂入部分和牵伸部分,产生的原因主要有:粗纱断头、空粗纱、须条跑出集合器、集合器阻塞、胶圈内集花、纤维缠绕罗拉和胶辊等。成纱后断头是指纱条从前罗拉输出后至筒管间的这部分纱段在加捻卷绕过程中发生的断头,产生的原因有:加捻卷绕机件不正常(如锭子振动)、跳筒管、钢丝圈楔住、钢丝圈飞圈、气圈形态不正常(过大、过小或歪气圈)、操作不良、吸棉笛管堵塞或真空度低、温湿度掌握不好等。另外,当原料性质波动大、工艺设计不合理、半制品结构不良等因素造成成纱强力下降、强力不匀率增加时,也会引起断头增多。

在正常条件下,成纱前的断头较少,生产中主要是成纱后断头。成纱后断头的规律如下:

(1)一落纱中的断头分布,一般是小纱最多、大纱次之、中纱最少。断头较多的部位是空管始纺处和管底成形即将完成卷绕大直径位置,以及大纱小直径卷绕处。

(2)成纱后断头较多的部位在纺纱段(称为上部断头),在钢丝圈至筒管间的断头(称为下部断头)出现较少。但当钢领与钢丝圈配合不当时,会引起钢丝圈的振动、楔住、磨损、烧毁、飞圈等情况出现,使下部断头有所增加。断头发生在气圈部分的机会很少,只有在钢领衰退、钢丝圈偏轻的情况下,才会因气圈凸形过大而撞击隔纱板,使纱条发毛或弹断。

(3)在正常生产情况下,绝大多数锭子在一落纱中没有断头,只在个别锭子上出现重复断头,这是由于机械状态不良而造成纺纱张力突变而引起的。

(4)当锭速增加或卷装增大时,纺纱张力也会增大,断头一般也随之增加。

除了以上规律外,气候和温湿度的变化,也会造成车间发生大面积的断头。另外,当配棉调整、纤维的性质(长度、线密度、品级等)变化较大时,如果工艺参数调整不及时,也会增加断头。

3 气圈的形成与张力的产生

3.1 气圈的形成

导纱钩至钢丝圈之间的纱线,以钢丝圈的速度围绕锭轴高速回转,使纱线围绕锭轴向外张开,形成一根空间封闭的纺锤形曲线,称为气圈。气圈起卷绕每层纱小直径时储存纱条、卷绕大直径时释放纱条,以及稳定纺纱张力的作用。

考虑到挡车工的身高、纺纱效率、机器结构,在设计细纱机时,使气圈形态近似正弦曲线。

3.2 细纱张力的产生

(1)纱线张力分析。在细纱加捻卷绕过程中,纱线要拖动钢丝圈回转,必须克服钢丝圈和钢领间的摩擦力,以及导纱钩、钢丝圈给予纱线的摩擦力,还要克服气圈段纱线回转时所受的空气阻力等,因此,纱线要承受相当大的张力。适宜的纺纱张力是正常加捻卷绕所必需的,且可以改善成纱结构,减少毛羽,提高管纱的卷绕密度,增加管纱的容纱量。但如果张力过大,会使细纱断头增加,产质量下降,动力消耗增多;而张力过小,则使管纱成形松烂,成纱强力低。如果气圈凸形太大,还会使断头增多。因而,讨论纺纱张力具有重要的意义。

不同纱段的张力是不同的,在加捻卷绕过程中,纱线的张力可分为三段:前罗拉至导纱钩的这段纱线的张力称为纺纱张力;导纱钩至钢丝圈的这段纱线的张力称为气圈张力,气圈在导纱钩处的张力称为气圈顶部张力,气圈在钢丝圈处的张力称为气圈底部张力;钢丝圈至筒管间的卷绕纱段上的张力称为卷绕张力。

在加捻卷绕过程中,卷绕张力最大,气圈顶部张力次之,气圈底部张力再次之,纺纱张力最小。

(2)气圈形态与纱线张力。纱线张力与气圈形态之间有密切的关系:纱线张力大时,气圈形态变滞重,弹性小,圈形稳定;纱线张力较小时,气圈形态膨大,弹性较好。当气圈最大直径大于隔纱板间距时,由于气圈与隔纱板剧烈碰撞,致使气圈形态破坏,纱线张力不稳定。因此,生产中常通过控制气圈形态来调整纱线张力。

(3)影响纱线张力变化的因素。

① 钢丝圈质量:钢丝圈质量与纱线张力成正比,因为钢丝圈的离心力与钢丝圈质量成正比。钢丝圈质量大,纺纱张力就大;钢丝圈质量小,纺纱张力就小;钢丝圈质量太小时,气圈形态就显得不稳定。工艺上以钢丝圈的号数来表示其质量。在日常生产中,通常通过调节钢丝圈质量(号数)来调节纱线张力。

② 钢领与钢丝圈之间的摩擦系数:钢领、钢丝圈之间的摩擦系数 f 与纱线张力成正比,f 的大小主要取决于钢领的摩擦性能。钢领使用日久,摩擦性能衰退,张力减小,使气圈膨大而造成气圈断头。因此,生产中用增加钢丝圈质量的方法来收小气圈,但这只是暂时措施。当 f 下降到不能正常纺纱时的钢领,称为衰退钢领。为了恢复钢领表面与钢丝圈的摩擦性能,生产中采用砂光水磨法对钢领进行处理,使其恢复表面的摩擦系数 f_0。

③ 钢领半径:钢领半径与气圈底部张力成正比,因此,增大卷装、加大钢领直径时,会使纱线张力增加。

④ 卷绕直径:卷绕直径的变化主要影响卷绕角的变化。当直径一定、卷绕小直径时,卷绕角小,故气圈底部张力大;卷绕大直径时则相反。只有当卷绕过程中的卷绕张力在钢领切向的分力能够克服钢领对钢丝圈的摩擦阻力时,才能使钢丝圈沿钢领表面回转。

在钢丝圈回转半径一定时,因卷绕半径随钢领板升降而变化,所以卷绕张力与卷绕直径成反比。在钢领板的每一次短动程升降中,钢领板在下部位置(卷绕大直径)时,卷绕张力小;钢领板上升到上部位置(卷绕小直径)时,卷绕张力大。

当卷装增大而加大钢领直径时,为了使卷绕张力的变化不至于太大,应适当增加筒管直径,使 D_0/D_k 的值趋于合理(D_0 为筒管直径,D_k 为钢领直径)。但筒管直径不能过大,否则会使筒管的容纱量减小。一般采用 $D_0/D_k = 0.43 \sim 0.45$,卷绕角相当于 $25° \sim 27°$。

在生产中,钢领直径与筒管直径的关系见表 7-4。

表 7-4 钢领直径与筒管直径的关系

D_k(mm)	45	42	38	35
D_0(mm)	16	15	14	13

⑤ 锭子速度:锭速增加,即钢丝圈的回转速度增加,钢丝圈回转所产生的离心力增加;同

时气圈回转速度增加,使空气阻力相应增加。因此,纱线张力显著增加。锭速增加后,气圈回转所产生的离心力增加,会增大气圈的凸形,但锭速增加时,纱线张力以钢丝圈回转速度的平方的比例增加。因此,高速后气圈形态没有多大变化,而纱线张力有显著变化。

(4)一落纱过程中张力变化规律。图 7-31 所示为固定导纱钩时一落纱过程中纺纱张力 T_s 的变化规律。总的来说,小纱时气圈长、离心力大、凸形大,T_s 大;中纱时气圈高度适中、凸形正常,T_s 小;而大纱时气圈短而平直,T_s 略有增大。

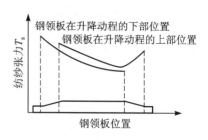

图 7-31 固定导纱钩时一落纱过程中纺纱张力 T_s 的变化

在管底成形过程中,由于气圈长,气圈回转的空气阻力大,而且卷绕直径偏小,因此纺纱张力大。随钢领板上升,纺纱张力有减小的趋势。在管底成形完成后,卷绕直径变化起主导作用,因此在钢领板每一升降动程中纺纱张力有较大变化。在大纱满管前,钢领板上升到小直径卷绕部位,由于气圈过于平直而失去弹性调节作用,也会造成纺纱张力剧增。

4 降低细纱断头

4.1 提高纺纱强力

在细纱加捻卷绕过程中,大部分断头发生在导纱钩至前罗拉的纺纱段。因为前罗拉钳口加捻三角区附近为强力最薄弱环节,所以,遇到过大的突变张力,使纱线强力低于波动的纺纱张力,必然导致纺纱段断头。根据长期的观察证实,导纱钩上方的纱线断头大部分发生在加捻三角区,这说明动态强力取决于加捻三角区的纱条强力,要提高强力就应该提高加捻三角区的纱条强力。被罗拉钳口握持的须条中,有一部分纤维的头端在加捻三角区内,不承受纱线张力;大部分纤维伸入被加捻的纱线内,承担纱线张力。三角区内纱条断裂时,大部分纤维或因罗拉钳口握持力不足,从罗拉钳口滑出;或因纱线的捻度太小,从已加捻的纱线中滑出;或纤维发生断裂;或上述三种情况同时发生。由于纺纱过程中纱条断裂发生在一瞬间,很难观察到是纤维发生断裂还是滑动的现象。但根据该处纱条的断裂强力分析,每根纤维平均只分担很少一部分张力,因而纤维断裂的可能性是很小的,同时从上部断头后留在管纱上细而长的纱尾形态判断,一般可以认为三角区内纱条断裂主要是纤维滑脱所致。但纤维究竟是在罗拉钳口处还是从纱条中滑脱而使得纱条断裂,需视工艺条件而定。采用紧密纺技术,可以有效地收拢须条,减少纤维的滑脱,充分发挥每一根纤维自身的强力,以达到提高成纱强力、减少断头的目的。

4.2 稳定张力

(1)控制气圈形态。气圈形态与断头有密切的关系。当气圈凸形过大时,气圈最大直径超过相邻隔纱板之间的间距,就会引起气圈猛烈撞击隔纱板。这不仅会刮毛纱条、弹断纱线,而且会引起气圈形态的剧烈变化和张力突变,使钢丝圈运动不稳定,容易发生楔住或飞圈断头;同时,气圈凸形过大会使气圈顶角过大,如果纱线上有较大的粗节或结杂通过导纱钩时,气圈顶部更会出现异常凸形,纱线易于被导纱钩上的擒纱器缠住而造成气圈断头。气圈凸形过大发生在小纱阶段。在张力过大的情况下,气圈凸形会过小,这使得细纱断头后接头时拎头重,操作困难。大纱时,尤其在大纱小直径卷绕时容易导致纱线气圈更趋于平直,从而使气圈失去对张力波动的弹性调节能力。这时若出现突变张力,就很容易使纱线通道与钢丝圈磨损缺口交叉,将纱线割断,或张力迅速传递到纺纱段弱捻区而引起上部断头。

控制气圈形态的方法主要有以下三种:

① 压缩小纱的气圈最大高度。

② 增加大纱阶段的气圈最小高度。

③ 使用气圈环控制。

(2) 保持加捻卷绕部分正常的机械状态。加捻、卷绕部件不正常会导致气圈形态的波动,产生突变张力,增加断头,特别是造成个别锭子的重复断头。因此,在机械安装方面力求做到导纱钩、锭子、钢领三中心在一直线上,消灭摇头锭子、跳筒管、钢领起浮、导纱钩起毛等不正常状态,严格保证平装质量,并加强对机械的日常维修工作。

4.3　加强日常管理工作

在细纱机高速生产中,除了从张力与强力两个方面来降低断头外,还必须加强日常性的机械状态、操作管理、工艺设计、原棉选配,以及温湿度控制等方面的技术管理工作。机器速度愈高,对这些根本性的基础工作的要求愈严格。

(1) 加强保全保养工作,整顿机械状态。机械状态不正常对细纱断头的影响较大,有时甚至是断头多的主要原因。例如,吊胶圈、胶圈跑偏、胶圈断裂、集合器往复不灵活、胶辊中凹、歪锭(锭子与钢领不同心)、导纱钩松动或眼孔不对准锭子中心、导纱钩不光洁、导纱钩有磨损槽、钢领起浮、钢领跑道毛糙、钢领板和导纱钩的升降柱(俗称大、小羊脚)与轴孔磨损过大或其间有飞花阻塞而造成升降不平稳或顿挫现象、隔纱板歪斜,以及清洁器位置不当和锭带松弛等,都会引起重复断头。因此,必须十分重视机器的保全保养工作,严格执行大小修理、校锭子、揩车和预防性检修的周期,不断提高机器的平修质量,以减少坏车和减少重复断头,降低细纱断头率。

(2) 掌握运转规律,提高操作水平。按照高速生产的规律,加强运转挡车的预见性和计划性,小纱断头多要多巡回,多做接头工作;而中纱断头少,要多做清洁工作,以减少飞花断头。为了适应高速生产,必须提高快速接头技术,做到接头快、正确而无疵点。同时,在断头多时,要合理区分轻、重、缓、急,处理各种断头,掌握先易后难,先解决飘头、跳筒管,然后再接一般的断头。当采用自动或半自动落纱机落纱时,要将筒管轻轻下按,以免开车后跳筒管多而引起断头;不要下按太重而增加拔管困难。此外,挡车工要熟悉机器性能,及时发现并判断机器可能出现的故障,做到小毛病及时修理,以减少断头时间,提高机器运转效率。

(3) 加强配棉和工艺管理。配棉成分中批与批之间交替或工艺变动时会引起的断头率波动,都属于原棉和工艺管理方面的问题。要根据原棉的性能与成纱质量之间的关系,做到预见性的配棉,合理地使用原棉,减少配棉差异,保证配棉成分稳定。但有的地区长期稳定配棉成分有困难,批与批之间原棉性质差异较大,特别是关系到成纱强力的棉纤维线密度、成熟度和短纤维率等变动较大时,应加强试纺工作,及时采取措施,以避免产生过多的断头。有些地区在黄梅季节湿度高,断头多,应选用较好的原棉,以稳定生产。工艺上的变动,如变更混棉方法、调换钢丝圈型号等,对断头影响也较大,应先少量试纺,再进行推广。

(4) 加强温湿度管理工作。温湿度调节不当,会导致粗纱和细纱的回潮率不稳定。如果温度高、湿度大,则水分容易凝结在纤维表面,使棉蜡容易融化,从而破坏了牵伸均匀,使须条容易绕胶辊和罗拉,因而增加断头;如温度低、湿度小,则纤维刚性强,不利于牵伸,而且牵伸中纤维易扩散、易产生静电,使成纱毛羽增加、条干和强力下降,同时也会产生绕胶辊、绕罗拉现象,增加断头。一般粗纱回潮率掌握在 7% 左右较为合适。细纱车间温度以 26～30 ℃为宜,相对湿度一般掌握在 50%～60%,使纺纱时纤维处于放湿状态。在管理上应该尽可能使车间各个区域的温湿度分布均匀,减少区域差异与昼夜差异应结合室内外温湿度的变化规律和天气预报,对车间温湿度做出预见性的调节。此外,提高吸棉真空度以提高断头吸入率,是减少细纱飘带断头的有效措施。吸棉真空度应掌握在 294 Pa 左右,纺涤/棉纱时要适当提高。

【技能训练】

在实习车间试纺,对产品进行检测,并分析质量问题,提出解决方案。

【课后练习】

1. 如何控制细纱的条干不匀?
2. 如何控制细纱捻不匀?
3. 如何控制细纱成形不良?
4. 什么叫细纱断头率?该指标的意义是什么?
5. 细纱的断头规律如何?如何控制细纱断头?
6. 什么是气圈?其作用是什么?如何控制气圈形态?

任务7.6 细纱传动与工艺计算

【工作任务】1. 在细纱机上理清传动线路,找出各变换齿轮。
　　　　　　2. 根据所给出的纱线品种计算牵伸变换齿轮、捻度变换齿轮。

【知识要点】1. 读懂传动图。
　　　　　　2. 掌握速度、捻度、牵伸、产量的计算方法。
　　　　　　3. 掌握主要变换齿轮的确定方法。

1　FA506 型细纱机的传动

FA506 型细纱机的机械传动系统如图 7-32 所示,其传动图如图 7-33 所示。

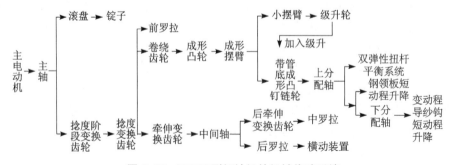

图 7-32　FA506 型细纱机的机械传动系统

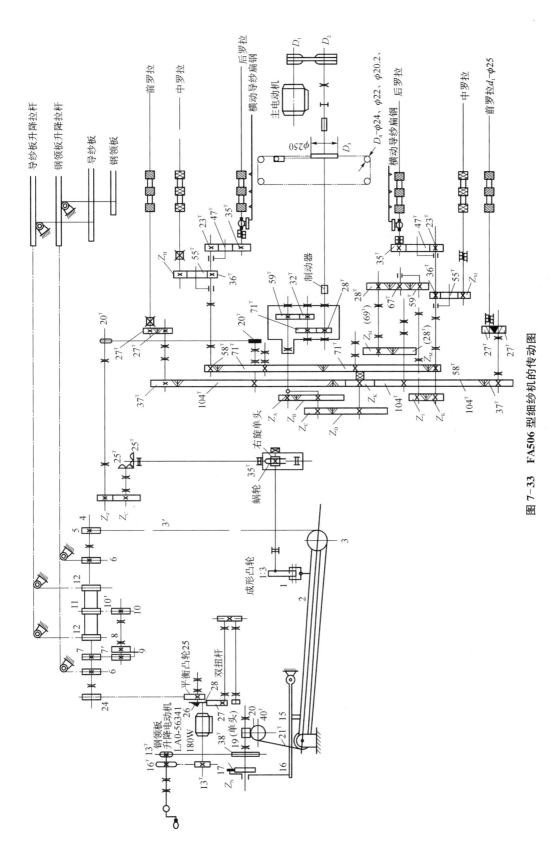

图 7-33　FA506 型细纱机的传动图

2 FA506 型细纱机的工艺计算

2.1 牵伸倍数和牵伸变换齿轮

（1）总牵伸倍数 E。

$$E = \frac{\text{前罗拉表面线速度}}{\text{后罗拉表面线速度}} = \frac{35 \times 47 \times Z_K \times 59 \times 67 \times Z_M \times 104 \times 27}{47 \times 23 \times Z_J \times 67 \times 28 \times Z_N \times 37 \times 27}$$
$$= 9.012\,9 \times \frac{Z_M \times Z_K}{Z_N \times Z_J} \tag{7-5}$$

式中：Z_M——牵伸变换齿轮齿数（有 69^T 和 51^T 两种）；

$\quad\quad$ Z_N——牵伸变换齿轮齿数（有 28^T 和 46^T 两种）；

$\quad\quad$ Z_K，Z_J——总牵伸变换齿轮齿数（有 39^T、43^T、48^T、53^T、59^T、66^T、73^T、81^T、82^T、83^T、84^T、85^T、86^T、87^T、88^T、89^T 数种）。

（2）后牵伸倍数 E_B。

$$E_B = \frac{\text{中罗拉表面线速度}}{\text{后罗拉表面线速度}} = \frac{35 \times 36}{23 \times Z_H} = \frac{54.782\,6}{Z_H} \tag{7-6}$$

式中：Z_H——后牵伸变换齿轮齿数（有 36^T、38^T、40^T、42^T、44^T、46^T、48^T、50^T 数种）。

2.2 捻度和捻度变换齿轮

（1）计算捻度 T_t（捻/10 cm）。

$$T_t = \frac{\text{前罗拉一转锭子的回转数}}{\text{前罗拉周长(mm)}} \times 100 = \frac{(D_3 + \delta) \times 71 \times 59 \times Z_B \times Z_D \times 37 \times 100}{(D_4 + \delta) \times 28 \times 32 \times Z_A \times Z_C \times Z_E \times \pi \times d_f}$$
$$= \frac{(250 + 0.8) \times 71 \times 59 \times Z_B \times Z_D \times 37 \times 100}{(22 + 0.8) \times 28 \times 32 \times Z_A \times Z_C \times 36 \times \pi \times 25} = 67.332\,5 \times \frac{Z_B \times Z_D}{Z_A \times Z_C}$$
$$\tag{7-7}$$

式中：d_f——前罗拉直径（25 mm）；

$\quad\quad$ D_3——滚盘直径（250 mm）；

$\quad\quad$ D_4——锭盘直径（有 24 mm、22 mm、20.2 mm 三种）；

$\quad\quad$ δ——锭带厚度（0.8 mm）。

$\quad\quad$ 式(7-7)中，当 $D_4 = 22$ mm 时，$Z_E = 36^T$；$D_4 = 24$ mm 时，$Z_E = 33^T$；$D_4 = 20.2$ mm 时，$Z_E = 39^T$。

（2）实际捻度。细纱实际捻度是指成纱后的捻度，是通过捻度试验仪实际测得的结果。由于受机台在生产中存在的锭带滑溜率，以及加捻时的捻缩率和加捻效率的影响，实际捻度与计算捻度有一定的差异。当实际捻度与计算捻度的差异大于 3％时，应调整捻度变换齿轮的齿数。

2.3 产量计算

细纱产量以 1 000 枚锭子 1 h 的生产细纱质量（kg）表示。

（1）理论产量 P_1[kg/（千锭·h）]。

$$P_1 = \frac{\pi d_f \cdot n_f}{1\,000} \times 60 \times 1\,000 \times \frac{Tt}{1\,000} \times \frac{1}{1\,000} \times (1 - \text{捻缩率}) \tag{7-8}$$

$$= \frac{\pi d_f \cdot n_f \times 60 \times Tt \times (1 - \text{捻缩率})}{1\,000 \times 1\,000}$$

又因

$$n_s = \frac{Tt \times \pi \times d_f \times n_f}{100}$$

即

$$\pi \times d_f \times n_f = \frac{100 \times n_s}{Tt}$$

代入式(7-8),则:

$$P_1 = \frac{n_s \times Tt \times 60 \times (1 - \text{捻缩率})}{Tt \times 10 \times 1\,000} \tag{7-9}$$

式中：n_f——前罗拉转速(r/min)；

d_f——前罗拉直径(mm)；

n_s——锭子转速(r/min)；

Tt——纺纱线密度(tex)。

(2) 定额产量 P_2 [kg/(千锭·h)]。

$$P_2 = P_1 \times \text{时间效率} \tag{7-10}$$

在正常的生产条件下,细纱工序的时间效率一般为 95%～97%。

(3) 实际产量 P_3 [kg/(千锭·h)]。

$$P_3 = P_2 \times (1 - \text{计划停台率}) \tag{7-11}$$

在正常的生产条件下,细纱工序的计划停台率一般为 3% 左右。

细纱工艺计算还包括速度计算、卷绕圈距和卷绕变换成对齿轮计算,以及钢领板级升距和级升轮计算等。

【技能训练】

根据所给出的纱线品种,计算牵伸变换齿轮齿数、捻度变换齿轮齿数。

【课后练习】

1. 试述各种变换齿轮的作用。

2. FA506 型细纱机的三列罗拉直径均为 25 mm, $Z_M = 51^T$, $Z_N = 46^T$, $Z_K = 88^T$, $Z_J = 39^T$, $Z_H = 44^T$, 试计算总牵伸倍数和后区牵伸倍数。

3. FA506 型细纱机的 $D_3 = 250$ mm, $D_4 = 22$ mm, $\delta = 0.8$ mm, $d_1 = 25$ mm, $Z_A = 52^T$, $Z_B = 68^T$, $Z_C = 85^T$, $Z_D = 80^T$, $Z_E = 36^T$, 试计算纱条上的捻度。

4. 在 FA506 型细纱机上纺制 29 tex 的细纱, $n_f = 220$ r/min, $d_f = 25$ mm, 不考虑细纱捻缩, 试计算理论产量。

任务7.7 细纱工序加工化纤的工艺设置

【工作任务】1. 掌握细纱工序加工化纤的特点。

2. 比较细纱工序加工棉与化纤的工艺差异。

【知识要点】细纱工序加工化纤的特点。

1 工艺特点

在现有的棉纺细纱机上进行化学纤维纯纺或混纺,只需对牵伸部分的加压和隔距做适当调整,即可满足加工的要求;但纺制 60 mm 以上的中长纤维时,牵伸装置罗拉部分和加压等方面均应做出较大的改造,工艺上也必须进行相应调整。

1.1 牵伸部分

由于化学纤维具有长度长、长度整齐度高、纤维间摩擦系数大、加工中易带静电等特性,因而在牵伸过程中受到的牵伸力较大,牵伸效率较低。所以在加工化学纤维时,牵伸部分应采取较大的罗拉隔距、较重的胶辊加压,以及适当减小附加摩擦力界等措施,以适应加工要求。

(1)罗拉隔距。罗拉隔距应根据所纺化学纤维的长度确定。由于化学纤维的长度整齐度高,纤维的实际长度偏长,所以此隔距应偏大掌握。在纺 38 mm 的涤纶短纤维时,由于前区胶圈牵伸形式与纺棉时大致相同,前、中罗拉中心距一般为 41～43 mm,中、后罗拉中心距为51～53 mm。纺中长纤维时,新机的前、中罗拉中心距调节范围为 68～82 mm,中、后罗拉中心距为 65～88 mm。如果采用老机纺中长纤维,采用单区滑溜牵伸,即中上罗拉开槽或加大胶圈钳口隔距,以减轻对须条的控制,其前、后区的罗拉隔距一般与纺棉时相同。

滑溜牵伸的中罗拉胶圈对纤维没有积极控制作用,纤维依靠后罗拉和前罗拉的握持,胶圈只能对纤维起约束集聚作用。这就是滑溜牵伸的特点。如图7-34 所示,滑溜牵伸的滑溜槽宽度 L_4 和深度 δ 的设计应与粗纱定量和纤维长度相适应。L_4 大,不易产生"硬头"或"橡皮纱";但 L_4 过大时,胶圈与胶圈罗拉的接触面积减小,胶圈回转不稳定,容易造成胶圈跑偏现象,恶化成纱条干。δ 过大,对纱条的约束集聚作用减弱,对条干不利;但 δ 过小,容易产生"硬头"或

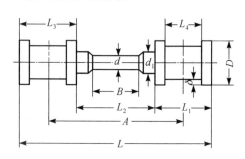

图 7-34 滑溜牵伸装置中罗拉的外形图

"橡皮纱"。因此,在胶圈不跑偏的情况下,L_4 以 15 mm 左右为宜,δ 应根据粗纱定量选定,一般为 1.5 mm 左右;把下胶圈销改用平销,可减少胶圈的断裂;胶圈钳口要偏大掌握,比纺棉时放大 1 倍左右;胶辊加压应适当加重。

(2)胶辊加压。化学纤维纯纺和混纺时,由于纤维长度较长,在牵伸过程中纤维与纤维的接触面积较大,而且纤维的摩擦系数较大,使牵伸力较大。因此,对胶辊需要施加较高压力才能保证有足够的握持力。胶辊加压应比纺纯棉时增加约 20%～30%。对滑溜牵伸的前、后罗拉加压应略偏重,因为中罗拉的滑溜控制使牵伸区中的牵伸力偏大,所以必须有较重的加压才能与之相适应。

（3）后区工艺参数。根据化学纤维的特点，后区工艺以采取握持力强、附加摩擦力界小为宜。除放大中后罗拉隔距、增加后罗拉加压外，喂入粗纱的捻系数应适当减小。纺涤/棉纱时的粗纱捻系数为纺棉时的 60% 左右，纺中长纤维时的粗纱捻系数应更小。粗纱捻系数的选择，除考虑粗纱本身的强力外，还应考虑不同纤维的抱合力，以及细纱牵伸形式和加压情况。

例如，纺中长纤维、采用滑溜牵伸形式时，因不同于握持牵伸，滑溜槽对纤维的握持力较小，其粗纱捻系数应适当减小，否则粗纱捻回进入前区，会影响牵伸过程的顺利进行（一般后区牵伸倍数为 1.25~1.5 倍），后区中心距一般控制在 53 mm 左右。确定后区工艺参数，应综合考虑这些参数，并通过试纺对比再加以确定。

（4）吸棉装置。提高吸棉真空度，可以减少绕罗拉、缠胶辊的现象。涤棉短纤维混纺时，吸棉真空度以 590~680 Pa 为宜，机头、机尾的真空度差异不宜大于 200 Pa。纺中长纤维时，为了减少断头后因纤维倒吸现象而造成的粗节纱疵，除了将吸棉真空度提高到 780~1 080 Pa 外，吸棉装置以采用单独吸嘴式较为合适。

1.2　加捻卷绕部分

（1）细纱捻系数的选择。细纱捻系数的选择主要取决于产品的用途，其大小与产品的手感和弹性有着密切的关系。涤棉混纺织物应具有滑、挺、爽的特点，且要求耐磨性好，因而细纱捻系数一般较棉纱高；如果选用过小的捻系数，织物的风格就不够突出，且在穿着过程中容易摩擦起球和产生毛绒。一般细纱捻系数掌握在 360~390，当要求织物的手感较柔软时，可适当降低捻系数。此外，涤棉混纺时，由于加捻效率较低，细纱实际捻度与计算捻度的差异较大，因此纺纱时实加捻度应加大。

（2）钢领与钢丝圈型号的选配。化学纤维纯纺或混纺，钢丝圈的选用应考虑以下几个方面：

① 化学纤维的弹性较好、易伸长，在同样质量的钢丝圈条件下，化学纤维纱线与钢丝圈的摩擦系数较大，因此，气圈张力小，气圈凸形大。为了在纺纱过程中维持正常气圈，钢丝圈质量应偏高选用，纺中长纤维时应更高。

② 用于化学纤维混纺的钢丝圈，在圈形、截面设计和材料方面，必须保证钢丝圈在高速运行时仍具有良好的散热条件。钢丝圈的运行温度不能太高。这不仅是保证钢丝圈有一定使用寿命的需要，而且多数化学纤维属于低熔点纤维，在高温下会熔融，不仅影响纱线质量，而且熔结物凝附在钢领跑道上而阻碍钢丝圈的正常运行，易造成钢丝圈在运行中楔住而产生突变张力，增加细纱断头。

③ 钢丝圈的纱线通道要求光滑，并且一定要避免钢丝圈的磨损缺口与纱线通道交叉，否则会引起纱线发毛，破坏成纱强力，在钢领旁出现落白粉现象，染色后会呈现出规律性的色差。

实践证明，FE 型钢丝圈能适应涤棉混纺的高速运转。首先，该型号钢丝圈采用宽而薄的瓦楞形截面，纱线通道光滑，而且利于散热。由于钢丝圈与钢领接触的内表面呈弧形，能保证钢丝圈的磨损缺口与纱线通道错开而不交叉。再加上 FE 型钢丝圈的圈形设计合理、重心低、与钢领的接触位置高、散热性能好、接触弧段的曲率半径较大，因此保证了钢丝圈上机走熟期短，具有良好的抗楔性能。

2　胶辊、胶圈的处理和涂料

合成纤维由于摩擦系数大，纺纱过程中牵伸部分加压重，因而胶辊、胶圈容易磨损，为此对胶辊的硬度要求应比纺纯棉时高,以肖氏硬度85~90度为宜,颗粒要更细,耐磨性要更好。由于涤纶的回潮率低、导电性能差、易产生静电,同时纤维中含有油剂,因而生产过程中容易引起缠绕胶辊、胶圈的现象。为此,需要对胶辊、胶圈进行适当处理,以解决上述问题。

3 温湿度控制

细纱车间的温湿度控制范围,化学纤维混纺与棉纺车间基本一致,温度以22~32 ℃为宜,相对湿度以控制在55%~65%为宜。

化学纤维混纺车间对温湿度的要求严格,并且对周围空气的温湿度变化反应敏感。因为合成纤维的吸湿性差、回潮率低,容易产生静电,从而造成缠胶辊、纤维蓬松等问题。为克服静电现象,化学纤维都加油剂,依靠油剂中的亲水基团来吸收水分,使纤维表面光滑,降低摩擦系数,减少静电产生。但湿度过高时,纤维表面水分增多,纤维发黏而易缠罗拉;湿度过低时,纤维表面水分易蒸发,容易产生静电现象而缠胶辊。对温度的要求,纺化学纤维时比纺棉时更严。夏天车间温度不宜过高,若高于32 ℃,油剂发黏而易挥发,静电现象严重;冬季温度不宜过低,若低于18 ℃,纤维发硬而不易抱合,而且胶辊也会发硬而打滑,使断头增多。

4 纱疵的形成原因和防止办法

由于化学纤维原料在制造过程中带来一些纤维疵点(如粗硬丝、超长、倍长纤维等),加上化学纤维本身的一些特性(如回弹性强、易带静电、对金属的摩擦系数大等),以及纤维加工时含有油剂等因素的影响,在纺纱过程中容易产生纱疵。涤棉混纺时,在细纱工序中经常遇到橡皮纱、小辫子纱、煤灰纱等疵点,对后工序加工不利,甚至造成疵布。

4.1 橡皮纱

当化学纤维原料中含有超长纤维时,在牵伸过程中,当这种超长纤维的前端到达前罗拉钳口时,其尾部尚处于较强的中部摩擦力界的控制下。如果此时纤维所受控制力超过前罗拉给予的引导力,纤维则以中罗拉速度通过前罗拉钳口,形成纱条的瞬时轴心,而以前罗拉速度输出的其他纤维则围绕此瞬时轴心加捻成纱,超长纤维输出前罗拉后因自身弹性而回缩,即形成橡皮纱;如果纺纱张力足以破坏此瞬时轴心,则不形成橡皮纱。关车打慢车时,由于纺纱张力减小,也易产生橡皮纱。为了防止橡皮纱的产生,除了改进化学纤维原料本身的质量(如消除漏切、超长或刀口黏边等情况)外,适当增加前胶辊的加压量,调整前、中胶辊压力比,消除胶辊中凹,采用直径较大的前胶辊,加重钢丝圈,改进开关车,都是消除橡皮纱的有效措施。

4.2 小辫子纱

涤纶纤维的回弹性强,在细纱捻度较多的情况下,停车时因机器转动惯性,罗拉、锭子不能立即停止回转而慢速转动一段时间,此时气圈张力逐渐减小,气圈形态也逐渐缩小,纱线由于捻缩扭结而形成小辫子纱。为消除小辫子纱,应改进细纱机的开关车方法。开车时要一次开出,不打慢车;关车掌握在钢领板下降时;关车后逐锭检查,并将纱条拉直盘紧;主轴采用刹车装置,以便及时刹停。

4.3 煤灰纱

因空气过滤不良,化学纤维表面有油剂,易被灰尘沾污而形成煤灰纱,在气压低多雾天气时更易沾污,从而影响印染加工。因此,对洗涤室的空气过滤要给予足够重视,对空气净化应有更高的要求。

【技能训练】

比较细纱工序加工棉与化纤的工艺差异。

【课后练习】

1. 什么是滑溜牵伸？其适用范围如何？
2. 试述涤棉混纺时产生橡皮纱、小辫子纱的原因。

任务7.8　细纱专件的选用、维护与保养

【工作任务】 1. 指出钢领、钢丝圈、胶辊、胶圈的选用选用原则。

　　　　　　　2. 讨论钢领、钢丝圈、胶辊、胶圈的维护与保养。

【知识要点】 1. 学会钢领、钢丝圈、胶辊、胶圈的选用。

　　　　　　　2. 了解钢领、钢丝圈、胶辊、胶圈的维护与保养方法。

1　钢领、钢丝圈的选用与维护

1.1　钢丝圈质量（号数）的选用

钢丝圈的选用应考虑以下几个因素：

（1）钢领的新旧程度。新钢领使用时，表面摩擦系数高，所以钢丝圈宜偏轻掌握，待跑道光滑后再加重至正常质量。由于摩擦热等原因，钢领使用半年左右时间，表面会形成光亮的金属熔结，破坏了钢领的摩擦面，使钢丝圈与钢领之间的摩擦系数降低，即钢领衰退，这会造成气圈膨大而撞击隔纱板，使纱条刮毛、张力波动大而导致断头增加，此时应增加钢丝圈的质量。当钢领衰退严重，加重钢丝圈而效果不显著时，可通过更换钢丝圈型号的方法来改变钢丝圈在钢领上的接触弧长，以延长钢领的使用寿命。

（2）纺纱线密度。纺粗特纱时气圈回转的离心力大，气圈容易膨大，此时钢丝圈的选用宜偏重掌握，以利于稳定和控制气圈形态；而纺细特纱时因强力较低，钢丝圈宜偏轻掌握，以利于缓和张力与强力的矛盾。

（3）钢领直径。钢领直径大时，气圈底部张力大，钢丝圈宜偏轻掌握，以降低纱条张力，维持正常气圈形态。

（4）锭子速度。纺同样线密度的纱，若锭速高，则纱条张力大，此时的钢丝圈宜偏轻掌握。

（5）温湿度变化。夏季黄梅季节时温湿度较高，钢丝圈宜适当加重；冬季气候干燥，相对湿度低，钢丝圈宜偏轻掌握。

1.2　钢丝圈型号的选用

细纱高速和大卷装的主要矛盾是钢丝圈与钢领的配合，即如何选用钢丝圈型号的问题。在选取钢丝圈的型号时，为了防止因钢丝圈选型不当造成的大面积断头的出现，可先在少量锭子上进行试纺，通过对比选择合适的型号，然后再推广使用。有时必须反复多次实践，才能确定最佳选择。

1.3　合理掌握钢丝圈使用寿命

细纱高速生产中，钢丝圈的寿命普遍缩短。使用几个班或几天后，或因钢丝圈磨损而使飞

圈增多,或者因磨损后与纱条通道发生交叉,使细纱的断头率显著增加。过去,为了减少断头、稳定生产,除了纺线密度较小的细纱时,因钢丝圈使用期长而采用自然换圈外(飞一个换一个),一般都定期换圈(到一定时间,全部更换)。目前,随着卷装的增大、锭速的提高,生产中大多采用自然换圈与定期换圈相结合的方法。由于更换后的新钢丝圈上车后有一定的走熟期(走熟期内钢丝圈运转不稳定,容易引起断头),最好选在中纱时换圈,这样到纺大纱或落纱后的小纱时,断头较少,特别是小纱的飞圈断头情况可以得到大大改善。

1.4 钢领的衰退与修复

新钢领上车经过一段时期的运转后,一般都会出现气圈膨大、管纱发毛、断头显著增加、不能继续高速运转的现象,称为钢领高速性能的衰退,简称钢领衰退。衰退出现的早晚与钢领热处理的淬火质量、锭速、钢领边宽、钢丝圈号数和卷装大小等因素密切相关。在当前高速生产中,PG1/2、PG1的衰退期约为半年。随着锭速的进一步提高、卷装的进一步加大,钢领的衰退期有所缩短。钢领的衰退主要是由于钢领的摩擦系数降低较多,致使气圈膨大、猛烈撞击隔纱板、气圈形态变化剧烈、张力波动大、断头多。这种因气圈膨大而产生的断头,生产中称为气圈炸断头。由于同机台上各钢领的衰退程度(摩擦系数)不一样,而且有时差异很大,给工艺设计、气圈控制带来了很大的困难。

热处理良好的钢领,经过半年的运转后,几何形状不会发生显著的变化。但仔细观察衰退钢领的跑道表面状态,可以看到表面有光亮的斑点,这是由摩擦热产生的金属熔结,这种熔结物破坏了钢领麻砂面,使钢领的摩擦系数减小。这种衰退可以修复,主要是去除表面的光亮斑点,使其恢复稳定的摩擦系数。一般采用钢领砂光水磨法,即用零号砂皮蘸菜油,在砂光机上轻磨钢领的内外跑道,以去除光亮斑点为限度;经过砂光的钢领,在水磨滚光机中用石英砂(或铁砂)和烧碱,以压缩空气进行喷射水磨;水磨后再经过防锈处理,即可上车继续使用。这样修复后的钢领,重新获得麻砂面,保证了钢丝圈与钢领之间有足够的摩擦系数。实践证明,衰退钢领经过几次修复,仍能维持较好的高速性能,但衰退期会逐次缩短。

热处理不良、表面硬度低、耐磨性差的钢领,经过2~3个月的运转,跑道严重磨损变形。对这种钢领,采用冷轧法修复,一般是先退火,再用一对表面几何形状与钢领跑道弧形类同的钢轧辊,对钢领内跑道进行冷轧修复;冷轧后再淬火,经水磨工艺获得麻砂面后,可上车使用。

修复衰退钢领,可以达到修旧利废的目的。传统采用碳氮共渗处理法,目前还有镀镍、镀铅和镀镍基复合镀层,并采用电刷镀技术。有研究表明,后者比碳氮共渗法具有抗磨性能好、摩擦系数稳定且较低、纺纱张力稳定且显著减小、成纱毛羽少、走熟期短、成纱条干 CV 值低、对气圈的控制能力强、拎头适中等特点。

2 胶辊、胶圈的使用与保养

2.1 胶辊

粗纱、细纱的胶辊由胶辊铁壳、包覆物(丁腈胶管)、胶辊芯子和胶辊轴承组成;而并条、精梳的胶辊由铁芯、轴承组成。通过机械的方法,使胶管内径胀大后,将胶管套在铁壳上,并在胶管内壁和铁壳表面涂抹黏合剂,使胶管与铁壳粘牢。芯子和铁壳由铸铁制成,铁壳表面有细小沟纹,使铁壳与胶管之间的连接力加强,防止胶管在加压回转时脱落。

(1) 对胶辊的纺纱性能的基本要求。

① 胶辊应具有适当的硬度和弹性。

② 胶辊应具有不绕花的性能,即胶辊表面状态具有"光、滑、爽、燥"的特性。

③ 胶辊表面应具有适当的摩擦系数,抗静电性能好。

④ 胶辊的耐磨性能好,变形小,寿命长。

⑤ 胶辊应具有耐油、耐老化的性能。

⑥ 胶辊应具有合理的结构、精确的几何尺寸、良好的润滑条件。

此外,还要求胶辊在保养、磨砺时生热少,表面细腻,硬度、弹性、厚度均匀。

(2) 胶辊的种类。按表面硬度,可分为低硬度胶辊(邵氏硬度 A72 以下)、中硬度胶辊(邵氏硬度 A73—A82)和高硬度胶辊(邵氏硬度 A82 以上);按表面处理,可分为处理胶辊与不处理胶辊两类。

随着对纱线质量要求的不断提高,对牵伸元件的要求也在同步提高,低硬度胶辊、双层胶辊与表面不处理胶辊的应用较为广泛。

① 低硬度胶辊。低硬度胶辊也称为软弹性胶辊,一般硬度为邵氏硬度 A65±(3~5),表面处理用专用的涂料涂层,特点是硬度低、弹性大、变形小、纺纱性能好,成纱的条干 CV 值可降低 0.5%~1.5%,而且不需要重加压,使机器运转时的振动、磨损和耗电量减少。

② 双层胶辊。双层胶辊除具有软弹性胶辊的上述优点外,经改进,避免了胶管与铁辊运转时产生的相对位移。细纱机使用的双层胶辊主要有两种:一种是金属衬双层胶辊。它是在金属管(铝或铜)表面涂胶黏剂后,再套丁腈橡胶管加压而成,或把胶料直接硫化在铝衬套上,利用金属的延展性与轴衬芯壳的紧配合,套装成轴衬胶辊。另一种是内硬外软双层胶辊。内层由硬度为邵氏硬度 A90 左右的硬胶管制成,厚度一般为 1~2 mm,起保护作用,而且因硬度高、弹性好、变形小,选用小套差时不用黏合剂,直接套入铁壳,保证了牢固紧合,不产生胶辊脱壳现象;外层选用软弹性橡胶,硬度由企业根据生产中的具体情况选定;内外层之间用纱线做加强层。三层结合成一体,便成为内硬外软双层胶辊。

③ 表面不处理胶辊。表面不处理胶辊与普通胶辊相比,除具有表面处理胶辊的优点外,还具有极好的弹性,对牵伸须条有极强的握持力。但表面不处理胶辊主要表现为涩性,即表面具有较强的摩擦系数。一般胶辊的表面摩擦系数都小于 0.5,而表面不处理胶辊的表面摩擦系数都大于 1.5。因此,表面不处理胶辊易产生静电。此外,因其表面不经过处理,粗糙度较表面处理胶辊大得多,纺纱时易产生绕纤维现象。同时,若胶辊材料中各组分的分散度不高(要求分散度在 9 级以上),分散不均匀,则会在使用过程中出现第一周期内的早期龟裂。

技术保障措施主要有以下几点:

① 胶辊制作和预处理:套制时张力要均匀,表面磨砺要光洁,尽可能进烘房红外线照射处理,上车前以滑石粉轻抹胶辊表面。

② 确保断头吸棉管的负压不低于 490 Pa,防止绕花。

③ 加大粗纱捻系数,增强纤维彼此间的联系,减速少绕花。

④ 采用轻加压,保持胶辊表面的弹性,减少胶辊的磨损。

(3) 胶辊制作与表面处理。

① 套差。胶辊的套差=胶辊铁壳的外径−胶管的内径。胶辊的套差种类有:大套差(3~3.5 mm)、小套差(0.5~1 mm)和无套差。细纱机通常采用小套差或无套差胶辊。

套差过大,会造成胶辊表面的弹性差及使用寿命短,而且会使胶辊回转不均匀,影响输出半制品或成品的质量。为增强铁壳与胶管的抱合力,可以在胶管内壁纹路和铁壳表面加槽,槽稀而深,效果不错,也可用胶黏结。制作小套差、无套差胶辊,既可防止胶管脱壳,又能使胶辊的弹性好,内应力小,变形小,使用寿命长,对提高纺纱质量有利。

② 胶管的割制长度。通常,胶管的规格(内径×壁厚)为(16~18)mm×(5.5~6)mm,长度有 500 mm 和 1 000 mm 两种。割制的胶管长度应比胶辊包覆物的实际使用长度略长,胶辊长度越长,其余量也越大。

③ 制作与表面处理。胶辊须由纺织厂的胶辊间制作加工。胶辊制作的工艺流程为:

芯壳和胶管准备→套胶管→压胶管→胶辊磨砺→胶辊检查和分档→胶辊表面处理→胶辊芯壳间隙配合→加油配套。

④ 生产中纤维缠绕胶辊的原因。

a. 胶辊的表面状态不良:胶辊表面粗糙、黏涩,易缠绕纤维。

b. 静电作用:牵伸过程中,纤维之间、纤维与胶辊之间的摩擦导致产生静电荷。若静电荷不能及时逸散,就会积聚在胶辊的表面。经测定,丁腈胶辊与纤维摩擦时,胶辊带负电荷,纤维带正电荷。因此,当纤维通过胶辊时,异性电荷相吸,产生纤维缠绕胶辊的现象。在大牵伸、重加压、高速度的情况下,缠绕现象更为严重。

c. 车间温湿度的影响:气候变化及胶辊进入车间使用时相对湿度过低,使胶辊表面结露,形成水膜,产生纤维绕胶辊的现象。

另外,胶辊的硬度不当、表面不清洁(黏附棉蜡、油剂等)、温湿度变化大、胶辊直径过小、吸棉管风压不足或吸棉口位置不正等,也是造成纤维缠绕胶辊的因素。因此,必须对胶辊的表面进行处理。

⑤ 胶辊表面处理。为保证胶辊表面具有"光、滑、燥、爽"的性能,解决缠绕问题,生产中采取各种方法,对胶辊表面进行处理。

a. 胶辊表面酸处理:磨砺后的胶辊表面,残留很多尖锐的波峰,通过表面酸处理,去除了毛刺,酸蚀了波峰,使胶辊表面具有"光、滑、燥、爽"的性能,有效地减少了纤维缠绕胶辊现象。同时,由于酸处理的强氧化作用,在胶辊表面产生了新的氧化保护层,改善了胶辊表面涩性重、脂性弱、滑爽性差的缺陷,减少了粘带纤维的机会,达到了不缠绕纤维的目的。但是,如果酸处理不当,会使胶辊老化、龟裂,影响胶辊的使用寿命和纺纱质量。

酸处理的方法有直接浸酸法和间接浸酸法两种,目前以直接浸酸法采用较多。

b. 胶辊表面涂料处理:胶辊经过表面涂料处理所形成的薄膜,可增加胶辊表面的导电性、耐磨性、硬度和对温湿度的适应能力,减少了纤维缠绕胶辊现象,在加工化学纤维时防缠绕效果尤为显著。

胶辊表面涂料处理主要有生漆、漆酚、炭黑涂料处理,生漆、炭黑涂料处理,7110 树脂涂料处理,锦纶 6 胶涂料处理,SW-3 环氧黏合剂涂料处理,等方法。

(4) 胶辊的维护保养。

① 胶辊的磨砺周期。胶辊在使用一段时间后,表面会磨损,影响钳口对纤维的握持作用,因此,需要对胶辊进行定期磨砺。细纱胶辊的磨砺周期为 3~5 个月。生产中要严格按照胶辊的调换周期和整理周期,定期对胶辊进行维护保养。另外,应根据原料特性、纺纱品种、罗拉速度、加压大小、胶辊内在质量和表面处理情况等因素,合理安排并制订胶辊的磨砺周期。

a. 纺化学纤维比纺棉短。

b. 纺粗特纱比纺细特纱短。

c. 新胶辊回磨应掌握在 1 个月左右。

d. 细纱后胶辊比前胶辊可延长一个磨砺周期。

② 胶辊调换。胶辊调换周期与所纺品种、纺纱线密度、车速、润滑油剂等因素有关。一般调换胶辊结合揩车进行,以减少停车时间,减少白点纱。

③ 胶辊的揩洗。胶辊的揩洗操作顺序为:

表面清洁→检查胶辊→退壳→通内孔→揩铁辊→铁芯加油→套装→洗洁表面→揩干

             └→轴承加油─┘

④ 胶辊的配套。双节胶辊直径同档,表面偏心在允许范围之内小于 0.05 mm;铁壳芯壳间隙小于 0.10 mm;同档小于 0.05 mm;同台小于 0.10 mm。

⑤ 胶辊活鉴定。检查运转中胶辊的偏心和晃动。

⑥ 胶辊使用、保养时的注意事项。

a. 胶辊间与纺纱车间的温湿度差异不能太大。

b. 根据纺纱品种和纺纱线密度不同,胶辊要分区分色使用。

c. 前后档胶辊不能混用。

d. 发现因机械运转不正常(如导纱动程失灵)而造成胶辊不良时,应立即修复。

e. 在车间内放置一定数量的备用胶辊,以便补充随时调换下的受损胶辊。

f. 胶辊保养温度要控制在 18~25 ℃,相对湿度在 55%~65%。

g. 胶辊加压在停台 24 h 以上时必须卸压。摇架弹簧加压装置,在节假日停车时,为避免卸压后开车易断头,可不卸压,每隔 24 h 短暂开车一次,使胶辊转换一定角度。

h. 胶辊绕花,切忌切割。挡车工剥胶辊花时,注意不能把轴芯上的油脂揩去。

i. 双节式胶辊的一端损伤时,必须同档胶辊同时调换。

2.2 胶圈

(1) 胶圈的结构。胶圈是控制纤维运动的重要元件。制作胶圈的材料是丁腈橡胶,要求丁腈材料的结构均匀,表面光洁、柔软,弹性好,无脱胶、露线、水波纹和粗纹。胶圈的内径、长度、宽度和厚度都要严格控制在规定的公差范围内。胶圈内外应光滑、圆整,切割面要平整,无外伤、龟裂,耐磨、耐油、耐老化,且有一定的抗拉强度、导电性能及吸放湿性能,伸长要小,硬度一般在邵氏硬度 A62—A65。胶圈由内层、外层和补强层黏结(中层)组成,如图 7-35 所示。

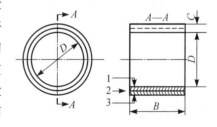

图 7-35 胶圈构造

1—内层;2—中层;3—外层

① 内层。内层 1 为橡胶压缩层,纺纱过程中直接与罗拉、销子接触。因此,配料要求光滑,且弹性好,耐热、耐磨,不黏屑。

② 外层。外层 3 为橡胶伸长层,纺纱过程中直接与纤维接触,要求表面柔软、光洁,不能有气孔和硬粒,具有一定的弹性和摩擦系数,以提高对纤维的控制能力。

③ 中层。中层 2 是由线绕成螺旋形的筋面而形成的补强层,作用是提高胶圈的抗张强度、减小伸长、保持胶圈内径固定,要求线的伸长小、强度高且粗细均匀。

由于胶圈在使用过程中被磨损,日久便会出现纺纱性能衰退、下降的现象。因此,新胶圈使用一年后须更换一次。FA506 型细纱机选用的胶圈规格见表 7-5。

表 7-5　胶圈规格

名　　称	纺 40 mm 以下纤维	纺 40~51 mm 纤维	纺 51~65 mm 纤维
上胶圈($D \times C \times B$)(mm)	37×0.85×28	41.5×1.0×28	51.3×1.0×28
下胶圈($D \times C \times B$)(mm)	83×1.0×30	88×1.1×30	93×1.1×30

（2）胶圈在纺纱工艺中应具备的条件。

① 有一定的弹性和适当的硬度,能有效控制纤维运动,防止胶圈在回转时产生中凹等现象。

② 胶圈表面要有适当的摩擦系数,能有效控制纤维运动,防止胶圈在回转时打滑或顿挫。

③ 导电性能良好,防止静电积聚而缠绕纤维。

④ 具有良好的吸放湿性能,能适应温湿度的变化,纺纱时不缠绕纤维、不黏胶圈销。

④ 具有耐磨、耐屈挠、耐老化、耐臭氧、耐油等性能。

（3）合理使用胶圈。

① 胶圈材料配方合理,使之具有良好的物理机械性能,符合纺纱要求。

② 胶圈应按周期轮换使用,以恢复弹性,延长使用寿命。

③ 在不影响纺纱工艺的前提下,应适当增大胶圈销的曲率半径。

④ 胶圈的内表面应光滑无伤痕,运转灵活,不黏销。

⑤ 胶圈不能采用重酸处理。

⑥ 胶圈配置不宜过紧,加压适中。

（4）胶圈的维护保养。

生产中应按照胶圈的调换周期,及时调换胶圈。细纱机上、下胶圈的调换周期为:纺棉时,2~4 个月;纺化学纤维时,1~2 个月。

胶圈的维护保养操作程序为:

清洗胶圈→检查胶圈→检分内径→检分厚度→打印→酸处理→分类储存。

经过维护保养的胶圈,应在内径、厚薄均匀度、表面清洁度、表面龟裂和硬伤状况、颜色一致程度等方面达到规定的要求。

【技能训练】

在实习车间进行钢领、钢丝圈、胶辊、胶圈的维护与保养训练。

【课后练习】

1. 如何选择钢丝圈、钢领?

2. 胶辊纺纱性能的基本要求是什么?

3. 胶辊如何分类?什么是胶辊套差?胶辊套差对胶辊纺纱性能有何影响?

4. 生产中纤维缠绕胶辊的原因有哪些?

5. 为何要对胶辊进行维护保养?胶辊使用、保养时应注意哪些问题?

6. 胶圈在纺纱工艺中应具备哪些条件?

任务 7.9 紧密纺纱技术应用

【工作任务】1. 讨论紧密纺纱技术的特点与分类。
2. 分析紧密纺纱技术减少毛羽的原理。
3. 讨论不同紧密纺纱装置的特点及应用。

【知识要点】1. 紧密纺纱技术的特点及成纱结构。
2. 紧密纺纱技术减少毛羽的原理。
3. 不同紧密纺纱装置的特点。

1 紧密纺纱技术的特点与分类

紧密纺纱技术的共同特点是牵伸与集束分离。气流集聚式紧密纺纱技术在前罗拉钳口外设置负压区,通过气流的吸引,使输出须条收拢而变得紧密(须条直径近似成纱直径),须条中的纤维因受到气流运动的控制而并入须条的主体,这样就能做到防止飞花、毛羽的形成。而机械集聚型紧密纺纱技术结构简单,不需专门动力传动。紧密纺纱技术使成纱条干、成纱强力和伸长率得到提高,并降低了断头率。另外,由于紧密纺加捻效率的提高,使紧密纺环锭纱的捻系数选取比纺制相同线密度的传统环锭纱可减小 20% 左右,进而使细纱机的生产率得到提高,同时还改善了织物的手感和风格。紧密纺的单纱的价格比传统环锭纱高出 20% ~ 30%,飞花减少,降低了原料成本,而且,紧密纺的纱线还可以省去织造时的上浆和烧毛工艺,有利于印染加工,因而具有良好的经济效益。紧密纺的不足之处是设备投资大、自动络筒机空气捻接器的捻接效果差、机件磨损大、生产成本高等。

紧密纺纱技术的出现,使传统环锭纺纱中的牵伸与集束作用得到改善,而且将原环锭纺纱的被动集束改为主动集束,成功地缩小了加捻三角区,这使得减少成纱毛羽成为可能。

紧密纺纱技术按集束的原理分为气流集聚型紧密纺纱与机械集聚型紧密纺纱两大类。气流集聚型纺纱技术代表有瑞士立达公司的 Com4 纺纱技术、德国绪森公司的 EliTe 紧密纺纱技术、德国青泽公司的 AirComTex 紧密纺纱技术、意大利马佐里公司的 Olfil 紧密纺纱技术、意大利康泰克斯公司的 Com4 Wool 毛紧密纺纱技术、日本丰田公司的 EST 型紧密纺纱技术等;机械集聚型紧密纺纱技术代表为瑞士罗托卡夫特公司的 RoCoS 型紧密纺纱技术。

2 瑞士立达公司 Com4 纺纱技术

瑞士立达公司的 Com4 型紧密纺装置如图 7-36 所示。集聚罗拉 1 为中空网眼结构,内置有气流导向装置,控制集束位置;上置有前胶辊 4 与导向胶辊 5(夹持罗拉)。前胶辊与集聚罗拉组成主牵伸区的前钳口,起牵伸作用。而导向胶辊与集聚罗拉具有握持纱条协助加捻的作用。在前胶辊与导向胶辊之间的集聚罗拉的表面为集束区。在抽气系统 2 的作用下,集聚罗拉内形成负压,使得集束区中的气流进入集聚罗拉内,从而带动集束区中须条边缘纤维往中央平行和聚拢,实现集束。这样,使所有纤维束通过气流保证平行度,同时通过气流导向装置提高集聚效率与纤维原料利用率。

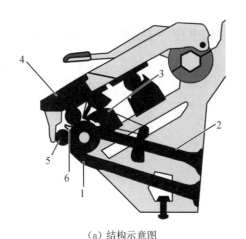
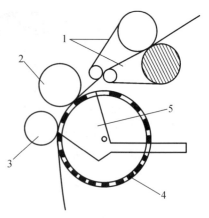

（a）结构示意图

1—集聚罗拉(代替前罗拉)；2—抽气系统；3—牵伸罗拉；
4—前胶辊；5—导向胶辊；6—气流控制元件

（b）工作原理图

1—胶圈；2—胶辊；3—夹持罗拉；
4—吸风鼓；5—吸风系统

图 7-36　瑞士立达 Com4 型紧密纺装置

Com4 纺纱技术的成纱制成率高，成纱在相同捻度下具有更高的强度或同样强度下有更低的捻度，即产量提高；成纱具有更低的毛羽化(长度超过 3 mm 的毛羽的降低最显著)、更好的 CV 值、强力弱节更少、更好的 IPI(纱疵)值，纱线更耐磨，具有很高的适纺性。

3　德国绪森公司 EliTe 紧密纺技术

如图 7-37 所示，该技术的集束区与牵伸部分分离，由吸风管、网格圈和输出上罗拉所组成。负压吸风管 9 固定安装在集束区，并留有吸风口。其外套有集聚网格圈，被导向胶辊 8 传动而绕吸风管表面运动，运动速度与须条的运动同步。而导向胶辊与前胶辊 6 通过一个小齿轮相连接。当纤维一离开前罗拉 1 的钳口线，在距离集束区的起点处即被真空吸到网格圈上，纤维贴着网格圈被输送到导向胶辊钳口线和距离集束区终点。在整个距离集束区内，纤维始终在负压作用下互相紧密地排列在一起。

导向胶辊的直径比前罗拉的直径稍大，使得纤维在集聚过程中产生纵向张力，须条中的纤维到输出钳口线时被理想地伸直，各根纤维互相平行且紧密地集合在一起，张力的作用使纤维伸直，并由此支持开槽面积内须条上的负压作用而产生集聚效果。加工短纤维时，负压吸风管槽的位置以倾斜于纤维流动的方向为佳。当须条通过距离集束区时，将产生一个模向力，并且使须条绕自身轴线旋转，结果是纤维端紧贴在须条上。

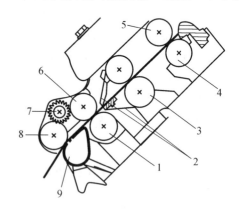

图 7-37　德国绪森 EliTe 紧密纺装置

1—前罗拉；2—胶辊；3—中罗拉；4—后罗拉；
5—后胶辊；6—前胶辊；7—过桥齿轮；
8—导向胶辊；9—负压吸风管

由于采用了负压吸风管的特殊结构，使得须条集聚更加靠拢，加捻三角区更加缩小，提高了成纱的强力，减少了纱的毛羽和飞花，并改善了工作性能。

负压吸风管装卸方便,吸管可有不同的槽宽和斜度,以满足不同原料和不同纱线细度的纺纱要求。该技术能移植到普通环锭纺纱机上使用。

4　瑞士罗托卡夫特公司 RoCoS 型紧密纺技术

图 7-38 所示为 RoCoS 型紧密纺装置与工作原理图。其集束原理是利用集聚器 4 的几何形状和固态物体约束力,将牵伸后的纤维横向收缩、集聚和紧密,使边缘纤维快速有效地向须条中心集聚,以达到最大限度地减小加捻三角区。在牵伸装置后,通过永强磁体将集聚器吸附在集聚区内的前罗拉表面。集聚器下部中间有一沿纱条运动方向贯通的凹槽,凹槽宽度逐渐变窄,形成截面收缩的纤维通道,纤维须条和前罗拉同步移动,纤维须条顺利通过集聚器并得到紧缩集聚,实现了减小加捻三角区。

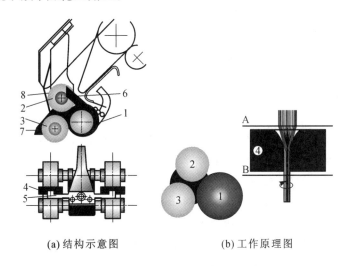

(a) 结构示意图　　　(b) 工作原理图

图 7-38　RoCoS 型紧密纺装置

1—前罗拉;2—前胶辊;3—输出胶辊;4—SUPRA 磁铁陶瓷集聚器;5—支撑梁;6—导纱器;
7—胶辊支架;8—加压弹簧片;A—牵伸钳口;B—阻捻钳口

【技能训练】

讨论不同密纺纱装置的特点及应用。

【课后练习】

紧密纺纱技术减少成纱毛羽的原理是什么?

任务 7.10　环锭纺特种纱的纺制

【工作任务】1. 掌握包芯纱的生产方法。
　　　　　　2. 掌握竹节纱的生产方法。
【知识要点】1. 包芯纱的生产方法。
　　　　　　2. 竹节纱的生产方法。

环锭纺纱机的牵伸部分经过适当的改造,配以适当的原料,可以纺制出特种纱品种,如包芯纱、棉空芯纱、竹节纱等。下面主要介绍包芯纱和竹节纱的生产方法。

1 包芯纱的生产方法

包芯纱又称复合纱或包覆纱,它是由两种或两种以上的纤维组合而成的一种新型纱线。最初的包芯纱是以棉纤维为皮、涤纶短纤纱为芯而开发的短纤维与短纤维包芯纱。其主要目的是增强棉帆布,并保持棉纤维遇水膨胀而具有的拒水性,利用涤纶在雨中受潮时具有抗拉伸性、抗撕裂性和抗收缩性。现阶段的包芯纱已发展到许多种类型,归纳起来有短纤维与短纤维包芯纱、化学纤维长丝与短纤维包芯纱、化学纤维长丝与化学纤维长丝包芯纱三大类。目前使用较多的包芯纱是以化学纤维长丝为芯纱,外包各种短纤维而形成的一种独特结构的包芯纱。它的芯纱常用的化学纤维长丝有涤纶长丝、锦纶长丝、氨纶长丝等,外包短纤维有棉、涤/棉、涤纶、锦纶、腈纶及毛纤维等。

棉空芯纱也是一种包芯纱,只不过芯纱为低熔点维纶,制成织物后,放在高温的水中处理,将维纶溶解去除,这样织物中的纱便成为空芯纱。

1.1 包芯纱的生产方法

包芯纱的纺制方法有两种。一种是在普通细纱机的粗纱架的上排放氨纶长丝(或其他长丝),下排放棉粗纱(或其他短纤粗纱)。棉粗纱经装置喇叭口喂入,再经牵伸装置;氨纶长丝引出后不经牵伸装置,直接导入前罗拉胶辊后侧的集合器,与牵伸后的纯棉须条一起并合,再经过加捻,纺成包芯纱。如图 7-39 所示,纺制包芯纱的设备可由普通细纱机改装而成,一般可在细纱机的粗纱架上装上 A 和 B 两根送纱罗拉,其中 A 罗拉由前罗拉直接传动,B 罗拉由 A 罗拉再由链轮以 1∶1 传动。两根罗拉同向回转,把氨纶丝放在上面,使氨纶丝积极送出,其与前罗拉的速比控制在 3.5～4 倍。然后使拉伸过的氨纶丝通过前罗拉摇架上安装的一个导纱轮,进入前罗拉和中罗拉之间,与牵伸过的须条重合,共同进入前罗拉。氨纶丝和须条重合后,出前罗拉时由于加捻过程,把氨纶丝包在中间。

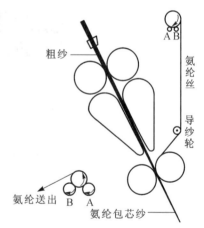

图 7-39 改装的氨纶包芯纱纺制装置

第二种纺制方法是把两根长丝在前胶辊后喂入,使两根长丝与牵伸后的纯棉须条并合加捻后而纺成包芯纱。这种方法纺制的包芯纱称为改良型包芯纱或假包芯纱。此法的特点是:两根长丝位于棉须条外围两侧,增加了短纤维与长丝的抱合力,减少了第一种方法中将棉纤维包覆在纱的表面,而涤纶长丝在纱的中间,棉纤维与长丝间抱合较差,织造时产生"剥皮"现象。但是,大批量生产时,一般采用第一种方法。因为容易纺成的包芯纱含棉量较多,织成的织物穿着舒适,而且一根长丝易纺成较细的包芯纱;而假包芯纱法生产的包芯纱正好相反。

1.2 芯丝的选择

芯丝的细度和单丝根数,要根据织物用途和纺纱细度进行选择。同一细度的芯丝,其单丝越细,根数就越多,织物就越柔软滑爽;反之,根数越少,织物刚性大、挺括。对于包覆型产品,无需考虑芯丝的光泽,可采用有光芯丝,以降低生产成本。若生产暴露型产品,则应考虑芯丝的光泽,尽量不用有光,否则会使产品造成极光而影响使用效果。如生产 11.8 tex(50^s 涤棉)包芯纱,做裙料和衬衣面料,宜选用普通型低强高伸 5.56 tex(50 den)/24F 半光涤纶长丝做芯丝。包芯纱做缝纫线时,一般选用 7.78 tex(70 den)/36F 以上的单丝根数较多的高强低伸有光涤纶长丝。用作烂花外衣衣料时,可用 7.56 tex(68 den)/36F 以下的有光涤纶长丝。用于烂花织物的包芯纱,芯丝的细度应偏大掌握,一般用 7.22~8.33 tex(65~75 den)/36F 无光或半光的涤纶长丝,以防烂花部分过稀、过薄和造成极光。弹力织物所用包芯纱,其芯丝的细度可根据织物用途选用,一般选用聚酯型 7.78 tex(70 den)氨纶丝,其牵伸倍数选用 3.8 倍左右为宜。用于经向强力灯芯绒和弹力劳动布的中特(中低支)氨纶包芯纱,氨纶丝的牵伸倍数应偏大些,一般为 3.8~4.0 倍,以保证弹力裤服用时臀部、膝盖部位有较大的回弹力。

1.3 外包纤维的选择

外包纤维若用棉纤维,从理论上讲,应尽量选用长度长、线密度小、成熟度好的原棉,但应视产品的用途而定。如果不是做高速缝纫线,而是做衬衣面料或裙料或其他烂花装饰布,则无需选用过好的原棉,因为它们不需经受像高速缝纫线那种强摩擦和高温熔融的考验,不会产生"剥皮"现象,因此,采用 30 mm 的原棉就可以满足要求。用作烂花织物的包芯纱的外包棉,棉结杂质要少。如选用黏胶纤维做外包纤维,则外观效果更好,强力低,染色性能好,棉结杂质少。

1.4 包芯纱的线密度的确定

包芯纱线密度:

$$Tt_{纱} = \frac{Tt_{芯丝}}{E} + Tt_{外包}$$

式中:$Tt_{芯丝}$——芯丝喂入时的线密度;

E——芯丝的牵伸倍数;

$Tt_{外包}$——外包纤维的线密度。

1.5 生产中注意事项

为了确保氨纶丝能包覆在纱的中心,在实际操作过程中应注意以下几点:

(1)粗纱横动装置应脱开,使粗纱固定在一个位置进入前罗拉。氨纶丝进入前罗拉时必须与须条的中心略偏一点,Z 捻纱偏左,S 捻纱偏右。这样,当两者共同出前罗拉时,由于捻度作用,使须条翻转时容易把氨纶丝包在中间。

由于氨纶丝是随前罗拉速度(差一个氨纶丝牵伸倍数)运行的,比粗纱快,如果它们之间发生摩擦,氨纶丝就会有挂粗纱的可能,而挂上粗纱后,就有可能发生小竹节甚至断氨纶丝的可能。因此,导纱喇叭口上方安装粗纱导纱钩,确保氨纶丝与粗纱互相避让。

(2)送丝导轮必须回转灵活,要经常做好清洁工作,防止飞花扎住或带入而影响质量。

(3)在胶辊上方装一送丝导轮(导丝钩),不让丝左右横动,固定其位置,以保证氨纶丝对准粗纱牵伸后喂入须条。同时,为了便于挡车工检查氨纶丝的断头及送入情况,应在导轮上用红漆或黑漆做一个明显标点,当标点不转时,挡车工很容易发现。

(4)集合器使用。在纺制过程中,为获得良好的包覆效果,细纱机的横动装置已不使用,此时除胶辊上方装有固定的导丝钩外,还要选用合适口径的集合器。集合器的形式和坚牢度有特定要求,因为集合器的几何形状与提高纤维的包覆性能的关系很大。通过实践,纺氨纶包芯纱时,使用 79-2V 型集合器,包覆性能好。在集合器开口的中间,设计一个 V 形导丝槽(长×高×宽为 2.5 mm×0.5 mm×0.3 mm),使包芯纱的芯丝进入集合器后能导向定位于包覆须条束的中间,以保证前罗拉吐出的氨纶丝轴向在外包纤维加捻三角区的角顶处,有利于外包纤维包覆均匀和降低成纱强力不匀率。

(5)钢丝圈的使用。钢丝圈的纱线通道要大些,截面以薄弓形为好。

钢丝圈的质量影响纺纱张力。钢丝圈太重,纺纱张力大,使钢丝圈与纱线的摩擦作用增强,纱线断头增加;钢丝圈太轻,纺纱张力小,气圈过大,造成纱线碰隔纱板,使相邻两锭间相互干扰,断头增加。选钢丝圈的质量时,要考虑以下因素:

① 纱线愈粗,单纱强力增大,钢丝圈的质量应愈高。化学纤维的弹性较好、易伸长,在同样质量的钢丝圈条件下,化学纤维纱线与钢丝圈的摩擦系数大,气圈张力小,故气圈成形大,易断头,所以纺化学纤维时钢丝圈质量应比纯棉重 2～3 号,纺中长纤维时重 6～8 号,调换周期比同线密度纯棉纱缩短 1/3,对改善成纱毛羽的效果显著。

② 锭速高时,纱线的离心力和纱线张力均增加,故应适当减轻钢丝圈的质量,以减少断头率。

③ 同等条件下,钢丝圈的号数随钢领运转时间的不同而不尽相同。新钢领或修复后的钢领上车,钢丝圈与钢领的摩擦系数大,钢丝圈必须偏轻掌握;随着钢领使用时间的增加,钢丝圈与钢领的摩擦系数减小,钢丝圈应适当加重;钢领衰退到后期时,跑道磨损变形,出现拎头重、飞圈多,断头会剧增,这时应适当减轻钢丝圈质量。

④ 钢领的使用周期与纱线的品种结构、锭速有关。纱线细度越小,钢领的使用周期越长;随锭速加快,钢领的使用周期要缩短。这样才能减少断头,保证成纱质量。

(6)钢领的使用。为了降低包芯纱的细纱断头,选用边偏宽的钢领有利,宽边钢领所对应的钢丝圈的纱线通道应大些,铬钢领寿命长,对改善成纱毛羽有益。如纺 18.45～16.4 tex(32ˢ～36ˢ)氨纶包芯纱和 13.12～11.8 tex(45ˢ～50ˢ)涤纶包芯纱,采用 3.2 mm 边宽钢领,效果较好,毛羽少。

(7)包芯纱接头。纺制包芯纱时细纱接头比较困难,尤其是氨纶包芯纱,其接头更困难,特别是接头"空芯"和"裸芯尾巴"等问题,是弹力包芯纱接头质量的关键。由于包芯纱以长丝为芯,断头后,前罗拉输出的长丝和外包短纤维被吸棉管吸入,断头时间越长,吸入的氨纶丝越长;而外包棉为单纤维吸入,长丝所受拉力大于短纤维吸力,造成两者被解体,即长丝不能保持在外包纤维中央。所以,接头后,前罗拉至笛管口的一段裸丝偏在成纱外面,即成"裸芯尾巴"。细纱断头后,卷绕在筒管上的纱端捻度少而松,使氨纶芯丝向长度方向回缩,这是造成弹力包芯纱接头"空芯"的主要原因。对包芯纱接头操作的具体要求如下:

① 双手并用。即一手接头,一手用剪刀切断长丝芯,是包芯纱接头操作的主要特点。根据测试,包芯纱接头长度为 40～50 mm 时,可保证接头纱段强力与正常纱段接近。弹力芯纱接头,除强调双手"同时"并用外,还要注意加强日常机械保养工作,做到吸棉笛管高低一致,前、中胶辊统一,以保证接头长度达到标准。

② 预切。在双手并用接头之前,对长丝芯要预切一次,使长丝瞬时失去吸力,因其自身弹力而回缩至外包纤维束的中央。充分利用长丝这个急回弹性能,熟练掌握长丝复位机会接头,就可以消灭或显著减少接头造成的"裸芯尾巴"。

③ 解捻后再加捻。为消灭接头"空芯",可以采用解捻后再加捻的方法。即将卷绕在筒管上的断头纱端 20 mm 解捻,让氨纶丝自由回缩,并拉去冒出氨纶丝的外包纤维。然后用手将被解捻纱端适当加捻,随即接头,这样接头质量好。

(8) 车间温湿度。氨纶丝在温度 26～32 ℃,相对湿度 62％的条件下,柔软性、弹性、强力、适纺性最好。操作上严格管理,合理制订胶辊、胶圈及钢丝圈的使用周期,保证设备运转正常。

2　竹节纱的生产方法

竹节纱按照竹节的情况分为有规律和无规律的两种,有规律的又分为两种:有规律等节距竹节和有规律不等距竹节。无规律的竹节呈现随机分布,没有固定的节长、节距。

国内纺制竹节纱的装置主要有两大类。一类是使用电磁离合器来控制前罗拉停动或中后罗拉超喂,使前区牵伸改变而产生竹节效应。这类装置结构简单,改造费用低,但离合器的开合次数及灵敏度有一定限度,所以适宜纺较粗而精密度不高的竹节纱。另一类是采用步进电动机或伺服电动机来控制前罗拉变速或中后罗拉超喂,从而改变牵伸倍数而生成竹节纱。这类装置灵敏度高,适宜纺较精密的竹节纱,但改装费用较高。近年来流行特别粗的竹节(2 000 tex 左右),这种纱在一般细纱机上是无法生产的。现将各类纺竹节纱的装置分述如下:

2.1　电磁离合器控制前罗拉停动法

把细纱机前罗拉头端传动齿轮的键销去掉,使齿轮和前罗拉成活套状态,将齿轮和电磁离合器的动片连接,电磁离合器的定片固装在前罗拉头端轴上。平时纺基纱时,离合器呈吸合状态,保持前罗拉正常运转。当离合器失电时,离合器动片与定片脱开,使前罗拉停转,此时中后罗拉仍在运转,把送出的纤维堆积在中罗拉与前罗拉之间,也就是前区牵伸在瞬时等于零;当离合器再次得电吸合时,前罗拉开始运转,把堆积的纤维带走,在基纱上形成一个竹节。前罗拉的停顿时间长,堆积的纤维多,竹节就粗;反之则小。用这种方法适宜纺制较粗的竹节。这种方法适用于前罗拉与中后罗拉分开传动的细纱机,如 A513 型、FA502 型、FA504 型等。

2.2　电磁离合器控制中后罗拉超喂法

此方法是把离合器装在一根短轴上,这根短轴用三角带由主机传动。离合器上的动片和活套与短轴上的齿轮装在一起,该齿轮与传动中后罗拉的齿轮相连,它的中间装有一台超越离合器。平时纺基纱时,按照正常的传动方式运转,离合器和超越离合器不发挥作用。当电磁离合器吸合时,由于短轴速度较高,所以离合器动片上的齿轮带动超越离合器上的齿轮,使超越离合器产生超越,使中后罗拉加速,从而降低前区牵伸,即产生一个竹节。这种方法的优点是离合器平时在失电状态下运行,可增加离合器的使用寿命,同时可延长运行时间,使改变前区牵伸有一个较长的时间,从而能生产较长的竹节。此法的缺点是机构比较繁复,需另有一套传动机构,同时由于一台离合器要带动四根罗拉(左右各两根),所以要选用功率较大的离合器。

2.3　步进电动机驱动前罗拉变速法

步进电动机不但精度高、性能可靠,而且成本较伺服电动机低,整套机构包括执行机构和控制系统两个部分。执行机构整套安装在靠车头端粗纱架的立柱上。步进电动机头端平面固装在立柱的铁板上。电动机小齿轮直接传动铁板上的一个大齿轮,大齿轮传动对侧一个同样大小的齿轮。这对齿轮上均固装一个链轮,用链条传动两边前罗拉上的两个链轮。把前罗拉头端传动齿轮取下,使前罗拉与整机传动分离,直接由步进电动机通过链轮传动。另一部分为控制机构,是按照工艺参数控制步进电动机进行的。其由可编程序控制器、驱动器和驱动电源、直流电源等组成,固装在一个控制箱中,并装在车头上。先用电脑编制固定程序,然后输入编程器。由于前罗拉由步进电动机直接传动,而中后罗拉仍由主电动机传动,带来一个同步跟踪的问题。遇到落纱停车或中途停车时,如果前罗拉先停转,而中后罗拉由于惯性尚未完全停转时,中后罗拉送出的纤维就会堆积在前罗拉与中罗拉之间,开车时就会产生一个特大粗节,增加开车断头。反之,当中后罗拉已停止,前罗拉尚未完全停转时,则可使整台机全部断头。

2.4　伺服电动机驱动中后罗拉超喂法

步进电动机的额定功率较小,而中后罗拉轴要拖动两边各两根罗拉,所以选用3 KW伺服电动机。它的作用原理和前罗拉变速机构差不多,也是一套执行机构和一套控制机构。控制机构的原理基本相同,但执行机构比较繁复,由于中后罗拉的速度较慢,所以伺服电动机必须先拖动减速器,减速比可在7~10倍。然后在减速器的输出端装上一对同样大小的齿轮,这对齿轮上各附装一个链轮,由链条传动两边的中罗拉。由于中后罗拉的速度较低,要与前罗拉同步就显得更重要,所以在前罗拉上装一个小齿轮来传动一只旋转编码器,在停机或开机时,当前罗拉速度开始下降或上升时,旋转编码器将速度反馈到控制系统,使伺服电动机与前罗拉保持同步的升速或降速,保证中后罗拉和前罗拉绝对同步,因此这套装置的成本较高。

比较以上两种机构,利用前罗拉变速来生产竹节纱,灵敏度高,适用于较密的竹节,对竹节的长短和粗细均有较好的控制能力。但由于前罗拉速度在不断变化,当粗节过密时会影响产量,而且前罗拉速度时快时慢地变化,而锭速是恒定的,所以对捻度也有一定的影响。而利用中后罗拉超喂来生产竹节纱,由于前罗拉速度不变,所以对捻度及产量没有影响,但对生产短而密的竹节没有前罗拉变速法和灵敏度高,而且制造费用比较高。

2.5　生产中注意事项

(1) 生产竹节纱时,竹节处离心力较大,生产中气圈时大时小,所以选用钢丝圈应偏重掌握。同时,由于竹节处粗度增加,通过钢丝圈有一定困难,所以应选用大圈型钢丝圈。

(2) 如利用前罗拉停转或变速来生产竹节纱,捻度应偏低掌握。

(3) 如生产密集型竹节,由于前罗拉速度在不断变化,所以应适当减慢速度,否则会增加整机断头率。

(4) 手动落纱停车时,最好在基纱部分停车,以避开粗节,否则会因粗节处捻度少而使再开车时断头增加。

(5) 隔距块应以粗节为基数,钢丝圈应以细节为基数,适当调整后区牵伸。

(6) 以不同方式生产的竹节纱不能混批使用,否则织物表面达不到要求。

2.6　氨纶包芯竹节纱

氨纶包芯竹节纱在长度方向有节粗、节细的形状,在纱的中间有氨纶存在,而氨纶丝在长度方向产生较大的回弹。这些特点使得加捻时粗节处的捻度不易施加,而氨纶丝的回弹性使粗节处纤维间的强力利用系数低,特别是该品种采用喷气织机织造时,如果不处理好成纱强力,就很难保证纬向的断纬率和氨纶丝剥皮现象,影响布面质量。

提高成纱强力可以从两个方面着手:其一是提高纱线的捻度,比普通纱高40%~60%;其二是配棉比同特普通纱高两个档次以上。如果采用中罗拉生产氨纶包芯竹节纱,则必须注意中后罗拉的瞬间加速必然对粗纱退绕形成张力突变,有可能导致粗纱断头,因此必须相应增大粗纱捻系数;另一方面,粗纱捻系数偏大后,细纱上以不能出现"硬头"为原则,有"硬头"时,只能采用软弹性胶辊,或者适当放大后区罗拉隔距,必要时可以适当放大前区罗拉隔距,但不要采用加大胶辊压力的办法,否则会影响电磁离合器的使用寿命。另外,粗纱吊锭的状态一定要认真检修,保证灵活;导纱杆应保持表面光滑,其位置应调整恰当,以减少退绕张力。细纱钢丝圈选择应比普通纱重,并要求采用通道宽敞的卷形。因为存在节粗、节细,当节粗达到气圈时,气圈张力突变,如果钢丝圈轻,可能形成气圈破裂而断头,如果不破裂,则与通道产生激烈碰撞,特别是粗节处捻度少、毛羽多而长,从而产生断头。该品种选用 G08 钢丝圈,气圈形态得到较好的控制,纱条比较光洁。

中后罗拉牵伸部分,轴上的"键"要定期检查、更换,不能有间隙,否则会引起回转大顿,从而影响成纱质量。由于中后罗拉瞬间加速,对键的剪切力很大,一般使用两个月左右就要更换。加强对锭子传动部分的检查,不能有弱捻产生,一旦有弱捻纱产生,轻则产生布面不平整、有色差档,重则形成氨纶丝"剥皮"。所选用的氨纶包芯纱的导丝轮要求可以单个横向调整,以确保氨纶被棉纤维包围住,防止露芯纱产生。在操作上,有纱断头时,应不再与原有管纱接头,而另外再生头。如接头,则在接头处有一段氨纶丝缠在外部,其长短因接头时剪断时间的长短而不一样,如果这根断丝不能在络筒时去掉,就会影响布面质量。测试纱线密度时,预加张力要比普通纱大一些。测试纱线密度时,预加张力的条件是"使纱线伸直但不能伸长"。一般纱线的预加张力是加线密度值的一半,但由于氨纶竹节纱存在回弹性,如仍加线密度值一半的张力,不能使纱线伸直,因而测试出来的纱线密度偏大;若采用加大 1 倍的预张力,经过测试对比,还不能达到使纱线完全伸直,但是比较接近。关于这一点,行业还没有相应的规定。

虽然是竹节纱,但是在纺纱过程中会产生一些纱疵性竹节,应当在络筒时用电子清纱器把粗于竹节的纱疵清除。电子清纱器的设定,应具体品种个别确定,然后再看工艺上车的效果。

【技能训练】

到实训工厂或企业收集包芯纱、竹节纱产品,了解生产工艺。

【课后练习】

1. 包芯纱的生产方法如何? 生产中应注意哪些事项?
2. 竹节纱有哪些生产方法?

项目 8

后加工流程设计及设备使用

☞ **教学目标** --

1. 理论知识：

（1）后加工各机的工作原理及卷绕成形原理。

（2）络纱张力装置、防叠装置、纱线捻接器的作用与原理。

（3）后加工各机工艺参数的设计原则与方法。

（4）清纱原理及其工艺，纱线捻接的方式。

（5）络筒疵点产生原因及防止措施。

2. 实践技能：能完成后加工工艺设计、质量控制、操作及设备调试。

3. 方法能力：培养学生的分析归纳能力，提升总结表达能力，训练动手操作能力，建立知识更新能力。

4. 社会能力：培养学生的团队合作意识，形成协同工作能力。

☞ **项目导入** --

各种纺织纤维纺成细纱（管纱）后，并不意味着纺纱工程的结束，纺纱生产的品种、规格和卷装形式一般都不能满足后续加工的需要。因此，必须将细纱管纱进一步加工成筒子纱、绞纱、股线、花式纱等，以供应各纺织厂使用。这些细纱工序以后的加工统称为后加工。

1 后加工的工艺流程

后加工工序一般有络纱、并纱、捻线、成包等。根据不同产品的加工要求，选用不同的工艺流程。

1.1 单纱工艺流程

管纱→络纱→筒子成包。

1.2 股线的工艺流程

（1）传统股线工艺流程（采用环锭捻线机）为：

管纱→络纱→并捻联合→络线→筒子成包

（2）现代股线工艺流程为：

$$管纱 \longrightarrow 络纱 \longrightarrow 并线 \longrightarrow 倍捻 \longrightarrow 筒子$$
$$\longrightarrow 双股并捻联合 \longrightarrow$$

2　项目任务

根据后加工的工艺流程，把后加工分为三个任务来完成：任务 8.1 络纱；任务 8.2 并纱；任务 8.3 捻线。

任务8.1　络　　纱

【工作任务】1. 画出自动络筒机的工作过程图，并标注主要机件名称。

　　　　　　2. 掌握筒线防叠装置工作原理及防叠意义。

　　　　　　3. 对比各类纱疵的形式及纱疵分类原则。

【知识要点】1. 络筒工序的任务。

　　　　　　2. 络筒机的工作原理。

　　　　　　3. 络筒机的张力与成形。

1　络纱的任务

（1）增加卷装容量。把细纱管上的纱头和纱尾连接起来，重新卷绕，制成容量较大的筒子。

（2）减少疵点，提高品质。细纱上还存在疵点、粗节、弱环，它们在织造时会引起断头，影响织物外观。络纱机设有专门的清纱装置，去除单纱上的绒毛、尘屑、粗细节等疵点。

（3）制成适当的卷装。制成具有一定卷绕密度、成形良好的筒子，以满足高速退绕的要求。

为了保证后工序的顺利进行，对络筒工程提出以下要求：

（1）络筒时，纱线张力应适度，并保持均匀，以保证筒子成形良好。在高速络筒时，要采取必要措施，尽量缩小张力波动的范围，减少脱圈断头，以提高生产效率。

（2）应尽量清除毛纱上的疵点及杂质，但不要损伤纱线的物理机械性能（主要指强力和伸长率）。

（3）结头应力求小而坚牢，以保证在后工序中不致因脱结或结尾太长而引起停台或邻纱纠缠。

（4）为了保证筒子密度内外均匀、成形良好，不产生磨白和菊花芯筒子，络筒机最好配备张力渐减和压力渐减装置。

2　自动络纱机的工艺过程

2.1　自动络纱机的工艺过程

在自动络纱机上，纱线从纱管到筒子所经的路线，称为纱路。在纱路上安排有很多器件与装置，以实现各种功能。在不同型号的自动络纱机上，其纱路的安排及装置的形式是不一样的。图 8-1 为奥托康纳 338（Autoconner 338）型自动络纱机的工艺过程图。纱线从管纱上退绕下来,先经过下部单元的防脱圈装置和气圈控制器;然后进入中间单元,包括下探纱传感器1、纱线剪刀、夹纱器、具有拍纱片的夹纱臂、电磁式纱线张力器3和预清纱器、捻接器4、电子清纱器5、Autotense FX(纱线张力积极匀整装置)6、具有蜡饼监测的上蜡装置7、捕纱器8、具有上纱头传感器的大吸嘴9;最后到达卷绕单元,卷绕在筒管上。

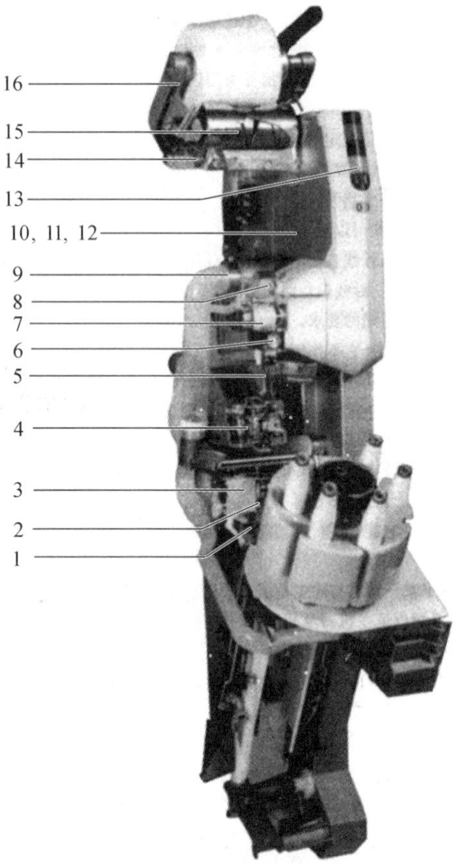

2.2 络筒工艺要求

(1)筒子坚固。成形好的筒子在储存和运输过程中要求卷装不变形,纱圈不移位。纱圈排列整齐、均匀、稳固,筒子具有良好的外观。筒子的形状和结构应便于下一道工序的使用,比如整经、卷纬、无梭织机供纬的时候,纱线应能按一定的速度轻快退绕,无脱圈、纠缠及断头现象。而对于要进行后处理(如染色)的筒子,结构必须均匀而松软,以便于染色液能均匀而顺利地浸入整个卷装。筒子表面应平整,无攀丝、重叠、凸环、蛛网等现象。

(2)卷绕张力大小适当而均匀。卷绕张力的大小既要满足成形良好的要求,又要尽量保持纱线原有的物理机械性能。一般认为,在满足筒子卷绕密度、成形良好及断头自停装置能正确工作的前提下,应尽量采用较小的张力,以使纱线的强度和弹性能最大限度地保留下来。

(3)卷装容量应尽可能增加。大容量可提高后道工序的生产效率,用于间断式整经的筒子,其长度还应符合规定的要求。

(4)断头。连接处的纱线直径和强力要符合工艺要求。

2.3 奥托康纳自动络纱机的主要元件及其作用

奥托康纳338自动络纱机采用模块化设计,每个络纱锭包括三个单元:下部单元,中间单元和卷绕单元。其主要元件及其作用分述如下:

(1)防脱圈装置。在捻接过程中,防脱圈装置使纱线,尤其是高捻纱或具有脱圈趋势的纱线,在管纱顶部保持适当的张力,避免管纱在开始退绕时脱圈。

(2)气圈破裂器。气圈破裂器也称气圈控制器,安装位置靠近纱管顶部。当管纱退绕至管底部分时,运行的纱线与气圈控制器相碰撞,形成双节气圈,减小了管纱表面摩擦纱段的长度,避免了管底退绕张力的陡增,从而使整个络纱过程中不出现会导致张力变化幅度最大的单节气圈,均匀并降低了管纱从满管至管底整个退绕过程中纱线的张力。

图 8-1 奥托康纳 338 型自动络纱机工艺过程图

1—下探纱传感器;2—具有盖板的小吸嘴;
3—电磁式纱线张力器;4—捻接器;5—电子清纱器;
6—Autotense FX(纱线张力积极匀整装置);
7—具有蜡饼监测的上蜡装置;8—捕纱器;
9—具有上纱头传感器的大吸嘴;10—络纱锭位控制系统;
11—Propack FX(电子防叠系统);
12—Variopack FX(纱线卷绕张力均匀系统);
13—操作与显示部件;14—防绕槽筒装置;
15—直接驱动的导纱槽筒;16—具有质量补偿的筒子架

（3）预清纱器。预清纱器实际上是一种机械式清纱器。它位于张力盘下方,纱线从两薄板构成的隙缝中通过。这个供纱线通过的隙缝远大于纱线直径,故预清纱器实际上并不承担清除。

（4）张力器。络纱时张力器给予纱线一定的络纱张力,以达到一定的卷绕密度,并保证筒子成形良好。

（5）张力传感器。张力传感器是控制纱线张力的主要元件。每个络纱头清纱器上端均装有张力传感器,它被安装在纱路中清纱器的后面,随时检测络纱过程中动态张力变化值,并及时经锭位计算机,通过闭环控制电路传递至张力器,调节压力的增减。

（6）自动捻接器。每个络纱锭都装有一个自动捻接器。在断头、清纱切割或换管时,捻接器自动将两个充分开松的纱头捻接在一起,捻结头外观与纱线本身几乎相同。

（7）电子清纱器。电子清纱器是卷绕部件中用以监测和保证纱线质量的元件。由于管纱带有粗节、尘屑、杂质等疵点,在络纱过程中纱线的退绕可能发生脱圈等,所以在络纱机上采用清纱装置。如果纱疵超过了规定的极限值,则清纱器指令切刀切断纱线,清除纱线上的粗节、尘屑、杂质等疵点,并向卷绕单元发出信号,以中断卷绕过程。电子清纱器还向定长装置提供正常络纱信号,使定长装置在正常络纱时进行计长。

（8）上蜡装置。纱线上蜡可以提高纱线的光洁度,在一定程度上改善纱线的耐摩擦性能。尤其是针织用纱,经过上蜡后,纱线表面的毛羽被蜡覆盖而显得光滑,可大大减少断针和编织疵点,提高机械效率和产品质量。纱线在纱路上与上蜡装置中的蜡盘接触,电动机带动蜡辊逆纱线运动方向转动,以达到均匀上蜡的要求。

（9）捕纱器。正常络纱时,它不作用于纱线。在纱线因细节而断头时,捕纱器夹持下纱头,捕纱器快门盖住捕纱器口,以防钩住运行中的纱线或形成纱圈。在自动接头装置工作后,找头的大吸嘴将捕纱器的纱头吸持,并交给捻接器。

（10）槽筒。槽筒对筒子表面进行摩擦传动,以实现对纱线的卷取,并利用其上的沟槽曲线完成导纱运动。横动动程为 7.62～15.24 cm(3～6 英寸),槽筒沟槽有对称、不对称及不同圈数。

（11）自动落筒装置。它能够进行自动落筒、空管放置、空管自动喂入和将卷装放在锭位后边的托盘或输送带上。

（12）清洁与除尘系统。清洁与除尘系统由三个部分组成,包括:管纱除尘、巡回清洁装置、多喷嘴吹风装置。除尘系统保证机器及其工作环境的清洁。管纱除尘装置连续工作,吸去锭位产生的飞花、灰尘,以及由巡回清洁装置从锭位上方吹落的灰尘。巡回清洁装置用一根吹风管清洁机器的顶部,另一吸风管用于进行地面清洁。多喷嘴吹风装置用压缩空气对锭位特定的灰尘敏感点如(张力器、清纱器测量头)以及上蜡装置进行清洁。

3　新型自动络纱机的主要特征

国内外络纱机的发展,总的来说是围绕着高速、高产、优质,提高监测监控自动化和机电一体化水平,以及工序流程连续化等方向发展,具体特征表现在以下几个方面:

（1）单锭自动捻接。每个络纱锭都装有一个自动捻接器,在断头、清纱切断或换管时,捻接器自动将两个充分开松的纱头捻接在一起,捻结头外观与纱线本身几乎相同。

（2）均匀纱线张力的在线控制。德国奥托康纳 338 型(Autoconner338)、意大利的奥立安(Orion)型及日本村田公司的 No. 21C Process Coner 型等第三代自动络纱机,都解决了络纱张力的在线控制、实现精密卷绕等问题。奥托康纳338型,采用纱线张力积极匀整装置在线控制纱线张力。在每个络纱头清纱器上端装有张力传感器,随时检测络纱过程中动态张力变化值,并及时经锭位计算机,通过闭环控制电路传递至张力器,以调节压力的增减。即纱线张力不仅可以直接测量,同时直接受张力器压力的调节而维持在一个恒定的水平,真正实现了络纱的在线控制,把卷绕密度稳定在一定水平。各锭位的张力能通过测试仪直接显示。

(3)智能型电子清纱。智能型电子清纱器不仅负担清纱及质量监测任务,还有统计功能,可记忆、储存,并报告生产运行状况及疵点分级,完成纱疵分级任务。其清纱曲线能在电脑屏幕上方便、精确地设定。如果纱疵超过规定的极限值,则清纱器指令切刀切断纱线,并向卷绕单元发出信号,以中断卷绕过程。清纱控制系统不仅能检测、去除短片段纱疵,同时能有效地去除卷装中的长片段纱疵和周期性纱疵。电子清纱器还向定长装置提供正常络纱信号,使定长装置在正常络纱时进行计长。

(4)精密卷绕、精密定长和电子劈叠。新型自动络纱机都有工艺性能良好的卷绕机构,如采用槽筒平稳启动、槽筒横动、筒子架液压吸震和压力补偿、空气制动等装置,保证卷绕质量良好;采用间歇摩擦式防叠、摆动握臂式防叠等装置,防叠效果良好。在奥托康纳338型自动络纱机上,加装电子防叠系统装置,可有效控制槽筒与筒子纱之间的压力,并调节槽筒速度。这样可大大提高筒子交叉卷绕质量,消除或避免由于速比不正确而产生的"带状卷绕",从而实现了精密卷绕。纱线卷绕张力均匀系统能非常有效地减少筒子端面的凸起现象,使卷装具有较好的尺寸稳定性。

(5)上蜡装置。纱线上蜡可以提高纱线的光洁度,在一定程度上改善纱线的耐摩擦性能。尤其是针织用纱,经过上蜡后,纱线表面的毛羽由蜡覆盖而显得光滑,可大大减少断针和编织疵点,提高机械效率和产品质量。

(6)微处理机监控。自动络纱机的工艺、质量和机器故障均可纳入微处理机的监控系统,确保络纱质量及高效运转,纱疵切除及其他生产数据均有记录、统计分析和显示,为强化生产管理、质量管理和设备管理提供了有利条件。

(7)高效徐尘系统。自动络筒机的连续运转的清洁系统,能高效地清除飞花、灰尘,改善车间空气条件,提高络纱质量。

(8)探作自动化。接头、换管、清洁、喂管、落筒全部自动化。

4 筒子的卷绕与防叠

筒子的卷绕方式分平行卷绕和交叉卷绕两类。平行卷绕的筒子,为了防止筒子两端纱圈脱落,必须做成有边筒子。目前,筒子的卷绕主要采取交叉卷绕方式。交叉卷绕的筒子分为圆柱形筒子和圆锥形筒子(俗称宝塔筒子),如图8-2所示。圆锥形筒子退绕方便,能适应高速退绕。高速整经机则必须使用圆锥形筒子,圆锥形筒子的卷绕密度比较一致。如用高温高压筒子染色,则用圆柱形筒子。

(a) 圆锥形筒子　　(b) 圆柱形筒子

图 8-2　筒子卷绕形式

4.1 筒子的卷绕原理

近代络纱机上,纱线以螺旋线的形状绕在筒子表面,螺旋线的上升角 α 称为卷绕角或导纱角。当纱线来回绕在筒子表面时,相邻两层纱线呈交叉状,交

叉角为 2α，如图 8-3 所示。

筒子的卷绕运动是由筒子的回转运动和导纱往复运动合成的，如以 v_1 表示筒子的圆周速度，以 v_2 表示筒子的往复速度（即导纱速度），v 表示筒子卷绕速度，则：

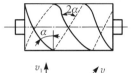

$$v = \sqrt{v_1^2 + v_2^2} \tag{8-1}$$

筒子纱线卷绕角 α 与上述运动的速度有关，即：

$$\tan \alpha = v_2 / v_1 \tag{8-2}$$

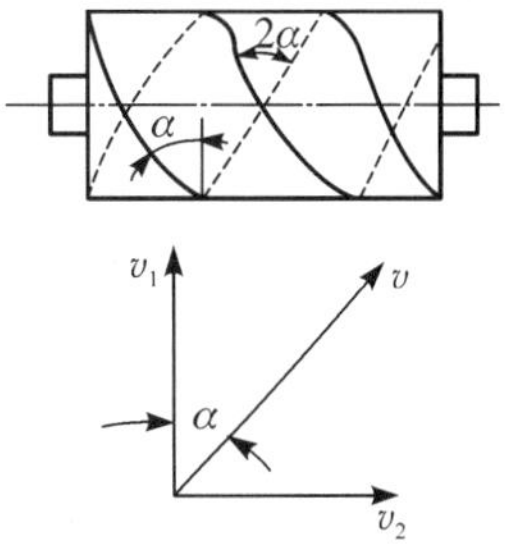

图 8-3　筒子的卷绕速度

4.2　筒子的卷绕方法及结构

由式(8-2)可知，筒子纱线卷绕角 α 取决于导纱速度 v_2 与圆周速度 v_1 的比值。而卷绕角 α 的大小，又决定了筒子的卷绕方法和筒子结构。当导纱速度 v_2 很小时，α 很小，则各层的纱圈近乎平行卷绕；当导纱速度 v_2 很大时，α 较大（$\alpha > 10°$ 时），即形成交叉卷绕。在交叉卷绕的筒子上，每层纱线互相束缚，不会移动，两端纱圈不易脱落，因此，有条件绕成无边筒子。这种筒子在后工序中纱线可以从筒子轴向抽出，能适应高速退绕。

（1）筒子传动分析。

① 圆柱形筒子。圆柱形筒子上，各处的卷绕直径相同，因而沿筒子母线各点的圆周速度没有差异，每一层纱圈的螺旋角 α 也相等。当筒子靠辊筒摩擦传动时，随着卷绕直径的增加，由于卷绕螺距增加，筒子上每层的绕纱圈数将减少，卷绕密度则下降。若每层的卷绕圈数不变，则卷绕角 α 必然变化。

② 圆锥形筒子。如果圆锥形筒子的母线与槽筒的母线重合传动时，由于筒子母线各处的转速相等，而筒子上各处的卷绕直径不同，因此，在筒子的大小端产生不同的卷绕速度，即大端的速度较快、小端的速度较慢，从而产生筒子大端的线速度大于槽筒的表面线速度，而筒子小端的线速度小于槽筒的线速度，这样，槽筒的大端对槽筒表面产生一个力，如图 8-4 中的 F_2，而筒子小端受到槽筒表面的作用力 F_1，使得筒子转动时出现跳动，导致传动不稳。为了避免该情况出现，安装时使圆锥形筒子的母线与槽筒的母线相交，形成一个 $2°\sim3°$ 的角，即为点传动，如图 8-5 所示。

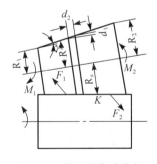

图 8-4　筒子的传动半径

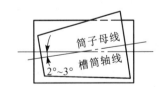

图 8-5　筒子母线的错开角

图 8-6 为筒子大小端线速度变化曲线，可以看出：在开始卷绕时，小端的滑移比大端大；随着筒子直径的增加，滑移值逐渐减少，且大小端的线速度更接近。圆锥形筒子同一层内卷绕角是不同的，因为筒子大端的圆周速度 v_{1B} 大于小端的圆周速度 v_{1A}，而大端的导纱速度 v_{2B} 小于

小端的导纱速度 v_{1A}，所以筒子大端的卷绕角 α_B 小于小端的卷绕角 α_A，如图 8-7 所示。

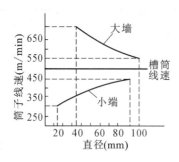

图 8-6　筒子大小端线速度变化

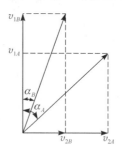

图 8-7　筒子大小端的卷绕角

（2）导纱运动规律。纱线沿筒子母线方向的往复运动称为导纱运动。常见的导纱运动可分为两类：等速导纱和变速导纱。

① 等速导纱运动。等速导纱时，导纱速度 v_2 为一常数。

$$s = v_2 t \tag{8-3}$$

式中：s——纱线沿筒子母线的位移量；

　　　t——导纱时间。

络制圆柱形筒子，等速导纱与不变的筒子圆周速度相配，则筒子的卷绕速度恒定，筒子上各处的卷绕角相等，筒子上纱圈节距相等，从而可以保持纱线张力恒定，筒子的卷绕密度也是均匀的。因此，等速导纱运动规律适宜用于络制圆柱形筒子。

② 变速导纱运动。络制圆锥形筒子时，由于筒子大端的圆周速度较小端的圆周速度大，因此，为使络纱张力均匀，也使络纱速度恒定，必须采用变速导纱运动。经理论推导，当导纱速度呈正弦规律变化时，其与圆周速度合成后的卷绕运动才是等速的，从而使筒子大小端的络纱速度和络纱张力接近相等，筒子成形良好。

4.3　卷绕密度

筒子的卷绕密度反映筒子上纱线卷绕的松紧程度，通常用筒子上单位绕纱体积的质量来表示，生产中一般用称重法计算卷绕密度。筒子的平均卷绕密度 γ 为：

$$\gamma(\mathrm{g/cm^3}) = 筒子上绕纱质量(\mathrm{g}) / 筒子的绕纱体积(\mathrm{cm^3}) \tag{8-4}$$

筒子紧密度适当，可使后工序退绕轻快，在运输和储存中能保持原状，不致变形损坏。在保证后工序轻快退绕，尽量减少损伤纱线物理机械性质的条件下，可适当增加卷绕密度，以增加筒子容量。

影响筒子卷绕密度的主要因素有络纱张力、筒子卷绕方式、筒子受到的压力、纱线直径和线密度。不同纤维、不同线密度和不同用途的筒子纱有着不同的卷绕密度。整经用棉纱筒子的卷绕密度要求在 $0.38 \sim 0.45$ g/cm³，而染色筒子纱的卷绕密度一般为 $0.32 \sim 0.37$ g/cm³。以这样的卷绕密度制成的筒子结构松软，染料可以顺利浸透纱层，达到均匀的染色效果。

（1）络纱张力与筒子卷绕密度的关系。络纱张力对筒子卷绕密度有直接影响，张力越大，筒子卷绕密度也越大，因此，实际生产中通过调整络纱张力来改变卷绕密度。络纱张力还对筒子内部卷绕密度的分布有极大影响,纱线绕上筒子后,纱线张力产生的压力压向内层。由于纱线具有一定的弹性,使得纱层较软,各纱层所产生的压力会向里面纱层传递,最终使里层的纱圈产生变形,卷绕密度增加。但靠近筒管处的纱层,由于筒管的支持,仍保持原有的形状,卷绕密度也较大。而靠近筒子表面的纱层,所受压力较小,卷绕密度也较小。这种变化如图 8-8 所示,曲线Ⅰ为张力的变化,曲线Ⅱ为卷绕密度的变化。

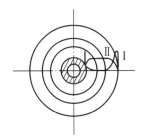

图 8-8　筒子内部纱线张力(Ⅰ)和卷绕密度(Ⅱ)的变化　　　　图 8-9　微元交叉纱段

(2) 纱圈卷绕角与筒子卷绕密度的关系。先取纱线在交叉处的微元体积进行分析,如图 8-9 所示,设 a、b、c 分别为截取微元交叉纱段所占体积的长、宽、厚,l 为所截纱段的长度。

该微元交叉纱段所占体积 V 为:

$$V = abc$$

因

$$a = l \times \sin \alpha$$

$$b = l \times \cos \alpha$$

则:

$$V = l^2 \times c \times \sin \alpha \times \cos \alpha = c/2 \times l^2 \times \sin 2\alpha \tag{8-5}$$

所以该微元交叉纱段的质量 g 为:

$$g = 2 \times 10^{-5} \times l \times \mathrm{Tt}$$

于是该微元交叉纱段的卷绕密度 γ 为:

$$\gamma = g/V = 4 \times 10^{-5} \times \mathrm{Tt}/(l \times c \times \sin 2\alpha) \tag{8-6}$$

式中:Tt——所络制的纱线线密度(tex)。

分析式(8-6),得出:筒子卷绕密度和纱圈交叉角 2α 的正弦值成反比。当交叉角为 90°(α = 45°)时,卷绕密度最小;当交叉角接近零时,卷绕密度最大。所以,从卷绕结构分析,平行卷绕的卷绕密度大于交叉卷绕。交叉角(或卷绕角)大的卷绕结构,其卷绕密度小于交叉角小的卷绕结构。

根据上述分析和原理,可以看出:由于筒子大端的纱圈卷绕角小于筒子小端,故筒子大端的卷绕密度大于筒子小端。由于筒子大端外层的卷绕角比大端里层的卷绕角略大,故大端外层的卷绕密度略小于里层,即里紧外松。由于筒子小端外层的卷绕角比小端里层的卷绕角略小,故小端外层的卷绕密度略大于里层,这种里松外紧的结构,在筒子加压配置不当时,是筒子小端易出菊花芯的原因之一。棉纺织生产中所用的整经筒子的卷绕角为 30°左右,而用于染色的松式筒子的卷绕角为 55°左右,故后者的卷绕密度较前者小。不同圈绕形式的卷绕密度参考范围见表 8-1。

表 8-1　不同圈绕形式的卷绕密度

圈绕形式	平行圈绕	交叉圈绕	
平均密度(g/cm³)	0.5～0.6	棉：	0.36～0.52
		涤/棉(65/35)：	0.37～0.52
		黏胶：	0.38～0.45

（3）筒子加压与筒子卷绕密度的关系。筒子加压与筒子卷绕密度的关系极大。加压力大,卷绕密度大;反之,则小。随着筒子卷绕直径不断增大,筒子的自重增加,筒子与槽筒之间的压力增大,从而造成筒子卷绕密度沿筒子的径向分布不匀。在现代新型自动落筒机上,均设有较完善的压力调节机构,且能吸收筒子高速回转产生的跳动,故筒子卷绕密度均匀,成形良好。图 8-10 为新型自动络纱机上装有的压力调节装置。随着筒子卷绕直径增大时,平衡气缸内的气压是恒定的,但气缸随筒子直径增大而上抬,其作用力的力臂增大,从而平衡筒子在络纱过程中逐渐增大的筒子质量,保持筒子作用在槽筒上的压力恒定,使卷绕密度内外一致。

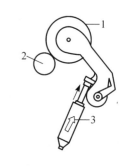

图 8-10　压力调节装置

1—筒子；2—槽筒；3—气缸

4.4　卷绕的重叠与防叠

（1）重叠的产生与危害。由辊筒传动筒子,当筒子的传动半径达到某一值时,筒子上下层纱圈连续叠绕起来,形成凸起的条状成为带状,这种现象叫作重叠,如图 8-11 所示。当导纱器引导纱线做一个或几个往复运动时,如果筒子回转整数转,则上下层纱在筒子两端的起绕点位置重合,产生连续或间隔重叠,使筒子成形不良,退绕时造成大量断头与乱纱,危害甚大。

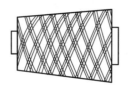

图 8-11　筒子上的纱圈重叠

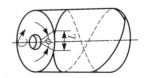

图 8-12　纱圈位移角

若筒子转数不为整数,则小数部分造成筒子端面上纱圈的位移 L 对筒子轴心的夹角 φ（图 8-12）,称为纱圈的位移角。

位移角 φ 为:

$$\varphi = 2\pi(n - n') \qquad (8-7)$$

式中：n——导纱器一个往复运动筒子的回转数；

n'——n 的整数部分。

由于筒子的回转速度 n 是随传动半径的增加而减少的,当传动半径达到某一值,而 n 恰为整数时,则 $\varphi=0$,产生连续重叠,如图 8-13 所示。

① 当 $\varphi=2\pi/2$ 时,则两个往复、五个往复运动重叠一次。

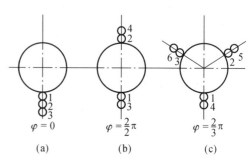

图 8-13　纱圈重叠情况

② 当 $\varphi=2\pi/3$ 时,则三个往复、五个往复运动重叠一次,这时重叠现象已不显著。

③ 当 $\varphi=2\pi/5$ 时,则五个往复运动重叠一次,这时已看不出重叠现象。

④ 当 $\varphi=0$ 时,形成导纱器每一往复运动的"连续重叠",重叠现象比较严重;尤其在筒子的传动半径等于槽筒半径时,更为严重,因为这时导纱器一次往复,筒子的转数等于槽筒的沟槽圈数,重叠的条带与沟槽啮合,重叠将继续发生,直到重叠条带粗大到沟槽不能容纳为止。重叠会造成筒子严重疵点,因此必须采取防叠措施。

（2）防叠措施。

① 间歇性地通断槽筒电动机。间歇性地通断槽筒电动机,使槽筒转速在一个周期内经历"等速→减速→加速→等速"的变化过程。在槽筒减速和加速时,筒子转速也呈现出"等速→减速→加速→等速"的变化规律。但由于惯性的缘故,筒子的转速变化总是滞后于槽筒的转速变化,只要槽筒回转的角加速度达到一定值,筒子便会在槽筒上打滑,这种滑移改变了纱圈位移角,使得它不再规律性地缓缓变化。这样,即使在等速阶段出现重叠,也不会持续,即达到了防叠的目的。

② 变频调速电动机控制槽筒产生周期性差微转速变化。这种方法目前被奥托康纳338 型、络利安型新型自动络纱机所采用。络纱机单锭设一变频器和电动机,带动槽筒转动。络纱机的微机控制中心,按预设变速频率,经变频器控制电动机,产生周期性差微转速变化,达到防止筒子重叠卷绕的目的。槽筒的变速频率可由键盘输入和调整,方便而可靠。

③ 筒子托架做周期性的摆动。摆动式筒子托架的防叠原理,是通过周期性的微量摆动筒锭握臂,使受槽筒摩擦传动的筒子传动半径做微小波动,使一个导纱往复运动中筒子转过的转数发生间歇性变化,从而改变了纱圈位移角。

实现筒子托架做周期性摆动的装置如图 8-14 所示。偏心轮 1 以 22 次/min 的转速转动,经转子 2、连杆 3 和轴 4,使叉子 5 左右摆动;再经横杆 6 和拨叉 7,使筒锭握臂轴 8 往复摆动。当筒子小端向下摆动时,筒子的传动半径减小,筒子转速增加;当筒子小端向上摆动时,筒子的传动半径增大,筒子转速降低。偏心轮转一转,筒子转速做微量变化。这种变化改变了纱圈位移角,达到了防叠的目的。

④ 采用防叠槽筒。

a. 设置虚纹及断纹:在槽筒表面,自槽筒中央引导纱线向两端的沟槽称为离槽,自槽筒两端引导纱线返回中央的沟槽称为回槽。若将回槽取消,纱线凭借自身张力的作用,无需导纱仍能滑回到中央位置,这种无回槽的槽筒称为虚纹槽筒。若回槽上缺掉某些区段（一般缺在与离槽相交处）,这种回槽不完整的槽筒称为断纹槽筒（图 8-15）。槽筒上设置了虚纹与断纹,当出现显著重叠时即会引起传动半径变化,从而引起筒子转速改变,结果纱圈位移角变化,使重叠不致持续很久,可避免啮合重叠。

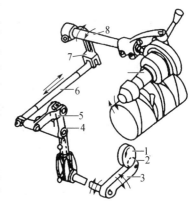

图 8-14 摆动握臂式防叠机构

1—偏心轮；2—转子；3—连杆；
4—轴；5—叉子；6—横杆；
7—拨叉；8—筒锭握臂轴

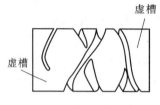

图 8-15　虚纹防叠槽筒

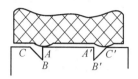

图 8-16　直角槽筒的布局

b. 沟槽边缘左右扭曲、宽狭变化：即沟槽边缘离沟槽中心线忽近忽远。这样的设置能将已达到一定宽度的重叠条纹推出槽外，使重叠条纹与槽筒表面接触，筒子的转速立即得到改变，从而破坏了产生重叠的条件。

c. 在适当部位采用直角槽筒：采用直角槽筒能够增强槽筒的"抗啮合"和"抗无效络纱"作用。为使槽筒防叠效果更好，直角槽的径向槽缘应在槽筒上做合理的布局。图 8-16 所示为直角槽筒的布局。槽筒同一母线上直角槽 ABC 和 $A'B'C'$ 的径向槽缘在轴向做相反的布局，无论筒子沿轴向向哪个方向游动，筒子上的轻微重叠条带总有一点被搁置在沟槽之外，这样就起到了"抗啮合"和"抗无效络纱"的作用。

⑤ 采用防叠精密卷绕。精密卷绕从卷绕纱管的裸管直径到满管时，每层的卷绕圈数保持恒定。在精密卷绕成形过程中，每一圈的斜率和节距保持恒定，交叉角则逐渐减小。为了保持每层的卷绕圈数相同，绕线长度应一层接一层地减小。精密卷绕装置上，纱线的返回点不是位于前一动程返回点的前面，就是位于前一动程返回点的后面，在返回点处有一个整数值的位移，从而完全消除了重叠的形成。

在国外第三代自动络纱机上，为实现精密卷绕，在防叠方面做了重要改进。在奥托康纳338 型自动络纱机上加装电子防叠装置，用以控制络纱辊筒与筒子纱之间产生接触压力和线速度比。由于奥托康纳 338 型自动络纱机是由变频调速电动机分别直接传动每个槽筒的，其上的电子防叠装置可随时监测和计算槽筒与筒子之间的速比，并进行调节，可跳过产生重叠卷绕的速比临界值，使筒子纱卷绕始终保持正确的交叉卷绕状态，以达到防止筒子上所绕纱圈重叠的目的。电子防叠装置的工作原理如图 8-17 所示。No. 21 C Process Coner 自动络纱机上也采用类似的防叠系统。

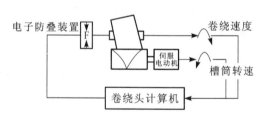

图 8-17　电子防叠装置工作原理示意图

⑥ 采用步进精密卷绕技术。采用这种技术进行卷绕时，每完成一步又回到前一步的卷绕角，步间对应点为相同的卷绕角，为了防止重叠，步中为精密卷绕方式，卷绕角在 $2° \pm 1°$ 内递减（精密卷绕技术的卷绕角成周期变化，其变化的周期即为步。步间即为卷绕角变化周期之间，步中即为每一卷绕角变化周期中的某一时刻）。

5　络纱张力及张力装置

为了卷绕成具有一定密度且成形良好的筒子，络纱时纱线必须具有一定张力，其大小应符合工艺要求。张力过大，不仅会使纱线的弹性、伸长、强力等物理力学性能受到损失，而且还会影响纱线质量,增加后工序的断头率。张力过小,则筒子卷绕密度和卷绕容量减少,成形松软不良,断头后纱线容易嵌在纱圈内部,寻头不易,在后工序退绕时纱圈有可能成批地脱落下来,引起脱圈或断头,造成大量回丝。所以在满足筒子卷绕密度、良好成形及断头自停装置正常工作的要求下,络纱张力以小为宜,并要求减少张力波动。

5.1　细纱管纱退绕张力

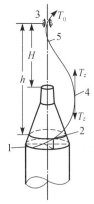

图 8-18　气圈形状

1—退绕点；2—分离点；
3—导纱钩；4—气圈腹部；
5—气圈颈部；h—气圈高度；
H—导纱距离

纱线从管纱上轴向退绕,并经过导纱钩、张力装置等工艺机件,最后卷绕到筒子上时,不可避免地会产生一定的张力。张力太大时,使纱线受到过分的拉伸而损失弹性,影响其可织性。张力过小时,则筒子松软、成形不良,不适应高速退绕。所以在络纱时,应在满足筒子的卷绕密度以及纱线断头自停装置的要求下,采用最小的张力。据有关资料介绍,络筒张力一般不应超过纱线断裂强力的 $8\% \sim 10\%$。络筒张力应根据纱线的结构、粗细、纤维种类及捻系数等因素确定。绒毛较多、捻系数较小的纱,络筒张力应小些。

管纱轴向退绕时,产生张力的因素有以下几个方面:

① 纱线由附着于管纱表面到离开管纱表面进入气圈时,所需要克服的黏附力、惯性力和摩擦力;

② 由于气圈作用所引起的张力;

③ 由于张力装置及导纱机件对纱线的摩擦而产生的张力。

(1) 气圈张力。从固定的管纱上沿轴向高速退绕时,纱线一方面沿纱管轴线上升,做前进运动;同时绕轴线做回转运动,在纱线本身的重力、纱线张力、离心力及空气阻力等的作用下,在纱线离开管纱表面的那一点(分离点 2)与导纱钩 3 之间,因纱线退绕回转而形成一个弧形空间曲面。这个空间曲面称为气圈,气圈的形状如图 8-18 所示。气圈的形成,使纱线获得一定的附加张力。

(2) 分离点和退绕点的张力。管纱由螺旋上升角(卷绕角)较小的卷绕层和卷绕角较大的束缚层交替卷绕而成。当纱圈退绕时,纱线开始脱离卷装表面或纱管表面而进入气圈的过渡点称为分离点。在分离点以后,有一段纱线在卷装表面或纱管表面,以摩擦滑动的方式蠕动退绕,这一段纱线称为摩擦纱段,摩擦纱段的终点称为退绕点。在退绕点以后,纱线在管纱上处于静平衡状态,其张力称为静平衡张力或退绕点张力。根据资料,分离点张力的大小主要取决于纱线在管纱上的摩擦包围角的大小。

实验也可证明,每当管纱的裸露部分达到 38 mm 时,就把它切除,使管纱的裸露部分永远不超过 38 mm,测定退绕张力的结果如图 8-19 所示。B、C、D 表示测定张力的仪器切除纱管的地方。A 点表示满管的退绕张力,此时为 3 节气圈;B 点后(切除纱管后),开始是 5 节气圈,当管纱裸露部分逐渐增加时,气圈数由 5 节变为 4 节;C 点后,开始退绕时为 6 节气圈,逐渐变为 5 节;从 D 点开始退绕时,气圈的节数增加到 7 节,随后依次变为 6 节、5 节;至管

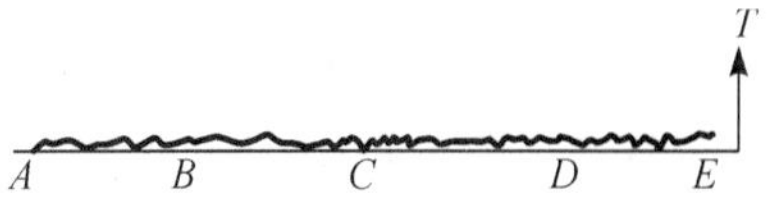

**图 8-19　管纱裸露部分不超过 38 mm
时的退绕张力曲线**

络纱速度:450 mm/min
导纱距离:152 mm；　线密度:29 tex

纱退绕结束前,气圈节数为 4。以上实验充分说明了摩擦包围角对退绕张力的影响。减少摩擦包围角,可以使退绕张力的变化范围缩小。

（3）整个管纱退绕时纱线张力的变化。图 8-20 为整个管纱退绕过程中纱线张力变化的波形图及气圈节数的变化情况。图中 A 点为管纱开始退绕时的张力状态，此时张力较小，出现 3 节气圈。在 A 点与 B 点这一区间，张力值及张力波动范围均较小，气圈节数在 3 与 2 之间变化。当退绕到 B 点时，由于退绕张力逐渐增加，出现了稳定的 2 节气圈，气圈高度突然增加 50%，因而在 B 点出现了张力值突然增加的现象。当纱线退绕到 C 点时，形成稳定的单节气圈，其气圈高度比 2 节气圈时又增加了 50%，由于管纱的裸露部分增加，纱线在管纱上的摩擦包围角也显著增加，因而张力值及张力

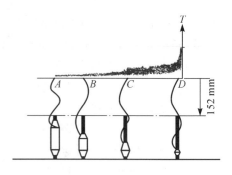

图 8-20　整个管纱退绕张力变化图

络纱速度：450 m/min　导纱距离：150 mm
纱线密度：29 tex

波动范围均有较大幅度的增加。在 C 点与 D 点之间，气圈虽一直保持单节状态，但随着张力的逐渐增加，气圈的形状越来越瘦长。当退绕到管底部分时，由于管底结构的不合理，导致张力急骤增加。

在纱线退绕过程中，气圈节数的改变，通常是在纱管顶端与最下边一节气圈的颈部发生碰撞时形成的。气圈节数越多，说明退绕张力越小。

层级部分退绕时的张力变化规律如图 8-21 所示。该图是采用较高的记录速度作出的。从图中可以看出，张力的峰值发生在层级顶端处退绕时，而从层级底部退绕时张力为最小。因为层级的顶部直径最小，底部直径最大，在退绕速度不变的条件下，纱线退绕至层级顶部时，气圈的旋转角速度 ω 较大，故此时纱线的退绕张力大；退绕至层级底部时，气圈的旋转角速度 ω 较小，因而张力较小。从图 8-21 还可

图 8-21　层级部分退绕张力变化规律

1—退绕层级顶端时的张力值；
2—退绕层级底部时的张力值；
A— 管顶；　B— 管底

以看出，退绕一个层级时，纱线张力的绝对值变化不大，对后工序的影响也很小。

5.2　络纱时张力

（1）张力装置。络纱过程中，除了气圈作用和导纱部件的摩擦所引起的张力外，还必须采用张力装置来产生和控制络纱张力。张力装置是决定络纱张力的主要因素，张力装置的加压可根据工艺要求进行调节，一般不超过原纱断裂强力的 15%。

图 8-22 所示为常用的圆盘式张力装置。上下圆盘 1 通过缓冲毡块 2 上的张力垫圈 3 的质量来获得压力。纱线在两个圆盘之间通过时，受摩擦阻力作用而产生附加张力，增减垫圈的质量可调整络纱张力。

图 8-23 所示为弹簧圆盘式张力装置。圆盘由微型电动机单独传动，纱线 6 在圆盘 5 与压纱板 4 间通过，压纱板受圈簧扭力压向圆盘，拨动指针 2 可调节压力大小，面板 3 上的压力刻度自 1 至 10 逐渐增加。这种张力装置的优点是可以吸收振动，张力较均匀，调节张力极为方便，但由于压板是静止的，因此，纱线容易受磨而发毛。

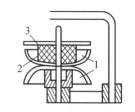

图 8-22　圆盘式张力装置

1—上下圆盘；2—缓冲毡块；
3—张力垫圈

在奥托康纳 338 型、络利安型自动络纱机上,为防止纱线对固定张力盘的定点磨损,采用了电磁式张力装置。张力盘由单独电动机驱动积极回转。纱线从张力装置的两个张力盘之间通过,张力盘的转动方向与纱线运行方向相反,从而防止了灰尘微粒的集聚和张力盘的磨损乃至被纱线磨出沟槽。压板受电磁力作用压向圆盘,纱线张力可在电脑上集中调控,保持张力均匀。而 No. 21C Process Coner 自动络纱机上采用栅栏式张力装置,纱线从由交错配置、静态的陶瓷器件组成的纱路中运动,利用纱线对陶瓷器件的包围角及摩擦作用来稳定络纱张力。

（2）均匀络纱张力的装置。

① 气圈破裂器(也称为气圈控制器):在奥托康纳 338 型、络利安型自动络纱机上,该装置的安装位置靠近纱管顶部。当管纱退绕至管底部分时,运行的纱线与气圈控制器

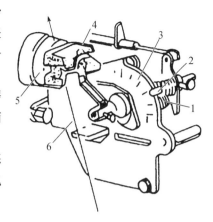

图 8-23　弹簧圆盘式张力装置

1—弹簧;2—指针;3—面板;
4—压纱板;5—圆盘;6—纱线

相碰撞,形成双节气圈,减小了管纱表面摩擦纱段的长度,避免了管底退绕张力的陡增,从而使整个络纱过程中不出现导致张力变化幅度最大的单节气圈,均匀并降低了管纱从满管至管底的整个退绕过程中纱线的张力。它根据纱管长度和管纱卷绕方向来调整设定。

② 气圈高度控制器:在 No. 21C Process Coner 自动络纱机上采用,通过控制气圈的高度来稳定气圈段的退绕张力,与栅栏式张力装置相配套,稳定络纱张力。

③ 张力传感器:在奥托康纳 338 型中用于控制纱线张力的主要元件是纱线张力传感器。它被安装在锭位纱路中的清纱器后面,对卷装处的纱线实际张力做连续直接测量。各锭位的张力能通过测试仪直接显示。图 8-24 为奥托康纳 338 型自动络纱机纱线张力控制系统示意图。在每个络纱头清纱器上端装有张力传感器,随时检测络纱过程中动态张力变化值,并及时经锭位计算机,通过闭环控制电路传递至张力器,以调节压力的增减,即纱线张力不仅是直接测量的,同时直接受张力器压力的调节而维持在一个恒定的水平。其工作原理是:当动态的纱线张力作用在传感器表面(一种活塞探头)时,活塞因纱线张力变化而改变对光电管的蔽光程度,随着纱线退绕中气圈张力变化,使传感器组合体内电子线路变化,从而不断调节电磁线圈的电压值;通过张力传感器,将该值传到张力控制系统,实现对纱线张力的控制,使瞬间纱线张力稳定一致,真正实现络纱的精密卷绕,把卷绕密度稳定在一定水平。

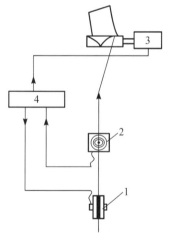

图 8-24　纱线张力控制系统

1—张力器;2—张力传感器;
3—直接驱动槽筒的伺服电动机;
4—锭位计算机

纱线张力控制装置不仅能防止管纱管底退绕时张力的增加,同时能通过加压来补偿加速期间的较低张力。这种装置为管纱从管顶至管底的退绕过程中所发生的张力波动提供了可靠的补偿。

（3）络纱退绕张力。络筒速度越大,则纱线的退绕张力越大。实际测出的数据及高速络筒时出现的大量脱圈断头证实了这一点。国内有人通过实测指出:"空气阻力的存在,影响气

圈形状的变化。当络筒速度增加时,气圈回转角速度 ω 相应增加,由于空气阻力的影响,当 ω 愈大时,摩擦纱段也越长,此时分离点张力相应增加,从而使络筒张力增加。"总之,络筒速度与张力的关系的定性结论是明确的,但定量的计算方法有待于进一步研究。

（4）纱线的线密度与退绕张力的关系。根据对气圈微元纱段上受力情况的分析,可知纱线张力与单位长度纱线的质量成正比关系,即纱线张力与其线密度成正比关系。因为气圈的质量越大,会产生较大的离心力,从而形成较大的张力。

6　清纱装置

由于管纱带有粗节、尘屑、杂质等疵点,在络纱过程中,纱线退绕时还可能发生脱圈等弊病,所以络纱机上采用清纱装置来清除纱线上的粗节、尘屑、杂质等疵点。在络纱过程中,要求合理清除杂质,以改善纱线质量,保持纱线的弹性,尽量减少伸长,减少毛羽和条干变形,并降低断头。清纱装置有电子式和机械式两大类。

6.1　机械式清纱装置

机械式清纱装置有板式和梳针式两种,适用于普通络纱机络制清纱要求低的品种。板式清纱装置还用作自动络纱机上的预清纱装置,可防止纱圈和飞花等带入,其间距较大,一般为纱线直径的4～5倍。

6.2　电子式清纱装置

与机械式清纱器相比,电子清纱器大大地提高了切除疵点的准确性和清除效率,它从纱疵的粗度和长度两个方面进行检测,不但能清除短粗节,还能清除长粗节（双纱、长细节等）,并可根据工艺要求调整各纱疵通道的灵敏度和参数长度设定值,即切除范围。同时,电子清纱器的检测头不与纱线直接接触,不会损伤和刮毛纱线,在高速络纱时仍能保持较高的清除效率。因此,电子清纱器广泛用于自动络纱机。

电子清纱装置按其检测方式可分为光电式和电容式两种。

（1）光电式电子清纱装置。光电式电子清纱装置的检测头由红外发光管和光敏三极管组成,安装在自动络纱机纱路中的捻接器之前或之后,被检测的纱线处在光路上。检测头检测的是纱线的侧面,较接近于视觉,所采用的经调制的红外光源能有效地避免干扰。其工作原理如图8-25所示。光电检测系统的光敏接收器检测到的纱线线密度变化信号,由运算放大器和数字电路组成的可控增益放大器进行处理,主放大器输出的信号同时送到短粗节、长粗节、长细节三路鉴别器电路中进行鉴别,当超过设定值时,将触发切割电路的切割器切断纱线,清除纱疵;而且,通过数字电路组成的控制电路,能储存纱线平均线密度信息。光电式电子清纱装置的检测信号与纤维种类和空气湿度无关,但对扁平纱疵可能漏切,特别不适用于染色后或长久放置的纱线。

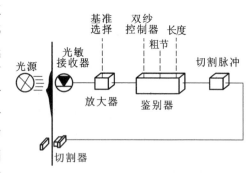

图8-25　光电式电子清纱器工作图

（2）电容式电子清纱器。电容式电子清纱器的工作原理如图8-26所示。检测头由两块金属极板组成的电容器构成,它是通过纱线在极板间通过时改变介电常数而进行检测的。无纱线时,极板间全部是空气,电容量最小;进纱后,因纤维的介电常数比空气大,电容量增大,而增加的量与极板间纱线的质量成正比,从而对纱线的条干进行检测。除检测头外,其他部分的原理与光电式电子清纱装置类似。纱疵通过检测头时,如信号电压超过鉴别器的设定值,则切刀切断纱线,清除纱疵。电容式电子清纱装置的检测信号与纱疵形状无关,但与纤维种类和空气湿度有关,不适用于混有导电纤维的纱线。

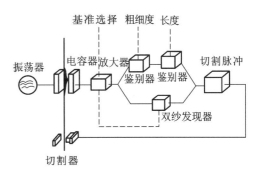

图 8-26 电容式电子清纱器工作图

6.3 纱疵样照和清纱特性线

为了正确使用电子清纱器,电子清纱器制造厂需提供相配套的纱疵样照和相应的清纱特性线及其应用软件。

在制造厂提供不出可靠的纱疵样照的情况下,一般采用瑞士兹尔韦格-乌斯特(Zell-weger-Uster)纱疵分级样照。该公司生产的克拉斯玛脱Ⅱ型(ClassimatⅡ,简称CMT-Ⅱ)纱疵样照把各类纱疵分成23级,如图 8-27 所示。

样照中,对于短粗节纱疵,疵长为 0.1~1 cm 的称为 A 类,1~2 cm 的称为 B 类,2~4 cm 的称为 C 类,4~8 cm 的称为 D 类;纱疵横截面增量为+100%~+150%的为第一类,+150%~+250%的为第二类,+250%~+400%的为第三类,+400%以上的为第四类。这样,短粗节共分成 16 级(A_1、A_2、A_3、A_4、B_1、B_2、B_3、B_4、C_1、C_2、C_3、C_4、D_1、D_2、D_3 和 D_4)。对

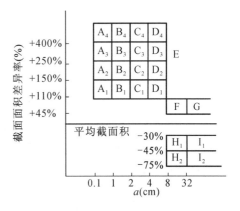

图 8-27 CMT-Ⅱ型纱疵分级

于长粗节,共分成 3 级:纱疵横截面增量在+100%以上,疵长大于 8 cm 的,称为双纱,归入 E 级;纱疵横截面增量在+45%~+100%之间,疵长为 8~32 cm 的,称为长粗节,归入 F 级;纱疵横截面增量在+45%~+100%之间,疵长大于 32 cm 的,称为长粗节,归入 G 类。对于长细节,共分成 4 级:纱疵横截面减量为-30%~-45%,疵长为 8~32 cm 的,定为 H_1 级;减量相同于 H_1,而疵长大于 32 cm 的,定为 I_1 级;纱疵横截面减量为-45%~-75%,疵长为 8~32 cm 的,定为 H_3 级;纱疵横截面减量相同于 H_2,而疵长大于 32 cm 的,定为 I_2 级。

清纱特性线是在纱疵样照上,用直线或某种曲线表示出的清纱特性。清纱特性是指某种清纱器所固有(设计)的清除纱疵的规律性。清纱特性线决定了该清纱器对纱疵的鉴别特性。为了合理地确定电子清纱器的清纱范围,使用厂应拥有所用清纱器的清纱特性线,包括短粗节、长粗节、长细节清纱特性线。有了纱疵样照及清纱器的清纱特性线,就可根据产品的生产需要,合理选择清纱范围,以期达到既能有效控制纱疵,又能增加经济效益的目的。图 8-28 所示为不同种类的清纱器的各种清纱特性线。

① 平行线型清纱特性线:图 8-28(a)所示为平行线型,不管纱疵的长短,只要粗度达到并超过设定门限见值时,就一律予以清除。机械式清纱器的清纱特性线是典型的平行线型。

② 直角型清纱特性线:如图 8-28(b)所示,纱疵粗度(D 或 S)和长度(L)同时达到并超过

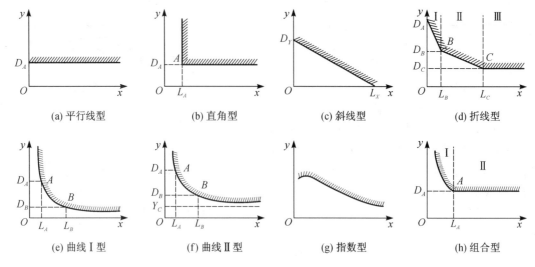

图 8-28　清纱特性线

设定门限 D_A（或 S_A）和 L_A 时，纱疵即被清除。两项设定门限中有一项达不到的纱疵，都予以保留。直角型清纱特性可用于清除长粗节和双纱，但不适用于清除短粗节。如瑞士佩耶尔 PI-12 型光电式电子清纱器的 G 通道。

③ 斜线型清纱特性线：如图 8-28(c)所示，在设定门限 D_x 与 L_x 两点连线上方的粗节、棉结，都予以清除；纱疵长超过 L_x 的粗节，不论粗度，也一律清除。如瑞士洛菲 FR-60 型光电式电子清纱器，在清除棉结时就采用这种斜线型清纱特性。

④ 折线型清纱特性线：如图 8-28(d)所示，用三根直线把清除纱疵范围划分成Ⅰ、Ⅱ、Ⅲ区，每区的直线有不同的斜率。折线型清纱特性可用于短粗节、长粗节和长细节通道。如瑞士洛菲 FR-600 型光电式电子清纱器中的 LD 型，就采用这种折线型清纱特性。

⑤ 双曲线型清纱特性线：如图 8-28(e)、(f)所示，凡达到及超过设定门限 $D_A \times L_A$（或 $D_B \times L_B$）这一设定常数的纱疵，都予以清除。曲线(f)比曲线(e)上移了距离 Y_c。如 PI-12 型的短粗节通道及国产 QSR-Ⅰ 和 QSR-Ⅱ 型的清纱特性线，就是这种类型。

⑥ 指数型清纱特性线：如图 8-28(g)所示，清纱特性线为一指数曲线，即以指数曲线来划分有碍纱疵和无碍纱疵。指数型曲线特性与纱疵的频率分布接近，所以能较好地满足清纱工艺要求。如瑞士乌斯特 UAM-C 系列和 UAM-D 系列中的短粗节 S、长粗节 L 和长细节 T 这三个通道，就是指数型的清纱特性曲线。

⑦ 组合型：如图 8-28(h)所示，组合型由曲线与直线相组合，或由曲线与曲线相组合。图中Ⅰ区为双曲线型清纱规律，Ⅱ区为直线型清纱规律，曲线和直线的交点正好是粗度和长度的门限设定值。如日本 KC-50 型电容式电子清纱器的短粗节通道，就是这种曲线和直线相组合的清纱特性。

7　纱线的捻接

新型自动络纱机都采用捻接器进行"无结"接头。捻接器可分成两大类：一类是机械传动的捻接器，如意大利萨维奥络纱机上所配备的捻接器，捻接质量好，可节省用气，但价格高；另一类是空气捻接器,如日本村田络纱机和德国赐莱福络纱机,都只配空气捻接器。空气捻接器结构简单,接头质量好,适用范围广,因此,应用更为广泛。

7.1　空气捻接器

(1) 空气捻接器的工作原理及特点。它是将两根纱头放入一个特殊设计的捻接腔里,在高压空气吹动下退捻、搭接,随后以反向高压空气吹动,使纱线捻合,如图 8-29 所示,一般需要如下几个动作:

① 纱线引入:纱线的一端自筒子上引入,另一端由管纱上引入,交叉放入捻接器内(也可采用平行引入方式)。

② 夹住纱线:利用夹持器将纱的两端夹持定位。

③ 剪切定长:将纱的两端剪切成规定长度的纱尾。

④ 纱尾吸入退捻、开松:纱尾的退捻和开松是由加捻器两端的退捻管完成的。

⑤ 纱尾拉出引纱到位:由引纱器向下转动,将吸入退捻管内的纱线引出到所需的捻接长度。

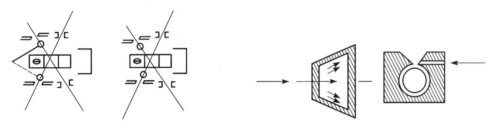

图 8-29　空气捻接器工作原理图　　　　　图 8-30　捻接腔

⑥ 加捻:具有一定压力并经过过滤的压缩空气进入加捻腔,将两个纱端喷射缠绕或回旋加捻成捻接纱。加捻腔的形式可以分为两类。如图 8-30 所示,一类为有盖的捻接腔,压缩空气进入捻接腔后两纱尾在气流冲击下呈松散的纤维状,缠绕捻接。另一类为无盖的捻接腔,压缩空气自捻接腔孔径的切线方向射入,纱线随气流回旋的方向加捻捻接。喷气量和喷气时间是影响捻接质量的重要因素。

⑦ 动作复位:完成捻接动作后,气阀关闭,动作复位。

图 8-31 所示为退捻管的剖视图。压缩空气由退捻管侧面进入,喷射出回转的气流,气流的回转方向与纱线的捻向相反,喷射的结果使纱尾退捻、开松,形成平行的纤维束,同时吸走部分纤维使纱端呈笔尖状,以使两纱尾捻接处的外形美观,并有较高的捻接强力。退捻管的轴向与压缩空气进入的方向之间的夹角 α 以 30°～35° 为宜。

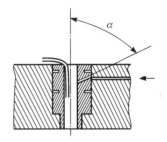

图 8-31　退捻管剖视图

空气捻接器的捻接过程一般是先退捻后加捻,捻接质量高,外形美观。捻接粗度为原纱直径的 1.2～1.3 倍,捻接强力为原纱强力的 80%～85%,并基本保持了原纱的弹性。

除标准捻接器之外,还有热捻接器和喷湿捻接器。喷湿捻接器是在捻接气流中加入少量的蒸馏水,能提高天然植物纤维纱线的捻接强度,如高捻度棉纱、牛仔纱、气流纺纱线、亚麻纱和合股棉纱等。

热捻接器采用经加热的捻接气流,使得纱线在捻接过程中被捻接和固定在一起,这能增加接头强度,结头的表观质量有极大的提高。但用于黏胶纤维纱线或混有黏胶纤维的纱线时,捻接处会产生染色差别。热捻接器常用于动物纤维纱线或动物纤维与黏胶纤维的混纺纱线,加热的捻接气流保证纤维较好的混合。

（2）空气捻接设备。

KZ904L 型自动空气捻接器:在主机动力的驱动下,能够自动完成引纱、夹持剪断、退捻、拨纱、加捻等一整套捻接动作,从而得到捻接质量一流的无结头纱线。在一定范围内对不同细度的单纱或股线进行捻接,以达到不同的使用要求。其主要结构是由机身传动部件、捻接部件、上剪夹纱部件和下剪夹纱部件等四大部件精准组成的,成结率大于 98%,如图 8-32 所示。

图 8-32　KZ904L 型自动空气捻接器

其主要技术参数如下:

适应品种:棉、毛、化纤及混纺的单纱和股线;适应纱线线密度:8.2～125 tex(120～8 公支);捻接结头强力:单纱≥80%,股线≥70%;捻接结头强力 CV 值＜18%;捻接结头粗度(直径):单纱≤1.2 mm,股线≤1.3 mm;捻接结头长度＜30 mm;捻接一次成结率≥98%;捻接时间:1.1 s;要求压缩空气压力:0.60～0.70 MPa。

7.2　机械式捻接器

机械式捻接器是通过两个转动方向相反的搓捻盘将两根纱线搓在一起。其工作原理可以分为下面几个步骤:

① 纱线引入。在自动络纱机上,分别由吸管和导纱钩来完成,将两根纱线引入两个搓捻盘之间。

② 退捻和牵伸。退捻动作是通过两个搓捻盘的转动来完成的。纱线引入后,两个搓捻盘闭合,并以相反方向转动。夹在搓捻盘之间的两根平行纱线因摩擦作用而发生滚动,由于纱线两端的滚动方向相反,结果使纱线退捻。在退捻过程中对纱线进行牵伸,使纱线的直径减小,保证捻接后纱线的直径仅增加 10%～20%。

③ 中段并拢和去掉多余的纱尾。中段并拢是指将搓捻盘中两根平行分离的纱线靠拢在一起。它是借助固定在搓捻盘上的两对销钉来完成的。如图 8-33(a)所示,图中四个小圆圈表示两对销钉,退捻过程中,销钉随搓捻盘一起转动,当退捻完成、搓捻盘停止转动时,两对销钉刚好将两根单纱拨拢在一起。然后由一对夹纱钳子将纱尾的多余部分夹住并拉断,如图 8-33(b)所示,形成两根逐渐变细、呈毛笔状的须条。

④ 纱与纱尾的并拢。如图 8-33(c)所示,当多余的纱尾被拉断后,捻接器的拨叉(从一侧的

搓捻盘中伸出)并拢,由图中黑点表示,纱与纱尾便紧密地靠在一起。

⑤ 加捻。如图 8-33(d)所示,纱与纱尾并拢后,拨叉退回,搓捻盘以与退捻方向相反的方向回转,对纱线重新加捻。

⑥ 纱线引出。搓捻盘打开,并将纱从搓捻盘中引出。由专门控制装置将搓捻盘打开,并由导纱装置将捻好的纱从搓捻盘中引出。

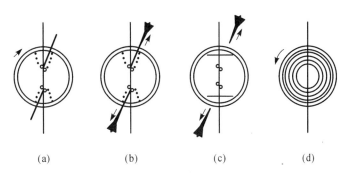

(a)   (b)   (c)   (d)

图 8-33 机械式捻接器的捻接过程图

机械捻接纱具有结头条干好、光滑、没有纱尾等特点,捻接直径为原纱直径的 1.1~1.2 倍,结头强力为原纱的 90%~100%。结头外观和质量都优于空气捻接器,克服了空气捻接纱的结头处纤维蓬松的缺点。但机械捻接器的加工范围有限,只适用于纤维长度在 50 mm 以下的纱线。

8 络纱工艺与质量控制

8.1 络纱工艺设定

络纱工艺参数主要有络纱速度、络纱张力、清纱设定值、筒子卷绕密度、卷绕长度等。

(1) 络纱速度。络纱速度直接影响络纱的产量。络纱机的理论产量和络纱速度成正比,计算公式为:

$$G = 6v\mathrm{Tt}/10^5 \tag{8-8}$$

式中:G——理论产量[kg/(锭·h)];

v——络纱速度(m/min);

Tt——所络制的纱线线密度(tex)。

络纱机的实际产量除了与络纱机的理论产量有关外,还取决于机器效率。在其他条件相同时,络纱速度高,时间效率一般会下降,故车速过高会使得络纱机的实际产量反而不高。为保证在一定的络纱速度下,机器能达到较高的时间效率,对于纱线强力较低或纱线条干不匀的情况,络纱速度应低些,如同样线密度的毛纱的络纱速度较毛涤混纺纱和棉纱低。当纱线中的纤维易产生摩擦静电而导致毛羽增加时,应适当降低络纱速度,如同样线密度的化学纤维纯纺纱的络纱速度应较纯棉纱低些。

络纱速度的确定在很大程度上还要考虑络纱机的机型。自动络纱机材质好,设计合理,制造精度高,所适应的络纱速度可达 1 000 m/min 以上,而 1332MD 型络纱机所能达到的络纱速度一般只有 600 m/min 左右。

(2) 络纱张力。络纱张力一般根据卷绕密度、络纱速度进行调节,同时应保持筒子成形良好,通常为单纱强力的 8%~12%。在络纱机上靠调整张力装置的有关参数来变化络纱张力,这与具体的张力装置形式有关。各锭的张力装置及张力参数调整的一致性十分重要,以保证各筒子的卷绕密度和纱线弹性的一致性。

(3) 清纱设定值。采用电子清纱装置时,可根据后道工序和织物外观质量的要求,将各类纱疵的形态按截面变化率和纱疵所占据的长度进行分类,并在上机时对相应的数据进行设定。清纱设定是有碍纱疵与无碍纱疵及临界纱疵(在清纱特性线上)的划分。所选用的电子清纱器的清纱特性线应尽可能与要清除的纱疵划分设定相靠拢,以期取得良好的清纱效果。

一般而言,机织用棉纱短粗节有碍纱疵可定在纱疵样照的 A_4、B_4、C_4、C_3、D_4、D_3 和 D_2 七级;针织用棉纱短粗节有碍纱疵可定在 A_4、A_3、B_4、B_3、C_4、C_3、D_4、D_3 和 D_2 九级。因为短粗节对针织的影响较大。而本色涤/棉纱短粗节的有碍纱疵也定为 A_4、A_3、B_4、B_3、C_4、C_3、D_4、D_3 和 D_2 九级。无论是七级还是九级,有碍纱疵的设定在样照上是一根折线,电子清纱器的清纱特性直线或曲线不可能与折线完全一致,但需尽可能靠拢。

为了方便、合理地选择清纱设定,不同形式的电子清纱器附有不同的清纱器应用软件,如纱疵分级样照、相关器、译制器、译制器基准表及其他技术资料。把这些应用软件与生产情况相结合,就可使清纱器既能有效控制纱疵,提高纱布质量,又能增加工厂的经济效益。

衡量电子清纱装置性能的优劣,一般可以用正确切断率、清除效率和清纱品质因数三个指标。

$$正确切断率 = \frac{正确切断数}{正确切断数 + 误切数} \times 100\% \tag{8-9}$$

$$清除效率 = \frac{正确切断数}{正确切断数 + 漏切数} \times 100\% \tag{8-10}$$

$$清纱品质因数 = 正确切断率 \times 清除效率 \times 100\% \tag{8-11}$$

正确切断的判别方法有称重法和目测法两种。

① 称重法:以 5 cm 长的化学纤维混纺纱为正常纱线质量,称为标准质量。将清纱装置切取的包含粗节的 5 cm 纱样,称得其质量。凡超过标准质量的 1.75 倍,判认为纱疵,属正确切除;凡低于标准质量的 1.75 倍,不算纱疵。

② 目测法:将清纱装置切取的纱样与分级仪的样照进行目测对比,若切除纱样在设定清纱界限以上,判认为纱疵;低于此界限的,不算纱疵,列为误切。

(4) 筒子卷绕密度。筒子卷绕密度应根据筒子的后道用途、所络纱线的种类确定。染色用筒子的卷绕密度较小,为 0.35 g/cm³ 左右;其他用途的筒子的卷绕密度较大,为 0.42 g/cm³ 左右。适宜的卷绕密度,有助于筒子成形良好,且不损伤纱线的弹性。在络纱机上,通常是靠调整络纱张力来控制卷绕密度的,有些络纱机上还可通过调整筒子对槽筒的压力进行调节。

(5) 卷绕长度。有些情形下,要求筒子上卷绕的纱线达到规定的长度,如整经工序中,集体换筒的机型要求筒纱长度与整经长度相匹配,这个筒纱长度可通过工艺计算得到。在络纱机上,则要根据工艺规定的绕纱长度进行定长。自动络纱机上采用电子定长装置,对定长值的设定极为简便,且定长精度较高。随络纱的进行,当卷绕长度达到设定值时,由切刀将纱切断,停止络纱,等待落筒。普通络纱机上一般没有专设定长装置,只能采用控制卷绕直径的办法进行间接定长,精度较差。

8.2 络纱疵点

络纱过程中会产生各种疵点,这些疵点都会影响下一工序的顺利进行,以致降低生产效率及影响产品质量。常见的疵点有以下几种:

(1) 松结头和长尾结。在整经或织造过程中,松结头会松脱开来,以致引起停车。较大的结头在织布机上不仅影响邻纱的断裂,而且会阻碍纱线顺利地通过综眼和箔齿。

(2) 乱结头。在断头时,络纱工不找出断头,而是拉断筒子的纱圈,把纱圈的一端与管纱上的纱头相接。

(3) 搭头。在断头时,络纱工没有找出断头与管纱上拉出的纱线相接,而是将管纱上的纱搭在筒子上,这样会造成整经时停车。

(4) 蛛网或脱边。产生的原因很多,较明显的脱边是不规则地发生的,一般都是由操作不慎造成的。机器安装不正确或运转中有故障,也会产生这种疵品,如筒管的位置不正、锭管有横向松动、锭子座左右松动等。这种疵点会造成整经断头。

(5) 葫芦筒子。如图 8-34(a)所示。当槽筒式络纱机的槽筒在其沟槽交叉口处很毛糙,张力装置的位置不正和清纱板上的毛粒阻塞时,都会使导纱动程变小,而产生这种疵点。

(6) 包头筒子。如图 8-34 (b)所示。若筒管没有插到底,或筒子从另一个锭子上移过来继续络纱,或者筒管的筒眼太大等,都会产生此种疵品。这种筒子无法供下道工序使用,需要倒下来或割掉。

(7) 凸环。如图 8-34 (c)所示。由于纱未断而筒子抬起后继续回转,致使纱线在筒子上重叠,卷绕成条带,筒子落下后,纱沿槽走到凸起处受较大的阻力,使条带逐渐扩大,而形成凸环筒子,整经退绕时容易断头。

(8) 铃形筒子。如图 8-34 (d)所示。这种筒子形成的原因主要是纱的张力太大或锭管位置不正。铃形筒子妨碍整经时顺利退绕。

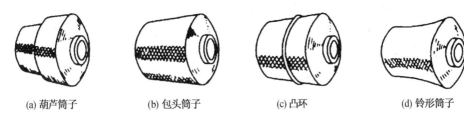

(a) 葫芦筒子　　　　(b) 包头筒子　　　　(c) 凸环　　　　(d) 铃形筒子

图 8-34　疵品筒子

(9) 纱圈重叠。当槽筒机的间歇防叠三页偏心盘张角不对,锭子回转不灵或槽筒沟槽不均,可能造成纱圈的严重重叠。

(10)不规则成形。这种疵品主要是由于加压不均匀、张力装置不正或张力盘不灵活、锭子与槽筒不平衡等造成的。

此外还有绒毛杂质和纱头卷入、油污纱、双纱等疵点。

筒子疵点的形成大部分是由络纱工人的操作不慎和机械设备的技术情况不良所致的。为了消除疵点,必须正确地执行有关的看管和维修机械设备的技术管理规则,并对络纱工进行技术训练或帮助指导。

8.3　络筒机工艺更改内容

络筒工艺要根据纤维材料、原纱质量、成品要求、后工序条件、设备状况等众多因素统筹制订。合理的自动络筒工艺设计应能达到:纱线的品质不能降低,注意减少毛羽的增加;筒子成形良好,内外层卷绕密度一致,张力均匀;既有较高的产量,充分发挥络筒机的效能,又能保证筒子的质量达到工艺要求,并减少机物料消耗和能源的消耗。下面以 Savio-orion 型自动络筒机为例,介绍其工艺配置。

（1）Savio-orion 型自动络筒机的工艺翻改基本内容。Savio-orion 型自动络筒机每变换一个络纱品种，工艺参数都要做相应的改动，以适应新品种的需要。工艺参数主要有络纱工艺、捻接工艺和电清工艺。

① 络纱工艺。络纱工艺参数主要有络纱速度、张力（压力）、质量（长度）。络纱速度的选择要根据生产设备的生产能力和质量要求，以及纱线线密度和品质来决定，纱线粗，速度快；纱线细，速度慢。一般络纱速度越高，筒子纱的毛羽和棉结增长也越多；反之亦然。络纱张力则要根据纱线的细度来定，一般纱线越粗，张力越大；纱线越细，张力越小。当然，络纱张力的大小跟速度的大小也有一定的关系，一般速度增大，张力可适当减小。总之，在保证筒纱成形的基础上，张力越小越好。筒纱质量（长度）则由筒纱成包质量和成包数来定。络纱工艺示例见表 8-2。

表 8-2　络纱工艺示例

纱线线密度（tex）	张力（cN）	络纱速度（m/min）	筒纱质量（g）
J7.3（80ˢ）	9	900	1 650
J14.6（40ˢ）	12	1 200	1 650
C36.4（16ˢ）	22	1 300	1 650
C36.4（16ˢ）	22	900	1 650

② 捻接工艺。捻接器的配置主要是空气捻接器，现以 590L 型捻接器为例。空气捻接器的工艺参数主要有退捻（T_1）、纱尾叠加（L）、加捻（T_2）、气压 P。四种捻接参数的选择要根据纱线材料、细度和捻度来定。一般纱线的纤维抱合力小，T_1 和 P 应小，L 和 T_2 应大，对捻接强力有利。纱线越粗，T_1 和 P 应小，L 和 T_2 应大。纱线捻度越低，T_1 和 P 应小，T_2 应大；反之亦然。空气捻接器的捻接工艺示例见表 8-3。

表 8-3　空气捻接器捻接工艺示例

纱线规格	T_1	L	T_2	P（10^5 bar）
J7.3 tex（80ˢ）	5	7	4	6.5
J14.6 tex（40ˢ）	3	4	3	6
J14.6 tex（40ˢ）强捻	6	4	4	6.5
B19.4 tex（30ˢ）	3	7	3	5.5
C36.4 tex（16ˢ）	2	5	4	5.5

③ 电清工艺。电清工艺有棉结（N）、短粗节（S）、长粗节（L）和细节（T）四种工艺参数。四种工艺参数的选择根据成纱质量和后道工序要求来定。各个企业的电清清纱门限的松紧都不一样，不能一概而论。电清工艺示例见表 8-4。

表 8-4　电清工艺示例

纱线规格	N	S		L		T	
J7.3 tex（80ˢ）	180%	160%	2 cm	35%	30 cm	−35%	30 cm
J14.6 tex（40ˢ）	180%	160%	2 cm	35%	35 cm	−35%	35 cm
C27.8 tex（21ˢ）	200%	180%	2 cm	35%	35 cm	−35%	35 cm
T/C13.0 tex（45ˢ）	180%	160%	2 cm	35%	35 cm	−35%	35 cm

（2）自动络筒机工艺示例。几种机型的络筒工艺示例见表 8-5～表 8-7。

表 8-5　Autoconer 238 型自动络筒机工艺示例

纱线规格	张力	络纱速度（m/min）	S	L	T
C29.2 tex(20ˢ)	4 档	1200	+180%，2 cm	+30%，70 cm	−30%，70 cm
T/C13.0 tex(45ˢ)	2 档	1 100	+180%，2 cm	+30%，70 cm	−30%，70 cm

表 8-6　Autoconer 338 型自动络筒机工艺示例

纱线规格	张力(cN)	络纱速度（m/min）	S	L	T	N
C27.8 tex(21ˢ)	18	1300	+180%，2 cm	+35%，35 cm	−35%，35 cm	200%
J14.6 tex(40ˢ)	12	1 200	+160%，2 cm	+30%，35 cm	−30%，70 cm	180%
J11.7 tex(50ˢ)	10	1100	+160%，2 cm	+35%，35 cm	−35%，35 cm	180%
J9.7 tex(60ˢ)	9	1 000	+160%，2 cm	+35%，35 cm	−35%，35 cm	180%
J7.3 tex(80ˢ)	8	900	+160%，2 cm	+35%，35 cm	−35%，35 cm	180%
T/C13.0 tex(45ˢ)	12	1 300	+180%，2 cm	+35%，35 cm	−35%，35 cm	180%

表 8-7　Savio Orion 型自动络筒机工艺示例

纱线规格	张力(cN)	络纱速度（m/min）	S	L	T	N
C14.6 tex(40ˢ)（针织）	10	1 300	+160%，1.5 cm	+40%，20 cm	−40%，12 cm	+180%
C14.6 tex(40ˢ)（机织）	10	1 300	+160%，1.5 cm	+40%，30 cm	−40%，50 cm	+180%
C29.2 tex(20ˢ)（机织）	18	1 600	+140%，1.5 cm	+40%，30 cm	−40%，12 cm	+160%
C27.8 tex(21ˢ)	18	1 300	+180%，2 cm	+35%，35 cm	−35%，35 cm	200%
J14.6 tex(40ˢ)	12	1 200	+160%，2 cm	+30%，35 cm	−30%，70 cm	180%
J11.7 tex(50ˢ)	10	1 100	+160%，2 cm	+35%，35 cm	−35%，35 cm	180%
J9.7 tex(60ˢ)	9	1 000	+160%，2 cm	+35%，35 cm	−35%，35 cm	180%
J7.3 tex(80ˢ)	8	900	+160%，2 cm	+35%，35 cm	−35%，35 cm	180%
T/C13.0 tex(45ˢ)	12	1 300	+180%，2 cm	+35%，35 cm	−35%，35 cm	180%

【技能训练】

　　纱疵分类技能训练。

【课后练习】

　　1. 络纱的任务是什么？

　　2. 自动络纱机的组成及其作用是什么？

　　3. 筒子的卷装形式有哪些？络纱常用的是哪类？为什么？

　　4. 筒子的卷绕原理是什么？

　　5. 筒子有何结构特点？

　　6. 络纱卷绕过程中为何会产生重叠？如何防止重叠？

　　7. 络纱张力变化的原则是什么？如何控制络纱张力？

　　8. 为何要对纱线进行清纱？清纱方式有哪些？各有何特点？如何选择？

9. 如何设置清纱工艺？

10. 纱线捻接的方式有哪些？各有何特点？

11. 络纱工艺如何确定？其质量如何控制？

12. 电子清纱器上必须设定的剪切纱疵有哪些？

13. T/C 65/35 的材料系数是多少？

14. A_4、E、I_2 三类纱疵在布面上会产生什么现象？

15. 空气捻接器的工作原理是什么？哪些因素可能影响纱线结头质量？

任务 8.2 并　纱

【工作任务】 1. 画出并纱的工作流程图,并标明主要机件名称。

　　　　　　 2. 讨论并纱张力配置原则。

【知识要点】 1. 并纱机的任务。

　　　　　　 2. 并纱机的工艺流程。

1　并纱的任务

并纱的主要任务是将两根或两根以上的单纱并合成张力均匀的多股纱的筒子,供捻线机使用,以提高捻线机效率。

2　并纱机工艺过程及主要机构

2.1　并纱机的工艺过程

图 8-35 所示为 FA702 型并纱机的工艺过程。单纱筒子 2 插在纱筒插杆 1 上,纱自单纱筒子 2 上退绕出来,经过导纱钩 3、张力垫圈装置 4、断纱自停装置 5、导纱罗拉 6、导纱辊 7,由槽筒 8 的沟槽引导,卷绕到筒子 9 的表面上。

2.2　并纱机的主要机构及作用

(1) 张力装置。当纱线通过两个转动的张力盘时,靠重力加压使纱线获得张力,有利于卷绕和加大容量。

(2) 断头自停装置。为保证卷绕到并纱筒子上的纱能符合规定的并合根数,不致有漏头而产生并合根数不足的筒子,并纱机上的断头自停装置必须使任何一根纱断头后,筒子都能离开槽筒而停止转动,要求作用灵敏、停动迅速,以减少回丝和接头操作时间。并纱机上使用的落针式断头自停装置,主要机件是落针与自停转子(或星形轮)。当单筒纱用完或断头时,落针失去纱的张力作用,因本身的质量而下落;下落后受到一高速回转的自停的转子的猛烈打击,经杠杆与弹簧(或杠杆与重锤)的作用,导致纱筒与槽筒脱离接触,并使筒子停转。在新型并纱机上采用压电式断纱自停装置。当纱线断头后,PLC 控制电磁离合器、电磁刹车系统,使转动机件停止运转。

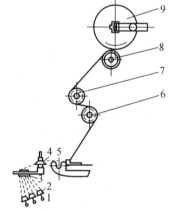

图 8-35　并纱机工艺过程
示意图

1—纱筒插杆;2—单纱筒子;
3—导纱钩;4—张力垫圈装置;
5—断纱自停装置;6—导纱罗拉;
7— 导纱辊;8—槽筒;9—筒子

3 并纱机的工艺配置

3.1 工艺配置

（1）卷绕速度。并纱机卷绕速度与并纱的线密度、强力、纺纱原料、单纱筒子的卷绕质量、并纱股数、车间温湿度等因素有关。

（2）张力。并纱时应保证各单纱之间张力均匀一致，并纱筒子成形良好，达到一定的紧密度，并使生产过程顺利。并纱张力与卷绕速度、纱线强力、纱线品种等因素有关，一般掌握在单纱强力的10%左右，通过张力装置调节。张力装置与络筒机相似，常用圆盘式张力装置，它通过张力片的质量来调节，见表8-8和表8-9。

表8-8 不同线密度纱线选用的张力圈质量

线密度(tex)	36~60	24~32	18~22	14~16	12以下
张力圈质量(g)	25~40	20~30	15~25	12~18	7~10

表8-9 有关参数与张力圈质量的关系

参数	卷绕速度		纱线强力		纱线原料		导纱距离	
	高	低	高	低	化纤	纯棉	长	短
张力圈轻重	较轻	较重	较重	较轻	较轻	轻重	较轻	较重

3.2 FA703型并纱机传动系统图（图8-36）

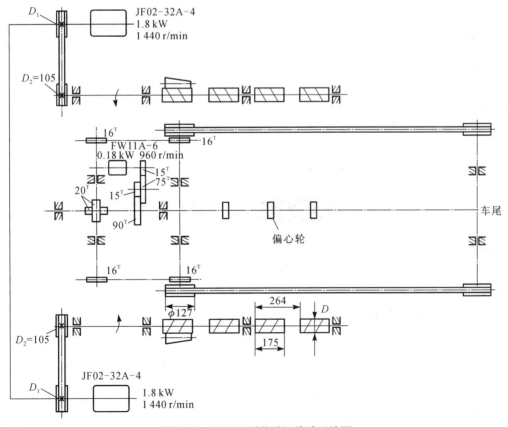

图8-36 FA703型并纱机传动系统图

3.3 FA703 型并纱机工艺计算

（1）槽筒转速。

$$n_1(\text{r/min}) = 1\,440 \times \frac{D_1}{D_2} = 13.71D_1 \tag{8-12}$$

（2）卷绕线速度。

$$v(\text{m/min}) = \frac{n_1}{1\,000}\sqrt{(\pi D\eta)^2 + S^2} \tag{8-13}$$

式中：D_1——电动机胶带轮直径(mm)；

D_2——槽筒胶带轮直径(105 mm)；

D——槽筒直径(79.4 mm)；

S——槽筒平均螺距(mm)(槽筒直径 79.4 mm 时，平均螺距 62 mm)；

η——滑溜系数(取 0.96 左右)。

当电动机胶带轮直径 D_1 变化时，槽筒转速 n_1 和卷绕速度 v 的关系见表 8-10。

表 8-10　电动机胶带轮直径与槽筒转速、卷绕线速度的关系

D_1(mm)	118	135	155	170	190
n_1(r/min)	1 618	1 850	2 125	2 330	2 605
v(m/min)	400	458	526	576	644

【技能训练】

讨论并纱机的张力配置原则，特别是不同种类的纱并合时的张力配置。

【课后练习】

1. 并纱工序的任务是什么？

2. 并纱机的工艺流程是什么？

3. 并纱机的车速选择的原则有哪些？

任务8.3 捻　　线

【工作任务】1. 掌握捻线合股数的原则。

2. 讨论普通捻线机和倍捻机的加捻方法。

【知识要点】1. 捻线机的任务。

2. 普通捻线机、倍捻机的工艺流程。

1　捻线的任务

捻线的任务是将两根或两根以上的单纱并合在一起，并加上一定捻度，加工成股线。普通的单纱不能充分满足某些工业用品和高级织物的要求，因为单纱加捻时内外层纤维的应力不

平衡,不能充分发挥所有纤维的作用。单纱经过并合、捻线后得到的股线,比同样粗细的单纱的强度高,条干均匀,耐磨,表面光滑美观,弹性及手感好。此外,可将两根及两根以上不同颜色或不同原料的单纱捻合在一起,制成花式线或多股线,以进一步满足人民生活和某些工业产品的要求。

捻线机的种类,按加捻方法可分为单捻捻线机与倍捻捻线机两种;按股线的形状和结构可分为普通捻线机与花式捻线机两种;根据捻线时股线是否经过水槽着水,可分为干捻捻线机与湿捻捻线机两种。

2　倍捻技术

倍捻机是倍捻捻线机的简称。倍捻机的锭子转一转可在纱线上施加两个捻回,故称为"倍捻"。由于倍捻机不用普通捻线机的钢领和钢丝圈,锭速可以提高,加之具有倍捻作用,因而产量较普通捻线机高。如倍捻机的锭速为 15 000 r/min 时,相当于普通捻线机的 30 000 r/min。倍捻机制成的股线筒子容纱量较普通线管大得多,故合成的股线结头少。倍捻机还可给纱线施加强捻,最高捻度可达 3 000 捻/m 。加捻后的纱线可直接络成股线筒子,与环锭捻线机(普通捻线机)相比,可省去一道股线络纱工序。所以倍捻机是一种高速、大卷装的捻线机。

倍捻捻线的发展很快,20 世纪 60 年代末,在棉纱、合成纤维混纺纱方面都有应用,可以加工棉、毛、丝、麻、化学纤维多种产品。缝纫线要求结头少,倍捻捻线也能满足此要求。随着化学纤维工业的迅速发展,也发展了加工化学纤维牵伸加捻机的炮弹筒子倍捻机,同时还发展了加工粗特地毯纱和帘子线的重型倍捻机。倍捻机的缺点是:锭子结构复杂,造价高,耗电量大,断头后接头比较麻烦(需用引纱钩)。因此倍捻机必须在并纱后才能显示其优点。图 8-37 所示为倍捻机的剖面示意图。

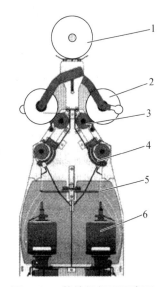

图 8-37　倍捻机剖面示意图

1—预备筒子;2—卷绕筒子;3—槽筒;4—偏导调节装置;5—导纱钩;6—锭子

2.1　倍捻原理

倍捻的原理可以从捻向矢量的概念引出。如果将纱条两端握持,加捻器在中间加捻,输出纱条不会获得捻回,属于假捻,如图 8-38(a)所示。如果将 B 移至加捻点的另一侧,如图 8-38(b)所示,而将 C 点扩大成为包括两段纱段(AC、BC)的空间而进行回转,这时再从定点 A 与 B 看加捻点 C,加捻器转一转,AC 和 BC 段各自获得一个相同捻向的捻回。在纱线输出过程中,AC 段上的捻回运动到 CB 段时,就获得两个捻回。

2.2　倍捻机的工艺过程

倍捻机按锭子安装方式不同分为竖锭式、卧锭式、斜锭式三种,按锭子的排列方式不同分为双面双层和双面单层两种。每台倍捻机的锭子数随形式不同而不同,最多达 224 锭。图 8-39

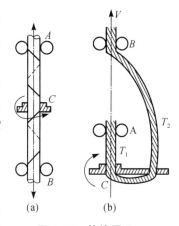

图 8-38　倍捻原理

所示为 VTS 倍捻机的工艺过程图。无捻纱线 1 借助于退绕器 3(又叫锭翼导纱钩),从喂入筒子 2 上退绕出来,从锭子上端向下穿入空心轴中。在空心轴中,纱线由张力器(纱闸)4 施加张力,再进入旋转的锭子转子 5 的上半部,然后从储纱盘 6 的小孔中出来。这时,无捻纱在空心轴内的纱闸和锭子转子内的小孔之间进行第一次加捻,即施加了第一个捻回。已经加了一个捻回的纱线绕着储纱盘形成气圈 8,再受到气圈罩 7 的支撑和限制,气圈在顶点处受到导纱钩 9 的限制。纱线在锭子转子和导纱钩之间的外气圈进行第二次加捻,即施加了第二个捻回。经过加捻的股线通过断纱探测杆 10、超喂罗拉 12、横动导纱器 14,交叉卷绕到卷取筒子 16 上。卷取筒子 16 夹在无锭纱架 17 上的两个中心对准的圆盘 18 之间。

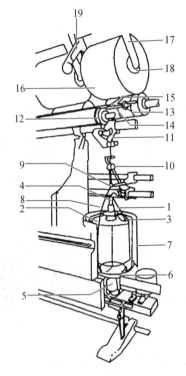

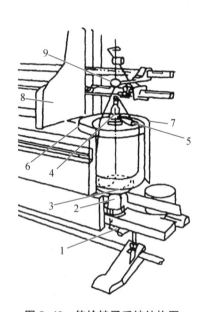

图 8-39　VTS 倍捻机工艺过程图

1—无捻纱线;2—喂入筒子;3—锭翼导纱钩;4—张力器;
5—锭子转子;6—储纱盘;7—气圆罩;8—气圈;
9—导纱钩;10—断纱探测杆;11—可调罗拉;
12—超喂罗拉;13—预留纱尾装置;14—横动导纱器;
15—摩擦辊;16—卷取筒子;17—无锭纱架;
18—圆盘;19—摇臂

图 8-40　倍捻锭子系统结构图

1—锭子转子制动器;2—锭子转子;
3—储纱盘;4—张力牵伸装置;
5—退绕器;6—锭子防护罐;
7—气圈罩;8—隔离板;
9—气圈导纱器

2.3 倍捻机的主要机构及其作用

(1) 倍捻锭子。倍捻锭子是倍捻捻线机的核心部件,包括倍捻锭子和锭子制动器。而倍捻锭子由锭子转子、储纱盘、退绕器、锭子防护罐、隔离板、气圈导纱器、气圈罩和张力装置等一系列零部件组成,是一个比较复杂的零部件系统。倍捻锭子系统结构如图 8-40 所示。

倍捻锭子中,主要零件的作用如下:

① 锭子转子:锭子转子是实现倍捻的关键部件,它包括锭轴、储纱盘、绕纱板、空心轴(防护罐支撑)。锭子与切向皮带接触,因而被驱动。储纱盘 3 储存的纱线用于补偿退绕不稳定所

引起的纱线余缺,其储纱量由张力牵伸装置 4 调整。由于锭子转子 2 携带纱线旋转,纱线在空心轴内的纱闸和储纱盘小孔之间进行第一次加捻,获得一个捻回的纱线从储纱盘的小孔中被输出。绕纱板在锭子防护罐 6 周围形成外气圈,并在锭子转子和猪尾形导纱钩之间的外气圈进行第二次加捻。

② 退绕器:退绕器又叫锭翼导纱钩,由运动着的纱线带动做旋转运动,使无捻纱从供应筒子上顺利退绕输出。从锭翼导纱钩至锭子顶端退绕的无捻纱形成一个气圈。由于它位于锭子防护罐内,所以又叫内气圈。内气圈的张力由锭子顶端的张力牵伸装置调整。

③ 锭子防护罐:锭子防护罐由电磁联轴器连接在锭子空心轴上,从而不接受动力,其作用是支撑、保护喂入筒子,使之与外气圈隔离开来。

④ 气圈罩:它位于锭子防护罐之外,作用是限定外气圈的大小,有减小气圈张力、降低能耗之作用。是否配用气圈罩,由锭子的型号决定。

⑤ 隔离板:隔离板可把每个单独锭子系统分开,防止废纱进入相邻锭子而产生飘头、多股等疵品。

⑥ 气圈导纱钩:其形状如猪尾,位于锭子顶端正上方。它的作用是调节外气圈高度和纱线张力,并在此完成第二次加捻。外气圈张力的大小影响断头和能耗。

⑦ 锭子制动器:锭子制动器由一个两段式制动活塞组成,并通过一个踏板系统进行操作。脚踏开关有两个功能:一是制动锭子,使锭子停转;二是气流穿纱,便于接头。要实现上述两个功能,只需用脚踩踏板两下:踩第一下时,两级电路刹住锭子转子,使锭子停转;踩第二下时,压缩空气通过纱锭的固定孔输入,同时将纱线吸入锭子空心轴,这时锭子底部的折流器使纱线喷出锭子防护罐之外,并向上喷送至锭子上部,被操作人员抓住,便于接头。压缩空气松开之时,锭子制动盒自动打开,又可正常运转。锭子制动和气流穿纱的压缩空气由车头空气压缩机通过管道输送到每一个锭子。

⑧ 断头自停装置:正常生产时,探纱针和运动着的纱线接触;断头时,断头自停探针落下,纱线被夹纱器夹住,防止后续纱线继续从喂线筒子上退绕,可避免在纱锭上产生绕线,阻止纱头被打烂和随之而来的飞花。

(2) 卷绕机构。倍捻机的卷绕机构由超喂罗拉、横动导纱器、摩擦罗拉、卷绕筒子及其支架、换筒尾纱装置等组成,如图 8-41 所示。

① 超喂罗拉:超喂罗拉的作用是支撑纱线,并减小气圈张力。超喂罗拉的表面速度比摩擦罗拉的表面速度高 60%。

② 换筒尾纱装置:卷绕筒子的连续络纱,需要卷绕筒留有尾纱,以方便后部加工。纱线在导向板内通过,卷绕空筒转几圈之后,工人用手把股线托出来,它便自动进入横动导纱器。

③ 横动导纱器:位于齿轮箱中部的提升偏心装置,传动导纱器做横向运动。横动导纱器使纱线不断进入卷绕筒子,同时实现横向导纱。

④ 卷绕罗拉:卷绕罗拉又称摩擦罗拉。卷绕筒子依靠摩擦力,由卷绕罗拉带动。为了加大摩擦力,卷绕罗拉中部一段常使用胶质环。摩擦罗拉的速度决定了卷绕速度,而卷绕速度和锭子速度共同决定捻度。

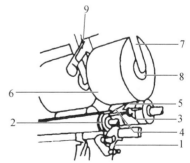

图 8-41　VTS 倍捻机卷绕机构

1—可调罗拉;2—超喂罗拉;
3—预留纱尾装置;4—横动导纱器;
5—摩擦辊;6—卷取筒子;
7—筒子架;8—圆盘夹头;9—摇臂

⑤ 卷绕筒子支架：卷绕筒子支架是一个四铰点支架机构，它支撑着柱形或锥形筒子。四铰点支架机构适用于卷绕不同直径的筒子。这种卷绕机构的主要优点是：第一，不论卷绕筒子直径大小如何，横动导纱器与卷绕筒子的距离极近且近乎恒定，导线工作十分准确，使筒子成形棱角完整；第二，卷绕筒子直径不断增大，但它与摩擦罗拉间的摩擦点保持不变，两者间的压力也随着筒子直径增大而调整，可保证卷绕密度均匀，并保持筒子的洁净度；第三，横动导纱器内的角张力维持在最低限度。

（3）张力装置与张力调节。在倍捻过程中，纱线张力主要指内气圈张力、外气圈张力和卷绕张力。

① 内气圈张力：内气圈位于锭子防护罐内部的锭子顶端，因无捻纱线的退绕而产生。退绕张力的大小影响储纱盘内的储纱量，由张力牵伸装置调整。张力牵伸装置又叫张力调节器，其压力由拉帽控制，分 1～4 级供选择。

② 外气圈张力：外气圈张力由气圈罩和猪尾形导纱钩调节。气圈罩限定了外气圈的径向尺寸，而导纱钩限定了气圈的高度。气圈罩的设计尺寸和导纱钩的安装高度与位置必须有利于减小气圈张力，以减少断头、降低能耗。

③ 卷绕张力：卷绕张力主要由柔性卷绕装置调节。柔性卷绕装置又叫偏导调节装置，由一个固定的和一个可调的两个偏导滚子组成。股线自导纱钩上行，经固定和可调偏导滚子后到达超喂罗拉。可调偏导滚子共有六个孔位可调，在不同的孔位时，股线在超喂罗拉上的包围弧长度不同。调整偏导滚子的位置，可改变超喂罗拉的绕线角，从而调整股线的张力，使卷绕筒子可松可紧。另外，卷绕张力与超喂罗拉、摩擦罗拉及横动导纱器运动速度有直接关系。如前所述，倍捻机的超喂罗拉的表面速度比摩擦罗拉高 60% 左右，其卷绕张力及横动导纱器内的角张力维持在最低限度。

2.4 捻线工艺的设置

（1）股线的合股数和捻向的确定。

① 合股数：一般衣着用线，两股并合已能达到要求。为了加强艺术结构，花式线可用三股或多股。对强力、圆整度要求高的股线，须用较多的股数，如缝纫线一般用三股。若超过五股，容易使某根单纱形成芯线，使纱受力不均匀，降低并捻效果。为此，常用复捻方式制成缆线，如帘子线、渔网线等。但要求比较厚而紧密的织物，如帆布、水龙带等，若采用单捻方式，也能符合使用要求。

② 捻向：合股线的加捻方向对股线质量的影响很大。在股线一次加捻时，如采用反向加捻（单纱与股线捻向相反），可使股线中各根纤维所受的应力比较均匀，能增加股线强力，并得到手感柔软、光泽较好的股线，且捻回稳定、捻缩较小，所以，绝大多数股线都采用反向加捻。同向加捻时（单纱与股线的捻向相同），采用较小的股线捻系数，即可达到所需的强力，捻线机的产量也可以提高。同向加捻股线比较坚实，光泽及捻回稳定性差，股线伸长大，但具有回弹性高、渗透性差的特点，适用于编制花边、渔网及一些装饰性织物。在生产中，为了适应棉纺细纱挡车工操作，一般单纱都为 Z 捻，股线采用反向加捻时用 ZS 表示，采用同向加捻时用 ZZ 表示。而捻线机挡车工接头与捻向无关。复捻时，为了使捻度比较稳定，常采用 ZZS 或 ZSZ 两种加捻方式。前者股线断裂伸长较好，机器生产率较低；后者股线强力不匀率低。在实际生产中，要根据缆线用途要求确定捻向。

（2）捻系数。捻系数对股线性质的影响较大。应根据股线的不同用途要求，选择合适的捻系数,同时应与单纱捻系数综合考虑。强捻单纱,股线与单纱的捻度比(简称捻比)可小些;弱捻单纱,股线与单纱的捻比可大些。

衣着织物的经线要求股线结构内外松紧一致、强力高,其捻比一般在 1.2~1.4 范围内(双股线)。如要求股线的光泽与手感好,则股线与单纱的捻系数配合应使表面纤维轴向性好,这样,不仅光泽好,而且轴向移动时耐磨性也较好,股线结构呈外松里紧,因此,手感较柔软,染整液剂的渗透性好。当捻比为 0.7~0.9 时,外层纤维的轴向性最好。若考虑提高股线强度,则捻比不能过低。不同用途的股线,还应考虑它的工艺要求和加工方法。

(3)纱线定量。直接送本厂织部用的经、纬股线,纱线定量一般按照标准设计。因为经纱由织部考虑布的伸缩率和上浆率,直接纤纱伸长率一般不大。如是售筒,则需要考虑络纱伸长,一般伸长率在 0.3% 左右;若是绞纱成包,需考虑筒摇伸长,一般为 ±0.2%。股线定量按下式设计:

$$\text{股线设计干燥定量(g/10 m)} = \frac{\text{股线线密度}}{10.85} \times \frac{1}{1 \pm \text{络筒或筒摇伸长(回缩)率}} \quad (8\text{-}14)$$

式中:伸长率用"一"号;回缩率用"+"号。

后加工过程中,纱线的定量较为复杂,很难计算准确。生产中根据长期积累的经验拟定。

3　并捻联合技术

3.1　环锭并捻联合技术

国内广泛采用的普通并捻联合单捻捻线机为 FA721-75 型,其结构与环锭细纱机基本相似,不同之处是没有牵伸机构。

(1)FA721-75 型捻线机工艺过程。如图 8-42 所示,左边纱架为纯捻捻线专用,喂入并线筒子;右边纱架为并捻联合时使用,喂入圆锥形单纱筒子。现以右边纱架说明其工艺过程。从圆锥形筒子轴向引出的纱,通过导纱杆 1,绕过导纱器 2,进入下罗拉 5 的下方;再经过上罗拉 3 与下罗拉钳口,绕过上罗拉后引出,并通过断头自停装置 4 穿入导纱钩 6;再绕过钢领 7 上高速回转的钢丝圈,加捻成股线后卷绕在筒管 8 上。

(2)捻线机的主要机构及其作用。

① 喂纱机构:包括纱架(筒子架)、横动装置、罗拉等。

a. 纱架:纱架的形式有纯捻纱架与并捻联合纱架两种。纯捻型的筒子横插于纱架上,并好的纱由筒子径向引出时,筒子在张力的拖动下慢速回转退解,喂入的纱可保持相当的张力而穿绕于罗拉上。纱的退绕张力排除了气圈干扰的因素,所以变化不显著。在筒子退绕到最后时,因筒子质量减轻、转速加快,筒子产生跳动,甚至引起断头。因此,筒管的直径不可过小。

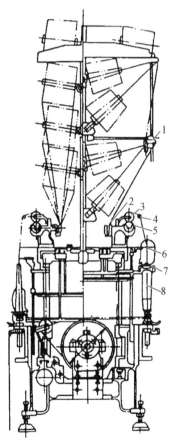

图 8-42　FA721-75 型捻线机工艺过程示意图

1—导纱杆;2—导纱器;3—上罗拉;
4—断头自停装置;5—下罗拉;
6—导纱钩;7—钢领;8—筒管

再考虑到合股纱的强力不大,络纱筒子的最大直径不宜过大。综合这两个因素,并线筒子的容量就受到限制。并捻联合机的筒子横插于纱架上,从筒子轴向牵引或退绕而引出单纱,经导纱杆和张力球装置,并合后喂入罗拉。由于纱从筒子轴向引出时,随着气圈的高度与锥形筒子直径的变化,纱的张力不断变化,因而需要适当调节纱架的位置、单纱在导纱杆上的穿绕方法、张力球质量,以使单纱的张力趋于均匀。

b. 水槽:在湿捻捻线机上,水槽装置为必要部分。如图 8-43 所示,加捻前的单纱要通过水槽,使纱浸湿着水,从而使强力比干捻时大,断头减少,捻成的股线外观圆润光洁、毛羽少。

湿捻法主要应用于细特纱针织汗衫用线、缝纫用线、编网用线及帘子线产品。但因纱吸收了水分,质量增加,回转时纱的张力较大,动力消耗比干捻时多,锭子速度也比干捻时低。纱条的吸水量是通过调节玻璃棒在水槽中的高度来调节的,一般玻璃棒浸水 $1/2 \sim 2/3$ 较适当;生产中还采用提高水温或适当加入渗透剂等方法来增加吸水量。

图 8-43 湿捻水槽

c. 罗拉:捻线机一般只用一对罗拉或两列下罗拉与一个上罗拉,只有在捻花式线时,才使用两对罗拉或三对罗拉。罗拉表面镀铬,圆整光滑。为了防止停车时纱线从上罗拉表面滑到罗拉颈上,在上罗拉表面近两侧处车一切口,开车时纱线自动脱离切口,进入正常位置。

② 加捻卷绕和升降机构:包括导纱板和导纱钩、钢领和钢丝圈、锭子和筒管、锭子掣动器(膝掣子或煞脚)、锭带和辊筒(或滚盘)等部件。加捻卷绕和升降过程与环锭细纱机基本相同。

③ 断头自停装置:新型环锭捻线机 FA721-75 型装有断头自停装置,以减少缠罗拉、飘头多股疵品,避免产生大量回丝,同时,挡车工用于巡回监视断头,处理断头的时间和精力可大为减少。断头自停装置的结构如图 8-44 所示。断头自停器可看作一个特型杠杆,其支点 B 是一直径为 12 mm 的孔,套在压辊($\phi=10$ mm)的小轴上。一个力点是直径 1.2 mm 的金属杆 A,另一个力点是和基体连在一起的涂为红色的塑料片 C,在金属杆下方是插片 D,与断头器配套使用的还有一个控制纱线走向的导纱杆 E。正常运转时,金属杆 A 轻轻压在纱线上,纱线张力使断头自停器处于"抬起"状态。此时,插片 D 悬空,红色塑料片 C 隐藏在最低位置;纱线断头后,纱线张力消失,断头自停器的金属杆 A 跌落向下,做顺时针方向旋转,插片 D 插入上压辊和罗拉之间,将上压辊抬起少许,而脱离下罗拉,遂使纱线停止输送。此时,红色塑料片已旋至上压辊上方,树起一红色标记,使值车工在远处便可看到断头锭子的位置。该装置的应用对减少纱疵、降低断头、减轻工人劳动强度有明显效果。

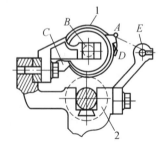

图 8-44 断头停喂装置
1—上压辊;2—罗拉

3.2 并捻联合倍捻机

与环锭捻线机一样,倍捻捻线机的喂入筒子可以是一个并纱筒,也可以是两个单纱筒子,在倍捻机上一次完成并纱与捻线。这种机器称为并捻联合倍捻机。

并捻联合倍捻机与喂入并纱筒子的倍捻机的各部机构作用基本相同,不同之处只是有两个单纱筒子同时叠藏在锭子空心轴上,如图 8-45 所示的右半部。从两个单纱筒子抽出的两根单纱,经空心锭子顶端孔内导入,再从底部喷纱孔引出,在锭子防护罐外形成外气圈,进行倍捻。并捻联合倍捻机喂入的两个单纱筒子的中间放置一个隔离盘。

对于普通织物和针织用股线,可以采用并捻联合倍捻机,不但可提高生产效率,还可以省去并纱工序。但是对于质量要求高的股线,如缝纫线,不宜采用并捻联。而且并捻联只用于双股线的加工,三股及以上的必须增加并纱工序,以保证股线结构均匀、张力一致。

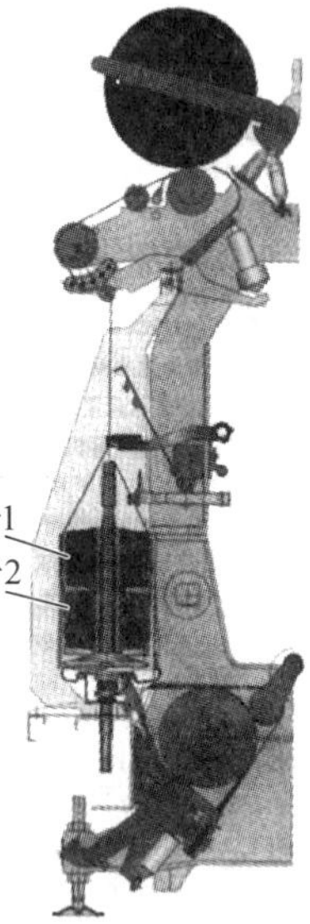

筒子1
筒子2

图 8-45 并捻联合倍捻原理

4 倍捻机的工艺配置(EJP834 型倍捻机)

4.1 锭子转速

锭子的转速和加捻纱的品种有关。一般情况下,纯棉纱线密度与锭子转速的关系见表 8-11。

表 8-11 纯棉纱线密度与锭子转速的关系

纯棉纱线密度(tex)	7.5×2	9.7×2	12×2	14.52	19.5×2	29.5×2
锭子转速(r/min)	10 000~11 000	10 000~11 000	8 000~10 000	8 000~10 000	7 000~9 000	7 000~9 000

4.2 捻向、捻系数

(1)捻向。棉纱一般采用 Z 捻,股线采用 S 捻。其他特殊品种捻向见表 8-12。

表 8-12 特殊品种捻向

捻向	纱线品种				
	缝纫线	绣花线	巴厘纱织物用线	隐条、隐格呢隐条经线	帘子线
细纱	S	S	S	S	Z
股线	Z	Z	S	Z	ZS 或 SZ

(2)纱线捻比值。纱线捻比值为股线捻系数与单纱捻系数的比值。捻比值影响股线的光泽、手感、强度及捻缩(伸)。不同用途的股线与单纱的捻比值见表 8-13。如有特殊要求,则另行协商确定。

股线要获得最大的强力,其捻比理论值为:

双股线:
$$\alpha_1 = 1.414\alpha_0 \tag{8-15}$$

三股线:
$$\alpha_1 = 1.732\alpha_0 \tag{8-16}$$

式中:α_1——股线捻系数;

α_0——单纱捻系数。

实际生产中,考虑到织物服用性能和捻线机产量,一般采用小于上述理论的捻比值。当单纱捻系数较高时,捻比值低于理论值;当采用较低捻度的单纱时,股线捻系数接近或略大于理论值。

表 8-13 不同用途的股线与单纱的捻比值

产品用途	质量要求	捻比值
织造用经线	紧密、毛羽少、强力高	1.2～1.4
织造用纬线	光泽好、柔软	1.0～1.2
巴厘纱织物用线	硬挺、爽滑、同向加捻、经热定形	1.3～1.5
编织用线	紧密、爽滑、圆度好、捻向 ZSZ	初捻:1.7～2.4 复捻:0.7～0.9
针织汗衫用线	光泽好、柔软、结头少	1.3～1.4
针织棉毛衫、袜子用线	—	0.8～1.0
缝纫用线	紧密、光洁、强力高、圆度好、捻向 SZ,结头及纱疵少	双股:1.2～1.4 三股:1.5～1.7
刺绣线	光泽好、柔软、结头小而少	0.8～1.0
帘子线	紧密、弹性好、强力高、捻向 ZZS	初捻:2.4～2.8 复捻:0.85 左右
绉捻线	紧密、爽滑、伸长大、强捻	2.0～3.0
腈/棉混纺	单纱采用弱捻	1.6～1.7
黏纤纯纺、黏纤混纺	紧密、光洁	1.3 左右

(3) 捻缩(伸)率。

捻缩(伸)率=[(输出股线计算长度－输出股线实际长度)/输出股线计算长度]×110%。计算结果中,"＋"表示捻缩率,"－"表示捻伸率。

① 双股线反向加捻时,捻比值小,股线伸长;捻比值大,股线缩短。捻缩(伸)率一般为 －1.5%～＋2.5%。

② 双股线同向加捻时,捻缩率与股线捻系数成正比,一般为 4%左右。

③ 三股线反向加捻时,均为捻缩,捻缩率与股线捻系数成正比,捻缩率为 1%～4%。

5 花式纱线及其加工方法

5.1 花式纱线的分类

花式纱线是指在纺纱过程中采用特种纤维原料、特种设备和特种工艺,对纤维或纱线进行特种加工而得到的纱线。花式纱线种类繁多、应用较广。几种花式纱线的结构如图 8-46 所示。

花式纱线的分类,尚无统一的命名和分类标准,一般包括两大类:第一大类是花式纱线,主要特征是具有不规则的外形与纱线结构;第二类是花色纱线,主要特征是纱线外观在长度方向呈现不同的色泽变化或特殊效应的色泽。

(1)花式纱线。常用的有以下几种:

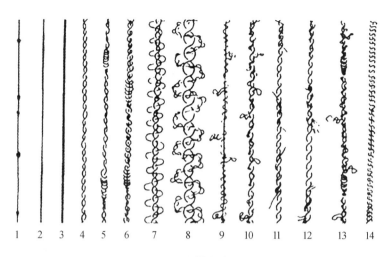

图 8-46　几种花式纱线的结构

1—结子线；2—竹节纱；3—印节线；4—并色线；5—单色结子线；6—双色结子线；
7—单色环圈线；8—双色环圈线；9—毛巾线；10—毛巾线(有加圈线)；
11—断纱线；12—断丝线；13—毛巾结子线；14—双色花饰线

① 波纹纱：因为饰纱在花式线表面生成弯曲的波纹，所以称为波形线。花式线中，它的用途最广，产量也最大。

② 大肚纱：这种纱与竹节纱的主要区别是粗节处更粗，而且较长，细节反而较短。一般竹节纱的竹节较少，在 1 m 中只有两个左右的竹节，而且很短，所以竹节纱以基纱为主，竹节起点缀作用。而大肚纱以粗节为主，撑出大肚，且粗细节的长度相差不多。

③ 圈圈线：圈圈线最突出的特征是在线的表面生成圈圈。这类圈圈由于纤维没有经过加捻，手感特别柔软。这类花式线在环锭花式捻线机和空心锭花式捻线机上均能生产。

④ 粗节线：这种粗节线的粗节是一段粗纱经拉断后附着在芯纱与固纱之间而形成的。

⑤ 结子线：在线的表面生成一个个较大的结子，这种结子是在生产过程中由一根纱缠绕在另一根纱上而形成的。一般在双罗拉花式捻线机上生产。

⑥ 金银丝：金银丝是涤纶薄膜经真空镀铝染色后切割而成的。由于涤纶薄膜的延伸性大，在实际使用中往往要包上一根纱或线。

⑦ 辫子线：这类花式线采用一根强捻纱做饰纱，在生产过程中，饰纱为超喂，使其在松弛状态下因回弹力发生扭转而生成不规则的小辫子，附着在芯纱和固纱中间成为辫子线。

⑧ 毛巾线：这类花式线的生产工艺和波纹线基本相同，往往喂入两根或两根以上的饰纱。两根饰纱不是向两边弯曲，而是无规律地在芯纱和固纱表面形成较密的屈曲，类似毛巾的外观，所以称为毛巾线。

⑨ 断丝线：断丝线是在花式线上间隔不等距地分布着一段段另一种颜色的纤维，也有的在生产过程中把黏胶丝拉断，使其一段段地附着在花式线上。

⑩ 雪尼尔线：雪尼尔线又称绳绒线。它由芯纱和绒毛线组成，芯纱一般用两根强力较高的棉纱合股线组成，也有用涤纶或腈纶线的。雪尼尔线的外表像一根绳子，其上布满绒毛。芯纱和绒纱用同一种颜色，纱质和原料也相同的，称为单色雪尼尔线。用对比较强的两根不同颜色的纱做绒纱，使线的绒毛中出现两种色彩的，称为双色雪尼尔线。此外，还有珠珠雪尼尔线（乒乓线）。用蚕丝生产的绳绒线又称丝绒线。雪尼尔线一般用雪尼尔机生产。

（2）花色纱线。常用的有以下几种：

① 色纺纱：色纺纱是利用不同色彩的纤维原料，使纺成的纱不必经过染色处理，即可用作针织物或机织物，如用黑白两种纤维纺成的混灰纱或用多种有色纤维纺成的多彩纱等。

② 多纤维混纺纱：利用不同染色性能的纤维混合纺纱，再经过不同染料的多次染色，使其达到和色纺纱相似的效果。利用这种纱可先制成各种织物，然后经过染色处理就显示出独特的效果。用这种方法纺成的纱，染色灵活性比色纺纱大，因为色纺纱不能改变已有的色彩，而这种纱可按照需要随时上染不同的颜色。

③ 双组分纱：用两种不同颜色或不同染色性能的纤维单独制成粗纱，在细纱机上用两根不同颜色的粗纱同时喂入，经牵伸加捻后纺成的纱，外观效应与以上两种又有不同。例如，用黑白两根粗纱纺成的纱和黑白两根单纱并成的线，外观相似；再把这种纱和黄蓝两色的双组分纱合股，就能形成黑、白、黄、蓝四种色彩的纱线。用这种方法纺成的纱线的色彩对比度明显，在纱表面出现明显的色点效应，与色纺纱有明显的差别。

④ 彩点纱：在纱的表面附着各色彩点的纱称为彩点纱。有在深色底纱上附着浅色彩点，也有在浅色底纱上附着深色彩点。一般先用各种短纤维制成粒子，经染色后在纺纱时加入，不论棉纺设备还是粗梳毛纺设备，均可搓制彩色毛粒子。

⑤ 印节纱：在绞纱上印上多种色彩而形成。先将绞纱染成较浅的一种颜色作为底色，再印上较深的彩节。

⑥ 段染纱：在同绞纱上染上多种色彩称为段染纱。一般绞纱可上染 4～6 种不同的颜色。

⑦ 扎染纱：将一个绞纱分为两到三段，用棉纱绳扎紧，然后进行染色，由于扎紧的部位染液渗透不进去，而产生一段白节。

5.2 花式线原料的选择

质量优良的花式线必须选择良好的原料，再配上合理的工艺，才能生产出来。花式线的原料一般由芯纱、饰纱和固纱三者组成。如何使三者以一定的比例组合，并达到强力适中、外形美观、形型均匀稳定的效果，与原料的选择有着重要的关系。现将各种原料的选择分述如下：

（1）芯纱原料。芯纱，也称基纱，是构成花式线的主干，被包在花式线的中间，是饰纱的依附件，它与固纱一起承担花式线的强力。在捻制和织造过程中，芯纱承受较大的张力，因此，应选择强力较好的材料。芯纱可以用一根，也可用两根。如使用单根芯纱，一般采用较粗的 29 tex、28 tex 涤/棉单纱或中长纱，也可用 18 tex、21 tex 涤/棉单纱或中长纱。用单纱做芯纱时，头道捻向必须与芯纱的捻向相同，否则在并制花式线时，由于芯纱退捻而造成芯纱断头，影响生产。但与芯纱同向加捻时，由于芯纱捻度增高，使成品手感粗硬，因此，也可用两根单纱做芯纱，如 14 tex×2 或 13 tex×2 双根做芯纱时，头道捻向可与单纱捻向相反。

在细特的棉、毛和黏胶短纤维的芯纱上，由于芯纱粗、毛羽多，饰纱在芯纱上的保形性较好。如果采用表面光滑的 12 tex(110 den)锦纶或 17 tex(150 den)涤纶长丝做芯纱，由于长丝表面光滑，饰纱在芯纱上的保形性差，可采用加弹丝或双根并合，能得到较好的效果。

（2）饰纱原料。饰纱，也称效应纱或花纱，它以各种花式形态包缠在芯纱外面，构成起装饰作用的各种花型，是构成花式线外形的主要成分，一般占花式线质量的 50% 以上。各类花式线均以饰纱在芯纱表面的装饰形态而命名，例如，圈圈花式线即饰纱以圈圈的形态包缠在芯纱的表面。花式线的色彩、花型、手感、弹性、舒适感等性能特征，也主要由饰纱决定。包缠饰纱的方法一般有两种：一种是利用加工好的纱、线或长丝，在花式捻线机上与芯纱并捻，生产花式效应,形成纱线型花式线;另一种是用条子或粗纱,在带有牵伸机构的花式捻线机上或经过改造的细纱机上,与芯纱并捻而产生花式效应,形成纤维型花式线。也有些花式线,在捻制过程中,芯纱和饰纱是相互交替的,即在这一区间内为芯纱,在另一区间内成为饰纱,例如双色结子线、交替类花式线等。

纱线型花式线要求饰纱条干均匀、捻度小,手感柔软而富有弹性。如生产大圈圈线时,最好用马海毛纱为饰纱原料,因为它的表面光洁而富有弹性。生产波纹线时,特别要求饰纱柔软,如用精纺毛纱做饰纱,一定要经过蒸纱,使捻度稳定,否则在纺制花式线过程中,由于毛纱的回弹力使饰纱扭结成小辫子,影响质量;如使用普通的腈纶纱或纯棉纱,则需把新纺好的纱在纱库中存放一段时间,使它有一个自然回潮定形的机会,使捻度稳定。饰纱一般用单纱,很少用股线,但为了增加圈圈的密度,可用多根单纱喂入,也可用两根不同染色性能的单纱同时喂入。如用一根 21 tex(47.6 公支)的毛纱和一根同样线密度的腈纶纱双根喂入生产圈圈线,用这种花式线制成织物后,先用酸性颜料染羊毛,再用阳离子颜料染腈纶,可使织物表面产生双色圈圈效果。生产小圈圈线时,一般用短纤维纱而不用中长纱,如用精纺毛纱做的饰纱,羊毛要细,品质支数应在 70 支以上;如用长丝做饰纱,单纤维细度最好选用0.3 tex(3 den)以下,否则因纤维粗硬而不能形成小圈。作大圈圈线时,要求纤维弹性好,有一定刚度;作小圈圈线时,则要求纤维柔软。如作 357 tex(2.8 公支)大圈圈线,可采用品质支数为 48/50 支的毛条纺 111 tex(9 公支)精纺毛纱,每米捻度不超过 190 捻;而纺小圈圈线时,则要求羊毛的品质支数在 70 支以上,否则得不到理想的效果,甚至纺不出圈圈。所以,正确地选择饰纱是纺好花式线的关键。

(3) 固纱原料。固纱,也称缠绕纱或包纱、压线等。它包缠在饰纱外面,主要用来固定饰纱的花型,以防止花型变形或移位。虽然固纱包在饰纱外面,但由于它紧固在花式线的轴芯上,所以在一般情况下,外界与花式线制品摩擦时,仅与花式线的饰纱接触,与芯纱和固纱基本不接触。而受到张力时,主要是芯纱和固纱构成花式线的强力。因此,固纱要求选择细而强力高的锦纶或涤纶长丝为原料,也可按照产品的要求选用毛纱或绢丝。固纱一般较细,但也有特殊情况。如为了增加花式线的彩色效应,可用段染纱作为固纱。在这种情况下,固纱也可选用线密度较低的原料。

5.3 花式线的生产方法

花式线的种类繁多,其生产设备及生产方法也各不相同,下面简单介绍几种:

(1) 间断圈圈线的生产方法。这类花式线在环锭花式捻线机和空心锭花式捻线机上均可生产。它的生产方法和生产长结子相似,不同之处是把生产长结子的慢速罗拉改为超速喂入罗拉。因为锭速是恒定不变的,当一根罗拉为慢速时,这一段纱的捻度就高,另一根罗拉送出的纱就一圈一圈地包缠成长结子;反过来,把慢速改为超喂,这一段纱相对芯纱的捻度就少,成松弛状态盘绕在芯纱周围而形成圈圈,经过固纱的固定就成为一段圈圈线,圈圈的大小与超喂的多少有关,圈圈的密度和捻度成正比,圈圈和平线的间隔由两根罗拉等速送纱和超喂送纱的时间决定。

(2) 间断波纹线的生产方法。间断波纹线的生产方法与间断毛圈线相同,但是超喂比较小,而且捻度较高。如用空心锭生产,下面必须配环锭退捻。否则要经过两道工序才能生产,即把空心锭生产的半制品在环锭捻线机上退捻。

(3) 双色结子线的生产方法。生产双色结子线有两种方法。一种是通过起结板运动。生产时用两根不同颜色的饰纱,从起结板的上下两个槽中同时送入,与芯线汇合,一次生成两个不同颜色的结子。由于起结板的长度有限,所以生成的两个结子的距离较近,而且是一对一对有规律的。另一种是用电磁离合器分别控制两根罗拉交替行动,如果前罗拉送出一根白纱,后罗拉送出一根黑纱,当前罗拉停动时,后罗拉送出的黑纱就缠绕在前罗拉送出的白纱上,形成一个黑色的结子;其后,黑白两根纱等速送出,生产一段平线;然后,后罗拉停动,前罗拉送出的白纱就缠绕在后罗拉停止的黑纱上,产生一个白结子。用这种方法生产的双色结子的间距可任意变化,结子大小也可任意改变,因为离合器的开合时间长短决定结子的大小,而两次开合之间的时间间隔则决定两个结子的间距。

【技能训练】

花式纱线产品设计。

【课后练习】

1. 捻线的任务是什么? 捻线的方式有哪些? 各有何特点?
2. 什么是倍捻技术? 如何实现倍捻效果?
3. 如何控制捻线时纱线张力的均匀性?
4. 什么是股线的合股数? 如何设计股线的捻向?
5. 什么是捻比值? 如何确定?
6. 股线捻度如何设计?
7. 并捻联合机有哪些特点?
8. 花式纱线有哪些种类?

项目 9

精梳机工作原理及工艺设计

☞ **教学目标** --

1. 理论知识：

（1）了解精梳工序的任务。

（2）了解精梳准备工序常用的机械型号、结构特点。

（3）了解精梳准备工序工艺流程的设置原则，以及国内采用的三种工艺流程及各自的特点。

（4）知道给棉方式、给棉长度对精梳机质量、产量的影响。

（5）知道梳理隔距与梳理质量的关系，以及不同精梳机梳理隔距的变化规律。

（6）了解不同形式的精梳锡林与质量的关系，以及新型精梳锡林的特点。

（7）知道怎样控制精梳落棉，掌握精梳工序的工艺计算方法。

2. 实践技能： 能完成精梳机工艺设计、质量控制、操作及设备调试。

3. 法能力： 培养学生的分析归纳能力，提升总结表达能力，训练动手操作能力，建立知识更新能力。

4. 社会能力： 培养学生的团队合作意识，形成协同工作能力。

☞ **项目导入** --

在普梳纺纱系统中，从梳棉机下来的生条存在很多缺陷，如含有较多的短纤维、杂质、棉结和疵点，纤维的伸直平行度较差。这些缺陷不但影响纺纱质量，也很难纺成较细的纱线。因此，对质量要求较高的纺织品和特种纱线，如特细纱、轮胎帘子线等，均采用精梳纺纱系统。

1. 精梳工序的任务

（1）排除短纤维，以提高纤维的平均长度及整齐度。生条中的短绒含量约占 $12\%\sim14\%$，精梳工序的落棉率为 $13\%\sim16\%$，约可排除生条短绒 $40\%\sim50\%$，从而提高纤维的长度整齐度，改善成纱条干，减少纱线毛羽，提高成纱质量。

（2）排除条子中的杂质和棉结，提高成纱的外观质量。精梳工序可排除生条中的杂质约 $50\%\sim60\%$，棉结约 $10\%\sim20\%$。

（3）使条子中的纤维伸直、平行和分离。梳棉生条中的纤维伸直度仅为 50% 左右，精梳工序可把纤维伸直度提高到 $85\%\sim95\%$，有利于提高纱线的条干、强力和光泽。

（4）并合、均匀、混合与成条。例如，梳棉生条的质量不匀率为 $2\%\sim4\%$ 左右（生条 5 m 的

313

质量不匀率),而精梳制成的棉条的质量不匀率约为 0.5%～2%。

精梳的效果:经精梳加工形成的精梳纱,与同线密度梳棉纱相比,强力高 10%～15%,棉结杂质少 50%～60%,条干均匀度有显著的提高。精梳纱具有光泽好、条干匀、结杂少、强力高等优良的机械物理性能和外观特性。

2. 精梳纱的应用

对于质量要求较高的纺织品(如高档汗衫、细特府绸)和特种工业用的轮胎帘子线、高速缝纫机线,它们的纱或线都是经过精梳工序纺成的。纺 7.3 tex(80^s)以下的超细特纱和强力大、光泽好的 19.4～9.7 tex(30^s～60^s)细特针织用纱,以及具有特种要求的轮胎帘子线、缝纫线、牛仔织物的纱线时,均应采用精梳加工。

精梳工序由精梳准备机械和精梳机组成同。精梳准备机械提供质量好的精梳小卷,供精梳机加工。

3. 精梳机的发展

(1) 1958 年,上海国棉二厂参照国外精梳机,设计制造了我国第一台精梳机,命名为红旗牌精梳机。

(2) 20 世纪 60 年代初期,研制了 A201 型及 A201A 型精梳机,车速为 116 钳次/min;之后是 A201B、A201C 型精梳机,车速为 145 钳次/min。

(3) 20 世纪 70 年代末,通过对引进设备的消化吸收,于 80 年代初研制开发了 FA251 型精梳机,车速为 180 钳次/min。

(4) 1991 年到 1993 年,相继开发了 FA261 型、SXFA252 型精梳机,车速为 300 钳次/min。到 1998 年以后,相继开发了 PX2、FA266、F1268、SXF1269 型精梳机,速度提高到 350 钳次/min。

(5) 2002 年,我国开发了 SXF1269A、F1268A、FA269 型精梳机,最高车速达到 400 钳次/min。

(6) 国外精梳机的发展有 100 多年的历史。代表国际先进水平的有:瑞士立达公司的 E7/5,E7/6,E70R;德国青泽公司的 VC-300;日本丰田公司的 CM100;意大利马左利公司的 PX2 和意大利沃克公司的 CM400 等。主要精梳机的技术特征见表 9-1。

表 9-1　主要精梳机的技术特征

机型	F1268A	CJ40	SXF1276A	JSFA288	E7/5
眼数(含并合数)喂入	8	8	8	8	8
小卷宽度(mm)	300	300	300	300	300
有效输出长度(mm)	26.48	26.59	不详	26.68	26.48
给棉方式	前进与后退	前进与后退	前进与后退	前进与后退	前进与后退
总牵伸倍数	9～16	9～22	8～20	9～19.3	9.12～25.12
牵伸形式	三上五下	四上五下	三上五下气动	三上五下气动	三上三下
落棉率(%)	15～30	5～25	8～25	5～25	8～25
速度(钳次/min)	400	400	450	400	450
锡林结构	整体锡林	整体锡林	整体锡林	整体锡林	整体锡林
分离罗拉传动机构特征	平面连杆机构加差动轮系	共轭凸轮加双摇杆、差动轮系	平面连杆机构加差动轮系	平面连杆机构加差动轮系	多连杆机构加差动轮系
产量[kg/(台·h)]	60	60	70	65	68

任务9.1　精梳准备流程设计

【工作任务】1. 比较三种精梳准备流程。
　　　　　　2. 讨论小卷黏层的危害、成因及防治。
　　　　　　3. 讨论小卷横向不匀的成因及防治。
【知识要点】1. 精梳准备工艺流程的选择。
　　　　　　2. 偶数法则。

1　精梳准备的任务

梳棉棉条中,纤维排列混乱、伸直度差,大部分纤维呈弯钩状态,如直接用这种棉条在精梳机上加工梳理,梳理过程中就可能形成大量的落棉,并造成大量的纤维损伤。同时,锡林梳针的梳理阻力大,易损伤梳针,还会产生新的棉结。为了适应精梳机工作的要求,提高精梳机的产质量和节约用棉,梳棉棉条在喂入精梳机前应经过准备工序,预先制成适应于精梳机加工、质量优良的小卷。因此,准备工序的任务为:

(1) 制成小卷,便于精梳机加工。

(2) 提高小卷中纤维的伸直度、平行度与分离度,以减少精梳时纤维损伤和梳针折断,减少落棉中长纤维的含量,有利于节约用棉。

对小卷的质量要求是:①小卷的纵向结构均匀,以保证小卷的定量准确和梳理负荷均匀;②小卷的横向结构均匀,即小卷横向没有破洞、棉条重叠、明显的条痕等,以保证钳板对棉层的横向握持均匀可靠,防止长纤维被锡林抓走;③小卷的成形良好、容量大、不黏卷。

2　精梳准备机械

精梳准备的工艺流程不同,所选用的精梳准备机械也不同。概括起来,准备机械包括预并条机、条卷机、并卷机和条并卷联合机四种,除预并条机为并条工序通用的机械外,其他三种皆为精梳准备专用机械。

2.1　条卷机

国内使用较多的条卷机有A191B型、FA331型和FA334型,其工艺过程基本相同。如图9-1所示,棉条2从机后导条台两侧导条架下的20～24个棉条筒1中引出,经导条辊5和压辊3引导,绕过导条钉,转向90°后在V形导条板4上平行排列,由导条罗拉6引入牵伸装置;经牵伸形成的棉层由紧压辊8压紧后,由棉卷罗拉10卷绕在筒管上,制成条卷9。筒管由棉卷罗拉的表面摩擦

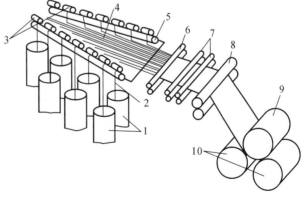

图 9-1　条卷机工艺流程图

1—棉条筒;2—棉条;3—压辊;4—V形导条板;5—导条辊;
6—导条罗拉;7—牵伸装置;8—紧压辊;9—条卷;10—棉卷罗拉

传动,两侧由夹盘夹紧,并对精梳小卷加压,以增大卷绕密度。满卷后,由落卷机构将小卷落下,换上空筒后继续生产。

由于条卷机生产的精梳小卷宽度、产量等因素不同,条卷机与精梳机必须配套使用。例如,A201 系列精梳机配 A191B 型,SXF1269 等型精梳机配 FA334 型条卷机。一般情况下,一台条卷机配 4～6 台精梳机。

2.2 并卷机

并卷机的工艺流程如图 9-2 所示。六个精梳小卷 1 放在并卷机后面的棉卷罗拉 2 上,小卷退解后,分别经导卷罗拉 3 进入牵伸装置 4;牵伸后的棉网通过光滑的曲面导板 5 转向 90°,在输棉平台上,六层棉网并合后,经输出罗拉 6 进入紧压罗拉 7,再由成卷罗拉 8 卷成棉卷 9。

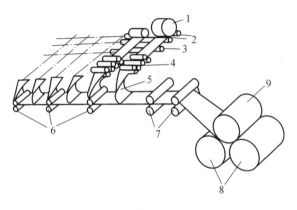

图 9-2 并卷机工艺过程图

1—小卷;2—棉卷罗拉;3—导卷罗拉;4—牵伸装置;
5—曲面导板;6—输出罗拉;7—紧压罗拉;8—成卷罗拉;9—棉卷

2.3 条并卷联合机

条并卷联合机的喂入部分由三个部分组成。如图 9-3 所示,每一部分各有 16～20 根棉条,经导条罗拉 2 喂入,棉层经牵伸装置 3 牵伸后成为棉网;棉网通过光滑的曲面导板 4 转向 90°,在输棉平台上,二至三层棉网并合后,经输出罗拉进入紧压罗拉 5,再由成卷罗拉 7 卷成条并卷 6。

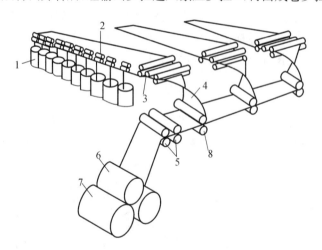

图 9-3 条并卷联合机工艺流程图

1—条筒;2—导条罗拉;3—牵伸装置;4—曲面导板;5—紧压罗拉;6—条并卷;7—成卷罗拉

3 精梳准备工艺流程

正确选择精梳准备工艺流程和机台,对提高精梳机的产量、质量和节约用棉有利。选用的机台和工艺流程,不仅机械和工艺性能要好,而且总牵伸倍数和并合数的配置要恰当。并合数大,可改善小卷的均匀度,但并合数大必然导致总牵伸倍数增大;总牵伸倍数大,可改善纤维的伸直度,但过多的牵伸将使纤维烂熟,反而对以后的加工不利。

精梳准备工艺流程一般有以下三种：

(1) 并条→条卷(条卷工艺)。

(2) 条卷→并卷(并卷工艺)。

(3) 并条→条并卷联合(条并卷工艺)。

3.1 精梳准备工艺流程的偶数准则

精梳准备工艺道数应遵循偶数配置。精梳机的梳理特点是上下钳板握持棉丛的尾端,锡林握持前端,当喂入精梳机的棉层内的纤维呈前弯钩状态时,易于被锡林梳直;而纤维呈后弯钩状态时,无法被锡林梳直,被顶梳梳理时会因前端不能到达分离钳口,被顶梳阻滞而进入落棉,因此喂入精梳机的棉层内的纤维呈前弯钩状态时可减少可纺纤维的损失。梳棉生条中后弯钩纤维所占比例最大,占50%以上,而前弯钩纤维仅占5%左右。由于每经过一道工序,纤维弯钩方向改变一次,如图9-4所示,因此在梳棉与精梳之间的准备工序按偶数配置,可使喂入精梳机的多数纤维呈前弯钩状。

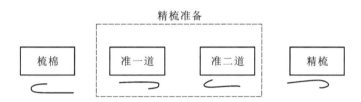

图 9-4 工序道数与纤维弯钩方向的关系

3.2 几种精梳准备工艺流程的对比

根据精梳准备工艺道数配置的偶数准则可知,从梳棉到精梳间的工序道数以两道为好。按此准则配置的精梳准备工艺流程有以下三种:

(1) 预并条→条卷。这种工艺流程的特点是:机器少,占地面积小,结构简单,便于管理和维修;牵伸倍数较小,小卷中纤维的伸直平行不够,且采用棉条并合方式成卷,制成的小卷有条痕,横向均匀度差,精梳落棉多。

(2) 条卷→并卷。其特点是:小卷成形良好,层次清晰,且横向均匀度好,有利于梳理时钳板的握持,落棉均匀;适用于纺特细特纱。如图9-5(a)。

(3) 预并条→条并联合。这种工艺流程的特点是:小卷并合次数多,成卷质量好,小卷的质量不匀率小,有利于提高精梳机的产量和节约用棉;纺制长绒棉时,因牵伸倍数过大,易发生粘卷;占地面积大。国外多数制造厂采用这种工艺流程,如图9-5(b)。

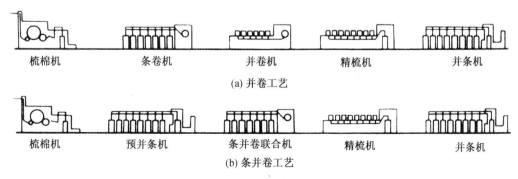

图 9-5 企业普遍采用的两种精梳准备工艺流程示意图

以上三种精梳准备工艺流程的比较见表9-2。

表9-2　三种精梳准备工艺流程比较

项目 准备工艺类型		预并条→条卷	条卷→并卷	预并条→条并卷
工艺道数		2	2	2
并合数	预并条机	6或8		6
	条卷机	20～24	20～24	—
	并卷机	—	6	—
	条并卷机	—	—	24～32
总并合数		120～192	120～144	144～192
小卷定量(g/m)		45～70	45～70	45～70
小卷结构	退解黏层情况	少	稍差	差
	棉层横向均匀	横向不匀,有明显条痕	横向均匀,无条痕	横向较匀,见条痕
	纤维伸直平行	较差	不足	较好
精梳机产量/落棉量		低/偏高	高/减少	高/减少
使用情况		适用于较短纤维的精梳加工	适用于较长纤维的精梳加工	适用范围广

【技能训练】

　　精梳准备工艺对成纱质量的影响。

【课后练习】

　　1. 精梳工序的任务是什么？精梳纱与普梳纱的质量有什么区别？

　　2. 精梳前准备工序的任务是什么？精梳前准备工序有哪些机械？其作用是什么？

　　3. 精梳前准备工艺路线有几种方式？各有什么特点？

　　4. 为什么精梳前准备工序道数要遵守偶数准则？

任务9.2　精梳机工艺流程

【工作任务】1. 作精梳机工艺流程图。

　　　　　　2. 讨论精梳机工作特点及四个工作阶段。

　　　　　　3. 分析各阶段运动机件的配合。

【知识要点】1. 精梳机工艺流程。

　　　　　　2. 精梳机工作的运动配合。

1　精梳机的工艺流程

　　精梳机虽有多种机型,但其工作原理基本相同,即都是周期性地梳理棉丛的两端,梳理过的棉丛与分离罗拉倒入机内的棉网接合,再将棉网输出机外。

SXF1269A 型精梳机的工艺过程如图 9-6 所示。小卷放在一对承卷罗拉 7 上,随承卷罗拉的回转而退解棉层,经导卷板 8,喂入置于钳板上的给棉罗拉 9 与给棉板 6 组成的钳口之间。给棉罗拉周期性地间歇回转,每次将一定长度的棉层(给棉长度)送入上下钳板 5 组成的钳口。钳板做周期性的前后摆动,在后摆中途,钳口闭合,有力地钳持棉层,使钳口外棉层呈悬垂状态。此时,锡林 4 上的梳针面恰好转至钳口下方,针齿逐渐刺入棉层进行梳理,清除棉层中的部分短绒、结杂和疵点。随着锡林针面转向下方位置,嵌在针齿间的短绒、结杂、疵点等被高速回转的毛刷 3 清除,经风斗 2,吸附在尘笼 1 的表面,或直接由风机吸入尘室。锡林梳理结束后,随着钳板的前摆,须丛逐步靠近分离罗拉 11 的钳口。与此同时,上钳板逐渐开启,梳理好的须丛因自身弹性而向前挺直,分离罗拉倒转,将前一周期的棉网倒入机内。

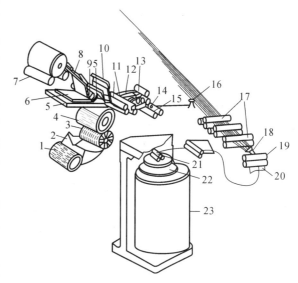

图 9-6　SXF1269A 型精梳机工艺流程

1—尘笼;2—风斗;3—毛刷;4—锡林;5—上下钳板;
6—给棉板;7—承卷罗拉;8—导卷板;9—给棉罗拉;
10—顶梳;11—分离罗拉;12—导棉板;13,19—输出罗拉;
14—喇叭口;15—导向压辊;16—导条钉;17—牵伸装置;
18—集束器;20—输送带;21—检测压辊;
22—圈条器;23—条筒

当钳板钳口外的须丛头端到达分离钳口后,与倒入机内的棉网相叠合,而后由分离罗拉输出。在张力牵伸的作用下,棉层挺直,顶梳 10 插入棉层,被分离钳口抽出的纤维尾端从顶梳片针隙间拽过,纤维尾端黏附的部分短纤、结杂和疵点被阻留于顶梳针后边,待下一周期锡林梳理时除去。当钳板到达最前位置时,分离钳口不再有新纤维进入,分离结合工作基本结束。之后,钳板开始后退,钳口逐渐闭合,准备进行下一个工作循环。由分离罗拉输出的棉网,经过一个有导棉板 12 的松弛区后,通过一对输出罗拉 13,穿过设置在每眼一侧并垂直向下的喇叭口 14,聚拢成条,由一对导向压辊 15 输出。各眼输出的棉条分别绕过导条钉 16 转向 90°,进入三上五下曲线牵伸装置 17。牵伸后,精梳条由一根输送带 20 托持,通过圈条集束器 18 及一对检测压辊 21,圈放在条筒 23 中。

精梳机的工作特点是:能对纤维的两端进行梳理,且棉网能周期性地分离接合。

2　精梳机工作的运动配合

2.1　几个基本概念

由于精梳机的给棉、梳理和分离接合过程是间歇进行的,因此,为了进行连续生产,精梳机上各运动机件间必须密切配合。这种配合关系由装在精梳机动力分配轴(锡林轴)上的分度指示盘指示和调整,如图 9-7 所示。

(1)分度盘与分度。锡林轴上固装有一个圆盘,称为分度盘;将分度盘 40 等分,每一等分称为 1 分度(等于 9 度)。当精梳锡林回转一转,即分度盘回转一转。

（2）钳次。精梳机完成一个工作循环称为一个钳次。在一个钳次中，锡林回转一转，钳板摆动一个来回。

2.2 精梳机一个运动周期

可分为以下四个阶段：

（1）锡林梳理阶段。如图 9-8 所示，锡林梳理从锡林第一排针开始梳理到末排针脱离棉丛为止。在这一阶段，各主要机件的工作和运动情况为：上下钳板闭合，牢固地握持须丛，钳板运动先向后再向前；锡林梳理须丛前端，排除短绒和杂质；给棉罗拉停止给棉；分离罗拉处于基本静止状态；顶梳先向后再向前摆，但不与须丛接触。

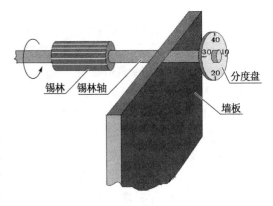

图 9-7 分度盘与锡林

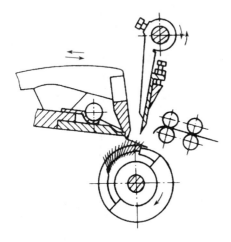

图 9-8 锡林梳理阶段

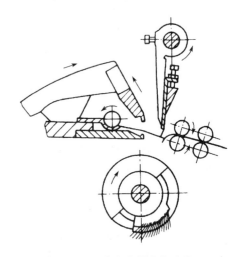

图 9-9 分离前的准备阶段

（2）分离前的准备阶段。如图 9-9 所示，分离前的准备阶段从锡林梳理结束开始到开始分离为止。在这一阶段，各主要机件的工作和运动情况为：上下钳板由闭合到逐渐开启，钳板继续向前运动；锡林梳理结束；给棉罗拉开始给棉；分离罗拉由静止到开始倒转，将棉网倒入机内，准备与钳板送来的纤维丛结合；顶梳继续向前摆动，但仍未插入须丛梳理。

（3）分离接合阶段。如图 9-10 所示，分离接合阶段从纤维开始分离到分离结束为止。在这一阶段，各主要机件的工作和运动情况为：上下钳板开口增大，并继续向前运动，将须丛送入分离钳口；顶梳向后摆动，插入须丛梳理，将棉结、杂质及短纤维阻留在顶梳后面的须丛中，在下一个工作循环被锡林带走；分离罗拉继续顺转，将钳板送来的纤维牵引出来，叠合在原来的棉网尾端上，实现分离接合；给棉罗拉继续给棉。

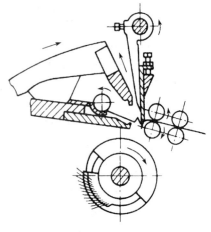

图 9-10 分离接合阶段

（4）锡林梳理前的准备阶段。如图9-11所示，锡林梳理前的准备阶段从分离结束到锡林梳理开始为止。在这一阶段，各主要机件的工作和运动情况为：上、下钳板向后摆动，逐渐闭合；锡林第一排针逐渐接近钳板下方，准备梳理；给棉罗拉停止给棉；分离罗拉继续顺转，输出棉网，并逐渐趋向静止；顶梳向后摆动，逐渐脱离须丛。

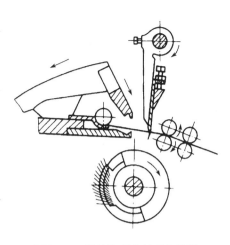

为了更详细、更直观地描述以上四个动作，根据以下10幅图，依次逐一说明：

（1）给棉罗拉6回转，向前喂给长度为4～6.5 mm的棉层，上钳板与下钳板保持开启。

（2）上钳板4下降到下钳板5上，将棉层钳住；钳板向后摆动。

图9-11 锡林梳理前的准备阶段

（3）装在锡林1上的针排，以其梳针或锯齿梳理须丛，带走未被钳住的短纤维、棉结及杂质等。

（4）钳板再次开启，并向前运动，将棉层须丛送至分离罗拉2。

（5）分离罗拉倒转，将上一循环引出的须丛部分地退回，挂在分离罗拉背后。

（6）在钳板向前运动的过程中，棉层须丛的头端叠放在倒回的棉网须丛的尾端上面，实行接合。

（7）分离罗拉开始顺转向前，并从给棉罗拉握持的棉层中向前抽引纤维，实现分离。

（8）在分离罗拉紧握棉层顺转开始之前，顶梳3的针排（单排）已插入棉网；在分离过程中，棉层纤维后端从顶梳针的针隙中通过而被梳理，同时部分短绒和结杂被剔除。

（9）钳板后退时逐渐闭合，顶梳撤走，给棉罗拉为下一次喂棉做好准备。

（10）锡林继续回转，当它与下方高速回转的毛刷接触时，锡林针排上的杂质和短纤维被剥落和抛入气吸管道，最后凝集于尘笼表面，成为精梳落棉。

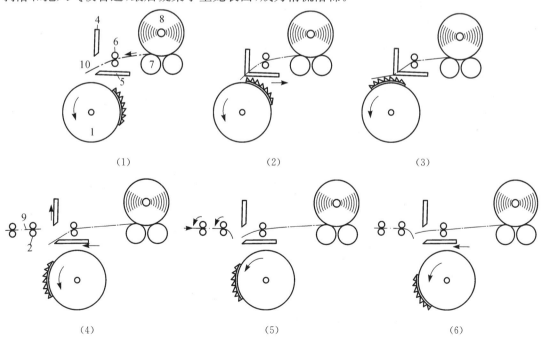

（1）　　　　　　　　　　（2）　　　　　　　　　　（3）

（4）　　　　　　　　　　（5）　　　　　　　　　　（6）

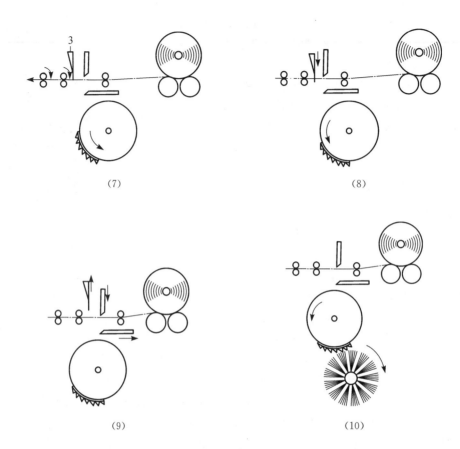

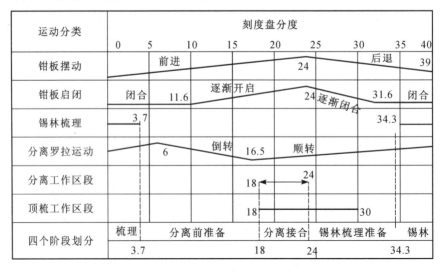

SXF1269A 型精梳机各主要机件的运动配合如图 9-12 所示。锡林梳理阶段为 34~4 分度;分离前的准备阶段为 4~18 分度;分离接合阶段为 18~24 分度;锡林梳理前的准备阶段为 24~34 分度。精梳机的种类不同,各个工作阶段的分度不同;同一种精梳机的各个工作阶段的分度数,由于所采用的工艺不同,也有差别。

运动分类	刻度盘分度								
	0	5	10	15	20	25	30	35	40
钳板摆动		前进				24		后退	39
钳板启闭	闭合	11.6	逐渐开启			24 逐渐闭合		31.6	闭合
锡林梳理	3.7						34.3		
分离罗拉运动		6	倒转	16.5	顺转				
分离工作区段					18 ← 24				
顶梳工作区段					18	30			
四个阶段划分	梳理	分离前准备			分离接合	锡林梳理准备		锡林	
	3.7				18	24		34.3	

图 9-12 SXF1269A 型精梳机各主要机件的运动配合

【技能训练】

在精梳机的结构简图上标出各机件的名称与作用。

【课后练习】

1. 精梳机一个工作循环可分为哪几个阶段？试说明精梳机各主要机件在各阶段的运动状态。

2. 什么是分度盘、分度？什么是一个工作循环、钳次？

任务9.3 精梳机构组成与作用分析

【工作任务】1. 列出喂卷调节齿轮与给棉棘齿轮配合的原则。

2. 钳板的运动要求如何保证？

3. 讨论上中下支点摆动机构的作用。

4. 从锡林结构分析影响锡林梳理效果的因素，列出关键词。

5. 在其他工艺条件不变的情况下，锡林如何适应高速重定量的变化？

6. 精梳锡林直径、锡林针齿面角度对梳理效果的影响。

7. 画出影响棉网分离接合质量的接合形态。

8. 列表分析细绒棉、长绒棉的主要分离接合参数。

9. 分离过程的实质是什么？对分离棉网的质量有何影响？

【知识要点】1. 喂给长度与喂给方式对精梳梳理质量和精梳落棉率的影响。

2. 钳板工艺对分离接合质量的影响。

3. 锡林定位早晚的影响。

4. 分离接合工艺分析。

1 喂棉与钳持部分

1.1 喂棉部分

精梳机的喂棉部分包括承卷罗拉、给棉罗拉及其传动机构。其作用是在每一个工作循环喂给一定长度的棉层，供锡林梳理。

（1）喂给长度与喂给方式。

① 喂给长度。喂给长度是指每次喂入工作区内的须丛理论平均长度，可根据加工原料和产品的质量要求选定，通过更换变换轮的齿数来调节。不同精梳机的给棉长度不同：

A201系列精梳机：前进给棉为5.72 mm，6.86 mm。

FA261精梳机：前进给棉为5.2 mm，5.9 mm，6.7 mm；

      后退给棉为4.3 mm，4.7 mm，5.9 mm。

SXF1269型：5.9 mm，5.2 mm，4.7 mm。

给棉长度短，梳理作用强，精梳棉条质量好，精梳机产量低。给棉长度等于分离罗拉分离出的纤维长度。

② 喂给方式。

a. 前进给棉：给棉罗拉在钳板前进过程中给棉。

b. 后退给棉：给棉罗拉在钳板后摆过程中给棉。

精梳机的给棉方式和精梳机的梳理质量、精梳落棉率密切相关。A201 系列精梳机只采用前进给棉方式。为了适应更广泛的产品加工要求和落棉率控制要求，FA 系列精梳机配备前进和后退两种给棉方式。一般前进给棉配备较长的给棉长度，而后退给棉配备较短的给棉长度。当产品质量要求较高时采用后退给棉。后退给棉的落棉率高，机器产量低。

（2）喂棉过程分析。精梳机的落棉与梳理质量、给棉方式、落棉隔距、给棉长度、喂棉系数等因素有关，可通过喂棉过程分析，找出它们之间的内在联系。

① 喂棉系数。

a. 前进给棉喂棉系数：在前进给棉过程中，顶梳插入须丛之前，已经开始给棉；在顶梳插入须丛后，给棉罗拉仍在给棉。此时喂给的棉层因受顶梳的阻止而涌皱在顶梳的后面，直到顶梳离开须丛，涌皱的棉层因弹性而挺直。把顶梳插入须丛前的喂棉长度与总喂棉长度的比值称为喂棉系数，用公式表示为：

$$K = \frac{X}{A}$$

式中：X——顶梳插入前给棉罗拉的喂棉长度（mm）；

$\quad\quad A$——给棉罗拉的总喂棉长度（mm）。

顶梳插入须丛越早或给棉开始越迟，则 X 越小，K 也越小，表示须丛在顶梳后涌皱越多；反之，X 越大，K 也越大，须丛在顶梳后涌皱越少。当 $0 \leqslant X \leqslant A$ 时，则 $0 \leqslant K \leqslant 1$。

b. 后退给棉喂棉系数：在后退给棉过程中，须丛的涌皱受到钳板闭合的影响，钳板闭合后，给出的棉层将涌皱在钳唇的后面，它的影响程度可用喂棉系数 K' 表示：

$$K' = \frac{X'}{A}$$

式中：X'——钳板闭合前给棉罗拉的喂棉长度（mm）；

$\quad\quad A$——给棉罗拉的总喂棉长度（mm）。

钳板闭合越早，X' 越小，K' 也越小，钳板后退时受锡林梳理的须丛长度越短。当 $0 \leqslant X' \leqslant A$ 时，则 $0 \leqslant K' \leqslant 1$。

A201 系列精梳机，$K = 0.65 \sim 0.75$；

FA261 精梳机，$K = 0.5 \sim 0.65$。

K 实际上反映了棉丛涌皱程度，K 大表示须丛的涌皱程度小，K 小表示须丛的涌皱程度大。

② 前进给棉过程分析。前进给棉过程如图 9-13 所示。图中：Ⅰ—Ⅰ 为钳板在最后位置时钳唇啮合线，此时钳板为闭合状态；Ⅱ—Ⅱ 为钳板在最前位置时下钳板钳唇线，此时钳板为开启状态；Ⅲ—Ⅲ 为分离罗拉钳口线；B 为钳板在最前位置时钳板钳口与分离罗拉之间的距离，简称为分离隔距。

a. 分离结束时，钳板钳口外的须丛垂直投影长度为 B，而顶梳后面涌皱在须丛内的长度为：$A - X = (1 - K)A$。

b. 钳板后退,顶梳退出,须丛挺直,钳板钳口外的须丛长度为:$B+(1-K)A$。

c. 钳板继续后退、闭合,锡林对钳口外的须丛进行梳理,未被钳口握持的纤维有可能进入落棉,故未进入落棉的最大长度为:$L_1 = B+(1-K)A$。

d. 钳板前摆,钳口开启,给板罗拉给棉,当须丛前端进入分离钳口而顶梳同时插入须丛时,钳板钳口外的须丛长度为:$L_1 + X = B+(1-K)A+KA = B+A$。

e. 钳板继续前摆,给棉罗拉仍在继续给棉,当钳板钳口到达最前位置Ⅱ—Ⅱ时,继续给棉量为:$A-X = (1-K)A$。这一部分棉层受到顶梳的阻碍而涌皱在顶梳后的须丛内,回复到过程(1)。之后,每一个工作循环重复上述过程。

由于分离钳口每次从须丛中分离的长度即为给棉长度 A,故进入棉网的最短纤维长度为:$L_2 = L_1 - A = B+(1-K)A - A = B-KA$。图中的虚线表示被分离的纤维。

③ 后退给棉过程分析。后退给棉过程如图 9-14 所示,图中的符号意义和图 9-13 相同。在后退给棉过程中,须丛的涌皱不受顶梳插入的影响,而是受钳板闭合的影响。

a. 分离结束时,钳板钳口外须丛长度为 B,无涌皱现象。

b. 钳板后退到钳口闭合时的喂给长度为 $X' = K'A$,故钳口外的须丛长度为:$B+K'A$。

c. 钳板继续后退,锡林对钳口外的须丛进行梳理,未被钳口握持的纤维有可能进入落棉,故未进入落棉的最大纤维长度为:$L_1' = B+K'A$。钳板闭合后继续喂给的须丛长度为:$A-X' = (1-K')A$。

d. 钳板向前摆动,钳口逐渐开启,钳口后面的须丛因弹性伸直,故钳口外的须丛长度为:$L_1' + (1-K')A = B+A$。

e. 由于每次分离的须丛长度为 A,故进入棉网的最短纤维长度为:$L_2' = L_1' - A = B+$

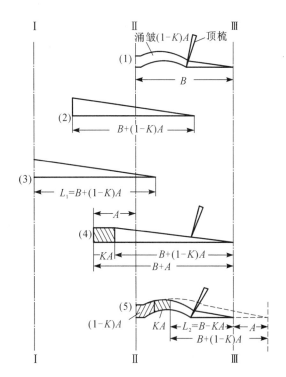

图 9-13　前进给棉过程分析

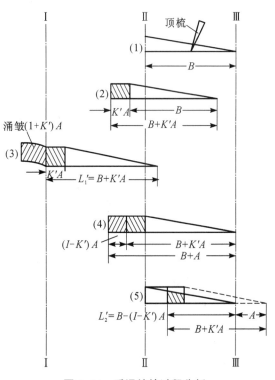

图 9-14　后退给棉过程分析

$K'A - A = B - (1 - K')A$。

分离结束时,回复到过程(1),进入下一循环。

④ 理论落棉率。对于前进给棉而言,进入落棉的最大纤维长度为 L_1,而进入棉网的最短纤维长度为 L_2,则长度介于 L_1 和 L_2 之间的纤维既可进入落棉又可进入棉网。为计算方便,选用它们的中间值 L_3 为分界纤维长度,则:

$$L_3 = \frac{L_1 + L_2}{2} = \frac{B + (1 - K)A + B - KA}{2} = B + (0.5 - K)A \tag{9-1}$$

在给棉罗拉喂入的棉丛中,凡长度等于或短于 L_3 的纤维进入落棉,长度长于 L_3 的纤维进入棉网。如果已知小卷内纤维的长度分布(图 9-15),则可求得精梳机的理论落棉率 y 为:

$$y = \sum_{L=0}^{L_3} g_i (\%) \tag{9-2}$$

式中：L——纤维长度(mm);

g_i——各组纤维的质量百分率(%)。

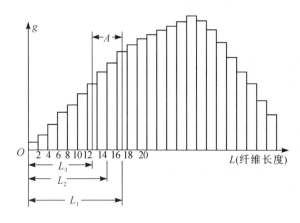

图 9-15 小卷中纤维长度分布图

利用前进给棉中的分析方法,求得后退给棉时的分界纤维长度 L'_3 和理论落棉率 y' 分别为:

$$L'_3 = \frac{L'_1 + L'_2}{2} = \frac{B + K'A + B - (1 - K')A}{2} = B - (0.5 - K')A \tag{9-3}$$

$$y' = \sum_{L=0}^{L'_3} g_i (\%) \tag{9-4}$$

根据分界纤维长度的表达式,现将影响精梳落棉率的因素分析如下:

a. 分离隔距 B 大时,无论是前进给棉还是后退给棉,分界纤维长度长,落棉多。

b. 在前进给棉中,喂棉系数 K 大时,分界纤维长度 L_3 短,落棉率低;在后退给棉中,喂棉系数 K' 大时,分界纤维长度 L'_3 长,落棉率高。

c. 喂棉长度 A 对精梳落棉的影响比较复杂。在前进给棉中,当 $K > 0.5$ 时,加大 A,则落棉率低;当 $K < 0.5$ 时,加大 A,则落棉率高。在后退给棉中,当 $K' > 0.5$ 时,加大 A,则落棉率高;当 $K' < 0.5$ 时,加大 A,则落棉率低。

在 SXF1269A 型精梳机上,当采用前进给棉时,经计算可知 K 值大于 0.5;当采用后退给绵时,因给棉动作在钳口闭合时已经完成,故 K' 近似为 1。

⑤ 重复梳理次数。锡林对须丛的梳理程度可用须丛所受到的重复梳理次数表示。

由于梳理时钳口外须丛的梳理长度大于喂棉罗拉的每次喂棉长度,因此须丛要经过锡林的重复梳理后才被分离。自须丛受到锡林梳理开始到被完全分离时为止,所受到的锡林梳理的次数,称为重复梳理次数。重复梳理次数大时,梳理效果好。

从给棉过程分析可知,锡林梳理时钳口外的须丛长度为 L_1 或 L_1'。而钳口咬合线外未被锡林梳理的死隙处的纤维未受到梳理,如图 9-16 所示。

设钳口咬合线外未被锡林梳理的死隙长度为 a,则前进给棉与后退给棉中钳口外须丛实际受到梳理的长度分别为 (L_1-a) 和 $(L_1'-a)$。由此得到前进给棉与后退给棉时重复梳理次数分别为:

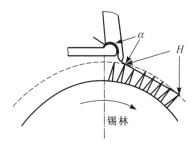

$$n = \frac{L_1-a}{A} = \frac{B-a}{A} + 1 - K \quad (9-5)$$

$$n' = \frac{L_1'-a}{A} = \frac{B-a}{A} + K' \quad (9-6)$$

图 9-16 须丛受梳情况

式中:n——前进给棉时重复梳理次数;

n'——后退给棉时重复梳理次数。

由此可知影响重复梳理次数的因素如下:

无论是前进给棉还是后退给棉,分离隔距 B 大时,重复梳理次数增多;死隙长度 a 小时,重复梳理次数增多;喂棉长度 A 小时,重复梳理次数增多。在前进给棉中,喂棉系数大,则重复梳理次数少;在后退给棉中,喂棉系数大,则重复梳理次数多。

1.2 钳持部分

精梳机的钳板部分包括钳板摆轴传动机构、钳板传动机构、钳板加压机构及上、下钳板等。它们的作用是钳持棉丛供锡林梳理,并将梳理过的须丛送向分离钳口,以实现新棉丛与旧棉网的接合。

(1) 钳板机构。

① 钳板摆轴传动机构。SXF1269A 型精梳机上,钳板摆轴的运动来源于锡林轴,其传动机构如图 9-17 所示。锡林轴 1 上固装有法兰盘 2,距在离锡林轴中心 70 mm 处装有滑套 3,钳板摆轴 5 上固装有 L 形滑杆 4,滑杆的中心偏离钳板摆轴中心 38 mm,且滑杆套在滑套内。当锡林轴带动法兰盘转过一周时,通过滑套,带动滑杆和钳板摆轴来回摆动一次。

② 钳板传动机构。SXF1269A 型精梳机的钳板传动机构如图 9-18 所示。下钳板 3 固装于下钳板座 4 上,

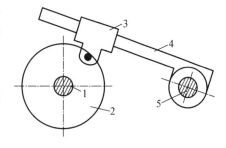

图 9-17 SXF1269A 型精梳机的钳板摆轴传动机构

钳板后摆臂 5 固装于钳板摆轴 6 上,钳板前摆臂 2 以锡林轴 1 为支点,它们组成以钳板摆轴和锡林轴为固定支点的四连杆机构。当钳板摆轴做正、反向摆动时,通过摆臂和下钳板座,使钳

板做前后摆动。由于钳板摆动的支点在锡林的中心,故称为中支点式摆动钳板机构。

③ 钳板开闭口及加压机构。SXF1269A 型精梳机的钳板开闭口及加压机构如图 9-18 所示。上钳板架 7 铰接于下钳板座 4 上,其上固装有上钳板 8。张力轴 12 上装有偏心轮 11。导杆 10 上装有钳板钳口加压弹簧 9,导杆下端与上钳板架 7 铰接,上端则装于偏心轮上的轴套上。当钳板摆轴 6 逆时针回转时,钳板前摆;同时,由钳板摆轴传动的张力轴 12 也做逆时针方向转动,再加上导杆 10 的牵吊,使上钳板 8 逐渐开口。而当钳板摆轴 6 做顺时针方向转动时,钳板后退,张力轴也做顺时针回转,在导杆和下钳板座的共同作用下,上钳板逐渐闭口。钳板闭口后,下钳板继续后退,导杆中的弹簧受压,使导杆缩短而

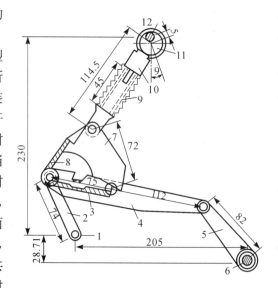

图 9-18　SXF1269A 型精梳机的钳板传动机构

对钳板钳口施加压力,以便钳板能有效地钳持须丛接受锡林梳理。为确保锡林梳理时的钳口压力,在 24 分度即钳板在最前位置时,由定位工具校定张力轴与偏心轮的位置角 α 为 17.30°。

④ 钳板的钳唇结构。上、下钳板的钳唇结构应满足以下要求:

a. 钳唇的结构应满足对棉丛良好握持的要求。在锡林梳理时,钳板上、下钳唇应牢固地握持棉层,以防止长纤维被锡林抓走。如图 9-19 所示,精梳机钳板钳唇对棉层的握持有两种形式:一种是一点握持(或称单线握持),如国产 A201 系列精梳机;另一种是两点握持(或称双线握持),如国产 SXF1269A 型精梳机。采用两点握持,钳唇对棉丛的握持更加牢固可靠。例如当棉卷出现横向不匀时,一个握持点握持不足时,另一个握持点可充分发挥作用。因此两点握持优于一点握持。

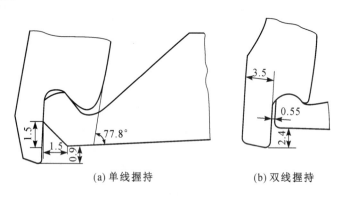

(a) 单线握持　　　　　(b) 双线握持

图 9-19　精梳机钳唇结构图

b. 上、下钳唇的几何形状应满足锡林对棉丛充分梳理的要求。为使锡林梳针能顺利地刺入棉丛梳理,在开始梳理时,应防止棉丛上翘,否则后排梳针很难发挥梳理作用。因此在钳板闭合时,上、下钳唇的几何形状应使棉丛的弯曲方向正对锡林针齿。国产 SXF1269A 型精梳机的下钳板的钳唇下部切去了腰长为 1.5 mm 的等腰三角形,如图 9-3 所示,当钳板闭合时,

由于上钳板的下压作用,使棉丛的弯曲方向正对锡林针齿,能满足锡林对棉丛充分梳理的要求。钳唇的结构应使钳板握持棉丛的死隙长度(即钳板钳口至锡林针齿间的棉丛长度)尽可能短。上、下钳板的钳唇结构决定了受梳棉丛的死隙长度,从而影响锡林针齿对棉丛的梳理长度和梳理效果。

(2) 钳板部分的工艺分析。精梳机钳板部分的工艺包括钳板的运动规律、落棉隔距、梳理隔距、梳理定时、钳板闭合定时等,它们与锡林的梳理、精梳落棉率及分离接合质量关系密切。

① 对钳板运动的工艺要求。为了更好地发挥精梳锡林的梳理作用,提高分离接合质量,钳板运动必须满足以下要求:

a. 梳理隔距变化要小,以充分发挥锡林各排梳针的梳理作用,提高梳理效果。

b. 锡林第一排针到达钳口下方始梳时,上、下钳唇应闭合,并牢靠地握持棉丛,以防止长纤维被锡林抓走。

c. 当锡林梳过的棉丛头端向分离钳口运动时,钳板开口要充分,以防止棉丛抬头受到上钳唇的阻碍,不能顺利到达分离钳口而影响分离接合质量。

d. 在分离接合阶段,钳板前摆速度要慢,以增加分离牵伸和分离接合时间,使分离棉丛的长度增加,提高分离接合质量。

e. 钳板机构的运动惯量及闭口时的冲击要小,以利于提高车速、降低噪音。

② 落棉隔距。在 SXF1269A 型精梳机上,当钳板摆动到最前位置(24 分度)时,下钳板的钳唇前缘与后分离罗拉表面间的距离称为落棉隔距。

落棉隔距是调节落棉和锡林梳理的重要手段。在精梳机上,分离隔距随着落棉隔距的增大而增大。由于分界纤维长度及重复梳理次数都随分离隔距增大而增大,因此,落棉隔距越大,精梳落棉率越高,其梳理效果也越好。一般情况下,落棉隔距增减 1 mm,精梳落棉率约增减 2%~2.5%。

③ 梳理隔距。在锡林梳理过程中,锡林针尖与上钳板的钳唇下缘的距离称为梳理隔距。在锡林梳理阶段,由于钳板钳口的摆动及锡林的转动,梳理隔距一直在变化。梳理隔距的变化幅度越小,锡林对棉丛的梳理效果越好。

SXF1269A 型精梳机的钳板摆动的支点与锡林轴同心,称为中支点式钳板摆动机构。此种机构与其他形式的钳板摆动机构相比,梳理隔距的变化较小。

④ 锡林梳理定时。锡林第一排针开始接触棉丛时,分度盘指针指示的分度数,称为梳理开始定时;锡林末排针脱离棉丛时的分度数,称为梳理结束定时。锡林梳理开始定时与锡林定位和落棉刻度有关。落棉刻度不同,意味着钳板从最前位置开始后退的起点不同,钳板后退途中与锡林头排针相遇的时间(分度)和位置也不同。落棉隔距小,钳板开始后退的起点靠前,钳板与锡林头排针相遇的分度迟,位置靠前;落棉隔距大,钳板开始后退的起点靠后,与锡林相遇的分度早,位置靠后。SXF1269A 型精梳机在锡林定位为 37 分度、落棉隔距为 8 mm 时,梳理开始定时为 34.7 分度,梳理结束定时为 4.3 分度。

⑤ 钳板开、闭口定时。上、下钳板闭合时分度盘指示的分度数,称为钳板闭合定时;钳板钳口开始打开时分度盘指示的分度数,称为钳板的开口定时。

a. 闭口定时:根据梳理的要求,应该在精梳锡林开始梳理棉丛前使钳板钳口闭合,以防止纤维被锡林抓走。SXF1269A 型精梳机在钳板机构设计上保证了钳板闭口定时较梳理开始定时早 1~2 个分度。

b. 开口定时:根据分离接合的要求,在梳理结束时钳板应及时开口,以便使棉丛抬头,顺利到达分离钳口。SXF1269A 型精梳机的钳板开口定时为 8～11 分度,比梳理结束定时晚 4～8 个分度,开口较迟。在落棉刻度较大时,钳板开口更迟,不利于棉丛的抬头。

SXF1269A 型精梳机上,钳板的开、闭口定时不能调整。

2　锡林与顶梳梳理

2.1　锡林梳理

(1) 锡林对须丛的梳理过程。锡林梳针对须丛的梳理作用是在梳针到达钳板下方时发生的。当钳板闭合时,上钳板的钳唇把须丛压向下方,且锡林与钳板间的梳理隔距很小,梳针向前倾斜,促使梳针刺入须丛进行梳理。但钳口外的须丛前端呈悬垂状态,梳针接触须丛时,须丛会向上翘起。故在高速梳理时,锡林前几排针起着拉住须丛前端部分的纤维而使整根须条张紧的作用,从而为后面梳针刺入须丛梳理创造条件。

(2) 锡林结构。锯齿式锡林的整体结构如图 9-20(a)所示,由锡林轴 1、锡林体(或称为弓形板)2 和锯齿梳针 3 组成;锯齿的形状如图 9-20(b)所示。SXF1269A 型精梳机的锡林直径为 125.4 mm。锡林体与锡林轴由紧固螺钉连成一体,轴与锡林体的相对位置可调整。在锡林体的四分之一表面上黏接有金属锯齿,可分为一分割、二分割、三分割、四分割及五分割五种,可根据纺纱质量要求选定,从而形成前稀后密、不同规格参数的锯齿排列的锡林针面。

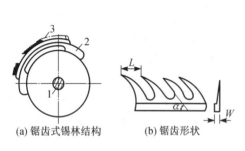

(a) 锯齿式锡林结构　　(b) 锯齿形状

图 9-20　锡林结构

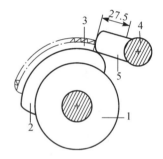

图 9-21　锡林定位

(3) 锡林定位。锡林定位也称为弓形板定位,其目的是改变锡林与钳板、锡林与分离罗拉运动的配合关系,以满足不同纤维长度及不同品种的纺纱要求。

① 锡林定位的方法:如图 9-21 所示,a. 松开锡林体的夹紧螺钉,使其与锡林轴做相对转动;b. 利用锡林专用定规 5 的一侧紧靠分离罗拉表面,定规 5 的另一侧与锡林的锯齿 3 相接;c. 转动锡林轴,使分度盘上的指针对准设定的分度数。SXF1269A 型精梳机的锡林定位在37～38 分度。

② 锡林定位与锡林梳理的关系:锡林定位影响锡林第一排及末排梳针与钳板钳口相遇的分度数,即影响开始梳理及梳理结束时的分度数。锡林定位早,锡林开始梳理定时和梳理结束定时均提早,要求钳板闭合定时早,以防棉丛被锡林梳针抓走。SXF1269A 型精梳机没有钳板闭合定时调整机构,钳板闭合定时比梳理开始定时早 2～3 个分度。

③ 锡林定位与分离罗拉运动配合的关系:锡林定位影响锡林末排梳针通过锡林和分离罗拉最紧隔距点时的分度数。锡林定位晚,锡林末排针通过最紧隔距点时的分度数亦晚,有可能将分离罗拉倒入机内的棉网抓走而形成落棉。所纺纤维越长,锡林末排针通过最紧隔距点时

分离罗拉倒入机内的棉网长度越长,越易被锡林末排针抓走。因此,当所纺纤维越长时,要求锡林定位提早。锡林定位不同时锡林末排针通过最紧隔距点时的分度见表9-3。

表9-3　锡林末排针通过最紧隔距点时的分度数

锡林定位(分度)	36	37	38
末排针通过最紧隔距点时的分度(分度)	9.48	10.48	11.48

影响锡林梳理的因素有锡林直径、针排数、植针规格、针排结构、梳理隔距和锡林梳理速度。

(4)毛刷速度与锡林速度的配合。毛刷的作用是及时清除嵌在锡林针齿间的棉结、杂质及短绒,使其成为精梳落棉。毛刷对锡林针面的清洁效果,直接影响锡林针齿对棉丛的梳理效果。毛刷对锡林针面的清洁效果,与毛刷质量、毛刷插入锡林针齿的深度及锡林与毛刷的速比有关。国产新型精梳机普遍采用粗细均匀、弹性好、细度细的白综毛刷,其清洁效果优于早期的黄综毛刷。毛刷插入锡林针齿的深度一般为2~2.5 mm,锡林与毛刷的转速比为1∶6。随着锡林速度的提高及精梳机产量的提高,要求毛刷对锡林针齿的清洁效果更好,在新型精梳机上采用定时清扫锡林,即:精梳机工作一段时间后,锡林转速自动减慢,而毛刷仍以高速转动,故毛刷与锡林的转速比大幅度提高,清扫锡林针面的效果更好。正常生产时,锡林与毛刷的转速比为1∶6;清扫锡林时转速比为1∶17~1∶20。清扫周期一般为40 min;清扫时间为10~15 s。有些精梳机还采用了毛刷提前启动与延时停转,即:开车时,毛刷电机提前3~5 s启动;关车时,毛刷电机延时3~5 s停转。这有利于提高开头车时毛刷对锡林的清扫效果。

2.2　顶梳梳理

(1)顶梳的作用过程及顶梳结构。须丛头端经锡林梳理后,由钳板送向分离钳口。当须丛头端到达分离钳口时,由分离罗拉及分离皮辊握持输出;同时,顶梳插入须丛,随分离钳口运动的纤维尾部从顶梳梳针间拽过,完成对纤维的梳理。由此可知,顶梳的作用是梳理分离须丛的后端,即梳理钳板钳唇死隙部分及钳板握持点后边的部分。

顶梳虽只有一排针,但它的作用很大,不仅可以梳理纤维的尾端,还能发挥纤维在分离过程中相互摩擦过滤作用。因为在分离过程中,从顶梳中抽出的纤维只是薄薄的一层,这一薄层纤维被分离钳口握持以快速运动,而嵌在顶梳梳针间的大量纤维仍以慢速运动。由于这两部分纤维的速度相差很大,因此当快速纤维从慢速纤维中抽出时,慢速纤维对快速纤维的尾端起到摩擦过滤作用,把短绒、棉结及杂质等阻留下来。

SXF1269A型精梳机的顶梳结构如图9-22所示。顶梳用特制的弹簧卡固装于上钳板上,并随之一起运动。图中,(a)为顶梳梳针结构;(b)为针板结构,顶梳梳针植于其上,顶梳梳针与针板的夹角为18°,以使梳针更有效地梳理纤维;(c)为顶梳托脚,用铝合金制成,针板置于其上。

(2)影响顶梳梳理的因素。

① 顶梳的高低隔距:指顶梳在最前位置时,顶梳针尖到分离罗拉上表面的垂直距离。图9-23中,d为顶梳的高低隔距。高低隔距越大,顶梳插入棉丛越深,梳理作用越好,精梳落棉率就越高。高低隔距过大时,会影响分离接合开始时棉丛的抬头。

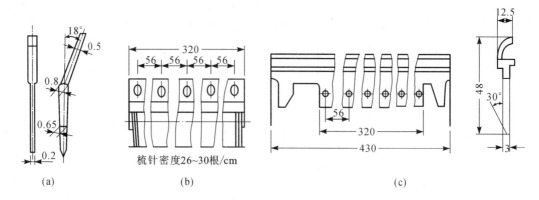

图 9-22　SXF1269A 型精梳机的顶梳结构

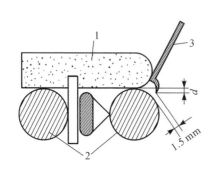

图 9-23　顶梳的高低隔距与进出位置

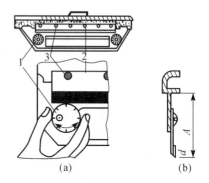

图 9-24　顶梳高低位置的调整

SXF1269A 型精梳机上顶梳的高低位置由偏心轴调整。如图 9-24 所示,松开图(a)中的螺丝 3,转动偏心旋钮 1 到所需的值,再扭紧螺丝 3 即可。顶梳高低隔距共分五档,分别用 —1、—0.5、0、+0.5、+1 表示,标值越大,顶梳插入棉丛就越深。不同标值时的 A 值见表 9-4。顶梳的高低隔距一般选用 +0.5 档。顶梳高低隔距每增加一档,精梳落棉约增加 1%。

表 9-4　不同标值时的 A 值

标值	—1	—0.5	0	+0.5	+1
A 值(mm)	51.5	52	52.5	53	53.5

② 顶梳的进出隔距:指顶梳在最前位置时,顶梳针尖与分离罗拉表面的隔距,如图 9-23 所示。进出隔距越小,顶梳梳针将棉丛送向分离罗拉越近,越有利于分离接合工作的进行。但进出隔距过小,易造成梳针与分离罗拉表面碰撞。SXF1269A 型精梳机上顶梳的进出隔距一般为 1.5 mm。

③ 顶梳的植针规格:顶梳的植针规格包括针号和针密等,对梳理作用有重要影响。梳针的密度应控制在使喂入纤维层中最小的棉结、杂质和短纤维被阻留在顶梳的后面。植针密度越大,阻留棉结、杂质的效果越好。如果植针密度过大,纤维与梳针之间的压力增大,使摩擦阻力过大,会导致纤维受力过大而被拉断或将梳针拆断。精梳机的顶梳植针密度一般为 26 根/cm;纺纱质量要求高时,也可采用 28 根/cm 或 30 根/cm。

④ 顶梳的针面状态:顶梳的针面状态必须保持清洁,才能发挥其梳理效能。如果梳针长时间不清扫,梳理质量会明显下降,输出棉网质量会明显恶化。为了保持梳针清洁和减轻工人的劳动强度,有些棉精梳机采用了顶梳自动清洁装置,每一钳次清扫一次。另外,如有缺针、断针、并针等情况发生,必须及时维修,否则梳理效果会明显下降。

3　分离接合部分

分离接合部分的作用是将精梳锡林梳理过的棉丛与分离罗拉倒入机内的棉网进行搭接,而后分离罗拉快速运动,将纤维从下钳板和给棉罗拉握持的棉丛中快速抽出,即为分离;同时,纤维的尾端受到顶梳的梳理。

为了实现纤维层的周期性接合、分离及棉网的输出,分离罗拉的运动方式为:倒转→顺转→基本静止。为保证连续不断地输出棉网,分离罗拉的顺转量要大于倒转量。

3.1　分离罗拉传动机构

SXF1269A 型精梳机的分离罗拉传动机构如图 9-25 所示。分离罗拉传动机构由平面连杆机构和外差动行星轮系组成,图中(a)为平面连杆实际机构图,(b)为平面连杆的简化图。动力分配轴上固装的 29^T 齿轮传动与锡林轴 O 同轴的 143^T 大齿轮。143^T 大齿轮上用螺栓连接,与分离罗拉定时调节盘相连(图 9-26)。锡林轴 O 通过 143^T 大齿轮上的定时调节盘,使曲柄销(固装于定时调节盘上)A 以 77 mm 为半径绕锡林轴做恒速转动。锡林轴 O 上活套一固装于墙板上的偏心轮座,其中心 O_1 偏离锡林中心 28 mm,两个中心的相对位置如图 9-25(b)所示。偏心轮座上套有偏心轮,偏心轮中心 C 偏离偏心轮座中心 O_1 25 mm。定时调节盘的曲柄销,通过 105 mm 长的连杆,带动偏心轮上的一个铰接销 B,铰接销偏离偏心轮座中心 O_1 77 mm。这样,$OABO_1$ 组成一个双曲柄机构。当 OA 随锡林轴恒速回转一周时,使偏心轮上的铰接销 B 绕偏心轮座中心 O_1 变速运动一周;此时,偏心轮中心 C 也绕偏心轮座中心 O_1 变速运动一周。偏心盘上活套一个转体,其左端铰接销 D 与活套在钳板摆轴 O_2 上的摆杆铰接。当转体随偏心轮回转一周时,摆杆 DO_2 绕钳板摆轴中心前后摆动一次。转体的左端 E 可看作是刚体 CDE 上的一个延伸点,当 C 与 D 的运动确定时,E 的运动也随之确定。与 E 铰接的连杆 EF,带动首轮摆臂 FO_3 做周期性摆动,从而使外差动行星轮系中的 32^T 首轮做正反向转动。

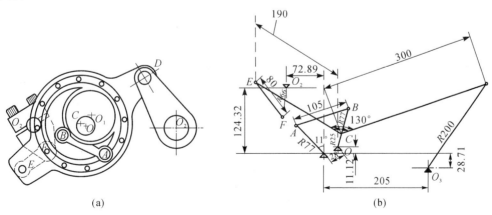

图 9-25　SXF1269A 型精梳机的分离罗拉传动机构

如图 9-26 所示,锡林轴上固装的 15^T 齿轮经 56^T 过桥轮传给 95^T 的系杆(差动臂)做恒速转动,使分离罗拉产生顺转。由双曲柄机构及多连杆机构通过首轮摆臂 FO_3 传给 32^T 首轮,使之做变速运动。在一个钳次中,平面连杆机构使 FO_3 正反向摆动一次,首轮也随之正反向转动一次,与锡林轴上的 15^T 齿轮传来的恒速合成后传向分离罗拉,使分离罗拉产生"倒转→顺转→基本静止"的运动。一个钳次中,分离罗拉的顺转量大于倒转量,以满足分离接合的工艺要求。顺转量与倒转量的差值称为有效输出长度。

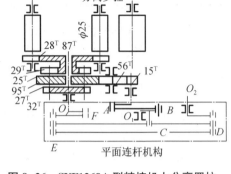

图 9-26 SXF1269A 型精梳机上分离罗拉传动的外差动行星轮系

143^T 大齿轮上装有分离罗拉定时调节盘,143^T 大齿轮与分度盘同轴。改变曲柄销 A 与 143^T 大齿轮的相对位置,可改变平面连杆机构与分度盘的相对运动关系,以此调整分离罗拉的顺转定时。

分离罗拉相对于倒转时的位移量 Se 可由计算机算出。SXF1269A 型精梳机分离罗拉倒转时为 6 分度,各分度相对于 6 分度的位移量如下:

分度	6	7	8	9	17	24	6
Se	0	−0.03	−0.76	−2.62	−50.48	6.09	31.71

横坐标:分度。

纵坐标:分离罗拉运动量;倒转为负,顺转为正。

起始位置:分离罗拉开始倒转时位移量为 0。

3.2 分离罗拉运动曲线

(1)定义。在一个工作循环中,将每度分离罗拉相对于倒转时的位移量画成曲线,称为分离罗拉的运动曲线,如图 9-27 所示。

(2)曲线分析。

① 曲线的特征点:a 为分离罗拉开始倒转点;b 为分离罗拉倒转结束点(或开始顺转点);c 为开始分离接合点;d 为分离结束点;f 为一个工作循环的分离罗拉运动结束点;g 为锡林末排针通过最紧隔距点时的运动量。

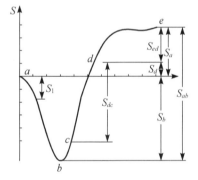

图 9-27 SXF1269A 型精梳机的分离罗拉运动曲线

② 分离罗拉的运动阶段:a—b 为分离罗拉倒转阶段;b—f 为分离罗拉顺转阶段;c—d 为分离工作阶段;d—f 为继续顺转阶段;a—g 为前段倒转量(即锡林末排针通过最紧隔距点时分离罗拉倒入机内的长度)。

③ 分离罗拉运动的有关长度:L_1 为分离工作长度($L_1 = L_c - L_d$);S_1 为分离罗拉倒转长度;S_2 为分离罗拉顺转长度;S 为分离罗拉有效输出长度。由此可知:$S = S_2 - S_1$;S_{ef} 为继续顺转量,即分离工作结束后分离罗拉的顺转量。

在 FA261 型精梳机上,a 为 6 分度,b 为 17 分度,c 为 18.5 分度,d 为 24 分度,g 为 10.5 分度。

（3）有效输出长度。由图 9-27 可知，SXF1269A 型精梳机上，分离罗拉自 6 分度开始倒转，17 分度时倒转结束，则分离罗拉的总倒转量为：$S_{17}-S_6=-47.52-0=-47.52$（mm）。分离罗拉自 17 分度开始顺转，6 分度时顺转结束，则分离罗拉的总顺转量为：$S_6-S_{17}=26.48-(-47.52)=74$（mm）。因此，每一个工作循环中分离罗拉实际输出长度为总顺转量与总倒转量的绝对值之差，即为：$74-47.52=26.48$（mm）。此长度称为分离罗拉的有效输出长度。

3.3　分离接合工艺分析

（1）分离接合工作概况。在分离工作开始之前，分离罗拉已将上一循环分离出来的纤维丛倒入机内，准备与新分离的纤维丛接合。

经过锡林梳理的纤维丛，其头端并不在一条直线上。当钳板（或喂给机构）、顶梳将纤维丛逐渐移向分离钳口时，前面的头端纤维先到达分离钳口，被分离钳口握持，以分离罗拉的速度快速前进。以后，各根纤维头端陆续到达分离钳口，使前后纤维产生移距变化，分离钳口逐步从纤维中抽出部分纤维，形成一个分离纤维丛，叠合在上一工作循环的

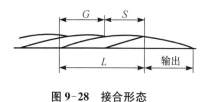

图 9-28　接合形态

纤维网尾部上，从而实现分离接合。纤维丛的接合形态如图 9-28 所示，由图中的几何关系可知：

$$L=S+G\quad 或\quad G=L-S \tag{9-7}$$

式中：L——分离纤维丛长度（mm）；

　　　S——有效输出长度（mm）（即每一钳次分离罗拉输出的须丛长度）；

　　　G——接合长度（mm）。

由此可知分离纤维丛长度 L 愈长，有效输出长度 S 愈小时，接合长度 G 愈长，纤维网的接合质量和条干均匀度愈好。

（2）分离工作长度与纤维分离丛长度。分离纤维丛长度可根据分离罗拉运动曲线算得，如图9-29所示。

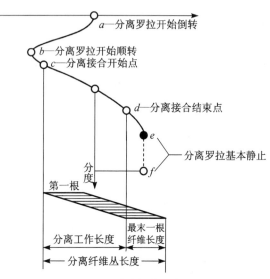

图 9-29　分离纤维丛长度

在分离罗拉运动曲线上,a 为分离罗拉开始倒转点,b 为分离罗拉开始顺转点,c 为分离接合开始点,d 为分离接合结束点,e 为分离罗拉顺转结束点,e 至 f 之间分离罗拉其本静止。几种精梳机的开始分离与分离结束时间见表9-5。

表 9-5　开始分离与分离结束时间
单位:分度

A201D 型		FA251A 型		SXF1269A 型	
开始时间	结束时间	开始时间	结束时间	开始时间	结束时间
11～12	19	32～33	40	18～19	24

分离罗拉自分离开始到分离结束时分离罗拉的输出棉网长度称为分离工作长度。

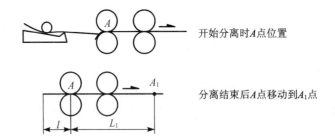

开始分离时 A 点位置

分离结束后 A 点移动到 A_1 点

A 点到 A_1 点的距离即为分离工作长度 K。

在 SXF1269A 型精梳机上,第一根纤维头端进入分离钳口时开始分离的时间 c 约为 18～19 分度,最末一根纤维头端进入分离钳口结束分离的时间 d 约为 24 分度。因此第一根和最末一根纤维头端的距离必然是分离罗拉运动曲线上开始分离和结束分离时的位移差值,这一差值即为分离工作长度。分离工作长度与纤维长度之和称为分离纤维丛长度,用公式表示为:

$$L = K + l = (S_d - S_c) + l \tag{9-8}$$

式中:L——分离纤维丛长度(mm);

K——分离工作长度(mm);

l——纤维长度(mm);

$S_d - S_c$——结束分离与开始分离时的罗拉位移差。

例如,在 SXF1269A 型精梳机上加工细绒棉时,开始分离定时为 18 分度,结束分离定时为 24 分度,设纤维长度为 30 mm,试计算分离工作长度与分离纤维丛长度。

解:查表得:

$$S_e = S_{18} = -42.85 \ (mm)$$
$$S_d = S_{24} = 4.34 \ (mm)$$

所以 $K = S_d - S_e = 4.34 - (-42.85) = 47.19$ (mm)

$L = K + l = 47.19 + 30 = 77.19$ (mm)

由此可见,分离纤维丛长度与分离罗拉运动曲线形态、开始分离时间、结束分离时间及纤维长度等因素有关。

(3)分离过程中的变牵伸值。在分离过程中,分离罗拉的输出速度大于钳板及顶梳的喂给速度,所以分离过程也是一种牵伸过程。由于分离罗拉、钳板及顶梳的速度都在变化,因此

分离牵伸倍数是变化的。通常把这种牵伸倍数称为分离过程中的变牵伸值,可用下式表示:

$$E = \frac{V_T}{V_A} \tag{9-9}$$

式中:E——分离过程中的牵伸倍数;

　　V_T——分离罗拉的位移速度(mm/s);

　　V_A——顶梳的摆动速度(mm/s)。

整个分离须丛的平均牵伸倍数 $\overline{E}$ 应等于分离工作长度 K 和喂棉长度 A 的比值,即为:

$$\overline{E} = \frac{K}{A} \tag{9-10}$$

由于分离过程中的牵伸,使得分离须丛拉长、变薄,但由于是不均匀的牵伸,从而加剧了纱条的结构不匀。

(4)分离纤维丛的接合长度与接合率。如图 9-30 所示,分离纤维丛的接合长度 G 直接影响纤维网的接合牢度。精梳机高速时,输出的纤维网受分离罗拉的往复牵引和抖动更加剧烈,如果纤维网的接合牢度差,会产生意外伸长或破裂而影响精梳条的质量。因此在新型精梳机设计、老机改造及工艺设计时,应尽可能加大分离纤维丛的接合长度。增大分离纤维丛的接合长度 G 的办法:一是增大分离纤维丛长度 L,二是减小有效输出长度 S。

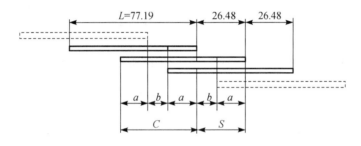

图 9-30　分离纤维丛的三层叠合

例如,SXF1269A 型精梳机开始分离定时为 18 分度,结束分离定时为 24 分度,纤维长度为 30 mm,根据公式可得:

$$G = L - S = 77.19 - 26.48 = 50.71 \text{ (mm)}$$

纤维网的接合长度反映了前后两个分离纤维丛的接合程度。纤维网中还存在前、中、后三个分离丛的重叠情况,如图 9-30 所示,在一个分离丛长度内,三层叠合长度为 $3a = 72.61$ mm,占 94%;二层叠合长度为 $2b = 4.5$ mm,占 4.5%。纤维网中纤维重叠程度愈好,纤维网的厚度增加,接合处阴影减小,接合质量较好。

分离纤维丛的重叠程度可用接合率表示,是指接合长度 G 与有效输出长度 S 的比值的百分率:

$$\eta = \frac{G}{S} \times 100\% \tag{9-11}$$

例如,SXF1269A 型精梳机上,须丛的接合长度 G 为 50.71 mm,有效输出长度 S 为 26.48 mm,则:

$$\eta = \frac{G}{S} \times 100\% = \frac{50.71}{26.48} \times 100\% = 192\%$$

（5）继续顺转量、前段倒转量和相对顺转量。

① 继续顺转量。分离结束后，分离罗拉继续顺转向前输出的须丛长度，称为分离罗拉的继续顺转量。如图 9-31 所示，S_{ed} 为继续顺转量，S_e 为有效输出长度，S_d 为分离结束时分离罗拉的位移量。则它们之间的关系为：

$$S_{ed} = S_e - S_d \tag{9-12}$$

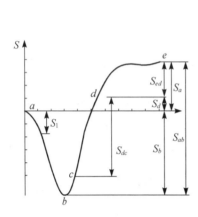

图 9-31 分离罗拉运动曲线分析

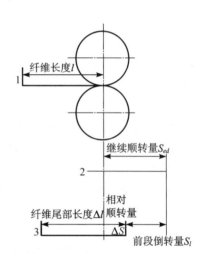

图 9-32 纤维长度与继续顺转量的关系

分离罗拉的继续顺转量不能过大。如图 9-32 所示，假定分离结束时长度为 l 的纤维头端进入分离钳口，如果分离罗拉的继续顺转量大于纤维长度，当分离罗拉倒转时，纤维难以进入机内，易导致须丛在两根分离罗拉之间拱起，从而影响下一循环的分离接合的正常进行。因此，继续顺转量应小于所纺纤维的平均长度。

② 前段倒转量和相对倒转。锡林末排针通过锡林与分离罗拉最紧隔距点时分离罗拉的倒转量，称为前段倒转量。如图 9-31 所示，在分离罗拉运动曲线上，S_l 为前段倒转量。因此，前段倒转量可根据锡林末排针通过最紧隔距点时的分度数，由表查得。

分离罗拉的前段倒转量不能太大，以免分离罗拉倒入机内的须丛尾端纤维被锡林梳针抓走，造成长纤维进入落棉，甚至出现纤维网破洞，不能正常生产。进一步分析可知，须丛尾端纤维是否会被锡林末排梳针抓走，不仅和前段倒转量有关，还和继续顺转量及纤维长度有关。它们之间的关系如图 9-32 所示。

继续顺转量和前段倒转量的绝对值之差称为相对倒转量，用 ΔS 表示，即：

$$\Delta S = S_{ed} - \mid S_l \mid \tag{9-13}$$

所以：

$$\Delta l = l - \Delta S \tag{9-14}$$

式中：Δl——纤维尾部长度（mm）；

　　　l——纤维长度（mm）。

在 SXF1269A 型精梳机上,锡林末排针通过最紧隔距点时的分度数为 10.5,则由产品说明书查得 $S_f = -8.73$ mm。设纤维长度为 30 mm,由上式算得:

$$\Delta S = S_{ed} - |S_f| = 22.14 - 8.73 = 13.41 (\text{mm})$$
$$\Delta l = l - \Delta S = 30 - 13.41 = 16.59 (\text{mm})$$

由此可见,纤维长度短时,相对顺转量大,纤维尾部长度小,纤维不易被锡林末排梳针抓走。

(6) 分离罗拉顺转定时。分离罗拉顺转定时是指分离罗拉由倒转结束开始顺转时分离盘指针指示的分度数。分离罗拉顺转定时影响分离罗拉与钳板、分离罗拉与锡林的运动配合关系。根据分离接合的要求,分离罗拉顺转定时要早于分离接合开始定时,否则分离接合工作无法进行。分离罗拉顺转定时应满足以下要求:

① 分离罗拉顺转定时的确定应保证开始分离时分离罗拉的顺转速度大于钳板的前摆速度。如果分离罗拉顺转定时过晚,则有可能使开始分离时分离罗拉的顺转速度小于钳板的前进速度,被锡林梳理过的棉丛头端会与给棉罗拉表面发生碰撞而造成弯钩,在整个棉网上出现横条弯钩;或者分离罗拉的顺转速度略大于(或者等于)钳板的前进速度,虽然形不成弯钩,但分离牵伸倍数太小,棉丛的头端没有被牵伸开而使棉网较厚,而前一循环的棉网尾端已较薄,接合时由于两者厚度差异过大,导致新、旧棉网的接合力过小,在棉网张力的影响下,新棉网的前端易于翘起,在棉网上形成“鱼鳞斑”。

② 分离罗拉顺转定时确定应保证分离罗拉倒入机内的棉网不被锡林末排梳针抓走。如果分离罗拉顺转定时过早,则分离罗拉倒转定时也早,易于造成倒入机内的棉网被锡林末排梳针抓走。

分离罗拉顺转定时应根据所纺纤维长度、给棉长度及给棉方式等因素确定。例如采用长给棉时,由于开始分离时间提早,分离罗拉顺转定时也应适当提早。确定分离罗拉顺转定时,应同时考虑锡林定位,以防锡林末排针抓走纤维。

SXF1269A 型精梳机上,分离罗拉顺转定时的调整方法是改变曲柄销 A 与 143^T 大齿轮(或称为分离罗拉定时调节盘)的相对位置。分离罗拉定时调节盘上刻有刻度,刻度从“-2”到“$+1$”,其间以“0.5”为基本单位。分离刻度与分离罗拉顺转定时的关系见表 9-6。

表 9-6　分离刻度与分离罗拉顺转定时的关系

分离刻度	+1	+0.5	0	-1	-1.5	-2
分离罗拉顺转定时(分度)	14.5	15.2	15.8	16.8	17.5	18

(7) 分离罗拉运动总倒转及总顺转量。分离罗拉运动总倒转及总顺转量影响分离机构的运动平稳性。分离罗拉传动机构是精梳机的一个主要传动机构,它的往复运动量较大,对机台高速性能的影响较大,所以在分离接合机构设计中,不仅应考虑它的工艺要求,而且必须考虑其运动的平稳性,使其振动小、噪音低。除了机件的制造精度和润滑条件外,影响高速往复平稳性的主要因素是传动机件的惯性力矩。惯性力矩由机件的角加速度和转动惯量两个因素所决定,因此在分离罗拉运动曲线的设计上应使分离罗拉运动曲线的斜率变化小,以降低角加速度,减少惯性冲击。在分离罗拉的运动中,从倒转向顺转转向时,加速度最大,所以,倒、顺转变向时对应的曲线底部鼻端变化应比较缓和,以防止产生过大的角速度而引起机械振动。分离

机构的运动量取决于分离罗拉总顺转量和总倒转量,而有效输出长度即为总顺转量和总倒转量的差值。不同机型的分离罗拉总顺转量和总倒转量见表9-7。新型精梳机的设计,在考虑减少有效输出长度的同时,应设法减少总倒转量和总顺转量,以利于高速。

表9-7　分离罗拉总顺转量和总倒转量

机型	总顺转量(mm)	总倒转量(mm)	有效输出长度(mm)
A201D	99.84	62.60	37.24
FA261	82.19	50.48	31.71
SXF1269A	74.00	47.52	26.48

4　其他部分

4.1　落棉排除部分

落棉排除机构由毛刷、风斗及气流吸落棉等部分组成,主要作用是清除锡林梳下的短绒、杂质和疵点,有单独吸落棉和集体排落棉机构两种方式。

(1)毛刷和气流。毛刷是清洁锡林针面的重要工具,而锡林针面的清洁对锡林梳理效果及棉网质量的影响很大,如果毛刷不能有效地刷清锡林针面的短纤维、杂质和疵点,它们就会嵌入锡林针隙。毛刷鬃丝伸入锡林针尖2～3 mm,以6～7倍的锡林表面速度,将嵌在锡林针隙间的短纤维、杂质和疵点刷下。车头风机通过尘笼内胆和风斗将毛刷刷下的落棉吸附在尘笼表面,由机外风管吸走。

为了提高毛刷工作质量,应使毛刷的偏心度、平直度、鬃毛弹性、插入梳针深度等各项指标都符合要求,并定期将毛刷调头使用,使毛刷鬃毛逆梳针方向的弹性较好,以充分发挥其作用。此外,工艺上要配置适当的毛刷转速,根据锡林转速、加工纤维长度等因素而定,一般为930～1 200 r/mm。当毛刷经过修剪使鬃毛过短时,应及时提高毛刷的转速。

精梳机的气流情况对棉网质量和机台清洁等有较大影响。当精梳机车速较低时,钳板前摆速度也较低,钳板和分离罗拉间的气流对须丛的抬头和接合的干扰小,钳板开口后须丛端有足够的时间自行弹起伸直,送向分离钳口,进行分离接合。因此,在车速较低的精梳机上,风斗内三角气流板尖端常切入鬃毛内部较深,避免毛刷气流通过锡林和锡林气流罩间隙向分离罗拉处大量逸出而影响机台清洁。

SXF1269A型精梳机的毛刷与三角气流板的定位如图9-33所示。采用新毛刷时,应使毛刷轴2与调毛刷轴1之间的距离约为99 mm,此时毛刷鬃丝3插入锡林梳针2 mm,同时鬃丝与三角气流板4之间应有1 mm的间隙。

(2)吸落棉装置。吸落棉装置分单独吸落棉机构和集体排落棉机构。单独排棉机构依靠机上风机将落棉吸附在尘笼表面,然后利用摩擦的方法将尘笼表面吸附的落棉剥落下来或卷绕在卷杂辊上;当落棉达到一定量时,由人工加以清除。集体排棉机构则是在

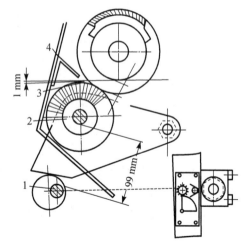

图9-33　毛刷与三角气流板

单独排棉的基础上,将尘笼剥下的精梳落棉由风机通过吸风管道进入滤尘室,在尘室内由滤尘设备将落棉与气流分离,收集落棉,并将过滤后的空气送入空调室。集体吸落棉机台数量可根据滤尘设备的过滤风量确定。SXF1269A 型精梳机每台每小时所需吸风量为 2 520 m³。

SXF1269A 型精梳机的吸落棉装置如图 9-34 所示。毛刷刷下的落棉经风斗被吸附在尘笼 3 的表面,形成精梳落棉层,随着棉层厚度的增加,尘笼内部的真空度提高,造成内外压差增大。压差由压差控制器 4 监测,当压差达到一定数值时,启动汽缸,使尘笼旋转一定角度,通过橡胶辊 8、钢辊 7 剥落一段落棉层。橡胶辊与尘笼间的隔距为 1 mm,钢辊与橡胶辊的间距为 0.2 mm。

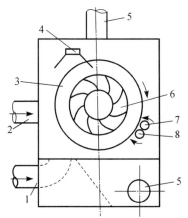

图 9-34　精梳吸落棉装置

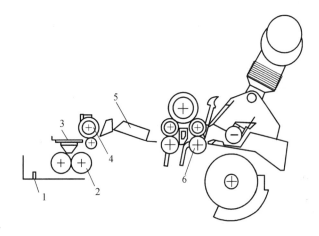

图 9-35　车面输出部分

4.2　车面输出部分

从分离罗拉经车面到后牵伸罗拉为止的部分,称为车面输出部分。SXF1269A 型精梳机的车面输出部分如图 9-35 所示。由分离罗拉 6 输出的棉网,经过一段松弛区(导棉板 5)后,由输出罗拉 4 喂入喇叭口 3,聚拢成棉条。棉条经压辊 2 压紧后,绕过导条钉 1 弯转 90°,棉根并排进入牵伸机构。牵伸机构位于与水平面呈 60°夹角的斜面上,由输送帘送入牵伸装置。

由于分离纤维丛周期性接合的特点,使输出棉网呈现周期性不匀波,因此,将喇叭口向输出棉网的一侧偏置,使分离罗拉钳口线各处到喇叭口的距离不等,从而使分离罗拉同时输出的棉网到达喇叭口的时间不同,产生棉网纵向的混合与均匀作用。当八根棉条并合后,精梳条的不匀得到进一步改善。

喇叭口的直径有 4 mm、4.5 mm、5 mm、5.5 mm、6 mm、6.5 mm 几种,可根据棉条的定量选用。

4.3　牵伸部分

SXF1269A 型精梳机的牵伸机构采用三上五下曲线牵伸形式,如图 9-36 所示。罗拉直径从前至后分别为 35 mm×27 mm×27 mm×27 mm×27 mm。三个皮辊的直径均为 45 mm。中皮辊和后皮辊分别架在第二、三罗拉和第四、五罗拉之间,组成中、后钳口,将牵伸装置分为前、后两个牵伸区。后牵伸区的牵伸倍数有三档,分别为 1.14、

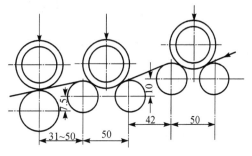

图 9-36　三上五下牵伸装置

1.36、1.5。前牵伸区为主牵伸区,其罗拉隔距可根据纤维长度进行调整,调整范围为 41～60 mm,第二、三皮辊的中心距范围为 56～71 mm。牵伸区配有四种变换齿轮,以适应加工不同纤维长度、不同品种的需要;总牵伸倍数可在 9～19.3 范围内调整。

前、后两个牵伸区均为曲线牵伸,使喂入每个牵伸区的须条在第二、四罗拉表面形成包围弧,从而增强了钳口的握持力和牵伸区后部的摩擦力界,加强了对牵伸区内纤维运动的控制,使纤维变速点向前钳口集中,有利于减小牵伸造成的条干不匀。为了避免反包围弧对纤维运动的不良影响,第四、五罗拉中心较第三罗拉中心抬高 10 mm,第二、三罗拉中心较前罗拉中心抬高 7.5 mm。

为了防止意外牵伸,台面至牵伸部分的棉条由输送帘输送。牵伸装置和分离罗拉都采用气动加压,前皮辊的加压量为 346～415 N/两端,中、后皮辊的加压量为 485～623 N/两端,其加压量稳定、调节方便。

4.4 圈条机构

为防止出牵伸区的棉条产生意外牵伸,采用输送带将棉条送入圈条器。SXF1269A 型精梳机采用单筒单圈条,随着精梳机产量的提高,卷装较大,条筒的直径为 600 mm、高 1 200 mm,且配有自动增容装置和自动换筒装置。其增容装置的方法是:使圈条底盘往复横动,将气孔硬心区棉条圈的重叠部分错开,从而达到增容效果,容量可增加 15％～20％。

【技能训练】

掌握精梳机锡林定位的方法。

【课后练习】

1. 什么是前进给棉?什么是后退给棉?什么是给棉长度?
2. 精梳落棉与哪些因素有关?
3. 锡林对棉丛的重复梳理次数与哪些因素有关?
4. 什么是落棉隔距?落棉隔距对落棉及梳理效果有何影响?如何调整?
5. 什么是梳理隔距、梳理开始定时、钳板开闭口定时?
6. 锡林定位的实质是什么?锡林定位过早、过晚会产生什么后果?为什么?
7. 什么是顶梳的高低隔距和进出隔距?如何调整?
8. 对分离罗拉的运动要求有哪些?
9. 什么是分离罗拉的倒转量、顺转量及有效输出长度?

任务 9.4 精梳机传动与工艺计算

【工作任务】1. 读懂精梳机传动图。

2. 完成所给题中变换齿轮的计算。

【知识要点】精梳机的工艺计算。

1 精梳机的传动

SXF1269A 型精梳机的传动图如图 9-37 所示。其传动路线如下:

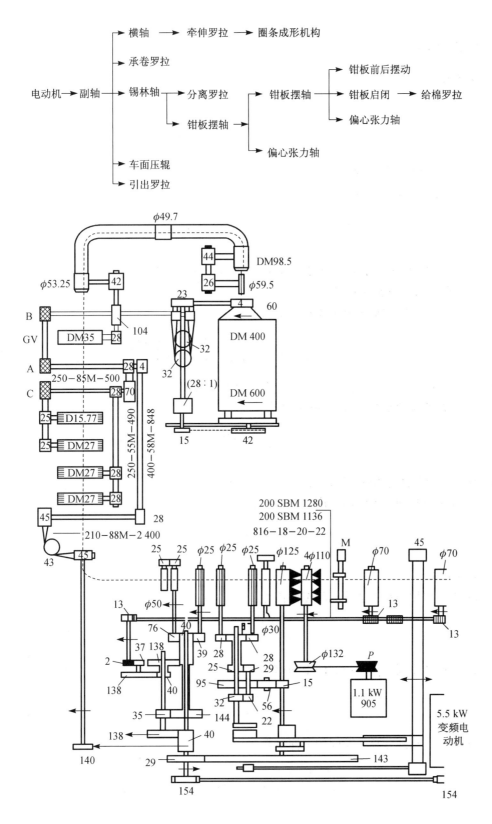

图 9-37　SXF1269A 型精梳机的传动图

2 精梳机的工艺计算

2.1 速度计算

（1）锡林速度（r/min）。

$$n_1 = n \times \frac{154}{154} \times \frac{29}{143} = \frac{29}{143} \times n \qquad (9-15)$$

式中：n——变频电机的转速（r/min）。

（2）毛刷速度 n_2（r/min）。

$$n_2 = 905 \times \frac{P}{109} = 8.303P \qquad (9-16)$$

式中：P——电机皮带盘直径（mm，有 109 mm 和 137 mm 两种）。

2.2 给棉长度与输出长度计算

（1）承卷罗拉的喂棉长度 L_1（mm/钳次）。

$$L_1 = \pi \times 70 \times \frac{13 \times 37 \times 40 \times 40 \times 35 \times 40 \times 143}{13 \times Z \times 138 \times 138 \times 144 \times 138 \times 29} = \frac{237.48}{Z} \qquad (9-17)$$

式中：Z——给棉齿轮齿数（有 44^T、45^T、49^T、50^T 等数种）。

（2）给棉罗拉的给棉长度 A（mm/钳次）。

$$A = \frac{30\pi}{Z_2} \qquad (9-18)$$

式中：Z_2——给棉棘轮齿数（有 16^T、18^T、20^T 三种）。

（3）分离罗拉的有效输出长度（mm/钳次）。

$$S = \frac{15}{95} \times \left(1 - \frac{29 \times 33}{22 \times 25}\right) \times \frac{87}{28} \times 25\pi = 26.48 \qquad (9-19)$$

2.3 牵伸计算

（1）给棉罗拉到承卷罗拉间的牵伸倍数。

$$e_1 = \frac{A}{L_1} = 0.397 \times \frac{Z}{Z_2} \qquad (9-20)$$

（2）分离罗拉到给棉罗拉间的牵伸倍数。

$$e_2 = \frac{S}{A} = 0.281 \times Z_2 \qquad (9-21)$$

（3）输出罗拉到分离罗拉间的牵伸倍数。

$$e_3 = \frac{\frac{40 \times 35 \times 40 \times 143}{39 \times 144 \times 138 \times 29} \times 25\pi}{26.48} = 1.056 \qquad (9-22)$$

（4）车面压辊到输出罗拉间的牵伸倍数。

$$e_4 = \frac{39 \times 50\pi}{76 \times 25\pi} = 1.056 \tag{9-23}$$

（5）后罗拉到车面压辊间的牵伸倍数。

$$e_5 = \frac{28 \times 28 \times 28 \times 45 \times 40 \times 138 \times 144 \times 76 \times 27\pi}{28 \times 70 \times 41 \times 45 \times 140 \times 40 \times 35 \times 40 \times 50\pi} = 1.137 \tag{9-24}$$

（6）后区牵伸倍数。

$$e_6 = \frac{C \times 28 \times 27\pi}{28 \times 28 \times 27\pi} = \frac{C}{28} \tag{9-25}$$

式中：C——牵伸变换齿轮齿数（有 32^T、38^T、42^T 三种）。

（7）牵伸装置总牵伸倍数。

$$e_7 = \frac{104 \times A \times 70 \times 28 \times 35\pi}{28 \times B \times 28 \times 28 \times 27\pi} = 12.037 \times \frac{A}{B} \tag{9-26}$$

式中：A，B——总牵伸变换齿轮齿数（有 30^T、33^T、38^T、40^T 四种）。

（8）圈条压辊到前罗拉间的牵伸倍数。

$$e_8 = \frac{28 \times (53.25 + 2) \times 44 \times 59\pi}{42 \times (98.5 + 2) \times 28 \times 35\pi} \times 1.05 = 1.028 \tag{9-27}$$

式中：1.05——压辊的沟槽系数。

（9）圈条压辊到承卷罗拉间的总牵伸倍数。

$$E = \frac{44 \times 55.25 \times 104 \times A \times 28 \times 45 \times 138 \times 144 \times 138 \times 138 \times Z \times 59.5\pi}{28 \times 1\,005 \times 42 \times B \times 41 \times 45 \times 140 \times 35 \times 40 \times 40 \times 37 \times 70\pi}$$
$$= 1.241 \times \frac{A \times Z}{B} \tag{9-28}$$

（10）实际牵伸倍数 E_1。

$$E_1 = \frac{G \times 5}{g} \times 8 \tag{9-29}$$

式中：G——精梳小卷定量（g/m）；

　　　g——精梳条定量（g/5 m）。

设精梳机的落棉率为 a，则机械牵伸倍数 E 与实际牵伸倍数 E_1 的关系为：

$$E = E_1(1 - a) \tag{9-30}$$

2.4　理论产量计算

设 P 为精梳机的理论产量[kg/(台·h)]，G 为精梳小卷定量，a 为精梳机的落棉率，A 为给棉长度，n_1 为锡林转速，则：

$$P = \frac{n_1 \times 60 \times G \times 8 \times (1 - a)}{1\,000 \times 1\,000} \tag{9-31}$$

【技能训练】

根据精梳纱案例，设计精梳各项工艺参数。

【课后练习】

已知 SXF1269A 型精梳机的精梳小卷定量为 65 g/m,精梳条定量为 25 g/5 m,Z 为 59 齿,精梳落棉率为 18%,试确定牵伸变换齿轮 A 和 B 的齿数?

任务9.5 精梳工艺调整与质量控制

【工作任务】 1. 精梳条干不匀类型有哪些? 高支纱控制条干不匀应从哪些方面着手?

2. 落棉控制的意义是什么? 落棉隔距通过什么进行调整? 落棉控制的重点应该是什么?

3. 前进、后退给棉及长给棉、短给棉在哪些方面有所不同? 选择给棉方式和给棉长度要考虑哪些方面的因素? 在给棉工艺方面有哪些新提法出现?

4. 影响梳理质量的因素有哪些? 如何影响? 就下面两种情况分析主要原因,并提出解决方案:

(1) 精梳条中杂质数量较多;

(2) 精梳条短绒率高达 9.5%。

【知识要点】 1. 精梳工艺调整内容。

2. 精梳质量要求及控制措施。

1 精梳工艺调整

1.1 给棉方式

(1) 前进给棉:钳板前进时给棉(A201 系列精梳机)。

(2) 后退给棉:钳板后退时给棉。

FA 系列精梳机:前进给棉、后退给棉。

给棉方式的选择:由落棉率决定。

后退给棉特点:给棉长度短,梳理效果好,落棉较多,落棉率一般控制在 17%~25%,适用于产品质量要求较高的品种,但产量低。

生产中一般根据精梳落棉率而定,当精梳落棉率大于 17% 时,采用后退给棉。几种机型的给棉长度见表 9-8。

表 9-8 几种机型的给棉长度

机型	前进给棉长度(mm)/给棉棘轮齿数	后退给棉长度(mm)/给棉棘轮齿数
A201C(D)	6.86/10, 5.72/12	
FA251A	6.0, 6.5, 7.1	5.2, 5.6
FA261	5.2/18, 5.9/16, 6.7/14	4.2/22, 4.7/20

(3) 给棉长度:给棉罗拉每一钳次的给棉长度。

$$A = (1 \times \pi \times D \times \eta)/Z \tag{9-32}$$

式中:A——给棉长度;

D——给棉罗拉直径；

η——沟槽系数（1.10～1.15）；

Z——给棉棘轮齿数。

给棉长度长时，精梳机的产量高，输出的棉网厚，但会使精梳锡林的梳理负荷加重，梳理效果差。给棉长度应根据纺纱线密度、精梳机机型和小卷定量而定。

1.2 梳理与落棉工艺

（1）钳板机构的作用：钳持棉层供锡林梳理，并将锡林梳理过的须丛送到分离罗拉钳口，进行分离接合。

（2）钳板运动的工艺要求：

① 钳板向前运动后期速度要慢，使钳板钳持梳理后的须丛向分离罗拉靠近，准备分离接合。

② 梳理隔距变化要小。

③ 钳板开口充分，须丛抬头要好。

（3）钳板机构的运动规律：钳板的运动规律应根据工艺要求确定。在锡林梳理阶段，钳板后退速度快；在分离接合阶段，钳板前进速度慢。工艺上要求后退时的钳板运动速度比前进时快。

（4）钳板部分工艺：

① 锡林梳理隔距。由于钳板做往复运动，因此，梳理位置、梳理隔距是经常变化的，梳理隔距的变化幅度越小，梳理负荷越均匀。

② 落棉隔距。落棉隔距是指钳板摆动到最前位置时，下钳板钳唇前缘与分离罗拉表面的隔距。增大落棉隔距，精梳落棉率增加，棉网质量提高，但成本也高。落棉隔距每增减1 mm，落棉率增减2%～2.5%。落棉隔距的调节方法，一是整机调节，可通过调节落棉刻度盘上的刻度来调整；二是逐眼调节，即调节钳板摆轴与摆臂的相互位置。

③ 钳板闭合定时。钳板闭合定时是指钳板闭合时所对应的分度盘的分度数。钳板闭合定时早，开启时间迟，开口量小；钳板闭合定时迟，开启时间早，开口量大。

1.3 锡林、顶梳梳理部分工艺

（1）锡林定位（FA261）。锡林定位实际上是校正锡林梳针通过分离罗拉与锡林最紧隔距点的定时，由分度盘的读数指示。在A201系列精梳机上也叫作弓形板定位。加工长给棉、分离罗拉顺转定时早的机台，锡林定位要早些；加工短给棉、分离罗拉顺转定时迟的机台，锡林定位可迟些。

（2）顶梳。

① 顶梳的校装。

② 顶梳的进出隔距：顶梳在最前位置时，顶梳针尖与后分离罗拉表面之间的距离。进出隔距小，有利于分离接合。

③ 顶梳的高低隔距：顶梳针尖到分离罗拉表面水平面之间的距离。高低隔距小，有利于提高顶梳的分梳效果。

1.4 分离罗拉顺转定时

（1）分离罗拉顺转定时的概念。分离罗拉顺转定时指分离罗拉开始顺转时的分度值，也称搭为头刻度。

（2）分离罗拉顺转定时的确定原则。应保证在开始分离时，分离罗拉的顺转速度大于钳板的喂给速度（钳板前进速度），否则会在棉网整个幅度上出现横条弯钩。

为了防止产生弯钩和鱼鳞斑，在选择分离罗拉顺转定时时，应考虑纤维长度、给棉长度、给棉方式。若纤维长度长或采用长给棉或前进给棉时，分离罗拉顺转定时应适当提早。

分离罗拉顺转定时提早后，倒转时间也相应提早。为了避免锡林末排梳针通过分离罗拉与锡林最紧点隔距时抓走倒入分离丛的尾端纤维，锡林定位也应提早。

1.5　其他工艺

（1）分离罗拉集棉器。分离罗拉集棉器可以调节棉网宽度，可根据不同原料与品种的需要进行调整。改变垫片的集棉宽度，可实现 291 mm、293 mm、295 mm、297 mm、299 mm、301 mm、302 mm、305 mm 等宽度，以改善棉网破边问题。

（2）牵伸。三上五下牵伸装置的主牵伸和后区均为曲线牵伸，摩擦力界分布合理，后牵伸区的牵伸倍数可以适当放大，有利于精梳条的条干均匀度和弯钩纤维的伸直。后牵伸区的牵伸倍数有 1.14、1.36、1.5 三档。

（3）精梳条的定量。精梳条的定量以偏重为好，纺中特纱一般掌握在 22～27 g/5 m。因为精梳条定量重，精梳机的牵伸倍数可以降低，牵伸造成的附加不匀会减小，精梳条的条干 CV 值降低。

2　精梳质量控制

精梳质量控制包括对精梳小卷的质量要求、精梳落棉指标及精梳条质量指标。

2.1　对精梳小卷的质量要求

（1）尽可能使小卷中的纤维伸直平行，以减少精梳加工过程中的纤维损失及梳针的损伤。因精梳落棉率与纤维长度有关，纤维长度长时精梳落棉率低。

（2）尽可能使小卷的结构均匀（包括纵向及横向），使钳板的横向握持均匀，有利于改善梳理质量、精梳条条干 CV 值及质量不匀率，减少精梳落棉。

（3）尽可能使精梳小卷成形良好、层次清晰、不粘卷。

2.2　精梳落棉指标

（1）精梳落棉率（％）。它影响纺纱质量和纺纱成本，应根据成纱质量要求、小卷质量（棉结、杂质及短绒含量）而定。在满足成纱质量要求时，精梳落棉率越小越好。

（2）精梳落中的短绒含量。这是反映精梳落棉质量的指标，精梳落棉中短纤维含量越高，精梳条中的短纤维含量越低。

2.3　精梳条质量指标

（1）精梳条棉结杂质粒数（粒/g）。它影响成纱质量，应根据成纱质量要求和棉卷质量（棉结、杂质含量）而定。

（2）精梳条质量不匀率（％）。它影响以后工序制品的质量不匀率及质量偏差。

（3）精梳条条干 CV 值。它影响成纱条干。

（4）精梳条含短绒率（％）。它影响成纱条干、成纱强力及强力不匀率。

2.4　精梳条质量指标的控制范围

精梳条条干 CV 值在 3.8％以下；精梳条含短绒率在 8％以下；精梳条质量不匀率在 0.6％以下，机台间的精梳条质量不匀率在 0.9％以下；精梳后棉结的清除率不低于 17％；精梳落棉含短绒率在 70% 以上；精梳后杂质的清除率在 50% 以上。

【技能训练】

根据已检测的精梳条质量指标及质量要求进行工艺调整。

【课后练习】

降低精梳条棉结杂质有哪些措施？

项目 10

其他纺纱技术流程设计及设备使用

☞ **教学目标** --

1. 理论知识：

（1）了解转杯纺纱的任务、工艺流程、工艺原理。

（2）了解喷气纺纱的任务、工艺流程、工艺原理。

（3）了解摩擦纺纱的任务、工艺流程、工艺原理。

2. 实践技能：能完成转杯纺纱机工艺设计、质量控制、操作及设备调试。

3. 方法能力：培养学生的分析归纳能力，提升总结表达能力，训练动手操作能力，建立知识更新能力。

4. 社会能力：培养学生的团队合作意识，形成协同工作能力。

☞ **项目导入** --

纺纱技术的发展一直未曾停止，从 20 世纪的 50 年代起，先后涌现出成纱机理与环锭纺截然不同的转杯纺、喷气纺、静电纺、摩擦纺、平行纺、涡流纺、自捻纺等新型纺纱技术。近年来，又有喷气自由端纺纱，以及在环锭纺上稍做革新而形成的赛络纺、赛络菲尔、索罗纺（国内又称为缆型纺）和紧密纺等纺纱新技术的出现。这些新型纺纱技术的出现，既有利于纺纱技术与设备水平的提升，也为成纱质量的提高和产品风格的多样性提供了可能。

新型纺纱与环锭纺纱最大的区别在于将加捻与卷绕分开进行，并将新的科学技术——微电子、微机处理技术广泛应用，从而使产品的质量保证体系由人的行为进化到了电子监测控制。与传统的环锭纺相比，新型纺纱具有以下特点：

1. 产量高

新型纺纱采用了新的加捻方式，加捻器转速不再像钢丝圈那样受线速度的限制，输出速度的提高可使产量成倍增加。

2. 卷装大

由于加捻和卷绕分开进行，使卷装不受气圈形态的限制，可以直接卷绕成筒子，从而减少了因络筒次数多而造成的停车时间，使时间利用率得到很大的提高。

3. 流程短

新型纺纱普遍采用条子喂入,以筒子输出,可省去粗纱、络筒两道工序,使工艺流程缩短,劳动生产率提高。

4. 改善生产环境

微电子技术的应用,使新型纺纱机的机械化程度远比环锭细纱机高,且飞花少、噪音低,有利于降低工人劳动强度,改善工作环境。

按纺纱原理分,新型纺纱可分为自由端纺纱和非自由端纺纱两大类。

(1) 自由端纺纱。需经过分梳牵伸、凝聚成条、加捻、卷绕四个工艺过程,即:首先将纤维条分解成单纤维;再使其凝聚于纱条的尾端,使纱条在喂入端与加捻器之间断开,形成自由端;自由端随加捻器回转,使纱条获得捻回。转杯纺纱、涡流纺纱、摩擦纺纱都属于自由端纺纱。

(2) 非自由端纺纱。一般经过罗拉牵伸、加捻、卷绕三个工艺过程,即:纤维条自喂入端到输出端呈连续状态;加捻器置于喂入端和输出端之间,对须条施以假捻;依靠假捻的退捻力矩,使纱条通过并合或纤维头端包缠而获得真捻,或利用假捻改变纱条截面形态,通过黏合剂黏合成纱。自捻纺纱、喷气纺纱、黏合纺纱就属于这种方法。

任务 10.1　转杯纺前纺要求与设备选用

【工作任务】1. 讨论转杯纺纱机的工艺流程特点。

　　　　　　2. 分析转杯纺前纺工艺流程与设备选用。

【知识要点】转杯纺纱对前纺工艺的要求。

1.1　转杯纺特点

① 自由端纺纱。

② 加捻、卷绕分开。

③ 产量高(3～4 倍于环锭细纱机)。

④ 卷装大(每个筒纱重 3～5 kg)。

⑤ 工序短(省去粗纱和络筒工序)。

⑥ 对原料的要求低。

⑦ 适纺中、粗特纱。

1.2　转杯纺原料

① 天然纤维:棉、亚麻。

② 再生纤维素纤维:黏胶、莫代尔、天丝。

③ 合成纤维(短纤维):涤纶、腈纶。

④ 棉纺厂再用棉:精梳落棉、清花落棉、梳棉落棉。

1.3　纺纱细度范围

国内:10^s～30^s;国际:6^s～40^s。

1.4　工艺流程

开清棉→梳棉→并条(两道)→转杯纺纱机。

1.5 转杯纺纱对前纺工艺的要求

（1）纤维中的尘杂应尽量在前纺工艺去除。尽管转杯纺纱机采用了排杂装置，但由于微尘与纤维的比重差异小，不易清除干净；而在前纺工程中可以很容易地、尽早地去除这些微尘，不仅利于提高成纱质量，而且有利于降低转杯纺纱机周围的灰尘，改善工作环境。转杯纺用生条含杂率指标见表 10-1。

表 10-1 转杯纺用生条含杂率指标

纱类	优质纱	正牌纱	专纺纱	个别场合
生条含杂率(%)	0.07~0.08	<0.15	<0.20	>0.5

（2）提高喂入棉条中纤维的分离度和伸直平行度。加强清梳开松、分梳作用，提高纤维分离度，利用并条机的牵伸作用，使纤维伸直平行，以减少分梳辊分梳时的纤维损伤，提高纺纱强力。转杯纺用熟条质量指标见表 10-2。

表 10-2 转杯纺用熟条质量指标

质量指标	国外	国内
1 g 熟条中硬杂质量	不超过 4 mg	不超过 3 mg
1 g 熟条中软疵点数量	不超过 150 粒	不超过 120 粒
硬杂质最大颗粒质量	不超过 0.15 mg	不超过 0.11 mg
熟条乌氏变异系数	不超过 4.5%	小于 4.5%
熟条质量不匀率	不超过 1.5%	不超过 1.1%

1.6 转杯纺纱的前纺工艺与设备

（1）清梳工序。为了适应转杯纺纱的要求，尽量去除纤维中的微尘，清梳工序应从以下方面考虑：

① 利用吸风来加强对微尘的清除作用。

② 在开清棉工序中，利用刺辊来加强对纤维的开松作用，使纤维在进入梳棉机前即分解为单根纤维状态，使杂质能充分落下，尽早排除。

③ 采用新型高产梳棉机，充分利用附加分梳元件及多点除尘吸风口来加强对纤维的分梳除杂作用。也可采用双联式梳棉机，由于此类设备采用两组梳理机构相串联，其梳理面积、除杂区域大大增加。但双联梳棉机机构复杂、维修不便，所以在生产中应用较少。

转杯纺纱清梳联组合流程实例如下：

（2）并条工序。根据转杯纺纱工艺流程短、成纱强力低的特点，提高纤维伸直平行度和降低熟条质量不匀率就成为确定并条道数的重要依据。从成纱的强力考虑，两道并条优于一道并条。但并条道数过多，会由于重复牵伸次数多而影响棉条的条干均匀度，特别是在原料较差

的转杯纺生产中,并条对条子质量的改善作用很小。在梳棉机上加装自调匀整装置则能达到较好的效果。所以在加工质量要求较低的粗特纱和废纺纱时,可采用一道并条或直接以生条喂入。纤维的弯钩方向对转杯纺纱无显著影响。

【技能训练】

根据所纺转杯纱案例,合理配置转杯纺纱的前纺工艺与设备。

【课后练习】

转杯纺纱对前纺工艺有什么要求?

任务 10.2　转杯纺纱机的工艺流程

【工作任务】作转杯纺纱机的工艺流程图。

【知识要点】转杯纺纱机的工艺流程。

1　转杯纺纱的工艺特点

转杯纺纱的纺纱原理和设备机构完全不同于环锭纺纱,决定了它具有不同的工艺特点:

(1)采用握持分梳、气流输送的牵伸形式,避免了因罗拉牵伸装置状态不良而造成的"机械波",以及因纤维在牵伸区内的不规则运动而造成的"牵伸波"。所以转杯纺纱机可适应长度大于 9 mm 且小于纺杯直径的各类纤维,并适用于纤维粗细差异较大的纯纺和混纺。

(2)采用引纱罗拉握持、纺杯回转的加捻方式,可在轴承的允许限度内提高纺杯转速;如采用间接轴承或磁悬浮轴承,纺杯的转速可以增加到 13×10^4 r/min 以上。

(3)在纺杯回转一定时间后,纺杯内凝聚槽中会聚积尘杂,影响成纱均匀度和纺纱断头率。尘杂积聚情况与原料质量、前纺清梳的开松除杂效果有关。

(4)依靠气流输送并重新凝聚排列,使成纱中的纤维伸直平行度很差,加之分梳辊梳理时紧贴于喂给板和分梳辊腔壁的须条层没有受到梳理,若喂入棉条中纤维的分离度较差,不仅可能造成纤维损伤,而且会因纤维束较多而使成纱条干恶化,断头增加。

(5)由于转杯纱中纤维排列的伸直平行度差,要保证一定的强力,纱条截面内必须具有一定的纤维根数,所以转杯纺纺细特(高支)纱较为困难,最低适纺线密度仍高于环锭纺。

2　转杯纺纱机的发展

自 1965 年第一台转杯纺纱机在捷克面世以来,经过近四十年的不断改进与完善,转杯纺纱的优越性日益被人们接受和认可,其使用范围已遍布棉、毛、麻、丝及化纤等各种纤维领域。目前,世界转杯纺纱的总头数已占到纺纱锭数的 5%。

转杯纺纱机的发展经过了四个发展阶段,如表 10-3 所示。

表 10-3　转杯纺纱机的发展

发展阶段	第一代	第二代	第三代	第四代
纺杯速度(r/min)	30 000~40 000	50 000~80 000	80 000~130 000	130 000 以上
喂入条筒直径(mm)	φ230	φ250~350	最大φ530	最大φ530
筒子卷装(mm)	φ230×90	φ300×150	φ300×150 φ254×150	φ320×150 φ340×150
纺纱线密度(tex)	100~14.5	100~14.5	200~10	200~10
排杂装置	无	有	高效	高效
清纱装置	无	无	有	有
自动化	无	有	全	全

从表中可以看出,转杯纺纱机的发展趋势是提高速度、增大卷装、扩大适纺范围,进一步提高成纱质量及设备的自动化程度。

我国于 20 世纪 70 年代先后生产了 CW2、A591、SQ1 型第一代转杯纺纱机;20 世纪 80 年代至今,先后生产了 FA601、FA601A、CR2、F1603、TQF268、F1631 型第二代转杯纺纱机,经过不断的改进,以及变频调速、同步带传动、PC 机控制等先进技术的采用,新型转杯纺纱机的纺纱性能已达到国外同类机型的水平。

转杯纺纱机的技术特征见表 10-4。

表 10-4　转杯纺纱机的技术特征

制造厂		德国 SCHLAFHORST	立达 RLETER	捷克 BASETEX	中国 浙江泰坦	中国 经纬纺机厂
机型		Autocoro	R20	BT903	TQF268	F1631
排风方式		抽气式	—	自排风式	抽气式	自排风式
适纺纤维长度(mm)		<60	<60	<60	<60	25~40
适纺线密度(tex)		145~10	200~10	240~15	250~10	100~14.5
牵伸倍数		37~350	25~400	18~300	—	35~230.5
棉条定量(km)		2.5~6.25	3.0~7.0	2.2~6.25	3~7	2.2~5
头距(mm)		230	245	216	210	200
每台最多的头数		312	280	240	240	192
纺杯最高转速(r/min)		150 000	140 000	100 000	100 000	75 000
纺杯直径(mm)		283 03 133 364 04 656	28 303 132 3 540 485 665	33 404 348 50 546 466	66 544 336 34	43　54　66
分梳辊	直径(mm)	65	80	75	64	—
	转速(r/min)	6 600~9 000	6 500~8 500	5 000~10 000	5 000~10 000	6 000~9 000
条筒最大尺寸(mm)		φ530×1 070	φ530×1 200	φ530×1 070	φ430×914	φ350×900
最大卷装(mm)	平筒	φ300×150	φ340×150	φ300×150	φ300×150	φ300×150
	锥筒	254×150	φ270×150	φ270×150	φ270×150	φ250×150

（续　表）

制造厂		德国 SCHLAFHORST	立达 RLETER	捷克 BASETEX	中国 浙江泰坦	中国 经纬纺机厂
满纱质量(kg)	平筒	—	5.00	4.15	4	4
	锥筒	—	3.30	3.30		3.2
最大引纱速度 (m/min)		250	220	180	—	116.7
控制方式		微处理系统	PC 机	微处理系统	智能化电控系统	PLC 控制
清纱功能		有	有	有	有	有
主电机类型		换向器	变频控制	变频控制	变频控制	带减速器

3　转杯纺纱机的工艺过程

如图 10-1 所示,棉条经喇叭口 8,由喂给罗拉 6 和喂给板 7 缓慢喂入,被表面包有金属锯条的分梳辊 1 分解为单根纤维状态;然后,经输送管道,被杯内呈负压状态(风机抽吸或排气孔排气)的纺纱杯 2 吸入,由于纺杯高速回转的离心力作用,纤维沿杯壁滑入纺杯凝聚槽,凝聚成纤维须条。生头时,先将一根纱线送入引纱管口,由于气流的作用,这根纱线立即被吸入杯内,纱头在离心力的作用下被抛向凝聚槽,与凝聚须条搭接起来;引纱由引纱罗拉 5 握持输出,贴附于凝聚须条的一端,和凝聚须条一起随纺纱杯回转,而获得捻回。由于捻回沿轴向向凝聚槽内的须条传递,使两者连为一体,便于剥离。纱条在加捻过程中与阻捻头摩擦产生假捻作用,使剥离点至阻捻头的一段纱条上的捻回增多,有利于减少断头。引纱罗拉将纱条自纺纱杯中引出后,经卷绕罗拉 4 卷绕成筒子 3。

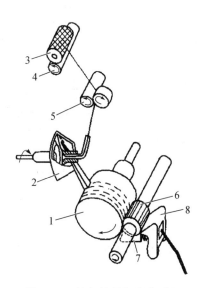

图 10-1　转杯纺纱机工艺过程

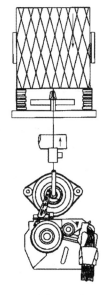

图 10-2　转杯纺纱机布置

【技能训练】

现场认识转杯纺纱的工艺过程。

【课后练习】
   1. 转杯纺和环锭纺相比有何特点?
   2. 说明转杯纺适用的原料、纺纱工艺流程、可纺细度范围。

任务 10.3 转杯纺纱机各机件作用分析

【工作任务】1. 讨论喂入分梳机构的组成与作用、分梳辊作用形成及影响因素。
   2. 喂给分梳部分的排杂作用怎样完成?
   3. 分析气流输送的特点。
   4. 须条凝聚、剥取和加捻过程怎样实现?

【知识要点】1. 影响分梳效果的因素。
   2. 阻捻头的假捻与阻捻作用。
   3. 须条的凝聚与剥取。

1 转杯纺纱机的喂给分梳部分

喂给分梳机构的作用是将喂入条子分解为单纤维状态,同时将条子中的细小杂质排除,以达到提高质量、降低断头的目的。

1.1 喂给分梳机构及其作用

喂给分梳机构的形式因机型而异,但均由喂给喇叭口、喂给板、喂给罗拉和分梳辊组成(图 10-3),其作用是将条子均匀地握持喂入,并分解成单根纤维状态,清除所含的杂质、尘屑。

(1)喂给喇叭。喂给喇叭由塑料或胶木压制而成,其通道截面自入口至出口逐渐收缩成扁平状。条子通过喂给喇叭,其截面随之相应变化,以提高纤维间的抱合力,并可使条子横截面厚薄均匀、密度一致,以保证喂给罗拉与喂给板对条子的握持力分布均匀,有利于分梳辊的分梳。

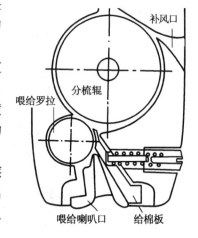

图 10-3　喂给分梳机构

喂给喇叭的内壁必须光滑,以减少喇叭口对条子的摩擦阻力,避免产生意外牵伸而破坏条子的均匀度。喂给喇叭出口截面尺寸与喂入条子的定量有关,一般有 2 mm×7 mm、2 mm×9 mm、3 mm×9 mm 数种。

(2)喂给罗拉与喂给板。喂给罗拉为一沟槽罗拉,与喂给板共同握持,并借喂给罗拉的积极回转,将条子输送给分梳辊分梳。为避免条子受分梳时向分梳辊两端扩散,给棉板的前端被设计成凹状,以限制条子的宽度。

喂给钳口的压力来自喂给板下面的弹簧,通过调节弹簧下端的调节螺钉,可调节弹簧的压缩量,改变钳口的压力。

机型不同,喂给罗拉的结构及传动不同。有的为单头结构,单头罗拉由纺纱机每一面的一根传动轴上的蜗杆通过活套固定在喂给罗拉颈上,由电磁离合器控制的蜗轮传动,当纱线断头时,电磁离合器与蜗轮脱开,喂给罗拉及时停止回转,以避免断头时纺纱杯内积聚纤维。

有的设备两侧各有一根由多节连接起来的喂给罗拉,每节 10～12 头,罗拉由车头齿轮直接传动。断头自停装置与罗拉回转无关。

(3)分梳辊。分梳辊一般采用铝合金胎基,表面植以钢针,或以齿片排列组合,或包覆金属针布,直径约为 60～80 mm。分梳辊的作用主要是对喂给罗拉与喂给板握持的须条进行分梳,实现纤维在单纤维状态下的排杂与输送,为纤维的重新排列组合做准备。

1.2　影响分梳效果的因素

转杯纺纱的喂给分梳部分实质上是缩小的梳棉机给棉刺辊部分,其作用原理及影响因素基本雷同。

(1)分梳工作面。给棉板与壳体腔壁共同组成分梳工作面,即握持点 1 至分梳辊与壳体腔壁最小隔距区起点 2 的一段弧,如图 10-4 所示。

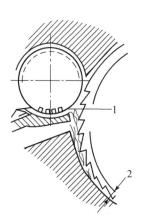

由于分梳工作面呈弧状,可使分梳辊齿尖与分梳工作面间的距离变化缓和,须丛内外纤维的梳理差异小,有利于分梳。为兼顾分梳效果和不损伤纤维,分梳工作面长度应稍短于纤维的主体长度,当纤维长度为 29～31 mm 时,分梳工作面长度为 27～28 mm;当纤维主体长度为 27 mm 时,分梳工作面长度为 23～25 mm。

分梳点隔距的大小,决定了未被针齿分梳的纤维层的厚薄。此隔距愈大,被针齿抓走的束纤维的数量愈多,所以分梳点隔距以小为好,一般为 0.15 mm。

(2)锯齿规格。锯齿规格是指锯齿的工作角、齿尖角、齿背角、齿

图 10-4　分梳工作面

高、齿深、齿密等,其中锯齿工作角、齿密对分梳质量的影响最大。锯齿工作角与加工纤维的性质有关,纺棉时,因摩擦系数较小而易于转移,所以工作角较小,以增强分梳效果;化纤因摩擦系数较大而转移困难,为防止缠绕,工作角宜大些。

齿密分纵向密度和横向密度,横向密度由锯条包卷螺距而定,一般不变;纵向密度随齿距而定,齿密越大,分梳作用愈强。纺化纤时,应兼顾分梳与转移的要求,齿密可较纺棉时稀些。

齿尖硬度关系到齿的锋利度和耐磨度,与锯齿材料、热处理硬度有关。转杯纺纱用锯齿采用新型铝合金、金属镀层和特殊淬火的方法来提高齿尖硬度,增加锯齿的使用周期。锯齿表面的光洁度对分梳效果也有影响,所以淬火后的锯齿需进行抛光处理。在生产中若发现锯齿弯曲,可拆下分梳辊,用调整夹(镊子)扶正修复后再投入使用。齿片式分梳辊上的锯齿损坏后,可将损坏齿片直接拆下更换,维修较为方便。

转杯纺分梳辊锯齿规格见表 10-5。

表 10-5　转杯纺分梳辊锯齿规格

型号	锯齿规格							适纺范围
	α	β	H	h	d	ρ	γ	
CQF-3	—	—						化纤、化纤混纺
OK37	90°	19°	3.6	1.2	0.9	4	—	化纤、绌丝、毛黏、毛棉
OS21	78°	40°	4		1.0	3	38°	化纤、涤棉、毛棉

（续　表）

型号	锯齿规格							适纺范围
	α	β	H	h	d	ρ	γ	
OK61	—	—	—	—	—	—	—	化纤、涤棉、毛棉
OK36	99°	35°	3.6	2	0.9	4.7	71°	化纤、绌丝、毛棉
OK40	66°	47°	3.6	2	0.9	2.5	24°	棉、涤棉、毛黏
CQF-1A	—	—	4	—	1.0	2.5	24°	棉
OB20	66°	45°	4	—	1.0	2.1	21°	棉、棉型化纤
SC-12	—	—	—	—	—	—	—	棉

（3）分梳辊转速。在其他工艺条件不变时，分梳辊转速高，分梳作用强，杂质易排除，纤维转移顺利，成纱条干好（粗细节、结杂少，不匀率小）；但强力下降，其原因在于高速后纤维的损伤增加，纤维长度愈长，损失愈严重。一般在不损伤纤维的前提下适当提高速度，有利于分梳质量和纱条转移，并有利于排杂。

分梳辊的速度可根据不同原料及分梳要求而定。纺棉时，分梳辊的速度范围为 6 000～9 000 r/min。不同化纤对分梳辊转速的要求不同，一般在 5 000～8 000 r/min 范围内选择。

分梳辊转速与喂入条子的定量和喂入速度有关。喂入条子定量或喂入速度增大，绕分梳辊的纤维数量增多，提高分梳辊转速，可使绕分梳辊的纤维数量减少。因此，当喂入条子定量重或单位时间内喂给量增加时，应提高分梳辊转速，以防止分梳辊绕花。增大分梳辊直径，可提高对纤维的分梳效果，而小直径、高速度则有利于排杂。

分梳辊转速的选择还应与输棉管道入口、出口速度及纺杯速度相匹配，以保证纤维在喂入、分梳、输送、凝聚过程中始终处于加速状态，以利于纤维在成纱中的伸直形态，所以分梳辊转速应满足下列不等式：

分梳辊圆周速度＜输棉管道入口速度＜输棉管道出口速度＜纺杯圆周速度。

1.3 喂给分梳部分的排杂作用

转杯纺纱机的排杂机构应在须条松解的过程中清除杂质，并将所有纤维定向转移到剥离处。采用排杂机构有利于减少纺杯内凝聚的积尘，增加剥离点的动态强力，减少断头，为高速创造条件，并可延长纺杯的清扫周期，有利于减轻工人的劳动强度。

排杂装置的形式繁多，但其原理基本相同，归纳起来可以分为两大类，即固定式排杂装置和调节式排杂装置。两者最大的区别在于：调节式排杂机构的排杂和补气分开，在补气通道处设计阀门来调节补气量，以控制落棉和落棉含杂率。

（1）固定式排杂装置。如图 10-5 所示，在纺纱过程中，被分梳辊 1 抓取的纤维和杂质随分梳辊一起运动，由于离心力的作用，纤维中较重的杂质被分离出来，与一部分纤维脱离锯齿。当经过排杂口 4 时，表面积小而质量较大的杂

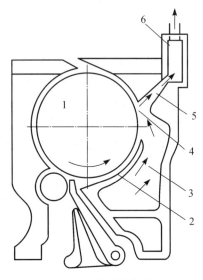

图 10-5　固定式排杂装置

质颗粒,因具有较大的动能,沿排杂通道 5 被车尾风机吸入吸杂管而进入车尾集尘箱;表面积大、质量较轻的纤维,则被补入气流带回分梳辊锯齿,重新参加纺纱过程。从补风通道 3 进入的气流,一部分沿分梳辊表面进入输棉通道,满足工艺吸风要求;一部分经吸杂管 6 进入排杂通道,有助于输送尘杂。在一些设备上,杂质由排杂腔落下后,由输送带送出机外。固定式排杂装置因结构简单、除杂效果好而被广泛应用。

　　(2) 调节式排杂装置。如图 10-6 所示,杂质受离心力的作用,自排杂口 4 排出,经排杂通道 5,由吸杂管 6 吸走。固定补风口补入的气流起托持纤维的作用,防止纤维随杂质排出。可调补风阀 8 根据原棉含杂情况及成纱质量的不同要求调节补入气流量,当补风口通道 3 减小时,此处补入气流量减少,由于纺杯真空度的影响,固定补风口的补入气流量增多,回收作用增强,落棉量减少,落棉中排除的主要是大杂;当补风口通道开大,补入气流量较多时,固定补风口气流量相应减少,落棉增多。

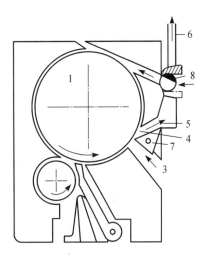

图 10-6　调节式排杂装置

1.4　纤维的输送

　　经过分梳除杂区后,纤维随分梳辊进入输送区,由于此处隔距很小(0.15 mm),纤维因受到分梳辊腔壁的摩擦阻力而被牢牢地握持在锯齿上;到达剥离区后,因分梳辊与周围气流通道管壁间的距离增大,纤维在分梳辊离心力及纺杯负压的共同作用下,逐渐向齿尖滑移,并沿齿尖的圆周切向抛出,进入输送管道,在输送管道的引导下,沿纺杯滑移面滑入纺杯的凝聚槽。

　　为了保证纤维在运动过程中定向度和伸直度不恶化,输送气流应加速运动,使纤维的输送过程同时也是一个纤维伸直、牵伸的过程。

　　(1) 剥离区内纤维的伸直。如图 10-7 所示,纤维进入剥离区后,因气流及自身离心力的作用,克服锯齿摩擦力,向锯齿齿尖滑移。图中:(a)为纤维的前端刚刚进入剥离区;(b)为纤维的前端滑至锯齿尖端,其弯钩部分受高速气流的作用开始伸直;(c)为纤维的大部分脱离锯齿,前端已基本伸直;(d)为纤维完全脱离锯齿,前端已进入输送管。在剥离区内,气流的速度与分梳辊表面速度的比值称为剥离牵伸。剥离牵伸保持在 1.5～2 倍时,纤维方能顺利剥离;大于此值时,纤维的定向伸直度更好。

　　锯齿的光洁度、工作角、纤维与锯齿的摩擦系数都会影响纤维的剥离,如果大量纤维在到达剥离点时尚未脱离锯齿,被分梳辊带走,则出现绕分梳辊现象。

　　(2) 输送管道内纤维的伸直。输送管道截面设计成渐缩形,以便使气流在管内的流速随截面的减小而逐渐增大,即输送气流呈加速运动。由于作用在纤维上的气流力与气流和纤维速度差的平方成正比,因此纤维前端所受到的气流力大于后端,从而使纤

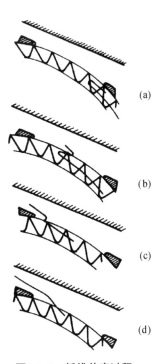

图 10-7　纤维伸直过程

维受到拉伸、得到加速,拉伸有利于纤维的伸直,加速可使相邻纤维间头端的距离增大,有利于纤维的分离。输送管道应光洁,其收缩角不易过大,以避免产生涡流回流,影响纤维的顺利输送。

为了保证输送的正常进行,纺杯的吸气量应大于分梳辊所带的气流量,使分梳辊至纺杯间形成速度梯度。

2 凝聚加捻机构

凝聚加捻机构的作用是将分梳辊分解的单纤维从分离状态重新凝聚成连续的须条,实现棉气分流,并经过剥取加捻成纱,再由引纱引出,以获得连续的纱线。转杯纺纱机的凝聚加捻机构主要由纺纱杯 2、阻捻头 3、隔离盘 4(自排风式用)等机件组成,如图 10-9 所示。

2.1 纺纱杯

纺纱杯一般用铝合金制成,外观近似截头圆锥形。纺纱杯的内壁称为滑移面,直径最大处为凝聚槽。纺纱杯高速回转所产生的离心力起凝聚纤维的作用,所以又称为内离心式纺纱杯。纺纱杯一转,纱条上得到一个捻回,所以纺纱杯是凝聚和加捻的主要部件。

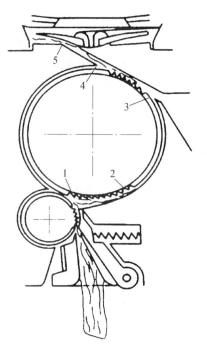

图 10-8 纤维在分梳辊周围的运动过程

1~2 为分梳区; 2~3 为输送区;
3~4 为剥离区; 4~5 为气流输送区

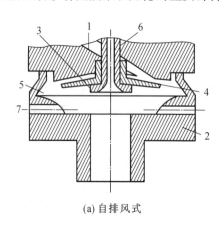
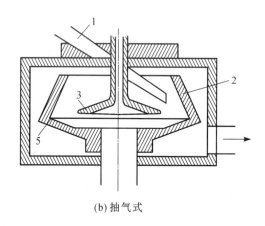

(a) 自排风式   (b) 抽气式

图 10-9 凝聚加捻机构

(1) 纺纱杯的种类。按纺纱杯内负压产生的原因,纺纱杯可分为自排风式和抽气式两大类,如图 10-9 所示。

自排风式纺纱杯的底侧部有若干排气孔,当纺纱杯高速回转时,如离心风机一样,气流从排气孔排出,使纺杯内产生负压。这种纺杯的特点,是杯内负压与纺杯转速有关,每只纺纱器的负压大小稳定一致。

自排风式纺纱杯的气流主要从纺杯上方的输送管和引纱管补入,然后从底侧部的排气孔排出,随着纺杯的回转,气流呈空间螺旋状自上而下地流动。从输送管道出来的纤维在未到达凝聚槽前,受纺杯内气流的影响,可能会直接冲向已被加捻的纱条上,形成松散的外包纤维,影响纱线的强力与外观。为防止这种俯冲的飞入纤维,凝聚加捻机构中必须配备隔离盘。

抽气式纺纱杯内气流从输送管道和引纱管补入后,依靠外界风机集体抽气,进入杯内气流从纺杯与罩壳的间隙被吸走,随着纺杯的回转,气流呈自下而上的空间螺旋状。为避免气流的影响,输送管必须伸入纺杯内,且比较接近纺杯的杯壁。抽气式纺纱杯内负压与风机风压、抽吸管道长度有关,所以全机纺杯负压有差异。

由于两种纺杯内的气流流向不同,所以纺纱情况不同。自排风式纺纱杯凝聚槽中易积粉尘,断头后杯内有剩余纤维,需清除后方可接头。因其纺杯构造复杂而造价高,运转时噪音大。抽气式纺杯薄而轻,造价低,运转噪音小,适应于高速,纺杯内粉尘易被气流吸走,断头后可直接接头,有利于使用自动接头器。

(2) 纺杯的滑移长度与滑移角。纤维到达纺纱杯杯壁后,随着纺纱杯的回转,在离心力的作用下,沿纺纱杯的杯壁滑移至凝聚槽。由于凝聚槽处线速度最大,纤维向下滑移时呈加速运动,所以纤维滑移的过程实质上是一个牵伸过程。纤维在滑移过程中因头尾差异而伸直,并排列整齐,依次进入凝聚槽内。纤维滑移的运动轨迹决定了凝聚须条的排列形态,从而决定了成纱质量。影响纤维在滑移面上运动轨迹的主要因素是滑移长度、滑移角及纺杯滑移面与纤维的摩擦系数。

(3) 凝聚槽。凝聚槽的形式较多、规格不一,但归纳起来大致可分为两类:一类为圆形槽;一类为 V 形槽。实践证明,V 形凝聚槽的须条结构紧密,纤维与纤维间的抱合力大,成纱强力增加,所以现代纺杯多采用 V 形凝聚槽。V 形凝聚槽截面的角度称为凝聚角,如图 10-10 所示。凝聚角的大小、深度应与所纺线密度、喂入品的含杂量相适应,线密度大、含杂多,凝聚角宜大些;反之宜小些。图中,T 形杯适用于普梳机织、针织纱,S 形杯适用于加工棉纤维,U 形杯适用于加工粗特纱,G 形杯适用于加工精梳纱。

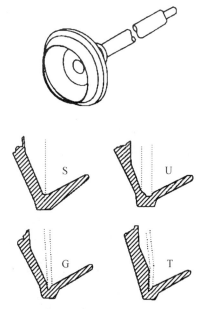

图 10-10　不同形状凝聚槽

为了兼顾须条的紧密和顺利排除积杂,纺杯凝聚角可由正、负角组成,通过凝聚角顶端垂直于纺杯轴的平面,将凝聚角分成两个部分:杯口一侧为正角,应使纤维易于滑入;杯底一侧为负角,应使尘杂易被纱条带出。凝聚角的负角一般为 $15°\sim20°$。在纺制同一产品时,凝聚角小,纺杯的自我清洁作用较好,成纱强力高;采用较大凝聚角,则缠绕纤维较少。

(4) 纺杯的直径和转速。

① 纺杯的直径。一般指纺杯凝聚槽的直径。纺杯直径有大小之分,但无严格的界限。国内以 $60\sim67$ mm 为大直径,57 mm 以下为小直径。纺杯直径的选择应与纤维长度相适应,一般认为纺杯直径必须大于纤维的主体长度,以利于减少缠绕纤维,并使纤维从输送管道向纺纱杯杯壁过渡时,纺杯回转角不至于过大而影响棉气分离。纺杯直径也应与纺纱线密度相适应,线密度愈大,则纺杯直径相应选大。在相同转速的条件下,大直径纺杯较小直径纺杯的成纱质量优异,但动力负荷增加。自排风式纺纱杯因结构较复杂、所用材料多,纺杯直径较抽气式纺

杯大。

② 纺杯转速。纺杯转速与纺杯直径、纺纱线密度、纺杯轴承类型有关。

a. 纺杯转速与成纱质量:当纺杯直径一定时,提高纺杯转速,可增加产量;但纺杯速度过高,必然降低纤维的分梳、除杂效果,并加大纺纱段的假捻捻度,使成纱强力降低,粗细节、棉结增加,不仅影响成纱质量,而且使断头率增大。所以纺杯转速的选择应视成纱质量而定。当产量一定时,纺细特纱时转杯速度宜高,纺粗特纱时宜低。

b. 纺杯转速与纺杯直径:转杯纱的纺纱张力与纺杯转速、转杯直径的平方成正比,而纺纱张力又与纱线的密度、强力,以及纺纱过程中的断头密切相关。由于纺纱张力受转杯纱自身强力所限,不能过大,所以大直径时纺杯转速易低,小直径时纺杯转速可高些,见表 10-6。

表 10-6 纺杯直径与纺杯转速的关系 $\times 10^4$ r/min

最大转速 \ 机型	纺杯直径(mm)										
	66	56	54	46	43	40	36	34	33	30	28
F1631	4	—	6	—	7.5	—	—	—	—	—	—
TQF268	4.5	—	6.5	—	8	—	9	10	—	—	—
Autocoro	—	6	—	7	—	8.5	10	—	11.5	13	15

c. 纺杯转速与纺杯轴承:纺杯高速必须有适应于高速的纺杯轴承做保证。纺杯轴承有滚动轴承和滑动轴承两类,滚动轴承又分为直接轴承和间接轴承。直接轴承因滚珠长时间处于高速摩擦状态,噪音大,寿命低。间接轴承通过托盘支撑纺杯轴,纺杯速度可提高。滑动轴承是指空气轴承和磁悬浮轴承,依靠轴与轴承间形成的气膜或磁场支撑。随着这种轴承的进一步完善,将为转杯纺纱进一步实现高产高速创造条件。

2.2 阻捻头

阻捻头也称为假捻盘。顾名思义,它有两个作用,即阻捻与假捻作用。当凝聚须条随纺杯一起回转加捻成纱,并由引纱罗拉引出,通过阻捻头 A 时,因摩擦而产生对纱条的径向摩擦力矩,使 AB 段产生假捻效应;沿纱条轴向则产生捻陷现象而阻止捻回的传递,如图 10-11 所示。

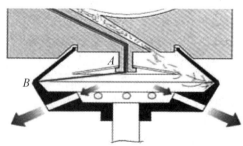

图 10-11 假捻效应

由于阻捻头的假捻与阻捻作用,使 AB 段纱条上的捻回增多,并沿纱尾向凝聚须条传递,使凝聚须条上产生一段有捻纱段,从而增加了剥离点 B 处纱条的动态强力,有利于减少断头。实际上,阻捻头的阻捻作用是很小的,而增加 AB 纱段捻回的主要是假捻作用。在一定的纺纱线密度和工艺条件下,假捻力矩主要与阻捻头的摩擦系数、纱条的包围角、阻捻头的直径、阻捻头的材料、纺杯转速或纺杯直径等因素有关。当纺杯转速提高或纺杯直径增大时,纱条的离心力增大,纺纱张力增加,使纱条对阻捻头的压力提高,则纱条对阻捻头的摩擦力增加,施加于回转纱条的假捻力矩增大。人们对不同材料、不同规格的阻捻头进行假捻效果测定,得到表10-7中的数据。从表中可知,假捻捻度随阻捻头表面摩擦系数、纱条对阻捻头的包围角、阻捻头直径的增大而增加。假捻捻度愈大,纺纱段的动态强力愈大,纱尾与凝聚须条处的联系力愈强,断头愈少。

表 10-7　不同材料、规格的阻捻头的假捻效果

项目	摩擦系数			纱条包围角(°)			阻捻头直径(mm)		
	0.62	0.45	0.38	0.37	90	60	30	15	10
假捻捻度(捻/cm)	2.79	1.68	0.93	0.84	1.68	1.09	0.24	1.68	1.41

然而,假捻作用并非愈大愈好,因为假捻捻度过多,由纱尾向凝聚须条倒渗的有捻段长度增加。由于这段纱段尚未达到成纱所需的纤维根数,还需补入纤维,从而造成成纱的内外捻度差异和应力差异,使强力降低。此外,若假捻作用过强,纱条在阻捻头表面滚动剧烈以及假捻的退捻作用,会使纱条毛羽增加。所以在选择阻捻头时,不能片面追求假捻效果,应结合成纱质量综合考虑。

阻捻头的材料由钢材经过热处理或化学处理制成,有光盘和刻槽盘之分。近年来陶瓷阻捻头因加捻效率高、使用寿命长而被广泛应用。为了增加转杯纺纱机的适纺范围,每种机型都配有适合本机型,适纺不同纺纱品种、不同原料、不同纺杯直径、不同纺杯转速的阻捻头。一般大直径阻捻头适用于粗支纱,小直径阻捻头适用于细支纱。化纤、毛纤维等抱合力较差的纤维可采用表面刻槽、假捻作用强的阻捻头。

阻捻头的假捻点表面要求光洁而摩擦系数大,使用刻槽阻捻头虽有利于利用回转纱条的振动,克服凝聚槽对凝聚须条的阻捻力矩,增强纱尾与须条的联系力,降低断头,但会带来毛羽多、短绒多、杯内积灰多等问题,所以带槽阻捻头应根据具体情况慎用。

阻捻头安装时,其平面应位于凝聚槽以下1.5 mm,有利于降低断头。

2.3　隔离盘

自排风式纺纱杯内的气流自上而下地流动,从输送管道出来的纤维,在未到达凝聚槽以前,会受到气流运动的影响而俯冲到回转纱条上,形成缠绕纤维。因此,自排风式纺纱杯内必须设置隔离盘。隔离盘是一个表面有倾斜角、边缘开有导流槽的圆盘,装在阻捻头上,位于输送管道出口与纺杯凝聚槽之间。它的顶面与纺纱器壳体的间隙形成一个环形扁通道,扁通道与输送管道相连。自分梳辊剥离下来的单纤维,随气流通过输送管道、扁通道而到达纺纱杯的滑移面,然后滑向凝聚槽。隔离盘的作用有三,即隔离纤维与纱条、定向引导纤维、使气流与纤维分离。

当纤维随气流进入扁通道,沿隔离盘表面到达纺纱杯滑移面时,由于离心力的作用而紧贴于纺杯杯壁,因凝聚槽处的离心力最大,所以纤维沿杯壁滑入凝聚槽。和纤维一起进入扁通道的气流,到达纺纱杯壁面即被壁面带动回转,在转过一个角度后,在纺杯真空度的吸引下,自导流槽流下,从排气孔排出,从而实现了气流与纤维的分离。导流槽按纺杯回转方向,比输送管口超前一个角度,此超前角的作用是避免纤维随气流沿导流槽进入纺杯成为缠绕纤维,并利用向导流槽流动的气流引导纤维,使纤维向滑移面运动方向与滑移面切向的夹角减小,以避免冲

撞壁面,破坏伸直度。超前角应根据纤维种类和纺杯转速而定,纤维长,纺纱杯转速高,超前角宜大;反之,超前角宜小。

不同品种,使用的纺杯直径不同,则隔离盘规格不同。

2.4 须条的凝聚与剥取

(1)须条的凝聚与剥取。随着纺杯的回转,从分梳辊剥离下来的纤维连续不断地经输送管道被吸入纺杯滑移面,滑入凝聚槽而形成凝聚须条。因为输送管道的位置是固定的,纺杯回转一周,则凝聚槽相对输送管道口转过一周,槽内被铺上一层纤维。假设在引纱引入纺杯以前,纺杯相对输送管道口转过 n 转,则凝聚槽中有 n 层纤维在槽内叠合。

当引纱被吸入纺杯后,依靠纺杯回转产生的离心力作用,被甩到凝聚槽中,与槽内须条搭接,形成剥离点。引纱的前端被引纱罗拉所握持,尾端随纺杯回转而加捻,捻度沿纱尾向凝聚须条传递,与须条捻合。由于引纱罗拉的回转牵引,将须条从凝聚槽中逐渐剥离下来,随纺杯加捻成纱。须条的顺利剥取必须满足以下两个条件:

① 纱尾与凝聚须条的联系力大于凝聚槽对须条的摩擦阻力。即纱条上的捻回通过剥离点延伸至剥离区,把加捻力矩向凝聚须条传递,依靠纱尾与凝聚槽中须条的联系力,克服凝聚槽对须条的摩擦阻力,把须条顺利地剥下。如果没有足够的捻回,剥离区内纱条与凝聚槽内须条的联系力小于凝聚槽对须条的摩擦阻力,纱条和须条将在剥离点处断裂,形成断头。

② 剥离点与凝聚槽有相对运动。由于剥离点与纺杯同向回转,所以两者之间要实现剥离,必须有相对运动,即速度差。剥离点的运动速度可略快于纺杯速度,也可略慢于纺杯速度,前者称为超前剥离,后者称为滞后剥离。剥离点与纺杯的回转速度之差,就是自凝聚槽剥取须条的圈数。在正常纺纱情况下,为超前剥离,即剥离点速度略快于纺杯转速。

(2)凝聚须条的形态。在纺纱过程中,须条的剥取和纤维向凝聚槽的滑移是同时进行的。纺纱杯每转一周,剥离点剥取一段纱条,凝聚槽中铺放一层纤维。当剥离点绕纺杯剥取一圈后,凝聚槽内的须条分布形态将沿剥离点相对运动的方向由粗变细,如图 10-12 所示。此后,剥离点自须条粗端连续剥取,凝聚槽不断地自须条细端补入纤维,使纺纱过程连续不断。

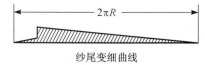

图 10-12 凝聚须条的形态

剥离点相对纺杯回转一周,称为一个剥离周期。在一个剥离周期内,设剥离点一转相对纺杯转过的弧长为 L,则纺杯的转数为"$(\pi d/L)-1$",纺杯各转铺放到凝聚槽中的纤维层被剥离点剥取的长度见表 10-8。

表 10-8 剥离周期内各层纤维的分布形态

纺杯转数	1	2	3	n	$(\pi d/L)-1$
被剥离长度	$\pi d-L$	$\pi d-2L$	$\pi d-3L$	$\pi d-nL$	$\pi d-[(\pi d/L)-1]L$
剩余长度	L	$2L$	$3L$	nL	$\pi d-L$

从表中可以看出:

① 凝聚须条由多层纤维所组成,由于剥离与纤维补入同时进行,各层纤维被剥取的长度不同,所以在凝聚槽中形成由粗渐细的须条形态。

② 相邻纤维层间有移距,其长度为 L。

③ 剥离点至凝聚须条细端间有空隙,其长度为 L。

(3) 凝聚须条的并合效应与缠绕纤维。

① 并合效应。进入纺纱杯的纤维在向凝聚槽凝聚的过程中产生了大约 100 倍的并合作用,这样的并合效应对改善成纱均匀度具有特殊的作用,它也是转杯纱的均匀度比环锭纱好的原因所在。

影响并合效应的主要因素:喂入条子线密度低,成纱的线密度高,纺纱杯直径大、转速高,喂给罗拉直径小、转速慢时,纺纱杯的并合作用强,成纱条干好。特别是当喂入棉条不匀或因喂给机构不良而造成周期性不匀时,只要不匀的波长小于 πD,纺纱杯的并合效应就能改善这种不匀,以保证成纱均匀度。

② 缠绕纤维。在回转纱条剥取凝聚须条的过程中,在剥离点后会产生空隙,但通过高速摄影观察到空隙并不明显存在,而是被少量纤维所填补,这些纤维骑跨在剥离点和须条尾端,因而被称为骑跨纤维或搭桥纤维,如图 10-13 所示。当剥离点经过输送管道口下方时,喂入纤维的头端与回转纱条粘连,而尾端被甩到凝聚槽中,与须条尾端相连而形成骑跨纤维。

图 10-13　骑跨纤维

在纺纱过程中,骑跨纤维的头端随回转纱条前移,尾端随纺杯移动,当前端剥离以后,其后端从凝聚须条中抽出,缠绕在纱条表面,成为缠绕纤维。当隔离措施不良时,有的纤维会随导流槽下行的气流进入纺杯,附着在回转纱条上,也能形成缠绕纤维。

缠绕纤维是转杯纱的结构特点,在现有的转杯纺纱机上纺纱,是不可避免的。缠绕纤维反向、无规则地缠绕于纱条表面,其纤维强力不能充分利用,从而影响转杯纱的外观和强力。

3　留头机构

3.1　留头的目的

由于转杯纺纱过程中喂入条子与输出纱条间是不连续的,所以在关车时,因纺杯转速高,较其他机件的惯性大,使纱尾捻回过多。当纱尾脱离凝聚槽时,会因捻回过多而发生退捻卷缩,若阻捻头引纱管孔径小,则卷缩在引纱管下口;若阻捻头引纱管孔径大,就会跑出引纱管外。在开车时,引纱管外的吸不进去,引纱管内的则因卷缩成团而与须条的接触长度短,联系力弱,接不上头,或接上后因纱尾捻回过多而产生脆断头。因此,转杯纺纱机上设置了留头机构,目的在于在关车时创造必要的条件,减少纱尾捻度和卷缩,使开车时纱条与自由端恢复正常的连续性,完成集体生头,保证生产正常进行。留头的措施有两点,即:

(1) 改善纱尾在关车后的状态。关车时,在喂给罗拉和分梳辊停止转动后,留头机构应适当卷取一段纱线,其长度应接近或略短于凝聚槽的周长,使纱尾脱离凝聚槽。这样,即使纺杯因惯性继续回转,对纱尾也不再起加捻作用,因而可避免因纱尾捻度过多而卷曲收缩的弊端。同时,为防止在捻缩及内应力的作用下纱线退解而跑出引纱管,还应设置压纱装置,将纱尾保持在引纱管内,为下次开车生头创造条件。

(2) 控制各机件的启动时间。因纺杯惯性大,开车后要达到正常转速,需要一个升速过程,所以纺杯的启动应超前于分梳辊和喂给罗拉。当纺杯达到正常转速时,留头机构将关车时卷取或拉出的多余纱尾送回纺杯内,依靠纺杯的真空吸力和离心力将纱尾吸入并甩向凝聚槽,并在纱尾倒入机内的过程中及时启动喂给罗拉和分梳辊,使纱尾被送回凝聚槽时,分梳辊输出的纤维同时到达凝聚槽内。此时,卷绕罗拉和引纱罗拉立即正向引纱,完成自动接头。

3.2 留头机构

转杯纺纱机的留头机构有两种类型,即卷绕罗拉倒顺转法留头机构和拉纱法留头机构。

留头机构是通过控制系统对开关车各运动机件进行有效控制的,因此留头的成败关键在于开关车时各运动机件运动的时间准确及动作稳定可靠。控制各运动机件动作时间及运动量的各种设定参数,因纺纱品种、使用原料、纺杯转速不同而各异,所以要保持较高的留头率及接头质量,必须保证各设定参数正确无误,并在各传动轴上安装电磁离合器和电磁刹车,以便在程序动作达到需要的时间后立即停刹,减少惯性的影响。

【技能训练】

1. 上网收集或到校外实训基地了解有关转杯纺纱机的工艺,对各种各类转杯纺机进行技术分析。

2. 现场认识转杯纺纱机机构,并了解其作用。

【课后练习】

1. 转杯纺纺棉时分梳辊转速对成纱质量有什么影响?

2. 转杯纺隔离盘与阻捻盘各有什么作用?

3. 转杯纺纱机为什么采用假捻器?影响假捻效果的因素有哪些?

4. 试分析转杯纺纱捻度损失的原因。

任务 10.4 转杯纺成纱结构特性分析

【工作任务】1. 对比分析环锭纱、转杯纱的成纱结构与质量。

2. 分析转杯纺成纱的特点。

【知识要点】转杯纱的成纱结构分析。

1 成纱结构

转杯纱由纱芯与外包缠纤维两个部分组成,内层纱芯比较紧密,外层包缠纤维结构松散,圆锥形和圆柱形螺旋线纤维(占 24%)比环锭纱(占 77%)少,而弯钩、对折、打圈、缠绕纤维(占 76%)比环锭纱多得多。

2 成纱结构分析

纺纱杯凝聚槽为三角形,凝聚的须条也呈三角形。纺纱杯对须条加捻时,须条截面由三角形逐渐过渡到圆柱形,因受纺纱杯离心力作用的三角形须条的密度较大,纺纱杯摩擦握持加捻时须条上的张力较小,增加了纤维产生内外转移的难度。

经分梳辊分解后的单纤维大多数呈弯钩状态,虽经输送管加速气流的作用,伸直了部分弯钩,但不及环锭罗拉牵伸消除弯钩的作用大,且纤维向纺纱杯壁滑移过程中也有形成弯钩的可能。

纺纱杯内的回转纱条经过纤维喂入点时,可能与喂入纤维长度方向的任何一点接触,该纤维就形成折叠、弯曲形态,形成缠绕纤维。这种纤维排列混乱、结构松散,影响成纱结构。

3　转杯纱的成纱特点

3.1　强　力

由于转杯纱中弯曲、对折、打圈、缠绕纤维多,纤维的内外转移差,当纱线受外力作用时,纤维断裂的不同时性严重,而且纤维之间接触长度短,滑脱的概率增加,因此,转杯纱的强力低于环锭纱,纺棉时较环锭纱约低 10%~20%,纺化纤时约低 20%~30%。

3.2　条干和含杂

由于转杯纱在成纱过程中避免了牵伸波和机械波,且在凝聚过程中有并合效应,所以成纱条干比环锭纱均匀。纺中特纱时,乌氏条干不匀率平均为 11%~12%。

原棉经过前纺工序的开松、分梳、除杂、吸尘后,在进入纺杯以前,又经过一次单纤维状态下的除杂过程,所以转杯纱比较清洁,纱疵少而小,纱疵数仅为环锭纱的 1/4~1/3。

3.3　耐磨度

纱线的耐磨度除了与纱线本身的均匀度有关以外,还与纱线结构有密切关系。因为环锭纱纤维呈有规则的螺旋线,反复摩擦时,螺旋线纤维逐步变成轴向纤维,整根纱因失捻解体而很快被磨断。而转杯纱外层包有不规则的缠绕纤维,不易解体,因而耐磨度好。一般转杯纱的耐磨度比环锭纱高 10%~15%。转杯纱表面毛糙、纱与纱之间的抱合良好,制成股线比环锭纱股线有更好的耐磨性能。

3.4　弹　性

纺纱张力和捻度是影响纱线弹性的主要因素。一般情况是纺纱张力大,纱线弹性差;捻度大,纱线弹性好。纺纱张力大,纤维易超过弹性变形范围,而且成纱后纱线中的纤维滑动困难,故弹性较差。纱线捻度大,纤维倾斜角大,受到拉伸时,表现出弹簧般的伸长性,故弹性较好。转杯纱属于低张力纺纱,且捻度比环锭纱多,因而弹性比环锭纱好。

3.5　捻　度

转杯纱的捻度比环锭纱多 20% 左右,这对某些后加工将造成困难(如起绒织物的加工)。同时,捻度大,纱线的手感较硬,从而影响织物的手感。所以,需要研究在保证一定的单纱强力和纺纱断头的前提下,降低转杯纱捻度的措施。

3.6　蓬松性

纱线的蓬松性用比容(cm^3/g)表示。由于转杯纱中的纤维伸直度差,而且排列不整齐,在加捻过程中纱条所受张力较小,外层又包有缠绕纤维,所以转杯纱的结构蓬松。转杯纱的比容约比环锭纱高 10%~15%。

3.7　染色性和吸浆性

转杯纱的结构蓬松,因而吸水性强,所以转杯纱的染色性和吸浆性较好,染料可少用 15%~20%,浆料浓度可降低 10%~20%。

【技能训练】

收集不同转杯纱样,对比分析转杯纱与环锭纱在结构特点上的不同。

【课后练习】

1. 叙述转杯纱的成纱结构。

2. 转杯纱有哪些特点？简要分析。

任务 10.5 转杯纺纱工艺计算与质量控制

【工作任务】1. 读懂传动图。

2. 完成所给定题中变换齿轮的计算。

【知识要点】转杯纺纱的工艺计算。

1 转杯纺纱机的传动及特点

随着微处理机、变频技术和检测技术的应用,新型转杯纺纱机的传动具有以下特点:

(1) 主要机件由电机直接传动,既减小了因传动级数过多造成的误差,又使传动系统更为简捷。国产 F1631 型转杯纺纱机采用 10 台电机来传动各主要机件,见表 10-9。

表 10-9 F1631 型转杯纺纱机的电机配备

		传动机件及传动方式	电机功率(kW)
总装机容量 44.55 kW	电机总容量 42.3 kW	转杯电机—龙带传动	11×2
		分梳辊电机—变频器传动	4×2
		引纱卷绕电机—变频器传动	4
		给棉电机—变频器传动	0.75
		输运带电机	0.55
		排杂风机电机	4
		辅助吸嘴风机电机	3
变压器总容量 2.25 kW		小型三相整流变压器	2
		控制变压器	0.25

(2) 喂入部分与输出部分采用变频器调速,连锁控制。

(3) 采用微处理机或 PCL,通过控制回路,使各部分互相配合运行,工艺调整方便,通过显示器设定集体生头工艺参数,显示纺纱工艺参数,监测控制纺纱长度,定长落纱和四班分别计长。

(4) 主要传动轮设置在封闭的油浴箱内,传动集中,适应于高速,采用齿轮与同步带传动,操作方便,运行平稳。

2 转杯纺纱的工艺计算

2.1 速度

转杯纺纱的速度计算主要有纺杯的转速 n_1、分梳辊的转速 n_2 和喂给罗拉的喂入速度 v_3、引纱罗拉的输出速度 v_4。由于各机件皆由电机单独传动,所以其转速可以按下列公式计算:

$$n_i = \frac{Z_0 \times n_{0i}}{Z_i} \qquad (10\text{-}1)$$

式中：n_i——某机件转速（r/min）；

　　　n_{0i}——某机件传动电机转速（r/min）；

　　　Z_0/Z_i——电机至机件的传动比。

若需计算线速度，可按下式求得：

$$v_i = \frac{\pi \times d_i \times n_i}{1\,000} \qquad (10\text{-}2)$$

式中：v_i——某机件线速度（m/min）；

　　　d_i——某机件直径（mm）。

2.2　牵伸倍数

转杯纺纱需计算的牵伸倍数有喂给罗拉至引纱罗拉间的主牵伸倍数 e_1、引纱罗拉至卷绕罗拉间的张力牵伸倍数 e_2 及全机总牵伸倍数 E。根据牵伸基本原理，各牵伸倍数可按下式计算：

$$E_i = \frac{v_{出}}{v_{入}} = \frac{\pi \times d_{出} \times n_{出}}{\pi \times d_{入} \times n_{入}} = \frac{d_{出}}{d_{入}} \times \frac{Z_{入}}{Z_{出}} \qquad (10\text{-}3)$$

式中：$d_{出}$——出条罗拉直径（mm）；

　　　$d_{入}$——喂入罗拉直径（mm）；

　　　$\dfrac{Z_{入}}{Z_{出}}$——输入机件与输出机件的传动比。

（1）主牵伸倍数。

$$e_1 = \frac{v_4}{v_3} \qquad (10\text{-}4)$$

式中：v_3——卷绕罗拉速度（m/min）；

　　　v_4——引纱罗拉速度（m/min）。

（2）张力牵伸倍数 e_2。设筒子的卷绕速度为 v，卷绕罗拉的圆周速度为 v_y，横纱导纱速度为 v_x，β 为卷绕角。根据牵伸理论：

$$e_2 = \frac{v}{v_4} = \frac{1}{\cos\beta} \times \frac{v_y}{v_4} = \frac{1}{\cos\beta} \times \frac{d_y}{d_4} \times \frac{Z_4}{Z_y} \qquad (10\text{-}5)$$

式中：d_y——卷绕罗拉直径（mm）；

　　　d_4——引纱罗拉直径（mm）；

　　　Z_4/Z_y——引纱罗拉至卷绕罗拉的传动比。

张力牵伸倍数影响筒子的松紧和断头，一般条件下，张力牵伸倍数愈大，成纱强力愈高，筒子卷绕愈紧密；但张力牵伸倍数过大，断头率增高。张力牵伸应根据以下因素，在 0.96～1.0 范围内选择：

① 成纱捻度大时，张力牵伸宜大；反之宜小。

② 纤维长度长、线密度小、整齐度高时，张力牵伸宜大；反之宜小。

③ 输出速度快，张力牵伸宜小；反之宜大。

（3）总牵伸倍数 E。总牵伸倍数为上述两个牵伸的乘积，即：

$$E = e_1 \times e_2 \tag{10-6}$$

2.3 捻度

根据转杯纺的加捻理论,转杯纱的捻度应以下式计算:

(1)计算捻度。

$$T_t = \frac{n_1}{v_4} \tag{10-7}$$

(2)实际捻度。

$$T'_t = T_t \times \text{加捻效率} \tag{10-8}$$

加捻效率可根据生产资料确定,一般为 0.88~0.98。

2.4 产量

(1)理论产量 G [kg/(千头·h)]。

$$G = \frac{v_4 \times 60 \times \text{Tt}}{1\,000 \times 1\,000} \times 1\,000 = 0.06 v_4 \sqrt{\text{Tt}} \tag{10-9}$$

式中:Tt——纺纱线密度。

(2)定额产量 G_d [kg/(千头·h)]

$$G_d = G \times \text{时间效率} \tag{10-10}$$

转杯纺纱的时间效率一般为 0.95~0.97。

3 转杯纺纱的质量控制

3.1 转杯纱的质量指标

转杯纱的质量指标与环锭纱基本相同,有强力、质量不匀率、条干不匀率和结杂粒数等考核指标。根据纱线的用途可分为三个指标控制体系,即机织用纱、针织与割绒用纱和起绒用纱技术指标,见表 10-10。

表 10-10 转杯纱质量指标控制范围

质量指标	转杯纱			环锭纱（相同定纱范围）
	机织用纱		起绒用纱	
	经纱	纬纱		
单纱断裂强度(cN/tex)	>8.1	>7.6	>6.7	>11.4~10.6
单纱强力变异系数(%)	<12~16			<9.5~19
百米质量变异系数(%)	<3.0~4.0			
百米质量偏差(%)	±2.8			±2.5
条干均匀度变异系数(%)	<13.5~17.5		<14.5~17.5	<15~21
设计捻系数	<450+36	<430+34.4	<335	320~410(纬 290~360)
捻度变异系数(%)	5.6			
棉结杂质粒数(粒/g)	<60~180		<50~150	40~130
针织与割绒用纱技术指标和机织用纬纱相同				

影响转杯纱质量的因素,除本工序的工艺条件外,原料选择及半制品的结构和质量是关键的因素。在影响成纱强力的几个纤维性能指标中,纤维线密度的影响最为显著,所以转杯纱选用的纤维应细一些,以保证所纺品种截面内具有一定的纤维根数(120 根);但不能过细,以避免分梳时损伤纤维而产生棉结。所以棉纤维的线密度选择应结合成熟度综合考虑,一般为 1.54～1.67 dtex。由于转杯纺采用分梳气流牵伸,对短纤维和回用落棉的纺纱适应性较强,纤维长度对成纱强力的影响不如线密度明显,纺棉时以 26～28 mm 为宜。

为了减少成纱中的棉结与纱疵,应控制原棉含杂率和棉结杂质粒数,含棉结多的斩刀花及精梳落棉的混用比例不宜过高,使用废棉下脚需经过预处理。不同原棉配比对单纱强力 CV 值的影响见表 10-11。

表 10-11　配棉与成纱单强 CV 值的关系

配棉 原棉/落棉/盖板花/破籽	单强 $CV(\%)$			
	59 tex	49.2 tex	42.2 tex	36.4 tex
30/30/30/10	11.75	11.98	12.84	13.87
40/30/20/10	11.3	11.69	12.71	13.39
40/40/15/15	10.97	11.29	12.33	13.01
40/40/20/0	10.06	10.31	11.43	12.06
60/30/10/0	9.91	10.22	11.01	11.86
70/20/10/0	9.64	9.89	10.63	11.21
80/20/0/0	8.26	8.99	9.37	9.98
90/10/0/0	7.21	7.39	7.88	8.26
100/0/0/0	6.12	6.83	7.01	7.32

从表中可以看出,配棉的整齐度愈差,短绒率愈高,平均长度愈短,含杂率愈高,则成纱强力不匀率愈大,其中盖板花和破籽的影响最大;在同一配棉方案中,纺纱线密度愈小,强力不匀率愈大。所以转杯纺在原料的选用上应考虑产品的要求和纺纱的经济效益,并在此基础上尽可能地发挥配棉的优势,以利于成纱质量的改善。

喂入条子良好的均匀度、清洁度和纤维分离度是纺制高质量转杯纱的根本保证,所以在前纺工艺中,应合理地选择清梳联合机的组合单机及开松机件形式,扩大梳棉机的梳理区域,以提高清梳联合机的除杂效率、分梳效果及棉网清晰度;有效地利用清梳联设备中对储棉箱存棉高度的控制和自调匀整机构来控制输出棉条的均匀度,并在头并喂入时实行轻重搭配、末并逐台定量控制,使喂入转杯纺纱机的纤维条质量不匀率小于 1%,含杂率小于 0.15%,最大杂质质量不超过 0.15 mg。

3.2　纱疵及其产生的原因

纱疵是纺纱过程中产生的纱线疵点,是考核棉纱线质量的一项重要内容。转杯纺的常见纱疵见表 10-12。

表 10-12 转杯纱常见纱疵

常见纱疵	特 征
粗节	粗节处截面≥纱线平均截面的 150%
细节	细节处截面≤纱线平均截面的 50%
竹节纱	20～30 cm 纱段上连续节粗节细且纱身发毛
油污、黑灰纱	纱条上呈现规律或无规律的黄、灰、黑、花等色
紧捻、弱捻纱	相当长一段纱条内捻度比规定较多或较少,影响布面光泽且皱折
芝麻纱	纱线上棉结杂质密集
毛羽纱	纱线表面较多的毛羽,毛羽长度≤3 mm

转杯纱纱疵产生的原因,除原料、喂入品质量、工艺配置外,主要和设备的运转状态,操作、维修、管理,及车间温湿度等因素有关。现分述如下:

(1) 设备机械状态与纱疵。设备机械状态不良是产生纱疵和成形不良的主要原因。

① 成纱的粗细节纱疵主要由喂入部分状态不良所致,其机械原因主要有:喂给喇叭损坏,喂给罗拉积花、轴承损坏、轧煞、打顿、离合器间隔不当,齿轮磨损等。

② 成纱中的竹节纱疵与分梳辊状态不良有关,如:分梳辊锯齿毛刺、倒齿、断齿绕花、转速过慢,辊轴运转呆滞,与罩壳间隙不当等。当纺杯与密封盖的间隙过大、纺杯凝聚槽毛刺挂花时,也会产生竹节纱。

③ 成纱弱捻主要与纺杯等加捻元件有关,如:纺纱器未锁紧而发生漏气或密封圈失效,纺杯压轮压入量过小或转动不灵活致使纺杯转动打滑,纺杯负压低,龙带损坏等。

④ 当阻捻头、引纱管、导纱器等机件损坏起毛时,会和纱条摩擦而拉毛纱线,形成毛羽纱。

⑤ 当排杂部分状态不良时,会产生棉结杂质密集的芝麻纱,如:分梳辊锯齿磨损影响杂质的清除,排杂孔堵塞、排杂腔积杂,工艺排风堵塞时杂质排不出去等。特别是自排风式转杯纺纱机,工艺排风不畅时会使车头部分的若干锭子严重断头,难以开车;当硬杂质嵌入纺杯凝聚槽时,还会造成纱线的规律性不匀及强力不匀。

⑥ 筒子成形不良主要由引纱卷绕部分状态不良所致,如:引纱皮辊起槽、加压不当,张力牵伸过大或过小,导纱器损坏等。

(2) 运转操作与纱疵。转杯纱的许多纱疵是由于值车工操作不当而造成的。

① 接头时带入飞花、回丝,棉条接头包卷不良等,会使成纱中形成粗节、细节或竹节纱。

② 接头时纺杯清扫不彻底(自排风式),断头后长时间不接,采用油手接头,接头时带入油污疵点,筒子落地,容器不清洁等,会污染纱线,造成黑灰纱和油污纱。

③ 新旧棉条混用或棉条错用,喂入棉条破条,会造成色差或筒子成纱线密度与规格不符。

(3) 维修保养与纱疵。维修工作的质量好坏,也直接影响成纱纱疵的多少。

① 喂给板加压过重或过轻,会使棉条分层而产生意外牵伸,造成成纱质量不匀率增加。

② 喂给喇叭安装不当,集体生头时喂给罗拉过早给棉,会造成成纱的粗节或细节。

③ 隔离盘安装不当,纺杯清扫周期不当或清扫不彻底,会造成纱条条干不匀和形成黑灰纱。阻捻头用错时,成纱会因捻度不匀而形成色差或造成毛羽纱。

(4) 工作环境与纱疵。车间工作环境包括两个方面,即车间空气含尘量和车间温湿度。两者都与成纱纱疵有一定的关系。

① 车间含尘量直接影响转杯纱的纱疵。若车间尘埃较多时,尘埃(包括 5 mm 以下的短绒)会随大量空气被吸入纺纱器,在纱道通路上累积到一定程度时,会产生粗细节,形成竹节纱疵和煤灰纱。因此,减小转杯纺车间含尘量是提高成纱质量、减少纱疵的重要措施。减小车间空气含尘浓度,应从两个方面入手:一是将转杯纺纱机单独设在一个车间,与前纺尘杂排出较大的车间隔开;二是减少自身尘源的产生,即加大排杂吸风量和工艺排风量,防止排风管道堵塞,避免尘杂溢出。

② 车间温湿度对纱疵的影响。温湿度在一定范围内时,纱疵比较稳定;但当温湿度超过一定限度时,纱疵呈上升的趋势。转杯纺车间温度控制在 28℃,相对湿度控制在 60%～70%,较为合适。但由于冬夏季气候不同,温湿度控制要求也有所不同,冬季温度应大于 20℃,相对湿度为 60%～65%;夏季温度应小于 30℃,相对湿度为 65%～70%。

【技能训练】

根据所纺纱线品种,现场调试转杯纺纱工艺。

【课后练习】

转杯纺主要有哪些工艺设计参数?

任务 10.6　喷气、摩擦纺纱的工作过程

【工作任务】 1. 作喷气纺纱机的工艺流程图,讨论其工作原理。

2. 作摩擦纺纱机的工艺流程图,讨论其工作原理。

【知识要点】 1. 喷气纺纱的成纱原理。

2. 摩擦纺的成纱原理。

1　喷气纺纱

喷气纺纱属于非自由端纺纱,是 20 世纪 70 年代发展起来的一种纺纱方法。这种纺纱方法是利用喷射气流对牵伸装置输出的须条施以假捻,并使露在纱条表面的头端自由纤维包缠在纱芯上,形成具有一定强力的喷气纱。

喷气纺纱机的机构简单,没有高速机件,但纺纱速度高,生产效率可达环锭纺的 15 倍、转杯纺的 3 倍。其适纺范围较广,成纱结构具有独特的风格,是一种潜力很大、具有广阔发展前景的新型纺纱方法。

1.1　喷气纺纱的工艺过程

喷气纺纱机的工艺过程如图 10-14 所示。棉条从棉条筒引出后直接进入双皮圈牵伸装置,经过 50～300 倍的牵伸后从前罗拉送出,被吸入加捻管。加捻管由两个转向相反的涡流喷嘴组成,经两股反向旋转涡流的作用,自须

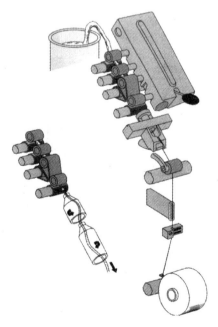

图 10-14　喷气纺纱机的工艺过程

条中分离出头端自由纤维,并紧紧地包缠在芯纤维束的外层而形成喷气纱。纱条由引纱罗拉引出,经卷绕罗拉卷绕成筒子,满筒后筒子自动抬起,脱离卷绕罗拉,并由输送带送到车尾收集。

世界上应用最为广泛的喷气纺纱机是日本的 MJS 型,其技术特征见表 10-13。

表 10-13　喷气纺纱机的技术特征

机型	日本 No.802HRMJS		中国 TPT228	
适纺纤维	棉、涤纶、腈纶、人造丝的纯纺与混纺		同左	
适纺线密度(tex)	7~29		7~29	
纤维长度(mm)	51 以下		51 以下	
喂入条子定量(g/5 m)	20~5		20~7	
条筒规格(mm)	ϕ410×1 200		ϕ410×1 200	
锭数(锭/台)	16,24,32,40,48,56(60),64,72		16,24,32,40,48,56,64,72	
锭距(mm)	215		215	
捻向	Z、S		Z、S	
牵伸装置	四罗拉双皮圈、摇臂加压		同左	
牵伸	双皮圈	15~50		15~50
	喂入	0.96~0.99		0.96~0.99
	卷取	0.98~1.00		0.98~1.00
	总	65~220		65~220
卷装尺寸(mm)	ϕ300×127,ϕ300×146		ϕ300×127,ϕ300×146	
最大卷重(kg)	4		4	
纺纱速度(r/min)	150~300		120~300	
电机功率(kW)	主电机:5.5 吹纱鼓风机(打鱼网结、72 锭时):7.5 自动落纱机、打结装置:4.0 其他:2.6		主电机:7.5 吹纱鼓风机:7.5 自动落纱机:4.0 其他:2.6	

1.2　喷气纺纱机的加捻机构

(1)喷气纺纱机的加捻机构。与转杯纺的纺纱杯一样,喷气纺的加捻器是纺纱的心脏部分,其外表看起来像一根三英寸的自来水管。加捻器由一对喷嘴 3、4 和一个摩擦加捻管 7 组成。摩擦加捻管位于第一喷嘴之后,管壁开有沟槽,其目的是增强管壁对纱条的摩擦作用,并使第一喷嘴排气畅通。

(2)加捻器的加捻原理。喷气纺纱的加捻是由假捻转化为真包缠真捻的过程。但这种真捻与环锭纱的真捻具有本质的差异。须条在前罗拉和引纱罗拉的握持下,中间受到两个不同转向的加捻器的作用,使纱条产生加捻。假捻转化成真捻对于加工连续长丝是无法实现的,然而加工短纤维或中等长度的纤维时,这种转化是完全可能的。首先,这是一种非自由端的假捻。正常纺纱时,加捻器的第一喷嘴离开前钳口的距离小于纤维的主体长度,当输出前钳口的纤维头端到达第一喷嘴时,尾端仍处在前钳口之下,所以并不存在须条的断裂过程。其次,借助高速摄影,证明前罗拉处的须条是连续的,而且前罗拉与第一喷嘴间须条上的捻回方向与第二喷嘴所加的捻回方向相同,说明第二喷嘴所加的捻回可逾越第一喷嘴而传递到前罗拉附近。这是非握持加捻的一个显著特点。

(3)影响正常纺纱的因素。在喷气纺纱的加捻过程中,除加捻器的结构参数外,喷气纺纱的成纱关键是如何使前罗拉输出的须条中有一定量的纤维头端从须条中分离扩散出来,使之与纱芯纤维间形成捻回差,捻回差值越大,最终包缠纤维就越多。对于单喷嘴加捻器来说,唯有控制须条纤维的宽度,使之有一定数量的边缘纤维头端不立即被捻入加捻纱条中,而与纱芯主体纤维间产生滑移,构成捻回差。而双喷嘴加捻器则是利用第一喷嘴反向旋转气流的作用,使前罗拉到第一喷嘴间须条做气圈运动,并使须条在前罗拉处形成弱捻区,以利于部分纤维从须条中扩散分离出来形成头端自由纤维,并在第一喷嘴处形成初始包缠。可见,双喷嘴与单喷嘴有根本区别,在于形成头端自由纤维的方法不同。

1.3 喷气纺纱的成纱结构和特点

(1)喷气纱的成纱结构。喷气纱属于包缠纺纱,其基本结构由纱芯和表层两部分组成,纱芯是平行的只有少量假捻的纤维束,表层是有一定捻向的头端包缠纤维。喷气纱的结构有以下几个特点:

① 构成纱芯的纤维与包缠纤维并没有明显的界线,包缠纤维在纱体内外有转移,但反复的次数少,多呈不规则圆柱形螺旋线。真正在纱芯的平直纤维只有 13%~32%,而起包缠作用的纤维则占 60%~70%。这说明在加捻三角区,大多数纤维呈游离状被吸入第一喷嘴。

② 纤维的伸直度差,具有各种弯曲、打圈,60% 以上的纤维头尾外翘打圈。

③ 由于纤维是自由端包缠,所以包缠不规则,螺旋角变化较大,在 10°~90° 范围内变化。

(2)喷气纱的成纱特点。喷气纱的成纱结构,决定了其成纱特点及外观质量。喷气纱与环锭纱的质量对比见表 10-14。

表 10-14 T65/C35 13 tex 喷气纱与环锭纱的质量对比

项目	强度及不匀		质量不匀率	条干不匀率	疵点(个/125 m)			3 mm 毛羽	耐磨次数	紧密度
	cN/tex	CV%	CV%	CV%	细节	粗节	棉结	根/10 mm	顺向/反向	g/cm³
环锭纱	17.7	14.3	4.6	17.4	9.1	12.6	18.6	123	6~12/6~12	0.85~0.95
喷气纱	16.3	11.3	2.2	15	4.3	7.2	16.3	16.7	50~80/5~15	0.75~0.85

从表中数据可以看出:

① 喷气纱的强度较环锭纱低,纯涤纶或涤纶混纺纱的强力约低 10%~20%,纯棉纱因为纤维整齐度差、长度短而强力较环锭纱低约 30%~40%,但强度不匀率较环锭纱低。捻线后其强度提高的比例比环锭纱大,单强可达到环锭的 94%,其原因在于喷气纱经合股加捻后的股线结构同两根须条一起加捻的单纱一样,没有一般股线的外观。

② 喷气纱的质量不匀率、条干不匀率均比环锭纱好。喷气纱在加捻过程中,部分杂质被气流吹落带走,因而喷气纱的粗细节、棉结都较环锭纺纱少;但由于成纱纤维的单向性,退绕后黑板条干出现棉结较多。

③ 喷气纱为包缠结构,所以其成纱直径较同线密度环锭纱粗,紧度较环锭纱小,外观比较蓬松;但其捻度大,表层纤维定向度较差,所以手感比较粗硬。

④ 喷气纱利用假捻方法成纱,纱芯捻度很低,所以捻度稳定,无需用蒸纱定捻来消除纱条的扭应力。

⑤ 喷气纱对外界摩擦的抵抗有方向性。因为喷气纱主要由纤维头端包缠,若用手指沿成纱方向刮动,纱的表面光滑无异常,耐磨次数较大;若反向刮动,则纱的表面会出现粒粒棉结,纤维沿轴向滑动,甚至断裂,所以耐磨次数小。这种方向性使喷气纱在后加工中不宜经多次

倒筒和摩擦,纱线强力随倒筒次数增加而降低。织成织物后,由于喷气纱直径大,布身紧密、厚实,磨损支持面大,所以耐磨性能优于环锭纱织物。

⑥ 喷气纱的纱芯平直,外包头端自由纤维,因此在后加工过程中较环锭纱的伸长小,缩率也小,机织缩率、针织缩率均较环锭纱低。

⑦ 喷气纱在纺纱过程中,纤维在纱中的内外转移差,所以短毛羽多,但 3 mm 的长毛羽较环锭纱少。

2 摩擦纺纱

摩擦纺纱是一种自由端纺纱,具有和转杯纺纱相似的喂入开松机构,将喂入纤维条分解成单根纤维状态;而纤维的凝聚加捻则通过带抽吸装置的筛网来实现,筛网可以是大直径的尘笼,也可以是扁平连续的网状带。国际上摩擦纺纱的形式较多,其中最具有代表性的摩擦纺纱机是奥地利的 DREF-Ⅱ 型及 DREF-Ⅲ 型。这两种机型的筛网为一对同向回转的尘笼(或一只尘笼与一根摩擦辊),所以也称为尘笼纺纱。

2.1 D2 型摩擦纺纱机的工艺过程及其成纱特点

尘笼式摩擦纺纱机是以发明人——奥地利的 DR ERNST FEHRER 的姓名缩写 DREF 来命名的,由Ⅰ型逐步发展到Ⅱ型、Ⅲ型,简称 D2 型、D3 型。其技术特征见表 10-15。

表 10-15 尘笼式摩擦纺纱机的技术特征

机　型		DREF-Ⅱ		DREF-Ⅲ
适纺原料		1.7～17×10～150 各种纤维		芯纱:特种纤维、长丝、化纤 0.6～3.3×30～60 表层:棉及各种短纤
纺纱线密度(tex)		100～3 952		33.3～66.6
喂入定量(ktex)	第一单元	10～15/4～6		3～3.5
	第二单元	—		2.5～3.5×4～6
牵伸装置	第一单元	三罗拉和一根分梳辊		(100～150)四罗拉双皮圈
	第二单元	—		三罗拉和一对分梳辊
尘笼	直径(mm)	φ81×2		φ44×2
	转速(r/min)	1 600～3 500		3 000～5 000
	负压(Pa)	1 470		2 450～2 940
分梳辊	直径(mm)	φ180		φ80
	转速(r/min)	2 800～4 200		12 000
筒子尺寸(mm)		平筒 φ380×150、200、250 锥筒 φ280×200、250		φ450×200
筒子质量(kg)		3～9		约 9
纺纱速度(m/min)		100～280		<300
加捻效率(%)		65～80		25～30
每头电机数及功率		7 台,共 3.5 kW		5 台小电机
每台头数		48(8 节,每节 6 头)		短机 12(4 节,每节 3 头) 长机 96(32 节)

（1）D2 型摩擦纺纱机的工艺过程。如图 10-15 所示，4～6 根纤维条从条筒引出，并合喂入三罗拉牵伸装置 2。纤维条经过并合牵伸，其均匀度及伸直度得到改善后，被分梳辊 3 梳理，分解成单纤维状态，在分梳辊离心力和吹风管 4 的气流作用下脱离锯齿，沿挡板 5 下落至两尘笼 6 间的楔形槽内。尘笼内胆开口对着两尘笼间的楔形槽，一端通过管道与风机相连，在吸风装置 7 的吸力作用下，纤维被吸附在两尘笼的楔形槽中，凝聚成须条。将引纱引入尘笼，与凝聚须条搭接，由引纱罗拉握持输出，两尘笼同向回转，对凝聚须条搓捻成纱，输出纱条经卷绕罗拉摩擦卷绕成筒子。

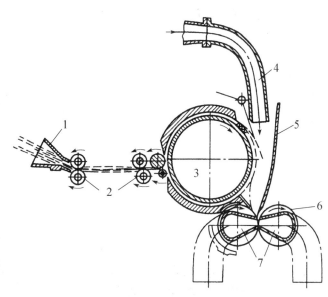

图 10-15   摩擦纺纱的纺纱原理

由于在尘笼表面的凝聚须条是自由的，所以这种摩擦加捻方式属于自由端加捻成纱。在加捻过程中，尘笼表面的线速度近似等于纱线自身的回转表面速度，所以尘笼低速就可以使纺纱获得较高的捻度，这样可以大大地提高出条速度，获得高产。纱条捻回方向与尘笼回转方向相反，捻回数则取决于尘笼的速度、尘笼表面与纱条的接触状态及尘笼的吸力。

（2）D2 型摩擦纺成纱特点。摩擦纱中，纤维的排列形态比较紊乱，圆锥形螺旋线及圆柱形螺旋线排列的纤维数量比转杯纱少，仅占 12%；多根扭结、缠绕的纤维占 40%；其余多为弯钩、对折纤维。摩擦纺的成纱特点见表 10-16。

表 10-16   摩擦纺、环锭纺、转杯纺成纱性能比较

指标	C 29.4 tex		
	摩擦纱	转杯纱	环锭纱
断裂长度（km）	11.7	11.5	14.4
伸长率（%）	8.6	9.2	7.7
条干 CV（%）	14.25	15.5	17.1
细节×粗节×棉结（个/1 000 m）	49×19×22	24×85×547	60×345×314

从表中可知：

① 纤维在凝聚过程中缺少轴向力的作用，成纱内纤维的伸直平行度差、排列紊乱，所以摩擦纱的成纱强力远低于环锭纱，单强仅为环锭纱的 60% 左右。

② 成纱由多层纤维凝聚而成，所以摩擦纱的条干优于环锭纱，粗节、棉结均少于同线密度环锭纱。

③ 成纱的经向捻度分布由纱芯向外层逐渐减少，成纱结构内紧外松，所以摩擦纱的紧度较小（0.35～0.65），表面丰满蓬松，弹性好，伸长率高，手感粗硬，但较粗梳毛纱柔软。

④ 成纱为分层结构，所以摩擦纱具有较好的耐磨性能。

2.2　D3 型摩擦纺纱机的纺纱工艺过程及成纱特点

（1）纺纱工艺过程。D3 型摩擦纺纱机有两个喂入单元，一个提供纱芯，一个提供外包纤维。如图 10-16 所示，熟条经四罗拉双皮圈牵伸装置沿轴向喂入尘笼加捻区，作为纱芯；4～6根生条并列喂入三上二下罗拉牵伸机构，经一对相同直径的分梳辊 3 梳理，分解为单纤维，再经气流输送管 4 进入两尘笼 1 的楔形槽中，由尘笼搓捻包缠在纱芯上，形成包缠纱。成纱由引纱罗拉 2 输出，经卷绕罗拉摩擦传动而制成筒子。

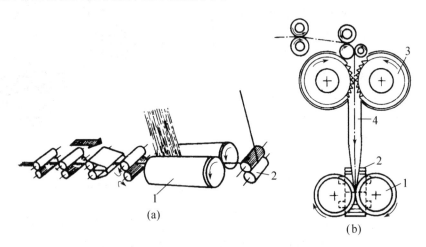

图 10-16　DREF3 型摩擦纺纱机工艺流程

1—尘笼；2—引纱罗拉；3—分梳辊；4—气流输送管

（2）成纱特点。沿轴向喂入尘笼的纱芯，在接受尘笼加捻的过程中，同时被牵伸装置的前罗拉和引纱罗拉所握持，所以施以假捻。被分梳辊分解的纤维，进入尘笼楔形槽后，随纱芯一起回转，包缠在纱芯的表面。当纱条由引纱罗拉牵引走出尘笼钳口线时，由于纱芯假捻的退解作用，纱芯成为伸直平行的纤维束，而外包纤维则依靠退捻力矩越包越紧，使纱芯纤维紧密接触，体现为纱的强度，外层纤维则构成纱的外形。

D3 型摩擦纺纱机纺出的纱是一种芯纤维平行伸直排列的包芯纱，由于成纱结构的改变，使成纱强力大为改善，并具有条干均匀、毛羽少等特点。

2.3　摩擦纺纱的主要工艺参数

根据摩擦纺纱的加捻原理，成纱外层的捻度可以由下式计算：

$$T_t = \frac{纱条转速}{纺纱速度} \qquad (10-11)$$

纱条表面速度应等于尘笼的表面线速度与加捻效率的乘积，所以上式可改为：

$$T_t = \frac{v_0}{\pi d v_1} \times \eta = \frac{m}{\pi d} \times \eta \qquad (10-12)$$

式中：v_0——尘笼表面速度（mm/min）；

　　　v_1——纺纱速度（m/min）；

　　　d——纱条直径（mm）；

　　　η——加捻效率（与尘笼对须条的吸力、尘笼与纱条表面的接触状态有关）；

　　m——摩擦比(即尘笼表面速度与纺纱速度的比值)。

　　由上式可知,影响摩擦纺成纱的主要工艺参数有:

　　(1) 摩擦比。从上式可知,摩擦比与纱条的捻度成正比,当纺纱速度一定时,提高摩擦比,则提高尘笼转速,使成纱捻度增加;但尘笼速度增加到一定值时,受离心加速度的影响,纱条与尘笼间的滑溜率增大,尘笼速度愈高,加捻效率愈低,成纱捻度增加甚少,甚至不再增加。

　　不同的摩擦比时成纱条干不匀率不同,见表 10-17。从表中可以看出,随着摩擦比的增加,条干均匀度有所改善;但当摩擦比提高到 3.0 以上时,条干的变化趋于平缓。

表 10-17　摩擦比与成纱条干 CV 值

尘笼转速(r/min)	1 900	2 100	2 300	2 500
摩擦比	2.375	2.625	2.875	3.125
条干 CV(%)	17.2	16.9	16.3	16.3

　　(2) 纺纱速度。过高的输出速度,会使须条凝聚加捻的时间缩短,从而导致包覆恶化,条干不良,成纱强力降低,所以,当使用较粗硬、含油率较高、长度整齐度较差的纤维纺纱时,纺纱速度不宜过高。当所纺品种的线密度大时,因其刚性大而不易加捻;当线密度过小时,尘笼对纱条的握持状态差。因此,纱条过粗过细,都会造成加捻效率下降,纺纱速度都不宜过高。

　　过高的尘笼速度会影响纺纱的加捻效率,因此,在摩擦比不变的情况下,提高纺纱速度,成纱捻度随之下降,所以纺纱速度应根据尘笼转速选择。不同的纺纱机,其速度范围不同。

　　(3) 尘笼负压。尘笼负压决定正压力(吸力)及纱条与尘笼的接触状态。负压增大,不仅使纤维与尘笼间的摩擦作用增大,凝聚加捻作用增强,而且可提高输送通道内纤维的伸直与定向,有利于成纱条干、强力和捻度,但负压过大会造成输出困难。加捻区的负压与尘笼内胆吸口位置、两尘笼间的隔距有关。

　　① 尘笼内胆吸口位置:尘笼内胆吸口位置一般以其安装角 α 表示。在等宽吸口的情况下,α 对楔形区轴向负压分布的影响都与吸口大小有关,当吸口较宽(10 mm)时,α 不会影响轴向负压的分布形态,但负压值随 α 增加而减小;当吸口较窄(2 mm)时,楔形区轴向负压分布不匀。所以吸口宽度及 α 值不宜过小。粗特摩擦纺纱机(如 D2 型)的吸口宽度一般为 10～12 mm,α 取 0°～2°;在纺较细特纱的摩擦纺纱机上,因纱条与尘笼接触面积小,且位于楔隙较小的位置,须条加捻需要较高的负压,所以吸口宽度应小一些,一般为 4～6 mm,α 选 2°～5°。

　　② 两尘笼间的隔距 δ:尘笼间楔形区内的负压随隔距 δ 增加而减小,并影响尘笼内胆的最大负压值。当 δ 由 0 增加到 0.5 mm 时,胆内负压最大值下降 28%。所以,为了有效地利用吸气负压,δ 以偏小为宜,应根据纺纱线密度选择,纺粗特纱时取 0.2～0.5 mm,纺中细特纱时小于 0.2 mm。

　　(4) 两尘笼的速差。当处于尘笼楔形槽中的凝聚须条被同向回转的两尘笼摩擦搓捻时,受到一只尘笼向上转出的托持作用和另一只尘笼从上向楔隙转入的挤入作用。为了避免纱条被楔入隙缝,在两尘笼间卡压,引起纺纱张力骤增或轧断纱条,表面向上运动的尘笼速度应略高于向下运动的尘笼速度,即两尘笼间有速度差。速度差可根据所纺线密度在 3%～10% 范围内选择,粗特时大些,细特时小些。DREE-D2 型摩擦纺纱机上两只尘笼的速度差为 8%～10%。适当提高两尘笼速度差,有利于加捻效率的提高;但速度差过大会引起纱尾抖动或跳动,使握持加捻条件恶化,反而造成加捻效率下降。

（5）分梳辊的转速。当喂入纤维量一定时,提高分梳辊转速,有利于提高纤维的分离度,对成纱质量有利,但分梳作用剧烈,对纤维的损伤严重,所以分梳辊的转速应根据原料的性能选择。当加工纤维线密度较小、强度较低时,分梳辊速度可小些;反之可大些。

【技能训练】

上网收集或到校外实训基地了解有关喷气纺纱机的使用情况,对各类喷气纺纱机进行技术分析。

【课后练习】

1. 说明喷气纺纱的成纱原理、喷气纱的结构及性能特点。
2. 说明摩擦纺的成纱原理、适纺原料和成纱特点。

参 考 文 献

［1］上海纺织控股(集团)公司,《棉纺手册》(3 版)编委会. 棉纺手册[M]. 3 版. 北京:中国
　　纺织出版社. 2004.

［2］任家智. 纺纱原理[M]. 北京:中国纺织出版社,2002

［3］杨锁庭. 纺纱学 [M]. 北京:中国纺织出版社,2005.

［4］刘国涛. 现代棉纺技术基础. [M]. 北京:中国纺织出版社,2004.

［5］郁崇文. 纺纱工艺设计与质量控制 [M]. 北京:中国纺织出版社,2005.

［6］史志陶. 棉纺工程[M]. 4 版. 北京:中国纺织出版社,2007.

［7］孙卫国. 纺纱技术[M]. 北京:中国纺织出版社,2005

［8］常涛. 多组分纱线工艺设计[M]. 北京:中国纺织出版社,2012.

［9］任秀芬,郝凤鸣. 棉纺质量控制与产品设计[M]. 北京:中国纺织出版社,1990.

［10］薛少林. 纺纱学[M]. 西安:西北工业大学出版社,2002.

［11］徐少范. 棉纺质量控制[M]. 北京:中国纺织出版社,2003.

［12］于修业. 纺纱原理. [M]. 北京:中国纺织出版社,1995.

［13］陆再生. 纺纱原理. [M]. 北京:中国纺织出版社,1995.

［14］于新安. 纺织工艺学概论. [M]. 北京:中国纺织出版社,1998.

［15］陆再生. 棉纺设备[M]. 北京:中国纺织出版社,1995.

［16］顾菊英. 纺纱工艺学[M]. 北京:中国纺织出版社,1998.

［17］朱友名. 棉纺新技术[M]. 北京:中国纺织出版社,1992.

［18］中国纺织大学棉纺教研室. 棉纺学(下)[M]. 北京:中国纺织出版社,1988

［19］上海纺织工业专科学校纺纱教研室. 棉纺工程(上)[M]. 北京:中国纺织出版社,1991.

［20］中国纺织大学棉纺教研室. 棉纺学(上)[M]. 北京:中国纺织出版社,1988

［21］上海纺织工业专科学校纺纱教研室. 棉纺工程(下)[M]. 北京:中国纺织出版社,1991

［22］中国纺织总会教育部组织编写. 棉纺工艺学(上)[M]. 北京:中国纺织出版社,1998

［23］中国纺织总会教育部组织编写. 棉纺工艺学(下)[M]. 北京:中国纺织出版社,1998

［24］孙庆福. 中国纺织机械选用指南[M]. 北京:中国纺织出版社,1999.

［25］费青. 国外几种新型高产梳棉机的特点和性能(上、中、下). 棉纺织技术,2001(7/8/9).

［26］秦贞俊. 高产梳棉机的技术进步. 梳理技术,2001(3).

［27］许鉴良. 棉结杂质的控制. 梳理技术,2002(5).

[28] 许鉴良. 棉结杂质的控制(第一讲:原料的选配). 梳理技术,2001(3).

[29] 许鉴良. 棉结杂质的控制(第二讲:开清棉). 梳理技术,2002(4).

[30] 许鉴良. 棉结杂质的控制(第三讲:梳棉). 梳理技术,2002(5).

[31] 罗兆恒. 近期倍捻机发展情况. 纺织机械,2003(5).

[32] 王庆球. 国外新型梳棉机的附加分梳件. 棉纺织技术,2002(1)

[33] 秦贞俊. 紧密纺环锭纱的纺纱技术[J]. 现代纺织技术.2002(2):3-6.

[34] 秦贞俊. 现代纺纱工程中的棉结问题探讨[J].纺织科技进展 2006(1):1-5.

[35] 刘荣清. 棉纺异物检测清除机的现状分析[J].上海纺织科技.2006(1):12-14,18.

[36] 苏馨逸. 清梳联技术文献汇编(续)[S].西安:《棉纺织技术》编辑部,2002.

[37] 意大利 Savio 公司.络利安 M/L 型自动络筒机(产品样本),2000.

[38] 德国赐莱福公司.Autocone338RM/K/E 型自动络筒机(产品样本),2000.

[39] 日本村田公司.No.21C 型自动络筒机(产品样本),2000.

[40] 浙江日发纺纱设备有限公司.RFRSIO 转杯纺纱机产品说明书,2001.

[41] 经纬纺织机械股份有限公司清梳机械事业部.开清梳联合机(产品样本),2006.

[42] 黄传宗.FA113 型单轴流开棉机电气设计的探讨[J].纺织机械.2002.:18-20.

[43] 张新江.FA322 型高速并条机性能分析与生产实践[J].纺织导报 2002.(9).

[44] 史志陶.梳棉机锡林盖板梳理区棉结产生机理的研究[J].棉纺织技术 2004(8):17-21.

[45] 吕恒正.棉精梳机顶梳梳理功能探讨[J].棉纺织技术 2002(1):20-24.

[46] 刘东升.亚麻 Codplus 棉混纺色纱的开发[J].棉纺织技术,2010,38(5):40-42.

[47] 费青.梳理器材的发展与开发(上)[J].纺织器材,2001(11):348-352

[48] 费青.新型针布的梳理工艺特性分析[J].棉纺织技术,2001(11):649-634